再 版 前 言

本书(上下册)出版30年来,一直是北京大学开设的日地空间物理学课程指定的教材(研究生课)和主要参考书(本科生课),也是空间科学界颇受欢迎的一本书。由于空间物理学的飞速发展,书中一些内容需要更新。2016年,在北京大学、北京航空航天大学和中国地质大学(北京)三校空间物理专业教学科研交流会上,大家建议将本书再版。

再版坚持原版书的"内容简介"叙述的原则,"本书系统地叙述了发生在日地空间中的各种物理过程及其基本理论和研究方法"。原书的概念讲述部分基本保留;原书介绍观测结果部分,经典的结果保留,过时的部分更新;理论讲解部分,则保留定性的和简要的讲解,删去繁杂的理论推导,增加新发展的理论的介绍。

再版写作分工如下。

上册:第1章"太阳大气"由田晖负责修改;第2章"太阳风"和第3章"行星际激波与日冕物质抛射"由何建森负责修改;第4章"太阳和日球层高能带电粒子"由王玲华负责修改;第5章"太阳风与地球的相互作用"(原版第5章第1~4节)、第6章"太阳风与其他行星、彗星和月球的相互作用"(原版第5章第5节扩充),第7章"太阳风与银河星际风的相互作用"(再版增加),都由宗秋刚负责修改和撰写。

下册:第8章"地球磁层中的场和等离子体"、第9章"地球磁层中捕获的高能粒子(辐射带)"、第10章"地球磁层中的波动与波-粒相互作用"、第11章第2节"磁暴"和第12章"日地联系现象"都由宗秋刚负责修改;第11章第1节"地磁亚暴"和第13章"空间等离子体的理论描述"都由周煦之负责修改。

我们感谢国家自然科学基金委和国家航天局对我们科研工作的支持和资助。感谢中国地质大学(北京)姚硕在三校交流会上提出本书再版的建议,并负责与出版社联系再版的具体事项。

希望本书再版后可作为为研究生和本科生开设的空间科学相关课程的教材或教学参考书,并对空间物理学、太阳物理学、行星科学等领域的教学和科研人员以及管理人员有所帮助。

涂传诒,宗秋刚,何建森,田晖,王玲华,周煦之

2019年4月20日

于北京大学

第一版前言

20 世纪 50 年代末发展起来的空间飞行技术开辟了对外层空间和行星际空间直接探测的新纪元。二十多年来的空间探测导致人们对于日地空间概念的变革。在空间直接探测以前，人类对于地球大气层和电离层以外的空间了解很少。人们认为地球大气层之外基本上是真空，地球磁场就像磁棒的磁场一样在真空中伸展到无穷远。虽然已经发现太阳耀斑暴发常常伴随迟延的极光增亮和地磁扰动的增强，但是人们并不知道这些地球物理现象本身的物理机制和它们与太阳活动之间的内在联系。空间飞行器的直接探测发现，日地之间的空间不是真空，而是充满着由太阳发出的数十万摄氏度高温的稀薄的磁化等离子体。这些等离子体以每秒数百公里的速度向外运行，通常被称作太阳风。太阳风在星际空间所占据的区域称为日球层。地球和其他行星都在这太阳风中"航行"。地球磁场被太阳风压缩在一个宽为数十个地球半径的有限的区域内，这一有限区域被称作磁层。磁层中聚集着大量的高能带电粒子和热等离子体。日地空间中除充满等离子体外，还有通量极小的高能粒子。起源于太阳的高能粒子——太阳宇宙线，通过行星际磁场传播到太阳系较外部分；起源于银河系的高能粒子——银河宇宙线，由太阳系外部传播到太阳系较内部分。观测表明，发生在太阳风和磁层中的一些现象是与电离层、中层大气以及低层大气的活动相关联的。太阳活动引起的扰动除通过电磁辐射的形式外，还通过增强的太阳风和增强的太阳宇宙线的形式传到近地空间，导致在磁层、电离层和大气中发生一系列的日地相关现象。进入空间时代的二十多年来，关于行星际空间与磁层中磁场、等离子体以及高能粒子的研究已由初期的探测和发现发展成为一个重要的科学分支——日地空间物理学[①]。

行星际和磁层中的物理过程不仅与电离层物理、高层大气物理有密切的联系，而且与天体物理、等离子体物理有着共同关心的理论课题。直接探测表明，在日球层和磁层发生的主要等离子体过程，如粒子的加速、等离子体的磁约束等，也是地面等离子体实验室中，尤其是在热核聚变装置中经常遇到的。行星际空间和近地空间是唯一容易进入并能进行实地测量的等离子体环境，它是研究地面实验室中一些重要的但尺度极小不易直接测量的等离子体过程的一种"大尺度实验室"。在行星际空间发生的等离子体过程也发生在广阔的天体系统中。例如，行星际空间飞船的探测发现，围绕着水星、木星和土星都有磁层，而据天文学家推测，围绕着中子星，甚至围绕着某些庞大的星系也有类似地球磁层的结构。行星际空间又可看作是一个"小尺度的实验室"，在其中可以细致地研究广泛发生在宇宙中的由于尺度太大而不能实地直接探测的一些基本过程。日地空

---

① 这里所用"日地空间物理"一词援引自赵九章等编著《高空大气物理学》一书的绪论以及某些国外出版的专著。它的含义比《空间物理论文集》所用的"空间物理"一词的含义要小，后者除本书讨论的内容外，还包括电离层物理、高层大气物理、高层大气光学以及行星物理。

间物理学可以看作是近代天体物理学、等离子体物理学以及高能物理学的交汇点,它已成为近代自然科学基础理论研究的一个重要方面。

现代技术特别是空间技术的飞速发展向日地空间物理学提出了越来越多的新课题。现代技术已将人类的环境由地球大气层扩展至行星际空间。各种类型的人造飞行器,如通信卫星、资源卫星、气象卫星和空间实验室等,已经为人类提供了许多实际效益,并且加深了人们对太阳系和宇宙的认识。看来,空间太阳能站和某些类型的空间工厂等空间工程的实现也不是十分遥远的事了。发生在日地空间中的一系列扰动现象不仅对地面各波段的通信系统、导航系统有显著的影响,而且对各种空间工程系统有着重要的影响。日地空间物理学的研究将搞清楚发生在日地空间环境内的物理过程,为各类有关工程设计提供参考数据,并进而预测有危害性的扰动。

现有有关日地空间的概念和知识是建立在对黄道面附近的不同区域在不同时间进行的单点测量的基础上的。空间环境的不同区域是一个复杂的高度相互作用的整体系统,对其单个区域的分散的测量不能揭示其内在的联系。目前,日地空间物理学已经进入了综合研究其动力过程的阶段。它的主要课题是研究物质和能量怎样注入这个系统中,物质和能量又是怎样在这个系统中传输、储存以及损失和耗散的。这不仅要对黄道面附近的日地环境做综合的探测和研究,而且还要进一步探测研究太阳系高纬和外太阳系的空间。

鉴于目前日地空间物理学正处于飞速发展阶段,许多重要问题还没有解决,所以在本书中我们一般是先介绍有关的观测事实,再阐明有关的物理概念和讨论有关的理论,最后将理论与观测结果进行比较。本书章节的安排是以各现象之间的联系为线索的。本书分上下两册出版,上册主要讨论行星际空间物理,下册主要讨论磁层物理和日地相关现象。与各章都有关的等离子体物理和磁流体力学的内容在本书最后(第11章)予以简要介绍,以便不十分熟悉这部分内容的读者查阅。在各章之后都给出了较为详细的参考文献,但远不是完备的。由于本学科涉及的范围极广,大部分课题还处于迅速发展阶段,作者的水平又有限,因此书中难免有不妥之处,希望读者批评指正。

本书上下册均由涂传诒执笔编写。张树礼参加了全书的编写工作,张荫春参加了部分章节的编写工作。

承蒙黄云潮(Y. C. Whang)阅读并修改了第1章至第5章和第11章中磁流体力学部分手稿,肖佐、宋礼庭阅读并修改了全书手稿,赵凯华阅读修改了第5章和第11章中有关等离子体和无碰撞激波结构的部分,杨海寿阅读修改了第1章手稿,王少武阅读并修改了第10章中关于气候变化与太阳活动相关的部分。美国高山天文台(HAO) R. M. MacQueen寄来了描绘日冕瞬变事件的彩色图片。在编写过程中,我们还得到其他许多同事的帮助,在此一并表示衷心的感谢。

涂传诒

于北京大学地球物理系

1988 年 10 月

目　　录

第1章 太阳大气

行星际空间中的等离子体和磁场都来源于太阳，实际上，整个日球层都可看作浸在向外伸展的日冕之中。发生在行星际空间中的扰动现象也主要来源于太阳大气的扰动。因此，日地空间物理学与太阳物理学是紧密相关的。本章对太阳物理作一简要介绍。除了一些较新的资料，这一章主要参考 Mackay 等（2010）、Solanki（2003）、Bruzek 和 Durrant（1977）、Athay（1976）、Švestka（1976）、Gibson（1973）、Akasofu 和 Chapman（1972）、Papagiannis（1972）等的专著或综述，书中不再分别说明。

1.1 太阳概况

太阳是一颗恒星，质量 $M_\odot=1.99\times10^{30}\,\mathrm{kg}$，半径 $R_\odot=6.96\times10^8\,\mathrm{m}\approx109R_\mathrm{E}$（$R_\mathrm{E}$ 为地球半径）。日地平均距离称为一个天文单位，用 AU 表示。一个天文单位约相当于 215 个太阳半径，即 $1\,\mathrm{AU}=1.496\times10^{11}\,\mathrm{m}\approx215R_\odot$。

1.1.1 太阳结构

太阳是一个以氢为主要成分的气体球。太阳的物理特性可以从宁静太阳和太阳活动两方面来描述。宁静太阳的物理特性是指太阳整体长时间稳定的特性。宁静太阳的结构从里往外可以分为日核、辐射区、对流区、光球、色球和日冕这几层。在色球和日冕之间，通常认为还有一个温度陡升的很薄的过渡区。图 1.1.1 给出了光球及其以上（太阳大气）各层的温度和密度随高度的变化，高度零点定义为波长 $\lambda=5000\,\text{Å}$ 处光学深度为 1 的地方（Vernazza et al., 1981）。

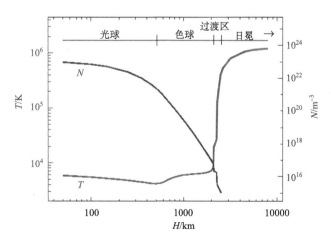

图 1.1.1 太阳大气中的温度（T）和氢的数密度（N）随高度（H）的变化（Vernazza et al., 1981; Peter, 2004）

太阳活动是指太阳大气中局部区域在有限时间内所发生的现象,包括太阳黑子、喷流、耀斑、日珥和日冕物质抛射等现象。不同种类太阳活动的时间尺度各不相同。快的如耀斑的脉冲式爆发,经常只需几秒到几分钟。中等的如一个活动区的发展,其形成的特征时间约为 10 天。慢的如太阳黑子数和太阳活动的整体水平,都有大约 11 年的周期变化。宁静太阳的许多物理特性在太阳活动峰年(黑子数多)和太阳活动低年(黑子数少)也有所不同。

对太阳黑子等特征结构在日面上的位置进行连续观测,可以发现太阳是自转的。太阳大气的自转周期随日面纬度而变化,这种现象称为较差自转。自转周期与选择的参考系有关,相对于恒星确定的自转周期称为恒星周期。在日面纬度 17°处,恒星周期接近 25 天;靠近极区则大于 30 天。太阳黑子相对恒星每日自转度数为

$$\phi = 14.4 - 2.8\sin^2\lambda \qquad (1.1.1)$$

式中,λ 为黑子的日面纬度。相对于地球确定的太阳自转周期称为会合周期。会合周期比恒星周期要长些,在赤道区域接近 27 天。这是由于地球在其轨道上每天前进约 1°。

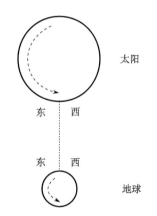

图 1.1.2 太阳、地球自转示意图

太阳自转通常用卡林顿(Carrington)自转周来计算。一个多世纪以前,卡林顿根据黑子的运动确定了太阳自转的平均会合周期为 27.2753 天(相应于纬度±16°处的周期)。由 1853 年 11 月 9 日开始计为第一周。1975 年 12 月 15.95 日开始第 1636 周。假定,在每一自转周的开始时刻,通过日面中心的子午线为零经度线,经度由东向西增加,绕太阳一周为 360°。这样定义的经度为卡林顿经度。

太阳赤道面与黄道面交角约为 7.2°,在每年 3 月 6 日地球位于太阳赤道面以南 7.2°。而在 9 月 7 日地球位于太阳赤道面以北 7.2°。太阳自转方向与地球自转方向大致相同。根据习惯,规定太阳由日面东边缘转向西边缘(图 1.1.2)。

1.1.2 太阳辐射

从能量观点看,电磁辐射是太阳大气最重要的一种辐射,它把大量的能量输运到行星际空间中去。宁静太阳的电磁辐射覆盖了很宽的波长范围,由大约 1 Å(10^{-10} m)一直延伸到 10 m 以外,可分为 X 射线、紫外线、可见光、红外线和射电波。其中 X 射线辐射、紫外线辐射,以及部分红外波段的辐射受到地球大气的强烈吸收。图 1.1.3 展示了在地球大气以外和地面上分别观测到的太阳辐射谱。该图还显示了不同波长的太阳辐射随时间的变化幅度,短波长的紫外线(以及 X 射线)辐射虽然比较微弱,但是变化程度却是最大的。太阳每秒辐射出的总能量称为太阳光度 $L_\odot$。在地球与太阳的平均距离上,垂直于太阳光线的每平方米截面每秒所接收到所有波长的太阳能量叫作太阳常数。通过极为仔细的测量得到太阳常数为 1.367 kW/m^2(太阳常数在不同年份有微小的变化)。由太阳

常数可以推算出太阳光度 $L_\odot = 3.845 \times 10^{26}$ W。如果认为太阳是绝对黑体，可以得到太阳的有效温度为 5770 K。

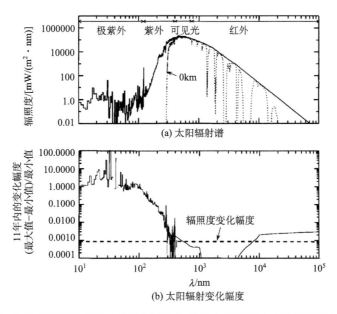

图 1.1.3　地球大气以外观测到的太阳辐射谱(实线)与地面上观测到的太阳辐射谱(虚线)(a)以及不同波长的太阳辐射在 11 年内的变化幅度(b)(Lean and Rind, 1998)

太阳电磁辐射的能量主要集中在 0.3~4 μm 波长之间，其中绝大部分是由光球辐射出来的。只有百分之一左右的能量处于这个波长范围之外，主要是由色球层和日冕发射出来的。由于日冕气体的温度为 10^6 K 左右(图 1.1.1)，其辐射中很重要的一部分是在软 X 射线和极紫外波段。在地球轨道附近，在太阳黑子低年，X 射线的积分通量约为 0.15 erg/(cm²·s)[①]；而在太阳黑子峰年，则可达 0.5~1 erg/(cm²·s)。日冕中的电子通过热轫致辐射、回旋辐射和等离子体辐射等机制还产生太阳射电波。射电能流随太阳活动高低而变化，对 10.7 cm 射电波，太阳活动低年的能流约为 65×10^{-22} W/(m²·Hz)，太阳活动峰年则可高达 250×10^{-22} W/(m²·Hz)。

除了电磁辐射，太阳还向外发出等离子体流和高能粒子。日冕由于高温而不断向外膨胀，在行星际空间形成向外的超声速等离子体流——太阳风。太阳风向外输运的总功率大约为 6×10^{20} W。虽然太阳风向外输运的能量与太阳电磁辐射的能量相比是很少的，但是它决定了行星际空间的特性，我们将在第 2 章中专门讨论。太阳耀斑爆发时，太阳的电磁辐射和等离子体发射都大大增强，同时还发射高能粒子，在第 4 章将讨论这些高能粒子的传播和特性。

---

① 根据国务院 1984 年颁布的《中华人民共和国法定计量单位》规定，尔格为非许用单位，法定计量单位为焦耳，换算关系为 1 erg=10^{-7} J。

1.1.3 太阳的能量来源及内部能量的输运

目前认为太阳的巨大能量是由日核中发生的热核反应提供的。日核的厚度约为 $0.25R_\odot$。太阳自身引力的作用使日核的温度高达 10^7 K 左右，以致能够发生质子-质子间的聚变反应。在这个过程中，四个质子聚合成一个氦核，释放出 26.7 MeV(约 4×10^{-5} erg)的能量。由于每秒钟太阳辐射出的总能量达 3.845×10^{33} erg，每秒钟应有约 10^{38} 个核聚变发生，也就是说约有 6.4×10^{14} g 氢参加核反应，其中 0.7%的质量转变成能量($E=mc^2$)，亦即每秒钟约有 450 万 t 的太阳物质转变成能量。太阳核心的热核反应还要产生中微子，它可以自由地由太阳内部逃逸出来。目前探测到的中微子流量与理论预测的基本一致，说明关于日核聚变反应的理论是正确的。

一般认为日核产生的能量开始是通过辐射向外传输的。因此，日核外的这个区域被称为辐射区，约在 $0.25R_\odot$ 到 $0.75R_\odot$ 之间。光子在由日核向外传输的过程中，多次被吸收又再发射。在任一体积中吸收的能量与再发射的能量相等时太阳物质处于平衡态。由日核向外，温度、压力、数密度和光子的能量都迅速减小。

在接近太阳可见表面的一层，由于温度随高度下降很快，太阳物质不再处于平衡态，而是处于对流状态，因此被称为对流区，其厚度约为 $0.25R_\odot$。

下面我们简要讨论对流区的物理过程。假设一团气体绝热向上移动一个小的位移后，仍然与周围气体保持压力平衡，如果

$$\left| \frac{\mathrm{d}T}{\mathrm{d}r} \right| > \left| \frac{\mathrm{d}T_{气团}}{\mathrm{d}r} \right| \qquad (1.1.2)$$

即辐射场的温度随高度下降得足够快，以致这团气体上升后，仍然比周围气体热，因而密度要比周围气体的密度小，作用在这团气体上的浮力将使它继续上升。这样，这层气体就处于对流状态。雷诺数 Re 的大小决定对流运动是层流还是湍流。Re 由下式定义

$$Re = \frac{VL}{v} \qquad (1.1.3)$$

式中，V 为上升气团的速度；L 为空间尺度；v 为黏滞系数。当 Re 超过约 10^3 时，流动就成为湍流了。据估计在光球下面的一层，$v=10^3$ cm^2/s，取 L 与标高同量级约 10^7 cm，对流运动的速度为 1～3 km/s，雷诺数 $Re \approx 10^9$。因此，对流区中应是湍流。一个对流元由中间上升的热的气体和周围下降的冷的气体组成。在对流区中，能量主要是通过对流的方式传输到对流区顶部的，然后又通过辐射的形式传输出去。对流区的湍流会产生各种波动。这些波动向上传播，可以把能量向上传输到色球和日冕大气中去，使那里维持着很高的温度。对流区的湍动性对流被认为是色球和日冕的主要能量来源。

1.1.4 太阳磁场

1908 年，美国天文学家海耳观测到太阳光球谱线的塞曼分裂，根据塞曼效应，推测出太阳黑子中的磁场高达数千高斯[①]。目前对太阳磁场的精确测量基本限于光球，仍主

[①] 根据我国法定计量单位规定，高斯(G)为非许用单位，法定计量单位为特斯拉(T)，1 G 相当于 10^{-4} T。

要是利用可见光或红外波段一些谱线的塞曼效应，通过测量这些谱线的偏振来反演出光球磁场矢量。

在太阳活动区，人们通过测量 He I 10830 Å 等谱线的偏振，对色球的磁场也有零星的诊断。结果显示，活动区色球磁场大约在几百高斯的量级(Solanki et al., 2003；Xu et al., 2010)。

日冕的磁场较弱，加之形成于日冕里的谱线轮廓较宽，因此一般日冕谱线难有明显的塞曼分裂，故而很难通过塞曼效应来测量日冕磁场。但在红外波段，针对日冕磁场有零星的观测结果，在活动区之上，离太阳边缘约 0.1 个太阳半径高度处，磁场强度大约为 5 G(Lin et al., 2004；Liu and Lin, 2008; Yang et al., 2020a, 2020b)。对于日冕磁场，目前比较常用的方法是基于光球磁场测量，在无力场假设下将磁场外推到高层大气中。

作为等离子体热压与磁压的比值，β 值 $\left(4\mu_0 nkT / B^2\right)$ 反映了磁场和热力学过程在控制等离子体行为方面的相对重要性。图 1.1.4 显示了太阳大气中的等离子体 β 值随高度的变化。在光球，β 值一般大于 1，等离子体携带着磁场运动。而从高色球到低日冕，β 值远小于 1，等离子体的行为受磁场控制。到外日冕以及太阳风中，β 值又变大。

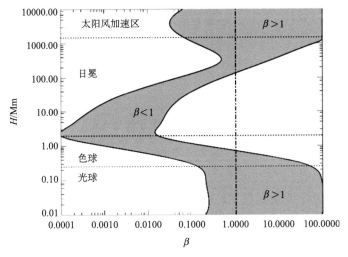

图 1.1.4 太阳大气中等离子体 β 值随高度 H 的变化(Gary, 2001)

1.2 光　　球

光球是我们平时肉眼看到的太阳大气。实际上，几乎我们接收到的所有太阳可见光辐射都是由这里发出的。光球可以看作一个发光的球壳。光球的厚度是由太阳大气层对光线的透明度或者混浊度决定的。光球上面的大气对于由光球发出的光线是透明的。相反，光球下面的区域是不透明的，我们不能对其进行光学观测，这是因为那里的气体密度过高，内层气体的辐射被其外层的气体吸收。由透明到混浊是逐渐变化的，不完全透明也不完全混浊的区域就是光球。光球的下边界不是很明确的，在某种程度上依赖于辐射波长。光球层的厚度是 500 km 的量级，小于太阳半径的 0.1%。所以实际上几乎所有可见太阳光都是由太阳大气中极薄的一层辐射出来的。光球的温度从里往外是下降的，到光球顶部大约为 4500 K(图 1.1.1)。

光球以中性成分为主，氢原子的电离度在 10^{-4} 的量级。在光球低层，光子和原子碰撞频繁，大体上处于局部热动平衡态，即在光球内的一个小体积单元中，可用单一的温度来描述辐射场的特性。辐射场可由均匀和各向同性的黑体辐射来表征，辐射率可由该温度对应的普朗克函数表示。粒子的微观运动速度服从麦克斯韦分布，原子的电离态遵从沙哈方程，原子的激发态满足玻尔兹曼方程。但是温度随空间位置的不同而有所不同。在光球高层，由于密度降低，局部热动平衡在很多情况下不再成立。

1.2.1　光球能量的辐射传输

对流区把由日核辐射出的能量通过对流的形式传输到光球层底，在光球层内部能量又主要通过辐射形式由一层传到另一层(称辐射转移或辐射传输)。在光球的温度和数密度($n \approx 10^{15} \, \text{cm}^{-3}$)下，能量的辐射传输比对流传输更为有效。当辐射通过一个薄层时，由于这薄层物质的吸收，辐射损失了一部分能量；但同时由于这薄层物质的辐射，又增加了一部分能量。对所有能量的损失和增加求和，便得到最后由光球层顶辐射出的能量。在球对称和局部热动平衡的假设下，下面将此过程以数学形式进行简单的描述，详细的演算过程见相关文献(林元章, 2000；李波, 2016)。

设 I_λ 为某时刻、某位置、沿着某方向的波长 λ 处的辐射强度。该辐射沿 θ (辐射方向与径向的夹角)方向传播 $\mathrm{d}s$ 后，辐射的变化可表示为

$$\mathrm{d}I_\lambda = j_\lambda \rho \mathrm{d}s - \kappa_\lambda I_\lambda \rho \mathrm{d}s \tag{1.2.1}$$

式(1.2.1)右边第一项表示附加发射，第二项表示吸收。其中，ρ 为介质密度；j_λ 为发射系数，表示单位质量的物质在单位时间内沿某方向单位立体角所辐射的在单位波长间隔中的能量；κ_λ 为单位质量的吸收系数，表示单位质量物质的有效吸收截面。如果定义源函数

$$S_\lambda = \frac{j_\lambda}{\kappa_\lambda} \tag{1.2.2}$$

式(1.2.1)可以转换成如下辐射转移方程的形式

$$\frac{\mathrm{d}I_\lambda}{\mathrm{d}\tau_\lambda} = S_\lambda - I_\lambda \tag{1.2.3}$$

其中 τ_λ 为光学深度，由下式给出

$$\mathrm{d}\tau_\lambda = \kappa_\lambda \rho \mathrm{d}s \tag{1.2.4}$$

将辐射转移方程[式(1.2.3)]右边的 I_λ 移到左边，然后两边都乘以 $\mathrm{e}^{\tau_\lambda}$，沿辐射传播方向自光深原点到光深为 τ_λ 的点积分，即可得到辐射转移方程的形式解：

$$I_\lambda(\tau_\lambda) = I_\lambda(0)\mathrm{e}^{-\tau_\lambda} + \int_0^{\tau_\lambda} \mathrm{e}^{-(\tau_\lambda - \tau_\lambda')} S_\lambda(\tau_\lambda') \mathrm{d}\tau_\lambda' \tag{1.2.5}$$

式(1.2.5)的物理意义非常明显，右边第一项表示入射光束在经过介质的吸收衰减后对光深为 τ_λ 处的辐射贡献，第二项则表示沿着辐射方向上的介质中各点自身辐射经过衰减后

的贡献。

一般定义光深原点在观测者的位置，光深从观测者到日心逐渐增加。定义 dr 为太阳径向上的路程微元，则可由下式重新定义光深[式(1.2.4)不再使用]：

$$d\tau_\lambda = -\kappa_\lambda \rho dr \tag{1.2.6}$$

由于太阳表面到观测者这一段物质的吸收可以忽略，因此从日心距 r 处到观测者之间的物质吸收所引起的总光深可写成下式

$$\tau_\lambda(r) = \int_r^\infty \kappa_\lambda(r)\rho(r)dr = \int_r^R \kappa_\lambda(r)\rho(r)dr \tag{1.2.7}$$

其中 R 为太阳半径。考虑到 $ds\cos\theta = dr$，由式(1.2.1)、式(1.2.2)和式(1.2.6)可以得到光球中辐射强度随光深变化的辐射转移方程

$$\cos\theta \frac{dI_\lambda(\tau_\lambda,\theta)}{d\tau_\lambda} = I_\lambda(\tau_\lambda,\theta) - S_\lambda(\tau_\lambda) \tag{1.2.8}$$

从该方程出发，并令 $\tau_\lambda = 0$，可以得到太阳表面日心角距 θ 处向外的辐射强度

$$I_\lambda(\theta) = \int_0^\infty S_\lambda(\tau_\lambda')e^{-\tau_\lambda'\sec\theta}\sec\theta d\tau_\lambda' \tag{1.2.9}$$

式(1.2.9)说明，太阳表面向外的辐射强度为从观测者所在位置向日心，沿着视线方向上各点辐射经过衰减后的贡献之和。

式(1.2.9)也说明，观测到的辐射主要来自 $\tau_\lambda\sec\theta \approx 1$ 的层次。在用可见光或红外连续谱波段对光球进行观测时，通常发现太阳的边缘比中心位置要暗一些[图1.2.1(a)]。这一所谓临边昏暗的现象可由这一推论来解释。因为在日轮中心处时，$\sec\theta = 1$；而在靠近日面边缘处，$\sec\theta > 1$。这导致在观测日面边缘时，τ_λ 较小，对应光球中较高的层次（浅层）。由于光球温度随高度下降，所以观测日面边缘时，看到的是光球高层中温度较低的物质，因此辐射较弱。

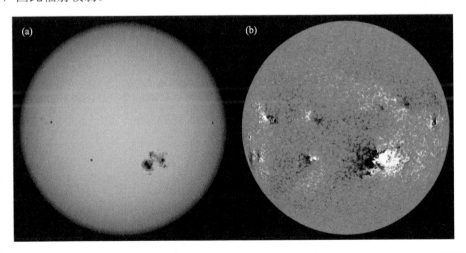

图 1.2.1　太阳动力学天文台卫星(SDO)上搭载的日震和磁场成像仪(HMI)拍摄的光球连续谱图像(a)和光球纵向磁场图像(b)（https://sdo.gsfc.nasa.gov）

(b)图中的白色和黑色分别表示纵向磁场的两个极性

1.2.2 吸收线

光球辐射的连续谱近似于温度为 5770 K 的黑体辐射。在光球辐射的连续谱上还叠加有许多暗的吸收线，这是由太阳大气中原子有选择地吸收和再发射光子产生的。

太阳光谱中的吸收线最早是由英国化学家威廉·海德·沃拉斯顿于 1802 年注意到的。不久，德国物理学家约瑟夫·夫琅和费独立地发现了约 570 条这类谱线，开始系统地测量和研究它们，并以不同的字母来标记不同的谱线。后来古斯塔夫·基尔霍夫和罗伯特·本生确认了不同谱线所对应的化学元素，并推测这些暗线多是由太阳上层大气中这些元素的吸收造成的。太阳光谱中的这些吸收线现在也经常被称为夫琅和费吸收线，图 1.2.2 显示了这些吸收线，其中横轴代表波长，纵轴代表空间位置。图 1.2.3 显示了光球吸收线的典型谱线轮廓，其中横轴为波长，纵轴为辐射强度，虚线标出了线心的位置。

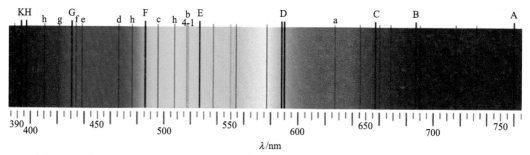

图 1.2.2　太阳可见光连续谱上叠加的吸收线(http://www.wikiwand.com/en/Fraunhofer_lines)

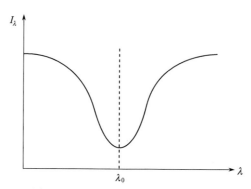

图 1.2.3　光球吸收线的典型谱线轮廓

由光球发出的光子波长越靠近吸收线的中心，这些光子往外传输时被吸收的概率就越大。观测到多数夫琅和费吸收线中心的辐射都来自光球高层，这是因为观测到的辐射主要来自 $\tau_\lambda \sec\theta \approx 1$ 的层次。当 θ 固定时，τ_λ 的取值也固定下来，线心处吸收系数 κ_λ 较大，由式 (1.2.7) 可知，有效发射层对应光球中比较高的层次。而光球高层温度较低，所以辐射强度较低，从而形成较暗的吸收线。而吸收线以外的辐射来自光球低层，因为温度较高，所以辐射强度较大。吸收线中心两侧不同波长对应的辐射强度反映了不同高度上太阳大气的特性。对于某一层大气可以选择一合适的波长来对它进行观测。

研究夫琅和费吸收线，可得到关于太阳大气化学组成、速度、磁场等信息。比如，

图 1.2.1(b) 展示了利用光球吸收线的塞曼效应诊断出来的光球磁场(纵向分量)分布。在光球中,黑子区的磁场最强,一般有数千高斯。在宁静区,强磁场是离散分布的,其强度一般在千高斯的量级。

1.2.3　米粒组织

我们仔细地观察光球照片(图 1.2.4),可以看到,太阳的可见圆面是由接近百万个小的米粒状结构构成的,这些结构叫作光球的米粒组织。中间亮的部分叫作米粒,典型的尺度在 1000～3000 km。周围暗的区域叫作米粒间隙,比较窄,为几百千米宽。中心温度比边缘温度至少高 100 K。由谱线的多普勒频移观测,可知米粒中心有垂直向上的运动,运动速度大约为 0.4 km/s。从米粒中间水平向外的运动速度大约为 0.25 km/s。一个米粒组织的平均寿命约为 8 分钟,最长寿命可达 15 分钟左右。

图 1.2.4　美国大熊湖天文台的古迪太阳望远镜(GST)在 7058 Å 附近的 TiO 波段拍摄的
宁静太阳区域的光球米粒组织(Samanta et al., 2019)

米粒组织可以看作对流区中的对流元在太阳表面上的反映。在一个对流元中,热气体由中间上升到光球,由于辐射变冷在对流元的边缘下沉,所以当我们从上面观察时,可以看到亮而热的核,以及暗而冷的边缘。在实验室中,如果在一层油下面加热,可以得到类似的对流花样。

在有些对流元边界的暗径中,经常可以观测到一些小亮点。这些光球亮点是光球磁场集中的地方,磁场强度可达千高斯的量级。

1.2.4　超米粒组织

更细致地分析光球的水平运动,又可将日面大致分为约 1000 个大的"单元",每个"单元"中心缓慢地向上运动,中心附近的气体水平向外运动,每个"单元"的边缘又缓慢地向下运动。这些大尺度的速度"单元"系统叫作超米粒组织。每一个速度"单元"中速度的典型值是：水平速度为0.3～0.4 km/s，"单元"周围垂直向下运动速度为0.1～0.2 km/s，中心向上的运动速度更小些。超米粒组织的水平尺度大约为32 000 km，当"单元"接近太阳活动区时，它的尺度大约要增大10%。这些速度"单元"的典型寿命为1～2天。

越过超米粒组织，温度几乎没有变化，所以从光球照片中一般不能直接辨识出超米粒组织。与米粒组织相比，超米粒组织是更大尺度的对流单元，产生于对流层中更深的层次。在光球表面上，气体由对流元的中心向其边缘运动，把磁场携带到"单元"边界，导致宁静区光球磁场主要集中在超米粒组织的边界(图1.2.5)。该处磁力线从光球延伸到色球甚至更高处，在色球观测中经常看到的针状物便产生于此(见1.3.4节)。

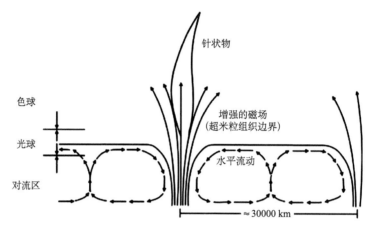

图1.2.5 太阳宁静区的磁场和针状物集中在超米粒组织的边界(Gibson, 1973)

1.2.5 振荡

观测太阳吸收线的多普勒频移，发现太阳表面物质的垂直运动速度在作周期性振荡。光球的平均振荡周期为5分钟左右，振荡速度约0.5 km/s，振荡在水平方向上约30 Mm的空间范围内基本上是同相位的。这一现象被称为5分钟振荡，它被认为是光球之下不同模式的共振声波(p模)在太阳表面的叠加。

除了5分钟振荡之外，在光球还发现了周期约为160分钟的振荡，振幅约0.3 m/s，这可能与低阶声波或重力波相关。此外，在光球大气中还可能有周期小于100 s的声波或者磁声波。这些波动被认为是起源于对流区，它们携带着机械能向上传播，并且逐渐地耗散在上层大气中。可能的耗散机制在不同高度上是不同的：在光球层是辐射衰减；在色球层可能是激波耗散；在日冕可能是黏滞性或焦耳损耗。波的周期越短其能量耗散的高度可能越低。

通过观测和研究光球中不同模式的振荡及其特征，可以推测太阳内部的结构和性质，这一研究领域称为日震学。我们对太阳内部的多数认识都是根据日震学的方法获取的。目前，日震学的很多研究方法已开始被应用到除太阳以外的恒星上，从而帮助我们认识恒星的内部结构和性质。关于光球振荡和日震学的相关理论，可参考相关文献(林元章，2000)。

1.3　色球和过渡区

光球上面的一层叫作色球层。色球这个名字来源于它的红色。色球的红色是由于它的发射谱中 Hα 线(6563 Å)占优势。在日全食的前后几秒钟，我们可以看到日面边缘上出现亮的粉红色的光环，这就是色球层。

太阳大气的分层有一定的任意性，也不统一，大都根据由一定的模型计算出的温度剖面来划分。通常取波长 $\lambda=5000$ Å 处光学深度为 1 的地方作为高度零点。由图 1.1.1 可以看到，由零点向外，温度逐渐减小，到 500 km 左右温度减小到极小值 4500 K 左右，这一高度被定义为光球的上边界，也是色球的下边界。色球温度的增加最初比较缓慢，在 2000 km 左右温度增加得很快，达到 $1\times10^4\sim2\times10^4$ K，可以认为这是色球的上边界。然后在几百千米的范围内温度陡升到约 8×10^5 K，这就是过渡区。约 3000 km 以上就是日冕了，在此高度之上温度虽继续上升，但是梯度很小。到数万千米的高度，温度可达 1.5×10^6 K 左右。

在有些文献中，过渡区被作为太阳大气中的一个单独的层次。过渡区温度陡升的原因主要是，在色球顶部和过渡区底部，氢原子莱曼阿尔法谱线的辐射损失非常强，为了平衡这一辐射损失，从日冕往下的热传导必须很大，从而色球和日冕之间需要一个温度梯度很大的过渡区。实际上，过渡区并非一维太阳大气模型中简单的薄层所能描述。因此，人们往往把过渡区定义为一个温度区间(大体上从 2×10^4 K 到 8×10^5 K 之间)，而非一个高度范围。近 20 年来的观测表明，过渡区是一个高度动态和极不均匀的层次，它在太阳大气的物质和能量传输过程中占有关键的地位。

1.3.1　色球的辐射特征

氢的巴尔末线系的 Hα 线是观测色球最常用的一条谱线。Hα 线也是所有夫琅和费吸收线中最强的一条。图 1.3.1 展示了一幅太阳 Hα 线辐射图像。图 1.3.2 则给出了太阳 Hα 线辐射强度随波长的变化。谱线中心部分是在色球中产生的，往两翼移动形成高度逐渐降低，远翼(离线心约 1 Å 以外)形成于光球。因为 Hα 线在太阳光谱的可见光区域，而且氢是太阳大气中最丰富的元素，所以这条谱线常被用来对太阳进行观测。在 Hα 线翼上，叠加了很多形成于光球的吸收线。

既然 Hα 吸收线中心的辐射是在色球层产生的，同时色球的温度又随着高度增加而增加，初看似乎我们应当看到亮的发射线。可是实际上看到的却是暗的吸收线。这是由于色球大气不是处于热动平衡态，对于许多谱线来说，实际发射光子的原子密度与吸收光子的原子密度的比值比假定色球大气处于热动平衡态计算出的比值要小得多，所以在谱线轮廓的中心形成了很强的吸收特征。

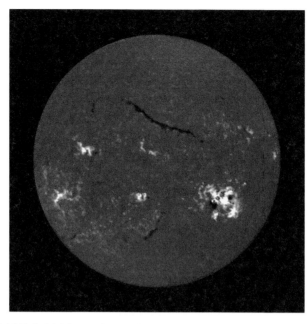

图 1.3.1　中国科学院国家天文台怀柔太阳观测基地用 Hα 谱线于 2014 年 10 月 26 日
拍摄的全日面色球图像

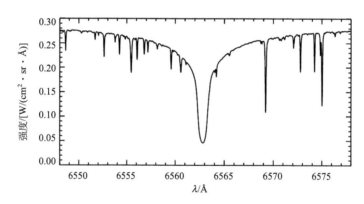

图 1.3.2　Hα 吸收线轮廓(摘自荷兰太阳物理学者 Rob Rutten 的个人网站 http://www.staff.science.uu.nl/～
rutte101/dot/dotshots/halpha-neckel.jpg)

色球能量的耗散主要是通过辐射损失，辐射能流约为 4×10^6 erg/(cm^2·s)，大约是光球的万分之一，比日冕能量损耗(包括辐射能流、热传导能流、太阳风能流等)高一个数量级。色球气体向外辐射能量主要通过 Lyman 连续谱(自由-缚束跃迁)以及几条较强的色球谱线(如 Lyman-α 1216 Å、Mg II k 2796 Å、Mg II h 2803 Å、Ca II K 3934 Å、Ca II H 3969 Å、Ca II 8542 Å 等)的辐射。

最具代表性的一维太阳低层大气(含色球和光球)模型是 VAL 模型，该模型是由哈佛-史密松天体物理中心的 Vernazza、Avrett、Loeser 三人建立的(Vernazza et al., 1981)。图 1.3.3 展示了 VAL 模型给出的宁静太阳中光球和色球温度随高度的变化，一些主要谱线的形成高度也标注在图中，如 Lyman-α 线心形成于高色球，而线翼形成高度较低；再如 Mg II k 线的线心(k_3)形成于色球较高的层次,两个峰(k_2)形成高度稍低,而 k_1 则形成于光球顶部的温度极小区附近(图 1.3.4)。因此,用同一条谱线的不同波长位置进行观测,可以研究太阳低层大气中不同高度的物理特性(图 1.3.5)。

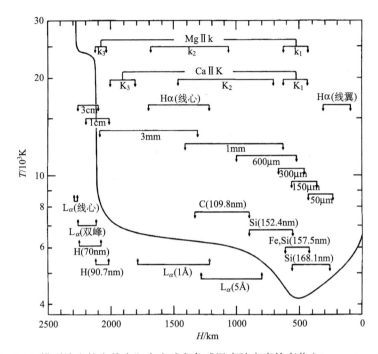

图 1.3.3　VAL 模型给出的宁静太阳中光球和色球温度随高度的变化(Vernazza et al., 1981)

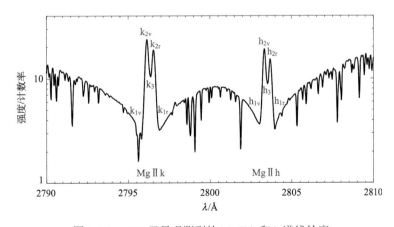

图 1.3.4　IRIS 卫星观测到的 Mg II k 和 h 谱线轮廓

　　VAL 模型能较好地描述色球的平均特性,而无法描述高度动态的局部色球区域里的物理过程。近年来,三维时变的辐射磁流体力学模拟得到较大发展。比如,利用 Bifrost 程序(Gudiksen et al., 2011),Leenaarts 等(2013)对色球主要谱线的形成进行了研究,发现同一谱线的形成高度是随时间快速变化的,并且在不同位置也有很大不同,说明色球其实是一个高度动态和极不均匀的层次。

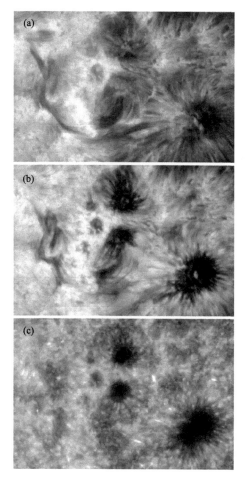

图 1.3.5　IRIS 卫星在 Mg II k 线的 k_3(a)、k_2(b)、k_1(c) 位置拍摄的太阳局部区域图像

　　色球的温度随高度增加，其加热机制目前还没有完全搞清楚。由于光球外面的大气对光球的辐射是透明的，因而光球辐射不能作为加热色球的能源。而从高温日冕往下的热传导只能部分加热高色球。因此需要有其他的能量来源才能维持色球的温度增加，一般认为色球能量的辐射损失率与激波耗散加热率的平衡决定了色球的温度。一种观点认为，色球低层的加热是由对流区向上传播的周期低于 100 s 的声波的耗散引起的。目前认为对流区的对流运动产生声波，这些波动向上也就是向着低密度区域传播，最后转变成激波，激波的耗散可能是色球加热的主要原因。Stein(1968) 计算了由对流区垂直向上传播的声波功率谱，能量大致集中在周期为十几秒至一百秒之间，总能流估计为 $2\times10^7\mathrm{erg/(cm^2 \cdot s)}$。这些能量的耗散可以维持色球的辐射损失。但是 Fossum 和 Carlsson(2005) 的研究表明，这些高频声波所携带的能流并不足以加热色球低层，他们认为周期在 3 分钟左右的声波在低色球的加热过程中扮演了关键的角色。而 Song 和 Vasyliūnas(2011) 则认为，在光球及其下方产生的高频(大于几十毫赫兹)阿尔文(Alfvén)波往上传到色球后，由于离子和中性成分之间的碰撞以及电子碰撞而耗散，从而加热了色球。

1.3.2　过渡区的辐射特征

过渡区是太阳大气中从部分电离向完全电离、碰撞向无碰撞过渡的区域。由于等离子体 $\beta \ll 1$，过渡区的等离子体行为基本受磁场控制。大量观测表明，过渡区并非一个均匀的薄层，而是一个高度动态的区域，其厚度及所在的高度都随时间和空间迅速变化。

过渡区的辐射基本位于极紫外和远紫外波段，辐射的波长范围主要集中在 400～1600 Å，这个波段的太阳光谱由众多分立的发射线和连续谱所组成。这个波段的辐射也受到地球大气的严重吸收，因此一般需要通过空间卫星或探空火箭来进行观测。过渡区辐射基本是光学薄的，即辐射在往外传输的过程中，基本没有受到吸收或散射的影响。而光球和许多色球的谱线是光学厚的，其形成需要考虑复杂的辐射转移过程。

过渡区谱线的形成机制主要是下述过程：离子与自由电子碰撞，被激发到一个较高的能态 j，然后从高能态跃迁回低能态 i，同时释放出光子。光学薄谱线的辐射强度（erg·cm^{-2}·s^{-1}·sr^{-1}）可以表示成下式

$$I_{ji} = \int_T G\left(T, \lambda_{ji}, N_e\right) \varphi(T) \mathrm{d}T \qquad (1.3.1)$$

积分号中的两项分别为谱线的贡献函数（erg·cm^3·s^{-1}·sr^{-1}）和微分辐射量（cm^{-5}·K^{-1}），分别表示成

$$G\left(T, \lambda_{ji}, N_e\right) = \frac{h\upsilon_{ji}}{4\pi} \frac{A_{ji}}{N_e} \frac{N_j\left(X^{m+}\right)}{N\left(X^{m+}\right)} \frac{N\left(X^{m+}\right)}{N(X)} \frac{N(X)}{N(H)} \qquad (1.3.2)$$

$$\varphi(T) = N_H N_e \frac{\mathrm{d}l}{\mathrm{d}T} \qquad (1.3.3)$$

式中，h 为普朗克常数；υ_{ji} 为光子频率；A_{ji} 为爱因斯坦自发辐射系数；N_e 为电子密度；N_H 为氢元素密度；$\dfrac{\mathrm{d}l}{\mathrm{d}T}$ 为温度梯度的倒数。式 (1.3.2) 右边最后三项分别表示 X^{m+} 离子中处于 j 能态的离子密度与该离子总密度的比值、X^{m+} 离子的密度与 X 元素总密度的比值、X 元素与氢元素密度之比。

贡献函数中包含了谱线形成过程中的电离-复合、激发-退激等原子物理过程。贡献函数最大值对应的电子温度称为该谱线的形成温度，表示在碰撞电离平衡条件下，该谱线最容易形成于这一温度的环境中。图 1.3.6 展示了一些 Mg 离子谱线的贡献函数，注意这里 Mg V 表示 Mg^{4+}，其他离子依此类推。

微分辐射量表示辐射量在温度域的分布，常用来研究太阳大气的温度结构。如果已知具有不同形成温度的多条谱线的辐射强度，可以反演出微分辐射量曲线。

过渡区谱线的轮廓通常呈高斯状，对其进行高斯拟合，就可以得到谱线的强度、线心波长和展宽。据此可以获知辐射源区的一些信息。比如，如果由于多普勒效应，观测到的线心波长偏离该谱线的理论波长 λ_0，则可推算出辐射源区物质在视线方向上的运动

速度。假设波长的变化为 $\mathrm{d}\lambda$，则视向速度为

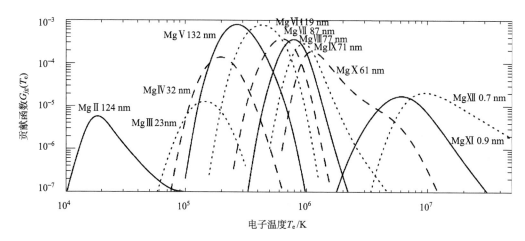

图 1.3.6　一些 Mg 离子谱线的贡献函数(Wilhelm et al., 2004)
此处定义的贡献函数与公式(1.3.2)定义的相差一个系数

$$v = \frac{c}{\lambda_0}\mathrm{d}\lambda \tag{1.3.4}$$

式中，c 为光速。光谱仪观测到的谱线轮廓的展宽 $\Delta\lambda_D$ 通常包括热展宽 $\sqrt{\dfrac{2kT_i}{m}}$、非热展宽 ξ、仪器展宽 σ_I 三个部分，可以表示成下式

$$\Delta\lambda_D = \frac{\lambda_0}{c}\sqrt{\frac{2kT_i}{m} + \xi^2 + \sigma_I^2} \tag{1.3.5}$$

式中，k 为玻耳兹曼常数；T_i 为离子温度。因此，谱线的展宽包含了辐射源区加热以及湍流、波动等非热运动的信息。

　　图 1.3.7 展示了三条分别形成于过渡区底部(Si II 1533 Å，形成温度约 2×10^4 K)、中部(C IV 1548 Å，形成温度约 10^5 K)和顶部(Ne VIII 770 Å，形成温度约 6×10^5 K)的谱线的辐射强度和多普勒频移分布图(红色和蓝色分别表示红移和蓝移)。在过渡区底部，谱线的多普勒速度一般较小；而在过渡区中部，几乎到处都呈现出红移。而形成于过渡区顶部的 Ne VIII 770 Å 谱线则呈现出平均约 2 km/s 的蓝移，蓝移较大的地方集中在一些局部区域。对更多谱线的观测研究发现，在太阳宁静区，过渡区谱线的平均多普勒频移确实随温度变化而变化，形成温度在 $10^{4.3}\sim10^{5.6}$ K 之间的谱线的平均多普勒频移通常都呈红移，红移在温度约 $10^{5.2}$ K 处达到最大，约 10 km/s(图 1.3.8)。过渡区普遍红移的现象是如何产生的？这个问题至今仍有争论。但有证据表明，被加热的色球喷流向外传播到日冕后，冷却到过渡区温度并掉回太阳表面，这可能是导致过渡区普遍红移现象的一种机制(McIntosh et al., 2012)。

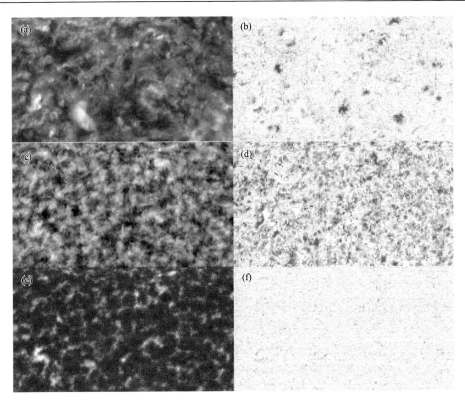

图 1.3.7　太阳和日球层天文台飞船(SOHO)上搭载的太阳紫外辐射测量仪(SUMER)观测的 Si II 1533
Å(e、f)、C IV 1548 Å(c、d)、Ne VIII 770 Å(a、b)谱线的辐射强度(a、c、e)和多普勒频移(b、d、
f)(Dammasch et al., 1999)

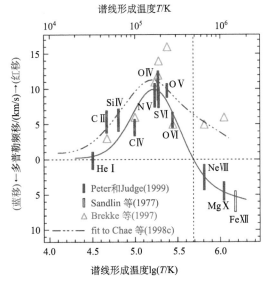

图 1.3.8　谱线的平均多普勒频移随形成温度的变化(Peter and Judge, 1999)

　　过渡区谱线轮廓的宽度一般在辐射较强的地方较大[图 1.3.9(b)中从白色、黄色、红色到绿色代表谱线展宽从大到小],平均非热展宽一般在 20 km/s 左右。Chae 等(1998a)通过分析太阳紫外辐射测量仪(SUMER)的光谱数据时发现,谱线的非热展宽随形成温度也有一个明显的变化趋势(图 1.3.10)。在温度较高和较低时,非热速度都相对较小。而在温度约 $10^{5.2}$ K 处,非热速度达到最大,约 28 km/s。一般认为,这些非热速度可能跟湍流和波动有关。但基于界面区成像光谱仪卫星(IRIS)观测的研究表明,非热速度中的一部分是由过渡区中的小尺度喷流所贡献的,喷流所携带的阿尔文波以及喷流与背景辐

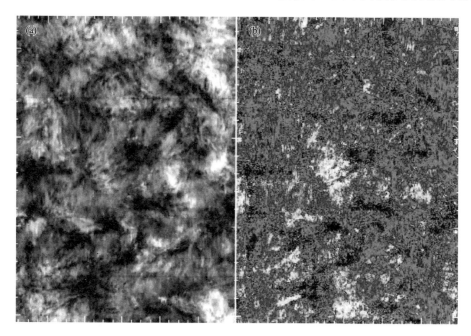

图 1.3.9　Si IV 1393 Å 谱线在宁静区的辐射强度和展宽(Tian et al., 2014a)

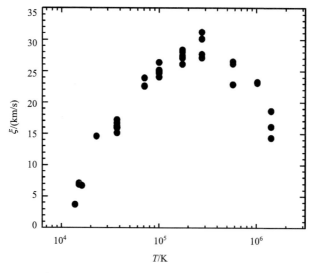

图 1.3.10　谱线的平均非热展宽随形成温度的变化(Chae et al., 1998a)

射在视线方向上的叠加都能导致谱线轮廓变宽(Tian et al., 2014a)。另一部分则可能跟非电离平衡效应有关。当电离平衡条件不再满足时,辐射某一条谱线的离子可在更宽的温度范围内存在,而这些不同温度的环境中可能存在速度不同的等离子体,它们的辐射叠加在一起,便可以将谱线轮廓展宽(De Pontieu et al., 2015)。

1.3.3 网络组织

在用色球谱线拍摄的太阳单色光照片中,或者远紫外波段的连续谱照片中,通常显示出一些大尺度增亮图案,它们被称为色球网络组织。网络组织位于光球超米粒组织的边界,而且与光球宁静区磁场最强的位置重合。网络图案是无规则的。一个网络单元的尺度约为 33000 km,平均寿命约为 17 h,与光球超米粒组织的尺度和寿命类似。在超米粒组织边界集中起来的磁场向上延伸到色球,并控制了色球中的物质。这可能使超米粒组织边界之上的色球气体受到有效的加热,从而形成色球网络组织。图 1.3.11 展示了色球网络组织与光球超米粒组织边界的对应关系,图 1.3.11(a) 中箭头的大小和方向分别表示光球水平速度的大小和方向,深色的条带表示超米粒组织的边界,图 1.3.11(b) 中的黄色条带表示超米粒组织的边界。

用形成于过渡区温度下的谱线来观测太阳宁静区,通常也会发现类似的网络组织,其位置与色球图像中的网络组织重合,但是其宽度一般比色球网络组织的宽度要大,并且随着谱线形成温度的增加而变宽(图 1.3.7)。这一观测现象表明,色球网络组织是向上延伸到过渡区的,网络组织处的磁力线随高度的增加而在水平方向上扩展开来。随着高度的增加,气体的热压减小,因此网络中的磁场结构延伸到高层大气后,由于网络内外需要保持压力平衡,网络中的磁场强度需要降低。根据磁通量守恒,网络中磁流管的截面积就得变大,从而解释了网络宽度随温度增加而变大的观测结果。过渡区谱线的红移和非热展宽都是在网络组织中较大(图 1.3.7 和图 1.3.9)。

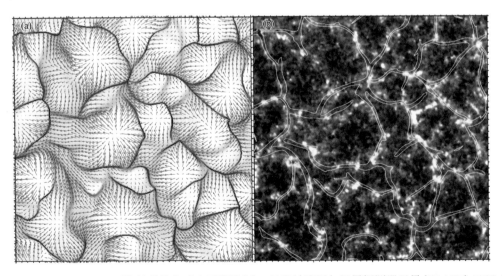

图 1.3.11 从日面白光图像得到的光球水平流场(a),以及过渡区与日冕探测器卫星(TRACE) 1700 Å 波段观测到的网络组织(b) (Tian et al., 2010)

　　在宁静太阳中，磁场主要聚集在网络组织中。网络组织中的磁场结构主要包括不同尺度的半环状(磁环)和漏斗状(磁漏斗)磁场结构(图 1.3.12)，其中磁漏斗可能是开放磁力线或者延伸到日冕中的大尺度磁环的足部，它连接着高温日冕，使日冕可以将一部分能量通过热传导传到低层大气中。基于热传导的过渡区模型能够很好地解释温度在 10^5 K 以上的过渡区辐射，但在更低的温度下，这种模型预测的辐射远小于观测值。为此，Dowdy 等(1986)提出，低过渡区的能量来源可能主要来自网络中低矮的小磁环自身的加热。但是长期以来，这种小磁环一直没有直接的观测证据。IRIS 卫星对过渡区的高分辨率观测发现了一些高度动态的小磁环。它们的长度大约为 5 角秒，寿命一般只有几分钟。这些瞬态的小磁环可能是低过渡区辐射的主要能量来源之一(Hansteen et al.，2014)。

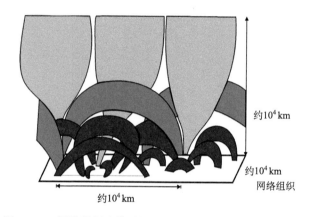

约 10^4 km

约 10^4 km

网络组织

约 10^4 km

图 1.3.12　网络组织中的磁场结构示意图(Dowdy et al., 1986)

1.3.4　针状物

　　在太阳边缘的色球观测中，经常发现许多小的指向日冕的针状结构，称作针状物。图 1.3.13 显示了瑞典太阳望远镜(SST)观测到的针状物，其观测区域靠近日面边缘，观测波长为 Hα 蓝翼离线心 0.8 Å (De Pontieu et al., 2012)。针状物直径约为 1000 km，长为 6000~10000 km。它们连续地上升和下降，平均寿命为 5~10 min。太阳上任何时刻都有针状物存在，针状物实际上是由相对冷而密的色球气体组成($T \approx 10^4$K，$n_e \approx 3 \times 10^{11}$cm^{-3})，这些气体以 15~30 km/s 的速度上升到大约 9000 km 高的低日冕中，之后又掉回来。用 Hα 线对日面进行观测，这些针状物表现为暗的细丝状的动态结构。

　　针状物不像光球米粒组织那样在日面上均匀分布，多数的针状物都集中在光球超米粒组织的边界(图 1.2.5)。一般认为，针状物是由在超米粒组织边界沿着磁力线向上喷射的物质形成的，可能是由向上传播的激波驱动的。p 模波和光球对流运动所产生的磁声波上传到色球后，陡化成激波。激波经由色球时，将色球物质抬升。激波过后，色球物质又掉回来。这样就解释了针状物的上升和下降运动。

　　近年来，对日面边缘色球的高分辨率成像观测表明可能存在第 II 类的针状物(De Pontieu et al., 2007)，这类针状物宽度约 200 km，向上传播的速度可高达 50~120 km/s，有些甚至呈现出明显的横向振荡或旋转运动。但也有一些学者怀疑第 II 类针状物的存在

(Zhang Y Z et al., 2012)。观测发现，当网络组织边界外出现与网络磁场极性相反的小尺度磁结构时，一些针状物便会产生，说明这些针状物可能是由磁重联产生的 (Samanta et al., 2019)。在对日面上过渡区网络组织的成像观测中，也发现了大量往外传播的喷流，表观速度多在 80~250 km/s 的范围内，光谱观测表明其温度至少可达 10^5 K，这些高温的网络喷流至少有一部分跟色球针状物的加热过程有关(Tian et al., 2014a)。IRIS 卫星对过渡区的成像观测表明，这些间歇性的网络喷流和上节讲到的瞬态小磁环是宁静太阳过渡区中最主要的两类动态结构。

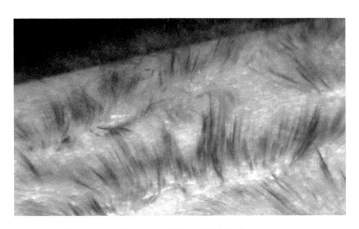

图 1.3.13　瑞典太阳望远镜(SST)观测到的针状物(De Pontieu et al., 2012)

很明显，针状物和超米粒组织边界的磁场相联系，它可能是日冕物质和能量的一个重要来源。一种观点认为，部分色球物质被间歇性地加热后，以第 II 类针状物的形式不停地将被加热的物质往上输运到日冕中，从而为日冕和太阳风供应了高温的物质和充足的能量(Tian et al., 2014a; De Pontieu et al., 2009)。

1.3.5　过渡区爆发事件

过渡区谱线有时会呈现明显偏离高斯状的轮廓，线翼会显著增强，这种现象被称为过渡区爆发事件。SUMER 对太阳宁静区的观测表明，过渡区爆发事件多出现在网络组织边界处，并且在同一个位置可能会重复发生(Ning et al., 2004)。一般将过渡区爆发事件解释为磁重联所产生的双向喷流，双向喷流在一个空间像元里的叠加就形成了谱线两翼的增强。有时光谱仪的狭缝可能只扫到一个方向的喷流，这样就会只看到过渡区谱线轮廓的一侧线翼增强[图 1.3.14(b)中 1、2、3 表示光谱仪狭缝先后扫描到的位置]。观测上也发现，过渡区爆发事件经常与光球纵向磁图中正负极性磁结构之间的汇聚和对消相伴(Huang et al., 2014; Chae et al., 1998b)，这也是太阳低层大气中磁重联的典型观测特征(Wang and Shi, 1993)。

需要说明的是，有些过渡区爆发事件可能并非磁重联产生的喷流。比如当一个横截面积小于空间像元大小的磁流管出现扭缠运动时，磁流管两侧的双向运动同样可能导致谱线两翼增强。

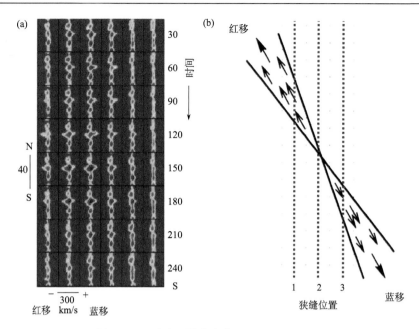

图 1.3.14　过渡区爆发事件(Innes et al., 1997)

(a) SUMER 观测到 Si IV 1393 Å 光谱的时间演化图；(b) 磁重联产生的双向喷流示意图

1.4　日　　冕

日冕是过渡区之外的太阳大气，向外一直伸展到行星际空间中去，形成连续向外流动的太阳风。日冕温度随着高度增加变化很慢。在日冕的宁静区，温度大致是均匀的，接近 1.5×10^6 K；在活动区之上的低日冕中，温度可比这个值高出一两百万摄氏度。在这样高的温度下，日冕气体基本是完全电离的。日冕的主要能量损失是来自向太阳风和色球层的热传导，辐射损失不是主要的，但日冕的辐射对探测日冕极为重要。由于日冕的可见光辐射强度是太阳表面(光球)辐射的约百万分之一，所以在一般情况下，对日冕的观测是非常困难的。日全食是观测日冕的极好机会，因为此时太阳表面的强辐射几乎完全被月球挡住。日冕是太阳大气中与行星际空间关系最为密切的一层。可以说日冕的性质决定了行星际空间的性质。下面我们将详细地描述日冕的特性。

1.4.1　日冕的电磁辐射

日冕的物理特性是通过观测日冕的各种辐射获知的。日冕的可见光辐射主要由三部分组成，第一个分量是没有吸收线的偏振的连续光谱，称作 K(Kontinuierlich) 冕，它是光球的辐射被日冕电子汤姆孙散射而形成的。日冕电子的温度为 $T \approx 1.5 \times 10^6$ K，相应的热运动速度表示成

$$V_{\mathrm{T}} = \left(\frac{3kT}{m_{\mathrm{e}}} \right)^{1/2} \approx 10^7 \quad (\mathrm{m/s}) \tag{1.4.1}$$

式中，k 为玻耳兹曼常数；m_e 为电子质量。由多普勒展宽公式

$$\frac{\Delta\lambda}{\lambda} = \frac{v}{c} \tag{1.4.2}$$

可以估计出，对于波长 $\lambda \approx 5000$ Å 的光谱线，其多普勒展宽超过 100 Å，与原来宽度通常不到 1 Å 的谱线相比，被加宽了一百到几百倍。因此从光球辐射出来的谱线被日冕电子散射后都变得很宽，而且互相重叠，所以 K 冕中不出现光球光谱中的吸收线。K 冕光是高度偏振的。直到距日心两三个太阳半径的范围，K 冕辐射都是重要的。

日冕光的第二个分量是无偏振的连续谱，呈现出光球光谱所具有的夫琅和费吸收线，被称作 F(Fraunhofer)冕，它是由于太阳光被行星际空间中的尘埃散射产生的。这种光集中于黄道面，所以又叫作黄道光。由于尘埃速度很小，它的散射对吸收线没有明显影响，因此 F 冕中的吸收线与光球的类似。散射的光是非偏振的。在距日心两三个太阳半径之外的外日冕，K 冕分量随着高度的增加迅速减小，因而 F 冕分量就成为主要的了。

日冕光的第三个分量是所有日冕分立辐射线的总和，叫作 E(Emission)冕。这些谱线是一些高电离金属如 Fe XIV(丢掉 13 个电子的原子)的禁线。产生这些高电离状态需要的能量为几百电子伏，在日冕区域可以很容易地获得这样高的能量。日冕温度 $T \approx 1.5 \times 10^6$ K，日冕粒子的平均动能为

$$E = \frac{1}{2}mv^2 = \frac{3}{2}kT \approx 130\,(\text{eV}) \tag{1.4.3}$$

通过与自由电子或光子碰撞，这些高电离的原子中剩下的电子能够被激发到一个高能态。但需要几秒钟的时间才能再跃迁回到基态。在实验室条件下，这些离子每秒钟经历了许多次碰撞，激发态的原子很少有机会通过辐射退激。因此，在实验室中看不到相应的谱线，所以把它们称作禁线，相应的激发态叫作亚稳态。在日冕中，由于密度很低，碰撞频率比较小，这样的激发态有机会辐射出光子而回到基态。日全食期间，在日心距小于 $2R_\odot$ 的地方已经观测到大约 100 条这样的禁线，最显著的有红线(Fe X，$\lambda=6374$ Å)、绿线(Fe XIV，$\lambda=5303$ Å)和黄线(Ca XV，$\lambda=5694$ Å)。在近红外波段，也发现了一些较强的禁线，如 Fe XIII 离子所发射的波长为 10747 Å 和 10798 Å 的谱线。

图 1.4.1 显示出了日冕可见光辐射中 K、F 和 E 冕分量随高度的变化。其中 E 冕的辐射强度随距离增加下降得最快，在距日心两个太阳半径之外，已经很难观测到 E 冕的辐射。F 冕的辐射强度随距离下降最慢，在距日心两到三个太阳半径之外，F 冕是最主要的。

宁静日冕还辐射软 X 射线。宁静日冕的 X 射线谱峰值在 20～30 Å，主要是由许多分立的谱线组成的。这些谱线是由一些高电离势(几百电子伏)的高次电离原子所产生的发射线。除了发射线，热日冕等离子体还通过热轫致辐射等机制发射 X 射线连续谱。当高速运动的自由电子由于与离子近碰撞被减速下来时，就会发生轫致辐射。电子辐射一个光子所损失的能量在某种程度上依赖于电子的初始能量，更依赖于碰撞接近的程度。日冕的轫致辐射谱由 X 射线一直伸展到射电波。当然轫致辐射在可见光区域也存在，但是它完全被 K 冕所掩盖。

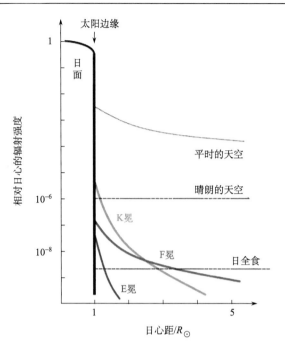

图 1.4.1　日冕可见光辐射中 K、F 和 E 冕分量随高度的变化(van de Hulst，1953)

　　在极紫外波段(100~1200 Å)，日冕也有明显辐射。这一波段的辐射主要也是由众多的发射线和连续谱所组成。其中发射线是一些高次电离原子如 Fe XII、Fe XIV 的核外电子跃迁所产生的，除了一些禁线外，也有很多由允许跃迁所产生的谱线。这些谱线基本都是光学薄的。连续谱部分则是由自由-自由跃迁(热轫致辐射)和自由-束缚跃迁(自由电子和离子复合而释放能量)等物理过程所产生的。最近 20 多年来的卫星观测表明，日冕的极紫外辐射对于我们研究日冕等离子体的物理特性、日冕结构的磁场位形以及太阳爆发过程等都非常有利。目前，极紫外波段已成为对日冕观测最主要的波段。

　　宁静日冕在射电范围的辐射主要是由轫致辐射等机制产生的。日冕在波长小于 2 m 的射电波段是光学厚的。这时日冕中任一处的光子总能和附近的粒子充分交换能量而达到平衡，射电辐射是普朗克函数所表示的黑体辐射。由于波长较大，瑞利-金斯(Rayleigh-Jeans)近似成立

$$B_\lambda\left(\lambda, T\right) \approx \frac{2ckT}{\lambda^4} \tag{1.4.4}$$

式中，λ 和 T 分别为波长和温度。当波长增大到 2 m 以上(频率小于 150 MHz)时，日冕射电辐射的光学厚度开始减小，辐射强度也就变得显著小于黑体辐射了。

1.4.2　日冕的密度、温度和磁场

1. 日冕的数密度

　　由 K 冕的亮度可以推测出日冕的电子数密度。假设日冕是球对称的，汤姆孙散射是各向同性的，由此可计算出日冕的电子数密度。有些日冕发射线对的强度之比对密度敏

感，因此也可通过同时观测这些谱线对来诊断低日冕的电子数密度（Yang et al., 2020a）。图 1.4.2 展示了用不同方法求得的电子数密度随高度的变化。为了求得质子数密度，需要知道氦与氢的相对含量，假定氦与氢原子数之比为 1∶10，得到质子数密度 $n_p=0.83n_e$（n_e 为电子数密度）。但实际上日冕不是均匀球对称的，在有些特定的结构中，电子数密度向外不一定单调下降。

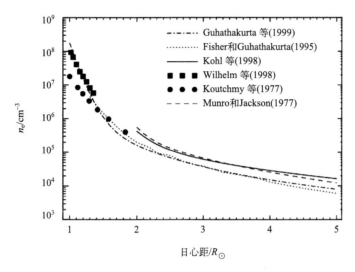

图 1.4.2 根据不同方法得到的日冕电子数密度 n_e 随高度的变化（Antonucci et al., 2004）

2. 日冕的温度

可以采用如下各种方法确定日冕的温度，不同方法得出的温度基本是一致的。

流体静力学温度：假定日冕处于流体平衡态，而且是等温的。由重力和热压力平衡可以求得数密度随高度的变化。反之，如果由 K 冕的观测已经求得日冕的数密度梯度，那么就可求出日冕的流体静力学温度。这样求得的日冕流体静力学温度约为 1.4×10^6 K。

线宽温度：通过测量日冕发射线的多普勒展宽，可求出离子的平均热速度，进而求得日冕的温度。这样测定的日冕温度是线宽温度。

射电亮温度：日冕中电子的热轫致辐射以及电子围绕磁力线作回旋运动发射的回旋辐射，都使日冕发射射电波。宁静日冕射电波的发射与电子热速度有关。假设观测到的射电辐射为黑体辐射，根据辐射强度而计算出来的温度被称为亮温度。如前所述，当波长小于 2 m 时，日冕中的射电辐射是光学厚的，此时亮温度便近似等于日冕的电子温度。由 178 cm 射电波在太阳活动低年的观测得到日冕亮温度约为 1.1×10^6 K，在太阳活动高年得到日冕亮温度约为 1.8×10^6 K。

离化温度：由于日冕的高温，一些重元素的原子处于高度电离状态。这些高度电离的离子产生了日冕的发射线。在同一物理条件下，一种原子可以同时存在几个电离级，如可以同时有 13 次和 9 次电离的铁。不同电离度的离子数密度之比对温度变化很敏感。

在电离平衡态情况下，温度越高便有更多的原子处于更高电离度状态。比如，同时观测日冕红线(6374 Å)和日冕绿线(5303 Å)，可求得 Fe X 和 Fe XIV 离子的数密度之比，进而可以得到日冕温度。

还有一些其他确定日冕温度的方法，用不同方法得到的日冕温度大多小于 2×10^6 K，内日冕温度的典型值为 1.5×10^6 K。

日冕的高温使日冕的能量损失很大。能量损失主要有三个方面：一是向色球层的热传导，二是辐射损失，三是太阳风带走的能量(向外的热传导变为太阳风的动能)。在日冕与色球之间的过渡区中，温度梯度很大。日冕向色球热传导通量约为 6×10^5 erg/(cm²·s)，日冕的辐射损失通量为 $1 \times 10^5 \sim 3 \times 10^5$ erg/(cm²·s)，它们都依赖于太阳的活动水平。如果认为太阳风是由太阳球对称径向向外发出的，得到在宁静太阳时的能流约为 4.7×10^4 erg/(cm²·s)。但实际上太阳风高速流是由冕洞发出的，能流比这个值要高出一个量级。

日冕百万摄氏度的高温是如何产生并长期维持的？这个问题被称为日冕加热问题。一种观点认为，磁力线在光球的足点随机运动可产生低频阿尔文波(McIntosh et al., 2011)，低层大气中的间歇性磁重联活动则可产生高频阿尔文波(Axford and McKenzie, 1992)，这些阿尔文波向上传播，可能耗散在过渡区和低日冕，使温度有很大升高，但具体机制仍不十分清楚。而另外一种观点认为，在色球以上的太阳大气中，任何时刻都发生着大量微小尺度的磁重联过程，这些被称为纳耀斑的小尺度磁重联可以有效加热太阳大气(Parker, 1988)。目前，这两种观点都缺乏直接的观测证据。近年来，一些学者认为，色球中普遍存在的小尺度喷流对日冕加热有重要贡献(De Pontieu et al., 2011; Ji et al., 2012; Tian et al., 2014a; Samanta et al., 2019)。

3. 日冕磁场

日冕的磁场通常是用间接方法推测而来的。最常用的一种方法是，在势场(电流为0)或无力场(洛伦兹力为 0)的假设下，将光球磁场观测作为下边界，向外推出磁场的三维分布，从而得到日冕磁场结构。

值得一提的是，通过测量近红外谱线 Fe XIII 10747 Å 的偏振，Lin 等(2004)反演出了活动区之上约 0.1 个太阳半径高度处的磁场强度，大约为 4 G。然而，该测量的空间分辨率仅为 20″，而且积分时间长达 70 min。此外，由于一些太阳射电辐射机制跟磁场紧密相关，射电观测也可提供一些日冕磁场的信息。再者，通过观测日冕结构中的一些波模，分析其传播特性，也可推测出磁场强度。比如，通过观测日冕中普遍存在的磁流体横波，再结合日冕密度诊断，可测量大视场范围内日冕磁场的分布(Yang et al., 2020a, 2020b)。结合这些不同的测量方法，未来有望实现对日冕磁场的常规测量。图 1.4.3 显示了通过不同方法得到的日冕磁场强度。

同光球一样，不同纬度日冕的自转速度也不同，赤道附近自转快些，随着纬度增加自转变慢。这是由于磁力线把不同高度的太阳大气连接成一个整体共同自转。下面我们将会看到日冕磁场对日冕结构和形状以及发生在日冕中的物理过程有决定性的影响。

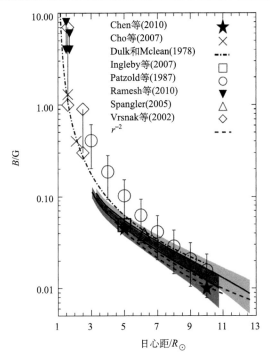

图 1.4.3　用不同方法推算的日冕磁场强度随高度的变化(Chen et al., 2011)

1.4.3　日冕的结构

图 1.4.4 是在 2008 年 8 月 1 日日全食期间拍摄的一张白光日冕照片(图像经过锐化处理)。由图看到日冕是不均匀的，它的结构比较复杂。图中字母表示不同的结构：S 为盔

图 1.4.4　2008 年 8 月 1 日日全食期间拍摄的白光日冕照片 (Habbal et al., 2010)

状冕流，P 为冕羽。白光日冕主要由 K 冕和 F 冕组成。由于日冕的可见光辐射强度是其下方光球辐射的约百万分之一，因此平时用白光无法看到日面上的日冕结构。

在 X 射线和极紫外波段，我们可以观测到日面上的日冕结构。这是因为光球在这些波段的辐射极弱，因此我们可以对着日面观测日冕的 X 射线和极紫外辐射，这样可以从另一个角度得到日冕结构的信息。由于太阳的 X 射线和极紫外辐射被地球大气严重吸收，因此一般需要通过发射探空火箭或卫星到空间进行观测。图 1.4.5 和图 1.4.6 分别展示了在极紫外和 X 射线波段观测到的典型日冕图像。同白光日冕一样，在极紫外和 X 射线波段，日冕也是由一些不同尺度的不均匀结构组成。图 1.4.5 中大写字母表示的区域分别为冕环(L)、日冕亮点(B)、冕洞(H)及冕羽(P)。

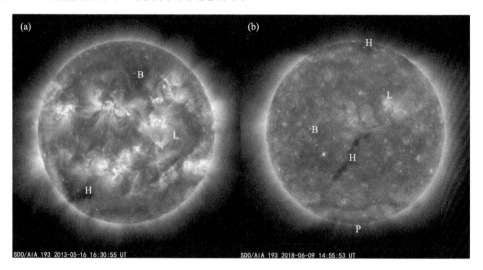

图 1.4.5 太阳动力学天文台卫星(SDO)上搭载的大气成像组件望远镜(AIA)在极紫外波段(193 Å)在太阳活动峰年(a)和太阳活动谷年(b)拍摄的日冕图像 (SDO 卫星官网 https://sdo.gsfc.nasa.gov)

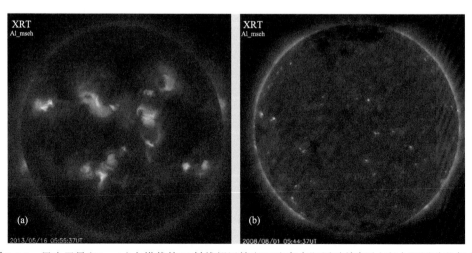

图 1.4.6 日出卫星(Hinode)上搭载的 X 射线望远镜(XRT)在太阳活动峰年(a)和太阳活动谷年(b)拍摄的日冕软 X 射线照片(XRT 官网 https://xrt.cfa.harvard.edu/)

下面分别描述日冕结构中的各组成部分。

盔状冕流是白光日冕中的典型结构，比如图 1.4.4 中标为 S 的区域。在盔状冕流的底部中心可能有宁静日珥，在日珥上边可能有一个暗腔。再往上是亮的日冕拱状结构，拱状结构一般位于离太阳边缘 $1R_\odot$ 的高度以下。在拱状结构上方的辐射线可一直延伸到 $10R_\odot$ 以外。盔状冕流中的电子数密度与周围相比增加了 3～10 倍。其寿命为几个月。

冕羽是白光日冕中由一排射线组成的羽毛状结构，在太阳活动低年一般位于极区之上，这说明太阳上有开放磁场存在。在垂直于磁力线的方向上日冕密度是不均匀的，因为物质在此方向上的扩散被磁场阻止；但是沿着磁力线物质运动不受阻碍，因此我们看到日冕中有很多细长的射线。这些射线描绘了极区的磁力线。冕羽中的电子密度是相邻冕羽之间的间隙中电子密度的 4～5 倍。这种羽状结构在中低纬度有时也可看到，它们的分布与色球网络组织和表面磁场相关。在极紫外波段的图像中，冕羽一般也清晰可见，它比周围的辐射要强一些。

冕环是日冕中的半环状结构，是活动区日冕的主要结构(图 1.4.7)。在高分辨率的极紫外和软 X 射线图像中，冕环很容易被辨识。冕环的大小与所在活动区的尺度相当，高度大约在 10^5 km 的量级。多个冕环通常组成一个冕环系，一个活动区可能有多个冕环系。也有些冕环将不同的活动区连接起来。在白光日冕图像中，一些冕环也清晰可见。由于日冕中的等离子体和磁场是耦合在一起的，因此这些半环状的辐射结构也表征了日冕中磁力线的形态。

图 1.4.7　过渡区与日冕探测器卫星(TRACE)在极紫外波段(171 Å)拍摄的位于日面边缘的冕环
(TRACE 官网 http://solar-center.stanford.edu/news/trace.html)

日冕亮点是宁静日冕中的小尺度亮结构，从极紫外和软 X 射线波段的日冕图像中都能观测到。它们近似均匀地分布在日面上，平均尺寸约为 2×10^4 km，平均寿命大约为 8 h，它与小的光球双极磁场区域相联系，每天约有 1500 个日冕亮点出现。近期高分辨率的极紫外成像观测表明，日冕亮点通常也是由环系组成的，只不过这些环的尺寸要远小于活动区冕环的尺寸。

冕洞是日冕中极紫外和软 X 射线辐射大为减弱的区域。冕洞中的主要结构包括冕羽和日冕亮点。冕洞与行星际空间的关系极为密切，因而我们把它放到 1.4.5 节专门讨论。

根据低日冕磁力线的结构，又可把日冕分为开结构和闭结构两类。开结构是一些发散的射线所占据的区域，闭结构是冕环所占据的区域。差不多所有的闭结构都在日心距离 $2.5R_\odot$ 以内，而 $2.5R_\odot$ 以外的日冕差不多都是开结构的。当然在 $2.5R_\odot$ 以内也有开结构存在，所以 $2.5R_\odot$ 以内是开闭混合结构。在闭结构区域中，由于磁场的控制，可以认为日冕气体是处于流体平衡态。前述对日冕流体静力学温度的计算对闭结构是适用的，也就是说对日心距离 $2.5R_\odot$ 以内的日冕是适用的。

日冕的大尺度结构是随太阳活动性而变化的。太阳活动峰年日冕接近球对称，不同纬度的日冕亮度差不多相同。在中等和弱太阳活动期间，日冕明显地不对称，在接近赤道面处比较亮，主要由少数几个大的盔状冕流组成(图 1.4.4)。相应在极紫外和 X 射线图像中，太阳活动峰年，日面上存在许多活动区，可以看到很多明亮的冕环；而在太阳活动谷年，日面上主要散布着众多的日冕亮点，两极通常可见大的冕洞以及突出于冕洞之上的冕羽。日冕的大尺度辐射结构是跟太阳大尺度磁场紧密相关的，下面对后者进行介绍。

1.4.4　太阳大尺度磁场

光球的夫琅和费线是叠加在连续谱背景上的吸收谱线，这些谱线在磁场的作用下产生分裂(塞曼效应)。通过观测谱线的塞曼效应就可以测量光球磁场。光球磁场(不考虑集中在活动区的强磁场)是不均匀的，磁通量大的区域对应着下降的气流，也就是对应于超米粒组织的边界。虽然光球磁场由许多小的磁场结构组成，但如果考虑这些磁场的极性，它们又组成了一些大的结构，叫作大尺度磁场。

在极区的大尺度磁场叫作极区磁场。同太阳其他地方一样，极区磁场也是由许多小的、动态的磁结构组成。在极盖区(纬度大于 60°)总的磁通量约为 10^{21} Mx[①]。在太阳活动谷年，大尺度磁场在极区和高纬度地区表现为大面积的单极性磁场区域。两半球极区的大尺度磁场的极性一般是相反的，类似一个偶极子场。但有时在几个星期或数天内，两半球极区磁场的极性是相同的。极区磁场的极性随太阳活动有周期性的变化；极性在太阳活动极大年前后改变方向，变化周期约为 22 年。

大尺度磁场结构的自转特性与光球表面的自转特性不同。其自转角速度随纬度变化很小，没有或者有很小的较差自转。大尺度磁场可以由光球一直伸展到日冕。极区大尺度磁场可一直伸展到行星际空间。图 1.4.8 给出了光球大尺度磁场结构的例子。图中纵向磁场的中性线(反向线)表示磁场极性相反的区域的分界线。在磁场中性线上磁场的垂直分量为零。冕环(磁拱)和日珥等结构通常跨越磁场中性线。

目前人们还没有实现对日冕磁场的常规测量。由太阳光球磁场外推可以得到光球之上的三维磁场结构。假定在宁静太阳时磁场分布在一个自转周内不变，对光球磁场连续观测就可以得到光球磁场的全球分布图。假定在某个距离 R_1 以外磁力线都是径向的，并假定由光球到 R_1 之间的磁场是势场，这样就可以计算日冕的磁场结构了。通常取 $R_1 = 2.5R_\odot$，

---

① 磁通量的法定单位为韦伯，换算关系为 1 麦克斯韦(Mx)$=10^{-8}$ 韦伯(Wb)。

因为这样计算的结果与观测的日冕结构相符较好。这种模型叫作势场源表面模型，日心距 $2.5R_\odot$ 的球面被称为源表面。

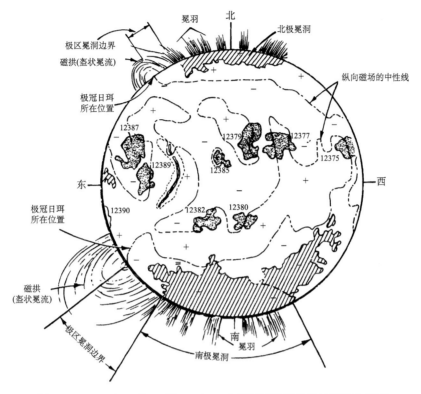

图 1.4.8　1973 年 6 月 13 日 17 时 38 分(世界时)测量到的光球大尺度
磁场结构(Bohlin and Sheeley, 1978)

此外，也可利用磁流体力学模型，结合观测的光球磁场，计算出日冕的三维大尺度磁场结构(Feng et al., 2017)。如图 1.4.9 展示了 2017 年 8 月 21 日日全食期间观测到的白光日冕照片，以及结合日全食发生前的磁场观测和磁流体力学模型而计算出来的太阳大尺度磁场结构。由图可以看到计算得到的磁力线结构与观测到的日冕结构是相符合的，盔状冕流与低纬闭合磁力线是一致的，两极向外伸展的开放磁力线与极区的冕羽也很相近。但由于光球磁场会随时间发生变化，而模型也无法精确考虑所有真实的物理过程，因此计算与观测不会完全相符。

1.4.5　冕洞

在宁静太阳的软 X 射线照片中有一些暗的区域，看上去就像洞一样，称为冕洞。冕洞是日冕中一些低温度和低密度的区域。从一些极紫外波段和射电厘米波辐射的观测中也能辨认出冕洞(如图 1.4.5 中标 H 部分)。

图 1.4.9　2017 年 8 月 21 日日全食期间观测的日冕白光照片(a)(Miloslav Druckmüller 的日食影像网站 http://www.zam.fme.vutbr.cz/~druck/eclipse/)以及由磁流体力学模型计算出的磁力线(b)
(http://www.predsci.com/corona/aug2017eclipse/home.php)

在日心距离 $r \leqslant 1.5R_\odot$ 范围，冕洞的观测比较多，只要作很少的物理上的假设就可以推算出冕洞的温度、密度、流速、磁场强度等物理参数。在 $1.5R_\odot \leqslant r \leqslant 6R_\odot$，电子密度可以由冕洞的白光观测推算出来，其他的物理量可由冕洞膨胀理论来推算。Bohlin(1976)和 Zirker(1977)对冕洞的特点作了总结，已经观测到的冕洞特征如下。

(1)冕洞的电磁辐射：冕洞在软 X 射线和部分极紫外波段的辐射比宁静日冕辐射的强度弱。简单解释是因为冕洞的电子密度低。冕洞中的电子温度也低。Mariska(1976)分析了天空实验室(skylab)对极紫外波段 O Ⅵ、Ne Ⅷ、Mg Ⅹ、Al Ⅺ、Si Ⅻ等离子的一些谱线辐射数据，在日冕底部处于流体平衡态的假设下，得到在冕洞中 $1.03R_\odot$ 处电子数密度为 $2\times10^8 cm^{-3}$，约是周围密度的 1/10。温度约为 10^6 K，温度梯度也是宁静太阳温度梯度的 1/10。由于温度梯度小，向过渡区的热传导很小，约为 6×10^4 erg/(cm²·s)。Munro 和 Jacksen(1977)给出了由 1973 年 6 月北极冕洞的观测数据得到的电子数密度在日心距离 $2\sim5R_\odot$ 内和日面纬度 $\lambda>45°$ 的经验公式：

$$n_e(r,\lambda) = 0.774\left(1 + 2.14\cos^2\lambda\right) \times \left[5\times10^9\left(\frac{r}{R_\odot}\right)^{-14} + 2.41\times10^6\left(\frac{r}{R_\odot}\right)^{-3.28}\right] (cm^{-3}) \quad (1.4.5)$$

式中，r 为日心距。

（2）冕洞的面积和寿命：在天空实验室飞行期间（1973 年 5 月～1974 年 2 月），大约 20% 的日面面积被冕洞覆盖，15% 是极区冕洞，2%～5% 是中低纬（纬度低于 60°）冕洞。天空实验室观测到的 9 个冕洞（除去持久存在的极区冕洞）的大致寿命为：2 个冕洞寿命超过 3 个太阳自转周，4 个寿命超过 5 个太阳自转周，3 个寿命超过 10 个太阳自转周或更长。冕洞是太阳上寿命最长的现象之一，它与极冠日珥（寿命为 6～7 个太阳自转周）和重现性地磁暴等现象都是相关的。

（3）冕洞的自转：冕洞没有较差自转，冕洞自转周期随纬度只有很小的变化。会合周期为 27 天，这与大尺度磁场的自转周期是一样的。Timothy 等（1975）研究了天空实验室看到的一个南北向冕洞的自转情况（见图 1.4.10，图中左边是日面软 X 射线照片，右边的实线是冕洞边界，虚线是假定初始边界按较差自转规律应该出现的边界）。由图看到冕洞像是一个旋转着的刚体。

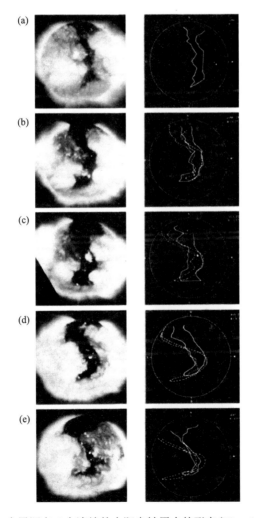

图 1.4.10　一个冕洞在 5 个连续的太阳自转周内的形态（Timothy et al., 1975）

　　(4)冕洞的磁场：冕洞只发生在大尺度的单极磁场区域，包括极区和高纬的单极磁场区。但是不一定所有的单极磁场区域都有冕洞。由于开放磁力线结构允许日冕向外膨胀，所以温度和密度都降低了。如果把同时拍摄的 X 射线日冕照片与日全食的白光日冕照片比较，便会看到冕洞是同开放磁力线区域相联系的。图 1.4.6(b) 是 2008 年 8 月 1 日日全食期间的太阳软 X 射线日冕的像。两极附近存在大冕洞。图 1.4.4 是同次日全食期间日冕的白光照片。将两幅照片相比较，可以看到冕洞上方对应射线状的冕羽结构，亦即开放磁力线区域。

　　如果日面上磁中性线之间的角距离足够大（如 30°），它们之间可能形成冕洞[图 1.4.11(a)]。但是如果单极磁场区域太小，所有的磁通量都被两边相反极性的磁场区域所平衡就不会形成冕洞[图 1.4.11(b)]。当日心距离 r 增加时，冕洞磁流管截面积扩散比 r^2 要快得多。Munro 和 Jacksen(1977)由天空实验室白光日冕仪照片确定了 1973 年 7 月北极冕洞的边界，发现冕洞截面在 $3R_\odot$ 处对日心张的立体角比在日面处张的立体角大 7.5 倍。在更大的距离上立体角保持常数。

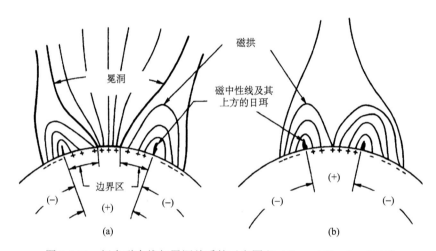

图 1.4.11　闭合磁力线与冕洞关系的示意图(Bohlin and Sheeley, 1978)

　　从极紫外或软 X 射线波段的观测中，可以看到冕洞中分布着一些亮点。这些亮点处间或会产生一些向外传播的速度高达数百千米每秒的喷流(Cirtain et al., 2007)。有些喷流具有明显的倒 Y 形结构，表明这些喷流是由亮点处的小尺度磁环与背景开放磁力线之间的磁重联过程所产生的。

　　极紫外光谱观测发现，形成于低日冕的发射线在冕洞中呈现明显的蓝移，蓝移最大（约 10 km/s）的地方对应色球网络组织(Xia et al., 2003；Hassler et al., 1999)，与从网络组织往上延伸的漏斗状磁场结构的位置正好吻合(Tu et al., 2005)。图 1.4.12 显示了太阳风形成于从色球网络组织往外延伸的漏斗状磁场结构，其中左下图为日冕的极紫外图像，白色方框区域的三维磁场结构(黑色和紫色分别代表闭合和开放场)显示在上图，上图底部平面是 SOHO 飞船上搭载的迈克尔孙多普勒成像仪(MDI)观测的光球纵向磁图(红、蓝色表示不同极性)，上部平面显示了由无力场外推得到的 20 Mm 高度上的磁场，其中阴影部分表示 SOHO/SUMER 观测的 Ne VIII 770 Å 谱线蓝移大于 7 km/s 的区域，右下图是将上图红色方框区域的磁场结构进行放大的结果，显示了一个漏斗状磁场结构(Tu et al., 2005)。由于在日面观测中，蓝移表示物质往外流动，因此这一结果表明冕洞中的高温等离子体在沿着漏斗状磁场结构往外流动。下一章我们将讲到，日冕等离子体可以从冕洞中源源不断地流出来，形成超声速的太阳风。这些蓝移很可能是刚刚形成的太阳风造成的。

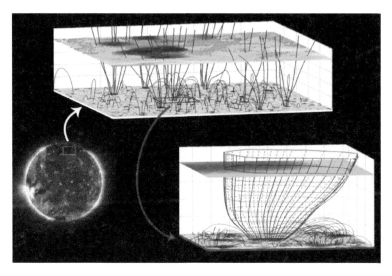

图 1.4.12   太阳风形成于从色球网络组织往外延伸的漏斗状磁场结构(Tu et al., 2005)

1.5   太阳黑子与活动区

1.5.1   太阳黑子的观测特征

黑子是日面上出现的小黑点。如果把太阳的像投影到白色的平面上，用肉眼也能看到大的黑子。如图 1.5.1 所示，一般黑子中心区域最黑，叫作本影，本影的等效温度大约为 4200 K。高分辨率的观测发现，本影中存在许多微小尺度的亮结构，称为本影点(图 1.5.2)，其尺寸约为 300 km，寿命在 15 min 左右。围绕着本影的一圈不太黑的区域叫作半影，半影温度约 5400 K，由许多沿着黑子径向的细丝状结构组成，称为半影纤维，其宽度约 150 km。半影中存在所谓 Evershed 流动，它是从半影内边界开始水平径向往外的系统性流动，速度为 1~2 km/s。有的黑子中存在横跨黑子的亮结构，可将黑子分为两部分或多部分，这些桥一样的亮结构被称为亮桥。此外，也有一些小的黑子没有半影结构，这种黑子通常也叫作气孔。

黑子是光球层中温度低、辐射弱、气压低的区域，也是磁通量聚集的区域，磁场强度一般可以达到 2000~4000 G，少数黑子的磁场强度可高达 6000 G 左右。大部分的磁通量都通过本影发出。一个大黑子的磁通量约为 10^{21} Mx。因为黑子区域磁场很强，磁场维持着与周围光球大气压力的平衡，所以它的气压很低。在本影中心区域，磁力线几乎垂直于太阳表面；而越往外，磁力线的倾角越大，到半影几乎变得水平(图 1.5.3，底部是 SDO/HMI 望远镜观测的光球纵向磁场)。

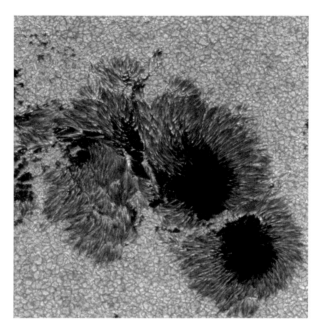

图 1.5.1　中国科学院云南天文台新真空太阳望远镜(NVST)在 7058 Å 附近的 TiO 波段拍摄的黑子图片
(NVST 官网 http://fso.ynao.ac.cn/)

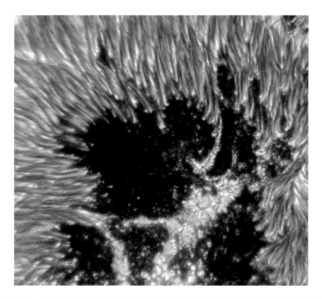

图 1.5.2　美国大熊湖天文台的古迪太阳望远镜(GST)在 7058 Å 附近的 TiO 波段拍摄的黑子内部精细结构图片(Zhang et al., 2018)

目前认为，黑子之所以黑，主要是因为垂直于日面的强磁场阻止了水平方向的运动，因而抑制了光球下面的对流运动，从而使对流区中的能量不容易输运到太阳表面。这一效应导致光球温度降低,因此辐射大为减弱,形成黑子。然而黑子区域的对流并未完全受到抑制,观测发现黑子中仍然存在一些对流的信号。比如辐射强于本影背景的本影点、半影纤维、亮桥等结构都被认为是对流存在的证据。多普勒频移的观测也展现出了对流单元的基本结构。在本影点、半影纤维以及窄亮桥中都存在狭长的暗径,对应多普勒蓝移,而暗径的周围则呈现红移。近期高分辨率的观测发现,一些窄亮桥中的暗径被一个个离散的暗结分成了几段(图 1.5.2),每段对应一个对流单元(Zhang et al., 2018)。宽亮桥中的对流单元结构跟宁静区的米粒组织类似。

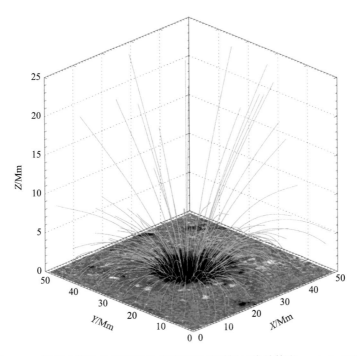

图 1.5.3 根据实测的光球磁场外推出的黑子磁场三维结构(Jess et al., 2016)

图 1.5.4 展示了源自黑子大气不同高度的辐射图像。在色球的层次上,黑子一般仍清晰可辨,本影仍是辐射最弱的区域。在日面色球观测中,黑子里通常呈现出明显的波动,在本影中表现为周期约为 3 min 的亮闪,被称为本影闪耀。而在半影的辐射图像中,经常看到类似水波一样的扰动周期性地往外传播,周期从半影内边界的约 3 min 增加到外边界的 5 min 左右,这种现象被称为半影行波。本影闪耀与半影行波的关系仍有争论,一种观点认为它们都是 p 模波从光球上传到色球的表现形式,只不过在本影中是沿着近似垂直的磁力线传播,而在半影中是沿着倾斜的磁力线传播。在半影中,倾斜的磁力线导致声波截止频率变低,从而使更低频(更长周期)的 p 模波能够泄漏到色球。另一种观点则认为,本影闪耀在本影和半影的边界上触发了半影行波。有些黑子中的波动还呈现出明显的旋臂结构(Su et al., 2016)。用色球谱线来观测半影,还发现了一些宽度约为 350 km 的小尺度喷流,这些喷流向黑子外部传播,被认为是半影中近似水平的磁力线与比较倾斜的磁力线之间发生磁重联所产生的(Katsukawa et al., 2007)。

如果用形成于过渡区温度 ($2 \times 10^4 \sim 8 \times 10^5$ K) 下的谱线来观测黑子，则发现黑子与周围相比已变得不是那么黑了。在很多黑子本影中都发现了一些过渡区辐射增强的小团块，由图 1.5.4 可见，它们其实是一些冕环的足部。观测发现，类似色球中的震荡在过渡区中同样存在，并且表现出明显的激波特征。过渡区振荡相对于色球振荡有十几秒的时间延迟，表明这些振荡是从色球往上传到过渡区的。在半影的过渡区图像中，还发现了众多尺度约 350 km、寿命多小于 1 min 的瞬时亮点 (Tian et al., 2014b)。尽管一部分亮点被发现是上述半影喷流前端加热的结果，多数亮点的产生机制仍不清楚。在一些亮桥的上方，过渡区及色球大气出现持续的周期性上下运动 (Yuan and Walsh, 2016；Yang et al., 2015)，这可能是由 p 模波或光球产生的磁声波上传到色球形成激波后所驱动的。除此之外，亮桥上的部分区域还间或出现一些致密的瞬时亮点及源于亮点的倒 Y 形高速喷流，这是亮桥上的小尺度磁环与从周围本影延伸过来的磁力线间歇性地发生磁重联所致 (Tian et al., 2018a)。

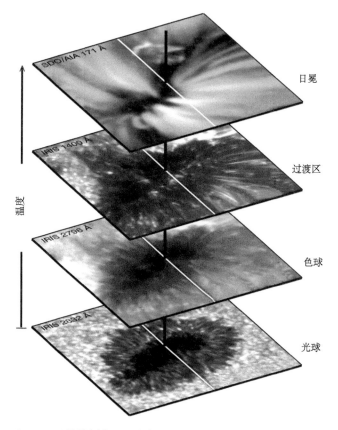

图 1.5.4　SDO 和 IRIS 卫星拍摄的黑子大气不同高度的图片 (田晖和 Tanmoy Samanta 提供)

几个到几十个单独的黑子经常形成一个黑子群，一个大黑子群的磁通量约为 10^{22} Mx。根据黑子磁场的极性，日面上的黑子群可以分为各种类型，比如常见的有如下几种。

α 型：单极群，一群黑子中所有黑子的磁场都有共同的极性，或者只有一个黑子单独存在。

β 型：双极群，由磁场极性相反的黑子组成的黑子群，它们常常分布在大体相同的日面纬度圈上，前面的黑子称为前导黑子，后面的黑子称为后随黑子，前导黑子在西，后随黑子在东。磁力线从一个黑子出来，由另一个黑子进去。

βγ 型：具有一般 β 型特征的双极群，但不能用一条简单的线把两极分开。

βγδ 型：βγ 型黑子群中包含有至少一个 δ 黑子(同一个半影内包围了不同极性的本影)。

单极群约占观测到黑子的 10%。双极群约占观测到黑子群的 90%。

黑子同太阳一起自转，服从较差自转的规律。

太阳黑子有其发生发展演化过程。黑子刚刚出现时像是个小黑点(气孔)，典型直径为 1500~3000 km。通常几个小黑点同时出现形成一群。它们中的多数常常不再进一步发展，几小时或几天以后就衰退了。遗留下来的黑子面积迅速增长，并且分成前导群和尾随群，前导群比尾随群出现得早些。两群通常分别被一个单独的大黑子控制。在第三天前后黑子出现半影。第五天到第十二天之间黑子面积达到最大。前导黑子延续的时间较长，一般为几周，有时可达几个月。后随黑子通常比较快地瓦解成为几个小黑子。一个典型黑子的直径(包括半影)为 30000~50000 km。1964 年 5 月出现了罕见的巨大黑子群，前导黑子为 100000 km 长，56000 km 宽；后随黑子为 150000 km 长和 100000 km 宽。整个黑子群超过 300000 km 长，比日面直径的五分之一还长。这巨大的黑子群延续了大约 99 天。

1.5.2 太阳黑子数和太阳活动 11 年周期

日面上较大黑子的出现通常标志着太阳活动性的增强。为了能够说明太阳活动的相对强弱，需要规定一种能表示太阳活动高低的指数，这就是目前通用的太阳黑子(相对)数 R 和黑子面积 A。

太阳黑子数也称为沃尔夫数，最早由瑞士苏黎世天文台的沃尔夫于 1848 年引入，之后被广泛地应用起来。沃尔夫数表示为

$$R=K(10g+f) \tag{1.5.1}$$

式中，f 为日面上观测到的黑子个数；g 为黑子群数；系数 K 随观测人员和观测仪器的不同而不同，以使不同天文台观测到的 R 数相同。沃尔夫数作为太阳活动强弱的定量描述虽然不是很精确，但是多年来一直被广泛地采用。

另一太阳活动指数是黑子面积 A(以日面面积的百万分之一为单位)。以 A 来量化太阳活动的强弱大大减小了小黑子的重要性，A 的测量比 R 要客观一些。多年的观测发现 A 与 R 的年平均值有很好的相关性：

$$A=16.7R \tag{1.5.2}$$

通过对太阳黑子数或黑子面积的长期观测，发现太阳活动有大约 11 年的周期变化规律。把沃尔夫数随时间的变化曲线画出来，可以清楚地看到黑子数相邻两次极小值之间有大约 11 年的时间间隔(图 1.5.5)。太阳黑子数的 11 年周期最早是由德国的天文爱好者

施瓦贝发现的。类似的周期变化规律在黑子面积随时间变化的曲线中也可看到（图 1.5.6）。

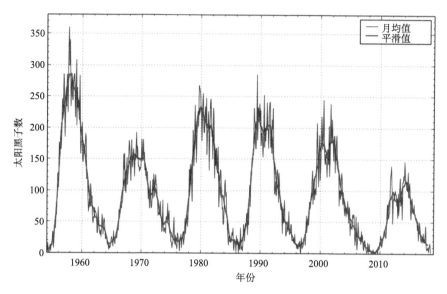

图 1.5.5　沃尔夫数的月均值和对月均值进行 13 个月平滑的结果(比利时皇家天文台黑子指数和
长期太阳观测网站 http://www.sidc.be/silso/monthlyssnplot)

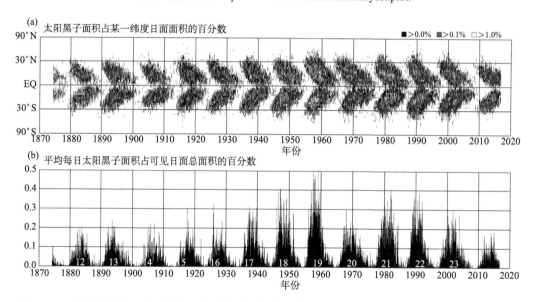

图 1.5.6　太阳黑子纬度变化规律和黑子面积随时间的变化(美国国家航空航天局马歇尔飞行中心官网
https://solarscience.msfc.nasa.gov/SunspotCycle.shtml, D. Hathaway 提供)

太阳黑子的纬度变化也说明存在着 11 年周期的变化规律。黑子在日面上出现的纬度大多低于±45°，在太阳高纬度很少见到黑子。一个太阳活动周开始时黑子出现在纬度±30°左右，然后向低纬发展，太阳活动峰年黑子出现在±15°左右。在极小年黑子出现的纬度降到±8°左右。下一个周期黑子又从±30°开始出现，如此循环。也可能有重叠部分，即在太阳活动极小年有属于前一周期的低纬黑子和新周期的高纬黑子。如果以横坐标为时间（年），纵坐标为纬度，把太阳黑子出现的纬度标到坐标图上，就会发现每一个周期太阳黑子出现的位置形成一个蝴蝶图样。这个图叫作蝴蝶图（图 1.5.6）。英国天文爱好者卡林顿和德国天文学家斯波尔是发现上述黑子纬度分布和演化规律的关键人物。而英国天文学家蒙德夫妇则最早绘制出了蝴蝶图。该规律也被称为斯波尔定律。

太阳黑子磁场的极性也有周期性的变化。在一个太阳活动周内，若太阳北半球前导黑子有正的极性（北极），后随黑子一般就具有负的极性（南极）。而在南半球的前导黑子为负的极性，后随黑子有正的极性。这种情况在一个周期内保持不变。下一个周期则完全相反，即北半球前导黑子为负极性，南半球前导黑子为正极性。前导黑子（或后随黑子）11 年改变一次极性，周期为 22 年，这与太阳极区磁场变化周期相同。黑子群的这种磁场极性分布和演化规律最早是由美国天文学家海耳发现的，因此又被称为海耳极性定律。此外，观测发现一般前导黑子比后随黑子纬度低些。

太阳活动周期平均为 11 年，最短 9 年左右，最长大约 14 年。各个周期的强度不一样，黑子数年平均值最小值为 0～10，最大值通常在 80～250 的范围内。黑子数的日均值变化范围为 0～400，或者更大些。目前对太阳活动周的编号是从 1755 年开始算起的，通过研究不同的观测资料，沃尔夫定出了 1749 年以后黑子数的月平均值，因此那之后的第一个太阳活动谷年（1755 年）就被定为第 1 太阳活动周的起始年，第 1 太阳活动周于 1766 年结束。2018 年，太阳处于第 24 太阳活动周和第 25 太阳活动周之间的谷年。

英国天文学家蒙德在研究 1645～1715 年之间的太阳黑子资料时，注意到这段时间内的黑子非常稀少（图 1.5.7）。后来 Eddy（1976）也指出这段时间内太阳有很低的活动性，没有发现太阳黑子的周期变化。现在大家习惯将这段时间叫作蒙德极小期。中国古籍中的记载也印证了蒙德极小期的存在。尽管黑子数很少，但进一步的研究表明这段时期内黑子数仍然具有 11 年的周期性。值得注意的是，蒙德极小期正好对应人类历史上的一个小冰期，这段时间是欧洲 1000 年以来最寒冷的时期，全球平均气温下降了约 1℃。从最近 400 多年黑子数年平均值的变化趋势图中，我们看到除了近似 11 年的周期外，11 年周期变化的幅度还受到一个大约 80 年周期的调制（图 1.5.7）。

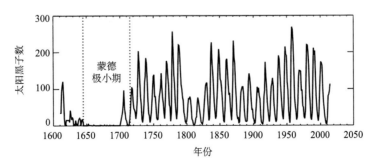

图 1.5.7 太阳黑子数的年平均随时间的变化（美国国家航空航天局马歇尔飞行中心官网
https://solarscience.msfc.nasa.gov/SunspotCycle.shtml）

1.5.3　太阳黑子周期的理论解释

太阳黑子周期性活动的起源问题实质上是太阳表面磁场的产生及其演化规律的解释问题。在太阳活动极小年，太阳上黑子很少，太阳的大尺度磁场结构比较接近偶极场，磁力线大体上是极向的(沿经度圈)。而在太阳活动极大年，太阳上存在很多大体上呈东西走向的冕环，这些冕环主要与双极黑子群相联系，它们反映的是沿太阳环向(纬度圈)的磁力线。所以太阳的 11 年活动周最主要的规律就是极向磁场与环向磁场之间的相互转换。

Babcock(1961)首先提出一个解释太阳黑子 11 年周期变化规律(包括纬度效应和黑子磁场的极性)的经验模型(图 1.5.8)。他假定太阳磁场主要限制在光球以下一个薄层内(厚度大约为 $0.05R_\odot$)，在高纬区穿出太阳表面形成极向磁场；又假定磁力线是冻结在高

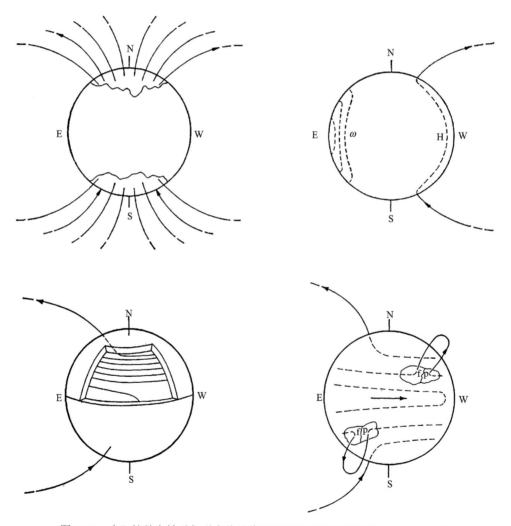

图 1.5.8　太阳较差自转引起磁力线缠绕和黑子形成的示意图(Babcock, 1961)

导电率的气体中。由于太阳赤道比高纬自转得快，磁力线就慢慢地缠绕在太阳上，形成环向磁场，这被称为 Ω 效应。根据较差自转公式[式(1.1.1)]可以估计出，经过三年赤道上的一点比纬度 30° 上的一点接近多转两圈，而纬度 30° 上的一点比纬度 60° 上的一点多转四圈。这样，设想有一根沿着同一经度伸展的磁力线，经过三年它就在赤道至纬度 30° 之间缠绕了两圈，在纬度 30°～60° 之间缠绕了四圈。就是说由于较差自转，磁力线在高纬缠绕得比低纬更密一些，高纬磁场首先增大到一个临界值(大约 200 G)。假如内外温差不太大，为了达到与周围气体总压力平衡，磁流管内部密度一定比周围气体密度低得多，因而磁流管受到很大的大气浮力，被往上抬升，在湍动对流作用下，磁场会进一步增大到千高斯量级。当一段磁力线从一个区域浮现出来到达太阳表面时，就形成了相反极性的前导黑子和后随黑子。这一过程同时也解释了两个半球的前导黑子具有相反极性以及黑子首先出现于高纬区域的观测特征。

在黑子瓦解的过程中，由于后随黑子相应的磁场区域向极区移动，前导黑子相应的磁场区域向赤道移动，原来的极区磁场将逐渐被抵消，被相反极性磁场所代替，这就解释了太阳极区磁场在太阳黑子极大年改变极性的规律。仍然遗留在光球的磁场由两半球堆积在赤道附近，由于它们的极性相反而相互抵消了。图 1.5.9 展示了极区和赤道附近相反极性的磁场相互抵消的图像，磁重联产生闭合磁场结构并被抛离太阳，由于黑子相应磁场区域的移动，重联磁力线 a 将被磁力线 b 所代替。此后，已经完成极性反转的极向场在较差自转的作用下重新缠绕起来，于是又开始了一个新的活动周期。

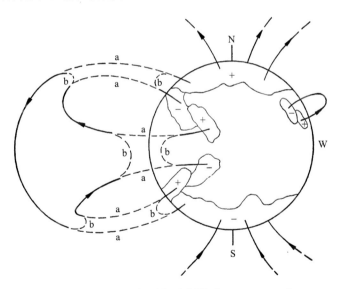

图 1.5.9　黑子瓦解过程示意图（Babcock, 1961）

Babcock 的太阳活动周模型是一种经验模型。对黑子和太阳磁场周期性变化的严格的描述则需要借助太阳发电机理论。太阳内部等离子体的运动感应出磁场，发电机理论便是要解释为什么这些磁场具有观测到的周期性变化规律。基本思路是基于已知的太阳上的各种速度场(如较差自转、对流运动、子午环流等)，寻找一种磁场解，来实现极向磁场与环向磁场之间的相互转化。

多数太阳发电机模型是建立在平均场理论的基础之上的。该理论将磁场和速度场都分解成平均量和扰动量两个部分。扰动部分的速度场所代表的湍动对流与科里奥利力相结合，使上升的等离子体团产生螺旋式运动，这种运动使其环向磁场结构发生扭转，该效应被称为平均场 α 效应。大量小尺度环向磁场结构的螺旋式上升的净效应便可产生一个大尺度的极向磁场。平均场 α 效应曾一度被认为是极向场的主要产生机制，但后来的数值模拟和观测研究都对这一机制提出了挑战。

目前比较流行的一类发电机模型是 Babcock-Leighton 型通量输运发电机模型（Choudhuri et al., 1995; Jiang et al. 2007）。在该类模型中，环向磁场由对流区底部差旋层的径向较差自转（自转速度有很大的径向梯度）产生，当环向磁场增强到一定程度时将向上浮现到太阳表面，由于科里奥利力对环向磁流管的作用而产生具有倾斜角的黑子群，从而产生磁场的极向分量，黑子群及相应的活动区磁场受子午环流和湍动磁扩散（瓦解）的作用而演化和衰减，从而产生大尺度的极向磁场。在该类模型中，极向场产生的思想最初是由 Babcock（1961）和 Leighton（1969）提出的，因此被称为 Babcock-Leighton 机制。该类模型在解释现有的黑子观测和预报太阳活动周方面均取得了一些成功。但模型中还有很多要素没有可靠的观测支持，如子午环流的形式和大小还有很大争议，湍动磁扩散的强度也无共识，因此还有待进一步的发展（姜杰等，2016）。

上述模型通常忽略磁场对速度场的作用，称为运动学发电机模型。对发电机过程的更精确描述需要求解整套磁流体力学方程组，这方面近年来已取得一些重要进展（Hotta et al., 2016）。

1.5.4 太阳活动区及其演化

在太阳大气（从光球一直到日冕）的某些局部区域，经常会发生一些不同时间尺度的活动现象，如太阳黑子、喷流、日珥和暗条、耀斑和日冕物质抛射等。这些局部区域称为太阳活动区。一个典型活动区的空间尺度约为 2×10^5 km，寿命从几周到几个月不等。

在光球上，活动区主要表现为黑子群及其周围的光斑。黑子群在 1.5.1 节已经介绍过，光斑则是黑子周围的比较明亮的结构。由于横向辐射的影响，光斑所对应磁流管的管壁上形成一个温度较高的薄层，称为热墙。在日面中心附近，热墙在视线方向上的投影面积太小，因此光斑难以被识别出来。但在靠近日面边缘处，由于投影效应，光斑磁流管的热墙几乎垂直于视线方向，这时热墙的投影面积较大，其较强的辐射与周围相比就很容易辨别出来，因此就可以比较容易辨识出光斑。光斑经常与黑子群相伴随，但是通常它的寿命比黑子长一两个月。

在色球观测中，活动区的主要结构包括谱斑和暗条。如果用一些较强的色球谱线（如氢原子的 Hα 线和 Lyα 线、Ca II K 和 H 线、Mg II k 和 h 线、He II 304 Å 谱线等）来对太阳进行观测（图 1.3.1 和图 1.5.10），常可看到一些持续明亮的区域，被称为谱斑，它们是色球中温度较高的区域。谱斑是光球的光斑在色球的对应物。在这些色球单色光照片中，还经常可以看到条状的暗黑结构，即活动区暗条，在太阳边缘观测中它们通常显示为明亮的日珥。这些结构实际上是悬浮在高处的冷而密的物质。关于暗条和日珥，我们在 1.7

节还将专门进行介绍。

在日冕的极紫外和软 X 射线图像中，活动区主要由冕环及背景中的一些辐射非常强的结构组成(图 1.5.10)。这些结构称为日冕凝聚区，一般位于活动区的中心区域，其密度比宁静区日冕的密度约大一个量级，温度比宁静区日冕温度高几倍，基本在数百万摄氏度。光斑、谱斑及日冕凝聚区大体上分别位于同一组磁力线在光球、色球和日冕的对应部分。在活动区的边界上，也就是冕环足部所在区域的外围，日冕的软 X 射线和部分极紫外波段的辐射比活动区中心要微弱一些。活动区边界的温度和密度比活动区中心的要低。在活动区边界，经常发现扇形的辐射结构，这些结构与外推出的磁场结构中较长、较高的冕环相联系，部分可能跟开放磁场结构相联系，从而可能使日冕等离子体离开太阳而形成太阳风。用形成于日冕中的高温谱线来对活动区进行光谱观测，再对谱线轮廓进行单高斯拟合，可以发现活动区边界多呈约 20 km/s 的持久的蓝移(Harra et al., 2008；He et al., 2010)，表明确实存在连续往外流动的高温等离子体[图 1.5.11 (b) 中红色和蓝色分别代表红移和蓝移]。对谱线轮廓的详细分析表明，活动区边界的日冕辐射至少有两个分量：一个几乎静止的背景日冕分量，一个相对较弱的、速度约 100 km/s 的、间歇性的高速外流分量。两者的叠加造成了单高斯拟合得到的约 20 km/s 的蓝移(Tian et al., 2011)。

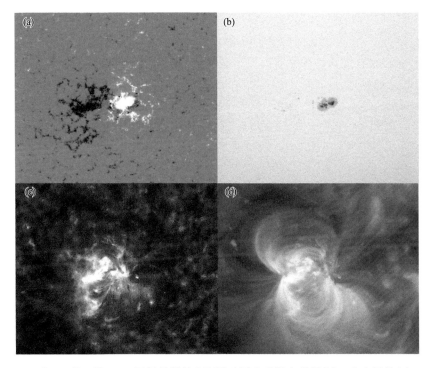

图 1.5.10　2016 年 10 月 9 日 SDO 卫星拍摄的太阳活动区光球纵向磁场(a)、白光图像(b)、304 Å 色球图像(c)和 193 Å 日冕图像(d)(SDO 卫星官网 https://sdo.gsfc.nasa.gov)

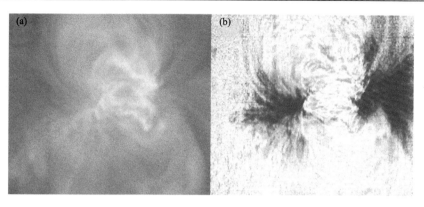

图 1.5.11　2007 年 12 月 12 日 Hinode 卫星上搭载的极紫外成像光谱仪(EIS) 使用形成温度约 $2×10^6$ K 的 Fe XIII 202 Å 谱线观测的活动区强度(a) 和多普勒频移(b) 图像 (Tian et al., 2012)

太阳活动区的结构和演化是受磁场控制的。太阳表面以下的磁通量在局部区域浮现出来,形成表面磁场最强的黑子区域。在黑子及活动区浮现和演化的过程中,能量缓慢地积累在活动区磁场中,然后通过磁重联或某种不稳定性突然释放出来,表现为耀斑、暗条爆发或日冕物质抛射(CME)。这些大尺度的爆发现象将在后面的几节中分别进行介绍。

活动区产生、发展和消亡的时间尺度一般在几周到几个月。方成等(2008)总结了活动区从产生到消亡过程中的典型观测特征。当新的磁通量源源不断地从太阳内部浮现到光球的时候,一个活动区就开始形成了。在光球图像上,可以看到磁场极性相反的两小群暗点(气孔)。在色球图像中,可以看到它们周围出现了小面积的谱斑区域。十几个小时后,这两群气孔发展成一对黑子。前导黑子以约 1 km/s 的速度向西移动,后随黑子则不动或缓慢地向东移动。在色球谱线如 Hα 的图像中,可以看到一些弧状的纤维系统将两极联系起来。弧状纤维结构一般低于 5000 km,长度在 10^4 km 的量级,其顶部以大约 10 km/s 的速度上升,而同时可以看到冷的物质以约 20 km/s 的速度沿其两足下落。在过渡区图像中,也可以看到类似尺度的、温度在 10^5 K 量级的环系,观测发现其顶部和足部分别呈蓝移和红移(Tian et al., 2018b),这些环系是弧状纤维结构在过渡区的对应物。在一些极紫外波段的日冕图像中,可以看到明亮的冕环结构逐渐出现。SDO 卫星的观测还显示,浮现活动区周围的辐射经常在 171 Å 图像上变弱,而在对更高温度敏感的 211 Å 等波段的图像上变强,说明周围的等离子体可能被显著加热了(Zhang J et al., 2012b)。

在磁流浮现的过程中,太阳低层大气中经常会出现一些小尺度的、瞬时的辐射增强现象。早在 1917 年,埃勒曼就发现了一种后来被称为埃勒曼炸弹的现象(Ellerman,1917),其典型的光谱特征是 Hα 线翼(离线心约 1 Å 处)辐射瞬时增强,而线心辐射几乎没有变化。由于 Hα 线翼形成于光球,线心形成于色球,因此这一观测现象被解释为色球之下的温度突增。进一步的观测和理论研究表明,埃勒曼炸弹很可能是发生在太阳大气温度极小区附近的磁重联现象,磁重联释放出来的能量加热了当地的大气。在近一个世纪后的 2014 年,IRIS 卫星利用形成于典型过渡区温度下的谱线(如形成温度约 10^5 K 的 Si IV 1393 Å 谱线)来观测太阳,发现在浮现活动区中经常存在一些致密的、辐射在几分钟的时间尺度上突然增强1～3个数量级的事件,被称为IRIS炸弹或紫外爆发事件(Peter et al., 2014)。这些紫外爆发事件的发生与磁流浮现的过程几乎完全同步(Tian et al., 2018b),它们多与正负极性的小尺度磁结构之间的对消有关,其光谱表现为在大幅增强和增宽的过渡区谱线轮廓上叠加了一些色球吸收线,这表明这些事件可能是由低色球或以下的磁重联过程所产生的。有观点认为,在磁流浮现的过程中,上浮磁力线与对流运动相互作用,在一些地方的磁力线会出现凹陷,呈现一种U形结构。如果该结构两侧相反方向的磁力线相互靠近,则可能发生磁重联,加热当地的物质,形成观测到的紫外爆发事件(图1.5.12)。观测发现约有一半的紫外爆发事件与埃勒曼炸弹相联系(Tian et al., 2016)。紫外爆发事件可能是温度极小区附近的磁重联将高密度、弱电离的物质加热到数万摄氏度的结果(Ni et al., 2016)。也有观点认为,紫外爆发事件是发生在色球的加热现象,但它可能是由埃勒曼炸弹所触发的(Fang et al., 2017)。最近的观测和模拟研究倾向于认为,一些紫外爆发事件和埃勒曼炸弹由发生在同一电流片中不同高度上的磁重联所致(Chen et al., 2019; Hansteen et al., 2019)。

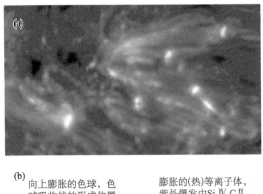

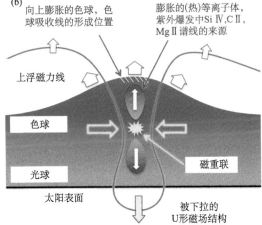

图 1.5.12　IRIS卫星在磁流浮现区域发现的紫外爆发事件(Peter et al., 2014)

(a)1400 Å 波段(主要来自 Si IV 1393Å 和 1402 Å 两条谱线的辐射)的图像; (b)紫外爆发事件可能的产生机制

方成等(2008)还提到,当磁流浮现停止后,前导黑子的运动也停止,这时半影可能会形成。大部分黑子在形成后几天或一两周内消失,退化为磁场比较弥散的区域。但如果不断有新的磁通量浮现出来,特别是当它出现在已存在的活动区内部时,活动区将会继续扩大,并且呈现复杂的磁场极性分布。新浮磁流与原来的磁场结构相互作用可以导致磁场产生剪切,或使磁力线缠绕起来形成磁绳。如果这种变化是缓慢进行的,则可以将大气加热;如果变化比较剧烈,则可能产生耀斑等剧烈的活动现象。

黑子与活动区的消亡过程一般进行得非常缓慢。通常后随黑子首先分裂成一些小的黑子,与其他的小黑子一起消失。在活动区开始形成后的第三、第四周,耀斑可能就很稀少了。由于磁场的逐渐扩散,谱斑区域的面积持续增加。在这一阶段,在磁场中性线上经常可以看到长的暗条。如果活动区正好在日面边缘,暗条就成为突出到日轮外的宁静日珥。大约到第二个月,遗留下来的前导黑子消失了。之后的几个月,活动区磁场强度不断降低并且扩散到更大的区域,最后消失在太阳的大尺度磁场之中,而相应的谱斑也逐渐减弱并最终变成色球网络组织。活动区由此消亡,所在区域变成宁静太阳,较强的磁场又变成网络状分布。在这个过程中,由于太阳较差自转作用,暗条被不断拉长并大体呈东西走向,成为巨型的宁静暗条,并可能移向极区。

上面概述了典型的太阳活动区的演化史。从活动区开始形成算起,至其消亡,典型时间尺度可能有几个月。需要指出的是,不同的活动区产生、发展和消亡的过程有很大差别,不一定是按上述规律来进行的。

美国国家海洋和大气管理局(NOAA)从1972年1月5日开始给太阳正对地球一面上出现的活动区进行编号,如图1.5.10展示的活动区编号为12599。对于同一个活动区来讲,如果经过一个太阳自转周后又出现在太阳正对地球的一面,它将获得一个新的编号。因此,寿命超过一个自转周的长寿命活动区可能会有好几个编号。

1.6　太　阳　耀　斑

太阳耀斑是太阳大气(主要是从色球到日冕)局部区域由于磁重联的发生而突然释放出巨大能量的效应。大耀斑释放的能量约为 10^{32} erg。这些能量导致局部区域气体瞬时加热,以及电子、质子和重粒子的加速。在耀斑区域色球部分物质可以被加热到数百万开尔文到一两千万开尔文,日冕可被加热到一两千万开尔文甚至更高,粒子可被加速到 20 keV 到 1 GeV。耀斑产生很宽频带的电磁辐射,由硬 X 射线(波长 10^{-11} m 左右)一直到射电波(波长可达 10^3 m 甚至更长),有时甚至辐射出 γ 射线(波长大约为 2×10^{-13} m)。这些不同波长的电磁辐射起源于耀斑大气的不同区域。多数耀斑发生在"青年"或"成年"的活动区。大耀斑倾向于发生在有大黑子、复杂磁场结构和较大磁场梯度的区域。但是一部分耀斑(大约7%)发生在活动区之间或者衰落得几乎没有黑子残存的谱斑区域。在色球观测中,许多耀斑表现为在活动区纵向磁场中性线两侧突然发展起来的一对亮带,称为耀斑带。而在日冕观测中,两条亮带之间常常被一排半环状结构连接起来,这些环被称为耀斑(后)环。这种典型的耀斑被叫作双带耀斑(图1.6.1)。

下面我们介绍耀斑的观测结果和理论模型,重点描述耀斑过程中不同波段的电磁辐射特征及其对应的物理过程。

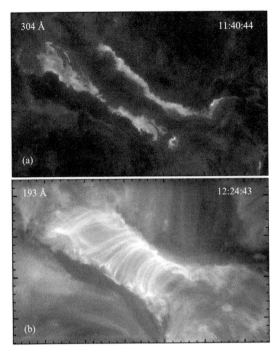

图 1.6.1　2011 年 12 月 26 日 SDO 卫星上的 AIA 望远镜拍摄的双带耀斑照片 (Cheng and Qiu, 2016)

(a) 304 Å 波段观测到的耀斑带；(b) 193 Å 波段观测到的耀斑环

1.6.1　耀斑的多波段观测

早期人们只能在可见光波段观测太阳。1859 年 9 月 1 日，英国天文爱好者卡林顿在自己的观测室观测太阳黑子，突然日面上出现两道极其明亮的白光，亮度迅速增加，远超背景，过几分钟就消失了。这是人类历史上第一次观测到太阳耀斑。一般在可见光连续谱区，耀斑的辐射没有明显变化或者仅有小幅增强，很难被辨识出来。卡林顿之所以能在可见光连续谱观测到的这个耀斑，主要是因为这个耀斑释放的能量非常巨大，强烈的加热导致可见光连续谱的辐射大大增强。截至目前这个耀斑仍然是人类直接观测到的最强的耀斑。

可见光、近红外以及紫外波段的一些色球谱线对耀斑过程非常敏感。自 20 世纪 30 年代人类发明双折射滤光器后，Hα 谱线就被广泛用来观测色球的耀斑活动。其他较强的色球谱线，如 Ca II K 和 H 线、Mg II k 和 h 线等，也经常被用来观测耀斑。在这些谱线的单色像中，通常可见耀斑带的活动。由于耀斑爆发时太阳局部区域色球大气被加热到很高的温度，通常这些谱线的线心辐射会大幅增强，如 Hα 可由耀斑前的吸收线变成发射线，Mg II k 和 h 线的线心反转消失。

1995 年以来，极紫外波段被大量用于空间太阳观测。在这个波段，有大量形成于不同温度下的较强谱线。通过观测这些谱线，可以研究耀斑过程中不同高度、不同温度的等离子体的物理性质和演化过程。比如，在碰撞电离平衡的条件下，He II 304 Å 谱线的形成温度约为 5×10^4 K，利用它进行成像和光谱观测，可以研究耀斑带上的动力学过程

(图 1.6.1)。而同样条件下 Fe XII 193 Å 谱线的形成温度约为 1.5×10^6 K，耀斑环中通常含有大量这个温度的物质，因此这条谱线可以用来观测耀斑环。再如，形成温度约 10^7 K 的谱线 Fe XXI 129 Å 和 1354 Å 在耀斑区极高温的等离子体中(如耀斑带上被加热的物质、耀斑环及环顶上方被加热的物质)可能有较强辐射，因此这两条谱线分别被 SDO/AIA 望远镜(131 Å 波段)和 IRIS 卫星用来对耀斑进行成像和光谱观测。

耀斑爆发期间，局部日冕中的电子被加热到 10^7 K 的量级，高温日冕可通过束缚-束缚跃迁、自由-束缚跃迁，以及自由-自由跃迁(热轫致辐射)产生热 X 射线爆发，其峰值波长多在 1～10 Å 范围(相应的能量范围为 1～12 keV)，一般属于软 X 射线，主要分布在耀斑环中。但对少数耀斑来说，热 X 射线爆发的峰值波长可能会位于更短波长的硬 X 射线范围。通常波长越长热 X 射线爆发的持续时间越长，典型的时间是从 10 min 到 1 h，相应于被加热的日冕冷却的时间。通常我们根据美国 GOES 卫星观测的软 X 射线 (1～8 Å 波段)峰值流量将耀斑分成五级，分别为 A、B、C、M 和 X 级。每级所对应的峰值流量范围如表 1.6.1 所示。除 X 级外其他级都分 10 等，如 C4.2 级表示峰值流量为 4.2×10^{-6} W/m^2。X 级不封顶。从对太阳开展 X 射线观测以来，人类记录到的最高级别的耀斑是发生在 2003 年 11 月 4 日的一个 X28 级耀斑，对应的峰值 X 射线流量为 2.8×10^{-3} W/m^2。

表 1.6.1　耀斑的 X 射线分级标准

级别	1～8 Å 峰值流量/(W/m^2)
A	$10^{-8} \sim 10^{-7}$
B	$10^{-7} \sim 10^{-6}$
C	$10^{-6} \sim 10^{-5}$
M	$10^{-5} \sim 10^{-4}$
X	$> 10^{-4}$

耀斑爆发时，发生在日冕中的磁重联可以将电子加速到约 1/5 光速的量级。其中一部分被加速的电子(非热电子)沿着耀斑环向下运动，与环足色球层的质子发生近距离库仑碰撞，产生硬 X 射线爆发，峰值波长小于 1 Å，持续时间为几分钟。硬 X 射线源通常位于耀斑环的两足，但阳光卫星(Yohkon)的观测发现，在一些耀斑中，环顶之上靠近重联区也有一个硬 X 射线源(Masuda et al., 1994)。图 1.6.2 展示了耀斑期间典型的软 X 射线和硬 X 射线源区，背景是在软 X 射线波段观测的耀斑环，等值线是硬 X 射线源。从 2002 年到 2018 年，拉马第高能太阳光谱成像望远镜(RHESSI)卫星对耀斑的硬 X 射线辐射进行了长达 16 年的常规观测，大大增进了人们对耀斑磁重联和粒子加速过程的理解。例如，RHESSI 发现部分耀斑环顶有两个 10～25 keV 的 X 射线源，两者分别对应重联的两个出流区，表明耀斑期间粒子加速和日冕等离子体加热的主要区域可能在重联出流区 (Sui and Holman, 2003；Liu et al., 2013)。硬 X 射线的能谱通常呈幂律谱，一般认为这是非热电子所致，但 Cheung 等(2019)的数值模拟研究表明，被耀斑加热到不同温度(数千万摄氏度的量级)的日冕等离子体所产生的热轫致辐射叠加在一起也可产生幂律谱。

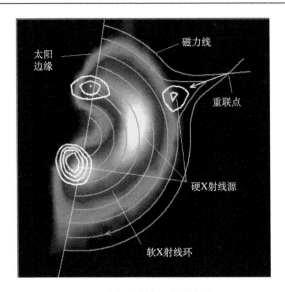

图 1.6.2　1992 年 1 月 13 日 Yohkon 卫星观测的一个耀斑（Maggio, 2008; Masuda et al., 1994）

在硬 X 射线爆发的同时，经常也能够观测到微波（频率高于 1GHz，波长小于 30 cm）爆发。一般情况下两种爆发在时间发展上是一致的。因此认为微波爆发也是由产生非热 X 射线爆发的那些高能电子产生的。在耀斑爆发中心区域附近和以下的强磁场中这些高能电子的同步加速辐射产生了微波爆发。与硬 X 射线爆发一样，微波爆发一般只延续几分钟，通常发生在软 X 射线流量急剧增加之时。在软 X 射线辐射达到最大值时，硬 X 射线和微波爆发停止。关于耀斑中的微波和 X 射线辐射及其相关物理过程，可参考黄光力等（2015）等专著。

在微波爆发之后，经常观测到米波范围内射电流量的增强，这可能是由电子的热轫致辐射产生的。同软 X 射线爆发一样，持续时间从几十分钟到一两个小时。

少数耀斑期间还观测到了能量大于 300 keV 的 γ 射线辐射。其中 γ 射线连续谱是高能电子通过轫致辐射产生的。此外，被加速的高能质子、α 粒子和重核子与太阳大气中的物质发生核反应，会产生中子、正电子等（方成等，2008）。中子被质子俘获，可以产生 2.223 MeV 的线辐射。正电子与电子湮灭，则可产生 511 keV 的线辐射。RHESSI 的观测首次获得了太阳 2.223 MeV 的 γ 射线辐射源图像，并发现其与硬 X 射线源的位置有偏差，说明电子和离子加速所影响的空间范围并不一致。关于耀斑中的高能辐射及其相关物理过程，可参考甘为群和王德焴（2002）等专著。

图 1.6.3 给出了耀斑期间不同波长的电磁辐射强度随时间的典型变化曲线。根据不同波段的电磁辐射特征，可以将耀斑分为如下三个阶段（方成等，2008；Priest, 1976）。

前相：持续几分钟到几十分钟。Hα 谱线、软 X 射线、极紫外和射电辐射开始缓慢增强。增强的幅度一般较小。

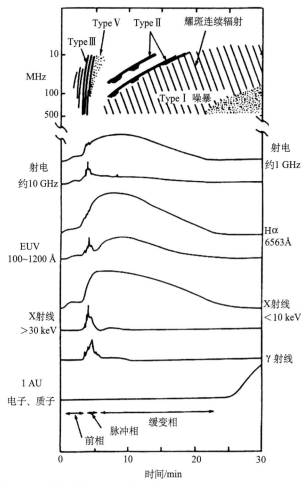

图 1.6.3　耀斑期间不同波段辐射随时间的变化(方成等，2008)

　　闪相：持续几分钟到几十分钟。Hα谱线的辐射强度迅速增大，软 X 射线和极紫外辐射也不断增强。在这一阶段，硬 X 射线和微波爆发常表现为脉冲型的突然增强，并随后较快地衰减，持续时间为几分钟，称为脉冲相。在少数耀斑中观测到的γ射线辐射也表现为类似的脉冲型增强和衰减。有些耀斑可以不出现脉冲相，其硬 X 射线辐射和微波爆发表现为相对比较缓慢的增强，或者没有明显增强。

　　缓变相(或称衰减相、主相)：持续几十分钟到一两个小时。其特征是 Hα谱线、软 X 射线、极紫外和米波射电辐射强度逐渐缓慢减弱，最终基本恢复到耀斑前的水平。

1.6.2　耀斑的能量积累和释放

　　太阳耀斑所释放出来的能量为 $10^{28} \sim 10^{32}$ erg。假设一个耀斑释放出 10^{30} erg 的能量，耀斑区的典型体积为 $(10^9 \text{ cm})^3$，则能量密度为 10^3 erg/cm^3。日冕中的粒子动能、热能和引力能都远远小于该值，唯有活动区的磁能与其在同一个量级。这说明，只有磁场能够提供耀斑过程中释放的巨大能量。

　　耀斑区总的磁场能 E 可表示为

$$E = \frac{1}{2\mu_0} \int B^2 \mathrm{d}V \tag{1.6.1}$$

式中，B 为耀斑区磁场，积分体积为整个耀斑区。如果将 B 换为与耀斑区光球纵向磁场分布对应的势场 B_p，可得势场能 E_0：

$$E_0 = \frac{1}{2\mu_0} \int B_\mathrm{p}^2 \mathrm{d}V \tag{1.6.2}$$

　　势场是能量的最低状态，对应 $\nabla \times \boldsymbol{B} = 0$，即电流为 0。活动区磁场对势场的偏离称为非势性，非势性表明存在电流，意即自由磁能 $E - E_0$ 不为 0。耀斑释放的能量便来自磁场自由能。一般来讲，非势性越强，越可能出现频繁的耀斑活动。自由磁能通常集中在纵向磁场中性线附近，观测上主要有两种表现。一种是剪切，主要特征是横向磁场与纵场中性线接近平行(如图 1.6.4，白色和黑色背景分别表示纵向磁场的正负极性，箭头的长度和方向分别表示横向磁场的大小和方向，黄色曲线是纵向磁场的中性线)。通常将测量得到的磁场矢量与相应势场(根据观测的纵场得出)条件下的磁场矢量之间的夹角定义为剪切角，许多大耀斑发生在磁场剪切角较大的区域(Guo et al., 2008；Zhang et al., 1994)。另一种是扭缠，磁场表现为螺旋状或相互缠绕的结构，可称为磁绳(如图 1.6.5，背景为观测到的光球层纵向磁图)。扭缠程度越大，非势性越强。通过无力场外推，人们也常发现耀斑的发生与磁绳结构有关(Yan et al., 2001)。

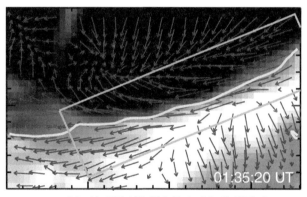

图 1.6.4　SDO/HMI 望远镜观测到的耀斑前光球矢量磁图 (Sun et al., 2012)

图 1.6.5　根据 SDO/HMI 望远镜观测的光球磁场外推出的扭缠磁场结构(Wang et al., 2015)

　　耀斑释放的能量主要表现为电磁辐射和高能粒子的辐射。有的耀斑爆发还伴随着日冕物质抛射。对于这类耀斑,其释放的能量中,抛射物质的动能可以占到一半左右,而与电磁辐射相关的热能和高能粒子的能量各占约 1/4。电磁辐射已在前一节讲述,日冕物质抛射将在 1.8 节专门介绍。

　　这里简单介绍耀斑爆发时高能粒子(或称太阳宇宙线)的发射。在耀斑爆发过程中,经常伴随能量范围很宽的高能电子、质子甚至重离子的发射。产生大量高能质子的耀斑称为质子耀斑。当这些高能质子飞行到地球附近时,通常称为地球的质子事件。能量在 500 MeV 以上的质子可以穿过地球大气达到地球表面,在耀斑开始约 15 min 后产生地面效应。但能够发射 500 MeV 以上质子的耀斑是很稀少的。多数质子耀斑发射的质子能量范围在 10~100 MeV。当其中一部分粒子入射到地球空间时,它们沿着磁力线运动到极区,可穿透到极区电离层最低的 D 层,导致那里的大气电离增强。

1.6.3　耀斑模型与磁重联

　　一个完整的耀斑模型需要解释能量原来是怎样储存在太阳大气中的,这些能量为什么会突然释放出来,这些能量迅速转化成热能和高能粒子能量的机制是什么,并需要解释耀斑的许多效应。目前公认耀斑释放出来的能量来自磁场,能量释放和转化的核心物理过程是磁重联。

　　当相反极性的磁力线相互靠近时,在磁场的反向面会产生电流,通常叫作电流片或中性片。当电流片中储存的磁能增长到一定阈值时,等离子体不稳定性就会发展起来,电流片中的电阻效应就会变得很显著,成为一个扩散区。相反方向的磁场在扩散区中湮没,磁能迅速转化成热能和等离子体动能,这就是磁重联的过程。重联后,磁力线拓扑结构发生改变,电流密度下降,系统的磁能降低。关于磁重联的直观物理图像,可参考陈耀(2019)等教材或著作。

　　稳态磁重联的典型模型是 Sweet-Parker 模型(Sweet, 1958; Parker, 1957)。在该模型中,电流片的长宽比很大,基于该模型推算出的重联率很低。基于该模型推算出耀斑的能量释放时间为两个月左右,这显然无法解释耀斑过程中能量在几分钟的时间尺度上释放出来的观测现象。为了解决这一问题,Petschek(1964)将电流片的长宽比大大降低,并在入流区和出流区的交界处引入一个慢激波结构,该模型可以提供足够快的能量释放率来解释耀斑现象。近年来的大量研究表明,重联率还可以通过别的物理过程得到提高。比如,在长电流片中,由于等离子体团不稳定性的发展,会产生不同级别的磁岛,这一过程同样可以解释耀斑过程中的快速能量释放现象,也得到了一些观测的支持(Takasao et al., 2011)。然而要解释耀斑的详细演化特征和多波段观测结果,还需要对具体的磁场位形做出具体的分析。下面对主要的耀斑模型做些定性的介绍。

1. 标准耀斑模型

　　标准耀斑模型主要是在 Kopp 和 Pneuman (1976)、Hirayama(1974)、Sturrock(1966)、Carmichael(1964)等系列研究工作的基础上建立起来的典型耀斑模型,所以又叫 CSHKP模型。图 1.6.6 示意了标准耀斑模型中的各种物理过程。在日冕中,相反方向的磁力线相互靠近导致磁重联的发生，产生连接到日面上的耀斑环和向上运动的磁绳。往下运动的重联出流与耀斑环顶碰撞产生一个几乎静止的快激波(称为终止激波)。而向上运动的磁绳可能被抛离太阳，形成日冕物质抛射。在重联区被电场加速的电子，一部分向外逃逸产生射电爆发，另一部分向下运动到耀斑环足部产生硬 X 射线和微波爆发。同时，从日冕往下的热传导或下行的非热电子对位于两个环足的色球大气进行有效的加热，产生 Hα 等色球谱线观测中的双带。被加热的色球物质在热压梯度力的驱动下向上运动，称为色球蒸发。重联区的加热和色球蒸发共同起作用，产生了温度高达数百万乃至上千万摄氏度的耀斑后环。

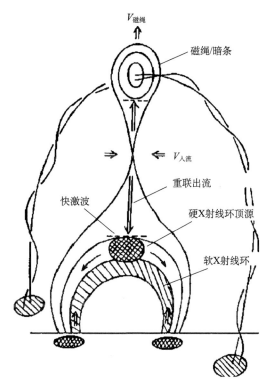

图 1.6.6　标准耀斑模型示意图(Shibata et al., 1995)

标准耀斑模型在解释 Hα 双带、软 X 射线和极紫外波段看到的耀斑后环、环足的硬X 射线源、与部分耀斑相伴的日冕物质抛射等观测现象上显然是非常成功的。除了这些观测现象外，标准耀斑模型中的其他物理过程也得到了大量观测的支持。比如，从软 X 射线以及高温极紫外波段(辐射主要来自高次电离的离子发射的谱线，如 AIA 的131 Å 波段)的图像中，经常可以看到炙热的耀斑环顶呈尖角结构(图 1.6.7)，这与图1.6.6中重联区下方因重联刚产生的新磁力线形态非常类似。耀斑磁重联的动态过程，比如冻结在反向磁力线中的日冕等离子体的相互靠近(Sun et al., 2015)、电流片的出现(Liu et al., 2010)等，在极紫外等波段的观测中也经常被看到。近年来，耀斑环顶之上终止激波的观测证据也开始多了起来。比如，在环顶硬 X 射线源之上发现了整体看来没有明显频率漂移但包含许多精细结构的微波爆发，这些微波爆发可能是被终止激波加速的高能电子所产生的(Chen et al., 2015)。

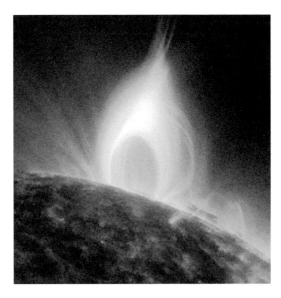

图 1.6.7　2012 年 7 月 19 日 SDO/AIA 望远镜 131 Å 波段观测到的耀斑环及其上的
尖角结构(SDO 卫星官网 https://sdo.gsfc.nasa.gov)

2. 磁流浮现模型

一些观测表明, 光球新浮现的磁通量在有些耀斑的产生过程中起到了重要作用。在单极磁场区域, 新磁通量的浮现能够导致比较致密的耀斑出现。如果新磁通量在接近活动区暗条的地方出现, 可能会产生双带耀斑。Heyvaerts 等(1977)研究了这些观测事实, 提出了一个磁流浮现触发耀斑模型(图 1.6.8)。其基本思想是: 若新浮现磁场的极性与原磁场的极性相反, 就可能会发生重联。模型包括三个相位, 图 1.6.8 给出了示意图。①耀斑前相: 新浮现磁流与原有磁场结构相互靠近, 形成小的电流片, 并持续发生磁重联, 由经典电阻率决定的焦耳热使局部等离子体加热, 而从小电流片发出的激波(虚线)使周围等离子体加热。②脉冲相: 当电流达到一个临界值, 不稳定性开始增长, 与不稳定性相联系的电场加速电子。被加速的电子向上运动产生射电爆发, 向下运动与色球中的原子和离子碰撞产生耀斑结(耀斑带上的增亮区域)和硬 X 射线辐射。③主相: 电流片达到一个新的稳态, 在湍动电阻率(比经典电阻率大几个量级)基础上磁场快速湮灭, 磁能转化成粒子的动能和热能。

在一个活动区正往太阳表面浮现的过程中, 经常可以观测到频繁的耀斑活动。这些耀斑的产生可能是按照磁流浮现模型中描述的方式进行的。由磁流浮现所导致的耀斑中, 有很大一部分属于比较致密的耀斑, 这可能是因为新浮现出来的磁场结构与原有磁场结构接触和重联之处位置较低。磁流浮现触发的耀斑不一定伴随日冕物质抛射。

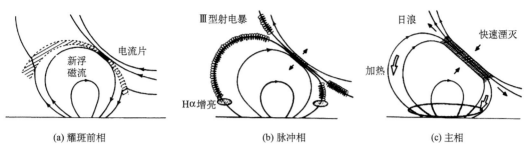

(a) 耀斑前相　　　　　　　　　　(b) 脉冲相　　　　　　　　　　(c) 主相

图 1.6.8　太阳耀斑的磁流浮现模型示意图(Heyvaerts et al., 1977)

3. 环带耀斑模型

早期人们比较关注双带耀斑，因为这种类型的耀斑比较常见。后来，随着对观测数据的深入分析，人们发现耀斑带也经常呈现非双带的形状，甚至是极不规则的形状。由于经过耀斑带的磁力线是跟重联区相连的，因此这些形状的耀斑带一般与特殊的三维磁场结构相联系，一般认为与准分割面(磁场连接性发生突变的地方)的形态有关。比如，有些耀斑带呈 X 形(Li et al., 2016)，这可能是因为日冕中磁重联发生在两个准分割面的交界处(Liu et al., 2016)。

近年来的研究发现，有比较多的耀斑呈现环形的耀斑带，这类耀斑被称为环带耀斑(图 1.6.9)。最近的统计研究表明，SDO 卫星平均每个月都会观测到一例环带耀斑(Song and Tian, 2018)。除了一个环状的主耀斑带外，这种耀斑中还经常出现一个远离环带的点状增亮。同时，环的中央也可能有一个点状的增亮。Wang 和 Liu(2012)提出了一个环带耀斑的模型来解释这些观测。他们认为，环带所在位置存在一组小尺度冕环，这些冕环有一个公共足点位于环的中间，而另一个足点则分布在环带上。这一组冕环的周围和上方覆盖了一个较大尺度的冕环系统，这个冕环系统的一个公共足点延伸到较远处，而另一个足点同样分布在环带上。小尺度冕环系统和大尺度冕环系统之间的交界面(准分割面)类似一个穹顶，穹顶上方则存在一个磁零点，两个冕环系统在该处容易发生磁重联。释放出来的能量一部分沿着磁力线往下传到低层，通过加热色球大气产生环形的耀斑带和环中心的点状增亮，而另一部分则沿着大尺度冕环系统传输到其远处的足点，加热该处色球大气，从而产生一个点状的增亮。该模型能够较好地解释环带耀斑的色球观测结果。此外，在一些极紫外波段的观测中，也经常可以清楚地看到这两个冕环系统，从而支持了上述模型。

除了上述三种耀斑模型外，还有其他一些对耀斑产生过程的不同描述。比如，Su 等(2013)观测到的一个耀斑便是简单地由两个冕环相互靠近发生磁重联而产生的。另外，还有一些模型可以解释同时发生的耀斑和日冕物质抛射，比如磁缆截断模型和磁爆裂模型，我们将在 1.8 节中予以介绍。

需要说明的是，耀斑一般是磁重联导致的快速能量释放现象。如果一次磁重联释放出来的能量超过 10^{28} erg，就可以称为耀斑。如果能量在 $10^{25} \sim 10^{28}$ erg，可称为微耀斑，其基本特征与耀斑类似，只是空间尺度和释放的能量相对较小。如果能量更小，比如在

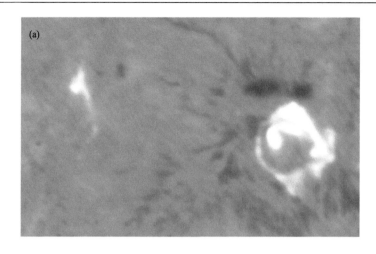

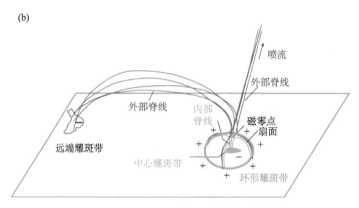

图 1.6.9　美国大熊湖天文台于 1991 年 3 月 18 日用 Hα 波段观测到的环带耀斑(a)及该耀斑区域的磁场
拓扑结构示意图(b)(Wang and Liu，2012)

10^{24} erg 的量级，一般称为纳耀斑，由于现有观测仪器的灵敏度和分辨率不够，目前基本上还不能对纳耀斑进行可靠的直接探测。观测发现耀斑发生的频率随级别的减小而变大，照此推断，纳耀斑发生的频率应该会非常高。一种观点认为，在色球以上的太阳大气中，任何时刻都存在大量纳耀斑，它们所释放的能量可以维持日冕的百万摄氏度高温(Parker，1988)。

1.6.4　耀斑加热和色球蒸发

耀斑释放的能量有一部分是用来加热太阳大气的。耀斑期间色球的加热途径主要有三种。高温日冕向下的热传导、在重联区产生的非热电子和阿尔文波都可以将能量传递到色球，将 10^4 K 左右的色球物质加热到超过 10^6 K，甚至超过 10^7 K。

目前许多人认为非热电子是耀斑期间色球加热的主要原因。根据比较流行的厚靶模型，在重联区被加速的电子向下运动进入靶区(高密度的色球)后，损失掉其所有或大多数的动能，从而有效地加热色球大气，并同时通过轫致辐射发射出光子，在 20~100 keV 范围内的硬 X 射线能谱一般服从幂律分布。Yohkon 和 RHESSI 卫星的大量观测发现，在许多耀斑的脉冲相期间，硬 X 射线源与耀斑带上亮结出现的时间一致，位置也吻合，这是非热电子加热色球的较强证据。

然而在有些耀斑中，并没有观测到硬 X 射线辐射，因此这些耀斑对电子的加速可能不太充分，没有产生大量非热电子。对于这类耀斑，耀斑带的加热可能主要靠从日冕往下的热传导(Qiu et al., 2013；Gan et al., 1991)。但也可能是由于现有硬 X 射线探测的灵敏度和空间分辨率不够高，因此较弱和尺度较小的硬 X 射线源无法被分辨出来。即使存在明显的硬 X 射线辐射，由于其辐射是脉冲式的，很快就结束了，因此非热电子加热也可能只在脉冲相占优。而在缓变相，热传导可能是色球加热的主因。

耀斑期间色球加热的第三种机制是由 Fletcher 和 Hudson (2008) 提出的。他们认为，日冕磁重联产生的高频阿尔文波的耗散可以加热色球。这些阿尔文波的周期一般小于几秒，它们传到色球后可以产生非热电子，从而产生与上述第一种机制类似的观测现象，比如发射硬 X 射线。这一机制近年来得到了很多学者的关注，但是迄今还没有高频阿尔文波的直接观测证据。

耀斑期间日冕大气的加热主要有两种途径。一种是日冕重联区的电流耗散或激波直接加热重联区附近的日冕物质，另一种是色球被加热后蒸发的热物质填充耀斑环。被加热到数百万到数千万摄氏度的日冕大气在软 X 射线和部分极紫外波段有很强的辐射。

色球蒸发过程有大量的直接观测证据。通过高分辨率的极紫外光谱观测，发现不同耀斑中色球蒸发的表现是不一样的(Li and Ding, 2011；Milligan et al., 2006)。在日面观测中，如果热传导是加热色球的主要机制，被加热的等离子体会以数十千米/秒的速度向上运动(谱线产生蓝移)，一般不会出现往下的整体运动。而当非热电子是脉冲相色球加热的主因时，非热电子的能流大小对色球蒸发的表现形式有较大影响。当非热电子的能流小于 10^{10}erg/(cm²·s)，被加热物质的运动与热传导加热时类似。这种只有较小蓝移而无红移的色球蒸发被称为温和式的蒸发。而当非热电子的能流大于 3×10^{10} erg/(cm²·s)，色球的辐射损失来不及平衡加热的效应，导致色球迅速膨胀，被加热到约 10^7 K 量级的色球物质可以数百千米/秒的速度向上运动，这被称为爆发式的蒸发。与此同时，被急剧加热的等离子体相对于下面的色球会有一个很大的压力梯度，这导致较冷较密的低层大气以数十千米/秒的速度向下运动，这一过程被称为色球压缩。

图 1.6.10 展示了一个耀斑带上同时观测到的爆发式色球蒸发和色球压缩，形成温度约 10^7 K 的 Fe XXI 1354 Å 谱线表现为明显的蓝移，在几分钟的时间内蓝移速度从约 300 km/s 下降到 0，表明色球蒸发主要发生在几分钟的时间尺度上(Graham and Cauzzi, 2015；Tian et al., 2015)。而形成温度约 10^4 K 的 Mg II 2791 Å 谱线则表现为红移，速度在一两分钟内便从约 30 km/s 迅速下降到 0 左右。对几个耀斑的进一步研究发现，Fe XXI 1354 Å 谱线的蓝移最大值出现在硬 X 射线峰值时刻附近，表明蒸发物质的速度与非热电子能量注入率紧密相关 (Tian et al., 2015；Li et al., 2015)。观测发现，对于爆发式的色球蒸发来说，从红移向蓝移过渡的温度约在 1.5×10^6 K，在此温度之下，谱线表现为数十千米/秒的红移；而在此温度之上，温度越高蓝移越大，在 10^7 K 左右达到约 300 km/s (Milligan and Dennis, 2009)。这个过渡温度比经典非热电子加热模型预言的过渡温度要高 1～2 个数量级，其原因目前仍无共识。

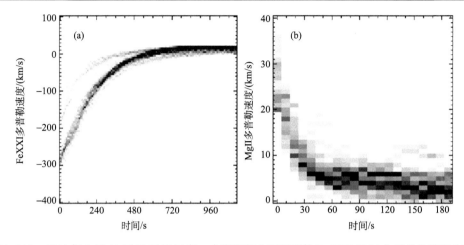

图 1.6.10　2014 年 9 月 10 日 IRIS 卫星在一个耀斑带上观测到的 Fe XXI 1354 Å 谱线的蓝移(a) 和 Mg II 2791 Å 谱线的红移(b) (Graham and Cauzzi, 2015)

对于部分耀斑,如果对软 X 射线流量随时间的变化进行时间求导,可以发现与微波或硬 X 射线辐射随时间变化的曲线非常类似,这一现象被称为 Neupert 效应。一般认为,对于这些耀斑,微波或硬 X 射线辐射表示的是非热电子的即时注入率,而软 X 射线辐射主要来自耀斑环中的高温等离子体,而这些高温物质是通过非热电子所引起的色球蒸发而产生的。高温物质填充、聚集在耀斑环中,环的软 X 射线辐射显然是一种积分效应。所以微波或硬 X 射线辐射的时间积分跟软 X 射线辐射有一致性的变化。

1.6.5　耀斑爆发时的射电频谱特征

耀斑爆发时,沿着磁力线以极高速度(0.1~0.6 倍光速)向外逃逸的高能电子经过日冕时,会激发与局域等离子体频率($f \propto \sqrt{n_e}$)相同的无线电波。由于日冕电子密度向外逐渐降低,向外运动的高能电子的速度又很大,所以激发的无线电波的峰值频率很快地漂移到较低的数值。这种太阳射电爆发的类型叫作Ⅲ型射电暴(简称Ⅲ型暴) (图 1.6.11)。Ⅲ型射电暴是耀斑加速电子的有力证据。Ⅲ型暴经常在米波段(30 MHz<f<300 MHz),频率漂移时间为 10~20 s。Ⅲ型暴的频率漂移在 100 MHz 处约为 30 MHz/s,在 10MHz 处约为 10 MHz/s。由在地球电离层之上飞行的卫星测量发现,Ⅲ型暴的频率可一直漂移到百米波长的范围(0.3 MHz<f<3 MHz)。相应的相对论电子可一直沿着行星际磁力线到达 1 AU。

Ⅲ型射电爆发经常跟随着Ⅴ型射电爆发。Ⅴ型暴是一个频带较宽的米波段范围的射电爆发,没有特殊的峰值频率,持续时间一般为数十秒到数分钟,Ⅴ型暴可能是产生Ⅲ型暴的相对论电子在太阳磁场中的同步加速辐射产生的。

有的耀斑爆发还伴随着日冕物质抛射,CME 以约 1000 km/s 的速度往外运动,并不断膨胀。当 CME 穿过日冕时,在其前方形成了激波,激起了等离子体振荡,因而产生了频率与局域等离子体频率相同的射电波。这样引起的射电波也有峰值频率的漂移,但是比Ⅲ型暴的频率漂移慢得多。

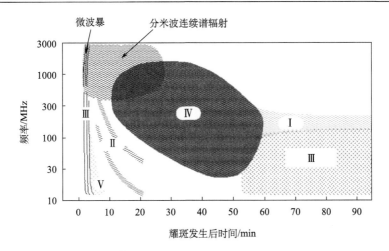

图 1.6.11 各种类型射电暴的动态频谱示意图(http://sunbase.nict.go.jp/solar/denpa/hiras/types.html)

这是因为激波波前扫过日冕的速度比引起 III 型暴的高能电子速度慢得多。这一类型的爆发称为 II 型射电暴(简称 II 型暴)。II 型暴经常伴随着一个频率为基波频率 2 倍的谐波(图 1.6.11)。II 型暴开始通常出现在 100~300 MHz,随后漂移到 30 MHz 左右,延续时间为 10~30 min,在固定频率上 II 型暴的持续时间是几分钟的量级。II 型暴的基频和谐频有时都会分裂成两条带,一般解释为分别对应激波上下游,但这一解释也受到了一些质疑(Du et al., 2015)。空间低频射电频谱仪的观测也经常发现 II 型暴可以一直漂移到几万赫兹,反映了 CME 激波在行星际空间的传播。在太阳活动峰年,II 型暴平均每两天发生一次,而 III 型暴每天可以发生很多次。

II 型暴经常伴随着一个持续的、在很宽频率范围内的射电辐射,叫作 IV 型射电暴(简称 IV 型暴),延续时间通常从几十分钟到几小时。IV 型暴也可以在分米波至米波的波段内观测到。一种 IV 型暴没有明显的频率漂移,被称为静止 IV 型暴,这种爆发可能是由于某些高能电子被耀斑后环捕获后产生的回旋同步辐射。还有一种 IV 型暴的源是向外运动的,叫作运动 IV 型暴。源的运动速度多在 200~1500 km/s 的范围,持续几十分钟,最后升高到数个太阳半径。运动 IV 型暴可能是由俘获于 CME 中的高能电子通过磁回旋辐射产生的。在射电频谱图中,IV 型暴之上有时还会叠加一些精细结构,如斑马纹结构(Tan et al., 2012),这些精细结构可能跟高能粒子激发的各种波模之间的相互作用或日冕结构的局部不均匀性有关。IV 型暴通常发生在较大的耀斑时,与质子耀斑有很强的相关性。

1.6.6 白光耀斑

长期以来人们发现,在可见光的观测中,通常情况下耀斑在连续谱上没有明显的信号,而需要通过 Hα 线等谱线才能观测到。只有在极少数较大耀斑的闪相期间,才能在可见光很宽的波长范围内观测到增强的连续谱辐射,持续时间为几分钟。具有这一特征的耀斑被称为白光耀斑。很显然,1859 年卡林顿首次观测到的太阳耀斑就是白光耀斑。从那时起,至 1995 年 SOHO 飞船发射之前,人们认证出来的白光耀斑总数不到 100 个(林元章,2000)。1995 年之后,随着众多太阳观测卫星的发射,以及望远镜分辨率和灵敏度的提高，人类观测到越来越多的白光耀斑。近年来，基于 SDO 卫星上 HMI 望远镜的长期连续观测，人们发现白光耀斑的发生非常频繁。统计研究表明，白光耀斑在越高级别的耀斑中所占的比例越高，但如果耀斑区的面积很小，能量释放的时间尺度很短，一些 C 级的小耀斑也可以产生明显的白光辐射增强（Song and Tian, 2018）。图 1.6.12 展示了 2003 年 10 月 28 日观测到的白光耀斑及其随时间的演化，箭头指示了白光增强的位置。

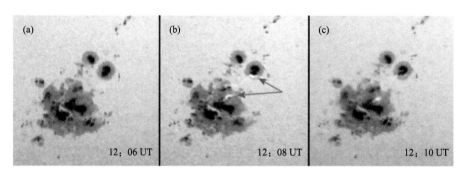

图 1.6.12　2003 年 10 月 28 日观测到的白光耀斑及其随时间的演化（图片由 Thierry Legault 提供）

观测到的白光耀斑大体可以分成两类（Fang and Ding, 1995）。Ⅰ 类白光耀斑的白光连续谱辐射与硬 X 射线、微波爆发在时间和空间上均表现出明显的相关性，表明其与高能电子密切相关（Watanabe et al., 2010）。Ⅰ 类白光耀斑的连续谱一般会出现明显的巴尔末跳跃，巴尔末谱线既宽又强。而 Ⅱ 类白光耀斑与硬 X 射线和微波辐射在时间和空间上一般没有明显的对应关系，且光谱中不出现或仅有微弱的巴尔末跳跃。这两种白光耀斑中连续谱增强的物理机制可能不同。对于 Ⅰ 类白光耀斑，可能是向下运动的高能电子轰击色球，增强的色球辐射产生向下方大气的返回加热，产生白光连续谱的增强，其巴尔末跳跃可能主要是氢原子的 b-f 跃迁急剧增加所导致的。而 Ⅱ 类白光耀斑的能量来源可能并非在日冕，而是在低层大气（Ding et al., 1994），如剪切的磁力线足点运动所引起的电流耗散，不存在明显的巴尔末跳跃可能是由于负氢离子的 b-f 跃迁明显增大。在有些白光耀斑的不同区域，可能同时存在不同类型的光谱特征和与硬 X 射线的对应关系，说明同一个白光耀斑中可能存在多种加热机制（Hao et al., 2017）。

关于白光耀斑，目前仍有很多问题有待进一步研究。对于白光连续谱辐射的产生机制，尤其是 Ⅱ 类白光耀斑的产生机制，目前尚无公认的结论。白光耀斑中的连续谱辐射是来自光球、色球还是同时来自光球和色球？对此人们也有不同看法。此外，对与白光耀斑相关的磁场结构，尚无太多研究，已知环带耀斑中白光耀斑的比例很高（Song and Tian, 2018），需要进一步探讨白光耀斑是否更容易发生在某种磁场位形中。由于目前已知的恒星耀斑很多是在白光连续谱观测到的，因此对白光耀斑的研究还有助于理解恒星耀斑的产生机制。

1.7　日珥和暗条

　　早期人们在日全食观测中发现，日面边缘之外有一些红色的突出物。后来有了 Hα 望远镜的观测，人们对这些突出于日面边缘以外的结构有了更加详细的研究。这些结构形态各异，有的像耳朵，有的像浮云、喷泉、火焰甚至马鞍等。这些结构现在通常被称为日珥，它们被认为是悬浮在日冕中的冷而密的被磁场裹缠的结构。日珥的温度远低于周围的日冕，大约为 7000 K。为了同日冕百万摄氏度的高温气体达到压力平衡，日珥的密度要比日冕气体的密度高 2～3 个量级，大致在 $10^{11}\,cm^{-3}$ 的量级。

　　日珥虽温度低，但密度高并且有较大数量的发射 Hα 线的中性氢原子，因而用 Hα 线在太阳边缘上看日珥是亮的(图 1.7.1)。但是在太阳盘面上，由于下方大气的 Hα 线比较强，日珥起着吸收体的作用，看起来就成为暗条了(图 1.7.2)。因此，暗条和日珥实际上是同一种现象，暗条只不过是日珥在日轮上的投影。

图 1.7.1　云南天文台 NVST 望远镜用 Hα 线观测的宁静日珥照片(Shen et al., 2015)

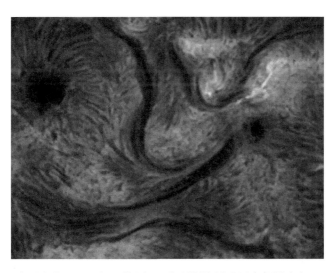

图 1.7.2　云南天文台 NVST 望远镜用 Hα 线观测的活动区暗条照片(Yan et al., 2015)

1.7.1 日珥的多波段观测

除了 Hα 波段，用其他的一些谱线或波段也可观测到日珥和暗条。比如用氢原子莱曼阿尔法、Ca II H 和 K、Mg II k 和 h 等较强的色球谱线，也可看到太阳边缘之外的日珥和日面上的暗条，与用 Hα 谱线观测的结果类似。

用波长比氢原子莱曼连续谱截止波长(912 Å)短的极紫外谱线来观测日面时，通常也可看到暗条。这是因为日珥中的氢原子、氦原子或一价氦离子吸收了来自下方大气(日冕、过渡区、色球)的极紫外辐射(光致电离)，而冷的日珥物质中又没有或只有较弱的该波段辐射。比如在 SDO/AIA 的观测中，经常可以从 He II 304 Å、Fe IX/Fe X 171 Å、Fe XII 193 Å、Fe XIV 211 Å 等波段的图像中看到暗条结构。在这些极紫外波段观测到的暗条一般比 Hα 波段看到的暗条要宽一些。在日面边缘之外的观测中，一般在低温的 304 Å 波段的图像中可以看到明亮的日珥；而在高温的 171 Å、193 Å、211 Å 等波段的图像中，有些日珥并不可见，有些日珥则呈现为暗的结构(图 1.7.3)。

在毫米波和厘米波段的太阳射电图像上，暗条和日珥的表现与 Hα 观测的类似，即在日面上表现为暗条，而在边缘之外呈现出亮的结构。

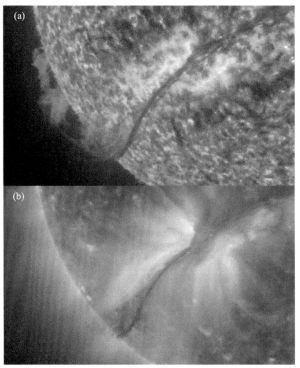

图 1.7.3 2010 年 12 月 6 日 SDO/AIA 在 304 Å(a)和 211 Å(b)波段观测到的日珥/暗条 (SDO 卫星官网 https://sdo.gsfc.nasa.gov)

1.7.2 日珥的分类

按照活跃程度从低到高，日珥通常可分为宁静日珥、活动日珥和爆发日珥。

1. 宁静日珥

宁静日珥是较大、较稳定的日珥。当它出现在日面边缘之外时,大约 5×10^4 km 高, 10^5 km 长,寿命为几天至几个月。有些宁静日珥出现在太阳宁静区,当出现在高纬时也称极冠日珥;另外一些宁静日珥经常出现在 $\pm 45°$ 之间的处于衰减阶段的活动区。对日面的观测发现,宁静暗条一般沿着大尺度纵向磁场极性反向的边界——磁中性线延伸,此处也被称为暗条通道。宁静日珥中心的温度为 $5000 \sim 8000$ K。

宁静日珥并不是绝对宁静的,其中的物质通常也处于不停运动的状态,如 Berger 等(2011)通过 Hionde 卫星上的太阳光学望远镜(SOT)的观测发现,一些宁静日珥的底部存在一些泡状的弱辐射结构(图 1.7.4)。这些结构温度为 $2.5 \times 10^5 \sim 12 \times 10^5$ K,比其上的日珥物质温度要高 $1 \sim 2$ 个数量级。但是它们的密度比较低,由于瑞利-泰勒不稳定性,这些低密度的泡状结构会上升并穿过日珥,最终进入日珥上方的日冕结构中。

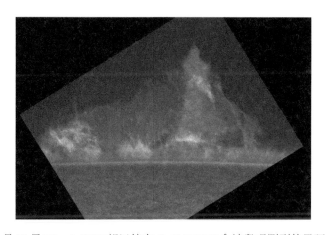

图 1.7.4　2010 年 6 月 22 日 Hionde/SOT 望远镜在 Ca II H 3968 Å 波段观测到的日珥(Berger et al., 2011)

日珥中常见振荡现象。Okamoto 等(2007)发现,日珥中的细丝状结构通常呈现垂直于细丝的振荡,周期为几分钟。这些细丝的走向通常被认为代表了局地磁力线的方向,因此这些横向振荡被解释为日珥中的阿尔文波,但也有观点认为这些振荡是快磁声波扭曲模。日珥中沿着磁场方向的纵向振荡也常被观测到(Li and Zhang, 2012)。纵向振荡的周期一般比较长,为 $40 \sim 160$ min,$2 \sim 6$ 个周期后就衰减消失了。这些纵向振荡可由日珥周围的扰动如微小的耀斑活动所激发,纵向振荡可能发生于日珥中磁力线的凹陷处,恢复力主要为重力(Zhang Q M et al., 2012)。

日珥中经常可以观测到双向流动。研究表明,这些双向流可能是由纵向振荡引起的,不同细丝结构中的纵向振荡不同步,导致观测到双向流动。但是也有一些双向流是由沿细丝的单向流动造成的,相互平行的不同细丝结构中流动的方向不同,整体看起来便呈现出双向流动(Zou et al., 2016;Chen et al., 2014)。基于数值模拟,Zhou 等(2020)提出,太阳表面普遍存在的湍动导致随机加热,局地被加热的物质向上蒸发,从而产生日珥的细丝结构。由于加热是随机的,因而细丝中可以呈现交替方向的流动。

2. 活动日珥

活动日珥一般体型较小，常表现出快速的变化和激烈的运动。活动日珥的典型寿命为几分钟至几小时。日珥中大部分物质温度可达 7000～10000 K 或更高。活动日珥多出现在活动区，有些与黑子相伴随，有些与耀斑相伴随。宁静日珥有时也会变为活动日珥。常见的活动日珥有日浪、冕雨、巨型太阳龙卷风等。

所谓日浪，指的是活动日珥内的物质突然以数十到 100 km/s 的速度被抛射到高处的现象，一些日浪到达最高处后又迅速掉回太阳表面。

冕雨指的是日冕中冷而密的物质以每秒几十千米的速度不断掉回太阳表面的现象，看起来就像下雨一样(图 1.7.5)。在耀斑后期经常可以看到沿耀斑后环下降的冕雨。一场冕雨持续时间为 5～20 h。冕雨的形成机制通常被认为是灾变式冷却。当冕环足部受到强烈加热时，低层大气中受热的物质会往上填充冕环，导致冕环密度增加，从而辐射损失更加有效。当加热所产生的热传导不足以平衡日冕中的辐射损失时，冕环开始冷却，当温度降到足够低时，电子和离子发生复合。在几分钟的时间里，辐射损失急剧增强，冷却进一步加剧，此即灾变式冷却。日冕中局地温度的降低也导致压力降低，从而使周围的物质向该处汇聚，导致日冕中形成局地物质聚集区。这些致密的物质非常有效地通过辐射而冷却下降，直到等离子体变得更加光学厚，冷却减缓。Antolin 和 van der Voort (2012) 的研究表明，日冕中 7%～30% 的体积中可能都有冕雨，冕雨所导致的日冕物质损失率约为 5×10^9 g/s。

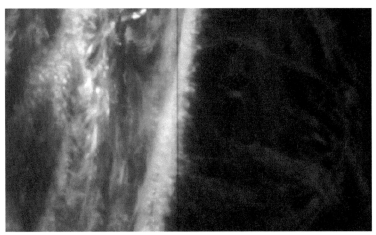

图 1.7.5　2015 年 4 月 28 日 IRIS 卫星在 1400 Å 波段(来自 Si IV 等离子的谱线辐射)观测到的冕雨照片
(IRIS 卫星官网 http://iris.lmsal.com/)

巨型太阳龙卷风指的是那些看起来在不停旋转的日珥(图 1.7.6)。SDO 卫星的观测表明，这些龙卷风在太阳上比较常见，有些是瞬时发生的，有些则可持续存在数天甚至更长时间(也可归类为宁静日珥)。但对于这种表观上的旋转运动的本质，人们有不同看法。第一种观点认为旋转运动是真实的(Su et al., 2014)。第二种观点则认为，观测到的旋转运动并不是真实的，而是日珥中其他类型的物质运动如振荡和双向流动所造成的一种假象(Schmieder et al., 2017)。

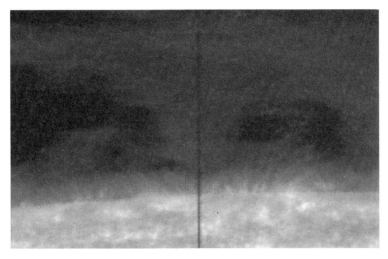

图 1.7.6　2015 年 5 月 1 日 IRIS 卫星在 2796 Å 波段(来自 Mg II k 线的辐射)观测到的巨型太阳龙卷风
(IRIS 卫星官网 http://iris.lmsal.com/)

3. 爆发日珥

一般宁静日珥可以在日冕中稳定地存在较长的时间。但有些宁静日珥或活动日珥在一定条件下可能会变得不稳定,突然发生猛烈的爆发性膨胀或向外抛射,成为爆发日珥(图 1.7.7)。光球运动引起的磁场结构的剪切和扭曲、磁对消、磁流浮现,以及日冕大尺度磁结构的变化等因素可能触发各种不稳定性或磁重联,使原来支撑日珥的磁场结构发生较大变化,从而可能会破坏日珥的稳定性,导致日珥爆发。

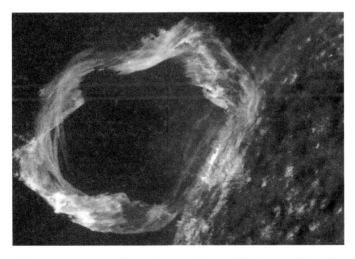

图 1.7.7　SDO/AIA 望远镜在 304 Å 波段观测到的一个爆发日珥
(SDO 卫星官网 https://sdo.gsfc.nasa.gov)

爆发日珥物质到达最高点后，有可能会重新掉回太阳表面，这种日珥爆发被称为失败的爆发(Ji et al., 2003)。爆发日珥如果成功逃离太阳，奔向行星际空间，就成为日冕物质抛射的一部分(详见 1.8 节)。

1.7.3 日珥的磁场结构

位于活动区之外的日珥磁场通常为 5～15 G，而位于活动区里的日珥磁场强度为10～100 G。在暗条主体中，磁场方向大体是水平的，与暗条长轴方向有 25°左右的夹角。一般认为暗条中的细丝结构走向与局地磁场方向一致，从图 1.7.8 中可见，暗条主体中的细丝结构确实与暗条长轴成一定角度。

暗条上有些地方存在一些类似倒钩的结构，这些倒钩结构将暗条主体上的某些部位连接到太阳表面上的其他地方(图 1.7.8 中的绿色圆圈)。在日面边缘外的观测中，倒钩结构通常表现为暗条主体下方的几根"柱子"，这些"柱子"将暗条主体与太阳表面连接起来。前面提到的巨型太阳龙卷风便属于倒钩结构。如果将暗条比喻成一架多孔桥，那么其主体便是桥面，这些倒钩结构便相当于桥墩。

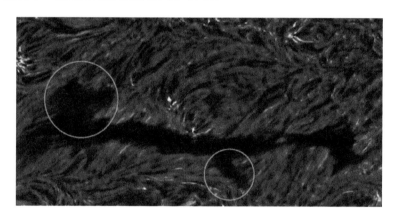

图 1.7.8　荷兰开放式太阳望远镜 DOT 于 2004 年 10 月 6 日观测到的一个暗条(Parenti, 2014)

日珥的密度远远高于周围大气的密度，但它能浮在太阳大气之中，不因太阳引力作用而下沉，这主要是因为磁场支撑了日珥。洛伦兹力(向上的磁张力)与这团致密物质的重力相平衡，使之能够悬浮在稀薄的日冕当中，同时磁场也隔绝了它与周围环境的热交换，使之不会弥散在周围的日冕当中。为了产生一个向上的磁张力，需要一段向上弯曲的磁力线，即磁凹陷。因此，日珥形成的一个条件就是磁场结构中存在一个凹陷，使冷而密的等离子体可以存留在那里而不致落到太阳表面。较早提出的日珥磁场结构模型大体上可分为剪切磁拱模型和磁绳模型两类(图 1.7.9，图底部的不同颜色表示不同极性的纵向磁场，底部上方的曲线代表三维空间中的磁力线)。在剪切磁拱模型中，纵向磁场中性线附近的强剪切可以产生磁力线的凹陷。而在磁绳模型中，磁绳轴下方的磁力线呈凹陷状。因此，这两种磁场结构都可以支撑日珥。

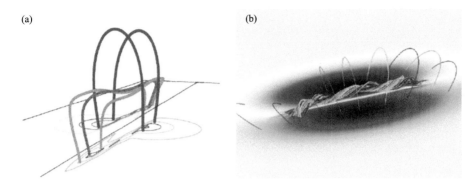

图 1.7.9　日珥的剪切磁拱模型(a)(DeVore and Antiochos, 2000)和磁绳模型(b)(Amari et al., 2003)

　　在太阳边缘的日冕观测中，有的宁静日珥周围和上方呈现出一个低密度的区域，在极紫外波段的日冕辐射图中表现为近似椭圆形的暗腔。暗腔之内的辐射比周围的日冕辐射要弱。这个暗腔被称为日冕暗腔(图 1.7.10)。美国高山天文台的日冕多通道偏振仪(CoMP)对暗腔的观测显示，Fe XIII 10747 Å 谱线的线偏振减弱之处形成一个类似兔子耳朵的结构，这与一个中心轴沿着视线方向的磁绳所产生的线偏振结果吻合，表明暗腔中可能有一个磁绳结构。此外，CoMP 还发现，在有些暗腔中，Fe XIII 10747 Å 谱线的多普勒频移呈现环状的圈层结构[见图 1.7.11，黄色曲线代表太阳边缘，(a)图中绿色短线表示线偏振在天空平面的投影方向，(b)图中红色和蓝色分别代表多普勒红移和蓝移]，这一结果可能是沿着磁绳中不同磁面流动的等离子体流所造成的，从而进一步支持了暗腔的磁绳本质(Chen Y et al., 2018；Bak-Steslicka et al., 2013)。而日珥便位于磁绳中心轴的下方磁凹陷处。

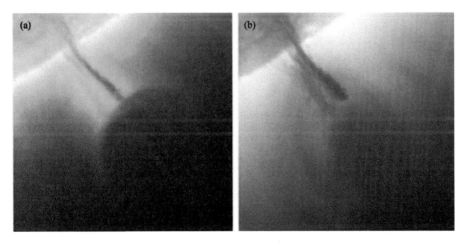

图 1.7.10　SDO/AIA 在 171 Å(a)和 193 Å(b)波段观测到的一个日冕暗腔(SDO 卫星官网 https://sdo.gsfc.nasa.gov)

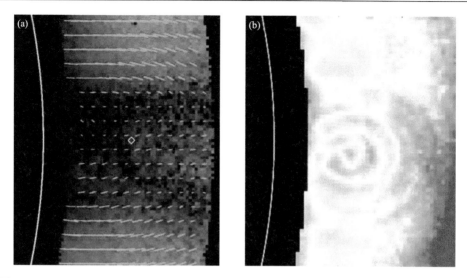

图 1.7.11　CoMP 观测的一个日冕暗腔中 Fe XIII 10747 Å 谱线的线偏振度(a)和多普勒频移(b)
(Bak-Steslicka et al., 2013)

　　在实际观测中，支撑日珥的磁场结构可能是存在磁凹陷的复杂的磁绳系统，而并非单一的简单磁绳。比如 Su 和 van Ballegooijen(2012)对暗条通道的磁场结构进行建模，发现所构建的复杂磁绳结构中的凹陷位置与观测到的长暗条位置符合得非常好。而在另外的一些观测中，发现两个暗条的行为有所关联，分析表明它们可能是位于不同高度的双层暗条。支撑双层暗条的磁场结构可能是两个叠在一起的磁绳，也可能是剪切磁拱之上叠加了一个磁绳(Liu et al., 2012)。

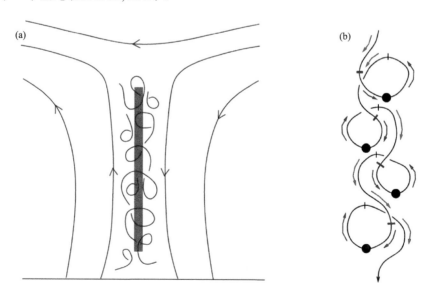

图 1.7.12　日珥的纠缠磁力线模型(van Ballegooijen and Cranmer, 2010)

除了剪切磁拱和磁绳模型外，van Ballegooijen 和 Cranmer (2010) 还提出了一个纠缠磁力线模型来解释篱笆状日珥(图 1.7.4)中的磁场结构。在这个模型里，纵向磁场中性线上方的电流片中存在相互纠缠的磁力线，纠缠的空间尺度约为 1 Mm。这种磁场结构中存在很多磁凹陷，冷而密的日珥物质便位于这些磁凹陷处[见图 1.7.12，黑色曲线代表磁力线，(b)图放大展示了(a)图电流片中的纠缠磁力线，其中黑点表示磁凹陷的位置，箭头代表流动的方向]。

1.7.4　日珥的形成机制

观测上发现日珥常出现在纵向磁场中性线附近。有时观测到日珥物质在日冕中突然出现，但也有一些观测表明日珥物质源自色球的上升流。为了解释日珥的形成，人们提出了不同的物理机制。主要的日珥形成模型包括三种：蒸发-凝聚模型、注射模型、抬升模型[见图 1.7.13，黑色曲线代表磁力线，(a)图中紫色的是日珥物质，红色箭头代表色球蒸发过程，(b)图中紫色的是日珥物质，右侧蓝色曲线代表新浮磁流，(c)图中蓝色的是日珥物质，绿色圆圈代表磁对消的位置]。

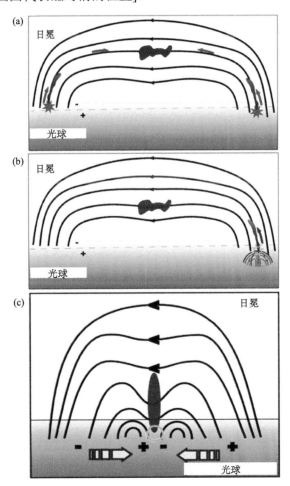

图 1.7.13　日珥形成的三种主要模型：蒸发-凝聚模型(a)、注射模型(b)、抬升模型(c) (Mackay et al., 2010)

1. 蒸发-凝聚模型

一些日珥可能是由日冕物质凝聚而成的。日冕凝聚可由热不稳定性引起。在光学薄的情况下，辐射损失率可表示为

$$L = n^2 R(T) \qquad (1.7.1)$$

式中，n 为氢元素密度；$R(T)$ 为辐射损失函数。辐射损失函数的峰值位于 10^5 K 左右，在更低温度和更高温度，其值都变小。如果不考虑热传导和流动，只考虑加热和辐射损失，则日珥的能量平衡方程可简化为如下表达形式(Vial and Engvold, 2015)

$$3nk \frac{\partial T}{\partial t} = Q - L \qquad (1.7.2)$$

式中，Q 为加热率。

在百万摄氏度的日冕环境中，原本处于热平衡下的等离子体，如果某种原因导致温度减小，则辐射损失函数会迅速增大，导致辐射损失率 L 迅速增大。根据能量平衡方程，等离子体温度将会进一步减小，从而产生热不稳定性，直到建立新的平衡。

要使温度减小，一个有效的方式是增加密度。由于辐射损失率 L 同密度的平方成正比，所以只要加热项满足 $Q \propto n^m$ $(m < 2)$，则如果因某种原因密度增加，辐射损失率 L 增加，就可使等离子体温度减小，产生热不稳定性而形成日珥。

对于冕环来讲，要增加其密度，一个可行的办法就是将足点处的色球物质加热，被加热的色球物质蒸发，上行到日冕中，填充冕环，导致冕环密度增加，从而辐射损失率 L 增加，热平衡被破坏。结果便是温度降低，高温的日冕物质发生凝聚形成日珥。这就是蒸发-凝聚模型的基本图像。这一图像也在数值模拟中得以重现(Xia et al., 2011)。

2. 注射模型

有些日珥可能是色球物质通过某种机制被携带到日冕中而形成的。比如，冕环一个足点附近的新浮磁流可能与暗条通道中的磁力线发生磁重联，从而将足点附近的色球甚至光球物质注入日冕中。这一机制可能可以解释一些活动区日珥的形成过程。

3. 抬升模型

在抬升模型中，冷的等离子体是被上升的磁场结构抬升到日冕中的。这类模型主要有两种。一种抬升模型认为暗条通道的磁场结构是一个高度扭缠的磁绳。当磁绳的轴和下部从光球上升到高层大气中时，冷的物质也被携带到日冕中。在这个图像中，日珥物质位于磁绳中磁力线向上弯曲的部位。这一机制可能可以解释一些高度较低的活动区日珥。

另一种抬升模型则强调磁力线的松弛在日珥形成过程中的作用。在磁流浮现的过程中，上浮的磁力线通常很容易形成 U 形的结构，U 形磁力线两侧发生磁重联后，新形成磁力线在向上磁张力的作用下，可将低层大气中冷的物质弹到日冕。这一过程也可推广到其他发生在低层大气中的磁重联过程，只要重联后新形成的磁力线所产生的磁张力能

够克服冷物质的重力，冷的物质便可被抬升到日冕中，形成日珥。

此外，Li 等(2018)发现磁重联导致磁凹陷结构形成，周围物质在压力梯度驱动下向凹陷区汇聚，由于热不稳定性冷却形成日珥物质，并掉回太阳表面形成冕雨。上述模型的核心思想都是寻找日冕中冷物质的形成机制。除此之外，还有一些关于日珥形成的研究主要聚焦支撑日珥的磁场结构的形成机制，尤其是磁绳结构的形成。比如，Yan 等(2015)发现，冕环两个足点沿着纵向磁场中性线的剪切运动将磁力线的方向拉得比较水平，黑子的旋转运动继而将这些几乎水平的磁力线缠绕起来，最终形成具有扭缠磁场结构的暗条。

1.8　日冕物质抛射(CME)

日冕物质抛射(CME)是指大尺度的磁化等离子体从太阳大气向外抛射到行星际空间的现象，是太阳大气乃至整个太阳系中最大尺度的剧烈活动现象。

离开太阳后，有些 CME 可传播到地球附近，使地球周围的空间环境受到剧烈的扰动。从 1859 年卡林顿发现太阳耀斑，一直到 1990 年前后，绝大多数人都认为耀斑是最剧烈的太阳爆发现象，是灾害性空间天气事件(如地磁暴)最重要的源头。1993 年，Gosling 发表著名的论文"The solar flare myth"(Gosling,1993)，明确指出 CME 才是最大规模的太阳爆发现象和最主要的日地空间扰动源。两年后发射的 SOHO 飞船上搭载了三台不同视场的日冕仪，其高分辨率和高灵敏度的持续观测使 CME 的相关研究迅速兴起，并在之后约 20 年的时间里一直是太阳物理学科最热门的研究领域。本节简要介绍 CME 的观测特征和理论模型，更加详细的介绍可参考 Chen(2011)、方成等(2008)、Zhang 和 Low(2005)等专著或综述。

1.8.1　CME 的观测特征

CME 的第一次观测也许可以追溯到 1860 年 7 月 18 日。当时欧洲大陆发生了一次日全食，一些观测者对他们看到的日冕形态进行了描绘。在很多从不同地点观测的人所绘制的日冕图像中，太阳的西南边缘处都出现了一个看起来脱离了太阳的近似圆形的结构，这个结构明显不同于周围的典型日冕结构(图 1.8.1)。按照今天我们对太阳的认识，这个奇特的结构很可能是一团正从太阳上往外抛射的物质，即 CME。

进入 20 世纪，借助不断改进的太阳观测设备，尤其是里奥发明双折射滤光器后，人们利用 Hα 谱线对位于太阳边缘的日珥现象进行了常规的观测，并监测到了频繁发生的日珥爆发。比如，1946 年 6 月 4 日，位于美国科罗拉多州的高山天文台(HAO)利用其望远镜观测到了一个巨型日珥的爆发。然而，由于这些望远镜无法观测离太阳边缘较远地方的辐射，人们难以判断这些爆发的日珥物质是否最终离开太阳，进入行星际空间。

1971 年，美国 Orbiting Solar Observatory 系列第 7 颗卫星(OSO-7)将一台日冕仪送入太空。1971 年 12 月 14 日，该日冕仪观测到一团明亮的等离子体云以大约 1000 km/s 的速度从太阳往外运动，这一速度超过了太阳的逃逸速度。一直到日冕仪视场的边界处(距离日心约 10 个太阳半径)，这团等离子体云仍在往外运动。因此，它被公认为是一团成功抛离太阳的物质，这也是人类历史上首次确认 CME 这种现象的存在。

图 1.8.1　G.Tempel 绘制的 1860 年 7 月 18 日日全食期间观测到的日冕图像
(http://sunearthday.nasa.gov/2006/locations/firstcme.php)

之后，随着搭载有日冕仪的 Skylab、SMM 等飞船的发射，以及 HAO 等机构研制的地面日冕仪投入运营，人类观测到越来越多的此类事件。不同的观测者对这些事件称呼各不相同，比如日冕瞬变事件、太阳物质抛射事件等。1975 年以后，一些学者将这类事件命名为日冕物质抛射，这一名称在 20 世纪 80 年代得到太阳物理界的普遍认同和广泛采用。

白光日冕仪是观测 CME 的主要设备。1995 年，SOHO 飞船被发射到日地连线上的第一拉格朗日点，飞船上搭载了三台不同视场的日冕仪，分别称为 LASCO-C1、LASCO-C2 和 LASCO-C3。其中的 LASCO-C2 和 LASCO-C3 是白光日冕仪，观测的主要是日冕中自由电子和尘埃所散射的光球辐射，视场范围分别为日心距 2～6 个太阳半径和 3.5～30 个太阳半径。这两个日冕仪对日冕的长期连续观测使 CME 的相关研究蓬勃发展起来，因此具有划时代的重大意义。截至 2020 年，这两台日冕仪仍在正常工作。

2006 年发射的两颗 STEREO 飞船从两个不同的角度对太阳进行观测。两颗飞船上都搭载了两个不同视场的日冕仪。加上地球附近 SOHO 飞船上的 LASCO 日冕仪，在某些时间段，实际上我们能够从三个不同的角度观测同一个 CME，从而可以根据几何关系和一定假设对 CME 的三维结构进行重构(Feng et al., 2012)。STEREO 飞船在日地连线之外对日地空间的成像观测也大大增进了我们对 CME 在行星际空间传播规律的理解。

CME 发生的频次与太阳活动水平有关。在太阳活动高年，平均每天可发生 4～6 次 CME；而在太阳活动低年，平均每三四天发生一次 CME。

不同的 CME 形态各异，如环状、泡状、扇状、晕状、螺旋状、喷流状等[如图 1.8.2，

(a)～(c)图由 LASCO-C2 观测，(d)～(f)图由 LASCO-C3 观测，中心的白色圆圈代表太阳盘面，中间的红色(上图)或蓝色(下图)圆盘表示日冕仪挡板所挡住的部分]。其中比较典型的一类 CME 结构包括三个部分，这种所谓三分量 CME 由亮的外环、环内的低密度暗腔，以及暗腔中的高密度亮核组成，如图 1.8.2(e)所示。这类 CME 可能是由日珥爆发所产生的。其中亮核的密度大约在 10^{11} cm^{-3} 的量级，温度约 8000 K，对应爆发的日珥物质。暗腔和亮环温度在 2×10^{6} K 的量级，亮环可能由前端物质堆积造成，其典型密度是 10^{8} cm^{-3}，暗腔的密度则小一个数量级。但 Song 等(2017)发现一些没有日珥爆发的 CME 也有三分量结构。具有比较清晰的三分量结构的 CME 只占所有 CME 总数的大概三分之一。

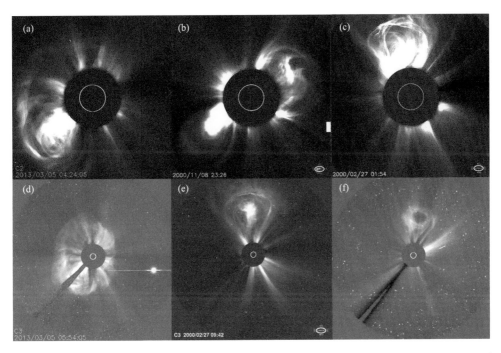

图 1.8.2　形态各异的 CME(SOHO LASCO CME CATALOG: http://cdaw.gsfc.nasa.gov/CME_list/)

通过跟踪 CME 的明亮前沿在日冕仪视场中的演化过程(图 1.8.3)，可以估计出 CME 向外运行的速度。多数 CME 的运动速度会逐渐增大到每秒数百千米到一两千千米，加速通常在几个太阳半径以内就完成了。在这之后，CME 的速度一般不会发生太大变化。

CME 的平均角宽度约为 45°。角宽度大于 120° 的 CME 称为晕状 CME，其中角宽度 360° 的为全晕状 CME。在白光日冕仪图像中，全晕状 CME 表现为一团明亮的"云雾"以太阳为中心往四周弥散开来[图 1.8.2(d)]，表明该 CME 大致沿太阳-日冕仪连线方向传播，可能是朝着日冕仪传播，也可能是背离日冕仪传播。在传播过程中，CME 随距离的增加而不断膨胀，看起来就像一团以太阳为中心的不断变大的晕。CME 在行星际空间传播，到达地球公转轨道(1 AU)一般需要 16～120 h。

从白光日冕仪观测的 CME 亮度中分离出 K 冕辐射成分(如通过偏振测量)，则可根据汤姆孙散射理论反演出 CME 中的电子密度。再通过观测到的 CME 形状估计其体积，从而可以得到 CME 总的质量,结合其运动速度则可估计其动能。CME 质量多在 1×10^{13} ～ 4×10^{16} g 的范围。一个 CME 的总能量一般为 $10^{28}\sim10^{32}$ erg,与耀斑所释放的能量大致相当。表 1.8.1 总结了 CME 的基本特性。

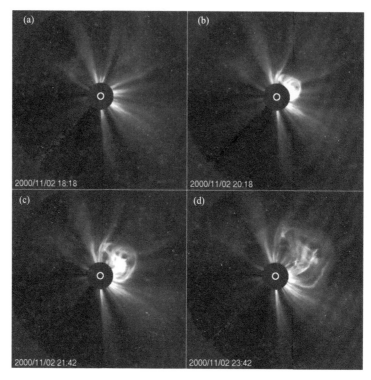

图 1.8.3　LASCO-C3 观测到的一次 CME 爆发过程(SOHO LASCO CME CATALOG: http://cdaw.gsfc.nasa.gov/CME_list/)

表 1.8.1　CME 的基本特性小结

参数	数值
日发生频次	高年 4～6 次,低年约 0.3 次
平均角宽(对日心)	约 45°
总质量	1×10^{13} ～4×10^{16} g
平均质量	约 4×10^{14} g
质量损失率	约 2×10^{11} g/s
前沿传播速度	50～2500 km/s
前沿平均速度	475 km/s
总能量	$10^{28}\sim10^{32}$ erg
到达地球轨道的时间	16～120 h

除了白光日冕仪以外,还有些日冕仪可以观测可见光或红外波段的谱线辐射,可称为光谱成像日冕仪。比如,LASCO-C1 可在日冕绿线(5303 Å)轮廓的不同波长位置对日

冕进行准同时成像，从而可以得到 CME 的光谱信息。其视场为日心距 1.1～3 个太阳半径。此外，由 HAO 运营的 CoMP 日冕仪可用三条红外谱线(Fe XIII 10747 Å/10798 Å 和 He I 10830 Å)对日心距 1.05～1.4 个太阳半径的范围进行观测(Tomczyk et al., 2008)。在通常情况下，利用可调滤光器，CoMP 在 Fe XIII 10747 Å 谱线轮廓的多个波长位置进行准同时的偏振测量。这样便可以得到其视场范围内每个位置的偏振光谱。由此可以获得 CME 的视向运动速度等信息，并能帮助我们理解 CME 及其前身结构的磁场信息(图 1.7.11)。CoMP 也可交替用 Fe XIII 10747 Å 和 10798 Å 两条谱线来进行观测，利用两者辐射强度的比值可以诊断日冕和 CME 中的电子密度。而 He I 10830 Å 谱线形成温度较低，比较适合观测日珥爆发。

在日面边缘以外，极紫外和软 X 射线波段的辐射随距离增加而下降得非常快，因此在这些波段，我们一般只能观测到 CME 的爆发和初始传播过程。极紫外波段对于监测日面上的 CME 爆发非常有效，在这些波段，CME 的爆发通常伴随着日冕暗化以及大尺度的(类)波动现象。

射电波段也可用于 CME 的观测，比如法国 Nançay 日像仪在 150～450 MHz 范围内的几个频率观测到了一些 CME，较好地追踪了这些 CME 在日心距 3 个太阳半径以内的演化过程。

1.8.2　CME 与耀斑、日珥爆发之间的关系

结合日冕仪观测和对日面的成像观测，人们发现 CME 的产生通常与耀斑或日珥爆发相联系(Zhou et al., 2003)。统计表明，约 40% 的 CME 与耀斑爆发有关，而在剩下的 CME 中约有 50% 与日珥爆发有关；超过 20% 的 CME 同时伴有耀斑爆发和日珥爆发(Munro et al., 1979)。MacQueen 和 Fisher(1983)发现，在日心距 1.2～2.4$R_\odot$ 的距离范围内，与耀斑伴随的 CME 大多有较高的速度，而且速度随距离的变化不明显；与爆发日珥伴随的 CME 速度较低，但加速十分明显，加速度约为 50 m/s^2 的量级。但随后大量的研究表明，CME 的速度有一个连续的分布，它跟支撑日珥的磁场位形、源区磁场强度等因素都有很大关系(Low and Zhang, 2001；Qiu and Yurchyshyn, 2005)。

在三分量 CME 结构中，亮核温度较低而密度较高，被认为对应爆发的日珥物质。Munro 等(1979)的研究表明，在日心距 1.2$R_\odot$ 以外能观测到的所有爆发日珥最终都演化成了 CME，而在日心距 1.1～1.2$R_\odot$ 之间能观测到的爆发日珥大概有 60% 最终演化为 CME，有约 2/3 的爆发日珥没有出现在 1.1R_s 之外。而 Gopalswamy 等(2003)的研究发现，约 70% 的爆发日珥最终演化成了 CME。未成功逃离太阳成为 CME 的爆发日珥会掉回太阳表面，称为失败的爆发(Ji et al., 2003)。

多数大耀斑都伴随有 CME。例如，Andrews(2003)发现约 60% 的强耀斑(大于 M 级)都有相应的 CME，而 Wang 和 Zhang (2007)发现约 90% 的 X 级耀斑伴随着 CME。耀斑既可能位于 CME 在太阳上的足点附近，也可能位于 CME 下方中心区域附近。Qiu 和 Yurchyshyn(2005)的统计研究发现，CME 的速度和相应耀斑带扫过的磁通量呈现正比的关系。

利用 SOHO 飞船上搭载的三台日冕仪和一台极紫外成像望远镜的观测数据，Zhang 等(2001)详细研究了几个 CME 及其相应耀斑的时间演化关系，发现这些伴随耀斑的

CME 的演化具有如下三个阶段。

(1)初始相：CME 以小于 80 km/s 的速度缓慢上升；大致对应耀斑前相，持续几十分钟。

(2)脉冲加速相：CME 迅速加速直至耀斑辐射的软 X 射线流量达到极大；时间上与耀斑脉冲相大致对应，持续几分钟到几十分钟。

(3)传播相：CME 速度基本不变或稍微减小；时间上与耀斑衰减相对应。

这一结果表明，这些 CME 和耀斑的发生过程是紧密相联的，它们可能是同一个物理过程在不同侧面的表现形式。图 1.8.4 展示了 CME 传播速度与软 X 射线流量之间的关系(Zhang et al., 2001)。

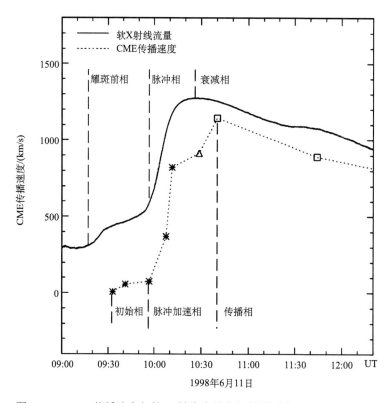

图 1.8.4 CME 传播速度与软 X 射线流量之间的关系(Zhang et al., 2001)

基于很多大 CME 同时伴有双带耀斑和日珥爆发的观测事实，Forbes(2000)提出了如图 1.8.5 所示的卡通模型。该图像表明，双带耀斑、日珥爆发和 CME 可能是同一爆发过程不同侧面的反映。显然，并非每次爆发都会产生这三种现象，有的爆发过程只产生其中的两种或一种现象。不同的结果与爆发前磁场结构的差异等因素有关。

1.8.3 CME 产生的日冕暗化和大尺度(类)波动现象

CME 爆发后，其在日面上的源区软 X 射线和极紫外辐射通常呈现出变弱的观测特征，这种现象称为日冕暗化(图 1.8.6)。密度减小或温度变化都可引起特定波段的辐射减弱，但通过分析光谱数据，多数研究表明 CME 产生的日冕暗化主要是由密度的降低引起的，反映了闭合磁力线被打开所造成的日冕质量损失（Jin et al., 2009；Tian et al., 2012）。暗化区一般需几个小时到几天才恢复到爆发前的辐射强度。暗化区可看作瞬时冕洞，光谱观测发现其中有约 100 km/s 的高温（约 10^6 K）物质外流，说明暗化区可能是太阳风的一种源区。

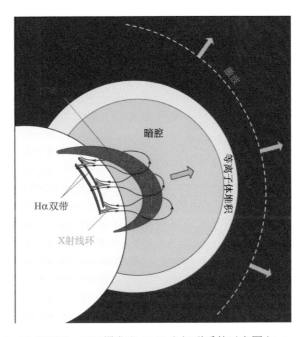

图 1.8.5　双带耀斑、日珥爆发和 CME 之间联系的示意图（Forbes, 2000）

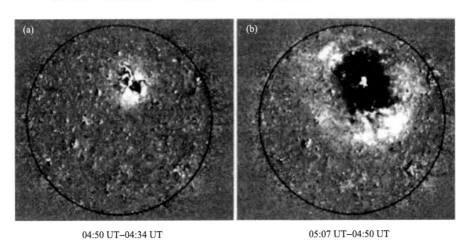

图 1.8.6　CME 产生的极紫外波及亮波前之后的日冕暗化现象（Thompson et al., 1998）

　　观测发现主要有两种日冕暗化：一种称为核心暗化，通常共轭（成对）出现在极性反转线两侧，其面积较小，可能对应 CME 磁绳在日面上的两个足点，称为核心暗化；另一种称为次级暗化，其面积较大，暗化的程度相对较弱，可能是爆发磁结构与周围闭合磁结构相互作用导致后者被打开等原因造成的。有时可以看到大尺度甚至全球尺度的暗化,在日面上从爆发区域沿所有方向往外传播,其前沿看起来像是一种大尺度的波动。这种类波动现象最初是由 SOHO 飞船上的极紫外成像望远镜(EIT)所观测到的,因此最初被称为 EIT 波(Thompson et al., 1998),后来其他极紫外望远镜也观测到大量这种类波动现象,因此现在被改称为极紫外波。前沿的表观传播速度多在 150~350 km/s 之间。

关于极紫外波的本质和产生机制,目前主要有两种互相对立的观点。详细介绍可参考方成等(2008),这里仅简要介绍。第一种观点认为,极紫外波的本质是波动。早在 1960年, Moreton 和 Ramsey (1960)便发现有些大耀斑发生期间,Hα 线翼图像中会出现以 500~2000 km/s 的速度从耀斑区往外传播的大尺度波动,传播距离可达五六十万千米。这种波被称为莫尔顿波,观测发现它与 II 型射电暴相关性较好,可能与 II 型射电暴有共同的起源。Uchida (1968, 1974) 提出,莫尔顿波是由耀斑压力脉冲产生的日冕快模磁声波的波锋底部扫过色球时压缩色球物质所产生的,他还指出日冕快模波由于非线性陡化而成为快模激波。一些学者认为,极紫外波就是产生莫尔顿波的那个日冕快模激波。观测到的极紫外波的一些特性似乎支持这一论点,比如,极紫外波传到冕洞或其他的活动区被反射回来(Li et al., 2012; Gopalswamy et al., 2009)。

第二种观点认为极紫外波不是波动。观测到的极紫外波传播速度通常远小于莫尔顿波的传播速度。为了理解这一差异, Chen 等(2002)通过 MHD 数值模拟指出,CME 爆发驱动的日冕快模激波扫过色球产生莫尔顿波,而环绕磁绳的闭合磁力线依次被推开造成的扰动在低日冕中传播则产生极紫外波。在磁力线由内往外被推开的过程中,扰动沿同一根磁力线是由上而下传播的。如图 1.8.7 所示(实线代表各个时刻的初始磁场位形,虚线代表磁力线被推开后的位形),由于磁绳往外爆发,第一根磁力线首先在 A 点附近发生变形[图 1.8.7(a)],相应的扰动以阿尔文速度沿这根磁力线往下传到 C 点,磁力线在 C 点的扩张压缩外侧等离子体,使其密度增加,从而在 C 点附近形成一个辐射增强的波前[图 1.8.7(b)]。同时扰动也以快模磁声波的形式从 A 点往上传到第二根磁力线上的 B 点,B 点的扰动进而往下传到 D 点,磁力线在 D 点的扩张压缩形成第二个波前[图 1.8.7(c)]。这样便可看到一个从 C 传向 D 的扰动,这一沿水平方向传播的扰动对应观测上的极紫外波。显然,这个扰动只是个表观运动,而不是某一个特定的磁流体波。Chen 等(2002)还计算出了模型中该表观运动的速度,约为快模磁声波速度的三分之一,

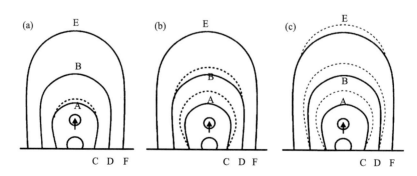

图 1.8.7　磁力线被依次推开形成极紫外波的示意图(Chen et al., 2002)

这与观测上极紫外波的传播速度大约为莫尔顿波传播速度三分之一的结果吻合。同时，这一模型也可解释观测到的极紫外波在磁分界面及冕洞边界停止传播等事实。

Chen 等（2002）的模型预言，CME 爆发后日冕中会产生两个（类）波动现象，一个是以约 750 km/s 速度传播的日冕快模激波（或称日冕莫尔顿波），另一个是跟在后面的速度约 250 km/s 的极紫外波（实际上是由磁力线被依次推开所形成的表观传播）。在白光日冕仪或日面边缘外的极紫外成像观测中，经常能够发现日冕快模激波的迹象，它们一般表现为 CME 亮环前端微弱增亮的前沿。图 1.8.8 展示了 SDO/AIA 望远镜观测到的一个 CME 及其前端的快模激波（Gopalswamy et al., 2012）（图中显示的是差分图）。Ma 等（2011）也研究了这个状如穹顶的激波，发现它以约 600 km/s 的速度往外传播，并产生了 II 型射电暴，根据观测到的压缩比、密度、速度等参数，基于快模激波假设而得到的温度变化跟观测非常吻合，从而为这个亮前沿的激波本质提供了强有力的证据。

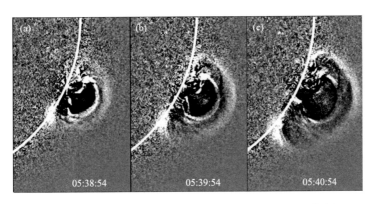

图 1.8.8　2010 年 6 月 13 日 SDO/AIA 193 Å 波段观测到的 CME 及其前端的快模激波（Gopalswamy et al., 2012）

值得一提的是，Chen 等（2002）的模型预言的两个波动现象在一些日面观测中也得到证实。利用 SDO/AIA 高分辨率和高灵敏度的观测，Asai 等（2012）、Chen 和 Wu（2011）等均观测到速度 500～800 km/s 的日冕快模激波和跟随在后面的速度为 200～300 km/s 的极紫外波。

1.8.4　CME 的源区及前身结构

一个典型 CME 的能量密度大致在 100 erg/cm^3 的量级。在日冕中，这么大的能量密度只有磁场才能够提供。因此，一般认为 CME 的能量来源于储存在日冕中的磁自由能。

观测表明，CME 多源于太阳活动区，其大尺度源区主要包括单个活动区、跨赤道冕环、活动区和宁静区的暗条等（Zhou et al., 2006）。

越来越多的证据表明，很多 CME 在爆发之前具有磁绳结构。磁绳的主要拓扑性质可认为是一部分磁力线绕某公共的磁力线旋转一圈以上。近年来，通过地面大望远镜的高分辨率观测，人们发现色球中的精细结构有时呈现相互缠绕的现象[图 1.8.9（a）]，一般认为这是磁力线相互缠绕的表现。在软 X 射线和极紫外波段的图像中，一些活动区呈现 S 形的强辐射结构[图 1.8.9（b）]，磁场外推通常呈现出磁绳结构，而观测上也发现这类活动区更容易爆发产生 CME。SDO 卫星发射后，Zhang J 等(2012a)、Cheng 等(2011)、Cheng 等(2013)发现，在 AIA 望远镜 131 Å 波段的图像中，一些 CME 在爆发初期呈现出往外运动或膨胀的强辐射结构。由于该波段的辐射主要来自形成温度约 11 MK 的 Fe XXI 129 Å 谱线辐射，因此这一结构被称为热通道结构。少数热通道结构还清楚地呈现出相互扭缠的形态[图 1.8.9(c)]。Mei 等(2017)通过三维数值模拟发现，从不同视角观测，同一个磁绳可能呈现出诸如热通道结构或 S 形结构的不同辐射形态。

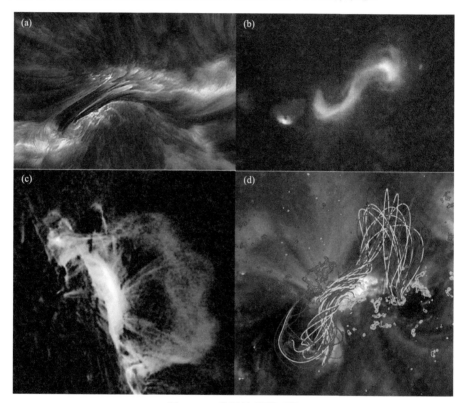

图 1.8.9　磁绳的观测证据

(a)Hα 图像中缠绕的细丝结构(Wang et al., 2015)；(b)软 X 射线图像中的 S 形结构(Savcheva et al.,2015)；(c)极紫外图像中扭缠的高温辐射结构(Cheng et al., 2014)；(d)磁场外推得到的扭缠磁力线结构 (Su et al., 2011)

此外，对一些 CME 爆发之前日面上三维磁场的建模(磁场外推或磁流体力学模拟)也经常呈现出磁绳结构[图 1.8.9(d)]。部分磁绳明显位于暗条通道(日面观测)或日冕暗腔(日面边缘观测)，日珥一般位于重构出来的磁绳下部凹陷处。如 1.7 节所述，偏振和光谱观测也表明日冕暗腔中存在磁绳结构(图 1.7.11)。

在白光日冕仪的观测中，也可见磁绳的迹象。有些 CME 中呈现出相互扭缠的精细结构，可能是磁力线相互缠绕的表现。有些 CME 的前端则呈现一个椭圆形，可能是磁绳在垂直于轴向的膨胀过程中压缩周围等离子体的结果[图 1.8.2(f)]。当 CME 传播到行星际空间后，位于行星际空间的人造飞船可以穿越 CME，从而对 CME 中的磁场等物理量进行实地测量。测量到许多 CME 中的磁场分布确实与磁绳结构比较吻合。

磁绳已被公认为是 CME 的核心磁场结构。但多年来，人们一直在争论一个问题：

磁绳是在爆发前就已存在,还是在爆发过程中形成的?前者得到很多观测证据的支持。但后者也有一些观测依据,如 Song 等(2014)观测到日冕中的磁重联产生一个约 10 MK 的可能是磁绳的结构,该结构往外运动形成 CME。

1.8.5　CME 爆发模型

对于 CME 来说,能量事先缓慢地积累在日冕磁场中,然后通过某种物理过程突然释放出来,造成物质的抛射。磁场力将物质推离太阳,最终形成 CME。

由于 CME 通常源自日冕中的闭合磁场区域,因此如果发生爆发,这些闭合的磁结构必然要打开而成为开放场。但是 Aly (1991)和 Sturrock(1991)的研究发现,如果所有磁力线都有一端固定在太阳表面,那么对于具有相同边界条件的无力场,一端同边界相连接、另一端延伸到无穷远的完全开放场储存的能量最多。这表明,打开闭合的日冕磁场结构后,系统的能量会增多,而不会释放能量来产生 CME。因此,不可能通过打开这些闭合磁场结构来产生 CME。这就是著名的 Aly-Sturrock 佯谬。显然,建立 CME 理论模型的一个基本出发点便是绕开 Aly-Sturrock 佯谬。研究表明,如下途径可绕开 Aly-Sturrock 佯谬,产生 CME。

(1)初始磁场结构不满足无力场条件,比如暗条重力或气压不能忽略;

(2)初始磁场结构中包含不与太阳表面相连的磁力线;

(3)爆发后闭合磁场结构未被拉伸到无穷远,或仅部分闭合磁场被打开;

(4)系统演化是非理想磁流体力学过程,磁重联对 CME 爆发起关键作用。

目前已提出的 CME 触发模型都考虑了如上一个或几个因素,这些模型大致可分为两类。一类是包括磁重联过程的非理想 MHD 模型。在这类模型,磁重联对于物质的抛射起了关键作用,而磁重联本身则产生耀斑。根据不同的磁场位形,主要有磁绳灾变模型、磁爆裂模型、磁缰截断模型、磁流浮现触发模型等。另一类是不包括耗散过程的理想 MHD 模型。在这类模型中,等离子体不稳定性是导致物质抛射的关键物理过程。能够产生 CME 的不稳定性主要有扭曲不稳定性、电流环不稳定性等。下面分别简要介绍这几种常见的 CME 爆发模型。这些模型的介绍可参考方成等(2008)、张全浩(2017)和林隽等(2002)等专著或论文。

1. 磁绳灾变模型

磁绳灾变模型的基本磁场结构是一个包含有磁绳的无力场,含有与光球表面脱离的磁力线。当向上的磁压力和向下的磁张力相互平衡时,磁绳处于平衡状态。而当系统中电流增大或背景磁场减弱,导致磁绳的平衡位置逐渐升高,直至系统失去平衡时,磁绳便可迅速抛出,形成 CME。

关于磁绳灾变模型在历史上的发展过程,可参考张全浩(2017)、林隽等(2002)和方成等(2008)的相关叙述。这里仅简单介绍 Lin 和 Forbes(2000)、Forbes 和 Priest(1995)等所发展的灾变模型(图 1.8.10,其中 λ 为磁力线两足间距的一半)。在该模型中,光球背景磁场由位于光球表面的两个相反极性的点状磁源产生。当两个点源存在相向的汇聚运动时,磁绳稳定的平衡位置会缓慢上升,这样其下方便会拉伸出一个与光球边界面相连的竖直电流片。在理想 MHD 的框架下,磁张力永远足够强,从而阻止了磁绳的逃逸。但当引入耗散机制后,电流片中一旦发生磁重联,其下端便会脱离光球表面,磁绳将很容易逃逸出去,从而形成 CME。因为存在磁重联,所以该模型也同时解释了伴随 CME 的耀斑现象。该模型得到了很多观测数据的支持(Yan et al., 2018;Lin et al., 2005)。

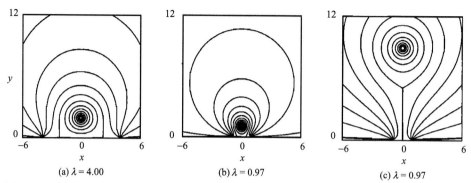

(a) $\lambda = 4.00$　　　　(b) $\lambda = 0.97$　　　　(c) $\lambda = 0.97$

图 1.8.10　汇聚运动导致磁绳爆发的灾变模型(Lin and Forbes, 2000;Forbes and Priest, 1995)

2. 磁爆裂模型

磁爆裂模型由 Antiochos 等(1999)提出。该模型的基本磁场结构是一个球对称的四极磁结构。当中间的磁拱(如图 1.8.11 中的蓝色曲线所示)足部存在剪切运动时,它将上升,并挤压覆盖在其上面的磁场结构(如图 1.8.11 中的红色曲线所示)。由于相互接触的磁力线方向相反,上升的磁拱顶部会形成一个电流层。当不考虑气压或电阻时,电流层的厚度无限薄,限制了磁拱持续上升。

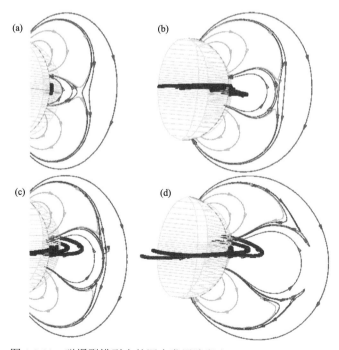

图 1.8.11　磁爆裂模型中的四个发展阶段(Antiochos et al., 1999)

当考虑气压和电阻时，电流片具有厚度，当上升磁拱持续往上挤压时，电流片的厚度变得越来越薄，并最终产生撕裂模不稳定性，导致快速磁重联的发生。重联导致覆盖在上方的约束磁结构被打开，部分重联后的磁拱被推挤到两侧，随中心磁拱上升的太阳物质被抛出，形成 CME。该模型也存在磁重联，因此也会产生耀斑。

该模型提出后，长期以来几乎没有直接的观测证据。但 Chen 等(2016)观测到一个 CME 爆发，发现其爆发过程与磁爆裂模型的图像非常相似，极大地支持了该模型。

3. 磁缰截断模型

磁缰截断模型的基本图像由 R. L. Moore 及其合作者基于 CME 爆发前和爆发时的观测特征而提出。图 1.8.12 展示出了该模型中几个不同的发展阶段，爆发之前，纵向磁场中性线附近出现强剪切的磁场结构，暗条物质位于这些剪切磁场结构之上，而暗条之上覆盖了近似势场的大磁环系统。当两组强剪切的磁力线各自的一个足点相互靠近，电流增长到足以触发反常电阻时，这两组磁力线在暗条之下的较低位置处发生磁重联，导致色球辐射增强(小耀斑)。重联所产生的低矮的磁环下沉，而新形成的长磁环则往上运动，将暗条的平衡位置抬升。这样覆盖在暗条之上的大磁环系统便会被拉升，其下方会拉出一个竖直的电流片，该电流片中的磁重联破坏了整个系统的稳定，最终导致暗条快速向外抛射，形成 CME。该磁重联同时也导致了耀斑的爆发，在色球形成双带。

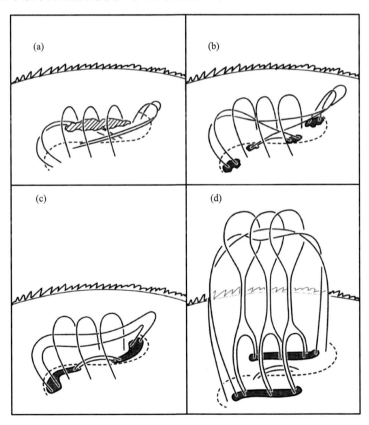

图 1.8.12　磁缰截断模型中的各个步骤(Moore et al., 2001)

在该模型中，有两次磁重联，分别位于不同的高度。与剪切磁环之间的磁重联所产生的低高度耀斑相比，后一次在竖直电流片中发生的磁重联所产生的耀斑更大。磁缰截断模型也得到了很多观测证据的支持(Chen et al., 2014; Chen H C et al., 2018)。

4. 磁流浮现触发模型

在观测上，人们通常发现一些新浮磁流和与之相关的磁对消现象跟暗条的激活和CME 的爆发有很强的相关性(Zhang and Wang, 2002；Wang et al., 1996；Feynman and Martin, 1995)。为了解释这一规律，一些学者发展了新浮磁流触发 CME 的理论模型。下面仅介绍 Chen 和 Shibata(2000)发展的二维 MHD 模型，该模型是最具代表性的磁流浮现模型之一。

Chen 和 Shibata(2000)模拟了两种情形(图 1.8.13)：一种是新浮磁流出现在暗条通道内部[图 1.8.13(a)]，另一种是新浮磁流出现在暗条通道外侧[图 1.8.13(b)]。爆发前的磁场位形由一个不与光球表面相连的磁绳、覆盖在磁绳之上的两端连接到光球的大尺度磁环、磁绳下方的低矮磁环组成。当新浮磁流出现在暗条通道内部时，它可以与磁绳下方的低矮磁环发生重联，导致磁绳下方磁压降低，两侧方向相反的磁力线在压力梯度力作用下相互靠近，形成一条竖直的电流片。这一过程也导致磁绳受到挤压而缓慢向上运动。而当新浮磁流出现在暗条通道外侧时，它可以与覆盖在磁绳之上的大尺度磁环发生重联，

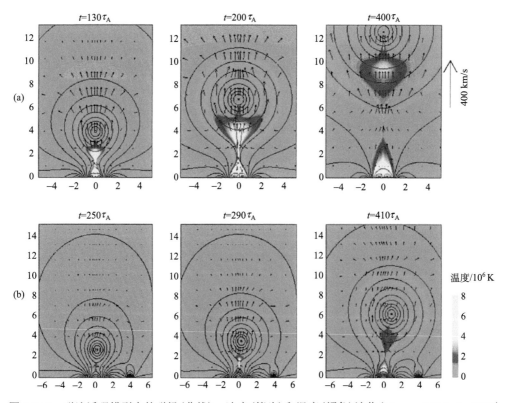

图 1.8.13　磁流浮现模型中的磁场(曲线)、速度(箭头)和温度(颜色)演化(Chen and Shibata, 2000)

导致部分大尺度磁环的一侧足点挪到暗条通道之外的磁流浮现区。这将产生一个斜向上的净磁张力，作用在大尺度磁环上，使大尺度磁环及其下方的磁绳向上运动。这一过程同样会在磁绳下方拉出一条竖直的电流片。

由此可见，出现在暗条通道内外的新浮磁流都可以通过与系统中的磁场结构发生重联而导致磁绳上升，并在磁绳下方形成电流片。而电流片中的快速磁重联则可使磁绳快速向外抛射，形成 CME，同时在重联区下方形成顶端呈尖角状的耀斑环。

5. 扭曲不稳定性

长期以来，关于磁重联对 CME 爆发的必要性，太阳物理界一直有争论。理论研究表明，如果没有磁重联，磁绳系统也可由于某些理想磁流体力学不稳定性的发展而爆发。目前讨论较多的有扭曲不稳定性和电流环不稳定性。

扭曲 (kink) 不稳定性的发展与磁流管扭缠的程度有很大关系。如果磁流管的长度和半径分别为 l 和 r，其环向磁场分量和轴向磁场分量分别为 B_φ 和 B_z，则扭缠可定义为

$$\phi = \frac{lB_\varphi}{rB_z} \tag{1.8.1}$$

当磁流管两端固定在太阳表面上时，只有当其扭缠达到某个阈值，该磁流管才会发生扭曲不稳定性。Hood 和 Priest(1981) 的理论分析表明，对于均匀扭缠的处于无力场状态的磁流管，该阈值为 2.5π。Fan 和 Gibson(2003) 通过三维磁流体力学数值模拟，研究了一个半环状磁流管浮现到日冕中的过程，并发现该阈值为 3π。而在其他理论研究和数值模拟工作中，大家发现，对于不同的磁场位形和扭缠情况，使扭曲不稳定性发生的扭缠阈值都不一样，一般在 $(2\sim6)\pi$ 之间。磁流管发生扭曲不稳定性后，管轴会迅速被扭动一个很大的角度(如图 1.8.14，红色曲线代表覆盖在磁绳之上的磁环，中心的黑线代表靠近磁流管中心轴的磁力线，其他颜色的曲线代表磁流管不同磁面上的磁力线)。

扭曲不稳定性的发生并不一定会导致磁绳爆发。Török 和 Kliem(2005) 通过磁流体力学数值模拟发现，当磁绳之上的背景磁场比较强时，因扭曲不稳定性而上升的磁绳可能会受到抑制，从而无法逃离日冕，只能被称为失败的爆发。而当磁场随高度迅速衰减时，磁绳则可以爆发出去，形成 CME。

在很多 CME 爆发的观测中，扭曲不稳定性的发展过程都清晰可见。观测上不仅有扭曲不稳定性导致 CME 爆发的大量事例，也有很多失败的(暗条)爆发事例(Ji et al.，2003)。

6. 电流环不稳定性

电流环不稳定性模型的初始磁场位形为背景磁场中嵌有一个磁绳。当磁绳上升到一定高度后，背景磁场的性质决定了磁绳能否爆发。

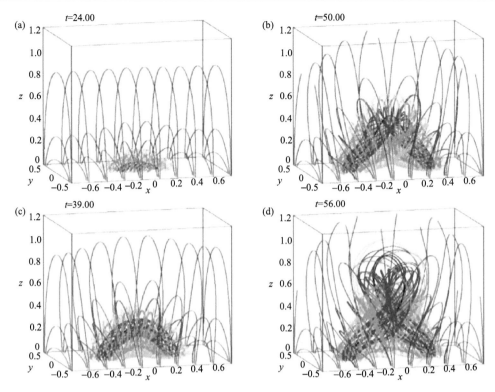

图 1.8.14　扭曲不稳定性的发展过程(Fan and Gibson, 2003)

　　该系统的磁场可分解为两个分量(图 1.8.15，其中细线代表磁力线)。第一个分量是由光球纵向磁场所决定的势场，称为背景磁场。第二个分量是由日冕中的净电流及其在光球之下的镜像(等效为一个电流环)所产生的磁场，该分量产生磁绳结构，其在光球表面的纵向磁场为 0。在该模型中，磁绳的平衡主要受到两个力的制约。一个是电流环在自身洛伦兹力作用下形成的一个指向上方的净作用力，可理解为由于电流环内外磁压之差所产生的向上的力，被称为拱形力。另一个是背景磁场作用在电流环上的指向下方的力，该力约束了磁绳及其所对应的电流环，被称为约束力。

　　当背景磁场随高度衰减的速度过快时，如果对处于平衡态的电流环施加一个向上的扰动，则由于约束力比拱形力衰减得更快，磁绳系统会受到一个指向上方的合力，从而产生电流环不稳定性(Kliem and Török, 2006)。一般用下式所定义的衰减因子来描述背景磁场随高度衰减的速度：

$$n = -\frac{\mathrm{d}\left(\ln B_\mathrm{p}\right)}{\mathrm{d}\left(\ln h\right)} \qquad (1.8.2)$$

式中，B_p 和 h 分别为背景磁场(势场)和高度。当衰减因子大于某一阈值时，电流环不稳定性发生，可以导致磁绳爆发，形成 CME。理论研究发现，对于标准的圆形电流环，该阈值约为 1.5。而对于偏离标准圆形的电流环，该阈值则不一定是 1.5(Démoulin and Aulanier, 2010)。

通过分析磁绳的运动，并计算衰减因子，人们在数值模拟和实际观测中都发现了大量与电流环不稳定性相符的 CME 爆发事件。

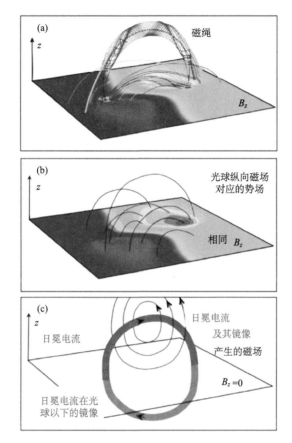

图 1.8.15　电流环不稳定性模型中磁场结构(a)的两个分量：光球纵向磁场所对应的势场分量(b)和电流环所产生的磁场分量(c)(Schmieder et al., 2013; Isenberg and Forbes, 2007; Démoulin and Aulanier, 2010)

　　除了上述几种 CME 触发模型外，还有很多其他的模型。不同的 CME 可能是由不同的机制所触发的，而多种物理机制也可能在同一个 CME 的触发过程中共同起作用。不同的 CME 模型有不同的磁场拓扑结构、储能方式和触发机制。近年来，数据驱动的三维太阳爆发数值模拟得到了较大发展。将卫星观测的高时空分辨率的光球矢量磁场作为输入，来驱动系统的演化，从而重现观测到的 CME 爆发过程，这也很好地帮助我们理解了不同 CME 的触发机制(Jiang et al., 2016)。

　　为了统一这些不同的模型，有学者提出，磁螺度是控制 CME 爆发的核心物理量(Zhang and Low, 2005)。磁螺度表征了磁力线相互缠绕的程度，由下式定义：

$$H_{\mathrm{m}} = \int \boldsymbol{A} \cdot \boldsymbol{B}\, \mathrm{d}V = \int \boldsymbol{A} \cdot (\nabla \times \boldsymbol{A}) \mathrm{d}V \tag{1.8.3}$$

他们认为，磁螺度由太阳内部的发电机过程产生，然后通过磁流浮现过程传输到日冕中，并累积在那里的闭合磁场结构中。上述不同模型只是在用不同的方式(如预设磁绳或磁场的剪切)表征磁螺度在日冕中的累积过程。磁螺度的累积导致磁自由能储存在日冕中，提供 CME 爆发所需的能量。Zhang 等(2006)指出，由于特定大小的极向场只能约束有限大小的环向场，因此对于特定的光球磁场分布，日冕无力场能储存的总磁螺度存在一个上限，当累积的总磁螺度超过这一上限时，将不存在无力场平衡态，CME 成为必然。另外，诸如磁流浮现等光球磁场的演化则可能降低这一上限，使日冕中已积累的磁螺度超过这一新上限，从而导致爆发。CME 爆发后，不仅带走了物质，同时还将闭合磁场结构中的磁螺度携带到行星际空间。由于磁螺度在日冕中的积累需要时间，因此 CME 爆发是间或发生的。

参 考 文 献

陈耀. 2019. 等离子体物理学基础. 北京: 科学出版社.

方成, 丁明德, 陈鹏飞. 2008. 太阳活动区物理. 南京: 南京大学出版社.

甘为群, 王德焴. 2002. 太阳高能物理. 北京: 科学出版社.

黄光力, Melnikov V, 季海生, 等. 2015. 耀斑环物理. 北京: 科学出版社.

姜杰, 汪景琇, 张敬华, 等. 2016. 驱动太阳磁周期的原因是什么? 科学通报, 61: 2973-2985.

李波. 2016. 太空/空间物理导论——太阳物理部分. 威海: 山东大学(威海)研究生课程讲义.

林隽, Soon W, Baliunas S. 2002. 太阳大气中的爆发过程及其理论. 科学通报, (21): 1601-1612.

林元章. 2000. 太阳物理导论. 北京: 科学出版社.

张全浩. 2017. 日冕磁绳的灾变及相关现象研究. 中国科学技术大学博士学位论文.

Akasofu S I, Chapman S. 1972. Solar-terrestrial physics. Oxford: Clarendon Press.

Aly J J. 1991. How much energy can be stored in a three-dimensional force-free magnetic field? The Astrophysical Journal, 375: L61-L64.

Amari T, Luciani J F, Aly J J, et al. 2003. Coronal mass ejection: initiation, magnetic helicity, and flux ropes. I. Boundary motion-driven evolution. The Astrophysical Journal, 585(2): 1073.

Andrews M D. 2003. A search for CMEs associated with big flares. Solar Physics, 218(1-2): 261-279.

Antiochos S K, DeVore C R, Klimchuk J A. 1999. A model for solar coronal mass ejections. The Astrophysical Journal, 510(1): 485.

Antolin P, van Der Voort L R. 2012. Observing the fine structure of loops through high-resolution spectroscopic observations of coronal rain with the CRISP instrument at the Swedish Solar Telescope. The Astrophysical Journal, 745(2): 152.

Antonucci E, Dodero M A, Giordano S, et al. 2004. Spectroscopic measurement of the plasma electron density and outflow velocity in a polar coronal hole. Astronomy & Astrophysics, 416(2): 749-758.

Asai A, Ishii T T, Isobe H, et al. 2012. First simultaneous observation of an Hα Moreton wave, EUV wave, and filament/prominence oscillations. The Astrophysical Journal Letters, 745(2): L18.

Athay R G. 1976. The Solar Chromosphere and Corona: Quiet Sun. Dordrecht: D. Reidel Pub. Co.

Axford W I, McKenzie J F. 1992. The origin of high speed solar wind streams. Solar Wind Seven, Pergamon: 1-5.

Ba U, Gibson S E, Fan Y, et al. 2013. The magnetic structure of solar prominence cavities: new observational signature revealed by coronal magnetometry. The Astrophysical Journal Letters, 770(2): L28.

Babcock H W. 1961. The topology of the sun's magnetic field and the 22-year cycle. The Astrophysical Journal, 133: 572.

Bąk-Stęślicka U, Gibson S E, Fan Y, et al. 2013. The Magnetic Structure of Solar Prominence Cavities: new observational signature revealed by coronal magnetometry. The Astrophysical Journal Letters, 770: L28.

Berger T, Testa P, Hillier A, et al. 2011. Magneto-thermal convection in solar prominences. Nature,

472 (7342): 197.

Bohlin J D. 1976. The physical properties of coronal holes. Physics of Solar Planetary Environments: 114-128.

Bohlin J D, Sheeley N R. 1978. Extreme ultraviolet observations of coronal holes. Solar Physics, 56 (1): 125-151.

Brandt J C. 1970. Introduction to the Solar Wind. Physics Today, 25 (1). DOI: 10. 1063/1.3070682.

Brekke P, Hassler D M, Wilhelm K. 1997. Doppler shifts in the quiet-sun transition region and corona observed with SUMER on SOHO. Solar Physics, 175: 349.

Bruzek A, Durrant C J. 1997. Illustrated Glossary for Solar and Solar-Terrestrial Physics. Dordrecht: Reidel Publishing Company.

Carmichael H. 1964. A Process for Flares. In: Hess W N (ed). The Physics of Solar Flares. Washington, DC: NASA.

Chae J, Schühle U, Lemaire P. 1998a. SUMER measurements of nonthermal motions: constraints on coronal heating mechanisms. The Astrophysical Journal, 505 (2): 957.

Chae J, Wang H, Lee C Y, et al. 1998b. Photospheric magnetic field changes associated with transition region explosive events. The Astrophysical Journal Letters, 497 (2): L109.

Chae J, Yun H S, Poland A I. 1998c. Temperature dependence of ultraviolet line average doppler shifts in the quiet sun. The Astrophysical Journal Supplement Series, 114: 151.

Chen B, Bastian T S, Shen C, et al. 2015. Particle acceleration by a solar flare termination shock. Science, 350 (6265): 1238-1242.

Chen H C, Duan Y D, Yang J Y, et al. 2018. Witnessing tether-cutting reconnection at the onset of a partial eruption. The Astrophysical Journal, 869: 78.

Chen H D, Zhang J, Cheng X, et al. 2014. Direct observations of tether-cutting reconnection during a major solar event from 2014 February 24 to 25. The Astrophysical Journal Letters, 797 (2): L15.

Chen P F. 2011. Coronal mass ejections: models and their observational basis. Living Reviews in Solar Physics, 8 (1): 1.

Chen P F, Shibata K. 2000. An emerging flux trigger mechanism for coronal mass ejections. The Astrophysical Journal, 545 (1): 524.

Chen P F, Wu Y. 2011. First evidence of coexisting EIT wave and coronal Moreton wave from SDO/AIA observations. The Astrophysical Journal Letters, 732 (2): L20.

Chen P F, Wu S T, Shibata K, et al. 2002. Evidence of EIT and Moreton waves in numerical simulations. The Astrophysical Journal Letters, 572 (1): L99.

Chen P F, Harra L K, Fang C. 2014. Imaging and spectroscopic observations of a filament channel and the implications for the nature of counter-streamings. The Astrophysical Journal, 784 (1): 50.

Chen Y, Song H Q, Li B, et al. 2010. Streamer waves driven by coronal mass ejections. The Astrophysical Journal, 714: 644.

Chen Y, Feng S W, Li B, et al. 2011. A coronal seismological study with streamer waves. The Astrophysical Journal, 728 (2): 147.

Chen Y, Du G, Zhao D, et al. 2016. Imaging a magnetic-breakout solar eruption. The Astrophysical Journal Letters, 820 (2): L37.

Chen Y, Tian H, Su Y, et al. 2018. Diagnosing the magnetic field structure of a coronal cavity observed during the 2017 total solar eclipse. The Astrophysical Journal, 856 (1): 21.

Chen Y, Tian H, Peter H, et al. 2019. Flame-like Ellerman Bombs and Their Connection to Solar UV Bursts. The Astrophysical Journal, 875 (2): L30.

Cheng J X, Qiu J. 2016. The nature of CME-flare-associated coronal dimming. The Astrophysical Journal,

825(1): 37.

Cheng X, Zhang J, Liu Y, et al. 2011. Observing flux rope formation during the impulsive phase of a solar eruption. The Astrophysical Journal Letters, 732(2): L25.

Cheng X, Zhang J, Ding M D, et al. 2013. The driver of coronal mass ejections in the low corona: a flux rope. The Astrophysical Journal, 763: 43.

Cheng X, Ding M D, Guo Y, et al. 2014. Tracking the evolution of a coherent magnetic flux rope continuously from the inner to the outer corona. The Astrophysical Journal, 780(1): 28.

Cheung M C M, Rempel M, Chintzoglou G, et al. 2019. A comprehensive three-dimensional radiative magnetohydrodynamic simulation of a solar flare. Nature Astronomy, 3(2): 160.

Cho K S, Lee J, Gary D E, et al. 2007. Magnetic field strength in the solar corona from Type II Band Splitting. The Astrophysical Journal, 665: 799.

Choudhuri A R, Schussler M, Dikpati M. 1995. The solar dynamo with meridional circulation. Astronomy and Astrophysics, 303: L29.

Cirtain J W, Golub L, Lundquist L, et al. 2007. Evidence for Alfvén waves in solar X-ray jets. Science, 318(5856): 1580-1582.

Dammasch I E, Wilhelm K, Curdt W, et al. 1999. The NE BT VIII (lambda 770) resonance line: Solar wavelengths determined by SUMER on SOHO. Astronomy and Astrophysics, 346: 285-294.

De Pontieu B, McIntosh S, Hansteen V H, et al. 2007. A tale of two spicules: the impact of spicules on the magnetic chromosphere. Publications of the Astronomical Society of Japan, 59(sp3): S655-S652.

De Pontieu B, McIntosh S W, Hansteen V H, et al. 2009. Observing the roots of solar coronal heating—in the chromosphere. The Astrophysical Journal Letters, 701(1): L1.

De Pontieu B, McIntosh S W, Carlsson M, et al. 2011. The origins of hot plasma in the solar corona. Science, 331: 55.

De Pontieu B, Carlsson M, van der Voort L H M R, et al. 2012. Ubiquitous torsional motions in type II spicules. The Astrophysical Journal Letters, 752(1): L12.

De Pontieu B, McIntosh S, Martinez-Sykora J, et al. 2015. Why is non-thermal line broadening of spectral lines in the lower transition region of the sun independent of spatial resolution? The Astrophysical Journal Letters, 799(1): L12.

Démoulin P, Aulanier G. 2010. Criteria for flux rope eruption: non-equilibrium versus torus instability. The Astrophysical Journal, 718(2): 1388.

DeVore C R, Antiochos S K. 2000. Dynamical formation and stability of helical prominence magnetic fields. The Astrophysical Journal, 539(2): 954.

Ding M D, Fang C, Gan W Q, et al. 1994. Optical spectra and semi-empirical model of a white-light flare. The Astrophysical Journal, 429: 890-898.

Dowdy J F, Rabin D, Moore R L. 1986. On the magnetic structure of the quiet transition region. Solar Physics, 105(1): 35-45.

Du G, Kong X, Chen Y, et al. 2015. An observational revisit of band-split solar type-II radio bursts. The Astrophysical Journal, 812(1): 52.

Dulk G A, McLean D J. 1978. Coronal magnetic fields. Solar Physics, 57: 279.

Eddy J A. 1976. The maunder minimum. Science, 192(4245): 1189-1202.

Ellerman F. 1917. Solar hydrogen "bombs". The Astrophysical Journal, 46: 298.

Fan Y, Gibson S E. 2003. The emergence of a twisted magnetic flux tube into a preexisting coronal arcade. The Astrophysical Journal Letters, 589(2): L105.

Fang C, Ding M D. 1995. On the spectral characteristics and atmospheric models of two types of white-light flares. Astronomy and Astrophysics Supplement Series, 110: 99.

Fang C, Hao Q, Ding M D, et al. 2017. Can the temperature of Ellerman Bombs be more than 10 000 K? Research in Astronomy and Astrophysics, 17(4): 31.

Feng L, Inhester B, Wei Y, et al. 2012. Morphological evolution of a three-dimensional coronal mass ejection cloud reconstructed from three viewpoints. The Astrophysical Journal, 751(1): 18.

Feng X, Li C, Xiang C, et al. 2017. Data-driven Modeling of the Solar Corona by a New Three-dimensional Path-conservative Osher-Solomon MHD Model. The Astrophysical Journal Supplement Series, 233.

Feynman J, Martin S F. 1995. The initiation of coronal mass ejections by newly emerging magnetic flux. Journal of Geophysical Research: Space Physics, 100(A3): 3355-3367.

Fisher R, Guhathakurta M. 1995. Physical properties of polar coronal rays and holes as observed with the SPARTAN 201-01 Coronagraph. The Astrophysical Journal, 447: L139.

Fletcher L, Hudson H S. 2008. Impulsive phase flare energy transport by large-scale Alfvén waves and the electron acceleration problem. The Astrophysical Journal, 675(2): 1645.

Forbes T G. 2000. A review on the genesis of coronal mass ejections. Journal of Geophysical Research: Space Physics, 105(A10): 23153-23165.

Forbes T G, Priest E R. 1995. Photospheric magnetic field evolution and eruptive flares. The Astrophysical Journal, 446: 377.

Fossum A, Carlsson M. 2005. High-frequency acoustic waves are not sufficient to heat the solar chromosphere. Nature, 435(7044): 919.

Gan W Q, Zhang H Q, Fang C. 1991. A hydrodynamic model of the impulsive phase of a solar flare loop. Astronomy and Astrophysics, 241: 618-624.

Gary G A. 2001. Plasma beta above a solar active region: Rethinking the paradigm. Solar Physics, 203(1): 71-86.

Gibson E G. 1973. The Quiet Sun, NASA SP-303. Washington, DC: NASA.

Gopalswamy N, Shimojo M, Lu W, et al. 2003. Prominence eruptions and coronal mass ejection: a statistical study using microwave observations. The Astrophysical Journal, 586(1): 562.

Gopalswamy N, Yashiro S, Temmer M, et al. 2009. EUV wave reflection from a coronal hole. The Astrophysical Journal Letters, 691(2): L123.

Gopalswamy N, Nitta N, Akiyama S, et al. 2012. Coronal magnetic field measurement from EUV images made by the Solar Dynamics Observatory. The Astrophysical Journal, 744(1): 72.

Gosling J T. 1993. The solar flare myth. Journal of Geophysical Research: Space Physics, 98(A11): 18937-18949.

Graham D R, Cauzzi G. 2015. Temporal evolution of multiple evaporating ribbon sources in a solar flare. The Astrophysical Journal Letters, 807(2): L22.

Gudiksen B V, Carlsson M, Hansteen V H, et al. 2011. The stellar atmosphere simulation code Bifrost-Code description and validation. Astronomy & Astrophysics, 531: A154.

Guhathakurta M, Fludra A, Gibson S E, et al. 1999. Physical properties of a coronal hole from a coronal diagnostic spectrometer, Mauna Loa Coronagraph, and LASCO observations during the Whole Sun Month. Journal of Geophysical Research, 104(A5): 9801.

Guo Y, Ding M D, Wiegelmann T, et al. 2008. 3D magnetic field configuration of the 2006 December 13 flare extrapolated with the optimization method. The Astrophysical Journal, 679(2): 1629.

Habbal S R, Druckmüller M, Morgan H, et al. 2010. Total solar eclipse observations of hot prominence shrouds. The Astrophysical Journal, 719(2): 1362.

Hansteen V, De Pontieu B, Carlsson M, et al. 2014. The unresolved fine structure resolved: IRIS observations of the solar transition region. Science, 346(6207): 1255757.

Hansteen V, Ortiz A, Archontis V, et al. 2019. Ellerman bombs and UV bursts: transient events in chromospheric current sheets. Astronomy and Astrophysics, 626: A33.

Hao Q, Yang K, Cheng X, et al. 2017. A circular white-light flare with impulsive and gradual white-light kernels. Nature communications, 8(1): 2202.

Harra L K, Sakao T, Mandrini C H, et al. 2008. Outflows at the edges of active regions: contribution to solar wind formation? The Astrophysical Journal Letters, 676(2): L147.

Hassler D M, Dammasch I E, Lemaire P, et al. 1999. Solar wind outflow and the chromospheric magnetic network. Science, 283(5403): 810-813.

He J S, Marsch E, Tu C Y, et al. 2010. Intermittent outflows at the edge of an active region–a possible source of the solar wind? Astronomy & Astrophysics, 516: A14.

Heyvaerts J, Priest E R, Rust D M. 1977. An emerging flux model for the solar flare phenomenon. The Astrophysical Journal, 216: 123-137.

Hirayama T. 1974. Theoretical model of flares and prominences. Solar Physics, 34(2): 323-338.

Hood A W, Priest E R. 1981. Critical conditions for magnetic instabilities in force-free coronal loops. Geophysical & Astrophysical Fluid Dynamics, 17(1): 297-318.

Hotta H, Rempel M, Yokoyama T. 2016. Large-scale magnetic fields at high Reynolds numbers in magnetohydrodynamic simulations. Science, 351: 1427.

Huang Z, Madjarska M S, Xia L, et al. 2014. Explosive events on a subarcsecond scale in IRIS observations: A case study. The Astrophysical Journal, 797(2): 88.

Ingleby L D, Spangler S R, Whiting C A. 2007. Probing the large-scale plasma structure of the solar corona with Faraday Rotation Measurements. The Astrophysical Journal, 668: 520.

Innes D E, Inhester B, Axford W I, et al. 1997. Bi-directional plasma jets produced by magnetic reconnection on the Sun. Nature, 386(6627): 811.

Isenberg P A, Forbes T G. 2007. A three-dimensional line-tied magnetic field model for solar eruptions. The Astrophysical Journal, 670(2): 1453.

Jess D B, Reznikova V E, Ryans R S I, et al. 2016. Solar coronal magnetic fields derived using seismology techniques applied to omnipresent sunspot waves. Nature Physics, 12(2): 179.

Ji H, Wang H, Schmahl E J, et al. 2003. Observations of the failed eruption of a filament. The Astrophysical Journal Letters, 595(2): L135.

Ji H, Cao W, Goode P R. 2012. Observation of ultrafine channels of solar corona heating. The Astrophysical Journal Letters, 750: L25.

Jiang C, Wu S T, Feng X, et al. 2016. Data-driven magnetohydrodynamic modelling of a flux-emerging active region leading to solar eruption. Nature communications, 7: 11522.

Jiang J, Chatterjee P, Choudhuri A R. 2007. Solar activity forecast with a dynamo model. Monthly Notices of the Royal Astronomical Society, 381(4): 1527-1542.

Jin M, Ding M D, Chen P F, et al. 2009. Coronal mass ejection induced outflows observed with Hinode/EIS. The Astrophysical Journal, 702(1): 27.

Katsukawa Y, Berger T E, Ichimoto K, et al. 2007. Small-scale jetlike features in penumbral chromospheres. Science, 318(5856): 1594-1597.

Kliem B, Török T. 2006. Torus instability. Physical Review Letters, 96(25): 255002.

Kohl J L, Noci G, Antonucci E, et al. 1998. UVCS/SOHO empirical determinations of anisotropic velocity distributions in the solar corona. The Astrophysical Journal, 501: L127.

Kopp R A, Pneuman G W. 1976. Magnetic reconnection in the corona and the loop prominence phenomenon.

Solar Physics, 50(1): 85-98.

Koutchmy S. 1977. Study of the June 30 1973 trans-polar coronal hole. Solar Physics, 51: 399.

Lean J, Rind D. 1998. Climate forcing by changing solar radiation. Journal of Climate, 11(12): 3069-3094.

Leenaarts J, Pereira T M D, Carlsson M, et al. 2013. The formation of IRIS diagnostics. II. The formation of the Mg II h&k lines in the solar atmosphere. The Astrophysical Journal, 772(2): 90.

Leighton R B. 1969. A magneto-kinematic model of the solar cycle. The Astrophysical Journal, 156: 1.

Li D, Ning Z J, Zhang Q M. 2015. Observational evidence of electron-driven evaporation in two solar flares. The Astrophysical Journal, 813(1): 59.

Li L, Zhang J, Peter H, et al. 2018. Coronal condensations caused by magnetic reconnection between solar coronal loops. The Astrophysical Journal Letters, 864(1): L4.

Li T, Zhang J. 2012. SDO/AIA observations of large-amplitude longitudinal oscillations in a solar filament. The Astrophysical Journal Letters, 760(1): L10.

Li T, Zhang J, Yang S, et al. 2012. SDO/AIA observations of secondary waves generated by interaction of the 2011 June 7 global EUV wave with solar coronal structures. The Astrophysical Journal, 746(1): 13.

Li Y, Ding M D. 2011. Different patterns of chromospheric evaporation in a flaring region observed with Hinode/EIS. The Astrophysical Journal, 727(2): 98.

Li Y, Qiu J, Longcope D W, et al. 2016. Observations of an X-shaped ribbon flare in the Sun and its three-dimensional magnetic reconnection. The Astrophysical Journal Letters, 823(1): L13.

Lin H, Kuhn J R, Coulter R. 2004. Coronal magnetic field measurements. The Astrophysical Journal Letters, 613(2): L177.

Lin J, Forbes T G. 2000. Effects of reconnection on the coronal mass ejection process. Journal of Geophysical Research: Space Physics, 105(A2): 2375-2392.

Lin J, Ko Y K, Sui L, et al. 2005. Direct observations of the magnetic reconnection site of an eruption on 2003 November 18. The Astrophysical Journal, 622(2): 1251.

Liu R, Lee J, Wang T, et al. 2010. A reconnecting current sheet imaged in a solar flare. The Astrophysical Journal Letters, 723(1): L28.

Liu R, Kliem B, Török T, et al. 2012. Slow rise and partial eruption of a double-decker filament. I. Observations and interpretation. The Astrophysical Journal, 756(1): 59.

Liu R, Chen J, Wang Y, et al. 2016. Investigating energetic x-shaped flares on the outskirts of a solar active region. Scientific reports, 6: 34021.

Liu W, Chen Q, Petrosian V. 2013. Plasmoid ejections and loop contractions in an eruptive M7. 7 solar flare: Evidence of particle acceleration and heating in magnetic reconnection outflows. The Astrophysical Journal, 767(2): 168.

Liu Y, Lin H. 2008. Observational test of coronal magnetic field models. I. Comparison with potential field model. The Astrophysical Journal, 680(2): 1496.

Low B C, Zhang M. 2001. The hydromagnetic origin of the two dynamical types of solar coronal mass ejections. The Astrophysical Journal Letters, 564(1): L53.

Ma S, Raymond J C, Golub L, et al. 2011. Observations and interpretation of a low coronal shock wave observed in the EUV by the SDO/AIA. The Astrophysical Journal, 738(2): 160.

Mackay D H, Karpen J T, Ballester J L, et al. 2010. Physics of solar prominences: II—Magnetic structure and dynamics. Space Science Reviews, 151(4): 333-399.

MacQueen R M, Fisher R R. 1983. The kinematics of solar inner coronal transients. Solar Physics, 89(1): 89-102.

Maggio A. 2008. Non-thermal hard X-ray emission from stellar coronae. Memorie della Società Astronomica

Italiana, 79: 186.

Mariska J T. 1976. EUV observations of apolar cornoal hole. Bulletin of the American Astronomical Society, 8: 338.

Masuda S, Kosugi T, Hara H, et al. 1994. A loop-top hard X-ray source in a compact solar flare as evidence for magnetic reconnection. Nature, 371(6497): 495.

McIntosh S W, De Pontieu B, Carlsson M, et al. 2011. Alfvénic waves with sufficient energy to power the quiet solar corona and fast solar wind. Nature, 475(7357): 477.

McIntosh S W, Tian H, Sechler M, et al. 2012. On the Doppler velocity of emission line profiles formed in the "Coronal contraflow" that is the chromosphere-corona mass cycle. The Astrophysical Journal, 749(1): 60.

Mei Z X, Keppens R, Roussev I I, et al. 2017. Magnetic reconnection during eruptive magnetic flux ropes. Astronomy & Astrophysics, 604: L7.

Milligan R O, Dennis B R. 2009. Velocity characteristics of evaporated plasma using Hinode/EUV imaging spectrometer. The Astrophysical Journal, 699(2): 968.

Milligan R O, Gallagher P T, Mathioudakis M, et al. 2006. Observational evidence of gentle chromospheric evaporation during the impulsive phase of a solar flare. The Astrophysical Journal Letters, 642(2): L169.

Moore R L, Sterling A C, Hudson H S, et al. 2001. Onset of the magnetic explosion in solar flares and coronal mass ejections. The Astrophysical Journal, 552(2): 833.

Moreton G E, Ramsey H E. 1960. Recent observations of dynamical phenomena associated with solar flares. Publications of the Astronomical Society of the Pacific, 72: 357.

Munro R H, Jackson B V. 1977. Physical properties of a polar coronal hole from 2 to 5 solar radii. The Astrophysical Journal, 213: 874.

Munro R H, Gosling J T, Hildner E, et al. 1979. The association of coronal mass ejection transients with other forms of solar activity. Solar Physics, 61(1): 201-215.

Ni L, Lin J, Roussev I I, et al. 2016. Heating mechanisms in the low solar atmosphere through magnetic reconnection in current sheets. The Astrophysical Journal, 832(2): 195.

Ning Z, Innes D E, Solanki S K. 2004. Line profile characteristics of solar explosive event bursts. Astronomy & Astrophysics, 419(3): 1141-1148.

Okamoto T J, Tsuneta S, Berger T E, et al. 2007. Coronal transverse magnetohydrodynamic waves in a solar prominence. Science, 318(5856): 1577-1580.

Papagiannis M D. 1972. Space Physics and Space Astronomy. New York: Gordon and Breach.

Parenti S. 2014. Solar prominences: Observations. Living Reviews in Solar Physics, 11(1): 1.

Parker E N. 1957. Sweet's mechanism for merging magnetic fields in conducting fluids. Journal of Geophysical Research, 62(4): 509-520.

Parker E N. 1988. Nanoflares and the solar X-ray corona. The Astrophysical Journal, 330: 474-479.

Pasachoff J M. 1978. Astronomy now. Philadelphia: WB Saunders Company.

Patzold M, Bird M K, Volland H, et al. 1987. The mean coronal magnetic field determined from HELIOS Faraday Rotation Measurements. Solar Physics, 109: 91.

Peter H. 2004. Structure and dynamics of the low corona of the Sun. Reviews in Modern Astronomy, 17: 87.

Peter H, Judge P G. 1999. On the Doppler shifts of solar ultraviolet emission lines. The Astrophysical Journal, 522(2): 1148.

Peter H, Tian H, Curdt W, et al. 2014. Hot explosions in the cool atmosphere of the Sun. Science, 346(6207): 1255726.

Petschek H E. 1964. The physics of solar flares. NASA SP-50: 425.

Priest E R. 1976. Current sheet models of solar flares. Solar Physics, 47(1): 41-75.

Qiu J, Yurchyshyn V B. 2005. Magnetic reconnection flux and coronal mass ejection velocity. The Astrophysical Journal Letters, 634(1): L121.

Qiu J, Sturrock Z, Longcope D W, et al. 2013. Ultraviolet and extreme-ultraviolet emissions at the flare footpoints observed by atmosphere imaging assembly. The Astrophysical Journal, 774(1): 14.

Ramesh R, Kathiravan C, Sastry C V. 2010. Estimation of magnetic field in the solar coronal streamers through low frequency radio observations. The Astrophysical Journal, 711: 1029.

Samanta T, Tian H, Yurchyshyn V, et al. 2019. Generation of Solar Spicules and Subsequent Atmospheric Heating. Science, 366: 890-894.

Sandlin G, Brueckner G E, Tousey R. 1977. Forbidden lines of the solar corona and transition zone: 975-3000 Å. The Astrophysical Journal, 214: 898.

Savcheva A, Pariat E, McKillop S, et al. 2015. The relation between solar eruption topologies and observed flare features. I. Flare ribbons. The Astrophysical Journal, 810(2): 96.

Schmieder B, Démoulin P, Aulanier G. 2013. Solar filament eruptions and their physical role in triggering coronal mass ejections. Advances in Space Research, 51(11): 1967-1980.

Schmieder B, Mein P, Mein N, et al. 2017. Hα Doppler shifts in a tornado in the solar corona. Astronomy & Astrophysics, 597: A109.

Shen Y, Liu Y, Liu Y D, et al. 2015. Fine magnetic structure and origin of counter-streaming mass flows in a quiescent solar prominence. The Astrophysical Journal Letters, 814(1): L17.

Shibata K, Masuda S, Shimojo M, et al. 1995. Hot-plasma ejections associated with compact-loop solar flares. The Astrophysical Journal Letters, 451(2): L83.

Solanki S K. 2003. Sunspots: An overview. The Astronomy and Astrophysics Review, 11(2-3): 153-286.

Solanki S K, Lagg A, Woch J, et al. 2003. Three-dimensional magnetic field topology in a region of solar coronal heating. Nature, 425(6959): 692.

Song H Q, Zhang J, Chen Y, et al. 2014. Direct observations of magnetic flux rope formation during a solar coronal mass ejection. The Astrophysical Journal Letters, 792(2): L40.

Song H Q, Cheng X, Chen Y, et al. 2017. The three-part structure of a filament-unrelated solar coronal mass ejection. The Astrophysical Journal, 848: 21.

Song P, Vasyliūnas V M. 2011. Heating of the solar atmosphere by strong damping of Alfvén waves. Journal of Geophysical Research: Space Physics, 116: A09104.

Song Y, Tian H. 2018. Investigation of white-light emission in circular-ribbon flares. The Astrophysical Journal, 867(2): 159.

Spangler S R. 2005. The strength and structure of the coronal magnetic field. Space Science Reviews, 121: 189.

Stein R F. 1968. Waves in the Solar Atmosphere. I. The Acoustic Energy Flux. The Astrophysical Journal, 154: 297.

Sturrock P A. 1966. Model of the high-energy phase of solar flares. Nature, 211(5050): 695.

Sturrock P A. 1991. Maximum energy of semi-infinite magnetic-field configurations. Flare Physics in Solar Activity Maximum 22. Berlin: Springer.

Su J T, Ji K F, Cao W, et al. 2016. Observations of oppositely directed umbral wavefronts rotating in sunspots obtained from the new solar telescope of BBSO. The Astrophysical Journal, 817: 117.

Su Y, van Ballegooijen A. 2012. Observations and magnetic field modeling of a solar polar crown prominence. The Astrophysical Journal, 757(2): 168.

Su Y, Surges V, van Ballegooijen A, et al. 2011. Observations and magnetic field modeling of the flare/coronal mass ejection event on 2010 April 8. The Astrophysical Journal, 734(1): 53.

Su Y, Veronig A M, Holman G D, et al. 2013. Imaging coronal magnetic-field reconnection in a solar flare. Nature Physics, 9(8): 489.

Su Y, Gömöry P, Veronig A, et al. 2014. Solar magnetized tornadoes: Rotational motion in a tornado-like prominence. The Astrophysical Journal Letters, 2014 785(1): L2.

Sui L, Holman G D. 2003. Evidence for the formation of a large-scale current sheet in a solar flare. The Astrophysical Journal Letters, 596(2): L251.

Sun J Q, Cheng X, Ding M D, et al. 2015. Extreme ultraviolet imaging of three-dimensional magnetic reconnection in a solar eruption. Nature communications, 6: 7598.

Sun X, Hoeksema J T, Liu Y, et al. 2012. Evolution of magnetic field and energy in a major eruptive active region based on SDO/HMI observation. The Astrophysical Journal, 748(2): 77.

Švestka Z. 1976. Solar Flare. Dordrecht: Reidel Publishing Company.

Sweet P A. 1958. The neutral point theory of solar flares. Symposium International Astronomical Union. Cambridge: Cambridge University Press.

Takasao S, Asai A, Isobe H, et al. 2011. Simultaneous observation of reconnection inflow and outflow associated with the 2010 August 18 solar flare. The Astrophysical Journal Letters, 745(1): L6.

Tan B, Yan Y, Tan C, et al. 2012. Microwave zebra pattern structures in the X2.2 solar flare on 2011 February 15. The Astrophysical Journal, 744(2): 166.

Thompson B J, Plunkett S P, Gurman J B, et al. 1998. SOHO/EIT observations of an Earth‐directed coronal mass ejection on May 12, 1997. Geophysical Research Letters, 25(14): 2465-2468.

Tian H, Potts H E, Marsch E, et al. 2010. Horizontal supergranule-scale motions inferred from TRACE ultraviolet observations of the chromosphere. Astronomy & Astrophysics, 519: A58.

Tian H, McIntosh S W, De Pontieu B, et al. 2011. Two components of the solar coronal emission revealed by extreme-ultraviolet spectroscopic observations. The Astrophysical Journal, 738(1): 18.

Tian H, McIntosh S W, Xia L, et al. 2012. What can we learn about solar coronal mass ejections, coronal dimmings, and extreme-ultraviolet jets through spectroscopic observations? The Astrophysical Journal, 748(2): 106.

Tian H, DeLuca E E, Cranmer S R, et al. 2014a. Prevalence of small-scale jets from the networks of the solar transition region and chromosphere. Science, 346(6207): 1255711.

Tian H, Kleint L, Peter H, et al. 2014b. Observations of subarcsecond bright dots in the transition region above sunspots with the interface region imaging spectrograph. The Astrophysical Journal Letters, 790(2): L29.

Tian H, Young P R, Reeves K K, et al. 2015. Temporal evolution of chromospheric evaporation: case studies of the M1. 1 flare on 2014 September 6 and X1.6 flare on 2014 September 10. The Astrophysical Journal, 811(2): 139.

Tian H, Xu Z, He J, et al. 2016. Are IRIS bombs connected to Ellerman bombs? The Astrophysical Journal, 824(2): 96.

Tian H, Yurchyshyn V, Peter H, et al. 2018a. Frequently occurring reconnection jets from sunspot light bridges. The Astrophysical Journal, 854(2): 92.

Tian H, Zhu X, Peter H, et al. 2018b. Magnetic reconnection at the earliest stage of solar flux emergence. The Astrophysical Journal, 854(2): 174.

Timothy A F, Krieger A S, Vaiana G S. 1975. The structure and evolution of coronal holes. Solar Physics, 42(1): 135-156.

Tomczyk S, Card G L, Darnell T, et al. 2008. An instrument to measure coronal emission line polarization. Solar Physics, 247(2): 411-428.

Török T, Kliem B. 2005. Confined and ejective eruptions of kink-unstable flux ropes. The Astrophysical Journal Letters, 630(1): L97.

Tu C Y, Zhou C, Marsch E, et al. 2005. Solar wind origin in coronal funnels. Science, 308(5721): 519-523.

Uchida Y. 1968. Propagation of hydromagnetic disturbances in the solar corona and Moreton's wave phenomenon. Solar Physics, 4(1): 30-44.

Uchida Y. 1974. Behavior of the flare-produced coronal MHD wavefront and the occurrence of type II radio bursts. Solar Physics, 39(2): 431-449.

van Ballegooijen A A, Cranmer S R. 2010. Tangled magnetic fields in solar prominences. The Astrophysical Journal, 711(1): 164.

van de Hulst H C. 1953. The Chromosphere and the Corona (The Sun). In: Kuiper G P (ed). The Sun. Chicago: University of Chicago Press.

Vernazza J E, Avrett E H, Loeser R. 1981. Structure of the solar chromosphere. III-Models of the EUV brightness components of the quiet-sun. The Astrophysical Journal Supplement Series, 45: 635-725.

Vial J C, Engvold O. 2015. Solar prominences. Astrophysics and Space Science Library. Volume 415. Baasel: Springer International Publishing.

Vrsnak B, Magdalenic J, Aurass H, et al. 2002. Band-splitting of coronal and interplanetary type II bursts. II. Coronal magnetic field and Alfvén velocity. Astronomy and Astrophysics, 396: 673.

Wang H, Liu C. 2012. Circular ribbon flares and homologous jets. The Astrophysical Journal, 760(2): 101.

Wang H, Cao W, Liu C, et al. 2015. Witnessing magnetic twist with high-resolution observation from the 1. 6-m New Solar Telescope. Nature communications, 6: 7008.

Wang J, Shi Z. 1993. The flare-associated magnetic changes in an active region. Solar physics, 143(1): 119-139.

Wang J, Shi Z, Martin S F. 1996. Filament disturbance and associated magnetic changes in the filament environment. Astronomy and Astrophysics, 316: 201-214.

Wang Y, Zhang J. 2007. A comparative study between eruptive X-class flares associated with coronal mass ejections and confined X-class flares. The Astrophysical Journal, 665(2): 1428.

Watanabe K, Krucker S, Hudson H, et al. 2010. G-band and hard X-ray emissions of the 2006 December 14 flare observed by Hinode/SOT and RHESSI. The Astrophysical Journal, 715(1): 651.

Wilhelm K, Marsch E, Dwivedi B N, et al. 1998. The solar corona above polar coronal holes as seen by SUMER on SOHO. The Astrophysical Journal, 500: 1023.

Wilhelm K, Dwivedi B N, Marsch E, et al. 2004. Observations of the Sun at vacuum-ultraviolet wavelengths from space. Part I: Concepts and instrumentation. Space science reviews, 111(3-4): 415-480.

Xia C, Chen P F, Keppens R, et al. 2011. Formation of solar filaments by steady and nonsteady chromospheric heating. The Astrophysical Journal, 737(1): 27.

Xia L D, Marsch E, Curdt W. 2003. On the outflow in an equatorial coronal hole. Astronomy & Astrophysics, 399(1): L5-L9.

Xu Z, Lagg A, Solanki S K. 2010. Magnetic structures of an emerging flux region in the solar photosphere and chromosphere. Astronomy & Astrophysics, 520: A77.

Yan X L, Xue Z K, Pan G M, et al. 2015. The formation and magnetic structures of active-region filaments observed by NVST, SDO, and Hinode. The Astrophysical Journal Supplement Series, 219(2): 17.

Yan X L, Yang L H, Xue Z K, et al. 2018. Simultaneous observation of a flux rope eruption and magnetic reconnection during an X-class solar flare. The Astrophysical Journal Letters, 853(1): L18.

Yan Y, Deng Y, Karlický M, et al. 2001. The magnetic rope structure and associated energetic processes in the 2000 July 14 solar flare. The Astrophysical Journal Letters, 551(1): L115.

Yang S, Zhang J, Jiang F, et al. 2015. Oscillating light wall above a sunspot light bridge. The Astrophysical Journal Letters, 804(2): L27.

Yang Z H, Bethge C, Tian H, et al. 2020a. Global maps of the magnetic field in the solar corona. Science, 369: 694.

Yang Z H, Tian H, Tomczyk S, et al. 2020b. Mapping the magnetic field in the solar corona through magnetoseismology. Science China Technological Sciences, 63: 2357-2368.

Yuan D, Walsh R W. 2016. Abnormal oscillation modes in a waning light bridge. Astronomy & Astrophysics, 594: A101.

Zhang H, Ai G, Yan X, et al. 1994. Evolution of vector magnetic field and white-light flares in a solar active region (NOAA 6659) in 1991 June. The Astrophysical Journal, 423: 828.

Zhang J, Wang J. 2002. Are homologous flare-coronal mass ejection events triggered by moving magnetic features? The Astrophysical Journal Letters, 566(2): L117.

Zhang J, Dere K P, Howard R A, et al. 2001. On the temporal relationship between coronal mass ejections and flares. The Astrophysical Journal, 559(1): 452.

Zhang J, Cheng X, Ding M D. 2012a. Observation of an evolving magnetic flux rope before and during a solar eruption. Nature Communications, 3: 747.

Zhang J, Yang S, Liu Y, et al. 2012b. Emerging Dimmings of Active Regions Observed by the Solar Dynamics Observatory. The Astrophysical Journal Letters, 760: L29.

Zhang J, Tian H, Solanki S K, et al. 2018. Dark structures in sunspot light bridges. The Astrophysical Journal, 865(1): 29.

Zhang M, Low B C. 2005. The hydromagnetic nature of solar coronal mass ejections. Annual. Review of Astronomy. Astrophysics, 43: 103-137.

Zhang M, Flyer N, Low B C. 2006. Magnetic field confinement in the corona: the role of magnetic helicity accumulation. The Astrophysical Journal, 644(1): 575.

Zhang Q M, Chen P F, Xia C, et al. 2012. Observations and simulations of longitudinal oscillations of an active region prominence. Astronomy & Astrophysics, 542: A52.

Zhang Y Z, Shibata K, Wang J X. 2012. Revision of solar spicule classification. The Astrophysical Journal, 750: 16.

Zhou G P, Wang J X, Gao Z L. 2003. Correlation between halo coronal mass ejections and solar surface activity. Astronomy and Astrophysics, 397: 1057.

Zhou G P, Wang J X, Zhang J. 2006. Large-scale source regions of earth-directed coronal mass ejections. Astronomy & Astrophysics, 445(3): 1133-1141.

Zhou Y H, Chen P F, Hong J, et al. 2020. Simulations of solar filament fine structures and their counterstreaming flows. Nature Astronomy. https://doi.org/10.1038/s41550-020-1094-3.

Zirker J B. 1977. Coronal holes and high-speed wind streams. Reviews of Geophysics, 15(3): 257-269.

Zou P, Fang C, Chen P F, et al. 2016. Material supply and magnetic configuration of an active region filament. The Astrophysical Journal, 831(2): 123.

第 2 章 太 阳 风

现在人们认识到太阳风是从太阳吹出的高温、高速的超声速等离子体。正是吹出的太阳风的动压,排斥星际介质的压强,使得太阳在星际介质中挖出一个腔体,称为日球层。太阳风的内边界是太阳大气层,太阳风的外边界是日球层顶。太阳风是影响日地关系的重要媒介,也是影响行星空间天气的重要因素。太阳风也是深空探测的重要探测对象,因为深空探测飞船在航行途中,大部分时间是沉浸在太阳风的环境中。

本章节将从如下几个方面介绍太阳风:①基于地面观测对太阳风的推测、太阳风的理论预测与观测证实;②近地卫星或者飞船在 1 AU 探测到的太阳风的特性;③太阳风在三维空间中的分布的差异,包括不同日心距离、不同纬度;④太阳风特性的时间变化,包括卡林顿周的变化和太阳活动周的变化;⑤低速太阳风的成分和结构(低速太阳风作为太阳风的关键一类,其起源机制比高速太阳风更加复杂,至今依然是个谜);⑥太阳风湍动和微观动力学过程(太阳风湍动作为无碰撞等离子体湍动的天然理想实验室,而且是驱动太阳风加热加速的重要能量来源);⑦太阳风理论模型的发展历程。

2.1 关于太阳风的理论预测与观测证实

2.1.1 从日地关系和彗星彗尾活动推测太阳风的存在

人们在对太阳和地磁现象的长期观测中发现地磁活动与太阳活动密切相关。例如 Carrington 早在 1859 年 9 月 1 日 11 时 18 分,观测到一个强的白光太阳耀斑,约 18 小时后,于 9 月 2 日上午 4 时 50 分观测到大的磁暴发生。Bartels (1932)为了解释不与太阳耀斑相联系的中等磁暴常有 27 天重现性的事实,提出重现性地磁暴是由太阳上某个区域(叫作 M 区)引起的。这一设想的根据是,对于地球上的观察者太阳的自转周期恰好是 27 天(现在已经确认这个 M 区就是太阳冕洞)。为了解释与耀斑伴随的地磁活动和 27 天重现的地磁活动的机理,人们推测,太阳可能断断续续地向行星际空间发射微粒流。虽然存在着太阳连续发射微粒流的证据,如极区地磁活动和极光活动通常是连续发生的,但是 21 世纪前半期人们还是宁愿相信行星际空间是一个有点尘埃的真空,只是偶尔受到太阳粒子流的扰动(Hunderhausen, 2012)。

20 世纪 50 年代关于等离子体彗尾的研究提出太阳发射连续微粒流的假设。许多彗星有两个彗尾:其中一个彗尾是尘埃彗尾,是由尘埃散射太阳光而被观测到,呈现出白色或黄色;另一个彗尾由电离的原子和分子,如 CO^+,N_2^+ 组成,称为等离子体彗尾,它由于 CO^+ 的辐射而呈蓝色。图 2.1.1 是海尔-波普彗星的两条彗尾的照片,其中蓝色的等离子体彗尾指向远离太阳的方向,它好像是在强风中的一缕炊烟或飘带,而白色的尘埃彗尾的走向则取决于彗星是否过了近日点。图 2.1.2 是彗星在近日点前后的彗尾相对彗星轨道夹角的变化。通过近日点前后,尘埃彗星发生了明显的变化,彗尾方向与彗星运动速度的反方向的夹角逐渐变大。而等离子体(电离气体)彗尾则一直背离太阳方向。Biermann (1951, 1953, 1957)认为用已有太阳光辐射压强的理论很难解释等离子体彗尾中气体云的加速。他假设太阳连续向外辐射微粒流,这些微粒流不断把动量传输给彗尾,使彗尾等离子体向远离太阳的方向加速。虽然 Biermann 估计的太阳发射的离子通量密度比观测值低两个量级,然而这一研究以及关于黄道光的研究(该研究曾提出日冕等离子体向行星际空间伸延的假设)在发展太阳风的概念方面起了关键的作用。

图 2.1.1　海尔-波普彗星的两条彗尾(由 A. Dimai 和 D. Ghirardo 供图, Col Druscie 望远镜)

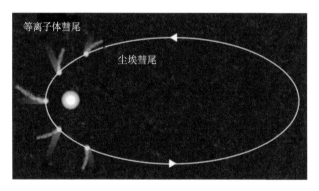

图 2.1.2　彗星在近日点前后的彗尾相对彗星轨道夹角的变化
(数据来源于维基百科)

2.1.2　超声速太阳风的理论预测与观测证实

围绕着星体的大气层同时受到向内的重力和向外的热压力的作用。如果大气的温度不太高,重力将把大气吸引在星体的周围形成一个静止的大气层(Chapman and Zirin, 1957),如果大气的温度足够高,重力将不足以吸引住大气,大气就要向外膨胀。在上述太阳辐射连续等离子体流概念的影响下,Parker(1958)认为,太阳就属于这后一种情况,太阳日冕的高温和高的热导率,使得日冕气体超声速向外膨胀形成太阳风。

下面就介绍关于太阳风的这一早期理论。在这一理论中虽然作了过于简化的假设,但是对我们了解太阳风和行星际磁场的主要物理过程还是很有帮助的。可能由对流层产生的各种波动耗散在稀薄的日冕气体中，或是其他机制，使得日冕加热。由于日冕向外辐射的能量比较低，在几个太阳半径以外日冕温度仍在 10^6 K 以上。在日冕低层，太阳引力较大，足够控制日冕等离子体。但是引力向外是逐渐减少的，在几个太阳半径以外，具有很高热能的日冕气体克服了引力作用，向外膨胀形成太阳风。由对流层通过各种形式传递到日冕气体中的能量又由太阳风粒子携带到行星际空间。现在的问题是开始膨胀速度很小的日冕气体怎样被加速到超声速流动的。

从运动学的角度来看，太阳风被加速到超声速的机制与拉威尔喷管的加速机制十分相似。为了简化，下面讨论等温日冕膨胀的情况。假设日冕气体球对称地以径向速度 V 向外膨胀。流体的动量方程为

$$mnv\frac{\mathrm{d}V}{\mathrm{d}r} = -\frac{\mathrm{d}P}{\mathrm{d}r} - \frac{GM_\odot mn}{r^2} \tag{2.1.1}$$

对于等离子体有 $n_e = n_p = n$，假设 $T_e = T_p = T$。气体的总压强是电子和质子压强之和：

$$P = 2n\kappa T \tag{2.1.2}$$

将式 (2.1.2) 代入式 (2.1.1) 得到

$$\frac{1}{mn}\frac{\mathrm{d}}{\mathrm{d}r}(2n\kappa T) + V\frac{\mathrm{d}V}{\mathrm{d}r} + \frac{GM_\odot}{r^2} = 0 \tag{2.1.3}$$

式中，m 为质子质量，电子质量和质子质量相比可以忽略。由于通过环绕太阳的任何球面的粒子数守恒：

$$4\pi r^2 (nV) = 4\pi R_0^2 (n_0 V_0) = 常数 \tag{2.1.4}$$

式中，角标"0"表示某个参考面上的参量。由式 (2.1.4) 得到

$$n(r) = \frac{n_0 V_0 R_0^2}{r^2 V(r)} \tag{2.1.5}$$

将式 (2.1.5) 代入式 (2.1.3) 得到在等温 ($T = T_0 =$ 常数) 条件下的动量方程：

$$\left[V^2 - \frac{2\kappa T}{m}\right]\frac{\mathrm{d}V}{V} = \left[2\left(\frac{2\kappa T}{m}\right) - \frac{GM_\odot}{r}\right]\frac{\mathrm{d}r}{r} \tag{2.1.6}$$

定义临界速度 V_c^2 为

$$V_c^2 = \frac{2\kappa T}{m} \tag{2.1.7}$$

V_c 接近声速，因为声速 a 为

$$a^2 = \frac{\mathrm{d}P}{\mathrm{d}\rho} = \gamma\frac{2n\kappa T}{mn} = \gamma\frac{2\kappa T}{m} = \gamma V_c^2 \tag{2.1.8}$$

γ 为定压与定容热容量的比值，对于单原子气体 $\gamma = 5/3$。令

$$r_c = \frac{GM_\odot}{2V_c^2} = \frac{GM_\odot m}{4\kappa T} \tag{2.1.9}$$

r_c 为临界距离。对于完全电离的等离子体，在温度 $T=10^6$K 时

$$V_c = \left(\frac{2\kappa T}{m}\right)^{1/2} \approx 130(\text{km/s}) \qquad (2.1.10)$$

$$r_c = \frac{GM_\odot}{2V_c^2} \approx 3.9 \times 10^{11}\text{cm} = 5.6R_\odot \qquad (2.1.11)$$

将 V_c，r_c 代入式 (2.1.6) 得到

$$2\left[1 - \left(\frac{r_c}{r}\right)\right]\frac{\mathrm{d}r}{r} = \left[\left(\frac{V}{V_c}\right)^2 - 1\right]\frac{\mathrm{d}V}{V} \qquad (2.1.12)$$

对式 (2.1.12) 两侧同时积分可以得到

$$\left(\frac{V}{V_c}\right)^2 - \ln\left(\frac{V}{V_c}\right)^2 = 4\ln\frac{r}{r_c} + 4\frac{r_c}{r} + \text{const} \qquad (2.1.12^*)$$

方程 $(2.1.12^*)$ 有六种可能的解。图 2.1.3 是方程 $(2.1.12^*)$ 解的示意图。通过临界点 $(r = r_c, V = V_c)$ 有两个可能的解，即线 AB 和线 CD，这两个解对应的 const= –3。当 const> –3 时，解出现在线 AB 和线 CD 所分割的上和下两个象限。当 const<–3 时，解出现在线 AB 和线 CD 所分割的左和右两个象限。位于临界点右侧和左侧的解对于某部分距离 r 没有相应速度值，对于另一部分 r 却有两个速度值相对应，此解没有物理意义；位于临界点上方的解要求在日冕底部速度很高，实际上在日冕底部太阳风速度应该很小；位于临界点下方的解虽然在物理意义上说是可以接受的，但是它要求在临界点以外太阳风速度减小，而实际测量到的太阳风是超声速的，这一组解也应去掉；由左上至右下通过临界点的曲线显然不符合要求。最后只有由左下至右上通过临界点的积分曲线给出随 r 增加 V 单调增加的特征，因而是唯一合理的解，并且与实际情况相符合。

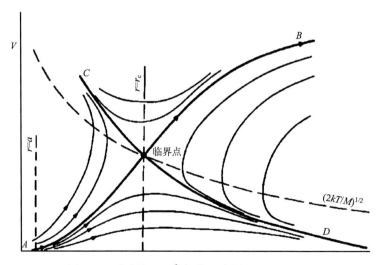

图 2.1.3　方程 $(2.1.12^*)$ 解的示意图 (Parker, 1965)

六种可能的解分别为：A—临界点—D 线以下的区域；A—临界点—C 线以左的区域；C—临界点—B 线以上的区域；B—临界点—D 线以右的区域；A—临界点—B 线；C—临界点—D 线

由方程(2.1.12)可以直接看到由左下至右上通过临界点的积分曲线是适合的。对于 $r<r_c$ 和 $dr>0$，式(2.1.12)左端是负的，假定在这区域 $V<V_c$，为了使方程(2.1.12)右端为负，必须有 $dV>0$。也就是说当流体径向地向外流动时速度 V 是增加的。在 $r=r_c$ 处 $V=V_c$。对于 $r>r_c$，也就是在临界距离以外，方程(2.1.12)左端为正值，为了使方程左端也是正的，有 $dV>0$ 和 $V>V_c$。也就是说太阳风是超声速的。

将方程(2.1.12)由临界点 ($r=r_c$，$V=V_c$) 向外积分，得到

$$\frac{V^2}{V_c^2}-\ln\frac{V^2}{V_c^2}=4\ln\frac{r}{r_c}+\frac{4r_c}{r}-3 \tag{2.1.13}$$

方程的解相应于两条通过临界点的曲线，其中由亚声速变为超声速的解描述了等温日冕的稳恒膨胀。图 2.1.4 给出了对不同日冕温度计算得到的太阳风速度随距离的变化。

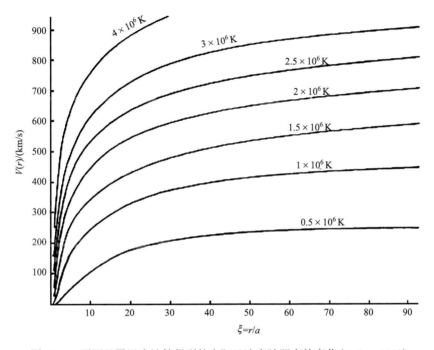

图 2.1.4　不同日冕温度计算得到的太阳风速度随距离的变化(Parker, 1958)

当日心距离 r 很大时，从方程(2.1.13)简化，空间太阳风速度可以近似写成

$$V\approx 2V_c\left[\ln\frac{r}{r_c}\right]^{1/2} \tag{2.1.14}$$

这说明在远离太阳的地方，太阳风速度随着距离 r 增加得很慢。在地球轨道附近，$V(1\,\text{AU})\approx 3.8\,V_c\approx 500\,\text{km/s}$。

由式(2.1.2)和式(2.1.5)看到，在速度 V 用式(2.1.14)近似的情况下，当 $r\to\infty$ 时，数密度 $n\to 0$，压强 $P\to 0$。

在太阳风的存在被飞船的直接探测证实以前，人们不知道在 1 AU 太阳风的速度是超声速的还是亚声速的，所以图 2.1.3 临界点下方的亚声速解也在考虑之列。

Chamberlain(1961)认为应该取亚声速解，并取名为"太阳微风"，他预计在 1 AU 处太阳微风的速度约为 10 km/s。如果假设 $r \rightarrow \infty$，$V \ll V_c$，可得到 $V \propto r^{-2}$。因而当 $r \rightarrow \infty$ 时 $n \rightarrow$ 常数，$P \rightarrow$ 常数，这不满足 $r \rightarrow \infty$，$P \rightarrow 0$ 的边界条件，因而等温膨胀的亚声速解是不适合的。但是，在非等温情况，如在用多方关系的模式中，大于 1 的多方指数使得当 $r \rightarrow \infty$ 时 $T \rightarrow 0$，从而对于亚声速解也有 $P \rightarrow 0$(Hunderhausen, 1972)。

　　纯理论的考虑未能明确判断两种描述中哪种是正确的。在人造卫星，尤其是 1962 年末发射的飞往金星的 Mariner 2 飞船对行星际空间等离子体和磁场进行直接探测之后，才证实了确有连续的超声速的磁化等离子体流存在(Neugebauer and Snyder, 1962, 1965)。图 2.1.5 是 Mariner 2 飞船在飞越金星时对金星附近的太阳风的探测。图 2.1.5(a) 为 Mariner 2 飞船轨道位置的极坐标图，图 2.1.5(b) 为 Mariner 2 对太阳风质子密度、速度和温度的探测结果。这些观测结果才使人们确认 Parker 的模式是正确的。

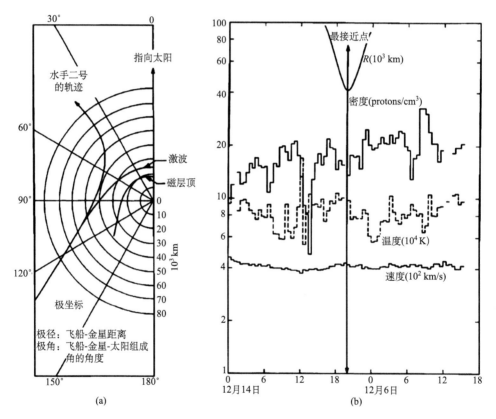

图 2.1.5　Mariner 2 飞船在飞越金星时对金星附近的太阳风的探测(Neugebauer and Synder, 1965)

　　太阳风问题的数学计算的困难在于找到连接亚声速流区至超声速流区的解。这一困难原则上被 Parker 解决了。但是在数值计算中，在不同情况下，仍会遇到十分复杂的情况。Noble 和 Scarf (1963)，Whang 和 Chang (1965)给出了数值计算的方法。Holzer (1977)讨论了由于加热和外力的作用而产生多个临界点的情况。

2.1.3　日球层顶的预测与观测证实

实际太阳风不会伸展到无穷远，它所伸展到的空间范围叫作日球层(heliosphere)。预计当太阳风压力与星际介质压力平衡时太阳风就终止了，终止面叫作日球层顶(heliopause)。虽然在靠近鼻尖方位，有 Voyager-1&2 号飞船分别穿越日球层顶，目前还不清楚全局的日球层（特别是日球层尾部和极区方位）究竟有多大。图 2.1.6 是日球层结构假想示意图，给出了估计的太阳风边界，太阳风超声速流终止于一个激波面，激波外面是亚声速流。从太阳往外依次为终止激波、日球层顶、日球层外弓激波。如果太阳风

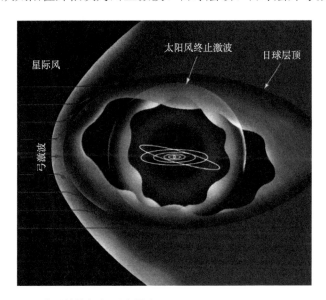

图 2.1.6　日球层结构假想示意图(https://helios.gsfc.nasa.gov/heliosph.html)

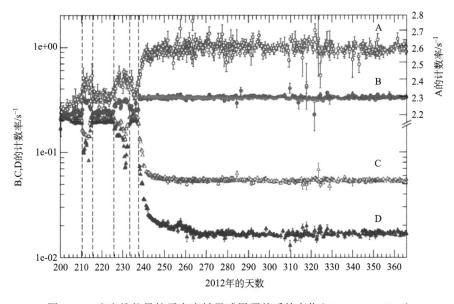

图 2.1.7　宇宙线能量粒子在穿越日球层顶前后的变化(Stone et al., 2013)

的压力（主要考虑动压）随 r^2 减少，根据在 1 AU 对太阳风的观测及星际物质的估计，Axford（1976）给出终止激波面的最小日心距离是 120 AU 的量级，日球层外边界的最小距离是 150～200 AU 的量级。如果考虑其他一些效应，如太阳风与星际中性气体相互作用（Holzer, 1972）和低能宇宙线的压力等，太阳风压力的减小可能比 r^{-2} 更快一些。因而实际日球层可能会比上述估计值要小，一般引用值为 50～100 AU。关于终止激波和日球层顶的位置直到2004年、2012 年 Voyager-1 飞船分别穿越这两个边界才得到证实（Stone et al., 2005, 2013）。图 2.1.7 展示了宇宙线能量粒子在穿越日球层顶前后的变化。图中红色线和蓝色线分别代表银河宇宙线和异常宇宙线的 6 小时平均的计数率。线 A、线 B、线 C、线 D 分别对应 $E>70$ MeV, $6<E<100$ MeV, $7<E<60$ MeV, $0.5<E<30$ MeV。

2.1.4 行星际磁场的理论预测与观测证实

太阳表面有强度不均匀的磁场。因为日冕是高导电的等离子体，磁场和等离子体是"冻结"在一起的。从色球上层到日冕，磁场较强，磁场分布控制着等离子体的运动。在日冕中经常可以看到日冕气体沿着拱形磁力线的形状运动。在开放磁力线区域，随着高度增加，磁能减小，动能增加。但太阳风与磁场仍然冻结在一起。太阳风的流动倾向于控制磁力线的位形。在 2～3$R_\odot$ 以外，太阳风粒子携带着磁场，并把磁场运送到行星际空间形成行星际磁场。

下面推导磁力线方程。这里用的方法是近似的，适用于日心距离足够大的情况。假定日冕膨胀是球对称的，不考虑不同流管之间的相互作用。在太阳大气 2～3$R_\odot$ 以内，由于磁场的控制，日冕等离子体近似与太阳一起共转，就像一个刚体一样。但是在大日心距离处的等离子体不随太阳一起共转。如果忽略磁场的作用及流管的相互作用，太阳风在向外运动过程中近似保持角动量守恒（$\Omega r^2 = \Omega_0 R_\odot^2$，$\Omega$ 为流体元的自转角速度，$\Omega_\odot$ 为太阳自转角速度）。当距离增大时，角速度很快下降，太阳风的方向基本上是径向的。这样，行星际磁力线靠近太阳的一端随着太阳一起自转，而远离太阳的部分基本上是径向向外运动的。由于磁力线同等离子体冻结在一起，磁力线与由日面上某固定点连续向外喷射的粒子的流曲线重合。这一流曲线就像我们拿着一个正在喷水的水管快速旋转时径向向外喷射的水滴所形成的螺旋线一样。换句话说，太阳通过自转把黄道面附近的行星际磁力线缠绕成为螺旋形。图 2.1.8 是行星际磁力线与太阳自转和太阳风径向流线之间的关系。图中红色线为行星际磁力线，黑色线为太阳风径向流线。太阳自转在图中为逆时针方向。同一编号（如编号 6）的红色磁力线的节点从右到左分别对应同一个源处（如编号 6）在不同时间点释放出来的太阳风的位置。由于磁冻结的效应，从同一个源处释放的太阳风在同一个磁力线上。

下面计算螺旋线的形状和磁力线与径向之间的夹角。假定太阳上某点先后相隔时间 dt 发出的两流体元在某时刻位于同一流曲线上（也就是位于同一磁力线上）两点，两点中间的流曲线对日心的张角为 $d\psi$。在时间间隔 dt 中太阳转过的角度为

$$d\psi = \Omega_0 dt \tag{2.1.15}$$

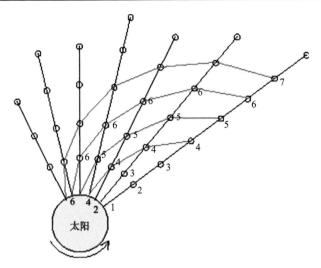

图 2.1.8 行星际磁力线与太阳自转和太阳风径向流线之间的关系(https://www-spof.gsfc.nasa.gov/stargaze/Simfproj.htm)

式中，$\Omega_0 = \dfrac{2\pi}{T_0}$，$T_0$ 为太阳自转周期(相对于恒星)。在相同时间间隔 dt 中，太阳风粒子在径向方向运动的距离为

$$dr = Vdt \tag{2.1.16}$$

V 为太阳风速度[即流体元在惯性参考系(即恒星参考系)中的速度]。dr 与 $d\psi$ 存在如下关系：

$$rd\psi = dr\tan\varphi \tag{2.1.17}$$

φ 为磁力线与径向方向的夹角。由上述方程得到

$$\tan\varphi = \frac{rd\psi}{dr} = \frac{\Omega_0 r}{V} \tag{2.1.18}$$

我们还可以从另一角度来求 $\tan\varphi$ 值。在与太阳共转的参考系中磁力线是不运动的。太阳风沿着磁力线管向外流动。就是说在共转参考系中流动方向与磁力线是平行的。设 V' 为在共转坐标系中流动的速度，它是沿着磁力线方向的。V 为相对恒星静止的参考系中的速度，在该参考系中它是沿着径向方向的。V 和 V' 的关系写为：$V = V' + \Omega_0 \times r$。于是有

$$\tan\varphi = \frac{|\Omega_0 \times r|}{|V|} \tag{2.1.19}$$

在赤道面内 $|\Omega_0 \times r| = \Omega_0 r$，所以

$$\tan\varphi = \frac{\Omega_0 r}{V} = \frac{2\pi r}{TV} \tag{2.1.20}$$

得到与式(2.1.18)同样的结果。取 $T = 25$ d $\approx 2.2 \times 10^6$ s，太阳风在地球轨道附近的速度为 $350 \sim 400$ km/s，可以得到 $\tan\varphi \approx 1$，$\varphi \approx 45°$。

实际测量行星际磁场方向与日地连线夹角在 $40° \sim 50°$ 的范围，与理论推算结果相符

很好。

由式(2.1.18)和式(2.1.20)得到

$$d\varphi = \left(\frac{2\pi}{TV}\right)dr \tag{2.1.21}$$

对式(2.1.21)积分得到

$$\varphi(r) = \frac{2\pi}{TV}(r - r_0) + \varphi_0 \tag{2.1.22}$$

φ_0 为 $r=r_0$ 时的角度。式(2.1.22)是描述行星际磁场磁力线的方程。这种曲线叫作阿基米德螺旋线。图 2.1.9 是根据 Parker 模型得到的螺旋形行星际磁力线。红色和黄色曲线分别表示太阳风速度为 400 km/s 和 2000 km/s 时的行星际磁力线的位形。蓝色和紫色轨道分别表示地球和火星的轨道。

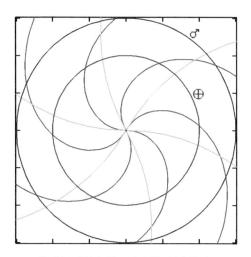

图 2.1.9　根据 Parker 模型得到的螺旋形行星际磁力线(https://sdo.gsfc.nasa.gov/
mission/spaceweather.php)

下面由磁通量守恒原理计算行星际磁场强度。假设由太阳赤道喷出一圆锥形等离子体流。在太阳表面上等离子体流的截面积为 A_0，磁场沿径向强度为 B_0。A_r 为磁力线管在 r 处垂直径向的横截面积，B_r 为此处的磁场 B 的径向分量。假设螺旋管的垂直径向的横截面积 A_r 随 r 的变化与圆锥形截面积随 r 的变化相同，则有

$$A_r B_r = A_0 B_0 \tag{2.1.23}$$

$$\frac{A_0}{A_r} = \left(\frac{R_\odot}{r}\right)^2 \tag{2.1.24}$$

$R_\odot$为太阳半径。由式(2.1.23)、式(2.1.24)得到

$$B_r = B_0 \left(\frac{R_\odot}{r}\right)^2 \sim \frac{1}{r^2} \tag{2.1.25}$$

$$B_\varphi = B_0 \left(\frac{R_\odot}{r}\right)^2 \tan\varphi \sim \frac{1}{rV} \tag{2.1.26}$$

$$B = B_0 \left(\frac{R_\odot}{r}\right)^2 \left(1 + \tan^2\varphi\right)^{1/2} = B_0 \left(\frac{R_\odot}{r}\right)^2 \left[1 + \left(\frac{2\pi r}{TV}\right)^2\right]^{1/2} \tag{2.1.27}$$

式中，B_φ 为 r 处磁场强度的方位分量，B 为总磁场值。在地球轨道附近 $\tan\varphi = 1$，$\frac{r}{R_\odot} = 215$，取 $B_0 = 2$ 高斯，可以算出总磁场：$B(1\,\text{AU}) \approx 6 \times 10^{-5}$ 高斯，该计算结果与在地球轨道附近观测结果基本相符。

式(2.1.25)至式(2.1.27)是在赤道面附近 $r \gg R_\odot$ 条件下得到的，这些公式也可以推广到任意日心距离的三维空间中去。图 2.1.10 表示了在三维空间中的零阶阿基米德螺旋磁力线。取球坐标系 $(r,\ \theta,\ \phi)$，原点在太阳中心，$\theta = \frac{\pi}{2}$ 的面与赤道面重合，日心经度 ϕ 增加的方向与太阳自转方向相同，在这坐标系中行星际磁场可表示如下(Behannon, 1978)：

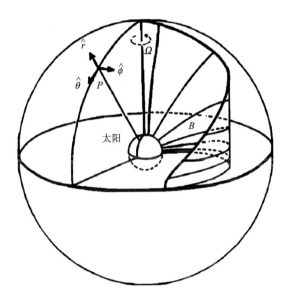

图 2.1.10　在三维空间中的零阶阿基米德螺旋磁力线(Behannon, 1978)

$$B_r(r,\theta,\phi) = B_r(r_0,\theta_0,\phi_0)\,(r_0/r)^2 \tag{2.1.28}$$

$$B_\theta(r,\theta,\phi) = 0 \tag{2.1.29}$$

$$B_\phi(r,\theta,\phi) = B_r(r,\theta,\phi)\left(\frac{\Omega_0}{V}\right)(r - r_0)\sin\theta \tag{2.1.30}$$

式中，$B_r(r_0,\theta_0,\phi_0)$ 为在日心距离 r_0、余纬 θ_0、方位角 ϕ_0 处磁场的径向分量，B_ϕ 为方位分量。这里 r_0 为源表面的日心距离，在源表面高度，可以近似认为磁场只有径向分量，没有方位分量。r 和 ϕ 满足下述流线公式：

$$r/r_0 - 1 - \ln(r/r_0) = \frac{V}{r_0 \Omega_0}(\phi - \phi_0)$$ (2.1.31)

根据上述的流线公式，Behannon（1978）给出了三维空间中的阿基米德螺旋磁力线（图 2.1.10）。

在太阳活动低年(1972～1976 年)，Pioneer-10 和 Pioneer-11 在 1 AU 至 8.5 AU 的观测表明，行星际磁场与 Parker 模式相符合很好。但太阳活动性增加期间(1977～1979 年)，Voyager-1, 2 的观测表明，虽然 Parker 模式能描述观测到的平均状态，但数据点对平均值的偏离是十分显著的。

2.2 太阳风在 1 AU 处的特性

下面就地球轨道附近太阳风的成分、数密度、速度、温度和磁场的平均特性作一简单介绍。在黄道面附近，太阳风特性不是均匀分布的，有高速流与低速流之分。

2.2.1 1 AU 处太阳风的成分

太阳风主要由电子和质子组成。也测量到一些重离子，最主要的重离子是氦核。氦核数密度与质子数密度的比 $N(\text{He})/N(\text{p})$ 最小值可趋近于零，最大值为 0.2 左右。Hundhausen（1972）给出的平均值为 0.04～0.045。图 2.2.1 为正离子计数率随单位电荷能量的分布。图中虚线为背景计数率。上下两条线分别对应不同的脉冲计数阈值。由图看到除了正离子 H^+ 和 $^4He^{++}$ 以外，还测量到了 $^3H^+$，$^4He^+$，O^{5+}，O^{6+}，O^{7+} 等以及其他正离子。

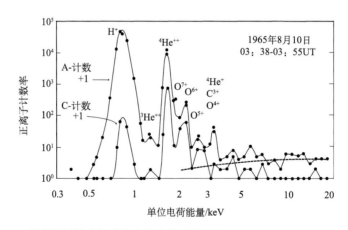

图 2.2.1 正离子计数率随单位电荷能量的分布(Bame et al., 1968; Brandt, 1970)

不同源区起源的不同种类的太阳风，其离子成分的相对丰度(如 N_α/N_p)也有差异：日球层电流片区域慢速太阳风、盔冕流慢速太阳风、冕洞高速太阳风、日冕物质抛射体的 N_α/N_p 峰值分别在 1%，3%，4%，3%附近，而且日冕物质抛射体的 N_α/N_p 可以超过 10%(Xu and Borovsky，2015)。图 2.2.2 表示了不同源区起源的不同种类太阳风中的 α

粒子和质子的相对丰度的概率分布。所有种类、日冕物质抛射、冕洞(高速太阳风)、盔状冕流(低速太阳风)、日球层电流片(低速太阳风)分别对应：黑色、蓝色、红色、绿色和紫色。离子成分相对丰度的差异反映了不同源区离子成分相对丰度的差异。

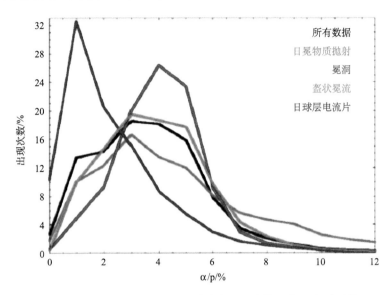

图 2.2.2　不同源区起源的不同种类太阳风中的 α 粒子和质子的
相对丰度的概率分布(Xu and Borovsky，2015)

2.2.2　1 AU 处太阳风的数密度、整体流速和温度

太阳风质子数密度可以由空间探测器的直接测量结果推算得到(相空间密度的零阶矩积分)。类似的，太阳风质子的速度和温度也是由相空间密度的一阶矩和二阶矩推导得到。相空间密度(也叫速度空间的分布函数)是从粒子探测器多个能档、多个方位角、多个仰角的计数率换算过来的。换算的中间步骤是从计数率到微分通量密度的换算，中间步骤换算时要考虑探测器的微分几何因子。在一个太阳自转周里，当不同类型的源区正对着地球时，将有不同类型的太阳风吹向地球，导致在地球附近或者日地连线的拉格朗日 L1 点附近的飞船探测到太阳风参数的变化。图 2.2.3 给出了 SOHO 飞船上的太阳风质子监测仪所探测的太阳风参数在一个卡林顿周的变化。可以看到几天尺度的速度起伏、密度起伏和热速度(温度)起伏存在这样的相关关系：高速度对应低密度和质子高温度，低速度对应高密度和质子低温度。需要注意的是，在 1 AU，高速流对应电子低温度，低速流对应电子高温度。多个卡林顿周(比如超过一年)对太阳风的连续监测，可以获得太阳风参数的概率分布。

图 2.2.4 是从 1965 年 7 月至 1967 年 11 月由 Vela-3 卫星观测到的太阳风质子数密度直方图。平均值为 7.7 个/cm^3，中值为 6.6 个/cm^3。观测是在太阳活动相对平静时进行的。得到的平均速度为 400 km/s。太阳风出现在 350 km/s 的频次较多，太阳风速度在 300～400 km/s 之间的频次约占观测次数的 50%，而小于 300 km/s 的太阳风只占 6%。

Hundhausen(1972)定义速度在 300～325 km/s 的太阳风为宁静太阳风。这里所谓的宁静太阳风是指太阳风里没有明显的扰动，比如阿尔文扰动等。已经观测到的太阳风速度变化范围一般为 200～900 km/s。图 2.2.5 是 1965 年 7 月至 1967 年 11 月在地球附近观测到的太阳风速度的直方图。平均速度为 400 km/s，中值速度 380 km/s。

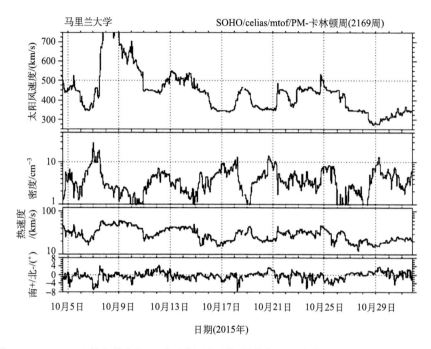

图 2.2.3　SOHO 飞船上的太阳风质子监测仪所探测的太阳风参数在一个卡林顿周的变化
(http://umtof.umd.edu/pm/crn)

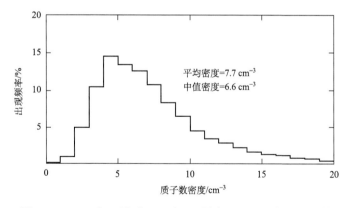

图 2.2.4　1965 年 7 月至 1967 年 11 月由 Vela-3 卫星观测到的
太阳风质子数密度直方图(Wolfe, 1972)

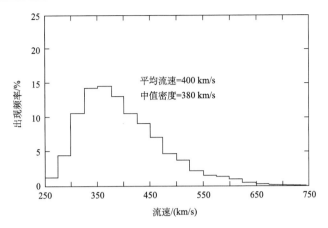

图 2.2.5　1965 年 7 月至 1967 年 11 月在地球附近观测到的太阳风速度的直方图(Hundhausen, 1972)

太阳风速度非常接近径向方向，但是有时候会呈现出从太阳东部向西的偏离。图 2.2.6 是 1965 年 6 月至 1967 年 6 月由 Vela-3B 卫星测量的太阳风速度方向的直方图，由图看到方位速度很小。平均值 $\langle \phi \rangle = -0.93°$，$\sigma = 3.2°$。Kraft(1972)综合许多观测给出平均方位速度大约为 8 km/s，相当于太阳风速度向西偏离径向 1.5°。这个平均方位速度远大于根据角动量守恒所估计的方位速度（假设没有磁场作用以及流相互作用时）。这种方位速度的显著差异也暗示着行星际磁场作用对太阳的角动量向日球层太阳风输运所造成的损失至关重要。太阳风速度方向的随机扰动的平均值大约为 5°，有时可偏离平均方向 10°～ 15°。根据空间探测资料的统计，没有发现显著偏离太阳赤道面的太阳风速度的南北分量 (Egidi et al., 1977)。由 1967 年至 1968 年的观测数据的统计得到速度南北分量与径向分量的比值的平均值小于 0.05。太阳风速度的南北分量可能是由太阳不同纬度发出不同性质的太阳风相互作用引起的，也有可能是太阳风湍动引起的速度起伏。

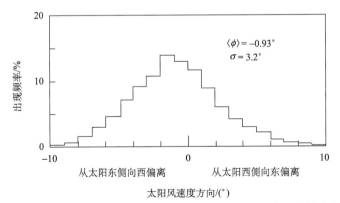

图 2.2.6　1965 年 6 月至 1967 年 6 月由 Vela-3B 卫星测量的太阳风速度方向的直方图(Wolfe, 1970)

太阳风的温度是由在以太阳风整体速度运动的坐标系中确定的粒子速度分布决定的。某方向的温度由该方向速度的方差来确定(这里是指动力学温度)。图 2.2.7 是由 Vela-3 卫星观测的太阳风质子温度的直方图，观测时间为 1965 年 7 月至 1967 年 11 月。平均温度为 $9.1 \times 10^4 \mathrm{K}$，中值温度为 $6.9 \times 10^4 \mathrm{K}$。

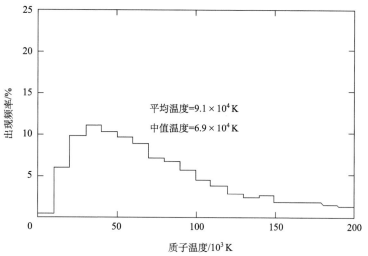

图 2.2.7　由 Vela-3 卫星观测的太阳风质子温度的直方图 （Wolfe, 1972）

由速度空间质子计数率的等值线图可以得到速度的空间分布。图 2.2.8 是一个二维速度空间计数率等值线图的例子(Wolfe, 1972)。V_1 是径向速度，V_2 是垂直径向和卫星自转轴方向的速度，计数率等值线的间隔为最大计数率的十分之一，小三角表示整体速度。如果速度分布是各向同性的，等值线应当是以小三角为中心的一些同心圆。而由图看到等值线在磁场方向被拉长了，这说明温度有明显的各向异性。由图 2.2.8 计算出的平行磁场的质子温度 $T_{p\parallel}$ 与垂直磁场的质子温度 $T_{p\perp}$ 之比为

$$\frac{T_{p\parallel}}{T_{p\perp}} \approx 3.4$$

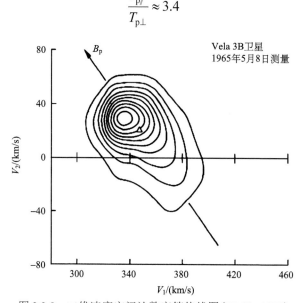

图 2.2.8　二维速度空间计数率等值线图(Wolfe, 1972)

从图 2.2.8 中还可以看到，在运动坐标系中，沿磁场向外运动的质子平均速率大于沿着磁场向着太阳运动的粒子的平均速率。这种质子速度的非对称分布说明有沿着磁场向

外的热导存在。计算出的热导率大约为 10^{-5} erg/(cm^2·s)。这比电子传导能量 10^{-2} erg/(cm^2·s)
要小几个量级。图 2.2.9 和图 2.2.10 示出了 Vela-4B 卫星于 1967 年 5 月至 1968 年 5 月测
量的电子和质子温度各向异性分布。由图看到电子温度基本上是各向同性的，T_{max}/T_{min}
的平均值为 1.08，90%的数值小于 1.22。而质子温度有明显的各向异性，T_{max}/T_{min} 的平
均值为 1.48。太阳风中氦核的温度大约为质子温度的 4 倍。

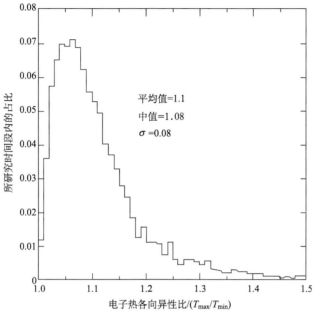

图 2.2.9　电子热各向异性比的直方图（Montgomery，1972）

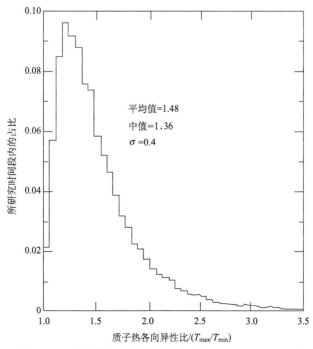

图 2.2.10　质子热各向异性比的分布（Montgomery，1972）

2.2.3 1 AU 处太阳风中的磁场

IMP-1 卫星在 1963~1964 年测量到的磁场值的分布，平均值为 6.0 γ(nT)，最低值为 0.25γ，最高值为 40γ。测量的精度可以达到±0.25γ。把磁场方向分别投影到黄道面上和子午面上划出直方图，可以看出磁场的方向特性。图 2.2.11 是由 IMP-1 卫星测量的行星际磁场方向的分布。从图 2.2.11(a)可以明显地看出磁场有偏离径向 45°角的倾向，但是在小尺度范围磁场有相当大的不规则性。磁场方向在子午面内存在极角的分量(图 2.2.11)，这个现象一方面与太阳风湍动引起的磁场起伏有关，另一方面与源区被携带的磁场的原始方向有关。除了 IMP-1 卫星，Mariner-2 和 Pioneer-5 等卫星的测量还指出磁场有垂直黄道面的南北分量。行星际磁场北向分量与黄道面上的分量比值的平均值小于 0.1(Egidi et al., 1977)，但经常达到 0.5 以上。在太阳风高密度期间南北分量较大，如当数密度 $n<7$ cm^{-3}，比值的平均值为 0.04，当 $n>7$ cm^{-3}，比值平均值为 0.20。

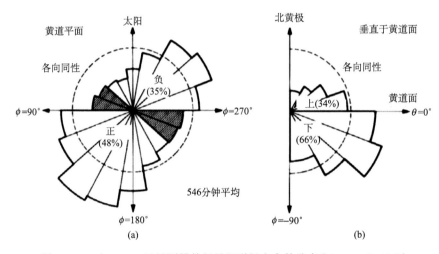

图 2.2.11 由 IMP-1 卫星测量的行星际磁场方向的分布(Ness et al., 1965)

表 2.2.1 给出了 1962~1966 年在地球附近观测到的太阳风特性。由表看到，太阳风参数的变化范围是很大的。在太阳风研究的初期，为了与定常球对称的太阳风的理论模式比较，人们企图把实测太阳风分为无结构的宁静太阳风和叠加在其上面的扰动。但是，这一尝试没有得到结果。于是，迫不得已，当时人们把低速太阳风看作是"宁静"的，并把它的性质与定常球对称的模式的结果比较。现在这一概念已过时。Hundhausen(1972)给出了"宁静"太阳风(速度为 300~325 km/s)的平均特性(表 2.2.2)。由表 2.2.1 看到，太阳风速度总是大于阿尔文波速。

表 2.2.1 1962~1966 年在地球附近观测到的太阳风特性

物理参数名称	最小值	最大值	平均值
通量/[离子/(cm²·s)]	10^8	10^{10}	2×10^8~3×10^8
速度/(km/s)	200	900	400~500

物理参数名称	最小值	最大值	平均值
数密度 $n_e=n_p$/(个/cm^3)	0.4	80	5
质子温度/K	5×10^3	1×10^6	2×10^5
热各向异性 T_{max}/T_{min}	1.0	2.5	1.4
核丰度 n(He)/n(p)	0	0.25	0.05
磁场 $B(\gamma)$	0.25	40	6
磁场方向	平均磁场强度矢量在黄道面内与径向夹角45°		
流向	平均为径向偏西2°		
阿尔文速度/(km/s)	30	150	60

表 2.2.2　低速太阳风的平均特性

物理参数	平均值
速度(径向矢量)	300~325 km/s
速度非径向矢量	8 km/s
质子(或电子)数密度	8.7 个/cm^3
电子温度	1.5×10^5 K
电子各向异性	1.1
质子温度	4×10^4 K
质子各向异性	2
磁场强度	5γ
磁场太阳黄道坐标经度	140°
质子通量密度	2.4×10^8 个/(cm^2·s)
动能通量密度	0.22 erg/(cm^2·s)
焓通量密度	0.008 erg/(cm^2·s)
重力通量密度	0.004 erg/(cm^2·s)
磁能通量密度	0.003 erg/(cm^2·s)
电子热导通量密度	0.007 erg/(cm^2·s)
质子热导通量密度	0.00001 erg/(cm^2·s)

2.3　太阳风特性的空间变化

太阳风特性在三维空间的变化是日球层物理的重要研究内容。三维空间的变化主要是指随径向距离的变化和随纬度的变化。要想原位探测太阳风在三维空间的分布，需要从地球发射飞船到内日球层、外日球层和极区。有 Helios，Parker Solar Probe, Pioneer，Voyager，Ulysses 等系列的飞船进入内日球层、外日球层和极区进行探测。这些原位探测任务都需要进行特殊的轨道设计，主要是实施行星借力改变轨道。除了原位探测，针对太阳风等离子体的遥感探测也是另外一种途径。遥感探测需要借助射电信号穿越太阳风电子所引起的衍射闪烁或者太阳风电子对日面白光的散射来进行反演，间接得到电子密度的分布乃至电子密度不规则体运动的信息。

2.3.1 太阳风随日心距离的变化

Behannon(1978)指出太阳风在一个太阳自转周期内的平均速度在 0.3～10 AU 之间近似为常数。如果只有重力没有其他作用力，则太阳风速度是会随径向距离递减的。所以有其他的作用力，这些作用力方向向外，用以平衡重力的影响。另外，探测也发现速度的相对扰动则随日心距离的增加而减少。通过 Voyager-2 在外日球层的探测发现：在到达终止激波之前，太阳风会一直维持明显的超声速运动，而且速度基本上下降不多(Richardson and Smith, 2003)。由于行星际太阳风质子的质量通量不变，在质子流速不随日心距离变化的情况下，其数密度是随 r^2(r 为日心距离)衰减的。当然如果太阳风进入流相互作用区(高速流追赶挤压前方低速流的区域)，则其流速和密度都会出现跳变：高速流和低速流的流速分别降低和升高，高速流和低速流的数密度都升高。

太阳风的温度(包括质子温度和电子温度)随日心距离的变化则是比较复杂的。太阳风质子平均温度(T_p)随日心距离增大而衰减的速率要比假定太阳风是绝热膨胀预计的($T_p \propto r^{-1.33}$)慢。由飞船 Pineer-10 在 1～12.2 AU 观测得到的三个太阳自转周平均温度变化为 $T_p \propto r^{-0.52}$ (Mihalov and Wolfe, 1978)，由飞船 Voyager 1 和 2 得到两个太阳自转周的平均温度变化为 $T_p \propto r^{-0.7\pm0.2}$ (Gazis, 1984)，由飞船 Helios 在 0.3～1 AU 的观测得到在高速流中平行磁场的平均温度变化为 $T_{p//} \propto r^{-0.69}$ (Marsch and Richter, 1984)。如果是速度非常低(速度<300 km/s)的低速流，则其质子温度接近绝热下降(Freeman and Lopez, 1985)。表 2.3.1 给出了不同流速的太阳风质子温度随径向距离变化的情况($T_p \sim r^{-\gamma}$)。可以看到随着太阳风速度(V_p)的增加，指数 γ 基本是越来越小，即越来越偏离绝热冷却的过程。

表 2.3.1　不同流速区间的太阳风质子温度随径向距离的变化关系(Freeman and Lopez, 1985)

V_p/(km/s)	γ/(指数)
<300	1.324
300～400	1.217
400～500	1.02
500～600	0.82
600～700	0.767
700～800	0.827
800<	−0.781

电子平均温度随日心距离的变化规律没有像质子温度的变化趋势那么简单。Sittler 和 Scudder(1980)由飞船 Mariner-10 和 Voyage-2 得到的 5800 小时平均数据点，求得在 0.46～4.76 AU 的空间范围电子温度 T_e 与电子密度 n_e 有下述关系：$T_e \sim 5.5 \times 10^4 \times n_e^{0.175}$，这相当于 $T_e \propto r^{-0.35}$。然而 Feldman 等(1979)得到在 0.62～1 AU，电子温度随日心距离增加而增加，$T_e \propto r^{0.28\pm0.13}$，在 0.47～0.62 AU 有 $T_e \propto r^{-1.14\pm0.24}$。即使都是针对高速流，电子

温度的径向距离演化也比质子温度的演化要复杂(图 2.3.1)。电子温度在有些距离范围是随距离增加的，有些距离范围是随日心距离减少的，没有像质子温度那样呈现出单调递减的趋势。造成电子温度径向变化复杂性的原因可能有三个：①不同日心距离探测的不是同一股太阳风流；②不同股太阳风流的电子温度差异比较大；③即使是同一股太阳风流，非局域性加热和热传导对电子温度的影响也很重要。图 2.3.1 是利用 Helios 和 Ulysses 飞船探测高速太阳风的质子温度和电子温度随日心距离的变化及其拟合曲线。可以看出，在双对数的坐标系下，质子温度和电子温度分别随径向距离大致遵循一元二次的非线性回归关系，见式 (2.3.1) 和式 (2.3.2) (Cranmer et al.，2009)。

$$\ln\left(\frac{T_{\mathrm{p}}}{10^5\,\mathrm{K}}\right) = 0.9711 - 0.7988x + 0.07062x^2 \tag{2.3.1}$$

$$\ln\left(\frac{T_{\mathrm{e}}}{10^5\,\mathrm{K}}\right) = 0.03460 - 0.4333x + 0.08383x^2 \tag{2.3.2}$$

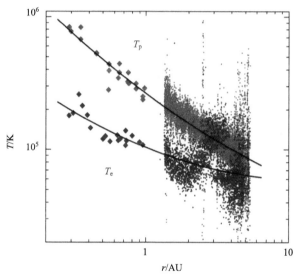

图 2.3.1　利用 Helios 和 Ulysses 飞船探测高速太阳风的质子温度和电子温度随日心距离的变化及其拟合曲线(Cranmer et al.，2009)

　　实际观测到的行星际磁场强度的径向分量和太阳风微粒流的数密度一样，都随日心距离 r 的平方成反比地减少，这是由质量守恒和磁通量守恒决定的。图 2.3.2 给出了实测的行星际磁场径向分量 B_r 的平均值在一个太阳自转周内的平均值随日心距离的变化，由最小方差决定的关系为

$$B_r = (2.89 \pm 0.16)\, r^{-2.13 \pm 0.11} \tag{2.3.3}$$

　　行星际磁场的方位分量 B_φ 与径向分量 B_r 垂直，磁场的方位分量的平均值随日心距离的变化为

$$B_\varphi = (3.17 \pm 0.19)\, r^{-1.12 \pm 0.14} \tag{2.3.4}$$

　　图 2.3.3 为行星际磁场方位分量 B_φ 的平均值随日心距离的变化。虚线为 r^{-1}，点划线为 $r^{-1.3}$，实线为所有数据点的最小方差曲线为 $r^{-1.12}$。

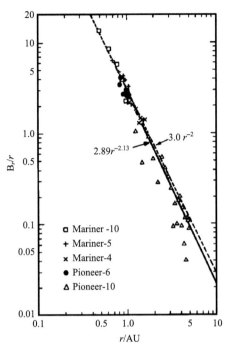

图 2.3.2　实测的行星际磁场径向分量 B_r 的平均值在一个太阳自转周内的
平均值随日心距离的变化(Behannon, 1978)

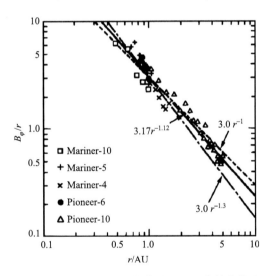

图 2.3.3　行星际磁场方位分量 B_φ 的平均值随日心距离的变化(Behannon, 1978)

　　由行星际磁场径向分量和方位角分量随日心距离的变化趋势，可以推出行星际磁场方向与径向方向之间夹角随日心距离的变化。图 2.3.4 为行星际磁场矢量方位角随日心距离的变化，给出了该夹角随日心距离的变化曲线。实线相应于太阳风速度为 360 km/s 计算的螺旋形磁场的方位角。上下两图分别相应于磁场方向向内和向外两种情况。Burlaga 等(1982a)和 Burlaga 等(1984)分析了 Voyager-1 和 Voyager-2 在 1～9.5 AU 获得的磁场观测数据，发现平均磁场的变化趋势与 Pioneer 飞船于 1972～1976 年得到的结果相同，但是由于其观测时间(1977～1979 年)接近太阳活动峰年，所以有些新的特点，即数据点对平均结果的偏离较大。Parker 的螺旋场模式给出了对数据点的满意的零阶描述，但在太阳活动上升年，偏离是十分显著的。

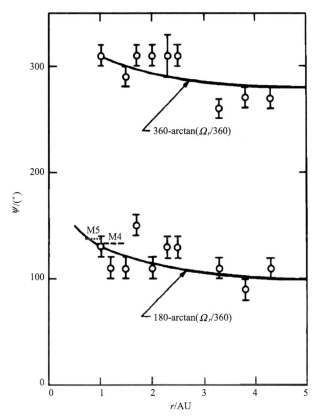

图 2.3.4　行星际磁场矢量方位角随日心距离的变化(Behannon, 1978)

图中公式中的 360 为假设太阳风速度为 360 km/s

外日球层太阳风和内日球层太阳风存在一些重要的差别。在外日球层，太阳风向外流动的长距离路上，会和来自星际介质的中性成分(简称星际风)碰撞，发生电荷交换，产生拾起离子(星际介质中性粒子失去电子)和能量中性原子(太阳风质子捕获电子中和)。拾起离子的加入、部分太阳风质子变成中性原子退出，使得混合后的太阳风的动量减少，缓慢减速。对比有、无拾起离子参与的磁流体模拟结果显示：有拾起离子参与的太阳风模拟速度显著低于无拾起离子的情况，而且与探测到的速度水平接近(Wang et al.，2000)。也正是拾起离子与原初太阳风质子之间的漂移，使得混合后的太阳风的温度有增加的趋势。原初的太阳风也会受到一定的加热，加热所需的能量源于拾起离子能量的损失，拾起离子的能量损失源于其被自身不稳定性(比如离子伯恩斯坦模)所激发的波动散射形成球壳层的结构(Matthaeus et al., 1999)。所以，外日球层的温度和热压也是与绝热膨胀冷却有明显的偏离，这种偏离与内日球层的偏离是不同的原因造成：外日球层的非绝热膨胀保温效果不能忽略太阳风与星际风作用产生的拾起离子的影响；内日球层的非绝热膨胀保温效果则主要源于太阳的湍动的串级耗散加热。图 2.3.5 是 Voyager-2 飞船从发射到 2017 年的飞行位置随时间的变化。Voyager-2 先后飞越木星、土星、天王星和海王星等四颗类木巨行星，于 2007 年穿过终止激波，并于 2018 年穿过日球层顶。图 2.3.6是 Voyager-2 上的法拉第杯等离子体仪所探测到的太阳风质子的速度、密度和温度随时间的变化。

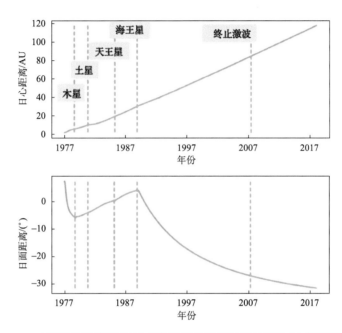

图 2.3.5　Voyager-2 飞船从发射到 2017 年的飞行位置随时间的变化(由何建森和林荣供图)

对比理论模型与观测分析表明，在无碰撞的外日球层等离子体环境中，原始太阳风与拾起离子之间的碰撞不是很频繁，不能导致太阳风与拾起离子的完全混合热化。对于没有完全混合热化的反证法，是假设完全混合热化后形成单流体的理论模型所预测的太阳风温度要高于 Voyager-2 飞船的探测；基于拾起过程热能源项分配 4%给太阳风质子的假设，则可以模拟得到与观测大尺度趋势相当的温度径向剖面(Wang and Richardson 2001)。图 2.3.7(a)中实线、点线和虚线分别为 Voyager-2 的探测结果、绝热膨胀冷却的预测、含拾起离子混合的单流体模型的结果。图 2.3.7(b)中扰动实曲线、光滑实曲线分别为 Voyager-2 的探测结果、假设拾起过程引起的热能源项分配 4%给质子，96%留在拾起离子的模拟得到的太阳风质子温度。上下的光滑点线为分配少于或多于 4%给质子的模拟结果。

为了再现大小尺度(大尺度是几年尺度，小尺度是几月尺度)结合的温度径向剖面，Richardson 和 Smith (2003)在大尺度温度径向剖面模型的基础上，引入了小尺度温度扰动和速度扰动的相关关系。他们发现，在内日球层和外日球层，如果对温度和速度都做 101 天的滑动平均，则温度和速度之间存在很好的线性关系：

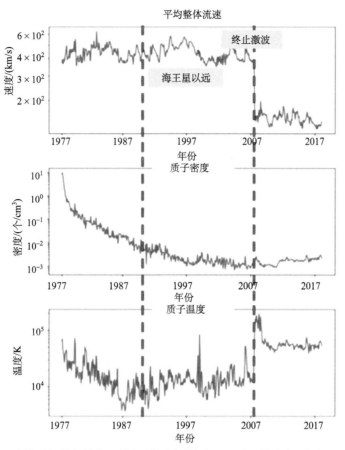

图 2.3.6　Voyager-2 上的法拉第杯等离子体仪所探测到的太阳风质子的速度、密度和温度随时间的变化（由何建森和林荣供图）

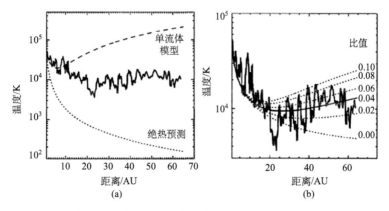

图 2.3.7　太阳风温度随径向距离的变化（Wang and Richardson 2001）

$$\frac{T_{\text{smooth}}}{\overline{T}} \sim \frac{3V_{\text{smooth}}}{\overline{V}} - 2 \qquad (2.3.5)$$

图 2.3.8 是内日球层和外日球层太阳风的温度和速度之间的线性相关关系，黑线为温

度,红线为速度。图 2.3.8(a) 和(b) 分别为 IMP-8 和 Voyager-2 在内日球层和外日球层的探测结果。温度和速度的时间序列都是做了 101 天滑动平均之后的结果。

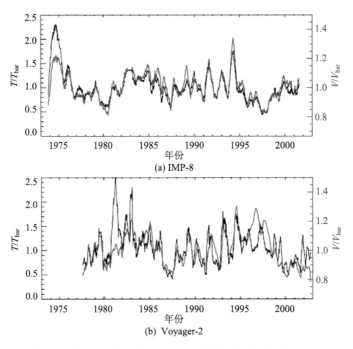

图 2.3.8 内日球层和外日球层太阳风的温度和速度之间的线性相关关系(Richardson and Smith,2003)

2.3.2 太阳风随纬度的变化

在 20 世纪 90 年代之前,太阳风的直接观测都是在黄道面附近进行的,因而当时研究太阳风速度随日心纬度的变化规律方面有许多困难。黄道面内的太阳风,因为探测器轨道的因素,被探测和认知得比较充分。黄道面外的高纬的太阳风,由于探测器轨道的限制,直到 20 世纪 90 年代 Ulysses 的实施才有原位探测的数据。在此之前,遥感观测反演成了唯一的手段。太阳风流中的电子密度不规则体(可压缩湍动)会导致射电信号的多路折射和干涉/衍射从而形成闪烁(射电信号强度和相位的随机起伏现象),通过地基监测射电信号在行星际空间的闪烁效应(interplanetary scintillation,IPS)可以推测太阳风的状态。图 2.3.9 为遥远射电源信号入射平面电磁波经过扰动的太阳风之后到达地球被监测的示意图。关于 IPS 探测的开创性工作,可以追溯到 20 世纪 60 年代 Hewish 等的工作。图 2.3.10 为在三个不同时刻(从左到右)对四个不同方位(不同太阳距角/日心距离)的致密脉冲星射电源的射电信号监测结果。可以看到信号强度存在时间尺度为 0.1 s 到 10 s 的不规则振荡现象。该现象被认为是行星际太阳风湍动对射电信号所造成的调制。

行星际湍动不规则体对闪烁相位谱和闪烁强度谱的形成有重要影响。一般把接收信号强度 I 的归一化方差定义为闪烁指数 m。如果 $m \ll 1$,则是比较理想的弱闪烁情况。射电源的视线方向离太阳越近(日心垂直视线方向的距离,P_{impact}),则闪烁越强;离太阳越

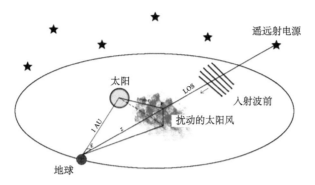

图 2.3.9　遥远射电源信号入射平面电磁波经过扰动的太阳风之后到达地球被监测的示意图(Chang et al., 2016)

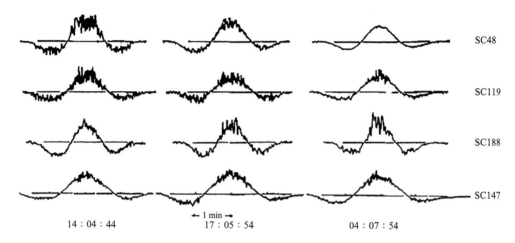

图 2.3.10　在三个不同时刻对四个不同方位的致密脉冲星射电源的射电信号监测结果(Hewish et al., 1964)

远，则闪烁越弱。在弱闪烁的情况下，不规则体对穿越波阵面所造成的衍射的影响，可以近似压缩成一个薄的垂直于视线方向的二维平面所造成的衍射。

电子密度的空间自相关函数 $\rho_{ns}(\boldsymbol{R})$ 定义如下：

$$(\Delta n)^2 \rho_{ns}(\boldsymbol{R}) = \langle n(\boldsymbol{S})n(\boldsymbol{S}+\boldsymbol{R}) \rangle \tag{2.3.6}$$

式中，$\boldsymbol{R}$ 为空间间距矢量；$\boldsymbol{S}$ 为所要遍历的空间位置矢量；Δn 为电子密度扰动的均方根。

射电波经过 Δz 距离之后引起的相位变化为 $\Delta \phi = r_e \lambda n \Delta z$（其中 r_e 为电子半径，λ 为射电波长）。假设射电平面波从 $z=L$ 的平面进入，从 $z=0$ 的平面穿出，在 $z=0$ 的平面测量的射电波相位的自方差函数可以写成：

$$\phi_0^2 \rho_{\phi s}(\boldsymbol{r}) = (r_e\lambda)^2 \left\langle \int_0^L \int_0^L n(\boldsymbol{s},z_1)n(\boldsymbol{s}+\boldsymbol{r},z_2)\,\mathrm{d}z_1\mathrm{d}z_2 \right\rangle \tag{2.3.7}$$

式中，$\boldsymbol{s}$ 和 $\boldsymbol{r}$ 为垂直于 z 轴的空间位置矢量和空间间距矢量；$\rho_{\phi s}(\boldsymbol{r})$ 为相位扰动的自相关函数。一般的，射电波所穿越的行星际介质的厚度 L 远大于电子密度扰动的相关长度 l_z，所以相位自方差函数可以进一步简写成：

$$\phi_0^2 \rho_{\phi s}(\boldsymbol{r}) \approx L(r_e \lambda \Delta n)^2 \int_{-\infty}^{+\infty} \rho_{ns}(\boldsymbol{r}, R_z) \mathrm{d}R_z \tag{2.3.8}$$

式(2.3.8)反映了波场相位扰动自相关函数 $\rho_{\phi s}$ 和电子密度扰动自相关函数 ρ_{ns} 之间的关系。式(2.3.8)左侧的 $\phi_0^2 = \sqrt{2}cL(r_e \lambda \Delta n)^2 l_z$ 代表相位扰动的方差。基于电子密度扰动和电子密度成正比的近似/假设,以及电子密度随径向距离平方成反比,对于距离日心 P_{impact} 视线方向的等效厚度 L 可以近似为

$$L \sim 2P_{\text{impact}}/\sqrt{3} \tag{2.3.9}$$

对式(2.3.8)的两侧各自做 (x, y) 平面的二维傅里叶变换,可以得到"相位扰动的二维波数空间谱"和"电子密度扰动的三维波数空间谱在 $K_z = 0$ 切片"的关系:

$$F_{\phi s}(K_x, K_y) = 2\pi L(r_e \lambda)^2 F_{ns}(K_x, K_y, 0) \tag{2.3.10}$$

上述关系的推导,利用了"傅里叶变换的投影切片定理":沿着某个方向积分的傅里叶变换功率谱,等于原始(不做积分)的傅里叶变换功率谱在垂直该方向的切片。

对于地基射电测量太阳风湍动引起的射电信号的相位闪烁,我们注意到太阳风湍动的不规则体是随着太阳风运动的,该运动也导致相位图斑相对于观测站的移动,或者反过来说观测站相对于相位图斑在二维平面上反方向运动测量相位信号。基于"傅里叶变换的投影切片定理",二维相位信号沿着某个方向切线的傅里叶变换的功率谱等于该二维相位信号的傅里叶变换功率谱沿着垂直该方向的积分,所以"地面站观测到一维相位扰动时间序列的功率谱"和"二维相位图斑(相位扰动平面分布)的功率谱"之间的关系可以写为如下:

$$F_{\phi t}(\upsilon) = \frac{2\pi}{U} \int_{-\infty}^{+\infty} \mathrm{d}K_y F_{\phi s}(2\pi \upsilon/U, K_y) \tag{2.3.11}$$

式中,$F_{\phi t}(\upsilon)$ 为地面站一维相位扰动时间序列的傅里叶变换功率谱,$\upsilon = UK_x/2\pi$。更进一步,可以写出地面站相位扰动时间频谱和太阳风电子密度扰动的波数空间谱之间的关系:

$$F_{\phi t}(\upsilon) = (2\pi r_e \lambda)^2 (L/U) \int_{-\infty}^{+\infty} \mathrm{d}K_y F_{ns}(2\pi \upsilon/U, K_y, 0) \tag{2.3.12}$$

"傅里叶变换的投影切片定理"不单单适用于地面射电站观测的"相位扰动波数空间谱和电子密度扰动波数空间谱的关系"以及"相位扰动探测时间频谱和相位扰动波数空间谱的关系",也适用于太阳风原位测量中的"电子密度扰动探测时间频谱和电子密度扰动波数空间谱之间的关系":

$$F_{nt}(\upsilon) = \frac{2\pi}{U} \int_{-\infty}^{+\infty} \int_{-\infty}^{+\infty} \mathrm{d}K_y \mathrm{d}K_z F_{ns}(2\pi \upsilon/U, K_y, K_z) \tag{2.3.13}$$

式中,$F_{nt}(\upsilon)$ 为原位测量电子密度扰动的时间频谱;$F_{ns}(\boldsymbol{K})$ 为电子密度扰动的三维波数空间谱。如果 $F_{ns}(\boldsymbol{K})$ 的等值面具有椭球体的特征,如下式:

$$F_{ns}(\boldsymbol{K}) \propto \left[1 + (\alpha K_x)^2 + (\beta K_y)^2 + (\gamma K_z)^2 \right]^{-q/2} \tag{2.3.14}$$

则相应的 $F_{nt}(\upsilon)$ 有如下的幂律谱特征：

$$F_{nt}(\upsilon) \propto \left[1 + (2\pi\upsilon\alpha/U)^2 \right]^{-(q-2)/2} \tag{2.3.15}$$

比较 $F_{ns}(\boldsymbol{K})$ 和 $F_{nt}(\upsilon)$ 的渐进谱指数：前者为 $-q$，后者为 $-(q-2)$。所以对于各向同性的 Kolmogorov 湍动而言，三维的波数空间谱的谱指数是–5/3–2=–11/3，而通常所谓的一维时间频谱的谱指数则是–5/3。

强度扰动也是由于相位扰动后的波的干涉引起的。在弱散射的情况下(扰动相位方差 $\phi_0^2 \ll 1$)，相位扰动功率谱和强度扰动功率谱之间有一个简单的关系：

$$F_{Is}(K_x, K_y) = F_{\phi s}(K_x, K_y)\mathcal{F}(K_x, K_y) \tag{2.3.16}$$

式中，F_{Is} 为强度扰动功率谱；$\mathcal{F}$ 为菲涅尔滤波因子。

$$\mathcal{F}(K_x, K_y) = 4\sin^2(K_r^2 / K_f^2) \tag{2.3.17}$$

式中，$K_f^2 = 4\pi/\lambda z$；$K_r^2 = K_x^2 + K_y^2$。相应的，$R_f = (\lambda z)^{1/2}$ 为第一菲涅尔区(或叫主菲涅尔区)的半径。主菲涅尔区是电波发射端和接收端之间一个椭球体，在每个距离的截面称为菲涅尔盘。如果有障碍物突入菲涅尔区太多，则会明显干扰并减弱电波信号。在弱散射的薄相屏近似中 (Salpeter，1967)，如果地面站视线方向所对应的薄相屏位置存在比菲涅尔盘尺寸大的电子密度结构，则是整体一致的相位变化，而不会有相位差异所引起的干涉；如果电子密度结构比菲涅尔盘小，则菲涅尔盘里的多个电子密度结构体会引起相位的差异从而引起干涉。如果我们关心的是能否通过干涉/衍射图斑反推电子密度扰动的信息，则尺度小于菲涅尔盘的电子密度扰动会比较容易体现在干涉/衍射图斑上，而尺度大于菲涅尔盘的电子密度扰动则不容易体现在干涉/衍射图斑上。所以，菲涅尔盘对于电子密度扰动所导致的强度扰动相当于是一个滤波器的作用,把长波长(波长大于菲涅尔盘尺寸)的强度扰动抑制了，而留下短波长的强度扰动。

对于强度的衍射图斑，太阳风湍动相对于地面站的运动可以看成地面站在衍射图斑上切线测量得到一维时间序列。关于该二维平面切线的功率谱，依据"傅里叶变换的投影切片"定理，可以等价为二维平面功率谱的沿着垂直切线方向的积分，于是可以得到如下公式：

$$F_{Is}(\upsilon) = \frac{2\pi}{U} \int\limits_{-\infty}^{+\infty} \mathrm{d}K_y F_{Is}(2\pi\upsilon / U, K_y)$$

$$= (2\pi r_e \lambda)^2 (L/U) \int\limits_{-\infty}^{+\infty} \mathrm{d}K_y F_{ns}(2\pi\upsilon / U, K_y, 0)\mathcal{F}(2\pi\upsilon / U, K_y) \tag{2.3.18}$$

强度扰动时间频谱和电子密度扰动的波数空间谱之间存在上述的关系，是在弱闪烁的情况下成立，在强闪烁(比如视线方向离太阳很近)的情况下是不成立的。

当 $K_r > K_f$，$\upsilon > \upsilon_f$ 且 F_{ns} 等值面是椭球面时，可以推导求得 F_{It} 与太阳风速度 U、电

子密度功率谱椭球各向异性轴比($AR = \dfrac{\gamma}{\alpha}$)和功率谱指数 q 等三种参数有如下的关系:

$$F_h(\upsilon) = \frac{8\pi(r_e\lambda)^2(q-2)}{\pi^{3/2}3^{1/2}}\frac{\gamma}{\alpha}\frac{\Gamma[(q-1)/2]}{\Gamma(q)}\frac{P_{\text{impact}}U}{\upsilon} \tag{2.3.19}$$

图 2.3.11 为根据式(2.3.19)得到的不同太阳风速、不同各向异性轴比、不同谱指数情况下的强度功率谱(简称闪烁谱)。图 2.3.11(a)表示波长为 92cm、密度谱指数 q=3.5、各向异性轴比 AR=2 的条件下，太阳风速分别为 250 km/s、550 km/s 和 900 km/s 的闪烁谱(分别是曲线 1、曲线 2、曲线 3)。图 2.3.11(b)表示波长为 92 cm、密度谱指数 q=3.5、太阳风速度 500 km/s 的条件下，各向异性轴比 AR 分别为 1.0、2.0 和 3.0 所对应的闪烁谱(分别是曲线 1、曲线 2、和曲线 3)。图 2.3.11(c)表示波长为 92 cm、太阳风速度 500 km/s、各向异性轴比 AR=2 的条件下，密度谱指数 q 分别为 2.0、3.0 和 4.0 的闪烁谱(分别是曲线 1、曲线 2、曲线 3)。可以看到当太阳风速度增大时，或者各向异性轴比 AR 增大时，或者谱指数 q 变小时，强度功率谱都会变强。根据这种特征，人们提出利用上述 $F_h(\upsilon)$ 的公式针对单站单频的强度功率谱进行拟合，从而得到有关太阳风速度、各向异性轴比、电子密度谱指数等一套拟合参数(U, AR, q)。

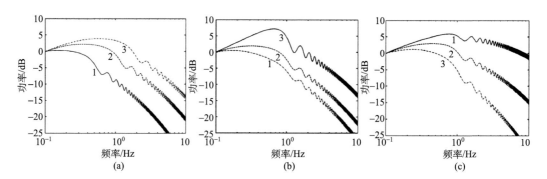

图 2.3.11　根据式(2.3.19)得到的不同太阳风速、不同各向异性轴比、不同谱指数情况下的强度功率谱
(刘丽佳和彭勃，2009)

由于单站单频的闪烁谱拟合得到太阳风和湍动参数是基于这样的假设：①弱闪烁的薄相屏近似、②电子密度三维波数空间谱的形式，所以拟合得到太阳风速度的误差比较大。提高太阳风速度诊断精度和误差的改进方法，是利用多站测量进行相关性分析，从站点间距和时间延迟中获得太阳风速度矢量在站点平面的投影，并修正到日心径向方向，从而获得太阳风的速度。多站 IPS 测量估算太阳风的工作最早在英国和苏联开展，目前维持常规观测的是日本名古屋大学的三站/四站 IPS 地面站(Tokumaru，2013)，图 2.3.12 为日本名古屋大学 STEL 的四个 IPS 监测站。将多个射电源的多个切点(视线方向与日心球面相切的点)处的太阳风速度投影插值到二维球面上，得到太阳风速度的二维全球分布。如果考虑视线方向上影响闪烁指数的权重随距离的变化，假设该权重随距离的变化也是速度的权重，假设密度和密度扰动存在一定的关系(比如幂律的关系)，则可以对速

度和密度的二维全球分布做反演(Jackson et al., 1998)。根据反演的结果,考虑太阳自转和太阳风外流,可以得到太阳风速度和密度的全球三维分布。图 2.3.13 为 IPS 监测反演得到的太阳风密度的全球分布。这里密度做了除以 r^{-2} 的归一化。观测反演表明,IPS 多站监测是能够监测太阳风全球分布随太阳活动变化的,呈现出活动周的特点。图 2.3.14 为基于四站 IPS 监测反演得到的太阳风速度分布在一个太阳活动周内的演化。另外 IPS 多站也是监测瞬变太阳风现象(如行星际激波和行星际磁云)等空间天气事件在行星际空间中的传输的重要手段(魏奉思, 1986)。中国子午二期工程正在计划的 IPS 三站也将为空间天气的行星际监测提供重要的手段。

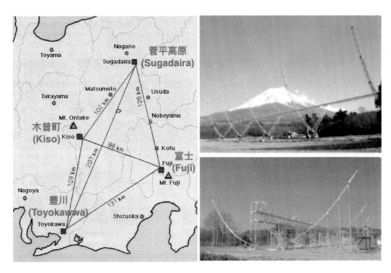

图 2.3.12　日本名古屋大学 STEL 的四个 IPS 监测站(Tokumaru, 2013)

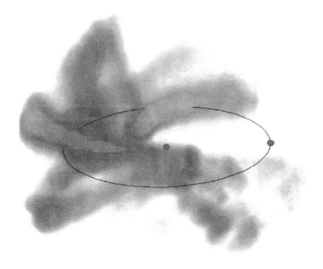

图 2.3.13　IPS 监测反演得到的太阳风密度的全球分布(Jackson et al., 1998)

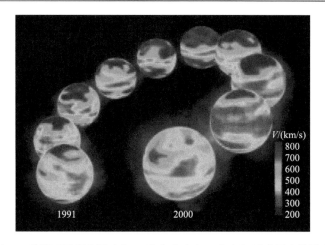

图 2.3.14　基于四站 IPS 监测反演得到的太阳风速度分布在一个太阳活动周内的演化(Tokumaru, 2013)

Ulysses 飞船通过木星借力甩出黄道面，从而实现对高纬太阳风的原位探测，给出全球太阳风随纬度的变化特征。图 2.3.15 给出 Ulysses 探测得到的距离归一化后的太阳风密度(NR^2)、速度、磁场极性：低纬低速流(<500 km/s) 高密度(>5 cm^{-3})、高纬高速流(>500 km/s)低密度(<5 cm^{-3})，北半球极性向外、南半球极性向里(McComas et al.，2000)。背景图为日冕结构(从中间到外面三层分别由 SOHO/EIT，HAO/Mauna Loa MK3，SOHO/LASCO-C2 等极紫外成像仪、地基日冕仪和天基日冕仪观测获得)。绿色线表示

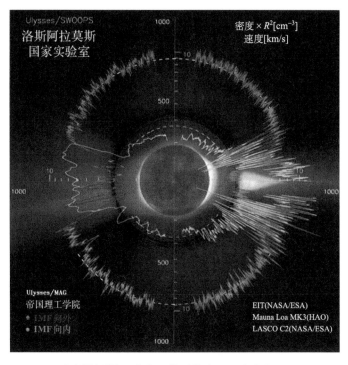

图 2.3.15　Ulysses 探测得到的距离归一化后的太阳风密度(McComas et al.，2000)

距离归一后的密度（NR^2），其值用绿色的对数横纵坐标轴来度量。红色和蓝色的线表示带磁场极性的速度，红色为向外的磁场极性，蓝色为向里的磁场极性，速度值用正常比例尺度量。

McComas 等（2000）也分析了高纬（纬度高于 36°）的太阳风的其他详细情况，包括：α 粒子的密度、α 粒子相对于质子的漂移速度、α 粒子的温度、磁场径向分量、磁场横向分量、阿尔文速度等。这些参数与径向距离 R 存在不同的幂律拟合关系，相应的幂律关系列在表 2.3.2 中。表中列出了距离归一化到 1 AU（距离幂律弥补）之后的各参数的概率分布特征：分布函数（累积概率）分别为 5%，25%，50%，75%，95% 时的参数值、平均值、标准差、随纬度的变化率。

表 2.3.2　高纬太阳风参数归一到 1 AU 后的统计特征（McComas et al.，2000）

参数	5%	25%	中位值	75%	95%	平均值	σ	deg^{-1}	% deg^{-1}
$V_p/$(km/s)	702	741	761	779	803	758	30.1	+0.95	+0.1
$V_a/$(km/s)	711	751	771	789	813	768	30.5	+1.09	+0.1
$n_p R^2/$cm^{-3}	1.8	2.2	2.5	2.9	4.1	2.7	0.86	-1.6×10^{-2}	-0.6
$n_a R^2/$cm^{-3}	0.75	0.10	0.11	0.13	0.18	0.12	0.04	-1.6×10^{-4}	-0.5
$(n_a/n_p)/$%	3.38	3.94	4.35	4.80	5.51	4.39	0.66	$+2.5 \times 10^{-5}$	$+0.06$
$(n_a v_a/n_p v_p)/$%	3.43	3.99	4.41	4.86	5.59	4.45	0.68	$+3.3 \times 10^{-5}$	$+0.08$
质量通量									
$n_i v_i R^2/(10^8$amu·cm^{-2}·s$^{-1})$	1.6	2.0	2.3	2.6	3.6	2.4	0.71	-1.1×10^{-2}	-0.4
动量通量									
$n_i v_i^2 R^2/(10^{16}$amu·cm^{-2}·s$^{-1})$	1.2	1.5	1.7	2.0	2.7	1.8	0.51	-5.5×10^{-2}	-0.4
$T_p R^{1.02}/10^5$K	2.0	2.4	2.6	3.0	3.7	2.7	0.56	$+223$	$+0.08$
$T_\alpha R^{0.80}/10^5$K	1.1	1.2	1.3	1.5	1.8	1.4	0.23	-871	-0.06
$\lvert B_r \rvert R^{1.77}/$nT	0.34	1.5	2.7	3.9	5.7	2.83	1.73	-9.7×10^{-3}	-0.3
$B_{trans} R^{1.16}/$nT	0.71	1.6	2.2	2.8	3.8	2.24	0.96	-9.1×10^{-3}	-0.4
$\lvert B \rvert R^{1.47}/$nT	3.5	4.1	4.6	5.1	6.5	4.72	1.04	-0.016	-0.3
$P_{proton} R^{2.97}/$pPa	5.3	7.3	8.9	11	17	9.9	5.3	-3.9×10^{-2}	-0.4
$P_{alpha} R^{2.70}/$pPa	1.1	1.5	1.9	2.3	3.5	2.1	0.98	-9.1×10^{-3}	-0.4
$P_{mdg} R^{2.94}/$pPa	4.9	6.8	8.3	10	17	9.3	5.2	-7.1×10^{-2}	-0.8
$P_{total} R^{2.93}/$pPa	13	16	19	23	36	21.2	10.2	-0.118	-0.6
$\beta_{ton} R^{-0.11}$	0.63	0.93	1.2	1.5	2.2	1.3	0.59	$+4.1 \times 10^{-3}$	$+0.3$
$v_{Akfvén} R^{0.49}/$(km/s)	45.3	53.7	59.0	65.0	76.5	59.9	10.6	-0.087	-0.1
$M_A R^{-0.49}$	9.8	12	13	14	17	13.1	2.3	$+0.029$	$+0.2$
$\{\lvert v_a \rvert - \lvert v_p \rvert\} R^{1.39}/$(km/s)	-11.4	18.4	37.9	57.4	90.2	38.3	30.9	-0.013	-0.03

2.4　太阳风特性的时间变化

太阳风作为日球层系统的介质，太阳风特性的时间变化受到日球层系统内外边界的控制。日球层系统的内边界是太阳大气，外边界是日球层顶之外的局地星际介质。相对于外边界，内边界的时间变化更加显著(比如有太阳自转和太阳活动周引起的内边界的25 天、11 年和 22 年的周期性变化)，对太阳风的时间变化影响更加直接。在讨论时间变化的时候，要注意所在的参考系，比如太阳自转能引起太阳惯性参考系里的时间变化，但无法在太阳共转参考系中体现时间变化。

2.4.1　太阳风特性随卡林顿周的变化

地球上观测太阳，太阳的磁图和辐射强度图呈现出卡林顿周(会合自转周期为 27 天，而非恒星自转周期的 25 天)的时间变化。同理，在地球附近空间上探测太阳风，太阳风的参数也会呈现出卡林顿周的时间变化。这些卡林顿周的时间变化，主要源于太阳风源区的结构性和太阳自身的旋转。有时候，在一个卡林顿周内，会有多个冕洞(比如 2 个或3 个)通过旋转相继正对地球，与之伴随的是 2～3 天后高速太阳风到达地球，导致高低速相间的太阳风也呈现出小于 27 天的周期性。

Krieger 等(1973)发现重现性太阳风高速流与冕洞直接相关。Neupert 和 Pizzo (1974)发现太阳的近赤道冕洞过太阳中心子午线后地磁活动增强，认为这也说明高速流与冕洞相关。Nolte 等(1976)由天空实验室(SkyLab)的观测发现所有大的近赤道冕洞都是高速流的源。高速流中行星际磁场的极性与冕洞下面大尺度场极性是一致的。图 2.4.1 表示太阳风速度的小时平均值随估计的源在太阳上的位置的变化。图下方"+""–"号表示行星际磁场和太阳磁场的极性。黑色粗实线表示近赤道冕洞的位置。字母 A，B，C……表示估计的高速流源的位置。高速流的经度范围用横线表示，速度增长很快的时期用虚线表示。竖线表示估计的源的边界。图的纵坐标是太阳风速度的小时平均值，横坐标是源在太阳上的经度。经度由左向右增加，相应的时间由右向左增加。每一天第一小时平均值由一个黑点表示，观测日期标于旁边。在太阳风源位置的计算中作了如下的假设，即由太阳直至 1 AU 处太阳风速度是常数，并且是径向的。由观测日期可以反推出源在距太阳 20～50$R_\odot$处的经度。由图看到在经度 15°附近有一冕洞，行星际磁场与太阳磁场极性相同，高速流 A 与这冕洞相关。但是黄道面内的高速流与黄道面附近(或者也可以叫作近太阳赤道)的冕洞不是一一对应的，如高速流 C 没有相应的近赤道冕洞对应。黄道面内的高速流有可能源于高纬的冕洞。

对于在地球轨道附近出现高速流太阳风这一现象，大的近赤道冕洞不是必要的条件。Hundhausen(1978)发现在天空实验室的观测冕洞期间，在 1 AU 观测到的 34 个高速流中有 79%与近赤道冕洞(低纬度±30°之间)相联系，12%可能有联系，9%没有联系。这结果说明在没有近赤道冕洞时，有时也有某些太阳风高速流发生。

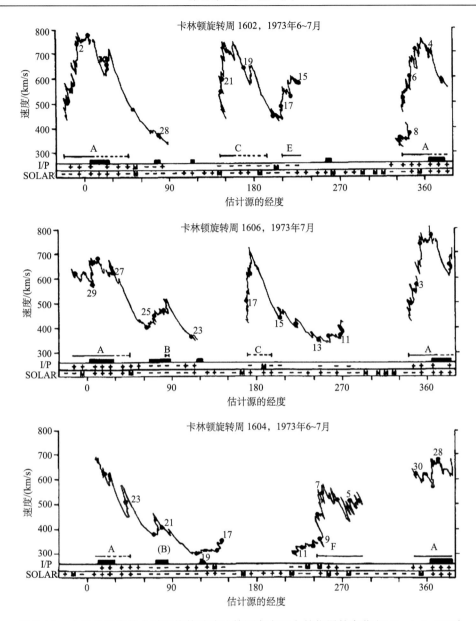

图 2.4.1　太阳风速度的小时平均值随估计的源在太阳上的位置的变化(Nolte et al., 1976)

　　除了近赤道大冕洞是黄道面内太阳风高速流的源区外,由极区向赤道附近伸展的冕洞也可能是黄道面内太阳风高速流的源区。1974 年出现了两个高速流,分别对应于由南极和北极伸展到赤道的两个冕洞。图 2.4.2 显示出了在卡林顿第 1610 周不同高度上观测到的日冕的三维结构, 黄道面观测到的太阳风结构和相应的地磁活动性(Leer et al., 1982)。观测高度为在日冕底部, $r=1.5R_\odot$ 和 $r=3.0R_\odot$。观测时间是在 1974 年上半年,卡林顿第 1610 周。磁场极性表示如下:"+"号表示指向外,"−"号表示指向内。由图看到, 南北极冕洞在两个经度上向赤道伸展,最后导致在 1 AU 黄道面附近形成两个具有不同磁场极性的高速流,并导致地磁活动的增强。

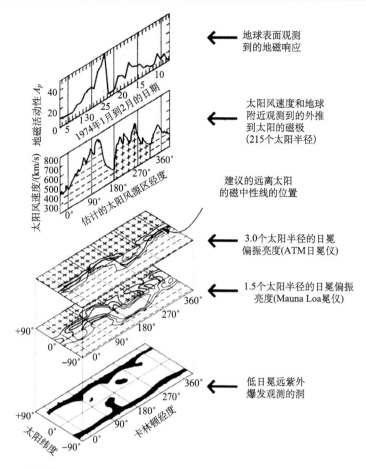

图 2.4.2　在卡林顿第 1610 周不同高度上观测到的日冕的三维结构(Leer et al., 1982)

在黄道面附近观测到的行星际磁场有一种扇形分布。即在某些太阳经度范围内行星际磁场方向是指向太阳的，而在另一些太阳经度范围内磁场方向则背向太阳。行星际磁场按其方向可以分为几个扇形瓣。图 2.4.3 是 1963 年 12 月至 1964 年 2 月由 IMP 卫星观测到的行星际磁场的扇形分布。"+"表示磁场方向由太阳向外，"−"表示磁场方向指向太阳。这里的磁场方向为三小时平均的磁场方向。括号表示磁场的方向与螺旋角相距很远。行星际磁场的方向稳定地分成四个瓣，分别占一个太阳自转周的 2/7，2/7，2/7，1/7。这一分布每隔 27 天扫过地球一次，形成随卡林顿周的变化。如果在地球附近看到太阳风具有四个扇形分布，意味着地球先后四次穿越日球层电流片，则日球层电流片延伸到木星轨道的位形如图 2.4.4 所示。图 2.4.4 是当太阳风具有四个扇形分布时的日球层电流片的位形图。该图中电流片的日心距离延伸到木星轨道附近。电流片的两条脊梁线(纬度极大的两条中心线)所切分的样式呈现出类似八卦图的样式。日球层电流片的位形是由某个日心距离处的磁中性线每点向内、向外作的帕克螺旋线(也称阿基米德螺旋线)所共同决定的。

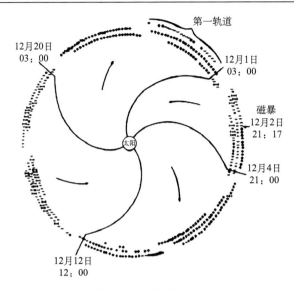

图 2.4.3 由 IMP 卫星观测到的行星际磁场的扇形分布（Wilcox and Ness, 1965）

图 2.4.4 当太阳风具有四个扇形分布时的日球层电流片的位形图（Wilcox, 1979）

2.4.2 太阳风特性随活动周的变化

在太阳活动低年时，太阳和日球层的大尺度磁场位型基本上呈现出"双极+平缓电流片"的结构。平缓电流片一般位于赤道或者黄道面附近。在太阳活动高年时，中低纬度的活动区浮现非常频繁，而且两个极区都没占主导的极性，太阳和日球层的大尺度磁场位型也因此显得比较复杂，呈现出"多极+多电流片"的结构。在从"太阳活动高年"经由"太阳活动下降相"向"太阳活动低年"转换的时候，磁场结构大概经历了从"多极"经由"倾斜双极"到"水平双极"的演化过程（见图 2.4.5 白光日冕结构的示意图，表征了磁场拓扑形态在太阳活动高年、下降相、活动低年的不同情况）（Balogh et al.，2007）。

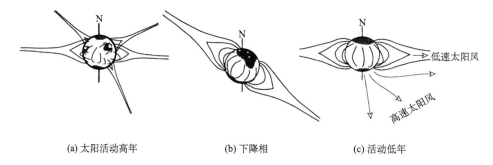

(a) 太阳活动高年　　　　　(b) 下降相　　　　　(c) 活动低年

图 2.4.5　白光日冕结构的示意图(Balogh et al.，2007)

太阳的自转、行星际磁力线和太阳风的磁冻结效应，导致大角度和小角度倾斜的电流片位形具有很大的差异，即使该电流片是简单双极场中间的电流片。图 2.4.6 显示了两个不同角度倾斜的电流片位形(简单双极假设)。图 2.4.6(a)对应极轴偏离自转轴 22.5° 的情况，图 2.4.6(b)对应极轴偏离自转轴 70° 的情况。所以，可以看出：在太阳活动的不同相位(比如活动低年和活动下降相)，日球层中的电流片是有明显的差异。与电流片差异相伴随的是太阳风流相互作用的差异、宇宙线粒子在日球层中传输的差异。

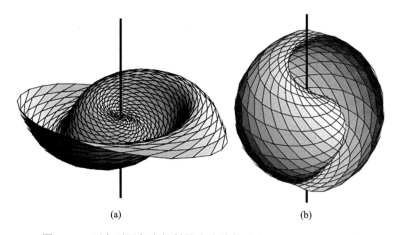

(a)　　　　　　　　　　(b)

图 2.4.6　两个不同角度倾斜的电流片位形(Balogh et al.，2007)

对于上述图示的倾斜电流片，其与某个球面的切线(磁中性线)将呈现出一个倾斜的圆。该圆在卡林顿二维经纬坐标系上的投影是一个周期的正弦或余弦曲线。实际上，在太阳活动上升相或下降相阶段，极区主导极性的磁场会往赤道方向延伸，导致磁中性线的投影曲线呈现出更复杂的形态，比如类似两个周期的正弦或余弦曲线。图 2.4.7 显示了一个太阳活动周(第 23 周)之内，源表面位置处的磁场分布。可以看到，在太阳活动经历下降相→低年→上升相→高年→下降相的过程中，磁中性线变化的复杂趋势：弯曲→平直→弯曲→破碎和多个孤岛→极性发转→弯曲→平直。

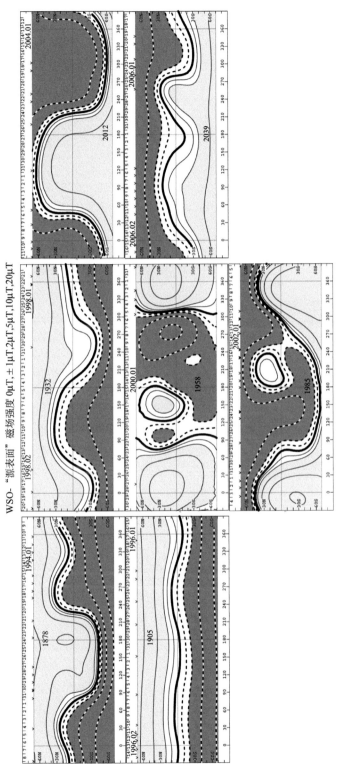

图 2.4.7 基于 Wilcox 太阳天文台观测磁图所做外推后得到 "源表面" 位置的磁场强度和极性的分布及其在第 23 太阳活动周内的演变

(Balogh et al., 2007; 外推方法来自 Zhao and Hoeksema, 1995)

图中的 7 个子图分别对应 1994 年、1996 年、1998 年、2000 年、2002 年、2004 年、2006 年 1 月的源表面磁图。从浅色越过粗黑线到深色里的等值线分别表征 20 μT、10 μT、5 μT、2 μT、1 μT、0 μT、−1 μT、−2 μT、−5 μT、−10 μT、−20 μT 的磁场

如此复杂的磁中性线的变化,也预示了日球层电流片必将经历同样复杂的演变。图 2.4.8 给出了一个完整的太阳活动周(第 22 太阳活动周)(从低年到高年再到低年)所对应的日球层电流片位形的变化: 芭蕾舞裙状("ballerina skirt" shape)→海螺壳状("conch shell" shape)→芭蕾舞裙状("ballerina skirt" shape)(Riley et al., 2002)。

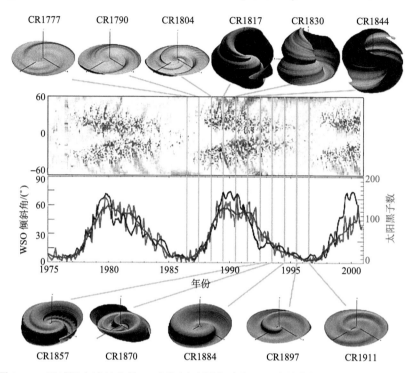

图 2.4.8 日球层电流片在第 22 太阳活动周内随太阳活动的变化(Riley et al., 2002)

从上往下第 1 和第 4 张图分别是日球层电流片在低年→高年、高年→低年时的位形。这里的日球层电流片是基于 MHD 模拟得到的。第 2 张图的每条竖的样式对应当时卡林顿周 $m=0$ 的模(方位角对称)的磁场径向分量随纬度的分布。第 3 张图是太阳黑子数

由于日冕磁场的势场外推,本质上是求多阶的球谐函数的系数并进行叠加求和,所以可以分析不同阶球谐函数在太阳活动不同阶段对日冕磁场的贡献和对日球层电流片倾斜的影响。分析表明:太阳活动低年时,偶极成分的磁场强度明显大于四极成分的磁场强度;太阳活动高年时,四极成分的磁场强度变得很大,甚至超过偶极成分的磁场强度;四极成分的磁场强度具有明显的太阳活动周的起伏现象;偶极成分的磁场极轴的反转具有大约 22 年的周期性;日球层电流片在源表面的磁中性线的纬度范围基本围绕太阳风赤道对称,在低年时纬度跨度比较窄,而在高年时则纬度跨度比较宽。关于该分析结果的图示,详见图 2.4.9(Balogh et al., 2007)。

Ulysses 飞船极轨飞行绕太阳两圈(从 1992 年到 2004 年),完成了一个太阳活动周对全球太阳风随太阳活动变化的探测(图 2.4.10)。在第一圈时,正好处于太阳活动的下降相和极小年,Ulysses 在赤道南北各 20° 以内探测到低速太阳风,而在高纬(纬度大于 30°)和两个极区附近探测到高速太阳风。另外,Ulysses 也探测到由太阳延伸出来行星

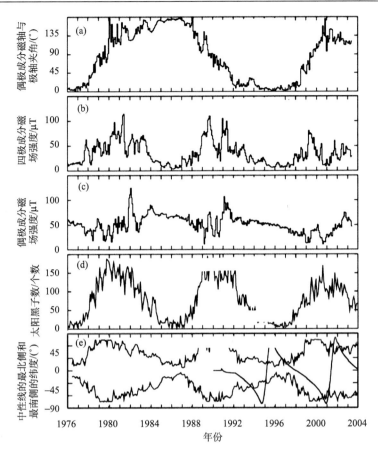

图 2.4.9 日冕磁场中偶极成分磁轴与极轴夹角(a)、四极成分磁场强度(b)、偶极成分磁场强度(c)、太
阳黑子数(d)、电流片源表面中性线的最北侧和最南侧的纬度(e)的逐年变化(Balogh et al.，2007)

在图(e)中，也显示了 Ulysses 飞船轨道的纬度变化

际磁场具有偶极磁场+电流片的特性：南半球的极性是向着太阳，北半球的极性是背着
太阳。在太阳活动低年时，低纬的低速太阳风的动压明显小于高纬的高速太阳风的动压，
而日球层顶的大小取决于太阳风动压的高低，所以日球层顶的形状可能呈现出一个类似
"沙漏"的位形：中间赤道偏瘦一点、两头极区偏胖。这样类似"沙漏"位形的日球层
顶，已经在模拟结果中呈现出来了(Pauls and Zank, 1996)。

在第二圈时，正好处于太阳活动的上升相和高年，Ulysses 在高纬和低纬都探测到高
速和低速的太阳风，而且行星际磁场的两个极性在南北半球的高低纬度都存在。太阳活
动高年的全球太阳风呈现出无序的状态，不像低年时的全球太阳风那样呈现出高纬和低
纬截然不同的两种有序的状态。关于第二圈的探测结果，另外值得指出的是：①Ulysses
过南半球最高纬度时，可以看到缓慢的太阳风和混杂的极性，这反映了全球磁场倒转过
程引起的太阳活动带和电流片的大倾斜(约50°)。②在所有的纬度上都存在着具有任一
磁极的高速流。③在北纬最高的地方，Ulysses 已经瞥见了新形成的极区冕洞所发出的
太阳风，观测时间大约持续三个太阳自转周期，新形成的北半球极区冕洞的磁场极性(向

着太阳)和第一圈北半球极区冕洞的磁场极性(背着太阳)是相反的,标记着太阳磁场正在经历磁场极性反转的关键时刻。活动高年末尾新形成的极区冕洞太阳风(极性反转后)虽然没有像之前活动低年的冕洞太阳风那样具有很明显的超径向膨胀的特征,但其元素成分的相对丰度、元素的电荷态都和低年冕洞太阳风基本一致。

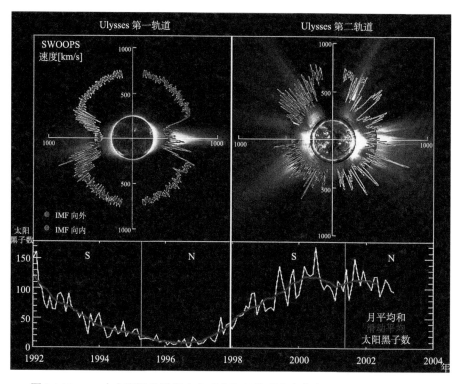

图 2.4.10　　　一个太阳活动周期内全球太阳风的形态变化(McComas et al., 2003)

左上图和右上图分别是:Ulysses 在第一个和第二个轨道观测到的太阳风速度极坐标图,速度曲线的颜色表示磁极。背景图像是相应的 SOHO 飞船上 LASCO 和 EIT 的观测图像的合成,显示了太阳日冕在太阳活动最小(左上)和最大(右上)时的典型形状。下图:月平均(白线)以及平滑后(红线)的太阳黑子数

　　两个相邻的太阳活动周除了黑子数的时间曲线不一样,也会有太阳风的差别。要研究相邻太阳活动周太阳风的差异,除了研究黑子数的差异之外,更重要的是要研究全球开闭磁场的形态以及电流片倾角的差异。电流片相对于太阳赤道具有一定的倾角,这样的倾斜特征,导致低纬飞行的飞船经常穿越电流片,时而在电流片周围的低速流里,时而在远离电流片的高速流里。Ulysses 绕日飞行的第一圈和第三圈正好都有一段时间是从赤道往南半球高纬飞,而且都处在太阳活动的下降相(分别是第 22、第 23 太阳活动周)(McComas et al., 2006)。在太阳活动的下降相,太阳黑子数开始减少,改变磁场极性后的日球层电流片开始从向高纬倾斜转成向低纬倾斜。但是这两个活动周的下降相有明显的差异:第 22 太阳活动周的太阳黑子数比第 23 太阳活动周的要多的时候,第 22 太阳活动周的电流片倾角反而比第 23 太阳活动周的要低[图 2.4.11(c)和(d)]。这种差异带来的结果是:Ulysses 在第一圈飞的时候在更低的纬度飞进只有高速流的地方

[图 2.4.11(a)]，而在第三圈飞的时候需要飞到更高的纬度才进入只有高速流的地方[图 2.4.11(b)]。第 23 太阳活动周下降相的电流片倾角停留在比较高的纬度，原因可能来自较高纬度剩余的磁活动。

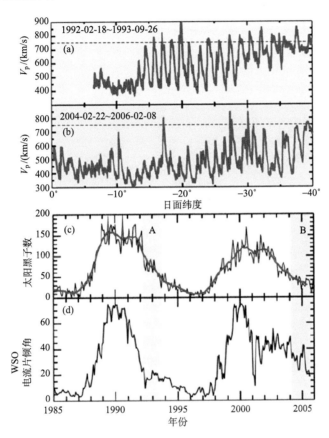

图 2.4.11　Ulysses 在绕日第一圈和绕日第三圈从低纬低速太阳风向高纬高速太阳风的过渡探测（McComas et al.，2006），(a) 和 (b) 分别为第一圈和第三圈时的探测到的太阳风质子流速曲线和磁场极性(红色和蓝色分别为向外和向里的磁场极性)。(c) 和 (d) 分别为太阳黑子数和电流片倾角(基于 Wilcox 太阳天文台磁图外推计算得到的)。(c) 和 (d) 中的浅黄色和浅灰色的阴影区正是 (a) 和 (b) 的时间段

2.5　慢速太阳风中的成分和结构

2.5.1　盔冕流与伪冕流

慢速太阳风可能来自冕流(包含相反极性的双极开放磁力线)，也可能来自伪冕流(包含相同极性但是根部不在一个源区的单极开放磁力线)(Wang et al.，2007)。伪冕流在以前也称为单极性冕流(Hundhausen，1972)。虽然伪冕流在行星际空间中是单一极性的，但是其源区的磁场却比较复杂：在开放磁场的下面一般存在两个闭合磁环系统。冕流源区则一般是单个闭合磁环系统。双极性盔状冕流中的电流片，如果发生磁重联，将形成

向里弛豫的闭合磁力线和与太阳断开向外抛射的磁力线。单极性伪冕流中的电流片没有那么长，一般位于一侧开放磁力线与另一侧闭合磁力线之间，该电流片如果发生磁重联，则是交换磁重联(interchange reconnection)的形式，使得开放磁力线的足点从一侧跳到另一侧原闭合磁力线的足点上。无论是单极伪冕流还是双极冕流，因为源区都与闭合磁圈有关，所以其电子密度都会比周围偏大，导致其对白光 Thomson 散射所形成的极化亮度结构一般延伸较远(图 2.5.1)(Wang et al., 2007)。磁流体力学正演模拟也显示出双极盔冕流和单极伪冕流都有极化亮度的增亮与衍射(图 2.5.2)(Riley and Luhmann, 2012)。

(a) 2003年7月21日　　　　　　　(b) 2005年4月25日

图 2.5.1　结合日食的白光日冕图和全球势场外推的磁力线图，判断盔冕流和伪冕流(Wang et al., 2007)
(a) 西北角和东南角的冕流为伪冕流(PS: Pseudo-Streamer)，东北角和西南角的冕流为盔冕流(HS: Helmet Streamer)。(b) 东北角和西北角的冕流为盔冕流，东南角和西南角的冕流为伪冕流

　　日冕边缘外观测的盔冕流和伪冕流，如果投影到卡林顿坐标系的经纬度二维平面图上，会呈现出条带状接驳的亮度结构(图 2.5.3)。如果把 "PFSS 外推的磁力线的拓扑形态分离面在势场源表面上的切线的分布"也投影到经纬度二维平面上，则会看到除了蜿蜒的日球层电流片切线上回连着其他的分支，就像河流主干道和支流一样(图 2.5.3)。对比冕流亮度结构的投影和分离面切线的投影，会发现两者存在分布形态的相似。

　　下面介绍盔冕流和伪冕流的物质释放。盔冕流的密度比较大，容易被日冕仪观测到，而且经常是间歇性释放物质，能在成像的时间差分图中识别物质释放的动态性。基于这样的特征，Sheeley 等(1997)利用 SOHO 的 LASCO-C2 日冕仪对多个盔冕流中的等离子体团进行了跟踪和统计研究。他们从对等离子团成像的时空切片分析中获取了投影速度随日心距离的变化，观测上给出了慢速太阳风在源区加速到趋近速度的证据(图 2.5.4)。Sheeley 等

(2009)进一步利用 STEREO-A 和 STEREO-B 从两个不同的视角（盔冕流的俯视和侧视），观测了多个等离子体团的流出，确认了盔冕流的结构是片状的结构（图 2.5.5）。

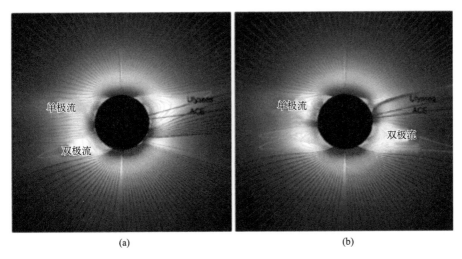

(a)   (b)

图 2.5.2　卡林顿第 2060 周的全球 MHD 模拟结果的子午剖面图（Riley and Luhmann, 2012）

背景是模拟得到的白光极化亮度图。红色、蓝色、绿色线分别表示极性向里的开放磁力线、极性向外开放磁力线、闭合的磁力线。闭合磁场系统上方的冕流可以是单极的伪冕流，也可以是双极的盔状冕流

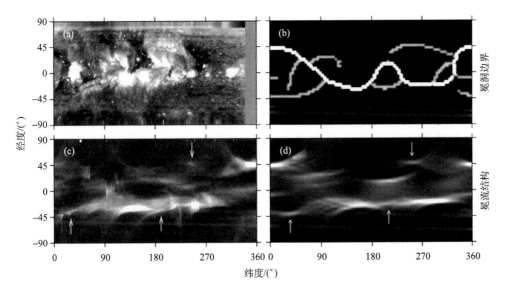

图 2.5.3　盔冕流和伪冕流的亮度结构以及磁场拓扑形态分离面切线在经纬度的二维平面图的投影效果（卡林顿第 2028 周）（Wang et al., 2007）

(a) Fe xv 28.4 nm 的辐射强度分布；(b) 开放磁力线根部拓扑形态分离面在源表面上的切线，图中的白色曲线是盔冕流中间电流片的切线、灰色曲线是伪冕流中分离面的切线；(c) LASCO-C2 在西侧边缘观测的日冕亮度结构的投影，图中的白色箭头指向伪冕流的位置；(d) 三维正演模拟得到边缘亮度结构的投影

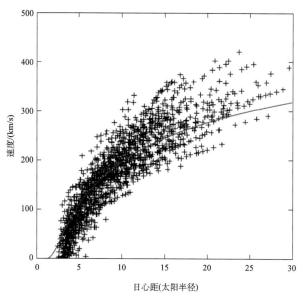

图 2.5.4 利用日冕仪的时间差分图诊断出冕流中等离子体团的运动轨迹,并进行高度(日心距离)关于时间的一元二次函数拟合,从而计算高度随时间导数获得速度,并进而得到速度随日心距离的变化图 (Abbo et al., 2016)。散点图是来自 80 个冕流等离子体团的分析结果,红色线是根据 Parker 等温日冕膨胀模型算出的速度剖面。关于通过等离子体团示踪获得低速太阳风速度剖面的早期工作,可见 Sheeley 等(1997)和 Song 等(2009)

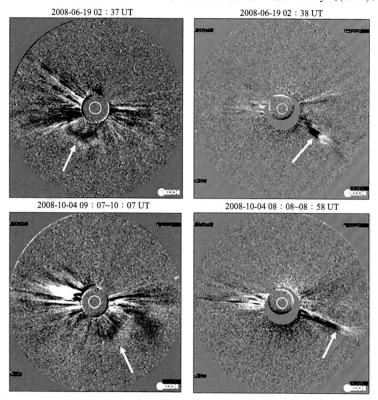

图 2.5.5 利用 STEREO-A 和 STEREO-B 的两个 COR2 日冕仪对两个冕流等离子体团事件(上图:2008年 6 月 19 日;下图:2008 年 10 月 4 日)分别从不同视角(左侧为 STEREO-A 对冕流的俯视图,右侧为 STEREO-B 对冕流的侧视图)的观测效果(Sheeley et al., 2009)

盔冕流中的太阳风物质可能一部分来自原开放的快速膨胀磁流管的物质供应，对应源表面大膨胀因子的慢速太阳风，另一部分可能来自闭合磁圈通过重联释放。闭合磁圈重联释放主要有两种机制：①在三维空间中，闭合磁圈与旁边开放磁力线之间发生分量磁重联（图 2.5.6）(Wang et al., 2000; Crooker et al., 2004)；②当闭合磁圈顶部的热压比较大、磁场比较弱时，可以发生气球模不稳定性，导致磁圈顶部被拉伸，进一步两侧的流速剪切可能诱发腊肠-扭曲(sausage-kink)的混合不稳定性导致拉伸磁圈变薄，电流变强产生撕裂膜不稳定性发生磁重联（图 2.5.6）(Chen et al., 2009)。

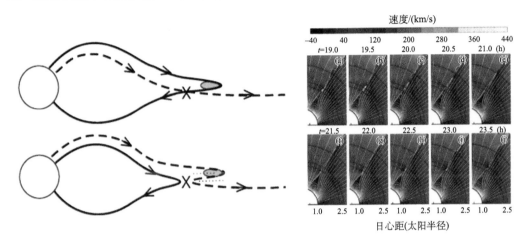

图 2.5.6　盔冕流中的物质供应机制

盔冕流中开放磁力线与闭合磁圈的交换磁重联（左图）(Crooker et al., 2004)；盔冕流拉伸磁圈受两边流剪切影响诱发磁重联（右图）(Chen et al., 2009)

与盔冕流一样，伪冕流一般也被认为是和慢速太阳风有关。但是伪冕流下方的闭合磁场系统一般不大，所以伪冕流开放磁场区没有像盔冕流那样在日冕里经历快速膨胀的阶段，其源表面高度的膨胀因子也不是很大。如果按照传统的说法，源表面高度的膨胀因子与太阳风速度成反相关的关系，则会认为伪冕流出来的是高速太阳风，但实际不是这样的情况。为解释这样的差异，人们引入交换磁重联的概念：闭合磁场和开放磁场之间的交换磁重联，导致开放磁力线换了根部，闭合磁力线被打开后物质往外跑形成慢速太阳风(Riley and Luhmann, 2012)。位于新开放磁力线旁边的老的开放磁力线则可能一直是高速太阳风的通道，这就导致在伪冕流的附近会出现低速流和高速流的流界面。

2.5.2　流界面与日球层电流片

在太阳风源区，日球层电流片的周围是慢速太阳风，没有高速太阳风，所以日球层电流片一开始与流界面相距比较远，可以间隔 70° 左右。随着高速流挤压低速流，流界面渐渐向电流片靠近，在 1 AU 处可以变成 30° 左右(Schwenn, 1990)。另外，随着日心距离的增大，日球层电流片渐渐靠近流界面时，意味着电流片可以进入共转相互作用区(含流界面的低速流和高速流的压缩区)(Crooker et al., 1999)。但是单靠高速太阳风挤压低速太阳风导致流界面前移是无法赶上电流片并和电流片重合的。要想观测诊断流界面与电流片是否重合，需要有高时间分辨率的探测，用以区分薄厚度的流界面和电流片(10^4 km)。为了解释观测看到的流界面与电流片重合的现象，Crooker 等(2012)设想了交换磁重联迁移流界面的图像，归纳整理如下：①冕洞边界和盔冕流之间存在闭合磁圈，磁圈靠近冕洞边界足点的极性与冕洞的一样，而靠近盔冕流一侧足点的极性则与盔冕流的相反；②闭合磁圈与盔冕流的开放磁力线发生交换磁重联，使得开放磁力线的足点从盔冕流外侧交换到冕洞边界外侧；③随着交换磁重联的继续进行，重联前开放磁力线的足点从盔冕流的外侧迁移到中心电流片，重联后开放磁力线的足点迁移到冕洞边界；④冕洞边界(流边界)最终与电流片重合。

观测发现：在 1 AU 处存在几个结构(流界面、日球层电流片、真扇形边界)重合的多个事例(图 2.5.7)(Huang et al.，2016)。这些重合的事例说明慢速太阳风的起源和演化是一个很复杂的过程，可能涉及磁力线的重联交换、弯曲变形等过程。特别是流界面怎么就能和日球层电流片重合？如果没有原位的测量，只能靠猜测，存在多种可能性，比如(可能性 1)电流片两边本来就存在高低速流；(可能性 2)电流片一侧的低速流通过磁重联根部换到高速流根部从而被高速流替代。

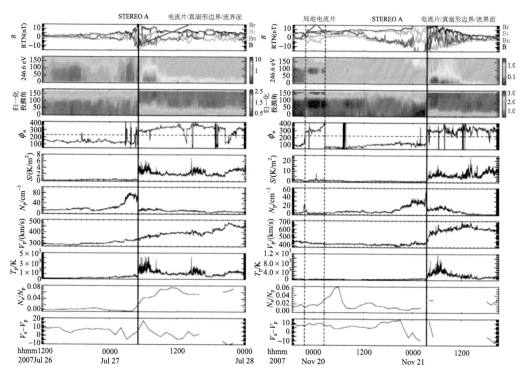

图 2.5.7 STEREO-A 飞船观测到的三个结构(电流片 HCS、流界面 SI、真扇形边界 TSB)重合的两个事例(Huang et al.，2016)

从上到下依次为：磁场矢量的 RTN 坐标系三分量和强度、246.6eV 能档电子通量密度的投掷角分布、每个时间点用平均通量密度归一化后的投掷角分布、磁场的方位角、质子的比熵、质子密度、质子速度、质子温度、α 离子/质子数密度比、α 离子和质子速度差

2.5.3　慢速太阳风的成分

慢速太阳风与高速太阳风的区别不仅仅是速度、密度和温度的差别。两者在离子的电荷态、元素的丰度上也有很大的差异(Schwenn，2007; Geiss et al.，1995; von Steiger et al.，2000; Zhao et al., 2009; Fu et al., 2017)。相比高速太阳风，慢速太阳风的重离子平均电荷态更高一些(即更高电荷态的比例更高一些，比如 O^{7+}/O^{6+} 更大一些)。慢速太阳风中的第一电离势较低的元素相对丰度(比如 Fe/O、Mg/O 等)更高一些，存在明显的"FIP-bias"(第一电离势偏差)。所谓的"第一电离势偏差"是指光球以外的某区域的元素的相对丰度偏离光球元素相对丰度的程度($\dfrac{\text{Fe/O}_{\text{非光球}}}{\text{Fe/O}_{\text{光球}}}$)。所以存在太阳风速度和重离子电荷态以及第一电离势偏差的反相关关系(图 2.5.8)。

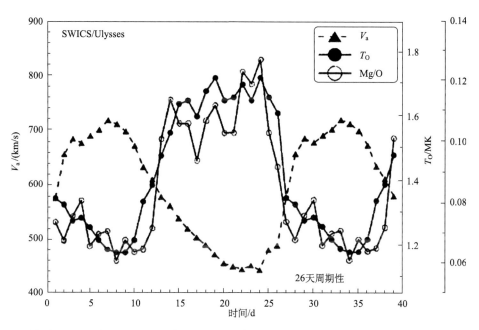

图 2.5.8　基于 Ulysses 在 1992～1993 年探测高速和低速太阳风的时序叠加分析(高速–低速–高速)的结果，反映了太阳风速度与重离子电荷态、第一电离势偏差之间存在明显的反相关关系(Geisset al., 1995)。其中实三角连接线、实圆圈连接线、空圆圈连接线分别表示 α 粒子的整体流速，O^{7+}/O^{6+}电荷态比例所推测的电离冻结温度、Mg/O 的丰度比值

太阳风中重离子的电荷态在冻结之前，在日心距离小于一定的范围，处在电离和复合的非平衡过程。为了研究太阳风重离子的电荷态的演化，需要在各自电荷态的密度控制方程里考察对流项、产生率和损失率源项之间的竞争与平衡关系。电荷态密度的控制方程，请见下述公式：

$$\frac{\partial n_i}{\partial t} + \frac{1}{a}\frac{\partial}{\partial r}(n_i v_i a) = q_{ij} + q_{ik} - l_i \tag{2.5.1}$$

其中对流项、复合产生率、电离产生率、电离和复合的损率分别是：$\dfrac{1}{a}\dfrac{\partial}{\partial r}(n_i v_i a)$、

$q_{ij}=n_e n_j R_j$、 $q_{ik}=n_e n_k R_k$ 和 $l_i=n_e n_i(C_i+R_i)$。

对于准稳态的多电荷态太阳风模型而言，最终各自电荷态的日心距离剖面基本不随时间变化。对流项中的速度显式受动量方程影响，而动量方程除了电荷态自身的热压梯度力、电磁场力之外还有产生或损失(电离或复合)所导致的动量交换项以及不同种类粒子之间的库仑碰撞项。产生率和损失率项由电离率、复合率和数密度控制，而电离率和复合率取决于温度和密度，可以参考 Mazzotta 等(1998)的研究。需要注意的是，Mazzotta 等(1998)是在电离平衡的假设下计算碰撞电离率、辐射复合率、介电复合率的，而且是在温度固定、没有速度的情况下。所以是温度、密度和速度一起影响元素的电荷态的。对于非热平衡的等离子体(比如存在超热的电子流)而言，还需要考虑超热电子流对电离的影响(Ko et al.，1996; Laming and Lepri, 2007)。严格来说，是无法从太阳风中元素的电荷态直接导出源区日冕的状态参数(比如电子温度、数密度和离子流速)。如果为了从元素电荷态估算冻结温度，则需要假设日冕当地的数密度、假设各电荷态之间没有相对的流速差，这样可以求出冻结温度。基于多电荷态重离子的太阳风模型(Chen et al.，2003)，模拟给出不同电荷态离子的数密度比例随日心距离的变化，如图 2.5.9(a)显示了 Si 的不同电荷态的离子组分比例随日心距离的变化。可以看出对于 Si 离子而言，其离子组分比例在 $r>1.5$ R_s 的距离基本上是不变的，可以认为是电离冻结。为了探究造成这个冻结的原因，可以比较三个时间尺度：对流的时间尺度、生成率的时间尺度和损失率的时间尺度。如果在某个日心距离上，对流的时间尺度远小于后两者，则可以认为电离是冻结的，如图 2.5.9(b)显示 Si^{9+}

的三个时间尺度：$T_{exp}=\left|\dfrac{n_e}{v_i}\left(\dfrac{\partial n_e}{\partial r}\right)^{-1}\right|$，$T_q=\dfrac{n_i}{q_{ij}+q_{ik}}$ 和 $T_i=\dfrac{n_i}{l_i}$。

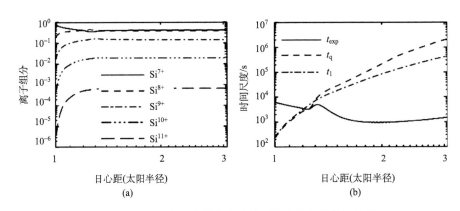

图 2.5.9　对 Si 离子从非电离冻结到电离冻结的模拟结果

(a) Si 的 5 种电荷态的组分比例随日心距离的变化(Chen et al., 2003)。(b)关于 Si^{9+}的三个时间尺度的比较：对流时间尺度、生成率时间尺度和损失率时间尺度

冕洞起源的高速太阳风的元素相对丰度(包括第一电离势高和低的元素)基本上和光球的差不多，即高速太阳风中的第一电离势偏差不多。而低速太阳风中的第一电离势偏

差则比较多：在慢速太阳风中，低 FIP 元素(如 Fe, Mg 等)相对于高 FIP 元素的相对丰度，比光球上的相对丰度要高(von Steiger et al.，1997)。这说明：高速太阳风的物质可能直接起源于根部在光球的开放场或者离光球不高的小尺度磁圈中；低速太阳风的物质可能起源于大尺度的日冕磁圈，大尺度的日冕磁圈含有相对更多的低 FIP 元素的离子(Baker et al., 2015; Brooks et al.，2015)。低 FIP 元素的离子的形成可能来源于色球的 Ly-α 辐射电离 (Peter，1998)，从而能够更容易被等离子体电磁波动加热并输运到日冕高度的冕环中，通过冕环与开放磁力线的磁重联，释放到低速太阳风中。通过对不同 FIP 元素的谱线强度比(如 Si 谱线强度/S 谱线强度)推测不同类型区域的 FIP 偏差(图 2.5.10)，从而建立不同源区 FIP 偏差与行星际不同太阳风 FIP 偏差之间的映射关系。

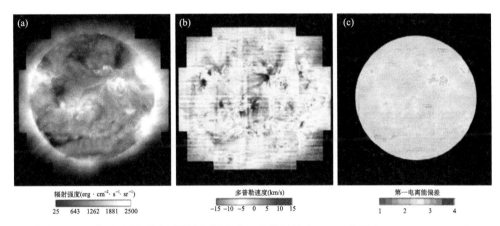

图 2.5.10　关于日冕不同区域的辐射强度、多普勒速度、FIP 偏差(Brooks et al., 2015)

(a)利用 Hinode 卫星上的 EIS 极紫外光谱成像仪观测日冕 2 MK 温度的 Fe xiii 202.044 Å 的辐射强度。(b)Fe xiii 202.044 Å 的多普勒速度。冕洞和活动区边缘区域对应多普勒蓝移。(c)基于 Si X 258.37 Å 和 S X 264.22 Å 的谱线强度计算 FIP 偏差。暗的区域(FIP 偏差比较小)一般位于冕洞，而亮的区域(FIP 偏差比较大)则对应活动区冕环

2.6　太阳风湍动与微观动理学过程

2.6.1　湍动功率谱的轮廓、分区与能量占比

湍动功率谱呈现了湍动功率在频率、波数维度上的分布，是研究湍动的重要手段。一般的，把湍动的功率谱分为三段：低频(或者小波数)的含能区，中频(或者中波数)的惯性串级区，高频(或者大波数)的耗散区。耗散区的空间尺度范围从离子尺度到亚电子尺度。综合利用磁通门磁强计(如 ACE 卫星上的 MFI 和 Cluster 卫星上 FGM)和探索线圈磁强计(如 Cluster 的 STAFF-SC)可以完成对磁场湍动功率谱的宽频段的覆盖。比如，Kiyani 等(2015)计算并显示了频率从 10^{-6} Hz 到 60 Hz 的磁场扰动功率谱(图 2.6.1)。可以看到在 $f < 10^{-4}$ Hz 频域是湍动含能区(谱指数约为−1)，在 10^{-3} Hz $< f <$ 1 Hz 频域是湍动串级惯性区(谱指数约为−1.65)，在 1 Hz $< f <$ 100Hz 频域是亚离子区域(湍动耗散区，谱指数约为−2.73)。如果利用 STAFF-SA (spectrum analyzer, 谱分析仪)，则频率可以拓展到 $f >$ 100 Hz，所对应的空间尺度达到电子尺度($kd_e \sim 1$, $k\rho_e \sim 1$)(图 2.6.2、图 2.6.3)(Sahraoui et al.，2009; Alexandrova et al.，2009）。在电子尺度附近的谱到底是两个幂律谱（亚离子尺度谱和亚电子尺度谱）的拐点，还是指数衰减形式的谱，目前仍然存在争论（Alexandrova et al.，2012）。在亚离子尺度，可以看成电子磁流体串级；在亚电子尺度，电子与磁场不再严格冻结，磁场与电子之间存在一定程度的扩散。电子尺度的波动的存在，会造成亚离子尺度和亚电子尺度之间存在双幂律谱的拐点。

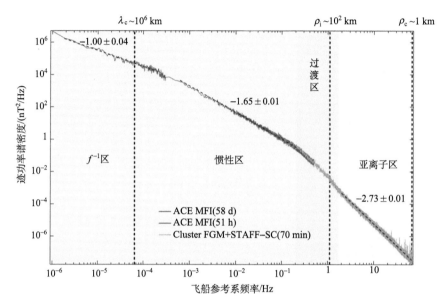

图 2.6.1　利用 ACE 卫星的 MFI 载荷的探测数据（分别是 58 d 和 51 h）、Cluster 卫星上的 FGM 和 STAFF-SC 载荷的探测数据（70 min），进行分析得到湍动磁场的功率谱（Kiyani et al.，2015）

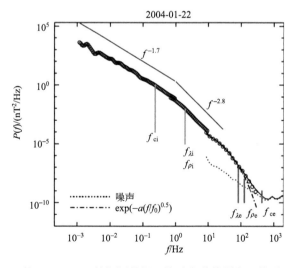

图 2.6.2　利用 Cluster 的 STAFF-SA 的探测数据，将功率谱的频率延伸到 100 Hz，从而揭示了电子尺度磁场谱的特征（Alexandrova et al.，2009）

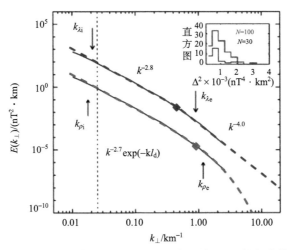

图 2.6.3 针对从离子尺度到亚电子尺度的湍动磁场功率谱，利用不同的拟合模型所做的拟合：(红色)利用"幂函数和指数函数的乘积"作为拟合函数；(蓝色)利用"带阶梯函数为权重的双幂函数之和"作为拟合函数(Alexandrova et al.，2012)

在太阳风的阿尔文湍动中，扰动速度和扰动磁场的能量不是均衡的，这不像热各向同性的磁流体阿尔文波的特征(扰动速度和扰动磁场的能量是均分的)。扰动速度功率谱的谱指数和扰动磁场功率谱的谱指数也不一样：$\text{PSD}_{\delta V}(f) \sim f^{-1.5}$，$\text{PSD}_{\delta B}(f) \sim f^{-1.67}$ (图 2.6.4)。前者的谱指数和 IK(Iroshnikov-Kraichnan) 的预测有点接近，而后者的谱指数则和 Kolmogorov 的预测有点接近，这种差异的原因至今仍然不清楚，有一种可能的原因是存在磁场结构(可能来自太阳风对流携带，也可能来自湍动串级产生)。速度和磁场功率谱的差异，也导致阿尔文比($R_A = E_V/E_B$)的谱不是恒等于 1，而是随频率是变化的(图 2.6.5)。低速流相对于高速流，阿尔文比更低一些(图 2.6.6)，意味着扰动磁场的能量占比更大，可能存在相对更多的磁结构。

2.6.2 太阳风湍动中的阿尔文波

由于太阳风湍动，特别是高速流里的湍动，经常呈现出阿尔文波的极化特征：扰动速度和扰动磁场具有正相关或反相关的关系。Belcher 和 Davis(1971)给出了一个太阳风中阿尔文波的实例(图 2.6.7)。图 2.6.7 中划出了太阳风速度和磁场的三个分量，由图可以明显地看出磁场和太阳风速度有很强的相关。Belcher 和 Davis 发现了许多这样的例子，有一半时间阿尔文波是太阳风中主要的微尺度结构。观测还发现如果行星际磁场是背离太阳的，则 δV 与 δB 方向相反；如果行星际磁场是指向太阳的，则 δV 与 δB 方向相同。在这种情况下，阿尔文波都是由太阳向外传播的。这说明阿尔文波起源于太阳附近，而且在阿尔文临界点(太阳风速度 $V_0 = V_A$)以内。因为在阿尔文波激发产生的时候，沿着磁力线相反方向传播的阿尔文波一般是同时产生的。如果阿尔文波发生在临界点以外，由于 $V_0 > V_A$，在 1 AU 处也应该能观测到向内传播的波，这与在 1 AU 处只观测到向外传播的波的实际情况不一致。在 1 AU 附近波的振幅一般比较大，$\langle \delta B^2 \rangle / B_0^2 \approx 0.3 \sim 1$。由图 2.6.7 中下面两条曲线可以看到磁场强度量值和等离子体密度非常接近于常数。

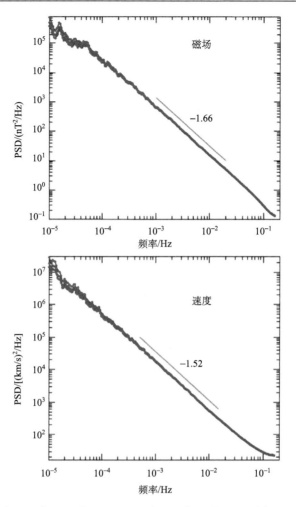

图 2.6.4　针对 WIND 航天器在 1995 年 5 月 23 日到 1995 年 7 月 16 日对太阳风探测结果所做的磁场
功率谱和速度功率谱(Podesta et al., 2007)

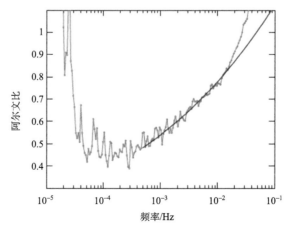

图 2.6.5　针对图 2.6.4 的速度功率谱和磁场功率谱所做的阿尔文比值谱(Podesta et al., 2007)

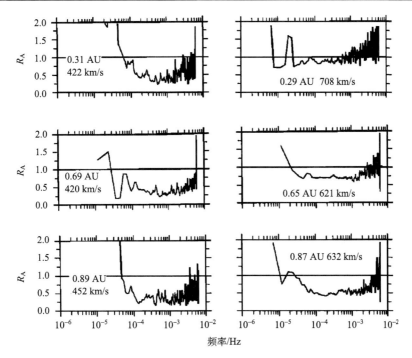

图 2.6.6　不同径向距离处、高低速流各自的阿尔文比值谱 (Marsch and Tu, 1990a)

左侧从上到下为 0.31 AU, 0.69 AU, 0.89 AU 处的低速流的阿尔文比值谱。右侧从上到下为 0.29 AU, 0.65 AU, 0.87 AU 处的高速流的阿尔文比值谱

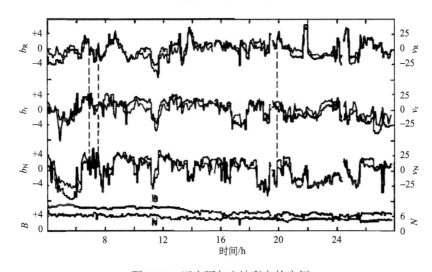

图 2.6.7　证实阿尔文波存在的实例

上面三组曲线是磁场和速度的三个分量的变化，下面曲线显示磁场强度和等离子体密度 (Belcher and Davis，1971)

　　对于大振幅的阿尔文波情况，要想保持磁场和密度都不可压缩的状态，其极化关系与小振幅阿尔文波的线偏振状态肯定是不一样的，因为大振幅阿尔文波如果是线偏振的则无法满足磁场强度为常数的条件。垂直背景磁场的圆偏振虽然能够保证磁场强度为常数的条件，但也仅仅适用于平行传播的特殊情况。对于任意角度传播的大振幅阿尔文波，

其极化特性如何,这需要重新在理论上进行探讨。

Barnes 和 Hollweg(1974)用特征线法讨论了大振幅阿尔文波的特性。讨论出发的方程组为

$$\frac{\partial \rho}{\partial t} + \nabla \cdot (\rho \boldsymbol{V}) = 0 \tag{2.6.1}$$

$$\rho \left(\frac{\partial}{\partial t} + \boldsymbol{V} \cdot \nabla \right) \boldsymbol{V} + \nabla \left(p + \frac{B^2}{8\pi} \right) - \frac{1}{4\pi} (\boldsymbol{B} \cdot \nabla \boldsymbol{B}) = 0 \tag{2.6.2}$$

$$\left(\frac{\partial}{\partial t} + \boldsymbol{V} \cdot \nabla \right) \boldsymbol{B} + \boldsymbol{B} \nabla \cdot \boldsymbol{V} - (\boldsymbol{B} \cdot \nabla) \boldsymbol{V} = 0 \tag{2.6.3}$$

$$\left(\frac{\partial}{\partial t} + \boldsymbol{V} \cdot \nabla \right) \left(P \rho^{-\gamma} \right) = 0 \tag{2.6.4}$$

选取直角坐标系,考虑沿 z 传播的平面波形式的解,$\boldsymbol{V}$, $\boldsymbol{B}$, P 和 ρ 只是 z 和 t 的函数。我们寻找这样一个特殊形式的解,使得 $\boldsymbol{V}$, $\boldsymbol{B}$, P 和 ρ 都是某个标量 $\psi(z, t)$ 的函数。$\psi(z, t)$=常数决定了 z-t 面上的特征曲线。例如对于 $\rho = \rho[\psi(z,t)]$ 有

$$\frac{\partial \rho}{\partial t} = \Psi_t \rho' \equiv \rho' \frac{\partial \Psi}{\partial t} \tag{2.6.5}$$

$$\frac{\partial \rho}{\partial z} = \Psi_z \rho' \equiv \rho' \frac{\partial \psi}{\partial z} \tag{2.6.6}$$

这里 $\rho' \equiv \mathrm{d}\rho/\mathrm{d}\psi$。假设解不是一个常数,即 $\psi_z \neq 0$。

由 $\nabla \cdot \boldsymbol{B} = 0$,得到 $B_z' = 0$,$\left(\dfrac{\partial B_z}{\partial \Psi} \right) = 0$,即

$$\boldsymbol{B}_z \equiv \boldsymbol{B}_{0z} = \text{常数} \tag{2.6.7}$$

定义

$$\boldsymbol{V} \equiv \boldsymbol{V}_z + \boldsymbol{V}_\perp \tag{2.6.8}$$

$$\boldsymbol{B} = \boldsymbol{B}_{0z} + \boldsymbol{B}_\perp \tag{2.6.9}$$

这样式(2.6.1)~式(2.6.4)可以写为

$$(\psi_t + V_z \psi_z) \rho' + \psi_z \rho V_z' = 0 \tag{2.6.10}$$

$$(\psi_t + V_z \psi_z) \rho \boldsymbol{V}_\perp' - \psi_z B_{0z} \boldsymbol{B}_\perp' / 4\pi = 0 \tag{2.6.11}$$

$$(\psi_t + V_z \psi_z) \rho V_z' + \psi_z \left(P' + B_z' / 8\pi \right) = 0 \tag{2.6.12}$$

$$(\psi_t + V_z \psi_z) \boldsymbol{B}_\perp' + \boldsymbol{B}_\perp \psi_z V_z' - B_{0z} \psi_z \boldsymbol{V}_\perp' = 0 \tag{2.6.13}$$

$$(\psi_t + V_z \psi_z) \left(P \rho - \gamma \right)' = 0 \tag{2.6.14}$$

式(2.6.3)的 z 分量是一个恒等式,对于传播结构有

$$\psi_t + V_z \psi_z \neq 0 \tag{2.6.15}$$

假设 $P' + B_z' / 8\pi = 0$,由式(2.6.12)得到 $V_z' = 0$,即

$$V_z = V_{0z} = 常数 \tag{2.6.16}$$

由式(2.6.10)可以看出 $\rho' = 0$，得到

$$\rho = \rho_0 = 常数 \tag{2.6.17}$$

由式(2.6.14)得到 P=常数，因而有

$$B^2 = 常数, \quad B_\perp^2 = B^2 - B_{0z}^2 = 常数 \tag{2.6.18}$$

由式(2.6.11)和式(2.6.12)得到

$$\left(\psi_t + V_z \psi_z \right)^2 = \psi_z^2 \left(B_{0z}^2 / 4\pi\rho \right) \tag{2.6.19}$$

定义

$$V_{Az} = |B_{0z}| / \sqrt{4\pi\rho} \tag{2.6.20}$$

将式(2.6.20)代入式(2.6.19)得到

$$\psi_t + \left(V_z \pm V_{Az} \right) \psi_z = 0 \tag{2.6.21}$$

因为 V_z 和 V_{Az} 是常数，ψ 必定是 $z - \left(V_z + V_{Az} \right) t$ 的函数。由式(2.6.21)和式(2.6.11)可以得到

$$\boldsymbol{V}_\perp' = \mp V_{Az} \boldsymbol{B}_\perp' / B_{0z} \tag{2.6.22}$$

将式(2.6.22)积分得到

$$\boldsymbol{V}_\perp = \mp V_{Az} \boldsymbol{B}_\perp / B_{0z} + 常数 \tag{2.6.23}$$

式(2.6.16)~式(2.6.18)及式(2.6.23)描述了大振幅阿尔文波的特性。当 B^2，$B_\perp^2$，P 和 ρ 都严格地是常数时，矢量 $\boldsymbol{B}$ 的端点永远在一个圆弧上变化(所谓的弧偏振)，而不是线偏振。令 $\boldsymbol{B}_0$ 与传播方向 z 之间的夹角为 θ，所以

$$\boldsymbol{B}_\perp^2 = \left(B_0 \sin\theta + \delta B_y \right)^2 + \delta B_z^2$$
$$= B_0^2 \sin^2\theta + 2B_0 \sin\theta \delta B_y + \delta B_y^2 + \delta B_z^2 = 常数 \tag{2.6.24}$$

关于大振幅阿尔文波呈现出弧偏振的特性，在观测上已经有非常明确的证据了(Tsurutani et al., 1994)。在画磁场和速度扰动的矢端图之前，需要先进行两步的处理：①对磁场扰动进行最小变化分析(minimum variance analysis，MVA)得到变化最小的方向，该方向可以近似为阿尔文波传播的方向；②寻找 de Hoffman-Teller(HT)参考系，在 HT 参考系里速度和磁场是平行的，没有对流电场的存在。图 2.6.8 给出了弧偏振的大振幅阿尔文波的磁场和速度扰动的事例。

Elsässer 在 1950 年为了描述磁流体力学中的阿尔文波，引进了一对变量($z^\pm = \boldsymbol{u} \pm \boldsymbol{b}$)当作阿尔文波的特征矢量，其中矢量 $\boldsymbol{b}$ 为速度化后的扰动磁场。MHD 方程组中的动量方程和磁感应方程分别进行加、减操作，可以改写为 Elsässer 变量的控制方程：

$$\frac{\partial z^\pm}{\partial t} \mp \left(\boldsymbol{B}_0 \cdot \nabla \right) z^\pm + \left(z^\mp \cdot \nabla \right) z^\pm = -\nabla p + \upsilon_+ \nabla^2 z^\pm + \upsilon_- \nabla^2 z^\mp \tag{2.6.25}$$

式(2.6.25)左边的前两项描述理想情况下的两支阿尔文波的传播，左边的第三项描述两支波扰动之间的非线性相互作用(能引起能量在不同波数之间的串级)，右边三项分别是热压梯度力、黏滞和电阻的混合效应项。如果太阳风湍动是由两组相反方向传播的阿尔文

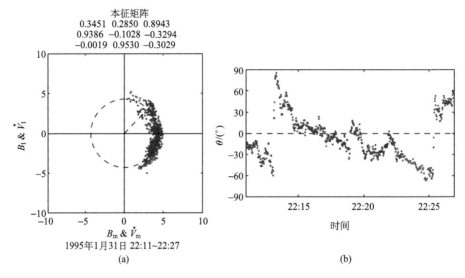

图 2.6.8　大振幅阿尔文波的弧偏振的事例(Wang et al.，2012)

(a)基于 MVA 分析和寻找 HT 参考系之后所做的磁场和速度变化的矢端图。红色为磁场，蓝色为速度。(b)磁场和速度矢端角度的时间变化

波组成，则可以用 $z^{\pm}$ 的功率谱来表征相应的波模的功率谱。需要注意的是，不只是阿尔文波有非零的 $z^{\pm}$，其他形式的扰动或结构也能有非零的 $z^{\pm}$。所以 $z^{\pm}$ 测量不是诊断相反方向传播的阿尔文波的充分条件。虽然阿尔文波不唯一代表 $z^{\pm}$，但是 $z^{\pm}$ 的功率谱仍然是值得研究的两个物理量。Tu 等(1990)针对 Helios 飞船在近日点附近的探测，研究了近日(约 0.3 AU)太阳风高低速流的湍动的差异(图 2.6.9)。研究结果显示：①低速流的 $PSD(z^{+})$ 和 $PSD(z^{-})$ 很接近，而且在所研究的频段内呈现出单一的幂律谱的形式；②高速流的 $PSD(z^{+})$ 和 $PSD(z^{-})$ 是不对称的，表征外传阿尔文波的成分占主导；③如果用 $PSD(z^{+})$ 和 $PSD(z^{-})$ 分别标记高速流中的主导成分和次要成分，$PSD(z^{+})$ 在 $(10^{-4}, 10^{-3})$ Hz 的频率范围有下拐的拐点，而 $PSD(z^{-})$ 在 $(10^{-4}, 10^{-3})$ Hz 的频率范围有上拐的拐点。$PSD(z^{+})$ 下拐的拐点可能对应含能区到串级区的过渡，而 $PSD(z^{-})$ 上拐的拐点可能源于磁场扰动和速度扰动的不对称性随频率的变化。

2.6.3　湍动功率谱的径向演化

太阳风湍动随日心距离如何变化，这是比较复杂的问题。这个问题涉及多个难点：①湍动和流动共存，而流动是具有径向膨胀的不均匀性的特点；②太阳风中的湍动与磁流体力学的波动存在关联；③太阳风湍动探测基本是单颗卫星一次穿越，具有时间和空间混合的特征，不容易实现多维功率谱的重构。如果把太阳风的湍动看成是阿尔文波动，而且认为阿尔文波动的传播没有反射，则可以写出阿尔文波在太阳风流中传播的控制方程，并进一步获得阿尔文波能量密度的 WKB 解(Whang,1973; Hollweg, 1974)：

$$\nabla \cdot \left[\left(\frac{3}{2} \boldsymbol{U} + V_{A} \right) \frac{\langle \delta \boldsymbol{B}_{0}^{2} \rangle}{4\pi} \right] = \boldsymbol{U} \cdot \nabla \frac{\langle \delta \boldsymbol{B}_{0}^{2} \rangle}{8\pi} \qquad (2.6.26)$$

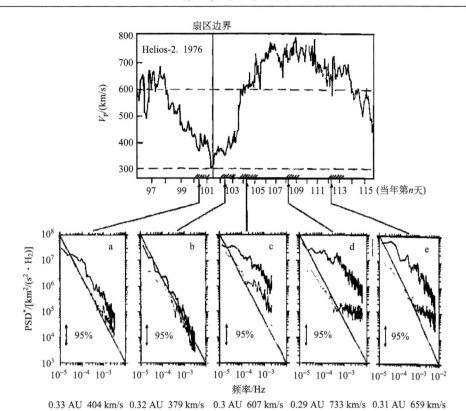

图 2.6.9　Helios-2 飞船在近日点附近对高低速太阳风的湍动的探测（Tu et al., 1990）

（上图）太阳风质子流速的时间序列。（下图）不同流速太阳风的 Elsässer 变量的功率谱，图中的实线和点线分别为 PSD(z^+)
和 PSD(z^-)。下方左侧两图是低速太阳风的功率谱，下方右侧三图是高速太阳风的功率谱

式中，U 为流速；V_A 为阿尔文速度；$\dfrac{\langle \delta \boldsymbol{B}_0^2 \rangle}{4\pi}$ 为阿尔文波的波能密度。这个方程描述了慢

变化的背景太阳风流中阿尔文波的能量守恒方程。基于该方程的 WKB 解（δV_{j0}^2、δB_{j0}^2）
写为如下：

$$\left(\frac{V_r}{V_A \cos\phi} + 1 \right)^2 n^{-1/2} \delta V_{j0}^2 = \text{const} \tag{2.6.27}$$

$$\left(\frac{V_r}{V_A \cos\phi} + 1 \right)^2 n^{-1/2} \delta B_{j0}^2 = \text{const} \tag{2.6.28}$$

根据太阳风模型中密度、速度和阿尔文速度的径向距离剖面，Whang（1973）得到
阿尔文波速度振幅和磁场振幅的径向距离剖面（图 2.6.10）。根据该 WKB 解，如果在
0.01 AU 处阿尔文波的磁场振幅是 37 nT，则在 1 AU 处阿尔文波的磁场振幅是 3 nT。在
1 AU 附近（太阳风速度远大于阿尔文速度的情况下），磁场振幅平方的变化近似为

$$\langle \delta B \rangle^2 \sim r^{-3} \tag{2.6.29}$$

这与多个飞船（如 Pioneer-10）长时间观测数据平均得到的结果大体一致（Behannon,

1978)。但是在内日球层，Helios-1, 2 飞船则观测到磁场扰动振幅平方随径向距离更快的衰减(Villante, 1980)。所以，为了解释内日球层中磁场扰动更快的衰减，除了 WKB 的传播衰减之外，还需要额外的耗散衰减。

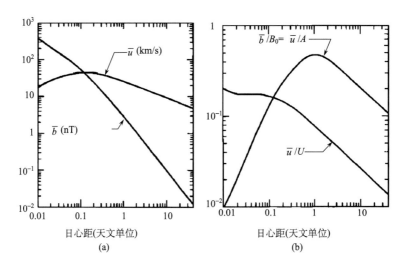

图 2.6.10　基于阿尔文波在太阳风中传播的 WKB 解得到的阿尔文波速度和磁场扰动的振幅(a)和相对振幅(b)随日心距离的变化(Whang, 1973)

对于阿尔文波传播 WKB 近似，其波谱也遵循类似的控制方程：

$$-\nabla \cdot \left[\left(\frac{3}{2}U + V_\mathrm{A}\right)\frac{P(f, r)}{4\pi}\right] = -U \cdot \nabla \frac{P(f, r)}{8\pi} \qquad (2.6.30)$$

由上述公式可知，如果一开始波谱的形状确定下来(比如幂律谱的幂确定了)，则其波谱的形状(幂律谱的形式)是不会随径向距离变化的。WKB 近似传播对于波谱形状的预期，不符合实际的观测情况。实际太阳风的湍动功率谱的形状随径向距离是变化的，如图 2.6.11 所示。可以看到从含能区到惯性区的拐点频率随着径向距离增加而减小，即拐点是向低频漂移的。这说明随着径向距离的增大，越来越低频率的扰动能量也参与串级传递。

为了解释功率谱的径向演化，需要对 WKB 近似的波谱控制方程进行修正，引入频率空间的能量串级项，如式(2.6.31)所示：

$$-\nabla \cdot \left[\left(\frac{3}{2}U + V_\mathrm{A}\right)\frac{P(f, r)}{4\pi}\right] = -U \cdot \nabla \frac{P(f, r)}{8\pi} + \frac{\partial}{\partial f}\frac{F(f, r)}{4\pi} \qquad (2.6.31)$$

式中，$F(f, r)/4\pi$ 可以被解释为在 r 点单位体积单位时间内由 f 的低频部分向其高频部分脉动串级传输的能量。式(2.6.31)可以看作是阿尔文湍动的能量守恒方程，等式右端最后一项可以解释为在单位频率区间单位体积单位时间内由于能量串级传输减少的能量。

为了求解式(2.6.31)，需要找到 $F(f, r)$ 与 $P(f, r)$ 之间的关系，可以用量纲分析的方法来找到两者之间的近似关系。$F(f, r)$ 和三阶相关矩有关，$P(f, r)$ 和二阶相关矩有关，卫星参考系频率由湍动波数、太阳风速度和阿尔文速度决定。$F(f, r)$ 与 $P(f, r)$ 之间的关系最后写为如下：

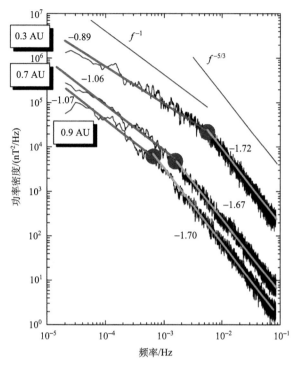

图 2.6.11　Helios 飞船在内日球层三个不同日心距离处(0.3 AU，0.7 AU，0.9 AU)对
来自同一源区的高速太阳风测量磁场湍动的功率谱(Bruno and Carbone, 2013；早期类似的数据分析见
Bavassano et al.，1982)

红色线和绿色线分别是含能区和惯性区的功率谱的幂律谱拟合结果。蓝色实心圆表示拐点位置

$$F(f,r) = \frac{1}{2}\alpha\alpha_1 \frac{1}{mn} \frac{1}{(U+V_A)V_A} f^3 P^2(f) \tag{2.6.32}$$

式中，α 和 α_1 为模式的待定参数，α 为串级传输的能量 F 和三阶相关矩的比例系数，α_1
为假定的内传和外传的波动能量的比值。在太阳惯性参考系中太阳风流速一般只有径向
分量 V，于是

$$U = \frac{V}{\cos\phi} \tag{2.6.33}$$

式中，ϕ 为磁场方向与径向方向的夹角。利用特征线法可以得到式(2.6.31)的解为

$$P(f,r) = \frac{2\sqrt{n}}{\left(\dfrac{V}{V_A\cos\phi}+1\right)^2} P_f^* f^{-2} f_c\left(\sqrt{1+ff_c^{-1}}-1\right) \tag{2.6.34}$$

其中

$$f_c(r)^{-1} = f_{c0}^{-1} + 4P_f^* \int_{t_0}^{t} C(r')\mathrm{d}r' \tag{2.6.35}$$

$$C(r) = \frac{1}{2}\alpha\alpha_1 \frac{1}{m} \frac{V_A \cos^3\phi}{\sqrt{n}} \frac{1}{(V + V_A\cos\phi)^4} \tag{2.6.36}$$

参数 f_{c0} 和 P_f^* 由在 $r=r_0=0.29\,\text{AU}$ 处的实测谱 $P(f, r_0)$ 确定, $f_{c0}=10^{-3}\,\text{Hz}$, $P_f^*=757.17\,\text{nT}^2\cdot\text{cm}^{3/2}$。式(2.6.34)是描述阿尔文波传播串级的类 WKB 解:与 WKB 解相似,都没有考虑波的反射过程;但又不同于 WKB 解,相对于 WKB 解增加了能量串级项。基于背景太阳风的参数,式(2.6.34)给出在 $r>r_0=0.29\,\text{AU}$ 的空间范围谱的径向变化。调整模式参数发现,当取 $\alpha\alpha_1=0.28$ 时,计算结果与观测结果有最好的匹配。图 2.6.12 给出了类 WKB 解 $P(f, r)$ 随日心距离的变化。作为比较,图中也显示了 Helios 飞船在不同日心距离探测到的磁场扰动的功率谱。可以看到,类 WKB 解和观测结果基本一致:①功率谱水平随径向距离的衰减;②功率谱形状的变化,如拐点向低频的漂移。

进一步,可以比较模式和观测的频率积分后的功率随径向距离的变化。一段频率积分的功率可以按如下公式计算:

$$\langle \delta \boldsymbol{B}^2 \rangle \approx \int_{2.5\times10^{-4}}^{8.3\times10^{-2}} P(f, r)\mathrm{d}f \tag{2.6.37}$$

计算得到的 $\langle \delta B^2 \rangle$ 在 0.3~0.9 AU 范围的变化,如图 2.6.13 所示。

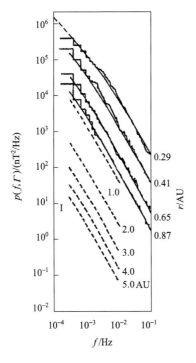

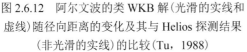

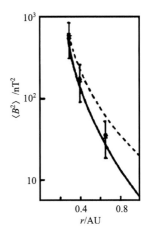

图 2.6.12　阿尔文波的类 WKB 解(光滑的实线和虚线)随径向距离的变化及其与 Helios 探测结果(非光滑的实线)的比较(Tu, 1988)

图 2.6.13　类 WKB 解模式预计的 $\langle \delta B^2 \rangle$ 随 r 的变化(实线)及其与实测(×和竖线误差棒)的比较(Tu et al., 1984)

虚线是 WKB 解随 r 的变化

除了磁场功率谱随径向距离的演化之外，太阳风湍动其他变量(比如 Elasässer 变量对)的功率谱随径向距离的变化也是研究并认识太阳风湍动的重要渠道。上述提到 z^+ 和 z^- 的功率谱在高速流中是明显不平衡的[即 $\mathrm{PSD}(z^+)$ 明显大于 $\mathrm{PSD}(z^-)$，z^+ 和 z^- 分别对应主要和次要成分]，而在低速流中是比较平衡的。图 2.6.14 显示了高低速流中的 z^+ 和 z^- 的功率谱随径向距离的变化。图 2.6.14(a) 为不同心距离处高低速流中的 z^- 的功率谱，图 2.6.14(b) 为不同日心距离处高低速流中的 z^+ 的功率谱。可以看到 z^- 的功率谱具有如下的两个特征：①$\mathrm{PSD}(z^-)$ 在 Helios 的飞行距离范围之内似乎不随距离变化；②高低速流的 $\mathrm{PSD}(z^-)$ 没有明显的差异。而 z^+ 的功率谱则有如下的特点：①$\mathrm{PSD}(z^+)$ 随日心距离变化明显，不但振幅衰减而且拐点向低频迁移；②在 1 AU 附近，低速流的 $\mathrm{PSD}(z^+)$ 接近 $\mathrm{PSD}(z^-)$，而高速流的 $\mathrm{PSD}(z^+)$ 依然明显高于 $\mathrm{PSD}(z^-)$。

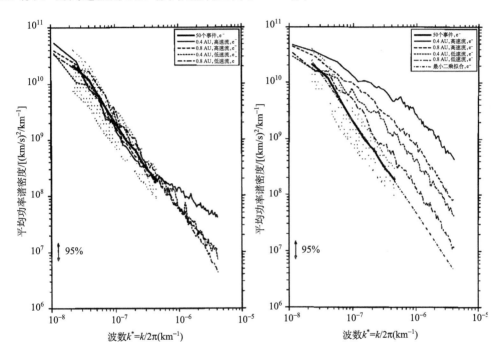

图 2.6.14　太阳活动低年时，基于 Helios 飞船探测得到的高、低速流中 Eläsasser 变量的功率谱随日心距离的变化(Tu and Marsch，1990a)

(a) 不同日心距离处的高低速流的 $\mathrm{PSD}(z^-)$，粗线表示 50 个事例的 $\mathrm{PSD}(z^-)$ 的平均。每条功率谱曲线是由 2 天的数据分析得到的。(b) 不同日心距离处的高低速流的 $\mathrm{PSD}(z^+)$，粗线表示 50 个事例的 $\mathrm{PSD}(z^-)$ 的平均，点虚线是幂律拟合的结果

上述的 $\mathrm{PSD}(z^+)$ 和 $\mathrm{PSD}(z^-)$ 随径向距离的变化，特别是两者的比值随径向距离增加，说明了两者之间应该存在能量的转换。为了解释 $\mathrm{PSD}(z^+)$ 和 $\mathrm{PSD}(z^-)$ 随径向距离的变化，Marsch 和 Tu(1993) 拓展了 Tu 等(1984) 的阿尔文波类 WKB 解的模式。他们引入了从 z^+ 到 z^- 的转换，假设 z^- 的增加是来自 z^+ 的参量衰减不稳定性所产生的。关于 z^+ 和 z^- 的波谱控制方程写为

$$\frac{\partial}{\partial r} e_{\mathrm{W}}^{\pm}(f,r) = -S_{\mathrm{W}}^{\pm}(f,r) - \frac{\partial}{\partial f} F_{\mathrm{W}}^{\pm}(f,r) \tag{2.6.38}$$

式(2.6.38)中每一个下标带 W 的变量都是考虑了 WKB 解空间变化之后重新做的归一化，即

$$e_{\mathrm{W}}^{\pm}(f,r)=\sqrt{n^*}\left(\frac{z_r^{\mp}}{z_r^{\mp}-z_r^{\pm}}\right)^2 e^{\pm}(f,r) \tag{2.6.39}$$

$$F_{\mathrm{W}}^{\pm}(f,r)=\sqrt{n^*}\frac{z_r^{\mp}}{\left(z_r^{\mp}-z_r^{\pm}\right)^2}F^{\pm}(f,r) \tag{2.6.40}$$

$$S_{\mathrm{W}}^{\pm}(f,r)=\sqrt{n^*}\frac{z_r^{\mp}}{\left(z_r^{-}-z_r^{+}\right)^2}S^{\pm}(f,r) \tag{2.6.41}$$

式中，$n^*=n/n_0$ 为归一化后的数密度；$z_r^{\pm}$ 为背景 Elsässer 变量（$z^{\pm}=U\pm V_\mathrm{A}$）的径向分量。需要注意的是由于这里的 z^+ 和 z^- 是不平衡的，所以其各自串级传输的能量也是不平衡的，表达式如下

$$F^{\pm}=\frac{\sqrt{2}}{2}\alpha^{\pm}\frac{\pi}{V_\mathrm{S}}e^{\pm}\left(e^{\mp}\right)^{1/2}f^{5/2} \tag{2.6.42}$$

这种不平衡的串级传输，主要成分 z^+ 对 z^- 的串级作用将使得 z^- 的能量串级和能量耗散变得明显而容易消逝，从而导致随着尺度的变小出现 δV 和 δB 之间动态对齐(dynamic alignment)的现象。

对于参量衰减不稳定性，一般适用于低 β 的情况，其增长率和扰动振幅有关，如下所示：

$$\gamma=(\mathrm{rat})\omega_0 b \tag{2.6.43}$$

对于径向外传的波动，其多普勒频率是 $\omega_0=2\pi f\left(U_r+V_{Ar}\right)/V_{Ar}$，外传波动的相对扰动振幅为 $b\sim\sqrt{e^+(f,r)f/V_\mathrm{A}^2}$。另外，为了简单起见，Marsch 和 Tu(1993)还假设参量衰减不稳定的母波和子波的频率是一样，这样母波(z^+)功率谱的衰减率和子波(z^-)功率谱的增长率是同频率互为相反数的，即 $S^+(f,r)=-S^-(f,r)$。

图 2.6.15 显示了 Marsch 和 Tu(1993)的模型的结果。模型考虑了如下的两个机制：①参量衰减不稳定性导致能量从 z^+ 向 z^- 转移，②z^+ 和 z^- 相互控制对方的能量串级。模型给出：随着径向距离的增加，PSD(z^+)变得越来越陡峭，PSD(z^-)和 PSD(z^+)在低频变得比原来平行，PSD(z^-)和 PSD(z^+)在高频则相互趋近。这些结果与 Helios 飞船的探测结果基本吻合。由于模式对参量衰减不稳定性进行了简化，而且不考虑 z^+ 波动反射对 z^- 的贡献，所以要想认识 z^+ 和 z^- 径向演化背后更深的物理机制，需要更多的研究。

2.6.4 多维的湍动功率谱

由于在行星际空间的探测，通常是单颗卫星的原位测量所得到的一维时间序列，所以针对湍动功率谱通常也是一维功率谱。一维功率谱通常把其他维度的信息都简并了，导致完整功率谱信息的缺失。要从一维的功率谱拓展到多维的功率谱，这是一个湍动研究的热点和前沿之一。理论上，如果湍动场有很多个点阵列同时测量，则可以测得关

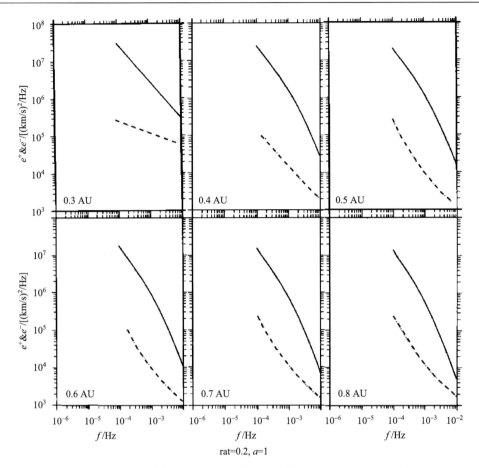

图 2.6.15　包含"传播+串级+参量衰减不稳定"的模式预测的 $PSD(z^+)$ 和 $PSD(z^-)$ 随径向距离(从日心距离 0.3 AU 到日心距离 0.8 AU)的变化(Marsch and Tu,1993)

实线和点线分别为 $e^+(f,r)$ 和 $e^-(f,r)$,即不同距离 r 处的 $PSD(z^+)$ 和 $PSD(z^-)$

于湍动的时空四维场 $\delta B(t,\ x)$,也就能够进行傅里叶变换得到四维的功率谱 $PSD_{\delta B}(\omega,k)$。然而,目前最多的,也就四颗卫星组成局地星座对湍动进行测量,如欧洲空间局为主的 Cluster、美国国家航空航天局为主的 MMS。如何利用有限的多点测量,来有效地估算扰动的多维功率谱?人们基于地面离散多点探测识别多个波束的经验,提出了针对空间探测在波数空间中进行滤波识别的方法(k-filtering)。k-filtering 方法的理念是:寻找一个滤波函数 $F^{\dagger}(\omega,k)$,以离散多点的信号的时间频谱作为输入 $A(\omega)$,通过滤波函数之后,输出的是期待能接近实际的时间和空间的频谱 $P(\omega,k)$。相应的公式如下:

$$A(\omega,k) = F^{\dagger}(\omega,k)A(\omega) \tag{2.6.44}$$

$$S_A(\omega,k) = F^{\dagger}(\omega,k)M_A(\omega)F(\omega,k) \tag{2.6.45}$$

$$P(\omega,k) = \mathrm{Tr}\left\{F^{\dagger}(\omega,k)M_A(\omega)F(\omega,k)\right\} = 极小值 \tag{2.6.46}$$

$$其中 \quad F^{\dagger}(\omega,k)H(k)A(\omega,k) = A(\omega,k)$$

式中，$A(\omega)$ 为一个 $(L \times N, 1)$ 的矢量，包括 N 颗卫星 L 个分量的时间频谱：

$$A(\omega) = \begin{bmatrix} A(\omega, r_1) \\ A(\omega, r_2) \\ \vdots \\ A(\omega, r_N) \end{bmatrix} \qquad (2.6.47)$$

对于正问题而言，如果已知 $A(\omega, k)$，则可以由 N 颗卫星的位置信息构建 $\mathbf{H}(k)$ 矩阵(如果是单分量的，则称 $\mathbf{H}$ 为导向矢量 steering vector)并轻易求得 $A(\omega)$：

$$A(\omega) = \int_k \mathbf{H}(k) A(\omega, k) \mathrm{d}k \qquad (2.6.48)$$

式中，$\mathbf{H}(k)$ 为一个 $(L \times N, L)$ 的矩阵：

$$\mathbf{H}(k) = \begin{bmatrix} \mathbf{I}\mathrm{e}^{-\mathrm{i}k \cdot r_1} \\ \mathbf{I}\mathrm{e}^{-\mathrm{i}k \cdot r_2} \\ \vdots \\ \mathbf{I}\mathrm{e}^{-\mathrm{i}k \cdot r_N} \end{bmatrix} \qquad (2.6.49)$$

对于反问题而言，要从 $A(\omega, r)$ 反过来获得 $A(\omega, k)$ 或者不带相位谱的功率谱 $P(\omega, k)$，则需要构建一个带条件的最优求解问题：条件是滤波函数 $F(\omega, k)$ 能够只保留所关心的 (ω, k) 的信息[即 $F^{\dagger}(\omega, k) \mathbf{H}(k) A(\omega, k) = A(\omega, k)$]，而滤掉其他 (ω, k) 的信息，目标是使得过滤后的信号的功率谱没有掺杂其他的功率谱，即 $P(\omega, k) = \mathrm{Tr}\{F^{\dagger}(\omega, k) \mathbf{M}_A(\omega) F(\omega, k)\}$ = 极小值。

通过推导，得到该带条件的最优化问题的解是

$$P(\omega, k) = \mathrm{Tr}\left\{\left[\mathbf{H}^{\dagger}(k) \mathbf{M}_A^{-1}(\omega) \mathbf{H}(k)\right]^{-1}\right\} \qquad (2.6.50)$$

利用上述 k-filtering 方法的公式，人们研究了 Cluster 测量太阳风湍动所获得的四维功率谱，并进一步改进方法，突出有显著信号的波动，比如 Narita 等(2011)利用改进后的 MSR(Multi-point Signal Resonator)方法看到湍动中的两支波动：准平行传播的阿尔文波、准垂直低频波动(可能是不传播的结构)。这两支波的波谱分布显示在图 2.6.16 中，相关诊断参数列在表 2.6.1 中。

表 2.6.1　在卫星参考系频率为 1.5 Hz 情况下，对波谱分布识别出来的两支波的相关参数

波序号	$k/$(rad/km)	$\theta_{kB}/$(°)	$\omega_{\mathrm{rest}}/$(rad/s)	$v_{\mathrm{ph}}/$(km/s)
Wave 1	0.0023 ± 0.0003	90 ± 13	0.00 ± 0.17	2 ± 48
Wave 2	0.0060 ± 0.0003	14 ± 3	0.45 ± 0.17	76 ± 33

注：ω_{rest} 和 v_{ph} 为在太阳风等离子体整体运动的参考系中的频率和相速度。

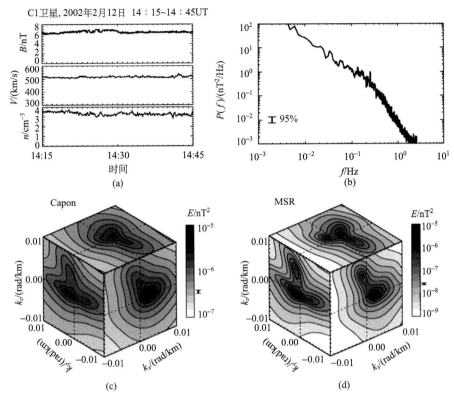

图 2.6.16 Cluster C1 卫星对太阳风的一次观测事件(2002 年 2 月 12 日 14:15~14:45)(a)。相应的磁场扰动的功率谱(频率为卫星参考系下的频率)(Narita et al., 2011)(b)。利用原来的 k-filtering 方法(Capon 方法)得到的在 0.15 Hz 频率下,积分其中一个波矢量维度之后的功率谱密度的二维分布(c)。利用改进后的 k-filtering 方法(MSR 方法)得到的功率谱密度的二维分布(d)

    由 k-fitlering 方法获得湍动的多维功率谱,其空间波数所对应的尺度受卫星间隔的局限,所能解析的波长范围是 1~10 个卫星间距(Sahraoui et al., 2003; Huang et al., 2010; Wang et al., 2016)。这样的限制对于 Cluster 卫星而言在离子尺度附近,对于 MMS 卫星而言在电子尺度和亚离子尺度(Narita et al., 2016),而无法获得串级惯性区所对应尺度范围的多维功率谱信息。对于惯性区的扰动而言,阿尔文波的线性色散关系满足,传播速度近似等于阿尔文速度而远小于太阳风速度,Taylor 冻结假设成立,所以卫星探测到的时间序列可以近似看成是太阳风湍动的准稳态空间结构。这样的冻结近似,为多维湍动功率谱的层析成像提供了依据。He 等(2013)基于单颗卫星在几天时间里能够获得不同夹角的一维功率谱的现实,认为这些一维功率谱是由多维功率谱在另外的波数维度上积分的结果,从而提出了反演构建多维功率谱的层析成像法。由于功率谱的幂函数递减特性和夹角分辨率不高的限制,无法直接用 Radon 反变换。为此,He 等(2013)利用傅里叶变换投影切片原理和 Radon 变换的等效性,从不同角度的结构函数和自相关函数入手,积分得到每个角度的一维自相关函数,并一一做傅里叶变换,从而得到每个角度的二维功率谱密度剖面,将角度拼接起来从而获得二维功率谱密度的分布(图 2.6.17)。该层析成像法所利用的傅里叶变换投影切片原理的公式如下:

$$\begin{aligned}
\mathrm{PSD}_{2D}\left(k,\theta_k\right) &= \int_{-\infty}^{+\infty}\int_{-\infty}^{+\infty}\mathrm{GF}_{2D}\left(r_{/\!/},r_{\perp}\right)\times\exp\left(-i\left(k\left(r_{/\!/}\cos\theta_k+r_{\perp}\sin\theta_k\right)\right)\right)\mathrm{d}r_{/\!/}\,\mathrm{d}r_{\perp} \\
&= \int_{-\infty}^{+\infty}\int_{-\infty}^{+\infty}\mathrm{GF}_{2D}\left(r'\cos\theta_k-u'\sin\theta_k,r'\sin\theta_k+u'\cos\theta_k\right)\exp\left(-i(ki')\right)\mathrm{d}r'\mathrm{d}u' \\
&= \int_{-\infty}^{+\infty}\mathrm{GF}_{1D}\left(r';\theta_k\right)\exp\left(-i\left(kr'\right)\right)\mathrm{d}r'
\end{aligned}$$

$$(2.6.51)$$

式中，PSD_{2D} 为二维湍动功率谱；CF_{2D} 为二维相关函数，CF_{2D} 的切片可以由单颗卫星实际测量计算所得。基于这样多维功率谱层析成像法，He 等(2013) 分析了 Helios 在内日球层不同日心距离处的高速流湍动二维功率谱的特征及其径向演化：①在$(k_{/\!/}，k_{\perp})$二维波数空间中存在倾斜的功率谱，反映阿尔文波的倾斜传播(可能和磁力管横向不均匀有关，也可能和串级方向有关)；②倾斜功率谱向大波数延伸，可能对应倾斜阿尔文回旋波或者动力论阿尔文波(图 2.6.18)。

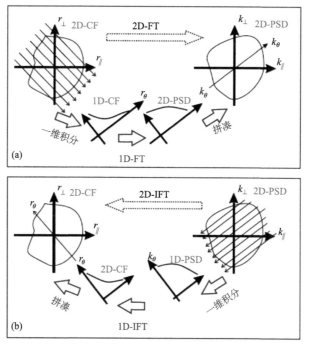

图 2.6.17　傅里叶变换的投影切片原理示意图，作为湍动多维功率谱的
层析成像法的基础(He et al.，2013)

　　由于背景磁场本身也处于扰动之中，所以关于背景磁场方向的确定，一直存在一个很大的争议：是用①局地的窗口长度随尺度变化的平均磁场作为背景磁场？还是用②全局的窗口不随长度变化的平均磁场作为背景磁场？全局平均的背景磁场是传统求背景磁场的一个做法。基于该做法，Mattaheus 等(1990)分析得到了太阳风(不区分高速流和低速流)的相关函数的二维分布，发现二维相关函数具有"十字架"的形状：平行于 $r_{/\!/}$ 的相关函数结构(称为 2D 成分)所对应的信号可能来自准垂直的磁结构，平行于 $r_{\perp}$ 的相关函

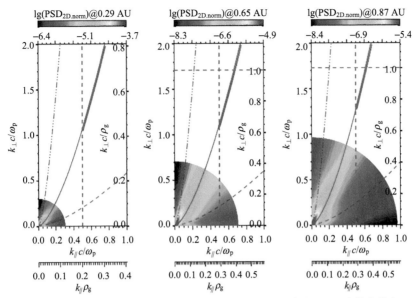

图 2.6.18　基于多维功率谱层析成像法得到的 $\mathrm{PSD}(k_{/\!/}, k_\perp)$ 的分布及其随日心距离的变化(He et al., 2013)
图中的横坐标上下先后用质子的惯性长度和回旋半径归一化，纵坐标用质子惯性长度归一化

数结构(称为 slab 成分)所对应的信号可能来自平行传播的阿尔文波。局地随尺度变化平均的背景磁场的求法，最早由 Horbury 等(2008)引入太阳风湍动的分析中。Horbury 等(2008)进一步分析了 $\theta_{\mathrm{RB}}(t, p)$ 的分布，并且将 $\mathrm{PSD}(t, p)$ 按照 (t, p) 与 $\theta_{\mathrm{RB}}(t, p)$ 的映射关系，重新装配变成 $\mathrm{PSD}(\theta_{\mathrm{RB}}, p)$，即功率谱密度随角度和尺度的分布。最后，Horbury 等(2008)发现功率谱具有如下的各向异性特征：$\mathrm{PSD}(f; \theta_{\mathrm{RB}}\sim 0°)\sim f^{-2}$，而 $\mathrm{PSD}(f; \theta_{\mathrm{RB}}\sim 0°)\sim f^{-1.67}$(图 2.6.19)。该结果也被 Podesta (2009)在别的太阳风高速流中诊断确认。关于谱指数(α)的各向异性[$\alpha(\theta_{\mathrm{RB}}\sim 0°)\sim -2$，$\alpha(\theta_{\mathrm{RB}}\sim 90°)\sim -1.67$]，Horbury 等(2008)认为这比较符合临界平衡的串级理论的预期(Goldreich and Shridar, 1995)。临界平衡的串级理论在假设平行传播和垂直串级的时间尺度是平衡的情况下预测积分后一维的功率谱具有如下的特征：$\mathrm{PSD}(k_{/\!/})\sim k_{/\!/}^{-2}$，$\mathrm{PSD}(k_\perp)\sim k_\perp^{-5/3}$。然而临界平衡理论没有考虑小尺度湍动的背景磁场本身也是大尺度湍动的复杂情况。Horbury 等(2008)所引进的局地的窗口随尺度变化的平均磁场的求法，是遵循这样的认识：湍动小尺度的背景磁场是大尺度的扰动场，而大尺度的背景磁场则是更大尺度的扰动场。相对传统的全局平均磁场的做法，该新方法注

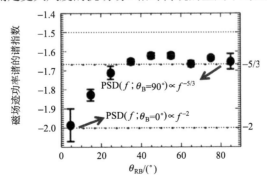

图 2.6.19　湍动磁场功率谱的谱指数随角度 θ_{RB} 的变化趋势(Horbury et al., 2008)

重背景磁场的尺度有效性。但是新方法不足的一点是，没有考虑相邻局地平均磁场方向差异较大的情况，关于"这些差异较大的情况是否应该包含在后续的计算中"没有讨论。为此 Wang 等(2016)提出了更加严格的遴选局地平均磁场的方法：局地中心点左右两侧各 1.5 个时间尺度的时长上的局地平均磁场也呈现出与中心点差不多的磁场方向。按照这个改进后的方法，Wang 等(2016)重新计算了 PSD$(f; \theta_{RB})$随 f 变化的谱指数$[\alpha(\theta_{RB})]$，发现谱指数 $\alpha(\theta_{RB}\sim0°)$变大了，大于–2，而 $\alpha(\theta_{RB}\sim90°)$ 则没怎么变化(图 2.6.20)。这说明，Horbury 所发现的谱指数的各向异性在改进的局地平均磁场遴选方法之后减弱了。虽然谱指数的各向异性减弱，但是谱强度的各向异性仍然比较明显(Wang et al., 2016)。

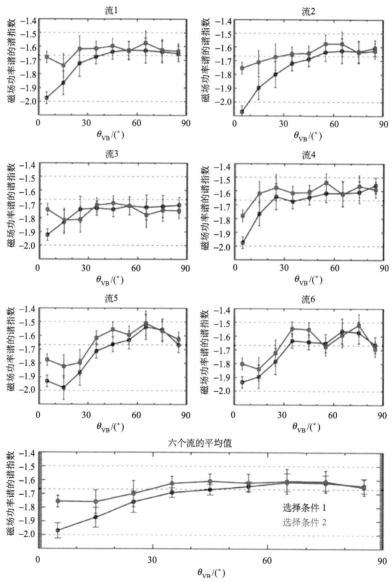

图 2.6.20　在改进 Horbury 等(2008)关于局地平均背景磁场的遴选条件前后，所计算的磁场功率谱的谱指数随夹角 θ_{RB} 变化趋势的对比

黑色和红色线分别为改进遴选条件前与后的结果(Wang et al., 2016)

2.6.5 湍动中的磁流体力学波动和结构

太阳风中的磁流体力学波以阿尔文波为主，快磁声波和慢磁声波相对稀少。造成这个的原因与这三种磁流体力学波的传播特征有关：①阿尔文波的能量传播是被束缚在磁通量管里，并沿着磁通量管传播的；②快磁声波的能量传播则是发散传播的，所以从太阳源区激发传到 1 AU 时非常微弱了；③慢磁声波的能量传播也基本是束缚在磁通量管里，但是慢磁声波的场向可压缩性会有明显的朗道阻尼耗散。关于三种磁流体力学波在太阳风源区的传播特性，可以参考 Yang 等(2015)所做的模拟研究。快磁声波也可能在行星际空间中由不同流管之间的横向相互作用所产生。前面的背景太阳风和后面赶上的行星际日冕物质抛射物之间的相互作用，一般产生快激波(其传播速度高于快磁声速)。

WIND 卫星探测到了比较纯正的外传的阿尔文波扰动(图 2.6.21)。三秒时间精度的扰动速度时间序列和对应的扰动磁场时间序列的相关系数可以高达 0.99。不单单是相关系数很高，扰动速度 δV 和速度化之后的扰动磁场 $(\delta B / \sqrt{4\pi\rho})$ 的两个时间序列基本上能重合上，这说明太阳风中是存在纯度很高的阿尔文波的，也反映了 WIND 卫星对于太阳风等离子体和磁场探测的质量是非常高的。为何在 1 AU 的太阳风中仍然能保留有如此纯正的外传阿尔文波？为何阿尔文波在传播过程中所可能发生的经历(比如波模转换变成慢磁声波、反射产生内传阿尔文波、波动耗散遗留磁场结构)没有影响阿尔文波的纯度？这个问题目前仍然没有答案，除非对太阳风中阿尔文波的传播进行直接三维模拟研究。

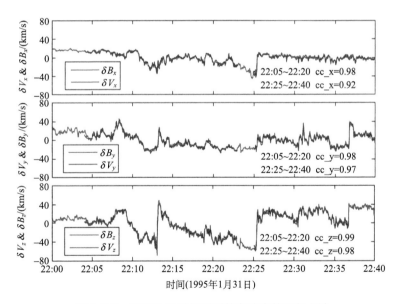

图 2.6.21 WIND 卫星探测到的高纯度的阿尔文波

红色线是速度化后的磁场扰动，蓝色线是速度扰动。从上到下依次是 GSE 坐标系下的 x, y, z 三分量的扰动的比较

太阳风湍动有时候也具有明显的可压缩特征，主要体现在密度和磁场的可压缩性。密度扰动和磁场强度扰动之间如果存在正相关关系，则意味着可能与快磁声波有关；如果存在负相关的关系，则意味着可能与慢磁声波有关。在不同尺度上来看，密度和磁场

的相关关系可能有变化。长时间范围(比如约 81 小时)所计算的 CC$(\delta n,\ \delta|B|)$ 更多地显示出正相关的关系，短时间范围(比如约 3 小时)所计算的 CC$(\delta n,\ \delta|B|)$ 更多地显示出负相关的关系(Roberts et al., 1987)。所以高速流和低速流之间的相互作用产生更多是与快磁声波有关的扰动，而高速流或低速流内部自己的可压缩扰动更多是与(准垂直)慢磁声波相匹配。准垂直慢波和准平行慢波的重要区别在于：前者不仅有密度扰动和速度扰动的(正/负)相关性，而且有密度扰动和磁场扰动的反相关关系以及速度扰动和磁场扰动之间的相关关系(图 2.6.22 和图 2.6.23)，而后者不存在密度扰动和磁场扰动的相关关系。图 2.6.24 给出了一个斜传慢波的例子，显示了扰动密度、扰动磁场、扰动速度的空间分布。准垂直慢波的一个极限近似是压力平衡结构(pressure balanced structure，PBS)：相邻区域/结构之间的总压强(热压+磁压)的平衡。太阳风中的压力平衡结构最早由 Burlaga 和 Ogvilie(1970b)观测发现。高时间分辨率的观测发现压力平衡结构存在多尺度嵌套的现象，尺度从小时量级跨越到秒的量级(图 2.6.25)(Yao et al., 2011)。三维磁流体湍动模拟(Yang et al., 2017)研究表明多尺度压力平衡结构可能是由湍动串级所导致的压力平衡结构的逐级破碎而成(图 2.6.26)。这些压力平衡结构也可能和植根于太阳的不同磁通量管(非传播的结构，"spaghetti-like")之间的平衡有关(Borovsky, 2008)。所以大体上来说，可压缩的湍动是混杂有准垂直快波(较长时间尺度)和准垂直慢波(压力平衡结构，较短时间尺度)的。Tu 和 Marsch (1994)提出了一个快波+结构的叠加模型，用于分析可压缩湍动的本质。他们推导建立了描述不同参数两两之间的相关系数的公式，具体公式如下：

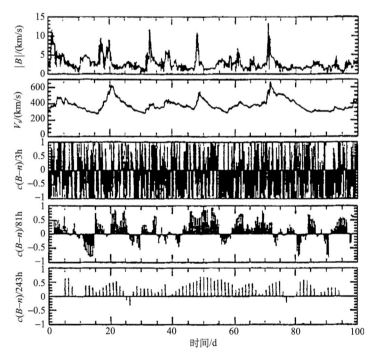

图 2.6.22　利用 Voyager 1 在 1977～1978 年的 100 天时间里位于 2 AU 附近对太阳风的探测，研究密度扰动和磁场强度扰动之间的相关关系(Roberts et al., 1987)

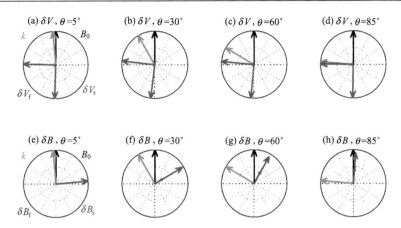

图 2.6.23 关于快磁声波和慢磁声波在不同传播角时(从左到右:从准平行过渡到准垂直)的速度扰动和磁场扰动在 k 和 B_0 平面内的极化关系(由张磊和何建森供图)。上图的蓝色和红色箭头分别表示快、慢磁声波的扰动速度。下图的蓝色和红色箭头分别表示快、慢磁声波的扰动磁场

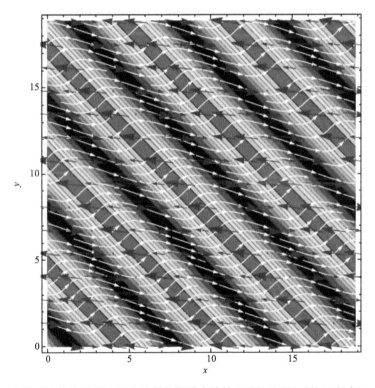

图 2.6.24 线性磁流体力学理论预言的斜传慢磁声波的密度扰动(西瓜的红/绿色)、速度扰动(蓝色箭头)和磁场扰动(白色线)之间的极化关系:密度极大(西瓜红色)、磁场极弱、速度向左极大(由张磊和何建森供图)

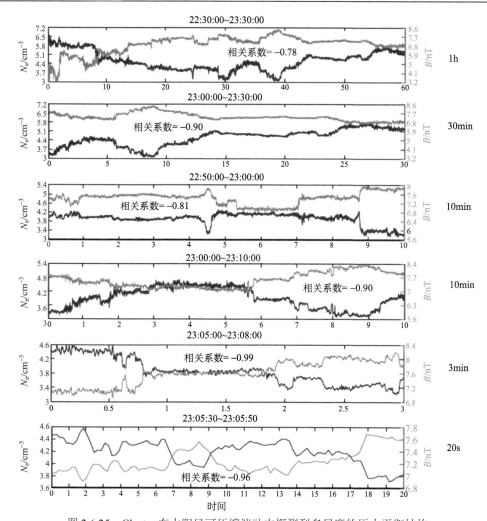

图 2.6.25　Cluster 在太阳风可压缩湍动中探测到多尺度的压力平衡结构

最上面子图的时间长度是 1 h，最下面子图的时间长度是 20 s。可以看到小尺度(亚秒级)的密度和磁场的相关系数也可以高达−0.96(Yao et al., 2011)

$$c\left(P_k - P_B\right) = \dfrac{-\dfrac{2}{\beta} + \gamma\alpha}{\sqrt{\dfrac{4}{\beta^2} + \gamma^2\alpha}\sqrt{1+\alpha}}$$

$$c\left(n - P_T\right) = \dfrac{\sqrt{\alpha}}{\sqrt{\dfrac{4}{\beta^2}\dfrac{\alpha_1}{\alpha_s+1} + \alpha}}$$

$$c(T - B) = \dfrac{C_{TB}^s\sqrt{\dfrac{4}{\beta^2}\dfrac{1}{\alpha_s+1} + (\gamma-1)\alpha}}{\sqrt{\dfrac{4}{\beta^2}\dfrac{1}{1+\alpha_s} + (\gamma-1)^2\alpha}\sqrt{1+\alpha}}$$

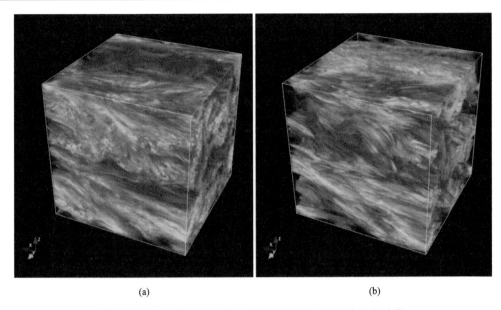

(a)   (b)

图 2.6.26　三维磁流体湍动模拟得到的多尺度压力平衡结构

(a)热压的三维分布；(b)磁压的三维分布(由何建森、张磊和杨利平供图)。可以看到不同粗细、不同长短的丝状热压结构和磁压结构基本上是一一对应的

$$c(n-B) = \frac{C_{nB}^{\mathrm{s}}\sqrt{\dfrac{4}{\beta^2}\dfrac{\alpha_1}{\alpha_{\mathrm{s}}+1}} + \alpha}{\sqrt{\dfrac{4}{\beta^2}\dfrac{\alpha_1}{\alpha_{\mathrm{s}}+1}+\alpha}\sqrt{1+\alpha}}$$

以上各个公式中，P_k、P_B、P_T 分别为热能、磁能密度，以及热能和磁能密度之和；$\alpha = \left(\delta B^{\mathrm{w}}/\delta B^{\mathrm{s}}\right)^2$ 为快波和结构的扰动磁场能量的比例，是模型可调的参数；C_{nB}^{s}，C_{nT}^{s}，C_{TB}^{s} 为与结构有关的变量对 (n, B)，(n, T) 和 (T, B) 的偏相关系数，也是模型可调的参数；$\alpha_{\mathrm{s}} = 2C_{Tn}^{\mathrm{s}}\sqrt{\alpha_1} + \alpha_1$，而 $\alpha_1 = \left(\delta n^{\mathrm{s}}/n\right)^2 \Big/ \left(\delta T^{\mathrm{s}}/T\right)^2$，也是模型可调的参数。

2.6.6　湍动中的动理学波动与耗散加热

阿尔文波在动理学尺度可以分为两类：准平行的离子回旋波(ion cyclotron wave, ICW)、准垂直的动力论阿尔文波(kinetic Alfvén wave, KAW)。关于这两种波动的色散和极化关系，可以从线性化的含双流体元的磁流体力学(线性双流体理论)和线性化的弗拉索夫和麦克斯韦方程组(线性弗拉索夫理论)推导出来(Stix, 1992, Gary, 1993; Marsch, 2006; Wu, 2012; Zhao, 2015)。线性双流体理论由于没有考虑波粒相互作用的动理学过程，所以无法预测这两类波动的衰减率或者增长率。但是从线性双流体理论出发推导，对了解各个扰动量之间的极化关系所对应的物理过程很有帮助，比如漂移电场、极化电场、平行电场等对电场扰动的贡献。波与粒子之间的相互作用也分共振和非共振两类。共振作用引起粒子平均相空间密度(0 级量，而不是 1 级量的扰动相空间密度)的变化，可以写成平均相空间密度的扩散方程。扩散方程的推导思路大概如下：①平均相空间密度的时间变化率与"扰动场和扰动相空间密度的速度梯度的乘积的周期平均"有关；②扰动相空间密度用"扰动场和平均相空间密度的速度梯度的乘积"表示；③平均相空间密度的时间变化率变成"扰动场的二阶矩和平均相空间密度的速度二阶梯度的乘积"。推导所得的扩散方程写为如下公式：

$$\frac{\partial}{\partial t} f_j\left(v_\parallel, v_\perp, t\right) = \int_{-\infty}^{+\infty} \frac{\mathrm{d}^3 \boldsymbol{k}}{(2\pi)^3} \sum_M \widehat{\mathcal{B}}_M(\boldsymbol{k}) \frac{1}{v_\perp} \frac{\partial}{\partial \alpha}\left(v_\perp v_{j,M}\left(\boldsymbol{k}; v_\parallel, v_\perp\right) \frac{\partial}{\partial \alpha} f_j\left(v_\parallel, v_\perp, t\right)\right) \quad (2.6.52)$$

其中扰动电场和扰动磁场的对粒子的作用统一用扰动磁场的功率谱表示

$$\mathcal{B}_M(\boldsymbol{k}) = 8\pi \frac{\mathcal{B}_M(\boldsymbol{k})}{B_0^2}\left(\frac{k_\parallel}{k}\right)^2 \frac{1}{1 - \left|\hat{\boldsymbol{k}} \cdot \boldsymbol{e}_M(\boldsymbol{k})\right|^2} \quad (2.6.53)$$

垂直投掷角方向的速度梯度(无量纲化后)表示为

$$\frac{\partial}{\partial \alpha} = v_\perp \frac{\partial}{\partial v_\parallel} - \left(v_\parallel - v_M(\boldsymbol{k})\right) \frac{\partial}{\partial v_\perp} \quad (2.6.54)$$

注意：这个不是投掷角方向的速度梯度，而是垂直"投掷角方向"的方向；而且在计算投掷角方向时，所用的粒子运动速度是考虑在波传播的参考系中，而非在整体流的参考系中。但是传统上人们还是会把这样的扩散叫作"投掷角扩散"(pitch-angle diffusion)。

单位波场强度下，波粒相互作用导致的散射率(scattering rate，或者叫扩散系数)写为如下公式：

$$v_{j,M}\left(\boldsymbol{k}; v_\parallel, v_\perp\right) = \pi \frac{\Omega_j^2}{|k_\parallel|} \sum_{s=-\infty}^{+\infty} \delta\left(V_j(\boldsymbol{k}, s) - v_\parallel\right) \left|\frac{1}{2}\left(J_{s-1} e_M^+ + J_{s+1} e_M^-\right) + \frac{v_\parallel}{v_\perp} J_s e_{Mz}\right|^2 \quad (2.6.55)$$

该单位波场强度的扩散系数受两个条件控制：①在单个粒子运动参考系中的波动频率是否达到共振频率，即粒子的回旋频率的整数倍(0倍为朗道共振，正整数倍为左旋共振，负整数倍为右旋共振)；②电场的极化方向与共振类型要相匹配(比如水平、左旋、右旋电场要分别匹配朗道、左旋、右旋的共振条件)。

上述扩散系数公式中的 s 阶共振速度(与粒子平行速度相等时，即表示达到共振频率)、控制选择匹配电场极化的 s 阶贝塞尔函数、左旋和右旋极化电场复数矢量分别写为如下公式：

$$V_j(\boldsymbol{k}, s) = \frac{\omega_M(\boldsymbol{k}) - s\Omega_j}{k_\parallel}, \quad J_s = J_s\left(\frac{k_\perp v_\perp}{\Omega_j}\right) \quad (2.6.56)$$

$$e_M^\pm(\boldsymbol{k}) = e_{Mx}(\boldsymbol{k}) \pm i\, e_{My}(\boldsymbol{k}) \quad (2.6.57)$$

在达到扩散平衡状态的时候，基于沿着垂直"投掷角方向"的速度梯度为 0，由此可以推导扩散平台所满足的方程，即 $A(v_\parallel, v_\perp) =$ 常数。不同的 $A(v_\parallel, v_\perp)$ 值对应不同壳层的扩散平台。为了让沿着扩散平台方向(即沿着垂直"投掷角方向")的速度梯度为 0，可以要求：

$$\begin{cases} \dfrac{\partial A}{\partial v_{/\!/}} = 0 \\[2mm] v_{/\!/} - v_M = 0 \end{cases} \tag{2.6.58}$$

或者

$$\begin{cases} \dfrac{\partial A}{\partial v_{/\!/}} \sim v_{/\!/} - v_M \\[2mm] \dfrac{\partial A}{\partial v_\perp} \sim v_\perp \end{cases} \tag{2.6.59}$$

其中式(2.6.58)用以描绘朗道共振扩散平台,而式(2.6.59)用以描绘回旋共振扩散平台。如果考虑准平行离子回旋波的共振扩散平台时,则由式(2.6.59)可以积分得到 $A(v_{/\!/}, v_\perp)$ 的表达式:

$$A(v_{/\!/}, v_\perp) = \frac{1}{2}(v_\perp^2 - v_{\perp,0}^2) + \frac{1}{2}(v_{/\!/}^2 - v_{/\!/,0}^2) - \int_{v_{/\!/}}^{v_{/\!/}} v_M \mathrm{d}v_{/\!/} + A(v_{/\!/,0} v_{\perp,0}) \tag{2.6.60}$$

所以 $f(v_{/\!/}, v_\perp, t \to \infty) = f(A(v_{/\!/}, v_\perp))$,即不需要用二维的 $(v_{/\!/}, v_\perp)$ 而需要用一维的 A 来确定达到扩散准稳态的相空间密度的值 f。值得注意的是,为了让粒子能够沿着扩散平台在不同的 $v_{/\!/}$ 之间扩散,需要在不同 $v_{/\!/}$ 都满足共振条件,这要求波是宽频的,而不是单频的。

关于共振及其扩散平台的准线性理论探讨自从 Kennel 和 Engelmann(1966)至今已经有过很深入和系统的研究了。用准线性共振扩散理论来探讨日冕和太阳风中的波粒相互作用,则是 2000 年之后的事情(Galinsky and Shevechenko, 2000; Isenberg et al., 2000; Cranmer, 2001)。关于太阳风离子的相空间密度存在回旋共振扩散平台的证据由 Marsch 和 Tu(2001)、Tu 和 Marsch(2002)分析 Helios 的探测数据后给出,如图 2.6.27 所示。从图中可以看出太阳风质子核成分的速度分布的等值线可以用回旋共振扩散平台来近似,等值线左侧和右侧部分可以分别看作与右传和左传离子回旋波的共振扩散所导致的。但是关于日向传播的离子回旋波是否和背日向外传播的离子回旋波共存,目前还没有得到证实。

基于左旋共振条件 $\omega(k) - kv_{/\!/ i} = \Omega_i$,并定义 $\delta v_{/\!/ i} / C_A$,则左旋共振条件可以改写成如下公式:

$$\frac{\omega(k)}{\Omega_p} = \frac{|k| C_A}{\Omega_p} \delta v_{/\!/ i} + \frac{\Omega_i}{\Omega_p} \tag{2.6.61}$$

如果要寻找符合共振条件的频率、波数和粒子(平行)速度,则需要式(2.6.61)中的 $y = \dfrac{\omega(k)}{\Omega_p}$ 和 $x = \dfrac{|k| C_A}{\Omega_p}$ 既要满足离子回旋波的色散关系 $y = \mathrm{Disp}_{\mathrm{ICW}}(x)$,也要位于 $y = \delta v_{/\!/ i} \cdot x + \dfrac{\Omega_i}{\Omega_p}$ 直线上,即 $y = y(x)$ 位于色散曲线和共振直线的交点。Kasper 等(2013)画出平行和反平行传播的离子回旋波的色散曲线和共振直线,并标记了之间的交点,如图 2.6.28 所示。

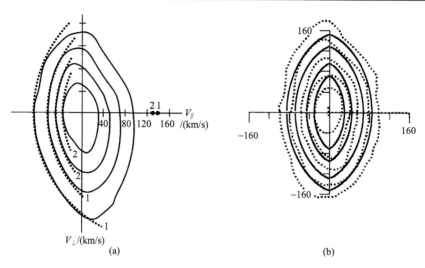

图 2.6.27　基于 Helios 在不同日心位置探测质子核成分的相空间密度分布,分析得到存在回旋共振扩散平台的证据

(a)实线为观测的相空间密度分布等值线,点线为预测的回旋共振扩散平台(Marsch and Tu, 2001)。(b)点线为观测的相空间密度分布等值线,实线为预测的回旋共振扩散平台(Tu and Marsch, 2002)

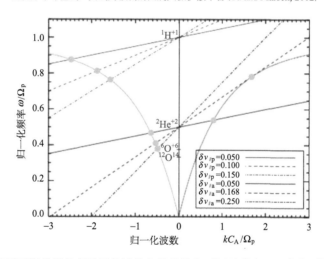

图 2.6.28　平行和反平行传播的离子回旋波的色散曲线与不同种类离子(H^+, $^4He^{2+}$, $^{16}O^{6+}$, $^{12}C^{4+}$)共振直线之间的相交情况(Kasper et al., 2013)

相同颜色不同线型代表该种离子不同的平行漂移速度

从图可知,如果 He^{2+} 相对于 H^+ 没有很大的漂移速度(即没有很大的直线斜率),则 He^{2+} 的共振直线能和两支相向传播的离子回旋波色散曲线相交,意味着相对于 H^+ 没有明显漂移的 He^{2+},能够更容易和离子回旋波发生多次共振,获得更多能量并被明显加热。共振直线能和相向传播 ICW 色散曲线有两个交点的最大漂移速度解为如下公式:

$$v_{oi} = \frac{2\{1 + \Omega_i / (2\Omega_p) - [2\Omega_i\Omega_p + \Omega_i^2 / (2\Omega_p)^2]^{1/2}\}^{3/2}}{2 + \Omega_i / (2\Omega_p) - [2\Omega_i / \Omega_p + \Omega_i^2(2\Omega_p)^2]^{1/2}} \tag{2.6.62}$$

如果把上述发生多次共振的最大漂移速度解 v_{oi} 认为是单个重离子相对于整体流参考系(近似为质子整体流参考系)的漂移速度,要想求能满足多次共振的某种类重离子整体流相对于质子整体流的漂移速度 ΔV_{ip},还需要考虑单个重离子相对于该重离子整体流参考系的速度(近似为重离子的平行热速度)($v_{\mathrm{th},//,i}$)。所以要想让某个种类的重离子能参与多次共振,则要求

$$v_{oi} / C_A > \Delta V_{ip} / C_A - V_{\mathrm{th},//,i} / C_A \ \text{即} \ \Delta V_{ip} / C_A < v_{oi} / C_A + v_{\mathrm{th},//,i} / C_A$$

即满足多次共振条件的重离子整体流相对于质子整体流的漂移速度是有一定的上限阈值。如果假设 $v_{\mathrm{th},//,i} \sim v_{\mathrm{th},//,p}$,则可以在 $\left(\beta_{//,p}, \Delta V_{ip} / C_A\right)$ 画出 $\Delta V_{ip} / C_A$ 阈值曲线,并验证阈值曲线以里的 $T_{\perp,i} / T_{\perp,p}$ 比阈值曲线外面是否明显增大(图 2.6.29)。

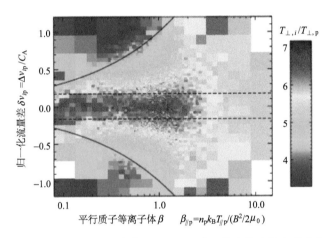

图 2.6.29　$T_{\perp,i} / T_{\perp,p}$ 在 $\left(\beta_{//,p}, \Delta V_{ip} / C_A\right)$ 二维参数空间中的分布

两条实线表征整体流漂移速度的阈值曲线(Kasper et al., 2013)。在两条阈值曲线所包裹的区域,$T_{\perp,i} / T_{\perp,p}$ 明显较大,反映可能存在更多的共振加热

由于重离子的引进,原先的离子回旋波会被调制,不仅原先的离子回旋波的趋近共振频率会明显小于质子回旋频率而靠近重离子回旋频率(图 2.6.30),而且可能出现同向传播的第二支回旋波。新增的第二支回旋波具有较高的相速度,所以可能更容易与漂移的重离子发生共振,导致漂移的重离子被垂直加热。Tu 等(2003)对重离子相空间密度的扩散方程进行数值模拟,并讨论了相向传播的多支回旋波对重离子的共振扩散作用和垂直加热效果。所以,关于重离子的加热,即使是回旋共振加热的机制,也存在到底是与哪支回旋波共振的问题与争论。

要想寻找离子回旋波存在的直接证据,需要对湍动在特定的频带上分析扰动磁场的极化关系。Jian 等(2009)通过对太阳风磁场的探测时间序列进行分析,发现对于有磁场功率谱凸起的时间段,其凸起所在频段的磁场扰动具有和离子回旋波相同的极化特征。值得注意的是,由于实际情况和等离子体物理教科书中的设定有差别:太阳风中的离子回旋波是在太阳风等离子体流的参考系下传播,太阳风等离子体流的速度(太阳风速度)一般大于波动的传播相速度(近似为阿尔文速度),卫星的速度远小于太阳风速度和阿尔

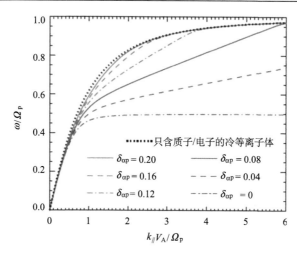

图 2.6.30　冷等离子体假设下，不同重离子整体漂移速度条件下的离子回旋波(第一支)的色散关系

可以看出：①在氦离子相对于质子有比较大的漂移速度时，该离子回旋波的色散关系(绿色实线)与没有氦离子的离子回旋波色散关系(点线)类似。②而如果氦离子和质子间没有相对漂移速度，则离子回旋波的趋近频率下降并接近氦离子的回旋频率(Cranmer 2014)

文速度，所以卫星探测波动的极化特性(卫星参考系)时，可能是先探测波头后探测波尾(如果波动沿着磁力线背日传播)，也可能是先探测波尾后探测波头(如果波动沿着弯折磁力线向日传播)。如果在卫星参考系下先探测波头后探测波尾，则探测的极化特性应该和教科书的极化特性一致，即都是左旋极化；如果在卫星参考系下先探测波尾后探测波头，则探测的极化特性应该和教科书的极化特性相反，即在卫星参考系下是右旋极化而在太阳风参考系中是左旋极化。另外，在 Taylor 冻结的近似下($V_{sw} \gg V_A$)，固定位置探测场的时间序列(极化特征)和定常情况下探测场的空间变化(波动磁螺度)是能够互相映射的。He 等(2011)分析了波动磁螺度谱随角度 θ_{RB} 的分布和变化。分析发现波动磁螺度谱存在二元的成分：①在 $0°$ 附近($0° \sim 30°$)存在负极性的磁螺度(当行星际磁场极性是背日的)或 $180°$ 附近($150° \sim 180°$)存在正极性的磁螺度(当行星际磁场极性是向日的)，为次要成分；②在 $45° \sim 135°$ 附近存在正极性的磁螺度(当行星际磁场极性是背日的)或负极性的磁螺度(当行星际磁场极性是向日的)，为主要成分。关于观测磁螺度谱的二元分布，见图 2.6.31。He 等(2012)经过正演建模，提出二元磁螺度的本质属性：主要成分对应准垂直的动力论阿尔文波(或者大角度斜传的阿尔文回旋波)；次要成分对应准平行的离子回旋波。关于二元磁螺度谱的建模重现结果，见图 2.6.32。关于二元成分的磁螺度谱分布也被 Podesta 和 Gary (2011)利用 Ulysses 航天器在高纬太阳风湍动中确认，说明是一个全球高速太阳风的普遍现象。Klein 等(2014)采用合成波动的方式，也分析了离子回旋波和动力论阿尔文波的能量分配，重现了磁螺度谱的二元分布特征。图 2.6.33 给出了两种成分共存时的扰动磁力线位形，与之相比较的是单种成分所对应的扰动磁力线位形。Zhao 等(2017)统计分析了离子回旋波在磁云内外出现的概率，发现 24%在磁云内部，而有 76%在磁云外部，另外波动的强度、频率和带框与质子的等离子体 β 值存在幂律的正相关关系(图 2.6.34)。

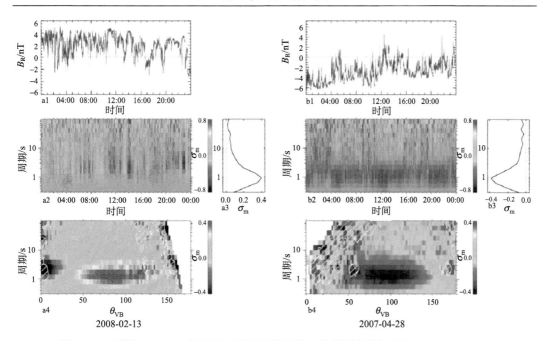

图 2.6.31　利用 STEREO 航天器对太阳风磁场湍动的磁螺度谱的研究(He et al., 2011)

左侧和右侧分别为行星际磁场背日和向日的事件。最后一行是磁螺度谱随角度 θ_{RB} 的分布：存在二元的成分

磁螺度谱的角分布

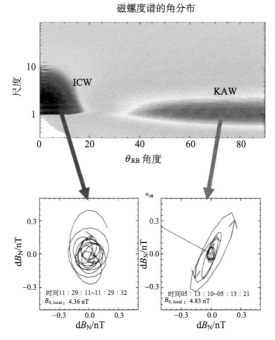

图 2.6.32　基于"全角度阿尔文波的磁螺度谱特征"和"全角度阿尔文波的功率谱分布"，建模重现观测发现的磁螺度谱的二元角分布(He et al., 2012a)(上图)。诊断出分别对应准平行的左旋圆偏振的离子回旋波和准垂直的右旋椭圆偏振的动力论阿尔文波(He et al., 2012b)(下图)

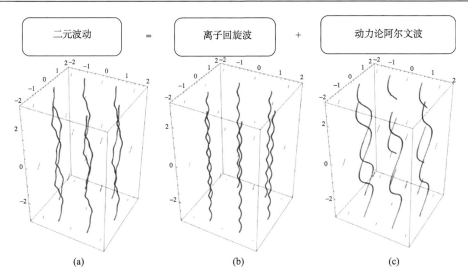

图 2.6.33　二元波动合成的湍动磁力线的形态示意(由何建森和张磊供图)(a),有离子回旋波传播的磁力线形态(b),有动力论阿尔文波传播的磁力线形态(c)

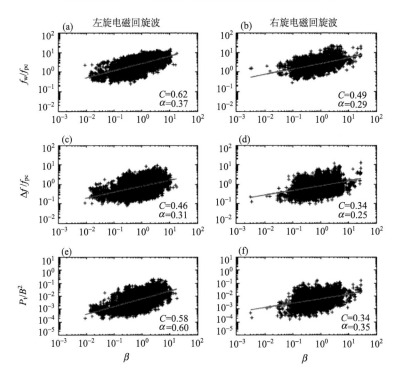

图 2.6.34　对卫星参考系下左旋(左侧)和右旋(右侧)电磁回旋波的频率、带宽、功率随等离子体 β 值的变化的统计分析(Zhao et al., 2017)

　　关于这二元波动是否同时存在耗散共振,为此 He 等(2015)分析了 WIND 卫星中的 3 秒分辨率的质子相空间密度。他们比较了质子相空间密度的等值线轮廓和三种共振扩散平台(左旋、朗道、右旋共振),发现探测的等值线轮廓能够较好地与三种共振扩散平台吻合(图 2.6.35)。结果表明：太阳风质子的核成分与准平行的离子回旋波发生左旋共振导致垂直加热，太阳风质子的束流成分与准垂直的动力论阿尔文波发生朗道共振与右旋共振导致平行加速和垂直加热。这样三种共振扩散平台曾经被描绘，如今在太阳风中得到确认。统计分析表明，扰动增强的地方，确实伴随温度增加(或者等离子体 β 值增大)和热各向异性明显的特征(图 2.6.36)(Bale et al., 2009)。但由于 Bale 等(2009)的研究显示大振幅扰动一般出现在 $(\beta_{//}, T_{\perp}/T_{//})$ 图中的不稳定性阈值曲线附近，所以无法断定这里的因果关系：增强的扰动是因，温度增加、热各向异性变明显是果(耗散加热说)；增强的扰动是果，温度增加、热各向异性变明显是因(不稳定性激发说)。从 $(\beta, A=T_{\perp}/T_{//}-1)$ 的分布随日心距离变化的趋势(图 2.6.37)(Marsch et al., 2006)，也许可以看出太阳风不是一开始就处于不稳定的状态，而是随着径向距离的增大，磁场减弱，温度非绝热膨胀冷却(带一定"保温"效果)，使得等离子体 β 值变大，从而逼近不稳定的状态。这里的膨胀"保温"作用，可能来自振幅较大的扰动的耗散加热。

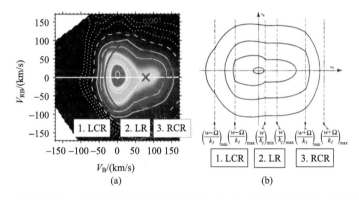

图 2.6.35　WIND 卫星探测的太阳风质子相空间密度的分布，红色曲线从左到右依次为左旋、朗道、右旋共振扩散平台，参与左旋共振的波可能是准平行的离子回旋波，参与朗道共振和右旋共振的波可能是准垂直的动力论阿尔文波或者大角度斜传的阿尔文回旋波(He et al., 2015)(a)。根据准线性共振扩散理论最早描绘的三种共振扩散平台的位置和形状(Kennel and Engelmann 1966)(b)

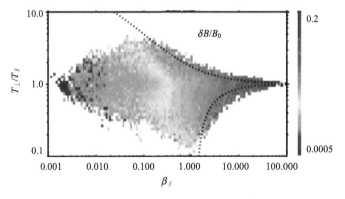

图 2.6.36　扰动幅度在 $(\beta_{//}, T_{\perp}/T_{//})$ 二维参数空间中的分布(Bale et al., 2009)
上下点线分别是镜像模(mirror mode)不稳定性和倾斜火龙管(firehose)不稳定性的阈值曲线

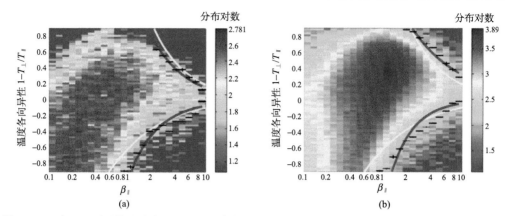

图 2.6.37　太阳风质子核成分在不同日心距离范围：<0.4 AU(a) 和>0.4AU(b) 的 $(\beta_{//}, 1-T_\perp/T_{//})$ 分布的
变化(Marsch et al, 2006)

上下黄色线分别为火龙管不稳定性和镜像模不稳定性的阈值曲线。上下红色线表征观测数据有效统计的边界

2.7　太阳风理论模型的发展

2.7.1　太阳风的球对称经典热导供能模式

等温日冕膨胀模式要求太阳风中有非常大的热传导，但是实际上太阳风中的温度向外是逐渐减小的，说明没有那样大的热传导。人们开始认为热传导率的数值应由经典理论给出，在这一节中，我们将介绍在此假设基础上的数值计算，在这些模式中电子经典热导向太阳风提供主要的能量。这些计算模式可以称为太阳风的经典热导供能模式。虽然这些模式是在早期太阳风中提出来的，但是作为认识的一个发展阶段以及其精细的计算方法仍有重要参考价值。太阳风的宏观结构的寿命一般都大于两个太阳自转周(约为 10^3 h)，在这样的时间尺度内在与太阳共转的参考系中，太阳风和行星际磁场的结构是不变的。因此在太阳风模式中总是假设有一不变的边界条件来求解定常的磁流体力学方程组。

首先假设在太阳风中没有源和汇，粒子数是守恒的，即略去了电离和复合过程。电离复合过程只是在日冕中和在太阳风与星际物质相互作用时才是重要的。其次不考虑日冕内的加热过程，略去辐射损失，只把热日冕作为一个边界条件来计算太阳风的发展。显然这种太阳风模式只在日冕加热区以上才是有意义的。

假设电子经典热导把电子加热到高温，质子通过与电子库仑碰撞得到加热。电子气体与质子气体热压力共同加速太阳风。显然经典电子热导是日冕向太阳风提供能量的方式。假设流动是球对称的，日冕气体径向向外膨胀，流速及太阳引力都沿着径向方向，流体和磁场是冻结在一起的。计算得到的速度随 r 变化的曲线必须光滑地通过临界点，由接近太阳的亚声速流变为超声速流。

在定常、径向球对称运动的情况下，质量和动量守恒方程是一阶常微分方程，在经典热导率的情况下，能量守恒方程是二阶常微分方程。这一方程组需要 4 个定解条件以确定一个特解。选定的日冕密度 $n(r_0)=n_0$ 和日冕温度 $T(r_0)=T_0$ 给出了两个定解条件，解必须平滑地通过临界点，以及在其邻域内速度随 r 递增的要求给出了第三个定解条件。

第四个定解条件通常指对 $T(r)$ 在大日心距离处的限制条件，通常取当 $r \to \infty$，$T \to 0$。然而计算表明(Hundhausen，1972)解在 $r \to \infty$ 的特性有三种可能的类型：第一类，当 $r \to \infty$ 时，$T(r) \propto r^{-2/7}$，热传导通量成为一个不变的有限值，而焓通量与热传导通量的比值趋于零；第二类，当 $r \to \infty$ 时，$T(r) \propto r^{-2/5}$，焓通量和热传导通量都按 $r^{-2/5}$ 变化，因而两者的比值趋于有限值；第三类，当 $r \to \infty$ 时，$T(r) \propto r^{-4/3}$，热传导通量比焓通量更快地趋于零，因而焓通量与热传导通量的比值趋于无穷大。对于一定的日冕温度 T_0，低日冕密度导致第一种类型的解，而高日冕密度则导致第三种类型的解。

Whang 和 Chang(1965)提出了太阳风的一维流动模式。他们假设太阳风是各向同性的，电子温度等于质子温度(相当于电子和质子之间有足够大的能量交换)，流动沿径向方向并且是球对称的，忽略磁场效应。太阳风流动的控制方程可以写为下面的形式：

$$\frac{\mathrm{d}}{\mathrm{d}r}\left(r^2 nV\right) = 0 \tag{2.7.1}$$

$$mnV\frac{\mathrm{d}V}{\mathrm{d}r} = -\frac{\mathrm{d}}{\mathrm{d}r}\left(2n\kappa T\right) - \frac{GM_\odot mn}{r^2} \tag{2.7.2}$$

$$\frac{1}{r^2}\frac{\mathrm{d}}{\mathrm{d}r}\left[mnVr^2\left(\frac{1}{2}V^2 + \frac{3\kappa T}{m}\right)\right] =$$

$$-\frac{1}{r^2}\frac{\mathrm{d}}{\mathrm{d}r}\left(PVr^2\right) - mnV\frac{GM_\odot}{r^2} - \frac{1}{r^2}\frac{\mathrm{d}}{\mathrm{d}r}\left(r^2 q_r\right) \tag{2.7.3}$$

式中，n 为质子或电子的数密度；T 为质子或电子的温度；m 为质子质量；边界条件为

$$T \to 0 \ (r \to \infty) \tag{2.7.4}$$

由式(2.7.1)、式(2.7.2)及 $p=2n\kappa T$，消去 n 得到

$$\left(V^2 - \frac{2\kappa T}{m}\right)\frac{1}{V}\frac{\mathrm{d}V}{\mathrm{d}r} = \frac{4\kappa T}{mr} - \frac{2\kappa}{m}\frac{\mathrm{d}T}{\mathrm{d}r} - \frac{GM_\odot}{r^2} \tag{2.7.5}$$

假设热流也是沿着径向方向：

$$\boldsymbol{q} = q_r \boldsymbol{e}_r \tag{2.7.6}$$

式中，$\boldsymbol{e}_r$ 为径向方向单位矢量。将式(2.7.6)代入式(2.7.3)并对 r 积分得到

$$mN\left(\frac{V^2}{2} + \frac{5\kappa T}{m}\right) + r^2 q_r - mN\frac{GM_\odot}{r} = F \tag{2.7.7}$$

式中，$N = r^2 nV$，为单位时间通过半径为 r 的球面流出的粒子数；F 为单位时间通过半径为 r 的球面流出的总能量，包括流出粒子带走的动能、热能、势能以及由于热传导流出的能量。显然，对于定常流动 N 和 F 都应该是常数。q_r 为热流通量，$q_r = -\kappa \nabla T$。κ 取为 Spitzer(1962)经典电子热导率，$\kappa = KT^{5/2}$，K 为热导系数。

由式(2.7.5)、式(2.7.7)可以数值求解 $T(r)$ 和 $V(r)$。当 $V^2 = \frac{2\kappa T}{m}$ 时，式(2.7.5)有一个奇异点(称临界点)。在这一点，$\frac{\mathrm{d}V}{\mathrm{d}r}$ 可以有任意值。只有经过临界点当 r 增加时 V 单调增加的一条积分曲线才是满足边界条件的解。Whang 和 Chang 求出了相当于前述第二类

的解。假设临界点参数为 r_c=7.5$R_\odot$，n_c=1.6×10^4 cm^{-3}，V_c=100 km/s，T_c=6.3×10^5 K。计算结果见图 2.7.1 及图 2.7.2。在地球轨道附近得到太阳风的参数为 V=260 km/s，T=1.6×10^5 K，n=8 cm^{-3}。计算出的数密度与观测值相符很好，但是速度 V 的理论值比 Hundhausen(1972)给出低速太阳风的观测值(300~325 km/s)低了很多。该模式给出的日冕底部的密度为7.4×10^7 cm^{-3}，膨胀速度为1.2 km/s，温度为1.6×10^6 K。当$r \to \infty$，$V \to$315 km/s。

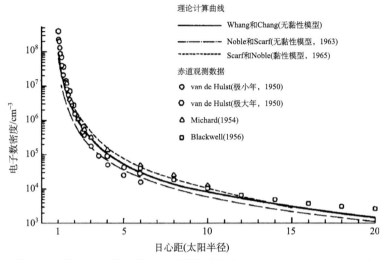

图 2.7.1　数密度 n 的计算值与观测值的比较(Whang and Chang，1965)

图中横坐标为日心距离，单位为 $R_\odot$

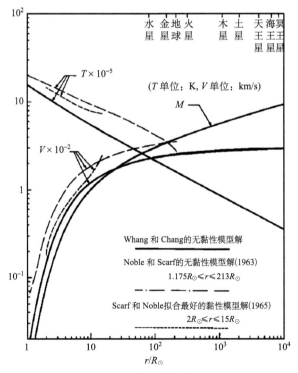

图 2.7.2　M、V、T 随日心距离的变化(Whang and Chang，1965)

2.7.2　太阳风在超径向膨胀流管中的加速

在太阳风经典模式中，日冕气体被假设为是球对称地径向向外膨胀的，流管截面积与 r^2 成正比变化。观测事实已经证明冕洞是太阳风高速流的源。在 $2R_\odot$ 以下极区冕洞截面膨胀比 r^2 要快数倍（图 2.7.3），在 $2\sim3R_\odot$ 及以上流管膨胀才近似随 r^2 变化。显然，球对称膨胀的模式不能描述由冕洞发出高速流的物理过程。为了描述这一物理过程，Kopp 和 Holzer（1976）计算了太阳风在快发散流管（也叫超径向膨胀流管）中的膨胀。

令 $A(r)$ 为流管在 r 处的截面积，假定

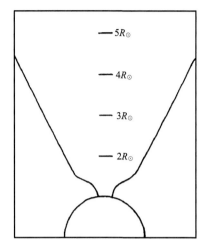

图 2.7.3　极区冕洞气体由流管向外膨胀（Kopp and Holzer，1976）

流管对中心线是球对称的

$$\frac{A(r)}{A(R_\odot)} = \left(\frac{r}{R_\odot}\right)^2 f(x) \tag{2.7.8}$$

$$f(r) = \frac{f_{max}e^{(r-R_1)/\sigma} + f_1}{e^{(r-R_1)/\sigma} + 1} \tag{2.7.9}$$

$$f_1 = 1 - (f_{max} - 1)e^{(R_\odot - R_1)/\sigma} \tag{2.7.10}$$

当 $f_{max}=1$ 时，流管截面随 r^2 变化，f_{max} 越大，流管在 R_1 附近发散越快。计算中取 $R_1=1.5R_\odot$，$\sigma=0.1R_\odot$，$f_{max}=7.5$。图 2.7.3 绘出了相应流管的形状。

假定流速和磁场只有径向分量。这意味着只计算流管中心的流动。在这一流管中稳定流动的连续性方程和动量方程为

$$\frac{d}{dr}(\rho A(r)V) = 0 \tag{2.7.11}$$

$$\rho V\frac{dV}{dr} + \frac{dP}{dr} + \frac{GM_\odot}{r^2}\rho = 0 \tag{2.7.12}$$

为了简化计算，这里用多方关系式代替能量方程：

$$\frac{d}{dr}(P/\rho^\gamma) = 0 \tag{2.7.13}$$

式中，γ 为多方指数，取 $\gamma=1.1$。

由式(2.7.11)～式(2.7.13)得到

$$\frac{1}{V}\frac{dV}{dr}(V^2 - a^2) = a^2\frac{1}{A}\frac{dA}{dr} - \frac{GM}{r^2} \tag{2.7.14}$$

式中，a 为声速，$a^2=\gamma P/\rho$。由式(2.7.13)得到

$$\frac{1}{\rho}\frac{dP}{dr} = \frac{\gamma}{\gamma-1}\frac{d}{dr}\left(\frac{P}{\rho}\right) \tag{2.7.15}$$

将式(2.7.15)代入式(2.7.12)积分，得到

$$\frac{1}{2}V^2 + \frac{a^2}{\gamma - 1} - \frac{GM}{r} = \varepsilon \qquad (2.7.16)$$

式中，ε 为积分常数，表示单位质量的动能、内能和势能的和，取 $\varepsilon = 1.8 \times 10^{15} \text{erg/g}$，相当于在无穷远太阳风的流速为 600 km/s，日冕底部温度为 $2 \times 10^6 \text{K}$。由式(2.7.11)、式(2.7.14)和式(2.7.16)求出太阳风速度 V 和数密度 n。计算结果如图 2.7.4 和图 2.7.5 所示。

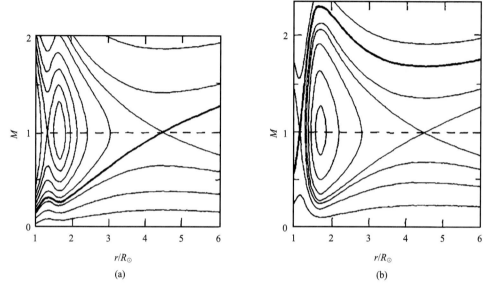

图 2.7.4　超径向膨胀流管中的太阳风马赫数随径向距离的变化(Kopp and Holzer，1976)

(a)$f_{\max} = 3$，有物理意义的解通过外临界点，$r_\circ = 4.5 R_\odot$。 (b) $f_{\max} = 12$，有物理意义的解通过内临界点，$r_\circ = 1.15 R_\odot$

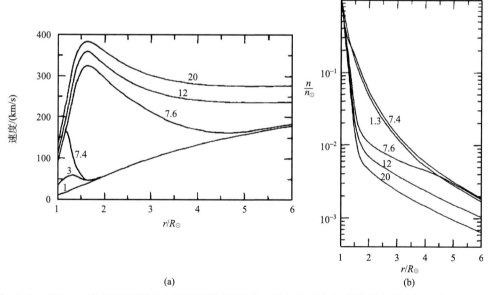

图 2.7.5　不同 $f_{\max}$ 值(即不同超径向膨胀流管情况)的太阳风速度和密度随径向距离的变化(Kopp and Holzer, 1976)

(a)为速度，(b)为密度

对于 $V=a$，方程组有两个临界点。当 $f_{max}<7.5$ 时有物理意义的曲线通过外临界点 $r_c=4.5R_\odot$[图 2.7.4(a)]，这与球面膨胀的解相似。当 $f_{max}>7.5$ 时，通过外临界点的曲线没有物理意义，有物理意义的曲线通过内临界点 $r_c=1.15R_\odot$，流体在内临界点达到超声速 [图 2.7.4(b)]。然后，流速达到一个极大值后下降，在外临界点附近流速达到极小值，再向外流速逐渐升高。由图 2.7.5 可以看到，磁力线发散越快，流速越高，数密度越低，这就解释了为什么冕洞是低密度区域。

上述计算结果表明，考虑快发散流管后，太阳风速度并没能得到有效的提高。这是由于在快发散流管模式中，太阳风起源于太阳上局部的区域，而不是像球对称模式那样起源于整个太阳表面，这就要求日冕底部供给比球对称模式要求的更大的能流，电子热导不能供给这样大的能量，也不能有效地加速太阳风。Whang 和 Chien(1978)采用严格的能量方程和经典电子热导率，用一流模式，在快发散流管条件下，计算出的太阳风速度在 1 AU 可以达到 600～700 km/s，但是要求日冕底部温度要达到 $(3.9～4.7)\times10^6$ K。而实际日冕温度一般不会超过 2×10^6 K。这说明快发散流管可以提高太阳风速度，但需要增加能量供应。为了得到太阳风高速流，需要找到提供能量的机制。

2.7.3　热传导功能模式解释高速流的困难

在 1 AU，高速流的特点是高速度、高质量通量、高质子温度、低电子温度和低热导通量，能流中主要是动能通量。太阳风的热传导模式(在这称为太阳风的经典模式)预计的太阳风速度和质子温度都太低，预计的电子热导通量又过大。在经典模式中，能量来源是电子经典热导和流体自身携带的热能。流体本身携带的热能不多，所以绝热膨胀给出的太阳风速度太低。电子经典热导提供了主要的能量，但是不能有效地转化为流动的动能，所以不能得到高速的太阳风。经典模式还认为质子气体是通过与电子库仑碰撞得到加热的。对质子来说这是一个很弱的热源。即使电子与质子的能量交换足够大，也只能得到与电子温度相同的质子温度。因此它不能描述高速流中质子温度比电子温度高得多的事实。所有这些都是经典模式的困难。

1. 关于能量供应问题

由于高速流来自快发散流管，就是说太阳风中大面积能流来源于日冕底部较小的区域。因而要求这些地方供给更大的能流[约为 10^5 erg/(cm²·s) 的量级]。Holzer 和 Leer (1980)仔细地考察了太阳通过经典的电子热导向太阳风提供能量从而使太阳风得到加速的可能性。他们发现电子热导不可能使模式预计的数值既满足日冕底部的观测限制又符合 1 AU 附近的观测结果。这说明经典电子热导不可能向太阳风提供足够的能量。需要考虑其他的供能机制。从太阳起源的磁流波有可能把太阳上的一部分能量带出来加热质子和加速太阳风。

观测表明，太阳风速度和质子温度有明显的正相关(Burlaga and Ogiluie, 1970)：

$$T_p^{1/2} = (0.036\pm0.003)V - (5.54\pm1.50)$$

式中，T_p 以 10^3K 为单位，V 的单位为 km/s。Lopez 和 Freeman (1986)分析了 Helios 飞船

的观测结果后发现对于 $V > 500km/s$，有

$$T_p = (0.77 \pm 0.021) V - (265 \pm 12.5)$$

对于 $V < 500km/s$，有

$$T_p^{1/2} = (0.031 \pm 0.002) V - (4.39 \pm 0.08)$$

太阳风中质子温度(或其平方根)与太阳风速度的正相关反映了质子加热可能对太阳风的加速有重要作用。Feldman 等(1976a)研究发现：质子和 α 粒子的温度直接同 3 小时的太阳风的整体速度变化的均方根值相关。两者相关说明速度的扰动(主要为阿尔文波)可能是质子加热的原因。速度的扰动，是磁流体力学波的体现。速度扰动与离子温度正相关，而离子温度又和太阳风速度正相关，这意味着表征携带速度扰动的磁流体力学波(如阿尔文波)可能是高速、高温太阳风的驱动源。

2. 关于热导率问题

除了对太阳风增加外部能量供给之外，还要寻找描述电子热导的规律。Hartle 和 Sturrock(1968)用日冕膨胀的二流模式和经典热导率计算出的在 1 AU 处的电子温度、电子数密度和电子热导通量都过大，他们计算出的电子热导通量数值比实测值高出大约 40 倍。经典理论预计在 1 AU 处的能量主要是由电子热导控制的，但实际上电子热导只占总能量的 3%~4%。这些都说明选用的电子热导率过大了。这说明 Spitzer-Hairm 经典热导率并不一定适合于描述太阳风中发生的物理过程。因为经典热导率是建立在电子库仑碰撞基础上的，它要求粒子平均自由程比热标高小很多。但在太阳风中这一条件对电子来说是不成立的：太阳风超热电子的自由程更长，而电子热导又主要是这些超热电子贡献的。由于热传导供能模式无法解释高速太阳风的观测特征，在下面章节中将讨论磁流波对太阳风加速和加热的模式。

2.7.4　太阳风的阿尔文脉动串级衰减供能模式

人们认识到需要引入磁流体力学波，特别是观测经常看到的阿尔文波，才有可能解决太阳风加速产生高速流的问题。Whang(1978)研究了无阻尼衰减的阿尔文波对太阳风的加速问题，发现若在 1 AU 处取磁场的相对起伏幅为 0.5，得到由太阳至 1 AU 范围阿尔文波能流都比太阳风总能流的 5%还少，它对太阳风的加速起次要作用。即使在 1 AU 处的相对起伏幅从 0 增加到 0.96，太阳风速度的增加也少于 10%，这与 2.5 节中估计的相同。显然，为了加速太阳风，需要假设阿尔文波在传播过程中发生了阻尼衰减(Hollweg, 1978a, 1978b；Jacgues, 1978)。波的衰减可以有如下的作用：①使质子加热，质子热压力的提高最后将导致太阳风的加速；②波的衰减可允许由太阳附近向外发出的阿尔文波具有较大的能流密度，而不使在 1 AU 处观测到的波动振幅过大；③阿尔文波对离子的阻尼加热的假设也可说明高速流中质子温度比电子温度高的观测事实。由于不知道阻尼衰减的具体过程，Hollweg(1978)假设在某日心距离以外阿尔文脉动的能量与背景磁场能量的比值为一常数，即处于"饱和状态"。下面介绍这一工作。

Hollweg(1978)假设由太阳发出的阿尔文波能流为 $4.8 \times 10^4 \sim 1.9 \times 10^5$ erg/ $(cm^2 \cdot s)$。在

几个太阳半径以外，阿尔文波通过波压对太阳风加速，阿尔文波能量直接转化为太阳风的动能。由于随着日心距离的增大，磁场平均值 B_0 减小得很快，而阿尔文波振幅 δB 减小得慢，在 $20R_\odot$ 左右 $<\delta B^2>/B^2$ 达到了 0.5。假设在这日心距离以外，$<\delta B^2>/B^2$ 不再增加，保持为常数，就是说达到"饱和"，用以模拟阿尔文波经历的非线性衰减的复杂过程。非线性衰减使阿尔文波的能量转化为离子热能，离子热压力又使太阳风加速。在接近太阳的区域，由于电子平均自由程很小，可以仍然用经典热导率，这里电子热压力仍然是加速太阳风的重要机制。但在大约 $10R_\odot$ 以外，由于电子平均自由程过大，要用导热效率较低的"无碰撞热导率"。这一模式得到太阳风速度在 1 AU 处为 700～800 km/s，其他参数也都大致与在高速流中观测到的参数相同，但是日冕底部 n_0T_0 值（$9\times10^{14}\,\mathrm{K/cm^3}$）稍有偏低。

虽然上述"饱和"限幅的阿尔文波供能模式说明阿尔文波的加速机制是十分有希望的，然而这一饱和波模式存在如下的一些问题。首先，这一模式在理论上不是完全自洽的。阿尔文波振幅的"饱和"的假设是用来模拟大振幅阿尔文波之间可能发生的非线性相互作用效应的。然而，Dobrowolny 等（1980a）指出在同向传播的阿尔文波之间不存在非线性相互作用；而存在非线性相互作用的波动就没有阿尔文波的基本特性。在"饱和"波的模式中，太阳风的动量方程和能量方程中的附加项都是根据阿尔文波的特性推导出来的。显然，当波动处于"饱和"状态时，这些波动就不再是纯阿尔文波了，模式中动量方程和能量方程就不是严格成立的了。其次，"饱和波"模式没有给出阿尔文波"饱和"耗散的物理机制。理论研究表明，阿尔文波在等离子体中是不易耗散的。最后，Helios 的观测表明（Villante and Vellante，1982），阿尔文脉动的相对幅度的平方 $<\delta B^2>_T/B_0^2$ 只在 $T=60$ min 时是常数，当 $T>60$ min 时，$<\delta B^2>_T/B_0^2$ 是随 r 增加而增加的，这说明"饱和"的假设并不能精确描述已有的观测事实。

为了克服"饱和"限幅阿尔文波供能的上述局限性，Tu（1987）提出了一个相对自洽的阿尔文脉动的加速模式。这一模式是建立在 Tu（1983a，1983b）和 Tu 等（1984）提出的阿尔文脉动的波能串级理论的基础上的。这一模式，一方面在理论上是自洽的，另一方面它的结果不仅能满足观测对太阳风模式提出的在日冕底部和 1 AU 附近的限制条件，而且能描述阿尔文脉动在 0.3～1 AU 的主要径向发展特征。

这一工作的主要假设如下。

（1）在由日冕底部至 1 AU 的空间范围内，阿尔文脉动的能量起源于太阳。这一假设只是真实情况的一个近似。很可能，一小部分向外传播的阿尔文脉动的能量是在行星际空间中产生的，但是在下面的计算中，略去了这一部分脉动的作用。

（2）在 $10R_\odot$ 以内，阿尔文脉动以阿尔文波的 WKB 解的方式向外传播。这一假设是基于如下的考虑，即通常在 $10R_\odot$ 以内，阿尔文脉动的相对振幅很小，因而 WKB 近似可以适用。

（3）在 $r>10R_\odot$ 的空间范围，阿尔文脉动的相对振幅较强，因而非线性效应起作用。代替"饱和"的假设。这一模式应用阿尔文脉动的能谱方程，描述阿尔文脉动的能谱的径向变化。

（4）假设流动是定常的，各参量都只与 r 有关，速度沿径向。考虑太阳风的"一元流体"控制方程组。

模式给出的质量守恒、动量守恒、能量守恒方程和阿尔文脉动的能谱方程可写为如下形式：

$$nmVA = F \tag{2.7.17}$$

$$V\frac{\mathrm{d}V}{\mathrm{d}r} + \frac{1}{mn}\frac{\mathrm{d}}{\mathrm{d}r}(2n\kappa T) + \frac{GM_\odot}{r^2} = -\frac{1}{mn}\frac{\mathrm{d}}{\mathrm{d}r}\left(\frac{\langle \delta\boldsymbol{B}^2\rangle}{8\pi}\right) \tag{2.7.18}$$

$$3nV_\kappa\frac{\mathrm{d}T}{\mathrm{d}r} = 2V\kappa T\frac{\mathrm{d}n}{\mathrm{d}r} - \frac{1}{A}\frac{\mathrm{d}}{\mathrm{d}r}(qA) - \frac{1}{A}\frac{\mathrm{d}}{\mathrm{d}r}\left[A\left(\frac{3}{2}V + V_\mathrm{A}\cos\psi\right)\frac{\langle \delta\boldsymbol{B}^2\rangle}{4\pi}\right] + V\frac{\mathrm{d}}{\mathrm{d}r}\frac{\langle \delta\boldsymbol{B}^2\rangle}{8\pi} \tag{2.7.19}$$

$$\frac{1}{A}\frac{\mathrm{d}}{\mathrm{d}r}\left(A\left(\frac{3}{2}V + V_\mathrm{A}\cos\psi\right)\frac{P(f,r)}{4\pi}\right) - V\frac{\mathrm{d}}{\mathrm{d}r}\frac{P(f,r)}{8\pi} = -\frac{\partial}{\partial f}\frac{F(f,r)}{4\pi} \tag{2.7.20}$$

其中 F 为一常数，ψ 为磁力线与径向的夹角，由下式确定：

$$\cos\psi = \left(1 + (\Omega r / r)^2\right)^{-\frac{1}{2}}, \quad \text{对于 } r \geqslant 10R_\odot \tag{2.7.21}$$

$$\cos\psi = 1, \quad \text{对于 } r < 10R_\odot \tag{2.7.22}$$

$$\Omega = 2.7\times10^{-6}\text{rad/s}, \quad V_\mathrm{A} = B_0\big/\sqrt{4\pi mn} \tag{2.7.23}$$

f_0 为脉动的低频限，对于 $f \leqslant f_0$，$P(f, r) = 0$。f_0 在模式中被假设为不随 r 变化。f_H 为脉动的高频限，由质子回旋频率决定。式 (2.7.18) 中的 $\langle \delta\boldsymbol{B}^2\rangle = \int_{f_0}^{f_\mathrm{H}} p(f,r)\mathrm{d}f$。

图 2.7.6 示出了 $\langle \delta\boldsymbol{V}^2\rangle^{1/2}$ 随 r 变化的剖面。曲线的最大值在 $r = 10R_\odot$。这与由射电观测资料推算的结果（Armstrong and Woo，1981）是一致的。在日冕底部，有 $\langle \delta\boldsymbol{V}^2\rangle^{1/2} = 25$ km/s。

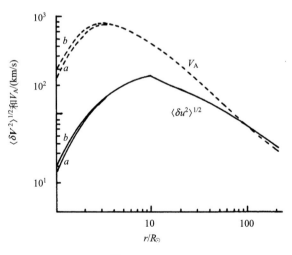

图 2.7.6　$\langle \delta\boldsymbol{V}^2\rangle^{1/2}$ 和 V_A 随 r 的变化 (Tu, 1987)

这满足观测对 $\langle \delta \boldsymbol{V}^2 \rangle^{\frac{1}{2}}$ 提出的在日冕底部的限制条件。相应能流通量

$$F = \frac{\langle \delta \boldsymbol{B}^2 \rangle}{4\pi} V_{\mathrm{A}} = 3.8 \times 10^4 \, \mathrm{erg} / (\mathrm{cm}^2 \cdot \mathrm{s})。$$

图 2.7.7 示出了速度 V 的剖面。由图看到，由日冕底部速度 V_0=0.6 km/s 加速到 1 AU 的速度 V_{E}=623 km/s。主要加速区在 $5R_\odot$ 至 $25R_\odot$，在 0.3 AU 以外，太阳风速增加很慢，基本上是常数。这与由射电观测到的结果（Armstrong and Woo，1981）和 Heios 观测到的结果（Villante，1980）是一致的。

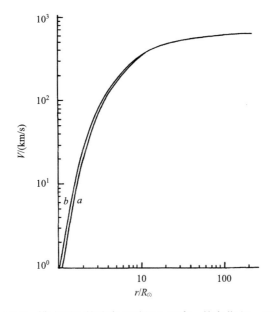

图 2.7.7　模式预计的速度 V 随日心距离 r 的变化（Tu, 1987）

上面介绍了波能串级衰减的阿尔文脉动供能模式给出的一个数值解。这一模式用理论上自洽并在 0.3 AU 至 1 AU 得到观测检验的阿尔文脉动的波能串级理论代替"饱和"的假设，因而使模式的结果有更大的真实性。该工作首次自洽地描述了大尺度的太阳风流动和小尺度阿尔文脉动谱及其他参数的径向变化。但是为了能得到更理想的温度剖面以及讨论大一些的质子数通量，如 $n_{\mathrm{E}} V_{\mathrm{E}} = 4 \times 10^8 \mathrm{cm}^{-2} \cdot \mathrm{s}^{-1}$，需要考虑（阿尔文脉动）在 $10R_\odot$ 以内的可能的耗散机制，如高频湍动的离子回旋共振耗散。

2.7.5　含日冕加热和太阳风加速的太阳风模型

日冕加热是太阳风加速起源的重要组成部分，所以要建立一个完整的太阳风起源模型需要考虑日冕加热的物理过程。其实日冕加热不单单是太阳风起源的重要因素，也是到处存在的不同尺度的日冕环辐射的成因。日冕加热和行星际太阳风的加热存在不同的地方：前者需要在几兆米的空间范围内温度迅速由几千到一万摄氏度升高到一百万摄氏度以上，后者则要避免太阳风膨胀到 1 AU 时温度下降过快而要维持在几十万摄氏度的

水平。对比来看，日冕加热需要更高的加热率和更有效的加热途径。关于日冕加热的途径，人们提出了多种的可能性：准平行传播的高频阿尔文波的回旋共振耗散加热(Tu and Marsch，1997; Li et al., 1999; Cranmer, 2001; Chen and Hu, 2001; Li et al., 2004; Chen et al., 2004)；准平行传播的低频阿尔文波的波模转换可压缩耗散加热(Ofman, 2004; Suzuki and Inutsuka，2005)；准垂直的动力论阿尔文波的非共振散射加热(Chandran et al., 2010)；湍动垂直串级成 2D 结构耗散加热(Matthaeus et al., 1999)；磁力线编织形成电流片磁重联耗散加热(Parker，1988; Gudiksen and Nordlund，2005)等。

1. 高频阿尔文波的扫频耗散加热驱动太阳风模型

准平行传播的高频阿尔文波的耗散加热被认为是日冕加热的一个有效机制(Axford and McKenzie，1992)，而且所产生离子热各向异性($T_\perp/T_{/\!/}$>1)与 SOHO 飞船上的 UVCS 仪器所诊断的离子(如 O^{5+})垂直温度大于平行温度的现象一致(Li et al., 1998; Kohl et al., 1998)。随着磁通量管的膨胀，离子的回旋频率越来越低，发生共振的阿尔文波频率也将变得越来越低，所以随着阿尔文波向外传播的过程也是一个共振频率从高频扫向低频的过程，这个过程后来也叫高频阿尔文波的扫频耗散加热机制。Tu 和 Marsch(1997)在双流体太阳风模型里针对质子的能量方程中，引进了高频阿尔文波的扫频耗散加热项。假设超过特定频率的波谱的能量都耗散传给离子，Tu 和 Marsch (1997)给出了如下的扫频耗散加热率项：

$$Q = -(V + V_A \cos\phi)\frac{P(f_h, r)}{4\pi}\frac{\mathrm{d}f_h}{\mathrm{d}r} \tag{2.7.24}$$

这个扫频耗散加热率与串级耗散加热率是不一样的：扫频耗散加热率是耗散现成的功率谱，串级耗散加热率是耗散从大尺度串级到小尺度的功率谱，前者一般大于后者。把扫频耗散加热项写在质子的能量方程里：

$$\frac{\partial T_p}{\partial t} + V\frac{\partial T_p}{\partial r} + (\gamma - 1)\frac{T_p}{A}\frac{\partial}{\partial r}(VA) = \frac{(\gamma - 1)}{nk_B A}\frac{\partial}{\partial r}\left[Ak_p\frac{\partial T_p}{\partial r}\right] - v_{ep}(T_p - T_e) + Q\frac{\gamma - 1}{nk_B} \tag{2.7.25}$$

基于这样的扫频耗散加热模型，Tu 和 Marsch (1997)得到加热形成的过渡区温度剖面(图 2.7.8，图 2.7.9)。而在模型中，太阳大气电子的加热则是通过电子与质子的库仑碰撞来获得能量，没有考虑其他的加热机制。

为了能够直观研究阿尔文波传播演化和非线性作用对太阳大气乃至太阳风的影响，需要在太阳大气和行星际环境中对波动和流动开展一体(同一个方程描述，不区分流动方程和波动方程)的直接模拟研究(Kudoh and Shibata, 1999; Orta et al., 2003; Ofman 2004)。Suzuki 和 Inutsuka (2005)拓展了直接模拟流动和波动的空间范围(从光球直到 0.3 AU)。Suzuki 和 Inutsuka (2006)在光球层引入低频(频率≤0.05 Hz)的横向振荡的阿尔文波，设置不同的波谱强度、不同的波动极化特征、不同的光球磁场强度 $B_{r,0}$、不同的超径向膨胀因子 f_{max}，从而得到不同流速的太阳风，而且能够实现日冕加热到≥10^6K 的效果。日冕的加热是由于阿尔文波通过反射和波模转换成可压缩的波模进而耗散引起的。本书认为该模型结果能够较好地解释如下两种观测现象：①太阳风速度和日冕温度的反相关关系；②高速太阳风伴随较大振幅的阿尔文波。

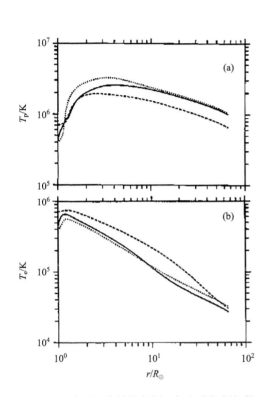

图 2.7.8　准平行传播的高频阿尔文波扫频加热
　　　　太阳风的模拟结果

(a)质子的温度剖面；(b)电子的温度剖面。不同线型表示不
同的模型参数设置(Tu and Marsch，1997)

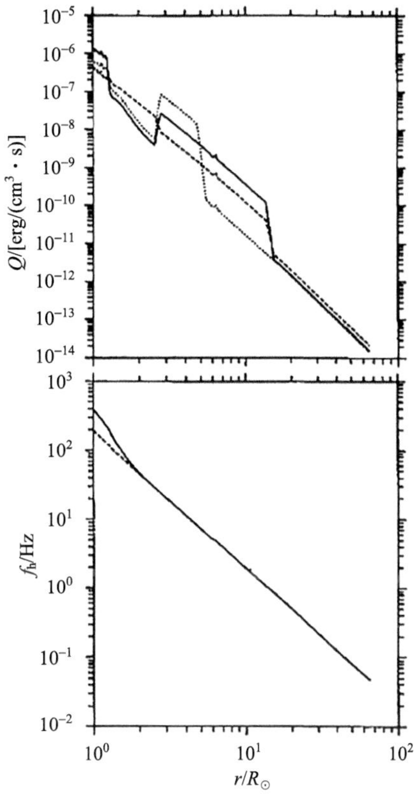

图 2.7.9　扫频耗散的加热率和耗散频率随日心距
　　　　离的变化(Tu and Marsch，1997)

不同线型表示不同模型参数设置的结果

2. 低频阿尔文波的反射与转换加热驱动太阳风模型

Suzuki 和 Inutsuka（2006）设置了两步的磁通量管的膨胀，第一步的磁通量管膨胀与 Tu 等（2005）所讨论的日冕漏斗状磁结构模型类似，第二步的磁通量管膨胀与 Kopp 和 Holzer（1976）所讨论的大尺度极区磁通量管膨胀模型类似。

$$B_r r^2 f(r) = \text{const} \tag{2.7.26}$$

$$f(r) = \frac{f_{1,\max} \exp\left(\dfrac{r - R_1}{\sigma_1}\right) + f_1}{\exp\left(\dfrac{r - R_1}{\sigma_1}\right) + 1} \frac{f_{2,\max} \exp\left(\dfrac{r - R_2}{\sigma_2}\right) + f_2}{\exp\left(\dfrac{r - R_2}{\sigma_2}\right) + 1} \tag{2.7.27}$$

$$f_1 = 1 - \left(f_{1,\max} - 1\right) \exp\left(\frac{R_\odot - R_1}{\sigma_1}\right) \tag{2.7.28}$$

$$f_2 = 1 - \left(f_{2,\max} - 1\right)\exp\left(\frac{R_\odot - R_2}{\sigma_2}\right) \tag{2.7.29}$$

式中，$R_1 = 1.01\ R_\odot$，$R_2 = 1.2\ R_\odot$，f_1 和 f_2 为两个自由设定的参数，一般 $40 > f_1 > f_2 > 2$。

两步超径向膨胀的磁通量管如图 2.7.10 所示。左侧为中心管轴为径向向外不弯曲的情况（模拟工作所用的情况），右侧为中心管轴随背景场弯曲的情况（可能更加符合实际情况）。

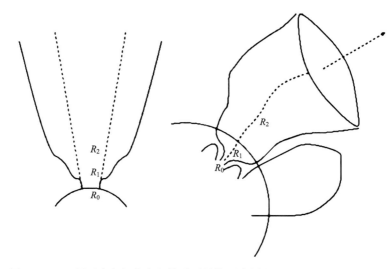

图 2.7.10　日冕两步超径向膨胀的磁通量管示意图（Suzuki and Inutsuka, 2006）

模拟得到的各个变量随径向距离的变化，如图 2.7.11 所示。可以看到，模拟结果（曲线图）和目前各种观测手段估计的结果（散点图）比较一致。

外传阿尔文波的波模转换与反射是阿尔文波动耗散加热太阳大气的重要前提。为了显示阿尔文波外传和反射内传的特征，以及波模转换成慢波的特征，本节给出了关于 $(v_\perp, B_\perp/B_r)$ 和 (ρ, v_r) 两对变量对的时空切片图（图 2.7.12）。可以看到 $v_\perp$ 和 $B_\perp/B_r$ 的时空切片具有 $v \pm V_A$ 的斜率。在背景磁场向外的情况下（$B_r > 0$），对于 $v + V_A$ 的结构是反相关的[$\mathrm{CC}(v_\perp, B_\perp/B_r) < 0$]，表明外传阿尔文波的极化关系；对于 $v - V_A$ 的结构是正相关的[$\mathrm{CC}(v_\perp, B_\perp/B_r) > 0$]，表明内传阿尔文波的极化关系。$\rho$ 和 v_r 的时空切片大体上具有 $v \pm C_S$ 的斜率，但由于 v 远大于 C_S，可能从时空切片的斜率差异中不易区分 $v + C_S$ 和 $v - C_S$ 的传播特征。但是从 ρ 和 v_r 的相关性（正相关或者反相关），可以看出外传或内传的波动。激发慢波所需要纵向振荡的力被认为是由阿尔文波的二级安培力（纵向方向）所提供的。反射的阿尔文波主要是介质的不均匀性（存在阿尔文速度梯度）所引起的，而介质的不均匀性可以是背景分层大气的不均匀性或者是所激发的慢波的压缩性所引起的局地不均匀性。慢波压缩所导致的不均匀反射，在整体图像上是参数不稳定性衰减的特征，即外传阿尔文波参数化衰减成外传的慢波和内传的阿尔文波（Goldstein，1978）。

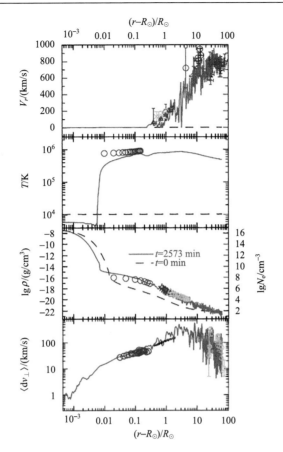

图 2.7.11 各变量随径向距离变化的模拟初始态（图中黑色虚线）、模拟准稳态（图中红色实线）、观测估计的状态（图中离散的图标）的比较（Suzuki and Inutsuka, 2006）

从上至下：(1)径向速度分量随径向距离的变化，绿色三角形带误差棒和蓝色三角形带误差棒分别对应 UVCS 观测极羽间隙和多普勒暗化效应所得到的外流速度，蓝色空心正方形带粗误差棒对应 IPS 监测高纬太阳风的估算结果（Kojima et al., 2004），灰色空心圆带误差棒对应 VLBA 监测太阳风的估算结果（Habbal et al., 1994）。(2)温度随径向距离的变化，粉红空心圆对应 CDS/SOHO 离子谱线对测量推算的电子温度（Fludra et al., 1999）。(3)密度径向向距离的变化，圆圈和星形分别代表 SUMER/SOHO 和 CDS/SOHO 观测离子谱线对强度所推算的电子密度（Wilhelm et al., 1998; Teriaca et al., 2003），绿色三角和红色正方形是由 LASCO/SOHO 观测极化的白光 K 冕所预测出来的电子密度（Lamy et al., 1997; Teriaca et al., 2003）。(4)垂直速度扰动随径向距离的变化，蓝色圆圈和黑色叉线分别对应 SUMER/SOHO 和 UVCS/SOHO 所观测到的谱线的非热展宽（Banerjee et al., 1998; Esser et al., 1998），绿色圆圈带误差棒对应由 EISCAT 所进行的 IPS 监测推算的结果（Canals et al., 2002）

  阿尔文波反射的存在，意味着不能用 WKB 方法来描述阿尔文波的传播。不同频率的阿尔文波其反射的效率不一样：低频波更容易被反射，而高频波则相对更容易穿透。Cranmer 和 van Ballegooijen (2005) 利用下面的公式计算并沿用的 Barkhudarov (1991) 的计算方法，给出了不同频率的阿尔文波从太阳光球到 1 AU 的反射情况，并图示了"反射率"随周期和径向距离的变化（图 2.7.13）。

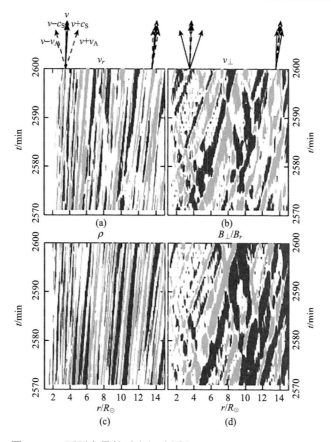

图 2.7.12　不同变量的时空切片图(Suzuki and Inutsuka, 2006)

(a) 径向速度分量(v_r)，(b) 垂直速度分量($v_\perp$)，(c) 密度(ρ)，(d) 垂直磁场分量/径向磁场分量($B_\perp/B_r$)

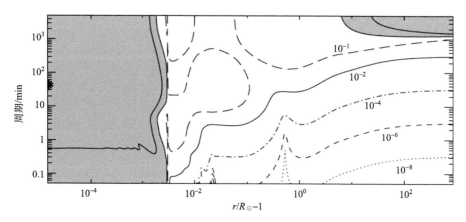

图 2.7.13　内传波能密度与外传波动密度的比值(E^+/E^-)随径向距离和波动周期的变化，用以表征反射的强弱(Cranmer and Ballegooijeu, 2005)。反射强和弱的地方分别用灰色和白色表示，灰色区域的两条等值线分别为 0.5 和 0.75。太阳大气的过渡区($r/R_\odot-1$至$0.003R_\odot$)也是反射从强转弱的区域。另外，在行星际的弱反射区中，可以看到 $E^+/E^-\sim\omega^{-2}$

$$\frac{\partial Z_{\pm}}{\partial t} + (u \pm V_A)\frac{\partial Z_{\pm}}{\partial r} = (u \pm V_A)\left(\frac{Z_{\pm}}{4H_D} + \frac{Z_{\mp}}{2H_A}\right) \tag{2.7.30}$$

式中，两个带符号的标高分别为质量密度标高 $H_D = \rho/(\partial\rho/\partial r)$ 和阿尔文速度标高 $H_A = V_A/(\partial V_A/\partial r)$。该公式对于超径向膨胀的磁通量管也是有效的，也和早期人们推导的公式接近(Heinemann and Olbert，1980)。目前的公式更加紧凑一些，对于描述非平衡的波动振幅随大尺度的密度的变化(假设定常态并忽略右边第二项的反射项)非常直接：①靠近太阳的地方 ($u \ll V_A$)，有 $z_- \sim \rho^{-1/4}$；②在远离太阳的地方 ($u \gg V_A$)，有 $z^- \sim \rho^{+1/4}$。

2.7.6　流管非径向延伸的太阳风模型

前述的几个模型(Tu and Marsch, 1997; Suzuki and Inutsuka，2006; Cranmer et al.，2007)讨论的都是径向单流管的模型。实际流管的管轴是非径向延伸的，所以需要考虑弯曲倾斜流管对太阳风加热加速的影响。一般而言，位于冕洞中心(特别是极区冕洞中心)的流管是径向延伸的，而冕洞边界的流管则是非径向延伸的，所以与冕洞边界的距离的长短大概能够反映流管非径向延伸的程度。Arge 等(2004) 改进了 Wang 和 Sheeley (1990,1991)关于太阳风速度和磁流管在源表面高度的膨胀因子(f_s)之间的反相关关系，添加了一个参数，用以描述磁流管离最近的冕洞边界的最小的角距离(θ_b)。改进后的模型称为Wang-Sheeley-Arge 模型，改进后的公式列为如下：

$$V(f_s,\theta_b) = 265 + \frac{1.5}{(1+f_s)^{1/3}}\left[5.8 - 1.6e^{1-(\theta_b/7.5)^3}\right]^{3.5} \tag{2.7.31}$$

需要注意的是，这里的膨胀因子(f_s)是指磁场外推到源表面高度的磁流管截面与径向膨胀到源表面高度的磁流管截面的比值，而非几十个乃至上百个 $R_\odot$ 处的两个磁流管截面的比值。一般的，源表面高度的膨胀因子是与太阳风速度成反比的，而行星际空间中的膨胀因子是与太阳风速度成正比的。这样的反比和正比的关系，已经被多个模拟所重现，如图 2.7.14 中的黑色散点图和红色散点图所示。

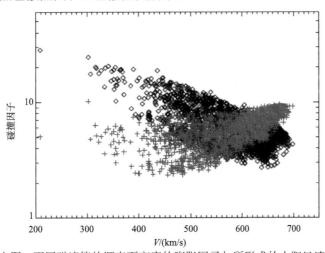

图 2.7.14　黑色散点图：不同磁流管的源表面高度的膨胀因子与所形成的太阳风速度的关系(反相关)(Pinto and Rouillard, 2017)。红色散点图：不同磁流管的外边界高度(日心距离 $31R_\odot$)的膨胀因子与所形成的太阳风速度的关系(正相关)

在 Wang-Sheeley-Arge 模型里，最主要要计算的是基于太阳光球磁图外推日冕磁场的位形，目前所采用的磁场外推方法是势场源表面模型(potential field source surface，PFSS)+电流片模型(Schatten current sheet，SCS)(Wang and Sheeley, 1995)。其中 PFSS 方法介绍如下：①假设电流在日冕的某个高度的源表面处(如在日心距离 $2.5R_\odot$ 处)，作为方法外边界的源表面处的磁场是径向向外的，②在源表面和光球之间没有电流(即磁场是势场)，③作为方法内边界的磁场的径向分量由光球磁图给出，④基于球坐标系下的拉普拉斯方程的解是勒让德函数之和的形式，根据内外边界条件给出勒让德函数前面的系数。而 SCS 的思路和方法介绍如下：①认为在源表面之外的日球层电流片的实际宽度是比较窄的，所以有必要调整 PFSS 外推得到的在源表面高度处的磁场方向，PFSS 的源表面高度作为 SCS 方法的内边界高度；②为了达到反向磁场相互挤压形成薄电流片的效果，事先改变其中向日磁场的极性而保留背日磁场的极性，从而营造一个"大单极"的效果，保证原先相反极性的两条相邻磁力线之间能够互相靠拢而非径向发散；③基于源表面高度"大单极"的径向磁场分量的分布，进一步假设磁场在日冕外边界(比如日心距离 $21.5R_\odot$ 处)是径向向外的，从而在内外边界之间进行势场外推；④把外推之后的磁场极性重新恢复成原来的极性，即得到从源表面高度(比如日心距离 $2.5R_\odot$ 处)到日冕外边界(比如日心距离 $21.5R_\odot$ 处)的磁场分布。图 2.7.15 显示并比较了观测到的日冕结构和磁场外推模型(PFSS, PFSS+SCS)的相似和差异。

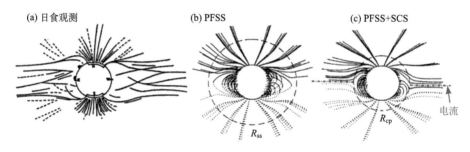

图 2.7.15　基于日食期间观测所描绘的日冕结构(赤道盔状冕流、极区羽状结构)(a)；势场源表面(PFSS)模型外推得到的磁场结构(b)；势场源表面模型(PFSS)+电流片模型(SCS)外推得到的磁场结构(Zhao and Hoeksema, 1994)(c)

倾斜或弯曲的磁通量管对太阳风加速的影响，在太阳风的数值模型中也被考虑了(Li et al., 2011; Pinto et al., 2016)。非径向管轴的磁通量管影响太阳风加速的主要原因在于：对于相同的径向方向的热压或波压梯度力，非径向管轴相对于径向管轴需要推动更多的物质做功，所以非径向管轴单位密度所获得的加速就相对变少，最后的趋近速度相对较低。基于非径向管轴的磁通量管太阳风模型，Pinto 等(2017)创建了全球的多磁通量管太阳风模型，该模型的特色是能够快速计算并获得行星际空间中的太阳风的全球状态分布，相对于真正求解步进太阳风的三维磁流体力学方程组要省很多时间。这对于统计研究不同情况下磁通量管对太阳风形成的影响也有很大的便利。图 2.7.16 列出 Pinto 和 Rouillard(2017)的多磁通量管太阳风模型的结果。然而在多磁通量管太阳风模型中，缺少磁场的控制方程，所以磁通量管无法动态演化。

CR 2056

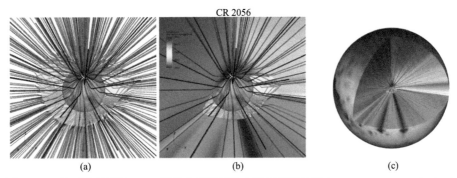

(a)　　　　　　　　(b)　　　　　　　　(c)

图 2.7.16　针对卡林顿第 2056 周的多磁通量管太阳风模拟结果(Pinto and Rouillard, 2017)

(a)灰色的球面图是对 WSO 磁图的渲染,绿色和黑色的线是基于 PFSS 外推得到的磁力线,黄色半透明曲面是冕洞边界。

(b)低日冕中的太阳风速度,其中暗蓝色和暗红色分别表示 250 km/s 和 650 km/s。(c)外边界设在 15 R。

2.7.7　阿尔文波衰减与耗散驱动太阳风的二维全球模型

为了解释温度的热各向异性,Li 等(1999,2004)利用 Hollweg 所提出的 Kolmogorov 耗散率近似公式($Q_{kol} = \rho \left\langle \delta v^2 \right\rangle^{3/2} / L_c$,其中 L_c 为相关长度),并按照 Isenberg (1984)所提出耗散率分配公式,赋给质子的平行和垂直热能的控制方程,从而模拟得到质子温度及其各向异性随日心距离乃至纬度的变化(图 2.7.17)。模拟结果发现:热各向异性的质子平均温度要低于热各向同性假设的质子平均温度,这可能是源于质子在平行方向的冷却效果(图 2.7.18)。

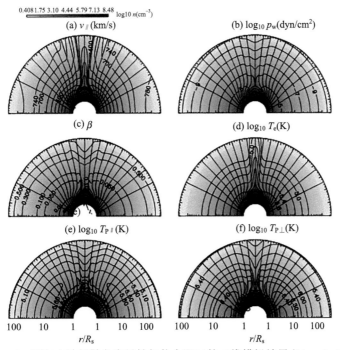

图 2.7.17　阿尔文波耗散各向异性加热太阳风的二维模拟结果(Li et al., 2004)

(a)~(f)的背景图都是密度的分布;(a)~(f)的等值线分别是平行场向速度、阿尔文波压、等离子体总热压所对应的 β 值、电子温度、质子平行温度和质子垂直温度的分布

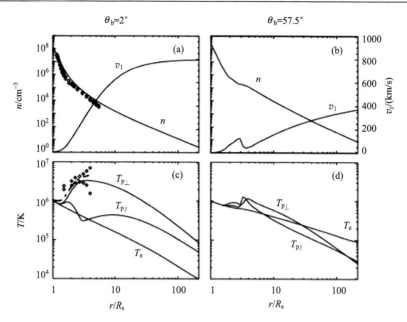

图 2.7.18　在两个不同余纬角度(左侧和右侧分别对应高纬和低纬)的变量随日心距离的变化(Li et al., 2004)

上图显示密度和场向速度的径向剖面。左图是高速流,右图是低速流。下图显示电子温度、质子平行温度和质子垂直温度的径向剖面

　　Yang 等(2016) 在 Feng 等(2014)所提出的利用六片网格法模拟全球太阳风模式的基础上,借用了 Ofman 等(2004)在下边界引入幂律谱阿尔文波的做法,直接模拟了阿尔文波在二维子午面内不同纬度的传播演化及其对高低速太阳风的加速作用。下边界处的阿尔文波的引入设置如下:

$$V_\varphi(t,\theta,r=1) = V_d / a_s F(t,\theta)$$
$$B_\varphi(t,\theta,r=1) = -\mathrm{sign}(B_r)V_\varphi / \sqrt{\rho} \qquad (2.7.32)$$
$$F(t,\theta) = \sum_{i=1}^{N} a_i \sin(\omega_i t + \Gamma_i(\theta))$$

式中, V_φ 和 B_φ 为经向的分量,表征垂直于经向和纬向的背景磁场的速度扰动和磁场扰动。为了模拟幂指数为–1 的阿尔文波谱,设置 $a_i \sim i^{-0.5}$。波谱所设定的周期范围是 $100 \sim 10000$ s。特征扰动速度 V_d 设置为 75 km/s。

　　模拟得到高纬高速流、低纬低速流的结果,以及高纬阿尔文波准平行传播仍存在、低纬阿尔文波准垂直传播并消逝的结果(图 2.7.19)。高速流和低速流的形成原因的差异被认为是是否有阿尔文波压梯度力持续做功加速。

　　在所模拟的区域内($r<16$ R_s),低纬日冕和太阳风的温度高于高纬太阳风的温度(图 2.7.20)。低纬电流片附近消逝的准垂直传播的阿尔文波,是否对低纬日冕和太阳风有额外的耗散加热作用,在 Yang 等(2016)的工作中没有详尽讨论。

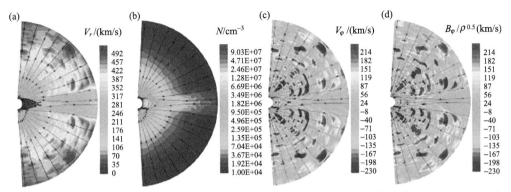

图 2.7.19 在子午面内，日心距离从 1 到 16 个太阳半径，不同变量的空间分布（Yang et al., 2016）

(a)径向速度分量 V_r；(b)数密度；(c)经向扰动速度分量 V_φ；(d)经向扰动磁场分量 V_φ

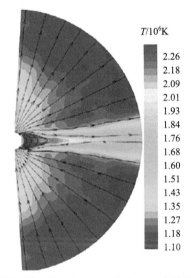

图 2.7.20 在子午面内，日心距离从 1 到 16 个太阳半径，温度的二维空间分布（Yang et al., 2016）

2.7.8 阿尔文波衰减耗散驱动太阳风的三维模型

对于三维太阳风模型而言，特别是要实现太阳观测数据驱动的目标，如何既能很好地设定球面内边界条件又能很好地实现三维全球计算区域的物理量时间步进，是一个很大的挑战。如果用球坐标系来描述边界条件和计算区域里的微分控制方程，则会碰到关于网格系统的两个尴尬问题：网格奇性和网格汇聚。所谓的网格奇性：在南北两个极点附近，球坐标系的梯度 $\nabla = \left(\dfrac{\partial}{\partial r}, \dfrac{\partial}{r\partial\theta}, \dfrac{1}{r\sin\theta}\dfrac{\partial}{\partial\phi} \right)$ 中的第三项的绝对值是一个无穷大的值，具有奇异性。所谓的网格汇聚：在南北两个极点附近，网格非常密集，网格尺度非常小，导致计算时间步长非常短，计算很慢而且数值耗散可能很大。如果采用直角坐标系网格，虽然能避免极区网格的奇性和网格的汇聚问题，但是处理太阳表面的边界条件则有一定的困难（van der Holst and Keppens, 2007）。为此人们想到了把球面网格分成多个弧面网格的方法。这种方法可以均匀地将一个球面划分成同等大小的弧面，每个弧面在球坐标系下是同等的，不存在极点的球坐标问题，而且也有利于处理内边界条件(Feng et al.，2007)。在综合阴阳网格和六面体网格的基础上，Feng 等(2010)提出了新的重叠网格，即六片网格，并成功应用在太阳风的全球模型上。图 2.7.21 给出了相互重叠的六片网格的几何构型。

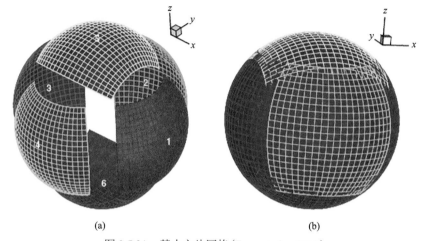

(a)　　　　　　　　　　　　　(b)

图 2.7.21　基本六片网格(Feng et al.，2010)

(a)由六片网格组成的球面外网格；(b)将球面分割成六片相同的部分重叠的弧面网格。每片网格是(θ, φ)空间中的一个矩形

在动量方程和能量方程分别引入随距离衰减的加速源项和体加热源项之后，Feng 等(2010)得到了太阳风参数的三维全球分布，成功再现子午面里的低纬低速流、高纬高速流的特征，也给出了赤道面(接近黄道面)里高速流和低速流相互作用的流界面特征(图 2.7.22)。

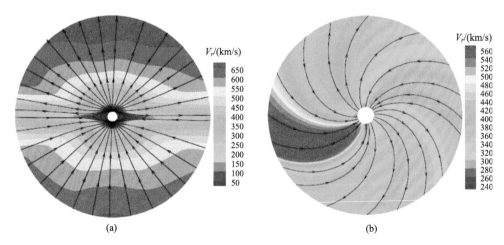

(a)　　　　　　　　　　　　　(b)

图 2.7.22　太阳风径向速度分量在日心距离 1~20$R_\odot$的子午面内的分布(a)。太阳风径向速度分量在日心距离 20~215$R_\odot$的赤道面内的分布(Feng et al.，2010)(b)

更进一步，Yang 等(2011)在六片网格法的基础上，讨论了三种不同的加热机制，即

"阿尔文波耗散加热"(Alfvén heating mechanism, AHM)、"湍动耗散加热"(turbulence heating mechanism, THM)和"体积加热"(volume heating mechanism, VHM),对全球太阳风形成结果的差异。关于第一种加热机制"阿尔文波耗散加热",文中假设阿尔文波是短波长近似,没有波的反射,在波能 ε 的控制方程(WKB 近似)中添加了一个耗散项(Q_e),而 Q_e 项的表达式也是基于三阶矩串级率的公式(Hollweg, 1986; Li et al., 2005)。

$$\frac{\partial \varepsilon}{\partial t} + \nabla \cdot \left[\left(u + V_A\right)\varepsilon\right] = -0.5\varepsilon \nabla \cdot u - Q_e \tag{2.7.33}$$

$$Q_e = \frac{\rho \left\langle \delta u^2 \right\rangle^{3/2}}{L_c} \tag{2.7.34}$$

式中,δu^2 为波动速度振幅的平方,$L_c = L_{c,s}\left(B_s/B\right)^{1/2}$ 为阿尔文扰动的相关长度(假设其随膨胀磁通量管的尺度是正相关的关系)。为了产生不同区域(闭场区、开场区、冕洞边界、冕洞中心等)的阿尔文波驱动的太阳风的差异,文中假设 δu^2 受"源表面膨胀因子"(f_s)和"开场到闭场最小角距离"(θ_b)控制:

$$\delta u_s = \delta u_{s0}\sqrt{C_a} \tag{2.7.35}$$

式中,$C_a = C_a' / \max\left(C_a'\right)$ 和 $C_a' = \dfrac{\left\{5.8 - 1.6e^{\left[1-\left(\theta_b/8.5\right)^3\right]}\right\}^{3.5}}{\left(1 + f_s\right)^{2/7}}$。

关于第二种加热机制"湍动耗散加热",文中引用前人描述湍动输运与耗散的简单控制方程(Roussev et al., 2003;Cohen et al., 2007):

$$\frac{\partial E_{st}}{\partial t} + \nabla \cdot \left(u E_{st}\right) = -\frac{E_{st} - p(n-4)/2}{\tau_{rel}} \tag{2.7.36}$$

式中,E_{st} 为湍动能量密度;τ_{rel} 为弛豫时间(Roussev et al., 2003);n 为自由度,与多方指数有关:

$$(\gamma - 1)^{-1} - \left(\gamma_0 - 1\right)^{-1} = (n-4)/2 \tag{2.7.37}$$

式中,$\gamma_0 = 1.5$。在半经验的太阳风磁流体力学模型中,γ 为一个空间变化的量:在日冕底部分布不均匀,而且随日心距离也在变化(Cohen et al., 2007)。

关于第三种加热机制"体积加热",文中沿用了 Feng 等(2010)的方法,在动量和能量方程中分别添加了如下的源项:

$$S_m = M\left(\frac{r}{R_s} - 1\right)\exp\left(-\frac{r}{L_M}\right) \cdot r / r \tag{2.7.38}$$

$$Q_e = Q_1 \exp(-r) + Q(r - 1.0)\exp(-r/L) + \nabla\left(\xi T^{\frac{5}{2}}\frac{\nabla T \cdot B}{B^2}\right) \cdot B \tag{2.7.39}$$

式中,M 和 Q 为与"源表面膨胀因子"(f_s)和"开场到闭场最小角距离"(θ_b)有关的函数;Q_1 为描述冕流加热的源项;式(2.7.39)右边第三项是电子热传导加热项。

比较三种加热公式的模拟结果，会发现一些异同(图 2.7.23)。相同之处是都能模拟出太阳活动低年时高纬高速流、低纬低速流的特征。不同之处有如下几点。

(1)高速流低纬边界的差异：AHM 产生的高速流的纬度范围较小。如果认定在 $20R_\odot$ 处速度超过 600 km/s 为高速流，则 AHM、THM 和 VHM 的高速流的赤道向的边界分别位于 50°，35°和 30°。

(2)低速流冕流尖区(cusp)的差异：AHM 形成了形态上最尖的 cusp，THM 的 cusp 比较矮而且上方存在磁重联和磁力线的剥离，VHM 形成了最远的 cusp。文中认为 THM 的磁重联可能是湍动所导致过多的数值耗散所引起的。另一个原因可能来自：THM 导致高纬区域速度和温度都很快上升，进而在较低的高度压缩低纬电流片产生磁重联。

(3)主要加速区段的差别：AHM 和 VHM 的主要加速区段在 $1.5\sim10R_\odot$ 处，THM 的主要加速区段在 $1.2\sim4R_\odot$ 处。这样导致 THM 会驱动更多的质量通量成为太阳风。

(4)太阳风密度的差异：AHM、THM 和 VHM 的中高纬太阳风密度在 $20R_\odot$ 处分别约为 330 cm^{-3}，2300 cm^{-3} 和 240 cm^{-3}；而在赤道附近分别为 550 cm^{-3}，5800 cm^{-3} 和 1500 cm^{-3}。由此可见，THM 下的密度高很多，驱动了更多的物质加速成为太阳风。

三种加热模式具有以上差异，目前不能由此下结论谁优谁劣：前面两个的加热模式(AHM, THM)虽然物理的因素多一些，但也是过于简化，离实际的物理过程还有不小的差距；后一个模式(VHM)虽然在参数分布上可能更接近观测的结果，但是加热函数毕竟是特设(ad hoc)的表达式，缺少物理过程的描述。

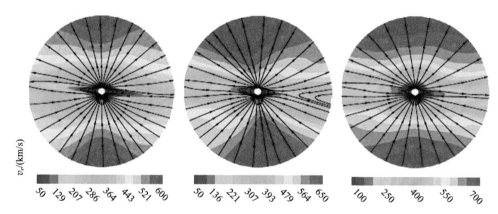

图 2.7.23　三种不同加热模式(AHM, THM, VHM)所得到的太阳风速度径向分量在子午面内的分布
(Yang et al., 2011)

三种模式都大致能够重现太阳活动低年时太阳风的双模态特征：高纬高速流、低纬低速流

van der Holst 等(2014)发展了 SWMF (space weather modeling framework)中的 SC(solar corona)模块，引入描述阿尔文波的传播与反射的波能密度控制方程及其耗散加热能量分配的函数，从而建立了 AWSoM(Alfvén wave solar model)模块。反射发生在具有阿尔文速度梯度或者场向涡度的地方。模型考虑了一个流体元、两种成分(质子和电子)、三个温度(质子平行温度、质子垂直温度、电子各向同性温度)。为了模拟阿尔文波的耗散能量在不同成分、不同方向温度之间的分配，模型引入了线性波动衰减和非线性

随机加热两种机制。根据模拟区域里太阳的远近，也将电子热传导分成两种表述：近日的碰撞和远日的无碰撞电子热传导。

内外传阿尔文波能量密度的控制方程如下：

$$\frac{\partial w_{\pm}}{\partial t} + \nabla \cdot \left[\left(\boldsymbol{u} \pm \boldsymbol{V}_{\mathrm{A}} \right) w_{\pm} \right] + \frac{w_{\pm}}{2} (\nabla \cdot \boldsymbol{u}) = \mp \mathcal{R} \sqrt{w_- w_+} - \Gamma_{\pm} w_{\pm} \tag{2.7.40}$$

如果方程右边为 0，则方程描述无反射、无耗散的阿尔文波传播。方程右边第一项是波动的反射(外传波反射变成内传波，或者内传波反射变成外传波)所引起的能量密度的转移率，右边第二项是波动的能量密度耗散率。该控制方程的推导忽略了不同波模之间的转换过程(比如阿尔文波向快、慢磁声波的转换)。

$$\Gamma_{\pm} = \frac{2}{L_{\perp}} \sqrt{\frac{w_{\mp}}{\rho}}$$

耗散率的表达式根据与串级率一致的原则(定常假设下)进行量纲估计近似，即耗散时间近似为串级时间，串级时间由反向波模扰动完成回涡所需的时间。

带符号的反射率表示如下：

$$\mathcal{R} = \min[\mathcal{R}_{\mathrm{imb}}, \max(\Gamma_{\pm})] \times \begin{cases} \left(1 - 2\sqrt{\dfrac{w_-}{w_+}}\right) & \text{if} \quad 4w_- \leqslant w_+ \\ 0 & \text{if} \quad 1/4 w_- < w_+ < w_- \\ \left(2\sqrt{\dfrac{w_+}{w_-}} - 1\right) & \text{if} \quad 4w_+ \leqslant w_- \end{cases}$$

$$\mathcal{R}_{\mathrm{imb}} = \sqrt{\left[(\boldsymbol{V}_{\mathrm{A}} \cdot \nabla) \log V_{\mathrm{A}} \right]^2 + (\boldsymbol{b} \cdot [\nabla \times \boldsymbol{u}])^2} \tag{2.7.41}$$

其中关于 $\mathcal{R}$ 的正负分成三种情况：①当 w_+ 比 $4w_-$ 要大的时候，$\mathcal{R}$ 是正的，代表波动能量从 w_+ 变成 w_-；②当 w_+ 和 w_- 差不多时，$\mathcal{R}$ 设为 0，没有波动能量交换，比如在闭合磁圈的顶部；③反之当 w_- 比 $4w_+$ 要大时，$\mathcal{R}$ 是负的，代表波动能量从 w_- 变成 w_+。

关于反射率具体推导和近似请见 van der Holst 等(2014)文中的 2.2.3 节，那一节中关于反射项的原始描述如下：

$$\frac{\partial w_{\pm}}{\partial t} + \nabla \cdot \left[\left(\boldsymbol{u} \pm \boldsymbol{V}_{\mathrm{A}} \right) w_{\pm} \right] + \frac{w_{\pm}}{2} (\nabla \cdot \boldsymbol{u})$$

$$= \mp \frac{\rho}{4} \left\{ [\boldsymbol{z}_- \times \boldsymbol{z}_+] \cdot [\nabla \times \boldsymbol{u}] + (\boldsymbol{z}_+ \cdot \boldsymbol{z}_-)(\boldsymbol{V}_{\mathrm{A}} \cdot \nabla) \log V_{\mathrm{A}} \right\} - \Gamma_{\pm} w_{\pm} \tag{2.7.42}$$

从上式可以看出反射项包括两个贡献：①背景流速度的旋度项(比如背景流速度剪切)；②阿尔文速度的梯度项。

质子热能、质子动能和磁能的总和的控制方程列为如下：

$$\frac{\partial}{\partial t} \left(\frac{P_i}{\gamma - 1} + \frac{\rho u^2}{2} + \frac{B^2}{2\mu_0} \right) + \nabla \cdot \left[\left(\frac{\rho u^2}{2} + \frac{\gamma P_i}{\gamma - 1} + \frac{B^2}{\mu_0} \right) \boldsymbol{u} - \frac{\boldsymbol{B}(\boldsymbol{u} \cdot \boldsymbol{B})}{\mu_0} \right]$$

$$= -(\boldsymbol{u} \cdot \nabla)(P_e + P_A) + \frac{N_i k_B}{\tau_{ei}}(T_e - T_i) + Q_i - \rho \frac{GM_\odot}{r^3} \boldsymbol{r} \cdot \boldsymbol{u} \qquad (2.7.43)$$

其中右边四项分别为：①电子热压梯度力做功对动能的贡献、阿尔文波动压梯度力做功对动能的贡献；②局地电子和质子库仑碰撞引起的热能交换；③阿尔文湍动耗散对质子的垂直和平行加热；④太阳引力做功对动能的改变。

电子热能的控制方程列为如下：

$$\frac{\partial}{\partial t}\left(\frac{P_e}{\gamma - 1}\right) + \nabla \cdot \left(\frac{P_e}{\gamma - 1}\boldsymbol{u}\right) + P_e \nabla \cdot \boldsymbol{u} = -\nabla \cdot \boldsymbol{q}_e + \frac{N_i k_B}{\tau_{ei}}(T_i - T_e) - Q_{rad} + Q_e \qquad (2.7.44)$$

其中右边四项分别为：①电子热传导通量汇聚或发散对电子热能的改变；②电子和质子库仑碰撞引起的热能交换；③电子碰撞离子引起辐射造成电子热能的损失；④阿尔文湍动耗散对电子的加热。

离子总热能(联合动能和磁能)的控制方程列为如下：

$$\frac{\partial}{\partial t}\left(\frac{P_i}{\gamma - 1} + \frac{\rho u^2}{2} + \frac{B^2}{2\mu_0}\right) + \nabla \cdot \left[\left(\frac{\rho u^2}{2} + \frac{P_i}{\gamma - 1} + \frac{B^2}{\mu_0}\right)\boldsymbol{u} + \boldsymbol{P}_i \cdot \boldsymbol{u} - \frac{\boldsymbol{B}(\boldsymbol{u} \cdot \boldsymbol{B})}{\mu_0}\right]$$

$$= -\boldsymbol{u} \cdot \nabla(P_e + P_A) + \frac{N_i k_B}{\tau_{ei}}(T_e - T_i) + Q_i - \rho \frac{GM_\odot}{r^3} \boldsymbol{r} \cdot \boldsymbol{u} \qquad (2.7.45)$$

其中右边四项分别为：①电子热压梯度力做功和阿尔文湍动波压做功引起动能密度的变化；②电子和质子库仑碰撞引起的热能交换；③阿尔文湍动耗散对质子总热能密度的改变；④太阳引力做功引起动能密度的变化。

离子平行热能的演化由如下的方程控制：

$$\frac{\partial P_\parallel}{\partial t} + \nabla \cdot (P_\parallel \boldsymbol{u}) + 2P_\parallel \boldsymbol{b} \cdot (\nabla \boldsymbol{u}) \cdot \boldsymbol{b} = \frac{\delta P_\parallel}{\delta t} + (\gamma - 1)\frac{N_i k_B}{\tau_{ci}}(T_e - T_{i1}) + (\gamma - 1)Q_\parallel \qquad (2.7.46)$$

右边最后一项反映了阿尔文湍动耗散引起质子的平行加热。

对于阿尔文湍动耗散加热在电子热能、离子平行热能和离子垂直热能之间的分配，van der Holst 等(2014)引用了 Chandran 等(2011)的做法，即认为：阿尔文湍动在动理学尺度是通过动理学阿尔文波(kinetic Alfvén waves)的线性朗道耗散和线性渡越时间耗散(transit time damping)来加热电子和平行加热离子，通过动理学阿尔文波的非线性随机散射垂直加热离子的。相应的阿尔文时间/单位时间的耗散率的近似公式列为如下：

$$\Gamma_e t_c = 0.01\left(\frac{P_e}{P_i \beta_i}\right)^{1/2}\left[\frac{1 + 0.17\beta_i^{1.3}}{1 + (2800\beta_e)^{-1.25}}\right] \qquad (2.7.47)$$

$$\Gamma_{i\parallel} t_c = 0.08\left(\frac{P_e}{P_i}\right)^{1/4} \beta_i^{0.7} \exp\left(-\frac{1.3}{\beta_i}\right) \qquad (2.7.48)$$

$$\Gamma_{i\perp} = 0.18\varepsilon_i \Omega_i \exp\left(-\frac{h_s}{\varepsilon_i}\right) \qquad (2.7.49)$$

式中，t_c 的倒数为阿尔文频率 $1/t_c = k_\parallel V_A$；ε_i 为 KAW 的离子扰动速度和离子垂直热速

度的比值 $\varepsilon_i = \delta v_i / v_{i\perp}$ ； h_s 为随机加热函数的输入参数。

从而可以用上述的耗散率所占的比重来进一步表征加热率：

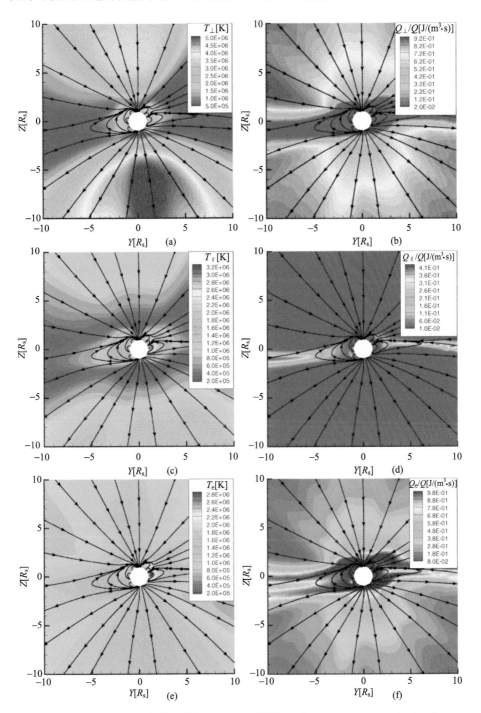

图 2.7.24　全球阿尔文波耗散加热太阳风模型的结果（van der Holst et al., 2014）

图中依次为子午面($x=0R_s$)切片上离子垂直温度(a)、离子平行温度(c)、电子温度(e)、离子垂直加热所占比例(b)、离子平行加热所占比例(d)、电子加热所占比例(f)的分布。可以看到，在模式中，离子的垂直加热主要集中在日心距离 2 个太阳半径以远的中高纬的高速太阳风中，离子的平行加热集中在日心距离 2 个太阳半径以远的低纬的低速太阳风中，电子的加热集中在近日(日心距离<$2R_s$)的全纬度区域和远日(日心距离>$2R_s$)的低纬电流片区域

$$Q_e = \frac{1+\Gamma_e t_c}{1+\left(\Gamma_e + \Gamma_{i/\!/} + \Gamma_{i\perp}\right)t_c}\left(\Gamma_+ w_+ + \Gamma_- w_-\right) \tag{2.7.50}$$

$$Q_{i/\!/} = \frac{\Gamma_{i/\!/}\, t_c}{1+\left(\Gamma_e + \Gamma_{i/\!/} + \Gamma_{i\perp}\right)t_c}\left(\Gamma_+ w_+ + \Gamma_- w_-\right) \tag{2.7.51}$$

$$Q_i = \Gamma_+ w_+ + \Gamma_- w_- - Q_e \tag{2.7.52}$$

其中右边分式中分母和分子的 1 代表：湍动去除 KAW 的线性朗道耗散、线性渡越时间耗散、随机垂直加热耗散之后剩余的能量串级到亚电子尺度，通过最后的耗散把剩余能量交给电子。van der Holst 等(2014)的模型研究了太阳风中离子和电子加热的区别(图 2.7.24)。

参 考 文 献

涂传诒. 1983a. 行星际磁场脉动能谱随日心距离变化的模式. 地球物理学报, 26: 405.

涂传诒. 1983b. Alfvén 脉动的控制方程. 空间科学学报, (4): 11-21.

涂传诒, 陈华. 1984. Alfvén 脉动对太阳风的加热. 空间科学学报, 4: 277.

涂传诒, 魏奉思, 濮祖荫. 1984. Alfvén 脉动的波动-串级理论. 中国科学(A 辑), 27(9): 822-831.

魏奉思. 1986. 太阳活动高年期间(1978-1981)耀斑-行星际激波传播的三维平均特性——日本行星际闪烁(IPS)观测的初步分析. 空间科学学报, 6(1): 76-81.

Abbo L, Ofman L, Antiochos S K, et al. 2016. Slow solar wind: observations and modeling. Space Science Reviews, 201(1-4): 55-108.

Alexandrova O, Saur J, Lacombe C, et al. 2009. Universality of solar-wind turbulent spectrum from MHD to electron scales. Physical Review Letters, 103(16): 165003.

Alexandrova O, Lacombe C, Mangeney A, et al. 2012. Solar wind turbulent spectrum at plasma kinetic scales. The Astrophysical Journal, 760(2): 121.

Arge C N, Luhmann J G, Odstrcil D, et al. 2004. Stream structure and coronal sources of the solar wind during the May 12th, 1997 CME. Journal of Atmospheric and Solar-Terrestrial Physics, 66(15-16): 1295-1309.

Armstrong J W, Woo R. 1981. Solar wind motion within 30 R solar masses-s=Spacecraft radio scintillation observations. Astronomy and Astrophysics, 103: 415.

Axford W I. 1976. Flow of mass and energy in the solar system. In: Williams D J(ed). Physics of Solar Planetary Environments. American Geophysical Union: 270.

Axford W I, McKenzie J F. 1992. The origin of high speed solar wind streams. Solar Wind Seven, 1-5.

Baker D, Brooks D H, Démoulin P, et al. 2015. FIP bias evolution in a decaying active region. The Astrophysical Journal, 802(2): 104.

Bale S D, Kasper J C, Howes G G, et al. 2009. Magnetic fluctuation power near proton temperature anisotropy instability thresholds in the solar wind. Physical Review Letters, 103(21): 211101.

Balogh A, Lanzerotti L J, Suess S T. 2007. The heliosphere through the solar activity cycle. Springer Science & Business Media.

Bame S J, Hundhausen A J, Asbridge J R, et al. 1968. Solar wind ion composition. Physical Review Letters, 20(8): 393.

Banerjee D, Teriaca L, Doyle J G, et al. 1998. Broadening of SI VIII lines observed in the solar polar coronal holes. Astronomy and Astrophysics, 339: 208-214.

Barkhudarov M R. 1991. Alfvén waves in stellar winds. Solar Physics, 135(1): 131-161.

Barnes A, Hollweg J V. 1974. Large-amplitude hydromagnetic waves. Journal of Geophysical Research, 79: 2302.

Bartels J. 1932. Terrestrial-magnetic activity and its relations to solar phenomena. Terrestrial Magnetism and Atmospheric Electricity, 37(1).

Bavassano B, Dobrowolny M, Fanfoni G, et al. 1982. Statistical properties of MHD fluctuations associated with high-speed streams from Helios-2 observations. Solar Physics, 78(2):373-384.

Beckers J M. 1976. Magnetic field in the solar atmosphere. In: Williams D J(ed). Physics of Solar Planetary Environments. American Geophysics Union: 189.

Behannon K W. 1978. Heliocentric distance dependence of the interplanetary magnetic field. Reviews of Geophysics, 16: 125.

Belcher J W, Davis L Jr. 1971. Large-amplitude Alfvén waves in the interplanetary medium. Journal of Geophysical Research, 76: 3534.

Biermann L. 1951. Kometenschweife und solare Korpuskularstrahlung. Zeitschrift Fur Astrophysik, 29: 274.

Biermann L. 1953. Physical processes in comet tails and their relation to solar activity. Extrail Des Mem Soc Roy Sci Liege Collection: 291.

Biermann L. 1957. Solar corpuscular radiation and the interplanetary gas. Observatory, 77: 109.

Borovsky J E. 2008. Flux tube texture of the solar wind: strands of the magnetic carpet at 1 AU? Journal of Geophysical Research: Space Physics, 113(A8).

Brandt J C. 1970. Introduction to the Solar Wind. San Francisco: W. H. Freeman and Co.

Bridge H S. 1976. Solar cycle manifestation in the interplanetary medium. In: Williams D(ed). Physics of Solar Planetary Environments. American Geophysical Union: 147.

Brooks D H, Ugarte-Urra I, Warren H P. 2015. Full-Sun observations for identifying the source of the slow solar wind. Nature Communications, 6: 5947.

Bruno R, Carbone V. 2013. The solar wind as a turbulence laboratory. Living Reviews in Solar Physics, 10(1): 2.

Burlaga L F, Ness N F. 1968. Macro-and macrostructure of the interplanetary magnetic field. Canadian Journal of Physics, 46: 5962.

Burlaga L F, Ogilvie K W. 1970a. Heating of the solar wind. Astrophysical Journal, 159: 659.

Burlaga L F, Ogilvie K W. 1970b. Magnetic and thermal pressures in the solar wind. Solar Physics, 15(1): 61-71.

Burlaga L F, Sittler E, Mariani F, et al. 1981. Magnetic loop behind an interplanetary shock: Voyager, Helios and IMP-8 Observations. Journal Geophysical Research, 86: 6673.

Burlaga L F, Lepping R P, Behannon K W, et al. 1982a. Large-scale variations of the interplanetary magnetic field: Voyager 1. and 2 observations between 1-5 AU. Journal of Geophysical Research Atmospheres, 87: 4345.

Burlaga L, Klein L, Sheeley N Jr, et al. 1982b. A magnetic cloud and a coronal mass ejection. Geophysical Research Letters, 9(12): 1317.

Burlaga L F, Klein L W, Lepping R P, et al. 1984. Large-scale interplanetary magnetic fields: Voyager 1 and 2 observations between 1 AU and 9.5 AU. Journal of Geophysical Research Atmospheres, 89(A12): 10659-10668.

Canals A, Breen A R, Ofman L, et al. 2002. Estimating random transverse velocities in the fast solar wind from EISCAT interplanetary scintillation measurements. In Annales Geophysicae, 20(9): 1265-1277.

Chamberlain J W. 1961. Interplanetary gas III: a hydrodynamic model of the corona. Astrophysical Journal,

133: 675.

Chandran B D, Li B, Rogers B N, et al. 2010. Perpendicular ion heating by low-frequency Alfvén-wave turbulence in the solar wind. The Astrophysical Journal, 720(1): 503.

Chandran B D, Dennis T J, Quataert E, et al. 2011. Incorporating kinetic physics into a two-fluid solar-wind model with temperature anisotropy and low-frequency Alfvén-wave turbulence. Astrophysical Journal, 743(2): 197.

Chang O, Gonzalez-Esparza J A, Mejia-Ambriz J. 2016. IPS observations at 140 MHz to study solar wind speeds and density fluctuations by MEXART. Advances in Space Research, 57(6): 1307-1313.

Chapman S, Zirin H. 1957. Notes on the Solar Corona and the Terrestrial Ionosphere. Smithsonian Contributions to Astrophysics, 2(1): 1.

Chen Y, Hu Y Q. 2001. A two-dimensional Alfvén-wave-driven solar wind model. Solar Physics, 199(2): 371-384.

Chen Y, Li X. 2004. An ion-cyclotron resonance-driven three fluid model of the slow wind near the Sun. Astrophysical Journal, 609: L41-L44.

Chen Y, Esser R, Hu Y. 2003. Formation of minor-ion charge states in the fast solar wind: roles of differential flow speeds of ions of the same element. The Astrophysical Journal, 582(1): 467.

Chen Y, Esser R, Strachan L, et al. 2004. Stagnated outflow of O^{+5} ions in the source region of the slow solar wind at solar minimum. The Astrophysical Journal, 602(1): 415.

Chen Y, Li X, Song H Q, et al. 2009. Intrinsic instability of coronal streamers. Astrophysical Journal, 691(2): 1936.

Cohen O, Sokolov I V, Roussev I I, et al. 2007. A semiempirical magnetohydrodynamical model of the solar wind. Astrophysical Journal Letters, 654(2): L163.

Cranmer S R. 2001. Ion cyclotron diffusion of velocity distributions in the extended solar corona. Journal of Geophysical Research: Space Physics, 106(A11): 24937-24954.

Cranmer S R. 2014. Ensemble simulations of proton heating in the solar wind via turbulence and ion cyclotron resonance. The Astrophysical Journal Supplement Series, 213(1): 16.

Cranmer S R, van Ballegooijen A A. 2005. On the generation, propagation, and reflection of Alfvén waves from the solar photosphere to the distant heliosphere. The Astrophysical Journal Supplement Series, 156(2): 265.

Cranmer S R, van Ballegooijen A A, Edgar R J. 2007. Self-consistent coronal heating and solar wind acceleration from anisotropic magnetohydrodynamic turbulence. The Astrophysical Journal Supplement Series, 171(2): 520.

Cranmer S R, Matthaeus W H, Breech B A, et al. 2009. Empirical constraints on proton and electron heating in the fast solar wind. Astrophysical Journal, 702(2): 1604.

Crooker N U, Shodhan S, Forsyth R J, et al. 1999. Transient aspects of stream interface signatures. AIP Conference Proceedings, 471(1): 597-600.

Crooker N U, Huang C L, Lamassa S M, et al. 2004. Heliospheric plasma sheets. Journal of Geophysical Research: Space Physics, 109(A3).

Crooker N U, Antiochos S K, Zhao X, et al. 2012. Global network of slow solar wind. Journal of Geophysical Research: Space Physics, 117(A4).

Dobrowolny M, Mangeney A, Veltri P. 1980a. Fully developed anisotropic hydromagnetic turbulence in interplanetary space. Physical Review Letters, 45: 144.

Dobrowolny M, Mangeney A, Veltri P. 1980b. Properties of magnetohydrodynamic turbulence in the solar wind. Astronomy & Astrophysics, 83: 26.

Egidi A, Moreno G, Sullivan J. 1977, North-South-Motions in the Solar Wind. Journal of Geophysical Research, 82: 2187.

Elsasser, Walter M. 1950. The hydromagnetic equations. Physical Review, 79(1): 183.

Esser R, Fineschi S, Dobrzycka D, et al. 1998. Plasma properties in coronal holes derived from measurements of minor ion spectral lines and polarized white light intensity. The Astrophysical Journal Letters, 510(1): L63.

Feldman W C, Abraham-Schrauner B, Asbridge J R, et al. 1976. The internal plasma state of the high speed solar wind at 1 AU. In: Williams D J(ed). Physics of Solar Planetary Environments. American Geophysical Union.

Feldman W C, Asbridge J R, Bame S J, et al. 1979. Long-term solar wind electron variations between 1971 and 1978. Journal of Geophysical Research: Space Physics, 84(A12): 7371-7377.

Feng X, Zhou Y, Wu S T. 2007. A novel numerical implementation for solar wind modeling by the modified conservation element/solution element method. The Astrophysical Journal, 655(2): 1110.

Feng X, Yang L, Xiang C, et al. 2010. Three-dimensional solar wind modeling from the Sun to Earth by a SIP-CESE MHD model with a six-component grid. The Astrophysical Journal, 723(1): 300.

Feng X, Xiang C, Zhong D, et al. 2014. SIP-CESE MHD model of solar wind with adaptive mesh refinement of hexahedral meshes. Computer Physics Communications, 185(7): 1965-1980.

Fludra A, Del Zanna G, Alexander D, et al. 1999. Electron density and temperature of the lower solar corona. Journal of Geophysical Research: Space Physics, 104(A5): 9709-9720.

Freeman J W, Lopez R E. 1985. The cold solar wind. Journal of Geophysical Research: Space Physics, 90(A10): 9885-9887.

Fu H, Madjarska M S, Xia L, et al. 2017. Charge states and FIP bias of the solar wind from coronal holes, active regions, and quiet Sun. The Astrophysical Journal, 836(2): 169.

Galinsky V L, Shevchenko V I. 2000. Nonlinear cyclotron resonant wave-particle interaction in a nonuniform magnetic field. Physical Review Letters, 85(1): 90.

Gary S P. 1993. Theory of space plasma microinstabilities. Cambridge: Cambridge University Press.

Gazis P R 1984. Observations of plasma bulk parameters and the energy balance of the solan wind between 1 and 10 AU. Journal of Geophysical Research, 89: 775.

Geiss J, Gloeckler G, von Steiger R. 1995. Origin of the solar wind from composition data. Space Science Reviews, 72(1-2): 49-60.

Goldstein M L. 1978. An instability of finite amplitude circularly polarized Alfvén waves. Astrophysical Journal, 219: 700-704.

Goldreich P, Sridhar S. 1995. Toward a theory of interstellar turbulence. 2: Strong alfvenic turbulence. The Astrophysical Journal, 438: 763-775.

Gudiksen B V, Nordlund Å. 2005. An ab initio approach to the solar coronal heating problem. The Astrophysical Journal, 618(2): 1020.

Habbal S R, Esser R, Guhathakurta M, et al. 1994. Flow properties of the solar wind obtained from white light data and a two-fluid model. In Solar Dynamic Phenomena and Solar Wind Consequences, the Third SOHO Workshop, 373: 211.

Hartle R E, Sturrock P A. 1968. Two-fluid model of the solar wind. Astrophys Journal, 151: 1155.

He J, Marsch E, Tu C, et al. 2011. Possible evidence of Alfvén-cyclotron waves in the angle distribution of magnetic helicity of solar wind turbulence. Astrophysical Journal, 731(2): 85.

He J, Tu C, Marsch E, et al. 2012a. Reproduction of the observed two-component magnetic helicity in solar wind turbulence by a superposition of parallel and oblique Alfvén waves. Astrophysical Journal, 749(1):

86.

He J, Tu C, Marsch E, et al. 2012b. Do oblique Alfvén/ion-cyclotron or fast-mode/whistler waves dominate the dissipation of solar wind turbulence near the proton inertial length? The Astrophysical Journal Letters, 745(1): L8.

He J, Tu C, Marsch E, et al. 2013. Radial evolution of the wavevector anisotropy of solar wind turbulence between 0. 3 and 1 AU. Astrophysical Journal, 773(1): 72.

He J, Wang L, Tu C, et al. 2015. Evidence of Landau and cyclotron resonance between protons and kinetic waves in solar wind turbulence. The Astrophysical Journal Letters, 800(2): L31.

Heinemann M, Olbert S. 1980. Non-WKB Alfvén waves in the solar wind. Journal of Geophysical Research: Space Physics, 85(A3): 1311-1327.

Hewish A, Scott P F, Wills D. 1964. Interplanetary scintillation of small diameter radio sources. Nature, 203(4951): 1214.

Hollweg J V. 1974. Transverse Alfvén wavés in the solar wind. Journal of Geophysical Research, 79: 1539.

Hollweg J V. 1978a. Some physical processes in the solar wind. Reviews of Geophysivs, 16: 689.

Hollweg J V. 1978b. Alfvén waves in the solar atmosphere. Solar Physics, 56: 305.

Hollweg J V. 1986. Transition region, corona, and solar wind in coronal holes. Journal of Geophysical Research: Space Physics, 91(A4): 4111-4125.

Holzer T E. 1972. Interaction of the solar wind with the neutral component of the interstellar gas. Journal of Geophysical Research, 77: 5407.

Holzer T E. 1977. Effects of rapidly diverging flow, heat addition, and momentum addition in the solar wind and stellar winds. Journal of Geophysical Research, 82: 23.

Holzer T E, Leer E. 1980. Conductive solar wind models in rapidly diverging flow geometries. Journal of Geophysical Research: Space Physics, 85(A9): 4665-4679.

Horbury T S, Forman M, Oughton S. 2008. Anisotropic scaling of magnetohydrodynamic turbulence. Physical Review Letters, 101(17): 175005.

Huang S Y, Zhou M, Sahraoui F, et al. 2010. Wave properties in the magnetic reconnection diffusion region with high β: application of the k-filtering method to Cluster multispacecraft data. Journal of Geophysical Research: Space Physics, 115(A12): 12211.

Hundhausen A J. 1972. Coronal Expansion and Solar Wind. New York: Springer.

Hundhausen A J. 1978. Streams, sectors, and solar magnetism. In: Eddy J A(ed). The New Solar Physics. Boulder: Westview Press.

Hundhausen A J. 2012. Coronal expansion and solar wind (Vol. 5). Berlin: Springer-Verlag.

Isenberg P A. 1984. Resonant acceleration and heating of solar wind ions: anisotropy and dispersion. Journal of Geophysical Research: Space Physics, 89(A8): 6613-6622.

Isenberg P A, Lee M A, Hollweg J V. 2000. A kinetic model of coronal heating and acceleration by ion-cyclotron waves: preliminary results. Solar Physics, 193(1-2): 247-257.

Jackson B V, Hick P L, Kojima M, et al. 1998. Heliospheric tomography using interplanetary scintillation observations: 1 Combined Nagoya and Cambridge data. Journal of Geophysical Research: Space Physics, 103(A6): 12049-12067.

Jacques S A. 1978. Solar wind model with Alfvén waves. The Astrophysical Journal, 226: 632.

Jian L K, Russell C T, Luhmann J G, et al. 2009. Ion cyclotron waves in the solar wind observed by STEREO near 1 AU. The Astrophysical Journal Letters, 701(2): L105.

Kasper J C, Maruca B A, Stevens M L, et al. 2013. Sensitive test for ion-cyclotron resonant heating in the solar wind. Physical review letters, 110(9): 091102.

Kennel C F, Engelmann F. 1966. Velocity space diffusion from weak plasma turbulence in a magnetic field. The Physics of Fluids, 9(12): 2377-2388.

King J H. 1981. On the enhancement of the lMF during 1978-1979. Journal of Geophysical Research, 26: 4828.

Kiyani K H, Osman K T, Chapman S C. 2015. Dissipation and heating in solar wind turbulence: from the macro to the micro and back again. Philos Trans A Math Phys Eng Sci, 373(204): 20140155.

Klein K G, Howes G G, TenBarge J M, et al. 2014. Physical interpretation of the angle-dependent magnetic helicity spectrum in the solar wind: the nature of turbulent fluctuations near the proton gyroradius scale. The Astrophysical Journal, 785(2): 138.

Ko Y K, Fisk L A, Gloeckler G, et al. 1996. Limitations on suprathermal tails of electrons in the lower solar corona. Geophysical Research Letters, 23(20): 2785-2788.

Kohl J L, Noci G, Antonucci E, et al. 1998. UVCS/SOHO empirical determinations of anisotropic velocity distributions in the solar corona. The Astrophysical Journal Letters, 501(1): L127.

Kojima M, Fujiki K I, Hirano M, et al. 2004. Solar wind properties from IPS observations. In The Sun and the heliosphere as an Integrated System. Dordrecht: Springer: 147-178.

Kopp R A, Holzer T E. 1976. Dynamics of coronal hole regions. Solar Physics, 49(1): 43-56.

Kraft R P. 1972. Evidence for an angular momentum flux in the solar wind. Solar Wind, NASA sp-308.

Krieger A S, Timothy A F, Roelog Z C. 1973. A coronal hole and its indentification as the source of a high velocity solar wind stream. Solar Physics, 29: 505.

Kudoh T, Shibata K. 1999. Alfvén wave model of spicules and coronal heating. The Astrophysical Journal, 514(1): 493.

Laming J M, Lepri S T. 2007. Ion charge states in the fast solar wind: New data analysis and theoretical refinements. The Astrophysical Journal, 660(2): 1642.

Lamy P, Liebaria A, Koutchmy S, et al. 1997. Characterisation of Polar Plumes from LASCO-C2 Images in Early 1996. In Fifth SOHO Workshop: the Corona and Solar Wind Near Minimum Activity, 404: 487.

Leer E, Holzer T E, Flä T. 1982. Acceleration of the solar wind. Space Science Reviews, 33: 161.

Li B, Li X, Hu Y Q, et al. 2004. A two-dimensional Alfvén wave–driven solar wind model with proton temperature anisotropy. Journal of Geophysical Research: Space Physics, 109(A7).

Li B, Habbal S R, Li X, et al. 2005. Effect of the latitudinal distribution of temperature at the coronal base on the interplanetary magnetic field configuration and the solar wind flow. Journal of Geophysical Research: Space Physics, 110(A12).

Li B, Xia L D, Chen Y. 2011. Solar winds along curved magnetic field lines. Astronomy & Astrophysics, 529: A148.

Li J, Raymond J C, Acton L W, Kohl J L, et al. 1998. Physical structure of a coronal streamer in the closed-field region as observed from UVCS/SOHO and SXT/Yohkoh. The Astrophysical Journal, 506(1): 431.

Li X. 1999. Proton temperature anisotropy in the fast solar wind: A 16-moment b-Maxwellian model. Journal of Geophysical Research: Space Physics, 104(A9): 19773-19785.

Li X, Habbal S R, Hollweg J V, et al. 1999. Heating and cooling of protons by turbulence-driven ion cyclotron waves in the fast solar wind. Journal of Geophysical Research: Space Physics, 104(A2): 2521-2535.

Lopez R E, Freeman J W. 1986. Solar wind proton temperaturevelocity relationship. Journal of Geophysical Research, 91: 1701.

Markovskii S A, Vasquez B J, Chandran B D. 2010. Perpendicular proton heating due to energy cascade of fast magnetosonic waves in the solar corona. The Astrophysical Journal, 709(2): 1003.

Marsch E. 2006. Kinetic physics of the solar corona and solar wind. Living Reviews in Solar Physics, 3(1): 1.

Marsch E, Richter A K. 1984. Helios observational constraints on solar wind expansion. Journal of Geophysical Research, 89: 6599.

Marsch E, Tu C Y. 1990a. On the radial evolution of MHD turbulence in the inner heliosphere. Journal of Geophysical Research: Space Physics, 95(A6): 8211-8229.

Marsch E, Tu C Y. 1990b. Spectral and spatial evolution of compressible turbulence in the inner solar wind. Journal of Geophysical Research: Space Physics, 95(A8): 11945-11956.

Marsch E, Tu C Y. 1993. Modeling results on spatial transport and spectral transfer of solar wind Alfvénic turbulence. Journal of Geophysical Research: Space Physics, 98(A12): 21045-21059.

Marsch E, Tu C Y. 2001. Evidence for pitch angle diffusion of solar wind protons in resonance with cyclotron waves. Journal of Geophysical Research: Space Physics, 106(A5): 8357-8361.

Marsch E, Zhao L, Tu C Y. 2006. Limits on the core temperature anisotropy of solar wind protons. Annales Geophysicae, 24(7): 2057-2063.

Matthaeus W H, Goldstein M L, Roberts D A. 1990. Evidence for the presence of quasi-two-dimensional nearly incompressible fluctuations in the solar wind. Journal of Geophysical Research: Space Physics, 95(A12): 20673-20683.

Matthaeus W H, Zank G P, Oughton S, et al. 1999. Coronal heating by magnetohydrodynamic turbulence driven by reflected low-frequency waves. The Astrophysical Journal Letters, 523(1): L93.

Mazzotta P, Mazzitelli G, Colafrancesco S, et al. 1998. Ionization balance for optically thin plasmas: rate coefficients for all atoms and ions of the elements H to NI. Astronomy and Astrophysics Supplement Series, 133(3): 403-409.

McComas D, Barraclough B L, Funsten H O, et al. 2000. Solar wind observations over Ulysses' first full polar orbit. Journal of Geophysical Research: Space Physics, 105(A5): 10419-10433.

McComas D J, Elliott H A, Schwadron N A, et al. 2003. The three-dimensional solar wind around solar maximum. Geophysical Research Letters, 30(10): 1517-1520.

McComas D J, Elliott H A, Gosling J T, et al. 2006. Ulysses observations of very different heliospheric structure during the declining phase of solar activity cycle 23. Geophysical Research Letters, 33(9): L09102.

Mihalov J D, Wolfe J H. 1978. Pioneer-10 observation of the solar wind proton temperature heliocentric gradient. Solar Physics, 60: 399.

Montgomery M D. 1972. Average thermal characteristics of solar wind electrons. Solar Wind, NASA sp-308.

Narita Y, Glassmeier K H, Motschmann U. 2011. February. High-resolution wave number spectrum using multi-point measurements in space-the Multi-point Signal Resonator (MSR) technique. Annales Geophysicae, 29(2): 351-360.

Narita Y, Nakamura R, Baumjohann W, et al. 2016. On electron-scale whistler turbulence in the solar wind. The Astrophysical Journal Letters, 827(1): L8.

Ness N F, Scearce C S, Seek J B. 1964. Initial results of the Imp 1 magnetic field experiment. Journal of Geophysical Research, 69(17): 3531-3569.

Ness N F, Scearce C S, Seek J B, et al. 1965. A summary of results from the IMP 1 magnetic field experiment. Goddard Space Flight Center Contributions to the Cospar Meeting, 1(1):133.

Neugebauer M, Snyder C W. 1962. Solar plasma experiment. Science, 138(3545): 1095-1097.

Neugebauer M, Snyder C W. 1965. Solar-wind measurements near Venus. Journal of Geophysical Research, 70(7): 1587-1591.

Neupert W M, Pizzo V. 1974. Solar coronal holes as sources of recurrent geomaguetic disturbances. Journal of

Geophysical Research, 79: 3701.

Noble L M, Scarf F L. 1963. Conductive heating of the solar wind. The Astrophysical Journal, 138: 1169.

Nolte J T, Krieger A S, Timothy A F, et al. 1976. Coronal holes as source of solar wind. Solar Physics, 48: 303.

Ofman L. 2004. Three-fluid model of the heating and acceleration of the fast solar wind. Journal of Geophysical Research: Space Physics, 109(A7).

Orta J, Huerta M A, Boynton G C. 2003. Magnetohydrodynamic shock heating of the solar corona. The Astrophysical Journal, 596(1): 646.

Parker E N. 1958. Dynamics of the interplanetary gas and magnetic field. The Astrophysical Journal, 128: 664.

Parker E N. 1965. Dynamical theory of the solar wind. Space Science Reviews, 4(5-6): 666-708.

Parker E N. 1988. Nanoflares and the solar X-ray corona. The Astrophysical Journal, 330: 474-479.

Pauls H L, Zank G P. 1996. Interaction of a nonuniform solar wind with the local interstellar medium. Journal of Geophysical Research: Space Physics, 101(A8): 17081-17092.

Peter H. 1998. Element fractionation in the solar chromosphere driven by ionization-diffusion processes. Astronomy and Astrophysics, 335: 691-702.

Pinto R F, Rouillard A P. 2017. A multiple flux-tube solar wind model. The Astrophysical Journal, 838(2): 89.

Pinto R F, Brun A S, Rouillard A P. 2016. Flux-tube geometry and solar wind speed during an activity cycle. Astronomy & Astrophysics, 592: A65.

Podesta J J. 2009. Dependence of solar-wind power spectra on the direction of the local mean magnetic field. The Astrophysical Journal, 698(2): 986.

Podesta J J, Gary S P. 2011. Magnetic helicity spectrum of solar wind fluctuations as a function of the angle with respect to the local mean magnetic field. The Astrophysical Journal, 734(1): 15.

Podesta J J, Roberts D A, Goldstein M L. 2007. Spectral exponents of kinetic and magnetic energy spectra in solar wind turbulence. The Astrophysical Journal, 664(1): 543.

Richardson J D, Smith C W. 2003. The radial temperature profile of the solar wind. Geophysical research letters, 30(5): 1206.

Rifai Habbal S, Esser R, Guhathakurta M, et al. 1995. Flow properties of the solar wind derived from a two-fluid model with constraints from white light and in situ interplanetary observations. Geophysical research letters, 22(12): 1465-1468.

Riley P, Luhmann J G. 2012. Interplanetary signatures of unipolar streamers and the origin of the slow solar wind. Solar Physics, 277(2): 355-373.

Riley P, Linker J A, Mikić Z. 2002. Modeling the heliospheric current sheet: Solar cycle variations. Journal of Geophysical Research: Space Physics, 107(A7): SSH-1-SSH 8-6.

Roberts D A, Klein L W, Goldstein M L, et al. 1987. The nature and evolution of magnetohydrodynamic fluctuations in the solar wind: Voyager observations. Journal of Geophysical Research: Space Physics, 92(A10): 11021-11040.

Roussev I I, Gombosi T I, Sokolov I V, et al. 2003. A three-dimensional model of the solar wind incorporating solar magnetogram observations. The Astrophysical Journal Letters, 595(1): L57.

Sahraoui F, Pinçon J L, Belmont G, et al. 2003. ULF wave identification in the magnetosheath: the k-filtering technique applied to Cluster II data. Journal of Geophysical Research: Space Physics, 108(A9): 1335.

Sahraoui F, M L Goldstein, P Robert, et al. 2009. Physical Review Letters. 102: 231102.

Schatten K H. 1971. Current sheet magnetic model for the solar corona. Maryland: GSFC/NASA.

Schwenn R. 1990. Large-scale structure of the interplanetary medium. In Physics of the inner Heliosphere I. Berlin: Springer.

Schwenn R. 2007. Solar wind sources and their variations over the solar cycle. Solar Dynamics and Its effects on the Heliosphere and Earth. New York: Springer.

Sheeley N R, Wang Y M, Hawley S H, et al. 1997. Measurements of flow speeds in the corona between 2 and 30 $R_\odot$. The Astrophysical Journal, 484(1): 472.

Sheeley Jr N R, Lee D H, Casto K P, et al. 2009. The structure of streamer blobs. The Astrophysical Journal, 694(2): 1471.

Sittler E C Jr, Scudder J D. 1980. An empirical polytrope law for solar wind thermal electrons between 0. 45 and 4. 76 AU: Voyager 2 and Mariner 10. Journal of Geophysical Research, 85: 5131.

Song H Q, Chen Y, Liu K, et al. 2009. Quasi-periodic releases of streamer blobs and velocity variability of the slow solar wind near the Sun. Solar Physics, 258(1): 129-140.

Spitzer L Jr. 1962. Physics of Fully Ionized Gases. New York: Interscience.

Steiger R V, Schwadron N A, Fisk L A, et al. 2000. Composition of quasi-stationary solar wind flows from Ulysses/Solar Wind Ion Composition Spectrometer. Journal of Geophysical Research: Space Physics, 105(A12): 27217-27238.

Stix T H. 1992. Waves in Plasmas. In: Summers D, Thorne R M(eds). The modified plasma dispersion function. American Institute of Physics, New York.

Stone E C, Cummings A C, McDonald F B, et al. 2005. Voyager 1 explores the termination shock region and the heliosheath beyond. Science, 309(5743): 2017-2020.

Stone E C, Cummings A C, McDonald F B, et al. 2013. Voyager 1 observes low-energy galactic cosmic rays in a region depleted of heliospheric ions. Science, 341(6142): 150-153.

Suzuki T K, Inutsuka S I. 2005. Making the corona and the fast solar wind: a self-consistent simulation for the low-frequency Alfvén waves from the photosphere to 0.3 AU. The Astrophysical Journal Letters, 632(1): L49.

Suzuki T K, Inutsuka S I. 2006. Solar winds driven by nonlinear low‐frequency Alfvén waves from the photosphere: parametric study for fast/slow winds and disappearance of solar winds. Journal of Geophysical Research: Space Physics, 111(A6).

Teriaca L, Falchi A, Cauzzi G, et al. 2003a. Solar and heliospheric observatory/coronal diagnostic spectrograph and ground-based observations of a two-ribbon flare: spatially resolved signatures of chromospheric evaporation. The Astrophysical Journal, 588(1): 596.

Teriaca L, Poletto G, Romoli M, et al. 2003b. The nascent solar wind: origin and acceleration. The Astrophysical Journal, 588(1): 566.

Tokumaru M. 2013. Three-dimensional exploration of the solar wind using observations of interplanetary scintillation. Proceedings of the Japan Academy, Series B, 89(2): 67-79.

Tsurutani B T, Ho C M, Smith E J, et al. 1994. The relationship between interplanetary discontinuities and Alfvén waves: Ulysses observations. Geophysical Research Letters, 21(21): 2267-2270.

Tu C Y. 1987. A solar wind model with the power spectrum of Alfvénic fluctuations. Solar Physics, 109: 149.

Tu C Y. 1988. The damping of interplanetary Alfvénic fluctuations and the heating of the solar wind. Journal of Geophysical Research: Space Physics, 93(A1): 7-20.

Tu C Y, Marsch E. 1994. On the nature of compressive fluctuations in the solar wind. Journal of Geophysical Research: Space Physics, 99(A11): 21481-21509.

Tu C Y, Marsch E. 1995. MHD structures, waves and turbulence in the solar wind: observations and theories. Space Science Reviews, 73(1-2): 1-210.

Tu C Y, Marsch E. 1997. Two-fluid model for heating of the solar corona and acceleration of the solar wind by high-frequency Alfvén waves. Solar Physics, 171（2）: 363-391.

Tu C Y, Marsch E. 2002. Anisotropy regulation and plateau formation through pitch angle diffusion of solar wind protons in resonance with cyclotron waves. Journal of Geophysical Research: Space Physics, 107（A9）: 1249.

Tu C Y, Pu Z, Wei F. 1984. The power spectrum of interplanetary Alfvénic fluctuations: derivation of the governing equations and its solution. Journal of Geophysical Research, 89: 9695.

Tu C Y, Marsch E, Rosenbauer H. 1990. The dependence of MHD turbulence spectra on the inner solar wind stream structure near solar minimum. Geophysical research letters, 17(3): 283-286.

Tu C Y, Wang L H, Marsch E. 2003. A possible way of understanding the differential motion of minor ions in the solar wind. Journal of Geophysical Research: Space Physics, 108（A4）.

Tu C Y, Zhou C, Marsch E, et al. 2005. Solar wind origin in coronal funnels. Science, 308（5721）: 519-523.

van der Holst B, Keppens R. 2007. Hybrid block-AMR in cartesian and curvilinear coordinates: MHD applications. Journal of computational physics, 226（1）: 925-946.

van der Holst B, Sokolov I V, Meng, X, et al. 2014. Alfvén wave solar model（AWSoM）: coronal heating. The Astrophysical Journal, 782（2）: 81.

Villante U. 1980. On the role of Alfvénic fluctuations in the inner solar system. Journal of Geophysical Research, 85: 6869.

Villante U, Vellante M. 1982. The radial evolution of the IMF fluctuations: a comparison with theoretical models. Solar Physics, 81: 367.

von Steiger R, Geiss J, Gloeckler G. 1997. Composition of the solar wind. DOI: 10. 1029/GM054P0133.

von Steiger R, Schwadron N A, Fisk L A, et al. 2000. Composition of quasi‐stationary solar wind flows from Ulysses/Solar Wind Ion Composition Spectrometer. Journal of Geophysical Research: Space Physics, 105(A12): 27217-27238.

Wang C, Richardson J D. 2001. Energy partition between solar wind protons and pickup ions in the distant heliosphere: a three-fluid approach. Journal of Geophysical Research: Space Physics, 106（A12）: 29401-29407.

Wang C, Richardson J D, Gosling J T. 2000. Slowdown of the solar wind in the outer heliosphere and the interstellar neutral hydrogen density. Geophysical research letters, 27（16）: 2429-2432.

Wang T, Cao J, Fu H, et al. 2016. Compressible turbulence with slow-mode waves observed in the bursty bulk flow of plasma sheet. Geophysical Research Letters, 43（5）: 1854-1861.

Wang X, He J S, Tu C Y, et al. 2012. Large-amplitude Alfven wave in interplanetary space: the WIND spacecraft observations. The Astrophysical Journal, 746(2):147.

Wang X, Tu C Y, Marsch E, et al. 2016. Scale-dependent normalized amplitude and weak spectral anisotropy of magnetic field fluctuations in the solar wind turbulence. The Astrophysical Journal, 816(1): 15.

Wang Y M, Sheeley Jr N R. 1990. Solar wind speed and coronal flux-tube expansion. The Astrophysical Journal, 355: 726-732.

Wang Y M, Sheeley Jr N R. 1991. Magnetic flux transport and the sun's dipole moment-New twists to the Babcock-Leighton model. The Astrophysical Journal, 375: 761-770.

Wang Y M, Sheeley Jr N R. 1995. Solar implications of Ulysses interplanetary field measurements. The Astrophysical Journal Letters, 447（2）: L143.

Wang Y M, Sheeley Jr N R, Rich N B. 2007. Coronal pseudostreamers. The Astrophysical Journal, 658（2）: 1340.

Whang Y C. 1973. Alfvén waves in spiral interplanetary field. Journal of Geophysical Research, 78: 7221.

Whang Y C. 1976. A two-region model of the solar wind including azimuthal velocity. The Astrophysical Journal, 203: 720.

Whang Y C, Chang C C. 1965. An invicid model of the solar wind. Journal of Geophysical Research, 70: 4175.

Whang Y C, Chien T H. 1978. Expansion of the solar wind in high-speed streams. Astrophysical Journal, 221: 350.

Wilcox J M. 1979. Influence of the solar magnetic field on tropospheric circulation. McCormac B M, Seligh T A (eds). Solar-Terrestrial Influences on Weather and Climate. London: D. Reidel Publishing Company.

Wilcox J M, Ness N F. 1965. Quasistationary corotating structure in the interplanetary medium. Journal of Geophysical Research, 70: 5793.

Wilhelm K, Marsch E, Dwivedi B N, et al. 1998. The solar corona above polar coronal holes as seen by SUMER on SOHO. The Astrophysical Journal, 500 (2): 1023.

Wolfe J H. 1970. Solar wind characteristics associated with interplanetary magnetic field sector structure. Trans Amer Geophysical Union, 51: 412.

Wolfe J H. 1972. The large-scale structure of the solar wind. In: Sonett C P, Coleman P J, Wilcox J M(ed). Solar Wind. National Aeronautics and Space Administration, Washington.

Wu D. 2012. Kinetic Alfvén Wave: Theory, Experiment, and Application. Beijing: Science Press.

Xu F, Borovsky J E. 2015. A new four-plasma categorization scheme for the solar wind. Journal of Geophysical Research: Space Physics, 120 (1): 70-100.

Yang L P, Feng X S, Xiang C Q, et al. 2011. Numerical validation and comparison of three solar wind heating methods by the SIP-CESE MHD model. Chinese Physics Letters, 28 (3): 039601.

Yang L P, Zhang L, He J, et al. 2015. Numerical simulation of fast-mode magnetosonic waves excited by plasmoid ejections in the solar corona. The Astrophysical Journal, 800 (2): 111.

Yang L P, Feng X S, He J S, et al. 2016. A self-consistent numerical study of the global solar wind driven by the unified nonlinear Alfven wave. Solar Physics, 291 (3): 953-963.

Yang L P, He J, Tu C, et al. 2017. Multiscale Pressure-Balanced Structures in Three-dimensional Magnetohydrodynamic Turbulence. The Astrophysical Journal, 836 (1): 69.

Yao S, He J S, Marsch E, et al. 2011. Multi-scale anti-correlation between electron density and magnetic field strength in the solar wind. The Astrophysical Journal, 728 (2): 146.

Zhao G Q, Chu Y H, Lin P H, et al. 2017. Low-frequency electromagnetic cyclotron waves in and around magnetic clouds: STEREO observations during 2007-2013. Journal of Geophysical Research: Space Physics, 122 (5): 4879-4894.

Zhao J. 2015. Dispersion relations and polarizations of low-frequency waves in two-fluid plasmas. Physics of Plasmas, 22 (4): 042115.

Zhao L, Zurbuchen T H, Fisk L A. 2009. Global distribution of the solar wind during solar cycle 23: ACE observations. Geophysical Research Letters, 36 (14). 10.1029/2009GL039181.

Zhao X, Hoeksema J T. 1994. A coronal magnetic field model with horizontal volume and sheet currents. Solar Physics, 151 (1): 91-105.

Zhao X, Hoeksema J T. 1995. Prediction of the interplanetary magnetic field strength. Journal of Geophysical Research: Space Physics, 100 (A1): 19-33.

第 3 章　行星际激波与日冕物质抛射

行星际激波和日冕物质抛射(Interplanetary Coronal Mass Ejection，ICME)是太阳风中主要的大尺度瞬变现象。1 AU 以内观测到的激波很多是由 ICME 的高速等离子体与太阳风的相互作用形成的，由于 ICME 里带有耀斑释放的能量的主要部分，所以 ICME 驱动产生的激波在研究早期也称为耀斑激波。在 1 AU 以外观测到的激波中，由太阳风中高速流与低速流的相互作用形成的共转激波开始变得多起来。在 10 AU 以外，共转激波和其伴随的压缩区是行星际等离子体的主要结构。在 20 AU 以外，所有行星际等离子体都至少一次越过激波面。虽然行星际激波的尺度比质子碰撞自由程小得多，磁流体力学的理论仍然被用来描述行星际激波的形成、激波的跃变条件和激波的传播特性。在 3.1 节，我们将从磁流体力学的角度探讨间断面的类型和激波的类型，并展示了行星际激波上下游磁流体参数的探测事例。在 3.2 节中，将探讨无碰撞等离子体情况下的激波类型(亚临界和超临界，准平行和准垂直)及相应的结构、波动和粒子动力学。3.3 节将阐述 ICME 的局地观测特征、磁云的重构、磁云边界层、ICME 的偏转及其演化追踪。3.4 节将着重介绍流相互作用区及产生的共转激波。3.5 节和 3.6 节将讨论激波传播的解析分析和数值模拟。最后在 3.7 节中，将从模拟的角度来介绍 CME 的传播及其受到激波追赶、多重 CME 碰撞的影响，并与观测进行比较。

3.1　行星际空间中的磁流间断面和激波

下面首先讨论定常各向同性磁流体间断面和激波的特性(Spreiter et al.,1966)，然后给出一些在行星际空间中的观测结果。关于各向异性磁流体间断面的特性可参阅 Burlaga(1971)的文章。

3.1.1　流体越过间断面的守恒关系

理想磁化等离子体(无黏性、热导和电阻等耗散机制)的流体力学方程允许包含间断面的解。在随间断面运动的参考系中，定常无耗散磁流体流动遵从的定常的质量守恒、动量守恒、能量守恒方程以及磁场满足的方程式可写为如下形式：

$$\nabla \cdot (\rho \boldsymbol{V}) = 0 \tag{3.1.1}$$

$$\rho (\boldsymbol{V} \cdot \nabla) \boldsymbol{V} + \nabla P = -\frac{1}{4\pi} \boldsymbol{B} \times (\nabla \times \boldsymbol{B}) = -\frac{1}{4\pi} \nabla \left(\frac{B^2}{2} \boldsymbol{I} \times \boldsymbol{B}\boldsymbol{B} \right) \tag{3.1.2}$$

$$\nabla \left[\rho \boldsymbol{V} \left(\frac{1}{2} V^2 + h \right) + \frac{B^2}{4\pi} \boldsymbol{V} - \frac{1}{4\pi} (\boldsymbol{B} \cdot \boldsymbol{V}) \boldsymbol{B} \right] = 0 \tag{3.1.3}$$

$$\nabla \times (\boldsymbol{V} \times \boldsymbol{B}) = 0 \tag{3.1.4}$$

$$\nabla \cdot \boldsymbol{B} = 0 \tag{3.1.5}$$

式中，h 为单位质量的焓，$h=I+P/\rho$；I 为单位质量的内能，在理想气体中可用 $\frac{3}{2}P/\rho$ 来代替。

上述方程在间断面两侧都是成立的，但是在间断区域内不再适用。因为，在间断区域内耗散效应不能忽略，它决定了间断区域的厚度。本章我们不去讨论间断区域内的细节，而把间断区域看作一个厚度为零的分界面。为了求得间断面上游和下游流体参量之间的关系，在分界面上取一面元，以这一面元为中间截面，以垂直分界面的小距离为高，做一个小扁平匣，将各守恒方程和磁场满足的方程在这个小扁平匣体积内积分，从而得到一组把间断面两侧流体和磁场参量联系起来的并与间断面结构无关的方程组：

$$\left[\rho V_{n}\right] = 0 \tag{3.1.6}$$

$$\left[\rho V_{n}\boldsymbol{V} + \left(P + \frac{B^2}{8\pi}\right)\boldsymbol{n} - \frac{1}{4\pi}B_{n}\boldsymbol{B}\right] = 0 \tag{3.1.7}$$

$$\left[\rho V_{n}\left(\frac{1}{2}V^2 + h\right) + V_{n}\frac{B^2}{4\pi} - \frac{1}{4\pi}B_{n}\boldsymbol{V}\cdot\boldsymbol{B}\right] = 0 \tag{3.1.8}$$

$$\left[B_{n}\boldsymbol{V}_{t} - \boldsymbol{B}_{t}V_{n}\right] = 0 \tag{3.1.9}$$

$$\left[B_{n}\right] = 0 \tag{3.1.10}$$

式中，下角标 n 表示与间断面垂直的分量，t 表示与间断面平行的分量。方括号[]表示物理量在间断面两侧的跃变，即$[Q]=Q_2-Q_1$，"1"和"2"分别表示间断面上游和下游的物理量。式(3.1.6)～式(3.1.10)就是横越间断面的守恒关系(或称跃变条件)。式(3.1.6)～式(3.1.8)分别表示越过间断面时质量流、动量流和能流必须是连续的，式(3.1.9)和式(3.1.10)分别表明间断面两侧的电场切向分量和磁场法向分量是连续的。$\boldsymbol{n}$ 表示垂直间断面的单位矢量。

跃变条件，即式(3.1.6)～式(3.1.10)把间断面上游的流体参量与下游的流体参量联系起来了。下面我们首先介绍根据跃变条件得到的磁流体间断面的分类，然后再讨论如何由间断面上游的流体参量求解其下游流体参量的问题。引入新的变量 $V = \frac{1}{\rho}$，称为比容。

$F_{m}=\rho V_{n}=V_{n}/V$，称为质量通量。定义平均值 $\langle Q \rangle = \frac{1}{2}(Q_1 + Q_2)$，这时跃变条件可以写为

$$F_{m}(V) - (V_{n}) = 0 \tag{3.1.11}$$

$$F_{m}\langle\boldsymbol{V}\rangle + \langle P\rangle\boldsymbol{n} + \frac{1}{4\pi}\langle\boldsymbol{B}\rangle\cdot\langle\boldsymbol{B}\rangle\boldsymbol{n} - \frac{1}{4\pi}B_{n}\left[\boldsymbol{B}\right] = 0 \tag{3.1.12}$$

$$F_{m}\left\{\left[I + \frac{VB^2}{8\pi}\right] + [V]\left(\langle P\rangle + \frac{1}{8\pi}\boldsymbol{B}_{t}^2 - \frac{1}{8\pi}B_{n}^2\right) - \frac{1}{4\pi}\langle V\boldsymbol{B}_{t}\rangle\cdot\langle\boldsymbol{B}_{t}\rangle\right\} = 0 \tag{3.1.13}$$

$$F_{m}\langle V\rangle[\boldsymbol{B}] + \langle\boldsymbol{B}\rangle[V_{n}] - B\boldsymbol{a}[V] = 0 \tag{3.1.14}$$

$$\left[B_{n}\right] = 0 \tag{3.1.15}$$

式 (3.1.13) 可以简化为

$$F_{\mathrm{m}}\left\{\left[I+\langle P\rangle V\right]+\frac{1}{16\pi}[V][\boldsymbol{B}_{\mathrm{t}}]^2\right\}=0 \qquad (3.1.16)$$

我们暂不考虑能量方程[式 (3.1.16)]，假定间断面前后的平均量 $<Q>$ 已知，$[P]/[V]$ 以外的 6 个跃变量 ($[V]$；$[V]$ 三个分量；$[\boldsymbol{B}]$ 两个切向分量) 由式 (3.1.11)，式 (3.1.12) 3 个分量方程，以及式 (3.1.14) 2 个分量方程共 6 个方程式来确定。这些方程可以写成线性齐次方程的形式。有非零解的条件为系数行列式为零。由此得到如下的质量通量 F_{m} 满足的方程：

$$\left(\langle V\rangle F_{\mathrm{m}}^2-\frac{B_{\mathrm{n}}^2}{4\pi}\right)\left\{\langle V\rangle F_{\mathrm{m}}^4+\left(\frac{\langle V\rangle}{[V]}[P]-\frac{\langle \boldsymbol{B}\rangle^2}{4\pi}\right)F_{\mathrm{m}}^2-\frac{[P]}{[V]}\frac{B_{\mathrm{n}}^2}{4\pi}\right\}=0 \qquad (3.1.17)$$

若 $F_{\mathrm{m}}=0$ 及 $B_{\mathrm{n}}=0$，则式 (3.1.17) 成立。这种情况下的间断面被称为切向间断面。$F_{\mathrm{m}}=0$，$[P]=0$，$[V]\neq 0$，$B_{\mathrm{n}}\neq 0$，也可使式 (3.1.17) 成立，这种情况下的间断面称为接触间断面。一般情况下 $F_{\mathrm{m}}\neq 0$，式 (3.1.17) 有 6 个根。相当于 $F_{\mathrm{m}}=\pm B_{\mathrm{n}}/(4\pi\langle V\rangle)^{1/2}$ 的解的间断面称为旋转间断面 (还经常称为中间击波，或阿尔文横波)。方程的其余 4 个根分别相应于两种模式的激波 (快激波和慢激波)。由上述方程及热力学第二定律可以求得这 5 种间断面的特性。我们先把主要结果列于表 3.1.1 中，然后再分别进行讨论。

表 3.1.1 不同类型间断面和激波的变量特征

变量	V_{n}	B_{n}	$[V]$	$[B]$	$[B^2]$	$[P]$	$\left[P+\dfrac{B^2}{8\pi}\right]$	$[P]$	$[V_{\mathrm{t}}]$	$[B_{\mathrm{t}}]$
切向间断面	0	0	*	*		0	0	*	*	*
接触间断面	0	*	0	0	0	0	0	*	0	0
旋转间断面	$\dfrac{B_{\mathrm{n}}}{(4\pi\rho)^{1/2}}$	*	*	*	0	0	0	0	$\dfrac{[B_{\mathrm{t}}]}{(4\pi\rho)^{1/2}}$	
快激波	*		*	*	+	+	+	+		
慢激波	*	*	*	*	−	+	+	+		

注：*表示跃变不为零；+表示跃变大于零；−表示跃变小于零。

3.1.2 切向间断面和接触间断面

将 $F_{\mathrm{m}}=0$ 及 $B_{\mathrm{n}}=0$ 代入式 (3.1.11)～式 (3.1.15)，得到切向间断面的跃变条件：

$$V_{\mathrm{n}}=0 \qquad (3.1.18)$$

$$B_{\mathrm{n}}=0 \qquad (3.1.19)$$

$$\left[P+\frac{B^2}{8\pi}\right]=0 \qquad (3.1.20)$$

$$[V_{\mathrm{t}}]\neq 0 \quad [\boldsymbol{B}_{\mathrm{t}}]\neq 0 \quad [\rho]\neq 0 \qquad (3.1.21)$$

由此看到，切向间断面要求速度和磁场矢量平行于间断面，而其数值及其在间断面

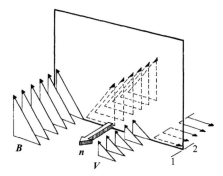

图 3.1.1　磁场和等离子体速度通过
切向间断面的变化(Burlaga, 1971)
n 为切向间断面的法线方向

内的方向则可以有任意的跃变，图 3.1.1 为磁场和等离子体速度通过切向间断面的变化(Burlaga, 1971)。密度也允许有任意的跃变。其他热力学量，如温度和熵等也都是不连续的。但间断面两侧的总压力(流体压力与磁压力之和)必须连续，流体压力的增加伴随着磁场强度的减小。

切向间断面可以作为两种不同状态等离子体的交界面，磁场阻止了两种等离子体的相互扩散。日冕物质抛射的高速等离子体云与背景太阳风的交界面经常是切向间断面，高速流等离子体与低速流等离子体之间的分界面也被认为是切向间断面。一个满足如下必要条件的间断面是切向间断面：

(1) 间断面是不传播的，就是说，间断面在其法向相对于太阳风的传播速度为零。

(2) $B_n=0$，即 B_1 和 B_2 平行于间断面，间断面的法向由公式 $n = B_1 \times B_2 / |B_1 \times B_2|$ 来确定。

(3) $V_n=0$，间断面法向单位矢量也可以写为 $n = V_1 \times V_2 / |V_1 \times V_2|$。

(4) $\left[P + \dfrac{B^2}{8\pi} \right] = 0$。

在行星际空间中要完全确定一个间断面是否满足上述条件，需要同时测量间断面前后等离子体和磁场的许多参数，这在观测上是较为困难的。但是已有了一些不完全的结果，它们与上述条件是一致的。可以比较肯定地说，在太阳风中是存在切向间断面的。图 3.1.2 为 Pioneer-6 观测到的太阳风中切向间断面(Burlaga，1971)。从图中看到，至少

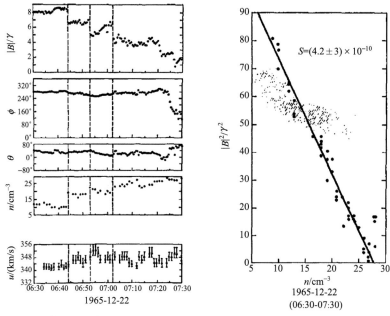

图 3.1.2　太阳风中切向间断面的三个观测实例(Burlaga, 1971)
虚线表示间断面位置，右图表示 B^2 与 n 的比例关系

存在三个切向间断面(虚线位置)。间断面由太阳向外运动，速度大约为 400 km/s。越过间断面，磁场强度突然减小，同时质子密度增加。磁场在小于 30 s 的时间内有显著变化，相当于间断面厚度小于(或等于)12000 km(大约为 10^{-4} AU)。如果等离子体是各向同性的，则 $cn+B^2$ 正比于总压力(这里 c 为常数，即假定温度没有跃变)。由图 3.1.2 右图看出当飞行器横越间断面时，观测到的 B^2 与 n 有线性关系，这与总压力$(P+B^2/8\pi)$没有跃变的结论是一致的。

将 $F_m=0$，$B_n \neq 0$ 代入跃变条件，得到接触间断面的跃变关系：

$$V_n=0 \tag{3.1.22}$$

$$[V]=[B]=[P]=0 \tag{3.1.23}$$

$$[\rho] \neq 0 \tag{3.1.24}$$

这些关系说明速度、磁场和压力都是连续的，只有密度、温度、熵和其他热力学量可以有间断。图 3.1.3 为接触间断面两侧的磁场示意图(Burlaga, 1971)。接触间断面可以看作是两种有相同压力的等离子体的分界面。这种间断面很难在太阳风中认证出来(Völk, 1975)，因为这种间断面极不稳定。在行星际空间，碰撞频率很小，两种等离子体可以沿着磁力线很容易地混合。因而，初始形成的间断面可能很快地扩展成为一个光滑的过渡层。当然，当两种等离子体混合时可能会激发起等离子体湍动。湍动导致的反常碰撞将使两种等离子体进一步混合。

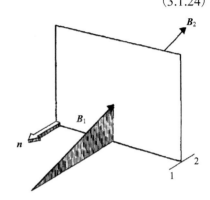

图 3.1.3　接触间断面两侧的磁场示意图
(Burlaga, 1971)

3.1.3　旋转间断面

将 $F_m=F_{mr} \equiv \pm B_n/(4\pi\langle V\rangle)^{1/2}$ 代入式(3.1.6)～式(3.1.10)，得到旋转间断面的跃变关系：

$$[\rho]=[P]=[V_n]=[B_n]=[B^2]=0 \tag{3.1.25}$$

$$V_n=\pm B_n/(4\pi\rho)^{1/2} \tag{3.1.26}$$

$$\pm[V_t]=[B_t]/(4\pi\rho)^{1/2} \tag{3.1.27}$$

这些关系式说明，越过间断面只有速度的切向分量和磁场的方向有跃变，而磁场的量值保持不变，磁场矢量只是绕着法线方向转动了一个角度。图 3.1.4 为旋转间断面两侧磁场和速度的变化(Burlaga, 1971)。压力、密度、内能及其他热力学量都是连续的。等离子体将以由磁场垂直分量 B_n 决定的阿尔文波速度流过间断面。

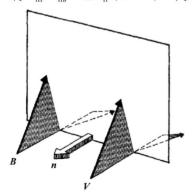

图 3.1.4　旋转间断面两侧磁场和速度的变化
(Burlaga, 1971)

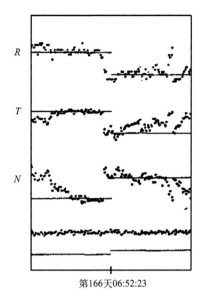

第166天06:52:23

图 3.1.5　卫星 Mariner-5 测量到的
旋转间断面的实例(Burlaga, 1971)

在太阳风中旋转间断面的观测实例是很多的。实际上可以把旋转间断面看作是特殊形式的大振幅阿尔文波，或者看作是行星际磁力线扭结的传播。已观测到的旋转间断面都是由太阳向外传播的，很少观测到向内传播的旋转间断面(Siscoe, 1974)。图 3.1.5 为卫星 Mariner-5 测量到的旋转间断面的实例(Burlaga, 1971)。间断面两侧的数密度 n 没有明显的变化(见图最下一条点线)，而磁场三个分量都有明显的跃变(见图上面三条点线)，观测还表明，速度也有类似的跃变，说明式(3.1.27)是成立的。这里采用 RTN 坐标，R 是由太阳径向向外的，N 是由黄道面指向北的，$T = N \times R$。

3.1.4　激波

1. 激波的跃变条件

由式(3.1.17)的最后一个因子等于零，得到通过激波的质量通量 F_m 应满足方程：

$$\langle V \rangle F_m^4 + \left(\langle V \rangle [P]/[V] - \langle B^2 \rangle / 4\pi \right) F_m^2 - [P] B_n^2 / 4\pi [V] = 0 \tag{3.1.28}$$

由式(3.1.28)与式(3.1.6)～式(3.1.16)和热力学第二定律得到激波的跃变条件：

$$\left[B_t \right] = [B] = \frac{-F_m^2 [V][B_t]}{\langle V \rangle F_m^2 - B_n^2 / 4\pi} \tag{3.1.29}$$

$$\left[B_n \right] = 0 \tag{3.1.30}$$

$$\left[B^2 \right] = 2 \langle B \rangle \cdot \langle B \rangle \tag{3.1.31}$$

$$\left[V_t \right] = \frac{F_m^2 [V] B_n \langle B_t \rangle / 4\pi}{\langle V \rangle F_m^2 - B_n^2 / 4\pi} \tag{3.1.32}$$

$$\left[V_n \right] = -[V] F_m \tag{3.1.33}$$

$$[V] < 0 \tag{3.1.34}$$

$$[P] > 0 \tag{3.1.35}$$

式中，F_m 为式(3.1.28)的任意根。式(3.1.29)说明激波两侧磁场切向分量之和(2$\langle B_t \rangle$)与差([B_t])是平行的(同向或反向)，即磁场的切向分量是平行的，或者说，要求激波法向 n 与激波两侧磁场矢量三者是共面的。式(3.1.32)说明速度切向分量的差 $[V_t] = V_{t1} - V_{t2}$ 与 $\langle B_t \rangle$ 同向或者反向，因而(V_1–V_2)也处在由两侧磁场矢量所决定的平面内。

下面讨论在波面参考系中由激波上游参数求激波下游参数的方法。如果知道激波上游的流体参量：ρ_1，V_1，P_1，B_1，就可以通过跃变条件[式(3.1.6)～式(3.1.10)]来确定激波下游的流体参量：ρ_2，V_2，P_2，B_2。这里 V_1 和 V_2 都是在激波面参考系中观测到的速度。如果我们要求流体在静止参考系中的速度，还需要知道激波的速度。一般情况下，这是一个三维问题，利用上述共面性质可以将其化为一个二维问题，从而大大简化求解激波的程序。选一坐标系，它沿着平行于激波面的某一方向做匀速运动，使得在这一坐标系中，$V_{t_1} = 0$，因而 V_2 在由激波两侧磁场矢量决定的平面内。这样激波两侧的运动简化为平面运动。下面介绍一种求解激波的方法(Tidman and Krall，1971)。假定波法向沿着 $\boldsymbol{x}$ 方向，而 $\boldsymbol{B}_1$，$\boldsymbol{B}_2$，V_2 都在 (x, z) 平面内。考虑到 $\rho = mn$，$P = n\kappa T$，及 $\rho h = \dfrac{5}{2} n\kappa T$，假定电子温度等于离子温度，跃变条件[式(3.1.6)]可以写为

$$n_1 V_{1x} = n_2 V_{2x} \tag{3.1.36}$$

式(3.1.7)的法向分量写为

$$n_1\left(\overline{v}_1^2 + V_1^2\right) + \frac{B_{1z}^2}{8\pi m} = n_2\left(\overline{v}_1^2 + V_{2x}^2\right) + \frac{B_{2z}^2}{8\pi m} \tag{3.1.37}$$

式中，$\overline{v}^2 = \dfrac{2\kappa T}{m}$，式(3.1.7)的切向分量写为

$$\frac{B_{1z}B_x}{4\pi m} = \frac{B_{2z}B_x}{4\pi m} - n^2 V_{2x}V_{2z} \tag{3.1.38}$$

式(3.1.8)写为

$$n_1 V_1\left(5\overline{v}_1^2 + V_1^2\right) + \frac{V_1 B_{1z}^2}{2\pi m} = n_2 V_{2x}\left(5\overline{v}_2^2 + V_{2x}^2 + V_{2z}^2\right) + \frac{V_{2x}B_{2x}^2}{2\pi m} - \frac{V_{2z}B_x B_{2z}}{2\pi m} \tag{3.1.39}$$

由式(3.1.9)得到

$$V_1 B_{1z} = V_{2x} B_{2z} - V_{2z} B_x \tag{3.1.40}$$

假定激波上游的参量 n_1，V_1，B_x，B_{1z}，$\overline{v}_1$ 已知，可由上述 5 个方程求解下游的参量 V_{2x}，V_{2z}，B_{2z}，$\overline{v}_2$，n_2。令

$$\eta_2 = \frac{n_2}{n_1}, \qquad u_{2x,z} = \frac{V_{2x,z}}{V_1}, \qquad v_{1,2} = \frac{\overline{v}_{1,2}}{V_1}, \qquad \boldsymbol{b}_{1,2} = \frac{\boldsymbol{B}_{1,2}}{\left(4\pi m n_1 V_1^2\right)^{1/2}}$$

于是上述方程可以写为无量纲化的形式：

$$1 = \eta_2 U_{2x} \tag{3.1.41}$$

$$2\left(v_1^2 + 1\right) + b_{1z}^2 = 2n_2\left(v_2^2 + u_{2x}^2\right) + b_{2z}^2 \tag{3.1.42}$$

$$b_{1z}b_x = b_{2z}b_x - u_{2z} \tag{3.1.43}$$

$$5v_1^2 + 1 + 2b_{1z}^2 = 5v_2^2 + u_{2x}^2 + u_{2z}^2 + 2b_{2z}b_{1x} \tag{3.1.44}$$

$$b_{1z} = u_{2x}b_{2z} - u_{2z}b_x \tag{3.1.45}$$

消去 η_2，v_{2z}，v_2，b_{2z}，得到 u_{2x} 的 4 阶方程，这方程有一个根为 $u_{2x} = 1$。相应于没有激波的情况，除去这一个根，得到一个三次方程：

$$4u_{2z}^2 - u_{2z}\left[5v_1^2 + 1 + \frac{5}{2}b_{1z}^2 + 8b_z^2\right] - u_{2x}\left[\frac{1}{2}b_{1z}^2 - 2b_x\left(5v_1^2 + 1 + 2b_z^2 + 2b_{1z}^2\right)\right]$$

$$-b_x^2 \left[b_{1z}^2 + b_x^2 \left(5v_1^2 + 1 \right) \right] = 0 \tag{3.1.46}$$

为了简化，下面只讨论垂直磁场的激波，令 $b_x=0$，而 $b_{1z} \neq 0$。由上述方程得到

$$\frac{n_1}{n_2} = \frac{V_{2z}}{V_1} = \frac{B_{1z}}{B_{2z}} = \frac{1}{8} \left\{ \frac{10\kappa T_1}{mV_1^2} + 1 + \frac{2B_{2z}^2}{8\pi mn_1 V_1^2} \right.$$

$$\left. + \left[\left(\frac{10\kappa T_1}{mV_1^2} + 1 + \frac{5B_{1z}^2}{8\pi mn_1 V_1^2} \right)^2 + \frac{2B_{1z}^2}{\pi mn_1 V_1^2} \right]^{1/2} \right\} \tag{3.1.47}$$

$$\frac{10\kappa T_2}{mV_1^2} = \frac{10\kappa T_1}{mV_1^2} + 1 + \frac{B_{1z}^2}{2\pi mn_1 V_1^2} - \frac{V_{2z}^2}{V_1^2} - \frac{B_{1z}^2}{2\pi mn_1 V_{2z} V_1} \tag{3.1.48}$$

上述求解激波的方法并不是唯一的。Кулковский 和 Любимов (1962) 引进一个表征冲击波强度的量，使所有冲击波后的量和波速能用此量及冲击波前的量表示，并给出了解激波方程组的详细步骤。章公亮 (1981)、章公亮和蒋和荣 (1982)、魏奉思 (1984a) 都进一步讨论了求解激波参量的问题。魏奉思引入如下无量纲量(仍用上述坐标系)：

$$h_i = \frac{B_{iz}}{B_z}, \qquad M_{iz} = \frac{V_{ix}}{\left(B_x / \sqrt{4\pi\rho_1} \right)}, \qquad \beta_i = \frac{P_i}{\left(B_i^2 / 8\pi \right)}$$

式中，$i=1$，2 分别表示激波面前、后的参量，由此得到磁流体斜激波跃变条件的无量纲化描述：

$$\left[h_2 \left(M_{1n} M_{2n} - 1 \right) \right] = 0 \tag{3.1.49}$$

$$\left[2M_{1n} M_{2n} + \beta_2 \left(1 + h_2^2 \right) + h_2^2 \right] = 0 \tag{3.1.50}$$

$$\left[M_{2n} \left(1 + h_2^2 \right) \left(M_{1n} M_{2n} + \frac{\gamma}{\gamma-1} \beta^2 \right) \right] = 0 \tag{3.1.51}$$

式中，γ 为绝热指数。由以上式可看到，在波面坐标系中激波后的状态 M_{2n}，h_2 和 β_2 完全由激波前的三个独立的无量纲量 M_{1n}，h_1 和 β_1 确定。

利用激波共面性质，可用探测器一次越过激波面所得到的磁场和等离子体的观测数据求激波的法向量。由于 $\boldsymbol{n}$ 和 $\boldsymbol{B}_1$ 与 $\boldsymbol{B}_2$ 共面，有

$$\boldsymbol{n} \perp \boldsymbol{B}_1 \times \boldsymbol{B}_2 \tag{3.1.52}$$

又由于 $[B_n]=0$，$\boldsymbol{B}_1 - \boldsymbol{B}_2 = [\boldsymbol{B}]$ 也在激波面内，并且与 $\boldsymbol{n}$ 垂直。波的法向是既垂直于 $\boldsymbol{B}_1 \times \boldsymbol{B}_2$ 又垂直于 $[\boldsymbol{B}]$ 的方向。

因为激波下游磁场 $\boldsymbol{B}_2$ 受到较大扰动，用上述方法确定波法向误差较大。Abraham-Shrauner (1972) 提出一种方法，可以不用 $\boldsymbol{B}_2$，而用其他等离子体参数来确定激波的法向。令磁场切向方向的单位矢量为 $\boldsymbol{t}$，$\boldsymbol{V}_2 - \boldsymbol{V}_1$ 在 $\boldsymbol{n}$ 与 $\boldsymbol{t}$ 的平面内，$(\boldsymbol{V}_2 - \boldsymbol{V}_1) \times \boldsymbol{B}_1$ 矢量垂直于 $\boldsymbol{n}$ 与 $\boldsymbol{t}$ 的平面，设 $\boldsymbol{q}$ 为该矢量的单位矢量，有

$$\boldsymbol{q} = \frac{(\boldsymbol{V}_2 - \boldsymbol{V}_1) \times \boldsymbol{B}_1}{\left| (\boldsymbol{V}_2 - \boldsymbol{V}_1) \times \boldsymbol{B}_1 \right|} \tag{3.1.53}$$

由 q 可以计算整体速度在 n 与 t 平面的投影：

$$V_1' = V_1 - (V_1 \cdot q)q = (V_1' \cdot n)n + (V_1' \cdot t)t \tag{3.1.54}$$

$$V_2' = V_2 - (V_2 \cdot q)q = (V_2' \cdot n)n + (V_2' \cdot t)t \tag{3.1.55}$$

由质量通量连续 $[\rho V_n] = 0$，可以求出

$$t = \pm \frac{\left[(\rho_2/\rho_1)V_2' - V_1'\right]}{\left|(\rho_2/\rho_1)V_2' - V_1'\right|} \tag{3.1.56}$$

最后得到波的法向量

$$n = q \times t = \pm \frac{\left[(V_2 - V_1) \times B_1\right] \times \left[(\rho_2/\rho_1)V_2' - V_1'\right]}{\left|\left[(V_2 - V_1) \times B_1\right] \times \left[(\rho_2/\rho_1)V_2' - V_1'\right]\right|} \tag{3.1.57}$$

下面推导最后的两个跃变条件[式(3.1.34)和式(3.1.35)](Landau and Lifshitz，1960)。它们由能量守恒方程[式(3.1.16)]及热力学第二定律导出。由于 $F_m \neq 0$，式(3.1.16)可以写为

$$(h_2 - h_1) - \frac{V_2 + V_1}{2}(P_2 - P_1) + \frac{1}{16\pi}(V_2 - V_1)(B_{t2} - B_{t1})^2 = 0 \tag{3.1.58}$$

我们只讨论弱激波情况，即假设其中各个量只有很小的跃变。将式(3.1.58)按着 S_2–S_1 及 P_2–P_1 差的幂次展开。由于 P_2–P_1 的一阶项和二阶项都会消去，展开必须进行到三阶项：

$$h_2 - h_1 = \left(\frac{\partial h}{\partial S_1}\right)_P (S_2 - S_1) + \left(\frac{\partial h}{\partial P_1}\right)_S (P_2 - P_1) + \frac{1}{2}\left(\frac{\partial^2 h}{\partial P_1^2}\right)_S (P_2 - P_1) + \frac{1}{6}\left(\frac{\partial^3 h}{\partial P_1^3}\right)_S (P_2 - P_1)^3$$

$$\tag{3.1.59}$$

由热力学关系式：$dh = TdS + VdP$，有

$$\left(\frac{\partial h}{\partial S}\right)_P = T \qquad \left(\frac{\partial h}{\partial P}\right)_S = V \tag{3.1.60}$$

将式(3.1.60)代入式(3.1.59)得到

$$h_2 - h_1 = T_1(S_2 - S_1) + V_1(P_2 - P_1) + \frac{1}{2}\left(\frac{\partial V}{\partial P_1}\right)_S (P_2 - P_1)^2 + \frac{1}{6}\left(\frac{\partial^2 V}{\partial P_1^2}\right)_S (P_2 - P_1)^3 \tag{3.1.61}$$

同样可以得到 V_2–V_1 的展开式：

$$V_2 - V_1 = \left(\frac{\partial V}{\partial P_1}\right)_S (P_2 - P_1) + \left(\frac{\partial V}{\partial S_1}\right)_P (S_2 - S_1) + \frac{1}{2}\left(\frac{\partial^2 V}{\partial P_1}\right)_S (P_2 - P_1)^2 + \cdots \tag{3.1.62}$$

将式(3.1.61)和式(3.1.62)代入式(3.1.58)，略去 $\Delta S \times \Delta P$ 及 ΔS^2 以上的高阶小量，得到

$$T_1(S_2 - S_1) = \frac{1}{12}\left(\frac{\partial^2 V}{\partial P_1^2}\right)_S (P_2 - P_1)^3 - \frac{1}{16\pi}\left(\frac{\partial V}{\partial P_1}\right)_S (P_2 - P_1)(B_{t_2} - B_{t_1})^2 \tag{3.1.63}$$

根据热力学第二定律，气体通过冲击波后，熵只能增加(若 $S_1 = S_2$，有 $P_1 = P_2$，没有

跃变发生)。气体的绝热压缩率 $-\left(\dfrac{\partial V}{\partial P}\right)_S$ 总是正的,而且在通常情况下(如理想气体)有

$\left(\dfrac{\partial^2 V}{\partial P^2}\right)_S$ 大于零。因此,由式(3.1.63)得到 $P_2 > P_1$ 及 $V_2 < V_1$。这说明热力学第一定律和第

二定律允许的激波是压缩波。这一结果虽然是对弱冲击波证明的,但在理想气体中(状态方程为 $P = \rho R T$ 的气体),对任何强度的冲击波都是正确的(Boyd and Sandersen,1969)。

2. 快、慢激波及其演化条件

下面我们讨论式(3.1.28)决定的不同 F_m 值相应的激波特性。先把式(3.1.28)写成下面的形式:

$$\left(F_m^2 + [P]/[V]\right)\left(\langle V\rangle F_m^2 - B_n^2/4\pi\right) = F_m^2 \langle B_t\rangle^2/4\pi \tag{3.1.64}$$

令 $F_{mr} = \pm B_n/(4\pi\langle V\rangle)^{1/2}$,假定方程的根为 F_{mf}^2 与 F_{ms}^2,若 $F_{mf}^2 > F_{mr}^2$,有

$$F_{mf}^2 > -[P]/[V] \tag{3.1.65}$$

若 $F_{ms}^2 < F_{mr}^2$,有

$$F_{ms}^2 < -[P]/[V] \tag{3.1.66}$$

由于 $[P] > 0$ 及 $[V] < 0$,所以 $-[P]/[V] > 0$。式(3.1.28)两个根的乘积必然等于 $-[P]/[V]F_{mr}^2$。由式(3.1.65)和式(3.1.66)看到,不可能两个根都大于 F_{mr},或者都小于 F_{mr},只可能一个根大于 F_{mr},记为 F_{mf},另一个根小于 F_{mr},记为 F_{ms}。把与 F_{mf} 相应的激波称为快波,与 F_{ms} 相应的激波称为慢波。对于 F_{mf},F_{mr},F_{ms} 有如下的关系:

$$F_{mf} \geqslant F_{mr} \geqslant F_{ms} \tag{3.1.67}$$

$$F_{mf} \geqslant -[P]/[V] \geqslant F_{ms} \tag{3.1.68}$$

在 5 种间断面中,通过快波的质量流最大。由式(3.1.29)得到

$$\left[B_t^2\right] = 2\langle B_t\rangle[B_t] = -\frac{2F_m^2[V]\langle B_t\rangle^2}{\langle V\rangle F_m^2 - B_n^2/4\pi} \tag{3.1.69}$$

对快激波,其分母为正,注意到 $[V] < 0$,有 $\left[B_t^2\right] > 0$,因而

$$\left[B^2\right] > 0 \tag{3.1.70}$$

表明通过快激波磁场强度增加了。对于慢波,其分母为负,有 $\left[B_t^2\right] < 0$,因而

$$\left[B^2\right] < 0 \tag{3.1.71}$$

即通过慢激波磁场强度减弱了。

由流体力学方程和热力学定律决定的激波不一定都是稳定的。下面我们讨论流体力学激波稳定的必要条件——演化条件。

假设在激波面上压力、速度和磁场等参量有一小扰动,这些扰动将以波动的形式由激波面相对于两侧流体向外传播。如果这些向外传播的波动保持很小,而且能够被唯一

确定，这种激波就满足演化条件，否则它就是不稳定的或没有物理意义。Jeffrey 和 Taniuti(1964)详细讨论了磁流体激波的演化条件，下面把他们的结果作简要说明。

磁流激波的跃变条件[式(3.1.6)～式(3.1.10)]是 8 个标量方程。由于激波面两侧磁场的切向分量是平行的，如果选取坐标方向平行于磁场，于是只有 7 个独立的标量方程。下面我们将说明激波稳定的必要条件是当激波受到扰动后由激波面可能向外发出波的数目(包括熵波，它与气体一同移动，只存在于激波下游的气体中)等于 6。事实上，每个向外传播的波动模式中，各参量都是相互制约的，只有一个参量是独立的。所以每一个向外传播的扰动都是由边界上一个扰动参量决定的。而由 7 个跃变条件在边界面上所能确定的参量是 7 个，其中包括一个激波自身位移参量，所以由激波面向外发出的波只能是 6 个。如果向外传播的波动超过 6 个，边界条件就允许有些波动有任意大的振幅，激波就成为不稳定的了。如果向外传播的波动数小于 6 个，这个问题无解。只有向外传播的波动总数正好等于 6 个，这些波才有可能被跃变条件唯一确定。为了使波动的各扰动分量能由跃变条件唯一地确定，还需要对波动的极化方向有所限制。根据 Jeffrey 和 Taniuti(1964)的分析，这里要求 6 个波中有两个是横波，即阿尔文波。

下面我们分析由激波面可能向外传播的波动。在磁流体介质中传播的波动有磁流波(相速为 V_A)、快慢磁声波(相速为 V_f 和 V_s)以及熵波。熵波是流体本身携带的流体的扰动。

令阿尔文波及快慢磁声波在介质 1 中的传播速度为 V_A 及 V_f 和 V_s($V_s < V_A < V_f$)，相对于静止的激波面来说，其速度分别为 $u_{A1} = V_1 \pm V_{A1}$，$u_{f1} = V_1 \pm V_{f1}$ 和 $u_{s1} = V_1 \pm V_{s1}$。V_1 为介质 1 相对激波面的速度。在介质 2 中为 $u_{A2} = V_2 \pm V_{A2}$，$u_{f2} = V_2 \pm V_{f2}$ 和 $u_{s2} = V_2 \pm V_{s2}$，V_2 为介质 2 相对激波面的速度，由于扰动自激波面向外传播，要求 $u_{A1} < 0$，$u_{f1} < 0$，$u_{s1} < 0$，及 $u_{A2} > 0$，$u_{f2} < 0$，$u_{s2} < 0$。

若 $V_{f1} < V_1$，$V_A < V_2 < V_{f2}$，在介质 1 中没有向外传播的波，而在介质 2 中 $u_{A2} = V_2 \pm V_{A2} > 0$，$u_{f2} = V_2 + V_{f2} > 0$，$u_{s2} = V_2 \pm V_{s2} > 0$，加上熵波一共向外传播的波有 6 个。

表 3.1.2 给出了 V_1 和 V_2 的各个不同参数范围中由激波面可能向外传播波的总数(表中等式右端数)。等式左端第一个数表示向外传播的阿尔文波数，第二个数表示向外传播的磁声波和熵波的总数。由表 3.1.2 看到三个区域中(A，B，C)由激波向外传播的波的总数正好等于 6。但是中间的区域横波数为 1，只有上下两个阴影区域满足演化条件。它们分别相应于快、慢激波。于是我们得到快、慢激波的演化条件分别为

快激波(C)：$V_{f1} \leqslant V_{1n}$，$V_{A2} < V_{2n} < V_{f2}$

慢激波(A)：$V_{s1} \leqslant V_{1n} \leqslant V_{A1}$，$V_{2n} < V_{s2}$

这里 V_f，V_s，V_A 分别为快慢磁声波及阿尔文波相速在激波法向方向的分量。我们看到，超快磁声波速流动通过激波后，变为亚快磁声波速流动，超慢磁声波速流动通过慢激波后变为亚慢磁声波速流动。如果磁场平行于突变面，$V_A = 0$，只有快波是可能的。Jeffrey 和 Taniuti(1964)还证明了激波的演化条件禁止诱生激波 $B_{1t} = 0$ 和消去激波 $B_{2t} = 0$，以及与 $\boldsymbol{B}_1$ 和 $\boldsymbol{B}_2$ 切向分量反向的激波。

表 3.1.2　　磁流体力学激波演化稳定的参数区域(Jeffrey and Taniuti，1964)

	$V_{1n} < V_{s1}$	$V_{s1} < V_{1n} < V_{A1}$	$V_{A1} < V_{1n} < V_{f1}$	$V_{f1} < V_{1n}$
$V_{f2} < V_{2n}$	3+7=10	3+6=9	2+6=8	2+5=7
$V_{A2} < V_{2n} < V_{f2}$	3+6=9	3+5=8	2+5=7	2+4=6 (C)
$V_{s2} < V_{2n} < V_{A2}$	2+6=8	2+5=7	1+5=6 (B)	1+4=5
$V_{2n} < V_{s2}$	2+5=7	2+4=6 (A)	1+4=5	1+3=4

由上面的分析得到如下一般结论：在物理上可能的激波的两侧磁场的切向分量为相同的方向，在快激波质量通量必须大于旋转间断面的质量通量，而在慢激波质量通量必须小于旋转间断面的质量通量。图 3.1.6 和图 3.1.7 分别是快激波和慢激波的磁场和速度跃变关系示意图(Burlaga，1971)。B_1，B_2 和 n_2 是共面的，V_{1t} 与 V_{2t} 决定的平面与 B_{1t} 和 B_{2t} 决定的平面相平行，而且 B_{1t} 与 B_{2t} 的相平行；因而 n，B_1，B_2，V_1-V_2 是共面的。B_{1t} 和 B_{2t} 是同向平行的。对于快波 $|B_2| > |B_1|$，对于慢波 $|B_2| < |B_1|$。

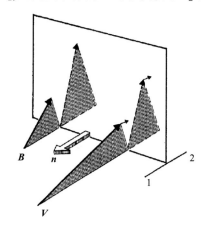
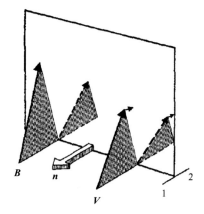

图 3.1.6　快激波的磁场和速度跃变关系示意图　　　　图 3.1.7　慢激波的磁场和速度跃变关系示意图
　　　　　　(Burlaga, 1971)　　　　　　　　　　　　　　　　　(Burlaga, 1971)

太阳风中的快激波很多，日冕物质抛射产生的激波及高速流产生的激波都是快激波。如果一个测量到的"扰动"被认为是快激波，该扰动前后的磁场和等离子体参量必须满足激波跃变条件和快波的演化条件，即快磁声波马赫数($M_n = V_n/V_f$)在激波前大于 1，在激波后小于 1。并且有：$V_{2n} > V_{A2}$。

Sonett 等(1964)对 1962 年 10 月 7 日 Mariner-2 飞船测到的激波进行了分析。激波两侧的实测值是在相对飞船静止的参考系中测量到的。为了把测量数值代到激波跃变方程中去验算，需要把测量到的量换算到固定在激波面的参考系中。这需要求出激波面的法向方向及运动速度。利用激波前后磁场矢量的共面特性，可以发现该激波法向方向是基本沿着径向由太阳向外的。利用飞船测量到的激波和地面测量到的急始扰动(这种扰动被认为是由激波和磁层相互作用引起的)的时差，确定出激波沿着径向方向的速度大约为 509 km/s。假设激波下游的磁场是已知的，通过跃变条件可以计算激波两侧的温度及下游的密度和速度(表 3.1.3)。由表 3.1.3 看到，激波满足跃变条件和快波的演化条件。

表 3.1.3　计算值与实测值比较表

参数	激波上游测量值	激波下游	
		计算值	测量值
B/nT	$5\hat{R}-3.7\hat{T}-2.1\hat{N}$	—	$5.9\hat{R}-9.3\hat{T}-6.1\hat{N}$
$U/(\text{km/s})$	$380\hat{R}$	$450\hat{R}+10\hat{T}+14\hat{N}$	$458\hat{R}$
n/cm^{-3}	1.5 ± 2	34	32 ± 4
T/K	1.2×10^{5} (1.1×10^{5} 计算值)	2.4×10^{5}	1.7×10^{5}
M_{f}	2.0	0.7	0.6

注：计算时取 $\gamma=5/3$。$\hat{R}$，$\hat{T}$，$\hat{N}$ 的定义见 3.1.3 节。M_{f} 为快磁声马赫数，$M_{\text{f}}=V_{\text{n}}/V_{\text{fn}}$。

太阳风中也有慢激波传播。慢激波的演化条件是阿尔文波马赫数($M_{\text{A}}=V_{\text{n}}/V_{\text{A}}$)在激波前后必须小于 1，及慢模式磁声波马赫数($M_{\text{s}}=V_{\text{n}}/V_{\text{sn}}$)必须在激波前大于 1，在激波后小于 1。图 3.1.8 和表 3.1.4 为 1966 年 1 月 20 日由 Pioneer-6 卫星在太阳风中测量到的慢激

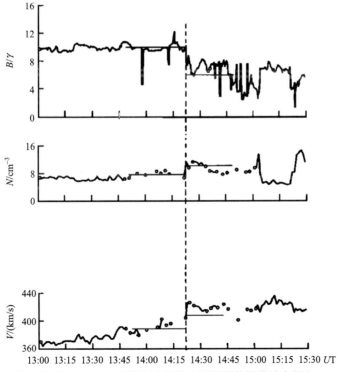

图 3.1.8　1966 年 1 月 20 日由 Pioneer-6 卫星在太阳风中测量到的慢激波实例(Burlaga and Chao, 1971)

表 3.1.4　慢激波上下游的参数变化

参数	M_A	M_n	B	V	n
激波前(1)	0.9	1.3	10	388	7
激波后(2)	0.8	0.8	6	406	9

波实例(Burlaga and Chao,1971)。从表中看到激波前后 Alfvén 波马赫数都小于 1,慢模式波马赫数在激波前大于 1,在激波后小于 1。图中实线表示由测量到的参数根据 Rankin-Hugoniot 方程计算得到的,由图看到通过激波后数密度增加而磁场强度减弱。

3. 激波的形成

　　前面我们讨论了在稳定均匀磁化等离子体流中可能出现的激波的类型和条件。下面讨论以较高速度$(V > V_f)$相对运动的两团具有不同温度和密度的气体相互碰撞产生激波的问题。这两团气体在相互碰撞后将形成交界面(通常为切向间断面),在间断面上压力是连续的,而密度和温度有跃变。交界面两侧流体法向速度没有跃变,而远处流体以超声速向间断面相向运动,在定常情况下,交界面两侧的速度跃变由两个向相反方向传播的激波对产生。图 3.1.9 为一维激波对示意图(由右至左为 1~4 区)(Colburn and Sonett,1966)。我们可以把图中 1 区看作是未扰动的背景太阳风等离子体,4 区表示耀斑喷射的或冕洞发出的高速等离子体,T 表示它们之间的交界面,交界面两侧的气体速度和压力是相同的。为了维持 1 区和 4 区等离子体速度之间的高的差值(大于 V_f),两个向外传播的激波将分别在交界面两边形成。2 区和 3 区位于激波下游,这里气体压力必然增加。由于激波 S_1 运动方向与太阳风速度方向相同,叫作前向激波,激波 S_2 运动方向与太阳风速度方向相反,叫作后向激波(或反激波)。前向激波使得前面未扰动的太阳风加速,而后向激波使得后面高速太阳风减速。交界面相当于 1 个充满气体的半无界的柱形管中的"活塞"。在交界面前面的气体来看,"活塞"以超声速向前压缩气体,在交界面后面的气体来看,"活塞"又以超声速压缩后面的气体。在 1 AU 处经常观测到耀斑等离子体压缩背景太阳风产生的前向激波。在 3~5 AU 的行星际空间,经常观测到激波对。前后激波在太阳风中的传播速度都大约为 150 km/s,相当于马赫数在 2~3 之间,两者都是快激波。

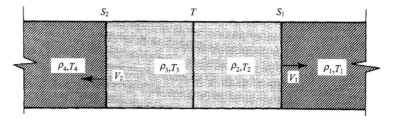

图 3.1.9　一维激波对示意图(Colburn and Sonett, 1966)

3.2　空间无碰撞等离子体激波

3.1 节的磁流体可以大概描述空间等离子体激波上下游的跃变关系,但是无法描述上游等离子体是如何从穿越激波过渡区变成下游等离子体的状态。要比较准确地描述空间等离子体激波的形成与演化,需要在等离子体动理学的框架下,全面地考察激波的结构、波动和粒子的动力学行为。由于激波是非线性的物理过程,线性等离子体理论不能适用。基于粒子云 (particle-in-cell, PIC) 概念的全粒子模拟或混合模拟,为研究空间无碰撞等离子体激波的物理过程提供了有利的手段 (Lu and Wang, 2006; 杨忠炜, 2011; 郝宇飞, 2016)。在 3.2 节中,将会从如下三个方面介绍无碰撞等离子体激波。①介绍无碰撞等离子体激波按照上游马赫数和等离子体 beta 值的分类,即亚临界激波与超临界激波,继而展示亚临界激波在行星际太阳风中的观测结果,然后阐述亚临界激波的耗散机制并推导给出耗散尺度的估算公式。②关于超临界准垂直激波,依次介绍准垂直激波的离子反射、后续的受力运动以及再次返回激波的可能性,准垂直激波的结构组成和激波脚的形成机理,准垂直激波的激波脚附近的离子和电子的动力学行为及其波粒相互作用,准垂直激波的激波脚演化与激波的动态重构。③针对超临界准平行激波,分别讨论准平行激波的概述及其与准垂直激波的区别,激波上游前兆区不同部位 (离子前兆区、电子前兆区) 的离子和电子的速度分布特征,激波上游前兆区的波动激发与激波重构,激波下游的波湍动特征及其可能来源。

3.2.1　亚临界激波

1. 亚临界激波与超临界激波

无碰撞等离子体激波可分为亚临界激波和超临界激波。无碰撞等离子激波和碰撞激波在激波耗散机制上有所不同。在碰撞激波中,等离子体由高速低压向低速高压的状态转变主要靠库仑碰撞实现。而在无碰撞激波中,带电粒子的平均自由程远大于激波厚度,等离子体状态的转变无法靠库仑碰撞实现,而需要依赖其他机制。亚临界激波与超临界激波的区别正是在于等离子体上下游状态转换的机制与效果。亚临界激波中上游等离子体速度较慢,波粒相互作用可以产生足够的耗散使上游等离子体减速、热化。超临界激波中上游等离子体速度较快,波粒相互作用无法提供足够的耗散来完成等离子体的热化和减速,等离子体状态的转变需要依靠其他机制来实现。其中最为简单有效的机制是将大量入流粒子反射回上游。而在亚临界激波中所有进入激波面的离子都会被捕获,并没有粒子被反射回上游。本节主要介绍亚临界激波,而将在 3.2.2 节和 3.2.3 节中深入介绍超临界激波。

无碰撞激波为亚临界激波或是超临界激波可根据激波马赫数的值进行判断:亚临界激波的马赫数小于临界马赫数;超临界激波的马赫数高于临界马赫数。临界马赫数 M_{crit} 是受激波上游等离子体 β 值及磁场方向影响的一个参数。在磁场方向与激波面法向夹角 θ_{Bn} 较大时,临界马赫数的值较大。对于垂直激波,临界马赫数可达 $M_{crit} = 2.76$ (Marshall,

1955)。图 3.2.1 为临界马赫数 M_{crit} 随 β 及 θ_{Bn} 的变化(Edmiston and Kennel，1984)。从图中可以看出，在 β 较小且 θ_{Bn} 较大时，临界马赫数较大。

2. 亚临界激波的形成

一般认为无碰撞激波的形成是波动的陡化导致的(Sagdeev and Kennel，1991)。波动(比如哨声模)向着上游传播时，波动的演化是非线性的，波前会逐渐陡化。所谓的陡化，意味着非线性作用产生宽频的效果。如果宽频波的色散关系不是线性色散的话，则不同频率的波传播的速度不一样，导致波动陡化过程中会形成宽频波传播的色散效应。图 3.2.2 为不同色散关系波模在非线性陡化形成激波过程中的上下游扰动的差异(Balogh and Treumann，2013)。其中，左侧的负色散关系波模($\partial\omega/\partial k > 0$)对应右下图的激波上下游关系，即短波长小振幅传播快于激波跃变斜坡(宽频波、低频波占主导)。左侧的正色散关系波模($\partial\omega/\partial k < 0$)对应右上图的激波上下游关系，即短波长小振幅传播慢于激波跃变斜坡。对于正色散(或称正常色散，即频率越大群速度越小)的波模而言，扰动陡化产生的宽频波主体(一般是以低频能量占主导)传播快于高频的小振幅波，从而导致陡化的激波跃变斜坡传播快于高频的小振幅波(后者位于激波下游)。而对于负色散

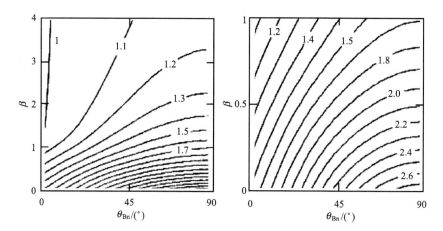

图 3.2.1 临界马赫数 M_{crit} 随 β 及 θ_{Bn} 的变化(Edmiston and Kennel, 1984)

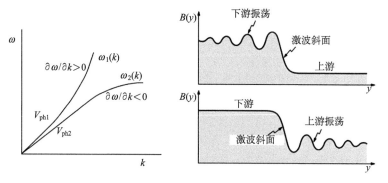

图 3.2.2 不同色散关系波模在非线性陡化形成激波过程中的
上下游扰动的差异(Balogh and Treumann, 2013)

(或称反常色散，即频率越大群速度越大，比如哨声波)的波模而言，扰动陡化产生的宽频波主体(一般是以低频能量占主导)传播慢于高频的小振幅波，从而导致陡化的激波跃变斜坡传播慢于高频的小振幅波(后者位于激波上游)。振幅最弱的短波长子波的到达宣告了激波波前的到达，而激波波前的厚度为波列的长度。

在波动传播方向与磁场垂直的情况下，波模的色散关系经常是正色散，即波长较长的子波传播速度较快在前面，而波长较短的子波则被抛到后面，波前也因此变得更陡而形成激波，导致激波下游有明显的振荡，而激波上游则比较干净。当波动传播方向与磁场是准平行的情况时，波模(比如准平行的哨声波)色散经常是负色散，即波长短的在前面，波长长的在后面，导致激波上游有明显的振荡，而激波下游则相对比较干净。

3. 亚临界激波的观测

行星际空间中，等离子体密度较小，粒子间的相互碰撞可以忽略。在该环境中形成的激波，如弓激波和行星际激波，都可以看成无碰撞激波。亚临界激波和超临界激波在空间中都有观测。

在地球弓激波的观测中，观测到的绝大部分例子都为超临界激波，而亚临界激波只有少数几个例子(Kennel et al., 1985; Farris et al., 1994)。这些例子大多出现在入流太阳风为慢速太阳风且激波法向与磁场方向夹角较大的情况下。在该种情况下，激波的马赫数较小且临界马赫数较大，亚临界激波形成的条件更容易得到满足。

在行星际激波的观测中，亚临界激波的观测实例较多。从理论上来讲，前向激波的马赫数相对后向激波来说更低，更容易满足亚临界激波的条件。Burton (1996)、Balogh 和 Treumann (2013)对 Ulysses 飞船在约 5 AU 处观测到的共转激波的统计分析也印证了这一点。图 3.2.3 为 Ulysses 飞船在约 5 AU 处观测到的共转激波在不同日球层纬度上的分布(Balogh and Treumann, 2013)。其中，图 3.2.3(a)为前向激波和后向激波在不同纬度上的分布；图 3.2.3(b)为前向及后向激波的所在纬度及相对马赫数。统计发现低纬处前向激波比后向激波有更高的概率为亚临界激波。在高纬处，前向激波较少出现，此处出现的后向激波很可能为亚临界激波。

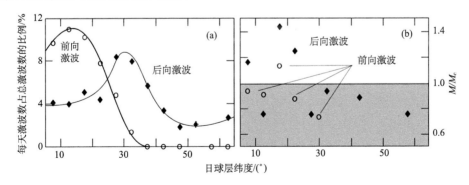

图 3.2.3　Ulysses 飞船在约 5 AU 处观测到的共转激波在不同日球层纬度上的
分布(Balogh and Treumann, 2013)

(a)前向激波和后向激波在不同纬度上的分布；(b)前向激波和后向激波的所在纬度及相对马赫数。
M 为马赫数；M_c 为临界马赫数

4. 耗散尺度

在亚临界激波中，激波的厚度 Δ_{sh} 与离子惯性尺度 λ_i 相当。这意味着离子与磁场是不耦合的，但电子依然随着磁场一起运动。离子电子的分离致使激波面(具有一定厚度)中形成一电场。由于电场的存在及电子的磁冻结，激波面内的电子会沿着激波面做 $E \times B$ 漂移并致使漂移电流的产生。漂移电流的出现会改变激波面内的磁场。当电流足够强时还会激发不稳定性并产生反常电阻或反常黏度从而产生耗散。在亚临界激波中，需要反常电阻或反常黏性足够强，使耗散尺度 L_{d} 小于激波厚度 Δ_{sh}。下面借用 Balogh 和 Treumann (2013)给出的推导说明当反常电阻主导耗散时，耗散尺度所需满足的要求。

在该推导中，假设耗散是由焦耳耗散主导的，则可给出以下式子：

$$\frac{\partial \boldsymbol{B}}{\partial t} = \nabla \times \boldsymbol{V} \times \boldsymbol{B} - \frac{\eta_{an}}{\mu_0} \nabla^2 \boldsymbol{B}$$

式中，η_{an} 为反常电阻；$\boldsymbol{B}$ 为磁感应强度；$\boldsymbol{V}$ 为等离子体速度；μ_0 为真空磁导率。当流体在激波面内的演化由耗散主导时，该式右侧的第二项的幅度需大于右侧第一项的幅度。根据无量纲分析有

$$L_{\mathrm{d}}^2 \lesssim \frac{\eta_{\mathrm{an}}}{\mu_0} \frac{\Delta_{\mathrm{sh}}}{V_1}$$

式中，V_1 为激波上游速度大小。根据反常电阻 η_{an} 与反常碰撞频率 v_{an} 及电子惯性尺度 $\lambda_{\mathrm{e}} = c / \omega_{\mathrm{pe}}$ 之间的关系，可得

$$L_{\mathrm{d}} \lesssim \left(\frac{v_{\mathrm{an}}}{V_1 / \Delta_{\mathrm{sh}}} \right)^{\frac{1}{2}} \lambda_{\mathrm{e}}$$

要求耗散尺度满足 $L_{\mathrm{d}} = \sqrt{\alpha} \Delta_{\mathrm{sh}}$ 时，反常碰撞频率需满足

$$v_{\mathrm{an}} \gtrsim \alpha \left(\frac{V_1}{\lambda_{\mathrm{e}}} \right) \left(\frac{\Delta_{\mathrm{sh}}}{\lambda_{\mathrm{e}}} \right)$$

对于磁声激波，激波厚度与马赫数之间存在着关系 $\Delta_{\mathrm{sh}} \simeq \lambda_{\mathrm{e}} / \sqrt{M_A - 1}$ (Sagdeev, 1966a, 1966b)。将该关系及 $\frac{\lambda_{\mathrm{e}}^2}{V_A^2} = (m_{\mathrm{e}} / m_{\mathrm{i}}) \omega_{\mathrm{ci}}^{-2}$ 代入上式可得

$$\frac{v_{\mathrm{an}}}{\omega_{\mathrm{ci}}} \gtrsim \alpha \left(\frac{m_{\mathrm{i}}}{m_{\mathrm{e}}} \right)^{\frac{1}{2}} \frac{M_A^2}{\sqrt{M_A - 1}}$$

式中，ω_{ci} 为离子回旋频率。假设亚临界激波的马赫数为 $M_A = 1.5$ 的情况下，为提供足够的耗散，反常碰撞频率需满足 $v_{\mathrm{an}} > 140\alpha\omega_{\mathrm{ci}} \sim 3\alpha\omega_{\mathrm{lh}}$，其中 ω_{lh} 为低混杂频率。反常碰撞频率很难超过低混杂频率。因此，为提供足够强的耗散，α 的值需足够小。也就是说，电流片的厚度需小于激波的厚度。

5. 耗散的起因

前面提到，亚临界激波中需要库仑碰撞以外的耗散机制来减速、热化上游流进的等离子体。耗散一般认为由不稳定性来提供。不稳定性分为宏观不稳定性和微观不稳定性。亚临界激波中激波厚度只有离子惯性尺度的量级。在此情况下，宏观不稳定性的作用主要局限于改变激波前的大尺度结构，而不能在小尺度范围内提供耗散。因此，提供耗散的应为微观不稳定性。关于哪些不稳定性更有可能提供所需的反常耗散，Sagdeev 等 (1979)、Papadopoulos(1985)、Balogh 和 Treumann (2013) 对此进行了讨论。作为能为亚临界激波提供有效耗散的不稳定性，应能产生较高的碰撞频率(低混杂频率 ω_{lh} 的量级)，且涉及非磁化的离子和磁化的电子。Balogh 和 Treumann (2013)指出，满足条件的微观不稳定性主要有梯度漂移不稳定性和修正双流不稳定性(modified two-stream instability, MTSI)(McBride et al., 1972)这两种，但梯度漂移不稳定性较难提供强耗散并且对密度变化尺度有较严格的要求，因此最可能提供所需耗散的机制为修正双流不稳定性。

修正双流不稳定性是由电子和离子之间的相对漂移所驱动的不稳定性。修正双流不稳定性要求存在横穿激波面的法向电场。该电场的尺度或者说激波面的厚度应 $\lesssim \lambda_i$，以使离子是非磁化的。该电场的存在使磁化的电子发生 $\boldsymbol{E} \times \boldsymbol{B}$ 漂移，漂移速度为 $V_{d_e} = \boldsymbol{E} \times \boldsymbol{B} / B^2$。电子漂移会致使漂移电流的产生，该电流在激波面内流动。该电流储存着自由能，并可以把这些自由能用在修正双流不稳定性的激发上。当电子漂移速度大于离子声速时，电子和离子的相对运动会导致双流不稳定性的激发。该不稳定性的频率与低混杂波的频率相当，波长远大于德拜长度。不稳定导致在沿磁场方向上有一个较高的反常碰撞频率，该频率为低混杂频率的量级。根据上一节的分析可知，在这种耗散尺度及反常碰撞频率的情况下，耗散强度足以减速、热化入流等离子体。

3.2.2　超临界准垂直激波

1. 定义讨论框架

这里定义激波法向角度 $\theta_{Bn} > 45°$ 及马赫数 $M > M_c$ (临界马赫数)的激波为超临界准垂直激波(quasi-perpendicular super-critical shock)。超临界激波的维持需要两种途径共同作用：　第一种途径是耗散。上游速度需要在下游减小到下游磁声速度以下，但是由于太阳风速度过快，来流通过激波的时间小于相应耗散所需的时间，从而导致上游能量无法充分耗散，需要其他机制配合。第二种途径是反射上游来流离子。这一机制可以减小来流的动量和动能，进而减小上游马赫数。下面我们将仔细讨论其位型、结构、演化以及相伴随的离子、电子动力学行为。

2. 粒子动力学

我们关心的是离子是如何被反射的以及反射后的运动轨迹。首先考虑一个最简单的模型——镜面反射：假设激波是一个平面,离子通过法向速度 V_n 反转180° 实现镜面反射。

但实际上激波斜坡不是一个刚性平面，离子到达斜坡(ramp)会在一定程度上穿透斜坡(几个回旋半径)；离子在向激波运动及与斜坡相互作用的过程中，会发生波粒相互作用以及在某些条件下可以激发波动。

在研究稳态平面激波时，经常用到 de Hoffmann-Teller 参考系(简称 HT 参考系)。图 3.2.4 为激波参考系，显示了激波法向 n ，速度和磁场方向 v, b ，三个角度 $\theta_{Vn}, \theta_{Bn}, \theta_{VB}$ 及 de Hoffmann-Teller 速度 V_{HT} (Schwartz et al., 1983)。此参考系在激波平面中以 V_{HT} 的速度运动，来流速度在此参考系中平行于磁场方向，即 $V - V_{HT} = -v_{\parallel}\hat{b}$ 。因此，在此参考系中，没有对流电场的产生，离子的引导中心沿着磁场运动。HT 参考系的运动速度和离子引导中心平行磁场的运动速度分别为

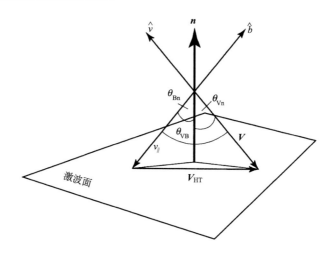

图 3.2.4　激波参考系的示意图(Schwartz et al., 1983)

图中显示的是激波法向 n ，速度和磁场方向 $\hat{v}, \hat{b}$ ，三个角度 $\theta_{Vn}, \theta_{Bn}, \theta_{VB}$ 及 de Hoffmann-Teller 速度 V_{HT}

$$V_{HT} = V\left(-v + \frac{\cos\theta_{Vn}}{\cos\theta_{Bn}}b\right) = \frac{n \times V \times B}{n \cdot B} \tag{3.2.1}$$

$$v_{\parallel} = V\frac{\cos\theta_{Vn}}{\cos\theta_{Bn}} \tag{3.2.2}$$

在 HT 参考系中，粒子在磁场中运动的表达式是

$$v'(t) = v'_{\parallel}b + v_{\perp}\left[x\cos(\omega_{ci}t + \phi_0) \mp y\sin(\omega_{ci}t + \phi_0)\right] \tag{3.2.3}$$

经过镜面反射后的速度为

$$v' = -v_{\parallel} + 2v_{\parallel}\cos\theta_{Bn}n \tag{3.2.4}$$

分量形式：

$$\frac{v'_{\parallel}}{V} = \frac{\cos\theta_{Vn}}{\cos\theta_{Bn}}\left(2\cos^2\theta_{Bn} - 1\right) \quad \frac{v_{\perp}}{V} = 2\sin\theta_{Bn}\cos\theta_{Vn} \tag{3.2.5}$$

下面我们看在什么条件下反射的离子可以再次返回激波。

初相位为 0 的粒子离开激波的距离：

$$\boldsymbol{x}'(t) = v'_{\parallel}\, t\boldsymbol{b} + \frac{v_{\perp}}{\omega_{\text{ci}}}\Big[\boldsymbol{x}\sin\omega_{\text{ci}}t \pm \boldsymbol{y}\big(\cos\omega_{\text{ci}}t - 1\big)\Big] \tag{3.2.6}$$

粒子再次回到激波所用的时间满足：

$$\boldsymbol{x}'_n\big(t^{*}\big) = v'_{\parallel}\, t^{*}\cos\theta_{\text{Bn}} + \frac{v_{\perp}}{\omega_{\text{ci}}}\sin\theta_{\text{Bn}}\sin\omega_{\text{ci}}t^{*} = 0 \tag{3.2.7}$$

当 $V_n=0$ 时，粒子离开激波距离达到最大，所用时间满足：

$$\omega_{\text{ci}}t_{\text{m}} + \phi_0 = \cos^{-1}\left(\frac{1 - 2\cos^2\theta_{\text{Bn}}}{2\sin^2\theta_{\text{Bn}}}\right) \tag{3.2.8}$$

最大距离依赖于激波角度，并且非平面激波这个距离也会减小。对初相位为 0 的粒子，只有 $\theta_{\text{Bn}} > 45°$ 才有解（初相位不为零会偏离 45° 这一数值）。只有激波大于这个角度，粒子才能在一个回旋周期内返回激波。

当考虑粒子热运动时，需要对上面的方程做一个修正：

$$\frac{\cos\big(\omega_{\text{ci}}t + \psi\big)}{\sqrt{\pi}} = \frac{1 - 2\cos^2\theta_{\text{Bn}}}{2\sin^2\theta_{\text{Bn}}} + \frac{v_{\parallel\text{i}}}{V}\frac{\cos\theta_{\text{Bn}}}{2\sin^2\theta_{\text{Bn}}\cos\theta_{\text{Vn}}}\frac{\exp\big(-\tilde{V}'^{\,2}_{\parallel}\,/\,v^2_{\parallel\text{i}}\big)}{\sqrt{\pi}\big[1 + \text{erf}\big(\tilde{V}'_{\parallel}\,/\,v_{\parallel\text{i}}\big)\big]} \tag{3.2.9}$$

式中，$\tan\psi = \dfrac{v_{\perp\text{i}}\sin\phi_0}{\tilde{V}'_{\perp} + v_{\perp\text{i}}\cos\phi_0}$。

3. 激波脚的形成及加速

反射离子会被对流电场加速(Schwartz et al., 1983)，在重新返回激波时，它们可能达到的最大能量是

$$\mathcal{E}_{\text{max}} = \frac{m_{\text{i}}}{2}\Big[\big(v'_{\parallel} + V_{\text{HT}\parallel}\big)^2 + \big(V_{\text{HT}\perp} \pm v_{\perp}\big)^2\Big] \tag{3.2.10}$$

图 3.2.5 为理想垂直超临界激波结构及自由能来源(Balogh and Treumann, 2013)。首先，激波斜坡是有一定厚度的，并且存在一个电势，这一电势可以反射离子，加速电子。回旋半径在斜坡厚度之内的电子可以经历充分的漂移，从而产生足够强的电子电流(厚度

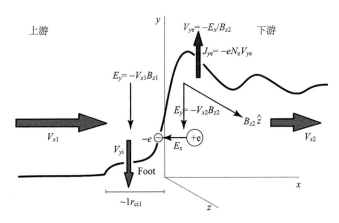

图 3.2.5　理想垂直超临界激波结构及自由能来源(Balogh and Treumann, 2013)

大约为一个电子惯性尺度)。这一电流引起了斜坡下游的磁场过冲及斜坡上游的磁场消耗，结果就是使斜坡更陡。离子在斜坡区域经历 $E \times B$ 漂移获得了 y 方向的速度，在返回到上游之后经过 y 方向电场加速在斜坡上游形成了电流，这一电流使附近磁场增强，形成激波脚。

4. 激波结构的观测证据

下面介绍一个超临界(磁声马赫数~4.2)准垂直激波的观测实例。图 3.2.6 为 ISEE-1 和 ISEE-2 卫星在 1997 年 11 月 7 日观测到的准垂直激波的相关等离子体参数的时间序列 (Sckopke et al.，1983)。从上到下为电子数密度 N_e，反射离子数密度 N_i，质子、电子温度（T_p, T_e），质子速度 V_p，电子压强 P_e，磁场强度 B，激波角 θ_{Bn}。在 22:51UT 之后，

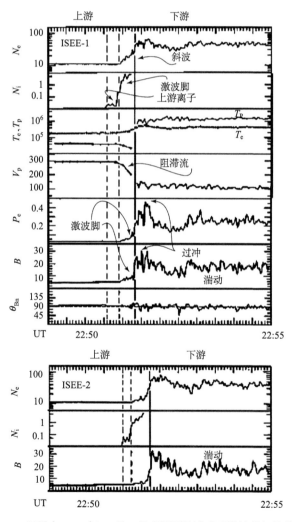

图 3.2.6　ISEE-1 和 ISEE-2 卫星在 1997 年 11 月 7 日观测到的准垂直激波的相关等离子体参数的时间序列
(Sckopke et al., 1983)

从电子密度、电子温度、磁场强度、电子压强的增大及质子速度的减弱都可以看到激波脚结构。最好的表明激波脚存在的证据是高能粒子密度的增强。在激波脚之前的区域就可以观测到微量的反射离子，这是由于激波不是严格的准垂直激波，速度足够大的离子可以沿着磁场很快地远离激波。进入激波脚之后高能离子密度急剧增大。经过激波之后，离子温度相对电子温度增强得更多，超过电子温度。过了激波过冲(overshoot)区，进一步远离激波，这些等离子体演化成具有高度湍动的状态。

5. 激波重构

超临界激波在某些条件下可以准周期性地发生激波重构。激波重构的基本特点是：在激波演化过程中，激波脚不断增长，经过一段时间，激波脚演化出了新的激波斜坡，同时原来的激波斜坡衰减，变成新激波的下游。新激波的激波脚也将进一步增长并演化出新的激波斜坡。

人们在许多短时低质量比的模拟中可以观测到激波的重构现象(Biskamp and Welter, 1972; Lembége and Dawson, 1987; Lembége and Savoini, 1992, 2002; Hellinger et al., 2002)。图 3.2.7 为 PIC 模拟得到的激波的重构过程：激波脚的生成→演化成斜坡→斜坡消退/新激波脚的生成→演化成新的斜坡→新斜坡消退/新新激波脚的生成→……(Lembege and Savoini，2002)。图 3.2.7 的右侧是两个不同重构时间的激波上下游磁场强度的二维分布：激波不是一个光滑的表面，存在一个类似波动的特点。

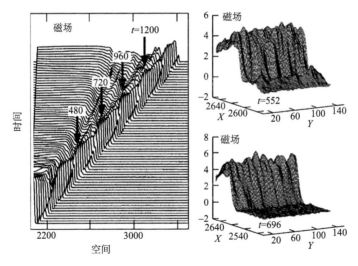

图 3.2.7　PIC 模拟得到的激波的重构过程：激波脚的生成→演化成斜坡→斜坡消退/新激波脚的生成→
演化成新的斜坡→新斜坡消退/新新激波脚的生成→……(Lembege and Savoini, 2002)

真实质量比的 PIC 模拟(Matsukiyo and Scholer, 2003; Scholer et al., 2003; Scholer and Matsukiyo, 2004)也表明激波重构至少可以发生在小 β_i($\beta_i \sim 0.2$)的条件下。图 3.2.8 为一维 PIC 模拟在($\theta_{Bn} = 87°$)不同离子电子质量比情况下激波重构的特征(Scholer et al., 2003)。激波重构源于激波脚的发展演化成新的斜坡的结果。注意：图 3.2.8 中的电势曲

线是错误的，正确的电势曲线在激波脚和激波斜坡处都应该是上升的，过了过冲之后应该是下降的，这样所对应的霍尔电场力才能和电子漂移的洛伦兹力平衡。不同质量比的磁场曲线大致相似，都反映出了激波重构的过程。从激波参考系中来看，激波斜坡和过冲以类似脉冲磁场波动的形式向下游传播。右图上下两个实例的第一个时刻是前面的激波脚还没演化成斜坡的时刻，第二个时刻是激波脚和激波斜坡完全发展起来的时刻。穿越斜坡的途中，呈现出磁场强度和电势的陡变。

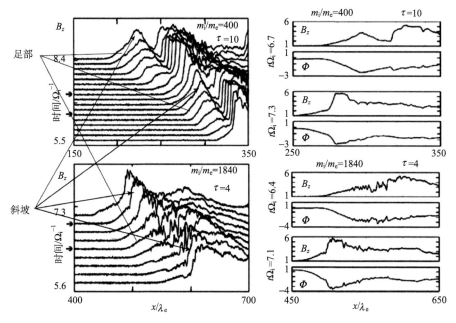

图 3.2.8　一维 PIC 模拟($\theta_{Bn} = 87°$)不同离子电子质量比情况下激波重构的特征(Scholer et al., 2003)
激波重构源于激波脚的发展演化成新的斜坡的结果。注意：该图中的电势曲线(Φ)是反的，正确的电势曲线在激波脚和激波斜坡处都应该是上升的，过了过冲之后应该是下降的，这样所对应的霍尔电场力才能和电子漂移的洛伦兹力平衡

　　为了更清楚地模拟显示激波重构的周而复始的过程，即"激波脚向激波斜坡的演化、激波斜坡消退向下游传播、新的激波脚重新形成"的准周期性过程，图 3.2.9 为以 RH 关系为初始条件的动力学激波演化的一维 PIC 模拟(Umeda and Yamazaki, 2006)。

　　由于该模型是以激波为静止参考系的，激波脚、激波斜坡等结构的重现性变得更加直观明了。模拟结果显示：经历了一段激波向下游传播的非物理过程之后，自动调整为物理状态；在 $t\omega_{ci,2} \leqslant 40$ 的时间段内，激波经历了 6 次完整的重构的过程，即激波脚演化取代之前的斜坡之后，原来的斜坡减弱并以波包的形式向下游传播。模拟结果也显示电子和离子加热效果的差异性：在平行方向，电子和离子的加热效果差不多；而在垂直方向，离子的加热明显超过电子的加热。

　　在二维准垂直激波情况下，重构可能不会发生，但是哨声波可以激发。Hellinger 等(2007)进行了垂直激波的二维混合模拟(超临界马赫数)。模拟没有出现激波重构现象，但观测到了锁相的哨声波。因为一维理论(Kennel et al., 1985; Balikhin et al., 1995)表明垂直激波无法产生哨声波，所以这一结果非常让人惊奇。为了验证这一结果，Hellinger 等

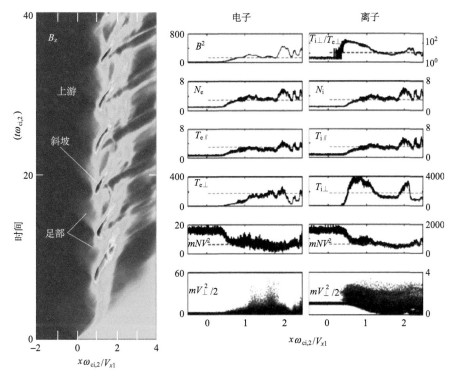

图 3.2.9　以 RH 关系为初始条件，一维 PIC 模拟得到的准垂直激波多次重构的情况[高阿尔文马赫数（M_A=10），低离子电子质量比（m_i/m_e=100）]（Umeda and Yamazaki，2006）。（左图）磁场 B_z 剖面随时间的变化。（右图）在 $t_{\omega ci,2=38.1}$ 时刻，磁能密度的剖面、电子和离子各自密度的剖面、电子和离子各自的平行和垂直温度的剖面、电子和离子各自的流动动能的剖面

$\omega_{ci,2}$ 为下游的离子回旋频率；V_{x1} 为上游的来流速度

(2007)同样进行了二维 PIC 模拟。图 3.2.10 为二维 PIC 模拟准垂直激波情况下哨声波的激发（m_i/m_e=400）。模拟结果同样没有出现激波重构，但是激波脚存在周期性地演化。在激波脚演化末期，新的激波脚即形成，说明激波脚自己本身反射离子。激波脚区域磁场扰动很强，并且扰动谱在 k_y 方向形成了干涉图样。这些扰动被识别为斜传哨声波。这些哨声波在激波脚处被激发，主要作用是通过耗散能量阻止离子在这一区域的积累，从而抑制激波重构。等离子体 β_i 越低，激发哨声波所需要的阿尔文马赫数 M_A 也越低。哨声波激发的阈值条件 $M_A(\beta_i)$ 显示在图 3.2.10 的右侧（Hellinger et al.，2007）。激发哨声波需要高马赫数，但是如果继续增大马赫数，会有其他效应出现并主导，又可能出现激波重构。

6. 离子动力学

激波及其下游的离子具有复杂的相空间密度分布，而且在速度空间维度的分布相对于上游离子的分布明显拓宽，说明离子穿过激波经历了明显的加热过程。在激波上游的参考系中，激波面持续向激波上游传播，如图 3.2.11 中左图所示的磁活塞驱动模拟结果中的切向磁场的空间剖面随时间的演化（Hada et al.，2003）。基于切向磁场的演化过程，可以看到磁场从激波脚增强演化形成激波斜坡的周期性重构现象。仔细观察图 3.2.11 中

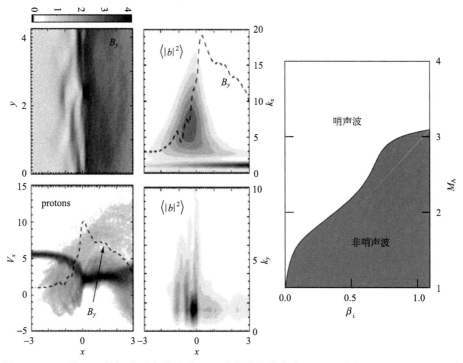

图 3.2.10 二维 PIC 模拟准垂直激波情况下哨声波的激发(m_i/m_e=400)(Hellinger et al., 2007)

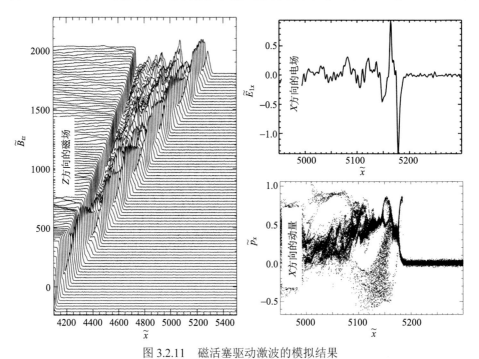

图 3.2.11 磁活塞驱动激波的模拟结果

（左图）激波切向方向磁场分量的空间剖面随时间的演化（堆叠图）；（右图）在模拟的某个时间点（归一化时间 t=1872 时刻）激波法向静电场的空间剖面和描述离子法向动量的相空间密度（Hada et al., 2003）

右图的电场和离子相空间密度，会发现如下的特征：①x 方向的静电电场在斜坡处具有最强的双极扰动，在斜坡过冲之后的扰动则变得比较弱；②离子动量在斜坡处有明显迅速增大，而在斜坡过冲后面则整体速度减弱；③在斜坡前激波脚处存在离子向上游的反射，反射的离子最终会减速与激波斜坡的电场耦合产生相空间的闭环结构导致离子密度的堆积。

下面讨论二维超临界准垂直激波重构时离子的相空间分布。图 3.2.12 为二维超临界准垂直激波重构模拟的离子相空间分布（$\beta_e = 0.2$）（Scholer et al., 2003）。其中，上图是在低 β_i 的情况下，出现离子涡旋和激波重构的现象；下图是在 β_i 比较高的情况下，没有离子涡旋和激波重构发生。

对图 3.2.12 上图来说，来流离子在进入激波脚时与反射离子相互作用减速到马赫数～1。反射离子束与来流离子需要有一定的作用距离。这一距离正是束-束相互作用激发波动所需要的。当相互作用足够强的时候，反射离子除了会做回旋运动返回激波，也会被波散射形成热离子块(hot ion clump)。粒子速度分布会在激波斜坡前形成一个涡旋。在斜坡之后的下游可以看到之前重构周期所剩下的涡旋，并伴随磁场强度的下降。下一个重构周期会潜在性地使离子涡旋完全闭合，并使斜坡跳到目前激波脚的位置。激波脚开始朝斜坡演化的信号表现在激波脚区域的新产生的 $V_x<0$ 的高速反射离子束(seed beam)。这一离子束并不参与到涡旋的形成，但是可以作为新反射离子的一个初始信号（状态）。

当 m_i/m_e 调到 1840 时(图 3.2.12 下图)，没有重构和离子涡旋出现。当热速度足够大的时候，可以快速填满中间的洞，这时重构会被抑制。在大马赫数的情况下，要么出现激波重构过程，要么其他非稳态过程被激发，此时重构变成了混沌的不可预测的过程。由于实际上激波处于高度非平衡态，因此抑制激波重构的稳态过程很少发生。

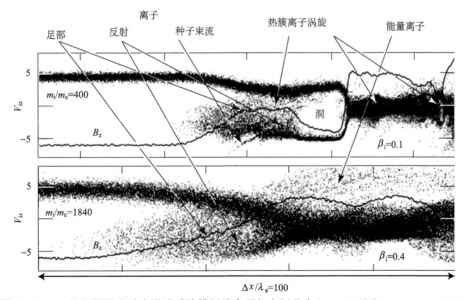

图 3.2.12　二维超临界准垂直激波重构模拟的离子相空间分布（$\beta_e = 0.2$）（Scholer et al., 2003）

(上图)在低 β_i 的情况下，出现离子涡旋和激波重构的现象。(下图)在 β_i 比较高的情况下，没有离子涡旋和激波重构发生

7. 电子动力学

图 3.2.13 为电子速度分布跨越准垂直激波上下游所发生的变化：从上游的"麦克斯韦+晕分布"，到斜坡的"反射压缩的麦克斯韦+晕分布+平顶分布"，再到下游的"平顶+晕分布"。观测事件来自 ISEE-2 在 1977 年 12 月 13 日穿越激波的事件(Gurnett，1985)。值得注意的是，在斜坡区域的平顶电子速度分布上存在一个漂移电子速度分布的成分，这一漂移毫无疑问可以激发不稳定性。所激发的波动，可能会破坏斜坡的稳定性进而影响斜坡的演化。

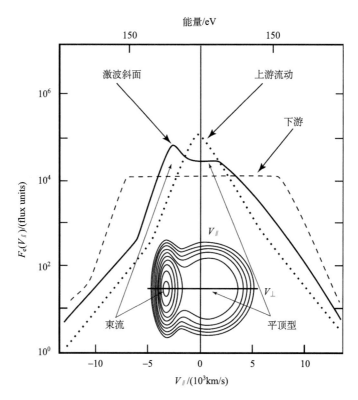

图 3.2.13　电子速度分布在跨越准垂直激波上下游所发的变化：从上游的"麦克斯韦+晕"分布，到斜坡的"反射压缩的麦克斯韦+晕分布+平顶分布"，再到下游的"平顶+晕分布"。基于 ISEE-2 在 1977 年 12 月 13 日穿越激波事件的观测(Gurnett，1985)

关于激波脚电子不稳定性和耗散加热，Papadopoulos (1988)认为电子流和反射离子流应该激发 Buneman 双流不稳定性加热电子，并且产生反常电阻率，引起流动能量的耗散从而使激波形成。为了研究垂直激波的 Buneman 双流加热，Shimada 和 Hoshino (2000)开展了一个一维模拟(m_i/m_e=20, M_A=10.5, θ_{Bn} = 90°)。图 3.2.14 为一维 PIC 模拟激波脚和斜坡电子尺度结构的结果(Shimada and Hoshino，2000)。电子洞所伴随的电场也带来离子的迟滞减速。离子的反射发生在磁场斜坡过冲的地方。从图 3.2.14 可以看到电子相空间出现了电子洞，越靠近斜坡，电子洞越小，E_y 出现了双极结构。这

正是 BGK(bernstein-green-kruskal)模的孤波和电子洞的理论情况。这样的 BGK-洞结构
会束缚电子并加热电子，另外它还会加速经过它的电子到很高的速度。电子洞中的电子
分布呈现出正负两个被加速的成分，并且洞内总电流为 0。离子速度分布还有两个值得
注意的地方：①入流离子的减速及反射离子的散射引起了磁场的变化；②来流离子在过冲
位置反射。Shimada 和 Hoshino (2000)进一步研究了电子能谱的演化。图 3.2.15 为电子加
热、加速的模拟结果(Shimada and Hoshino，2000)。左图为电子能谱在阿尔文马赫数
$M_A > 5$ 和 $M_A < 5$ 时的差异：前者不但有加热特征而且有加速特征，而后者仅有加热的
特征。右图为电子下游相对上游温度、离子相对电子温度、电子温度相对上游动能比值
随阿尔文马赫数的变化。

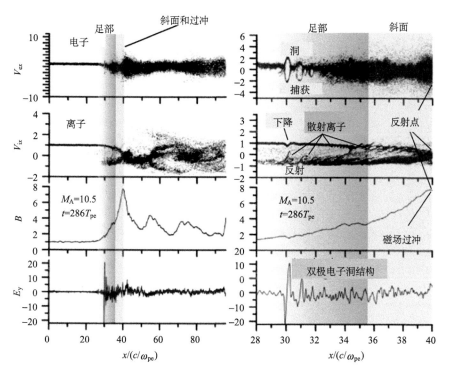

图 3.2.14　在离子电子质量比为 20、阿尔文马赫数为 10.5，激波法向磁场夹角 $\theta_{Bn} = 90°$ 的情况下，一
维 PIC 模拟激波脚和斜坡电子尺度结构的结果(Shimada and Hoshino，2000)
(左图)电子相空间密度、离子相空间密度、磁场、电场在激波上下游的模拟全景图像。(右图)激波脚和斜坡的详细展示：
电子加热的地方是电子洞(Buneman 双流不稳定性)形成的地方，电子洞所伴随的电场也带来离子的迟滞减速，离子的反射
发生在磁场斜坡过冲的地方

　　电子洞通过使速度差非线性增长产生次级涡旋，导致大量的电子加热。结果就是引
起了电子能谱尾部的扩展，使得尾部具有幂律的形式，指数约 1.7。很低的马赫数不会引
起双流不稳定性，随着马赫数的增加一旦激发双流不稳定性，电子的加热效应会随着马
赫数的增大而快速增强。在 $5<M_A<20$，下游电子温度相对于上游电子温度的比值非常高，
证明了强的非碰撞异常能量转换(双流不稳定性，流动动能到电子能量)(图 3.2.15)。除

了电子的加热，超热、能量电子的加速效应，在 $5<M_A<20$ 区间，随马赫数增加也变得更加显著。反过来，离子的加热效应则没有因为马赫数增加而变得更加显著，所以激波下游离子温度和电子温度的比值也呈现出随马赫数增加而减小的趋势。

8. 激波脚区域的波

离子不稳定性的自由能更多是来自不同成分粒子的总体流动差异，而不是温度的各向异性。但是在某种程度上两者又有联系，当我们讨论反向传播离子束的时候，已经对离子成分假定了一个温度，这时，反向流便引起了温度的各向异性。同样地，垂直加热的反射离子与低垂直温度的入流相混合同样引起了垂直方向的温度各向异性。这里主要关注整体流动差异。

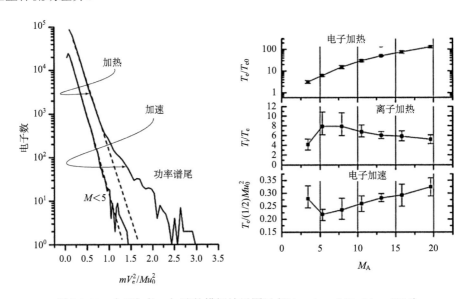

图 3.2.15　电子加热、加速的模拟结果图示（Shimada and Hoshino, 2000）

(左图)电子能谱在阿尔文马赫数 $M_A>5$ 和 $M_A<5$ 时的差异：前者有加热和加速特征，而后者单有加热的特征。(右图)电子下游相对上游温度、离子相对电子温度、电子温度相对上游动能比值随阿尔文马赫数的变化

不同成分流通差异的自由能可能源于来流电子和反射离子或者来流电子和离子的相对漂移。法向方向认为没有电流，因此在激波脚处，电子也要减速，造成了电子和来流离子之间、电子和反射离子之间的相对漂移。离子-离子不稳定性可以产生 $\omega_{ci}<\omega<\omega_{ce}$ 频率的波（Papadopoulos et al., 1971; Wu et al., 1984）。当波长小于离子回旋尺度，波是准垂直、静电的，频率接近低混杂频率。当波长稍长一点时，磁化离子起作用，不稳定性产生哨声波。超临界准垂直激波的激波脚区域一个非常重要的离子驱动的不稳定性就是哨声波不稳定性。

下面我们主要讨论产生哨声波的条件（Sagdeev, 1966; Biskamp and Welter, 1972）：
在线性情况下，激发哨声波的马赫数上限阈值表达式列为如下：

$$M_{\mathrm{wh}} = \frac{1}{2}\left(\frac{m_{\mathrm{i}}}{m_{\mathrm{e}}}\right)^{\frac{1}{2}}|\cos\theta_{\mathrm{Bn}}| \tag{3.2.11}$$

在非线性情况下，相应的马赫数上限阈值表达式有

$$\frac{M_{\mathrm{wh,nl}}}{M_{\mathrm{wh}}} = \sqrt{2}\left[1 - \left(\frac{27\beta}{128M_{\mathrm{wh}}}\right)^{\frac{1}{3}}\right] \tag{3.2.12}$$

该表达式是在激波变陡过程中考虑哨声波的非线性增长的情况（Kazantsev, 1961; Krasnoselskikh et al., 2002）。在两个马赫数之间，非线性的哨声孤波列可以与斜坡连接，当超过非线性哨声临界马赫数，这一现象则不复存在，哨声波会由于梯度突变而翻转，导致一个不稳定的波前。

图 3.2.16 为准垂直激波激发产生哨声波的一维 PIC 模拟（真实离子电子质量比）（Scholer and Burgess, 2007）。左图对应 M_{wh} 以下的马赫数，由来流离子和反射离子相对漂移所激发的锁相哨声波，越靠近斜坡振幅越大，但没有激波重构现象。右图对应 $M_{\mathrm{wh}} < M < M_{\mathrm{wh,nl}}$ 的情况，显示出了两个完整的重构周期：大振幅非锁相哨声波的非线性演化形成了激波脚，导致了磁场信号的变形。

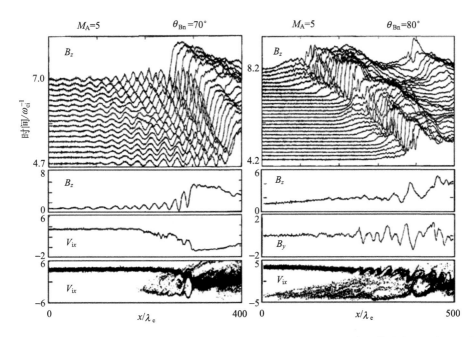

图 3.2.16　一维 PIC 模拟准垂直激波激发产生锁相哨声波和非锁相哨声波及其演化形成激波的情况
（Scholer and Burgess, 2007）

为了看在这一阶段产生的是什么波，可以把扰动按正负磁螺度进行分解。图 3.2.17 为激波脚区域激发波动的一维 PIC 模拟（Scholer and Burgess, 2007）。负磁螺度的波向右

(朝向激波)传播，左旋极化特性，不是哨声波(这个波与电磁双流不稳定性相关)。正磁螺度的波向左传播，左旋极化特性。正磁螺度的波长稍长，与激波传播速度基本一致，所以在激波参考系中呈现出锁相的特点，这是哨声波。

根据 Sagdeev(1966)给出的建议，之前广泛认为激波脚激发的哨声波对激波脚的稳定性和斜坡变陡起主要作用。事实上，它们可能在那里积累，存储电磁能，困住离子，激发其他的波动。根据最近 Polar 卫星的观测，激波斜坡区域存在非常强的电场。小于电子惯性尺度，电场扰动可以达到 100 mV/m，几乎是空间可以测量到的最强的局地电场扰动(Bale and Mozer, 2007)，因此这些扰动电场与电子动力学相关。

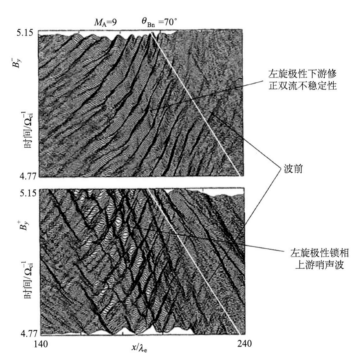

图 3.2.17　基于一维 PIC 模拟结果分析激波脚区域激发的波动 (Scholer and Burgess, 2007)

(上图)左旋极性、向激波方向传播的波，其在激波的斜坡处基本被吸收掉而没有进入到下游区。(下图)左旋极性，相对激波参考系近似不传播的波，呈现出锁相哨声波的特点

3.2.3　超临界准平行激波

1. 准平行激波概述

准平行激波中，磁场和激波的法向夹角<45°。与准垂直激波相比，跨越准平行激波时的物理量变化比准垂直激波中更加平滑。另外，准平行激波外延方向存在一个湍动结构，该结构称为激波前兆区。对于弯曲的激波面，其上游的激波前兆区可以分为电子激波前兆区与离子激波前兆区，它们的物理性质与激波不同。激波前兆区中的来自激波加速粒子的反射导致了湍动的产生。

与准垂直激波不同，准平行激波中上游的磁场与逐渐弯曲的激波面会阻止被激波反射的粒子返回激波。当粒子从激波斜坡反射回来时，粒子速度在平行磁场方向有较大的分量，因此反射的粒子会逃离激波进入上游，形成一个高速的上游粒子束。

准平行激波上游的反射粒子在沿磁场方向运动，使它们和激波相距较远。这些粒子可以作为准平行激波的信使。在上游流动参考系中，这些反射粒子是高速的沿磁场方向的束流，因此可以形成束流-束流结构，通过各种束流驱动的不稳定性产生等离子体波动。图 3.2.18 为超临界准平行激波的横向磁场扰动示意图(Balogh and Treumann, 2013)。从上游到下游依此经历如下的结构或者波动：上游波动、激波子、斜坡-1、大振幅脉动、激波振荡/哨声波、斜坡-2、斜坡-3、下游湍动等。准平行激波的磁场扭曲得比准垂直激波更厉害。准平行激波没有准垂直激波中的激波脚结构，取而代之的是激波前兆区结构。对于准平行激波，有时候很难确定出激波斜坡的位置。在激波的重构演化过程中，从激波上游向下游穿越，可能探测到多个新旧共存的激波斜坡。准平行激波和准垂直激波虽然区别很大，但它们之间也有一些共同点。它们的耗散机制都需要反射粒子。

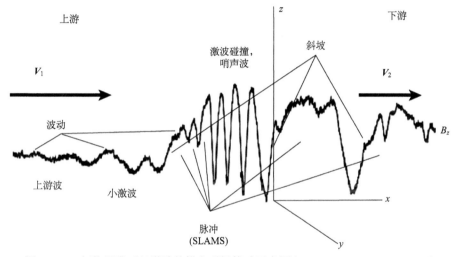

图 3.2.18　超临界准平行激波的横向磁场扰动示意图(Balogh and Treumann, 2013)

2. 激波前兆区

图 3.2.19 为准垂直激波和准平行激波的平均物理量的比较。通过比较，我们可以看到准垂直激波中各物理量的跃变比准平行激波的相应物理量的跃变都要显著。但是准平行激波的能量离子数密度平均值一般比准垂直激波要大(约一个数量级)，在上下游都是如此。这些高能粒子可以存在于距准平行激波较远的上游地方，它们在准平行激波的动力学中有重要作用。这些高能粒子存在的区域被称为激波前兆区。

激波前兆区位于激波的上游区域，充满了被激波反射的粒子。以地球弓激波为例，上游磁场与激波法向夹角小于 45° 的地方就有激波前兆区的出现。由于反射逃逸电子的平行磁场速度比反射逃逸离子的平行速度更大，在对流速度一致的情况下，反射电子的合成速度矢量(平行反射速度矢量+垂直磁场的对流速度矢量)相对于反射离子的合成速度矢量更加接近上游磁场的方向。由于电子在准垂直激波加速更加明显，而且在准垂直激波和准平行激波过渡区反射沿着磁力线逃逸到上游更加容易，所以电子前兆区呈现出类似锥形的结构。图 3.2.20 为弓激波上游的电子激波前兆区和离子激波前兆区示意图（Balogh and Treumann，2013）。电子前兆的外边界是由具有最大逃逸速度的反射电子的合成速度矢量方向决定的。电子前兆的内边界可以看成是离子前兆的外边界。

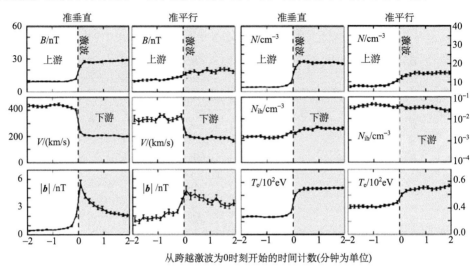

图 3.2.19 准垂直激波和准平行激波的平均物理量的比较。从左上角到右下角分别是磁场强度、流速、低频磁场扰动振幅、数密度、高能离子数密度、电子温度。这些物理量的剖面是由 AMPTE/IRM 多次穿越弓激波的探测数据曲线通过尺度归一之后平均得到的结果（数据来自 Czaykowska et al., 2000；图引自 Balogh and Treumann, 2013）

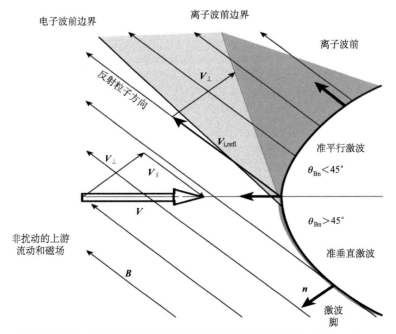

图 3.2.20 弓激波上游的电子激波前兆区和离子激波前兆区示意图（Balogh and Treumann, 2013）

离子激波前兆区边界区的离子束流来源于激波反射，可以被分辨出来；而在中心区的离子束流无法分辨和追踪其来源。弓激波前方的反射离子束流最早是 Gosling 等（1978）和 Paschmann 等（1981）从离子速度分布函数中发现的。图 3.2.21 为 ISEE-1 卫星在 1977 年 11 月 19 日探测到的准平行激波前兆区域的离子束流和背景整体流的速度分布（Paschmann et al., 1981）。离子束的密度相对于上游背景整体运动流的密度更低，但热运动能量更高，它们背离激波运动。

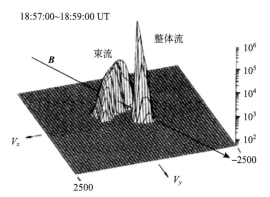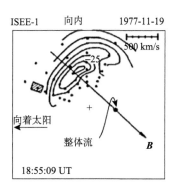

图 3.2.21　ISEE-1 卫星在 1977 年 11 月 19 日探测到的准平行激波前兆区域的离子束流和背景整体流的速度分布（Paschmann et al., 1981）

这些沿激波前兆区边界的离子束流似乎是整个离子激波前兆区的非背景粒子的重要来源。在准平行情形，激波应该可以在所有地方反射粒子，但是好像只有在边界区的反射离子可以形成这样的束流，所以去除上游背景离子流之后的离子成分来源这一问题还悬而未决。在地球弓激波准平行激波到准垂直激波的过渡区域，有一些离子沿着切向磁场从准垂直激波区域逃出，可能产生这些离子束流。但是在行星际激波的上游，则较少看到反射离子束流，这可能与行星际激波不够弯曲（没有准平行激波与准垂直激波之间的明显过渡）有关（Gosling et al., 1984）。

图 3.2.22 为前兆区离子束流来源于准垂直激波的反射的观测证据（Kucharek et al., 2004）。激波斜坡的离子有背景太阳风减速的来流成分和回旋离子的成分。上游的离子有背景太阳风离子成分和场向反射热的离子束流成分。Kucharek 等（2004）通过分析沿弓激波中准垂直激波中磁场方向的离子分布函数，发现前兆区中的离子束流来源于准垂直激波的反射。所以准平行激波离子前兆区中的非上游背景流离子成分可能来源于准垂直激波反射的离子束流，或者前兆区中本身拥有的离子弥散成分。在行星际激波的前兆区域，除了背景流离子成分，一般只看到离子弥散成分，而很少看到反射的离子束流。大概有 2% 的激波斜坡处离子会形成这样的离子束流，它们与低频的等离子体波发生共振，产生投掷角散射，因此部分离子可以沿磁场逃离激波进入上游。

反射回的场向离子束流只在激波前兆区边界被观测到过，它们只占激波前兆区离子中的小部分。离子激波前兆区的主要成分是流入等离子体的高能扩展部分。由于边界区离子束流激发的波动，这些离子束流会被散射进入激波前兆区与该区域的离子混合，随着流动进入激波下游。观测发现在离子前兆区内部，离子束流散射到各个角度，分布函数形成一个半环形结构。图 3.2.23 为 ISEE-2 卫星在 1977 年 11 月 4 日观测到来自离子激波前兆边界的离子束流随着对流进入前兆区深部的演化：速度分布从束流分布变宽，变

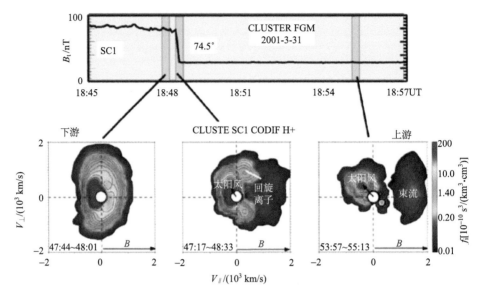

图 3.2.22　前兆区离子束流来源于准垂直激波的反射的观测证据(Kucharek et al., 2004)。图中显示了 Cluster SC1 卫星在准垂直激波下游、斜坡/激波脚、上游看到的离子相空间密度的情况(下边左图、中图和右图)

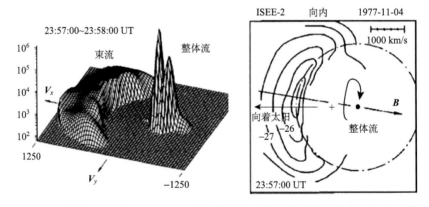

图 3.2.23　ISEE-2 卫星在 1977 年 11 月 4 日观测到来自离子激波前兆边界的离子束流随着对流进入前兆区深部的演化：速度分布从束流分布变宽，变成半环形的分布(Paschmann et al., 1981)

成半环形的分布(Paschmann et al., 1981)。上游背景太阳风离子流出现在 $V_x<0$ 的地方，并独立于半环形的反射和散射离子速度分布。在前兆区的更深处，这些高能离子形成了环形结构。图 3.2.24 为 ISEE-1 卫星在 1977 年 11 月 19 日观测到离子激波前兆深处(远离激波前兆边界)扩散离子的环状速度分布(Paschmann et al., 1981)。该环状分布可能来自束流分布受波动扩散形成。这些离子的相空间密度结构始终与整体流动的相空间密度有一定距离，这表明这些结构很有可能是离子束流演化而来的。

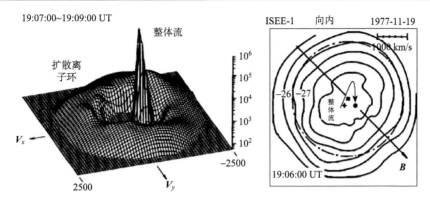

图 3.2.24　ISEE-1 卫星在 1977 年 11 月 19 日观测到离子激波前兆深处(远离激波前兆边界)扩散离子的
环状速度分布(Paschmann et al., 1981)

但是在观测中更多看到的是没有间隔的离子分布。离子束流演化的离子可能与原本的扩散离子混合以至于无法区分。但是是否有这种混合,以及这种混合在什么地方发生仍然没有定论。Trattner 等(1994)利用 AMPTE/IRM 发现扩散离子的密度是随与激波的距离按指数衰减的。Kis 等(2004)利用 Cluster 飞船重复了这一发现,并可以据此推断扩散离子源的位置(图 3.2.25)。不同能量、不同距离的扩散能量离子的数密度随距离和能量的变化关系可以写成:$N_i(\varepsilon,z) \sim \exp[-z / L(\varepsilon)]$,其中 e-折叠距离随离子能量的变化关系为 $L(\varepsilon) \sim 0.14\varepsilon\mathcal{R}_E$ / keV (Kis et al., 2004)。他们认为扩散离子产生于准平行激波的过渡区,因为上游的扩散离子密度在离激波最近的地方最大。除了散射之外,扩散离子在激波过渡区中也会被加速,形成环状的相空间分布。

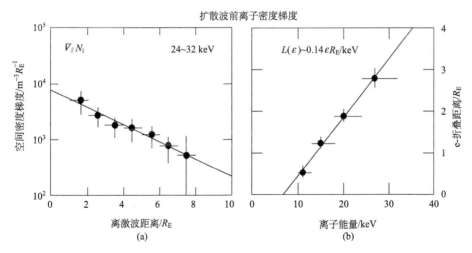

图 3.2.25　(a)离子前兆区里的扩散能量离子的密度场向梯度随"离激波的距离"的增大而减小。
(b)根据不同能量、不同距离的扩散能量离子的数密度随距离和能量的变化关系(Kis et al., 2004)

3. 上游低频波动

由于在离子激波前兆区中存在两种运动状态不同的离子(即上游背景等离子体流和

反射离子束流,或上游背景等离子体流和扩散的能量离子成分),存在可观的自由能可以耗散。在激波前兆区中发生的是无碰撞耗散。等离子体不稳定性在准平行激波的上游激发波动,这些波动与离子发生波粒相互作用而耗散。从磁流体力学和动理学理论都可以预言无碰撞激波中的波动激发(Tidman and Northrop, 1968; Barnes, 1970)。

激波上游波动的观测由来已久(Olson et al., 1969; Russell et al., 1971; Fairfield, 1974)。从观测上来说,波动的传播和等离子体的对流混合在一起,在不同的参考系(如卫星参考系、等离子体参考系)来看会有多普勒频移和偏振方向的反转。在激波前兆区中可以观测到低频(5 mHz 至数百赫兹)和高频(>1 kHz)的波动(Burgess, 1997)。高频波动主要包括离子声波、电子声波、Buneman 波、电子回旋波等。但目前我们还不太清楚这些高频波动的产生机制。

对于低频波动,人们的了解更多。超低频波(<0.1 Hz)在激波前兆中非常重要。这些波振幅通常很大[dB/B～(0.2～1.0)]。Russell 等(1971)在观测中发现大振幅的扰动包括单色波和孤波的形式。在这个频率上,人们还发现了一种大振幅的跳变结构,首先是由 Schwartz 和 Burgess(1991)在 AMPTE 的磁场观测中发现的。这种结构持续时间短(10～20 s),振幅大(dB/B ～ 5),被称为"短时大振幅磁结构",简称 SLAMS。这种结构在等离子体参考系中向激波上游方向运动,但是由于上游的对流运动,它们会被带着向激波移动。这种结构中主要是左旋的波动,有时候左旋和右旋的波动都会存在。上游跳变结构中的等离子体热性质与上游激波前兆区流动的离子相似,有可能是因为这种结构是在离子激波前兆区边界区中产生的。离子束流与等离子体的相互作用可能可以激发非线性结构,如孤波等。这些结构可以捕获上游等离子体,运动到离子激波前兆区内部。

离子激波前兆区边界区的离子束流的不稳定性可以激发波动。反射回来的离子束流速度一般是整体流动的 2～3 倍(等离子体参考系)。上游的离子温度为 1～2 keV,电子温度约为 100 eV。高速的离子束流使得前兆区边界等离子体有很强的各向异性,激发水龙管(firehose)不稳定性,产生长波、负螺旋性的阿尔文波。温暖的离子束流也可以产生右旋的离子束流共振波动。这些波动和离子束流一起运动,但是它们不够快,会因为对流而返回到激波。总而言之,这些束流可以激发低频的阿尔文波和离子回旋波,这些波动随着对流运动和传播逐渐充满激波前兆区。

如果考虑电子,在上游离子参考系中,我们可以观察到密度相对更大的离子束流向上游传播进入冷的电子。为了保持等离子体的电中性,电子会发生扰动,激发离子声波。这种双流不稳定性来源于离子束流和热电子的速度差。这个速度差小于电子热速度,大于离子声速。这些波动的传播速度不大,无法逃离激波。当这些波动遭遇扩散的前兆区离子时,会与它们发生相互作用,如正负朗道共振。

从观测上来看,前兆区边界波动和扩散离子激发的波动很难区分。在弓激波附近的波动都伴随有束流的出现。Hoppe 和 Russell(1980)发现了右旋的小振幅哨声波。这些波动与前兆区边界束流离子有直接关联。把 Hoppe 等(1982)、Le 和 Russell(1992)观测的功率谱拼接起来(图 3.2.26,该图整合自 Hoppe et al., 1982; Le and Russell, 1992),可以发现低频的能量远远大于高频波动。求解 1 Hz 左右波动的色散关系,它们与哨声波的色散关系吻合得很好。冷的离子-离子束流不稳定性可以激发波动,这些波动以哨声波的形式传播。快磁声波也有在激波上游中发现过：扰动密度与扰动磁场有较好的相关性(Eastwood et al., 2002)。热的离子束流还能激发动理学阿尔文波(Eastwood et al., 2003)。

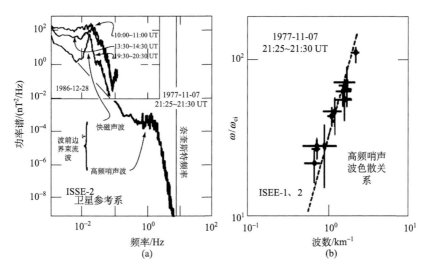

图 3.2.26　ISEE-2 卫星探测到的低频的快磁声波和高频的哨声波的功率谱(Le and Russell, 1992)(a)。
关于 ISEE-1、2 卫星探测到的哨声波的色散关系验证(Hoppe et al., 1982)(b)

在激波前兆区的内部，长周期(约 30 s)的波动经常与扩散离子一起出现(Sanderson et al., 1983)。这些波动只在前兆区的内部激发、传播，甚至可以定义一个超低频波边界(Russell and Hoppe, 1983)。在这个边界以外，超低频波的活动非常弱。因为向上游传播的超低频波以快磁声速运动，小于上游整体流速与离子束流速度，它们会被对流带向激波下游，导致它们被限制在离激波不远的范围内。这些波动在前兆区深处会形成湍动。图 3.2.27 为 Cluster 卫星在离子激波前兆内部(远离离子激波前兆边界)探测到的磁场湍动的情况(Narita et al., 2006)。图 3.2.27(a)为垂直磁场分量和平行磁场分量的功率谱(前者明显大于后者)。垂直磁场分量的功率谱显示出能量注入区、惯性串级区和耗散区的典型湍动特征。图 3.2.27(b)为垂直磁场分量和平行磁场分量的扰动差分的概率密度分布。两者皆偏离高斯分布，说明湍动是未完全发展的，存在间歇结构。激波前兆内部的扰动功率谱呈幂律谱形式[图 3.2.27(a)]。湍动的概率分布也呈现尾部增强的结构，说明前兆区内部存在湍动间歇结构，湍动的发展还不完全[图 3.2.27(b)]。

4. 电子激波前兆区

在准平行激波中，在激波面被反射回来的高能电子在离子激波前兆区的前方形成电子激波前兆。这一结构是在 OGO 5 卫星观测数据中发现的(Scarf et al., 1971)。弓激波附近观测到有电子通量增强，电场谱在 30 kHz 附近有一个尖峰。人们发现这些电子通量是沿磁场方向运动的，而且能量比整体电子流中的电子更高。这可能是从激波射入上游的电子束流，并且激发出 Langmuir 波。

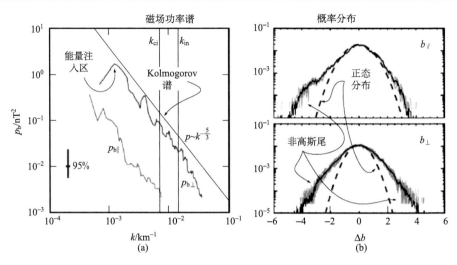

图 3.2.27　Cluster 卫星在离子激波前兆内部(远离离子激波前兆边界)探测到的磁场湍动的情况(Narita et al., 2006)

(a)垂直磁场分量和平行磁场分量的功率谱；(b)垂直磁场分量和平行磁场分量的扰动差分的概率密度分布

　　电子激波前兆区比离子激波前兆区更狭窄，电子激波前兆区的边界是整个激波前兆区的边界。与离子类似，在电子激波前兆区边界也可以观测到电子束流。电子束流强度相对较弱，在深入激波前兆区几个电子回旋半径的距离就会耗散，在相空间形成热晕电子的尾部。ISEE-1、2 卫星的电子观测数据显示，在激波前兆区外部电子分布接近麦氏分布，在前兆区边界上出现了磁场方向的电子束流，在前兆区内部形成沿磁场分布的高能尾结构，束流结构消失[图 3.2.28(a)](Fitzenreiter et al., 1984)。激波前兆外部、边界和内部的三个测量总时间间隔为 15 s。图 3.2.28(b)是 Anderson 等(1981)在另一天测得的二维电子分布，在激波前兆区边界可以看到在远离激波的上游方向形成了微弱的电子束流。电子束流可能是起源于连接准垂直激波的切向激波磁场附近，但是它们的产生机制目前还不清楚。Sonnerup (1969)猜测激波表面的弯曲电场对电子的随机加速可能对此有所贡献。

　　飞船跨越电子激波前兆区时，可以在 Langmuir 频率观测到强信号。这些信号可能是由电子束流的不稳定性激发的。值得注意的是，在准线性理论中，电子束流应该在等离子体频率对应的周期耗散完，大概只有 0.08 s，对应运动距离约为 800 km，电子束流在这样的距离内甚至没有到达激波上游。人们对于电子束流为什么没有被耗散提出了几种解释。第一种是足够强的 Langmuir 波的密度扰动可以通过压强激发离子声波，在等离子体中形成密度洞，在密度洞中削弱 Langmuir 波和电子束流的共振。然而这种机制无法被实验证明。第二种是 Langmuir 波被热离子散射，防止它们与电子束流共振。Langmuir 波与离子碰撞后被减速，使其相速度降低到小于电子束流，不过这种机制的效率可能较弱，而且可能只发生在离子密度较高的近激波区。Muschietti 和 Dum(1991)发现相空间中 $v\sim 2v_i$ 的离子的散射效率最高。Muschietti(1990) 的模拟发现热电子束流的速度比波动更快，只有束流尾部的电子会被耗散。还有一种机制是太阳风把 Langmuir 波带到激波下游，阻止它们耗散电子束流。以上这些机制可能都对电子束流的稳定性有贡献。

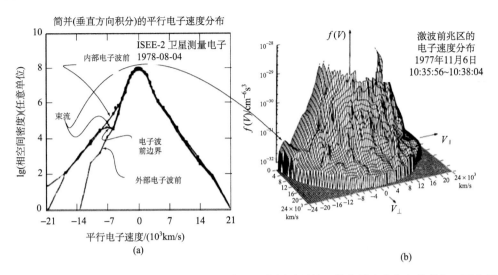

图 3.2.28　ISEE-2 卫星在电子激波前兆外侧、边界、内侧看到的一维电子速度分布的变化：无电子束流、有电子束流、加热导致的不对称尾部（Balogh and Treumann，2013）（a）。ISEE-1 卫星在电子激波前兆边界区域看到的二维电子速度分布上呈现出电子束流的特征（Anderson et al.，1981）（b）

　　Rodriguez 和 Gurnett（1975）、Gurnett（1985）检查了大量激波过渡区的能谱。图 3.2.29 为激波过渡区的电场功率谱特征（Rodriguez and Gurnett，1975；Gurnett，1985）。图 3.2.29（a）为 1 s 平均的电场功率谱，图 3.2.29（b）为 30 ms 时间分辨率的峰值电场功率谱，图 3.2.29（c）为电场功率谱和磁场功率谱的示意图。磁场谱在电子回旋频率截断。电场谱

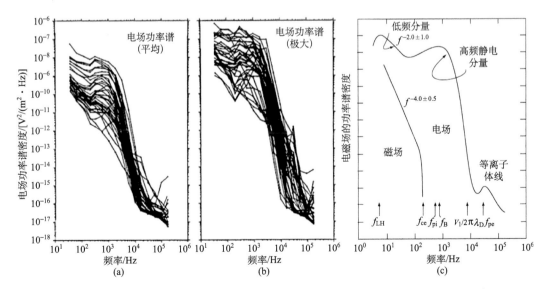

图 3.2.29　激波过渡区的电场功率谱特征（Rodriguez and Gurnett，1975；Gurnett，1985）

（a）1 s 平均的电场功率谱；（b）30 ms 时间分辨率的峰值电场功率谱；（c）电场功率谱和磁场功率谱的示意图

在低混杂波频率、离子等离子体频率、Buneman 双流频率和电子等离子体频率附近都有尖峰，在电子回旋频率有一个谷，在离子声波的朗道阻尼对应的多普勒频移位置也有一个谷。图 3.2.29(a)是 1 s 时间长的平均电场谱。电场谱的强度变化相当大，但是它们都有一个峰结构，并且在高频迅速衰减。中间强度的电场谱尖峰更加明显。图 3.2.29(b)是峰值电场谱。它们的强度变化更大，并且在等离子体频率附近有一个扰动。

在等离子体频率之上，电子前兆区中还会发出射电波。Trotignon 等(2001)展示了一个 Cluster 飞船的观测的射电观测。在 2000 年 12 月 22 日，12：00～13：00UT 能谱中等离子体频率附近的信号表明飞船进入了电子激波前兆区边界。在两倍等离子体频率的位置出现射电波。当飞船进入前兆区深处时，射电波频率降低，展宽变大。这些射电辐射可能是来源于波-波耦合。相向传播的沿磁场方向的 Langmuir 波可以激发倍频的波动(Ginzburg and Zheleznyakov, 1958)。不过这样产生的波应该在垂直磁场方向有偏振，然而这样的偏振还没有在观测中看到过 (Reiner et al., 1996)。Langmuir 波被热离子散射也有可能产生这样的波动结构 (Muschietti and Dum, 1991)。三倍等离子体频率的波动可能来源于四波相互作用。在等离子体频率附近的辐射可能有低频的离子声波、低混杂波、Buneman 波、电子声波等参与。

5. 激波重构

准平行激波中，由于前兆区丰富的波动和粒子反射、扩散，激波上游和激波的分界线不是那么明显。这些波动和激波的相互作用在准平行激波中是一个值得关注的问题。然而观测中无法看到激波从初始状态开始的演化过程，所以对激波形成的探讨都依靠数值模拟。模拟可以把错综复杂的粒子、波动分开单独研究。

人们很关注低马赫数激波的模拟，因为低马赫数激波随时间变化不明显，也没有显著的重构变化。然而这种稳定性人们还没有理解。在准垂直情形，低马赫数激波也会变得超临界，足够反射离子 (Kennel et al., 1985)。另外，速度大于激波速度的高速离子很容易沿着磁场跑到激波前兆区激发波动。所以研究低马赫数激波可以用来研究准平行激波的稳定性和波动产生过程。

Scholer 和 Fujimoto (1993)、Dubouloz 和 Scholer (1995)分别进行了二维的混合模拟，模拟表明大量的返流离子可以在上游区域激发离子-离子不稳定性。由于激波附近离子密度的迅速变化，上游返流离子激发波动是非线性的。激发的波动的波矢平行于激波法向，在磁场方向有很强的分量。随着 B_n 夹角增大，这些波动会消失。Dubouloz 和 Scholer (1995)没有设置初始激波，高温的反射离子形成一个空间上一致分布的离子束流，激发波动进一步演化形成激波。激波在二维的两个方向都存在结构，不是平面结构，在激波面存在小尺度的局地弯曲。波动使得激波在下游方向产生大振幅的磁场跳变，磁场扰动破坏了激波上下游磁场的共面性。准平行激波的重构中，最重要的参与者就是这样的大振幅的上游波动：它们激发、重构了激波。激波表面很不稳定。它们会随时间和位置剧烈变化。从小尺度来看，由于上游波动破坏共面性，激波表面甚至是非准平行的。对于离子来说，在准平行激波中有可能经历准垂直激波的物理过程。对于电子来说也有可能有类似的性质。Feldman 等(1983)用 ISEE 的飞船发现电子分布函数在准平行激波和准垂直激波中没有明显差异。

　　Scholer 等 (2003) 进行了一个一维 PIC 模拟，设置离子电子的质量比为 30，激波法向和磁场的夹角为 30°，马赫数为 4.7。图 3.2.30 为全粒子 (PIC) 模拟一维准平行激波的演化过程 (Scholer et al., 2003)。从上到下依次是垂直激波法向的磁场分量、电势、等离子体流速、数密度等的空间变化曲线。可以看到激波重构的痕迹，磁场 B_z 分量的四次跃变分别对应老的、较老的、较年轻的、新生的激波斜坡。在磁场图中可以看到 1、2、3、4 四个跃变。跃变 4 的上游是超低频波，跃变 4 是新生的激波斜坡。该新生的激波斜坡相比于跃变 3 所代表的早些时候形成的激波斜坡，其跃变幅度要小很多。当波动接近跃变 3 时，振幅增加。这种大振幅的跃变可以使上游的整体流动减速，表现为速度、电势的下降，密度的上升。跃变 2 和跃变 1 是更早生成的激波斜坡的残迹。跃变 2 和跃变 1 位于跃变 3 激波的下游，使整体流动最终减速到 0。密度在跳动的边界形成尖峰。

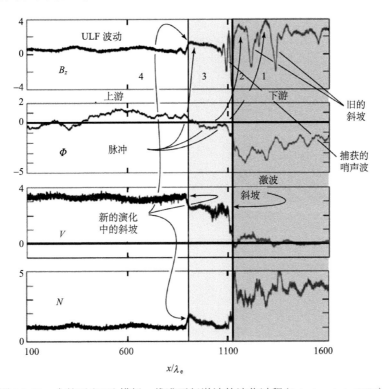

图 3.2.30　全粒子 (PIC) 模拟一维准平行激波的演化过程 (Scholer et al., 2003)
从上到下依次是垂直激波法向的磁场分量、电势、等离子体流速、数密度等的空间变化曲线

　　图 3.2.31 为全粒子模拟的准平行激波的三次重构过程 (Scholer et al., 2003)。伴随每次重构过程的是脉动朝激波传播变陡，形成新的激波斜坡，激波斜坡上游的锁相哨声波及其对离子的捕获和减速。可以看到随着时间增加，上游的低频波逐渐演化为大振幅跳变，激波斜坡开始形成，激波向上游方向移动。跳变在激波的边缘产生哨声波，随着时间增加，哨声波被大振幅跳动取代，形成激波斜坡。从离子的相空间密度来看，激波斜坡恰好出现在上游流动减速到 0 的位置。随着时间继续增加，准平行激波继续变得不稳

定，呈现出一种周期性重构的形式。从粒子相空间密度的时间演化来看，哨声波束缚离子形成涡旋结构。一段时间后，哨声波耗散，离子被加热形成尾部结构，但是离子的整体运动速度下降。电子的相空间密度在激波发展中被能化拓展，形成场向的电子束流。

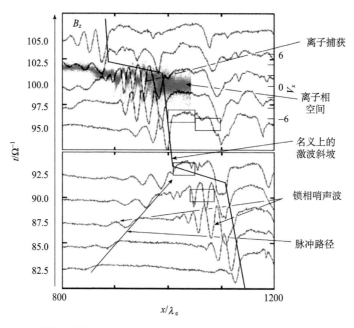

图 3.2.31　全粒子模拟看到的准平行激波的三次重构过程(Scholer et al., 2003)

每次重构过程包括：脉动朝激波传播变陡，形成新的激波斜坡，激波斜坡上游存在锁相哨声波捕获并减速离子

6. 激波下游区域

激波下游指的是激波和障碍物之间的部分。平均来说，在下游整体流动会减速到马赫数≤1，围绕障碍方向偏移(有些介质可以穿透一部分，如在磁层的扩散与磁重联)，磁场方向改变，磁场和等离子体被压缩，温度和压增加。压强和温度的各向异性也会改变。这些变化的动力学过程表现出湍动的特征。

这些湍动可能来源于上游的波动。上游波动穿过激波进入下游可以和粒子发生相互作用。这些波动在激波下游可以发现串级形成较宽的能谱。上游波动在等离子体参考系来看虽然是向上游移动的，但是它们会随着整体流动进入下游。在激波下游，这些波动和激波斜坡的跳变发生相互作用发展出湍动。超低频波会形成激波的大振幅跳动参与激波重构。哨声波在上下游都存在。Rodriguez (1985)基于 IMP6 飞船穿越准平行激波的探测，给出了一个哨声波演化(从激波上游到激波下游)的能谱图。在激波脚有低于电子回旋频率的宽频扰动。经过激波之后低频扰动消失，只剩频率稍高的哨声波。这些哨声波可以在平均的能谱图中看到。这些哨声波可能是从上游渗透的，也有可能是在下游由电子温度的各向异性激发的。高频波动里，Langmuir 波因为激波附近密度的迅速上升而无法通过激波，只有在接近下游的过冲区激发的 Langmuir 波才会被对流带入下游。由于离子声波的色散关系与密度有关，离子声波可以越过激波，只是波长会变长。它们在下游可以通过朗道共振加热下游离子。激波内部也可以通过不稳定性激发波动进入下游。

下游粒子的自由能也可以引发湍动。大部分的自由能是高能离子携带的。它们来源于激波的反射，通过回旋运动进入下游。这些离子垂直压强很大，它们的不稳定性可以激发横向离子电磁回旋波。特定条件下还可以激发镜像模不稳定性。高能电子的温度相对离子较低。电子束流有可能激发 BGK 模作为湍流的高频区。

Walker 等(2004)的观测发现 1 Hz 附近的功率谱主要由阿尔文波、慢磁声波和小部分镜像模构成，说明镜像模有可能可以演化成别的波动形式。Narita 和 Glassmeier (2005)在等离子体参考系中研究超低频波，他们确认了在靠近激波的波动似乎是阿尔文离子回旋波和镜像模的混合。在靠近磁层的位置镜像模的成分超过了回旋波模。Narita 等(2006)通过大量统计发现从上游到下游，波动的传播方向由平行背景磁场方向变为垂直磁场方向，上游主要是快阿尔文回旋波，下游表现慢波或者镜像模的性质。

3.3 行星际日冕物质抛射(ICME)的观测特征

3.3.1 ICME 的局地太阳风及磁场特征

CME 在日球层中称为 ICME，可以通过局地磁场、等离子体特征，粒子成分和高能粒子来进行识别。本节对这些特征进行总结并解释它们所反映出来的 ICME 的性质、结构和其中的物理性质。

1. 磁场特征

在 ICME 的研究中，磁场特征是被研究最多的。有一类 ICME(Klein and Burlaga, 1982)具有磁场增强(>10 nT)，并且缓慢旋转一个比较大的角度，β 比较低的特点，如图 3.3.1 (a)所示，这样的 ICME 叫作磁云。尽管磁云的 spheromak-like plasmoid 模型已经被提出，针对这一类 ICME 的研究都集中在磁通量绳的研究(Lepping et al., 1990; Osherovich and Burlaga, 1997; Cid et al., 2002; Mulligan and Russell, 2001; Lynch et al., 2003)。图 3.3.2 为 ICME 磁云三维结构并显示了相应的激波及磁场，等离子体和电子双流(BDEs) (Kunow et al., 2007)。非云状 ICME 的磁场结构会更复杂，Burlaga 等(2002)把它们叫作 "complex ejecta"(复杂抛射体)[图 3.3.1 (b)和(c)]。这两个事件都出现了表 3.3.1 中所列的很多特征，除了表中所列的 B1 和 B2 特征。

Gosling (1990)认为 1978～1982 年有约 30%的磁云 ICME。其他统计(Bothmer and Schwenn, 1996; Richardson et al., 1997; Cane et al., 1997; Mulligan et al., 1999)对这一数值的估计为 15%～60%。Marubashi (2000)认为最多有 80%的 ICME 出现了磁通量绳特征。ICME 的类型也有太阳周期效应，Cane 和 Richardson (2003)提出，在太阳活动低年，磁云 ICME 占比达到 60%以上；在高年，大约为 15%。非磁云 ICME 的形成可能有两种原因，许多独立 ICME 的聚集[图 3.3.1 (c)]或 CME 本身磁场结构复杂[图 3.3.1 (b)]。

表 3.3.1　1 AU 附近 ICME 的磁场(B)，等离子体(P)，成分(C)，等离子体波(W)，超热离子(S)的特征 (Kunow et al., 2007)

特征	描述	参考文献
B1：磁场 **B** 旋转	>>30°，smooth	Klein and Burlaga (1982)
B2：磁场强度增强	> 10 nT	Hirshberg and Colburn (1969)；Klein and Burlaga (1982)
B3：磁场扰动减弱		Pudovkin et al. (1979)；Klein and Burlaga (1982)
B4：ICME 边界存在间断		Janoo et al. (1998)
B5：磁力线覆盖在 ICME 周围		Gosling and McComas (1987)；McComas et al. (1989)
B6：磁云	$(B_1, B_2$ and $\beta = \dfrac{\sum nkT}{B^2/(2\mu_0)} < 1)$	Klein and Burlaga (1982)；Lepping et al. (1990)
P1：速度下降趋势/膨胀	单调下降	Klein and Burlaga (1982)；Russell and Shinde (2003)
P2：极端密度降低	$\leqslant 1\ \text{cm}^{-3}$	Richardson et al. (2000a)
P3：质子温度降低	$T_p < 0.5\ T_{exp}$	Gosling et al. (1973)；Richardson and Cane (1995)
P4：电子温度降低	$T_e < 6 \times 10^4\ \text{K}$	Montgomery et al. (1974)
P5：电子温度上升		Sittler and Burlaga (1998)；Richardson et al. (1997)
P6：上游前向激波/"弓形波"	Rankine-Hugoniot 跃变关系	Parker (1961)
C1：增强的 α 粒子/质子数密度比值	$He^{2+}/H^+ > 8\%$	Hirshberg et al. (1972)；Borrini et al. (1982a)
C2：提高的氧的电荷态	$O^{7+}/O^{6+} > 1$	Henke et al. (2001)；Zurbuchen et al. (2003)
C3：不平常的高的铁的电荷态	$<Q>_{Fe} > 12$；$Q_{Fe}^{>15+} > 0.01$	Bame et al. (1979)；Lepri et al. (2001)；Lepri and Zurbuchen (2004)
C4：He⁺的发生率	$He^+/He^{2+} > 0.01$	Schwenn et al. (1980)；Gosling et al. (1980)；Gloeckler et al. (1999)
C5：增强的 Fe/O	$\dfrac{(Fe/O)_{CME}}{(Fe/O)_{photosphere}} > 5$	Ipavich et al. (1986)
C6：不平常的高的 ³He/⁴He	$\dfrac{(^3He/^4He)_{CME}}{(^3He/^4He)_{photosphere}} > 2$	Ho et al. (2000)
W1：离子声波		Fainberg et al. (1996)；Lin et al. (1999)
S1：双向电子束流		Gosling et al. (1987)
S2：双向约 MeV 能级的离子		Palmer et al. (1978)；Marsden et al. (1987)
S3：宇宙线"损耗"	在约 1 GeV 下降到百分之几	Forbush (1937)；Cane (2000)
S4：双向宇宙线		Richardson et al. (2000b)

　　ICME 的另一个基本特征是磁场扰动的减弱。南向磁场强度是地磁活动强度的一个重要指标(Tsurutani and Gonzalez, 1997)。在某些 ICME 中，南向磁场非常强，所以很多磁暴都与 ICME 有关(Richardson et al., 2001; Kunow et al., 2007)，如图 3.3.1 所示。

　　2. 等离子体动理学

　　有一些 ICME 表现出膨胀的特点。ICME 前端的速度为 $V_{ICME} + V_{EXP}$，经过平稳过渡，

后端速度为 $V_{\mathrm{ICME}} - V_{\mathrm{EXP}}$，其中，$V_{\mathrm{EXP}}$ 为膨胀速度，大约为 ICME 中阿尔文速度的一半(Klein and Burlaga, 1982)。但值得注意的是，有些冕洞出来的太阳风的速度也呈现这样的变化。

ICME 周围的太阳风速度 V_{sw} 和质子温度 T_{p} 存在一个经验公式(Lopez, 1987)。Gosling 等(1973)指出，ICME 中的 T_{p} 与周围太阳风相比较低，并且不满足这一经验公式。Richardson 和 Cane(1995)发现，实际的 ICME 温度 $T_{\mathrm{p}} < 0.5T_{\mathrm{ex}}$，$T_{\mathrm{ex}}$ 由 $V_{\mathrm{sw}} - T_{\mathrm{p}}$ 的经验关系及观测的太阳风速度决定，图 3.3.1 的阴影区域为满足这一关系的时间段。Neugebauer 和 Goldstein (1997)定义热指数 $I_{\mathrm{th}} = (500V_{\mathrm{p}} + 1.75 \times 10^5)/T_{\mathrm{p}}$，如果 $I_{\mathrm{th}} > 1$，则这一区域等离子体可能是 ICME。Russell 和 Shinde (2003)简单地定义了一个温度阈值，ICME 的热运动速度小于 20 km/s。基于质子温度的 ICME 的识别是具有优势的，但是也要注意到其他太阳风环境，比如电流片，也可能出现质子温度的降低。因此，利用质子温度对 ICME 的识别也要考虑太阳风等离子体环境。

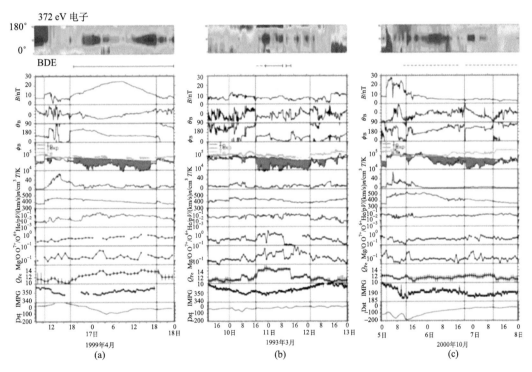

图 3.3.1　三个由 ACE 卫星观测到的 ICME 事件(Kunow et al., 2007)

Montgomery 等(1974)报道了他们研究的激波中，有一半在 10～20 h 后出现了 10～40 h 及以上的电子温度 T_{e} 降低，这一区域表现为磁云的特征。Richardson 等(1997)建议用 $T_{\mathrm{e}}/T_{\mathrm{p}} > 2$ 这一指标来进行 ICME 的识别，这一指标要优于单纯用 T_{e} 的指标。当 $T_{\mathrm{e}}/T_{\mathrm{p}} > 1$ 时，可以不稳定激发离子声波，因此 ICME 中可能伴随着这种波(图 3.3.2)。

3. 等离子体成分特征

自 20 世纪 70 年代的观测以来，部分 ICME 会出现 He^{2+} 的增强(Hirshberg et al.,

1971)，$He^{2+}/H > 6\%$，如图 3.3.1 所示。ICME 扩展的程度通常要小于它们前面的激波，如图 3.3.3 所示。Ulysses 卫星及 ACE 卫星发射之后，开始有了对其他元素成分的常规探测（Galvin, 1997; Zurbuchen et al., 2003; Richardson and Cane, 2004）。ICME 具有与第一电离能(FIP)相关的元素丰度分类，或者质量分类的特点(Gloeckler et al., 1999; Wurz et al., 2000; Zurbuchen et al., 2004)。ICME 中目前只有根据 He^{3+}/He^{4+} 的同位素分类(Ho et al., 2000)。

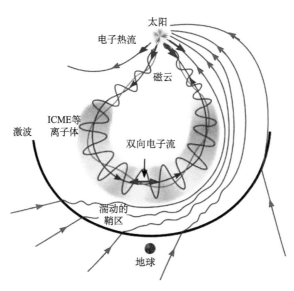

图 3.3.2　ICME 三维结构，激波及相应的磁场，等离子体和电子双向流(Kunow et al., 2007)

通常来讲，ICME 中重离子的电荷态要高于周围的太阳风，表明 ICME 的源要比周围太阳风"热"，如 Bame 等(1979)、Fenimore (1980)，也有 Neukomm(1998)、Henke 等(2001)基于 O，C 电荷态(在太阳表面上 1 个太阳半径以内电荷态便冻结)的工作。50%～70%的 ICME 出现了铁电荷态的增强(Lepri et al., 2001；Lepri and Zurbuchen，2004)，然而具有 $O^{7+}/O^{6+} > 1$ 的 ICME 的比例要远大于这一数值。但 $O^{7+}/O^{6+} > 1$ 的相对增强可能是ICME 更好的一个表征(Richardson and Cane, 2004)。基于高电荷态对 ICME 的识别要比根据磁云特征来识别更可靠(Lepri et al., 2001)，如图 3.3.1 (a) 和 (b) 中 O^{7+}/O^{6+}，Mg/O 和 Fe 电荷态的增强。但基于等离子体成分的识别也有可能出现错误的情况，如图 3.3.1 (c)。

具有低电荷态的 ICME 也被观测到，如出现了一价氦的增强(Schwenn et al., 1980; Gosling et al., 1980)。包括其他的一些这样"冷"的 ICME 事件也已经被报道(Burlaga et al., 1998; Gloeckler et al., 1999; Skoug et al., 1999)。这些低电荷态的成分表明了 ICME 可能来自日珥物质的抛射。同时具有高电荷态和低电荷态的 ICME 也被观测到。

4. 超热电子特征

双向超热电子流(BDEs)也经常在 ICME 中观测到(Gosling et al., 1987)并用来进行 ICME 的识别。这一现象是由于在磁场环的两个足点，电子沿着磁力线运动而形成的，如图 3.3.2 所示。ICME 中有时也会观测不到 BDEs，或观测到间歇性的 BDEs（Shodhan et al., 2000），Gosling 等（1995）认为可能是磁环的磁力线和旁边开放的磁力线发生磁重联导致的。双向电子流也经常表现为某一个方向的电子流比较强，这可能是由于这一电子流的足点可能更靠近观测者。图 3.3.1 显示了 372 eV 电子的投掷角–时间分布，可以看到双向电子流的特点。

5. 与行星际激波的关系

高能爆发事件产生的 ICME 在经度上最多有 100° 的张角，而它前面的快激波可以达到 180° 的张角（Borrini et al., 1982; Richardson and Cane, 1993）。如果爆发事件的能量较低，则 ICME 的张角会更窄。例如，Helio1 A 和 Helio2 B 在经度 40° 距离的情况下，非常少地同时观测到了 ICME 事件（Cane et al., 1997）。图 3.3.3 为 1979 年 4 月 3 日多卫星观测结果推测的激波和 ICME 的位型（Helios and IMP 8/ISEE-3）（Burlaga et al., 1987）。

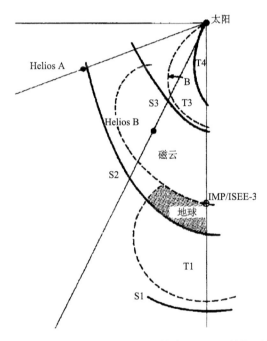

图 3.3.3　1979 年 4 月 3 日多卫星观测结果推测的激波和 ICME 的位型（Burlaga et al., 1987）

6. 小结和讨论

尽管目前观测到了 ICME 的很多特征，但它们来自不同的环境或物理过程。例如，等离子体成分反映了近日元素丰度和温度；离子温度的降低反映了 ICME 的膨胀。在某一个 ICME 事件当中，可以只出现部分特征，并且不同事件之间没有一个系统的联系（Crooker et al., 1990; Richardson and Cane, 1995; Neugebauer and Goldstein, 1997; Mulligan et al., 1999）。因此，ICME 的定义及识别仍然是一个需要探索的极具挑战性的问题。

3.3.2　磁通量绳的观测与重构

1. 多尺度行星际磁通量绳的观测及统计分析

小尺度行星际磁通量绳与大尺度磁云都具有磁通量绳结构，但小尺度行星际磁通量绳有其特征，这些特征在不同事件中表现不一。1991 年 12 月 22 日 Ulysses 在木星附近观测到的小尺度磁通量绳事件中，行星际磁通量绳的直径仅有 0.05 AU，轴与黄道面垂直，它的密度、温度、β 值比磁云的相应物理量高，而氦丰度低于磁云的氦丰度。一个更重要的区别是存在中断的热电子流。这表明磁力线并没有连接到日冕上。磁云起源于日冕磁场，两个足点连在日冕中，Moldwin 等(1995)认为小尺度磁通量绳起源于日球层电流片处的磁重联，和大尺度磁云不是同类事件。Crooker 等(1996)认为这种小尺度磁通量绳可能是由日球层电流片和太阳风的扇形边界相互作用引起的，但结果表明通量绳是扁平状的，而观测事件表明通量绳是轴对称的。

图 3.3.4 为 1995 年 9 月 20 日 Wind 观测的小尺度磁通量绳事件。虚线为无力场轴对称模型的模拟结果(Feng et al., 2007)。Moldwin 等(2000)分析类似的 6 个小尺度事件发现，除温度没有下降外，等离子体 β 和磁云并没有一定的大小关系。

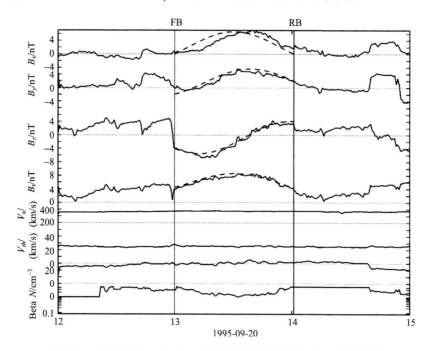

图 3.3.4　1995 年 9 月 20 日小尺度磁通量绳事件的 Wind 观测数据

虚线为无力场轴对称模型的模拟结果(Feng et al., 2007)

结合前面小尺度磁通量绳的特征，β 值在不同事件中大小不一，不适合作为判断依据，而无力场轴对称模型符合很好。Feng 等(2007)分析了 Wind 飞船的观测数据并与无力场轴对称模型比较，当观测数据与模拟结果的偏差可以接受时，就认为发现一个磁通量绳。利用此方法，Feng 等 (2007) 确认了 144 个行星际通量绳，并进行了统计分析。结果表明：①磁通量绳的尺度从小到大呈连续分布。②磁通量绳事件的数量与尺度呈反比 (图 3.3.5)。③尺度小于 0.1 U 的事件与尺度大于 0.1 AU 的相比很少出现低质子温度和密度，但磁场强度相对较低。

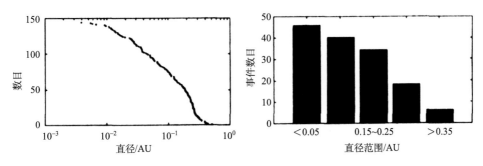

图 3.3.5　磁通量绳直径与数目的关系 (Feng et al., 2007)

2. 磁云重构

在磁云获得广泛关注以来，磁云的理论模型被大量地研究。下面介绍一种比较重要，而且对描述磁云局地结构非常有效的 2.5 维模型——Grad-Shafranov (GS) 重构方法 (Hu and Sonnerup, 2001)。这一方法最初被用来分析磁层顶的结构 (Sonnerup and Guo, 1996)。

这一方法的核心是 Grad-Shafranov 方程。首先假设磁通量绳处于这样一个坐标系 (x, y, z) 中：磁场和等离子体结构在 z 方向具有平移不变性，即 $\partial / \partial z \approx 0$。进而假设磁云处于磁流体静力学平衡态，即满足：

$$\nabla p = \boldsymbol{j} \times \boldsymbol{B} \tag{3.3.1}$$

通常我们在 de Hoffmann Teller (HT) 坐标系下来分析。严格来讲，在 HT 坐标系下电场为 0。根据法拉第定律，$\nabla \times E' = -\partial B / \partial t = 0$，即磁场处于静止状态。考虑 2.5 维磁化等离子体结构，式 (3.3.1) 可以写成如下形式：

$$\frac{\partial^2 A}{\partial x^2} + \frac{\partial^2 A}{\partial y^2} = -\mu_0 \frac{\mathrm{d}}{\mathrm{d}A} \left(p + B_z^2 / 2\mu_0 \right) \tag{3.3.2}$$

式中，A 为磁矢势，p，B_z，$P_t = p + B_z^2 / 2\mu_0$ 都只是 A 的函数。下面，我们简要介绍一下 G-S 反演的步骤：首先，我们利用磁场和速度的数据使 $M = \frac{1}{N} \sum_{i=1}^{N} \left| (V_i - V_x) \times B \right|^2$ 最小，此时我们认为 $V_{\mathrm{HT}} = V_x$。对确定的 HT 坐标系的评估可以通过比较 $-V_i \times B_i$ 和 $-V_{HT} \times B_i$ 的相关关系 cc 得到 (Khrabrov and Sonnerup, 1998)。cc 越接近 1，M 越接近 0，即电场被消除得越好。其次，利用 MVA 方法得到三个特征方向，我们选取中间变化方向作为磁轴的方向。Lepping 等 (1990) 对归一化的磁场 $\hat{B}_i = B_i / |B_i|$ 进行 MVA 分析，并将中间变化方向作为他们的后续分析磁轴方向的初始方向。Hu 和 Sonnerup (2001) 提出了相对更有效的确定磁轴 (z 轴) 方向的方法。通过使 $P_t(x, 0)$ 和 $A(x, 0)$ 散点图中散射最小，得到优化后的

磁轴方向(z轴)。然后将$-V_{HT}$在垂直于z轴平面上的投影方向作为x轴的方向,y由右手定则得到。我们确定了最终的磁通量绳坐标系x, y, z。然后我们对磁场沿x方向进行积分,得到磁矢势$A(x, 0)$:

$$A(x,0) = \int_0^x \frac{\partial A}{\partial \xi} \mathrm{d}\xi = \int_0^x -B_y(\xi,0)\mathrm{d}\xi \tag{3.3.3}$$

对 $P_t(x, 0)$ 和 $A(x, 0)$ 散点图利用指数+多项式联合拟合,得到 $P(A)$。将拟合后的 $P(A)$ 的表达式代入式(3.3.2)的右边,利用 GS 数值求解器,得到式(3.3.2)的解。

下面介绍一个利用 GS 方法分析的观测实例。图 3.3.6 为 1995 年 10 月 18 日 Wind 卫星观测到的磁云结构(Hu and Sonnerup, 2001)。其中,两条竖线中间的时间段为用 GS 方程重构的时间段。在两条竖线中间的时间段(磁云结构),总磁场$|B|$(约 20nT)基本不变,B_z经历了一个从南向到北向的大角度的反转。等离子体速度大约为 400 km/s,$\beta \leqslant 0.2$。图 3.3.7 为 $P_t(x,0)$ 和 $A(x,0)$ 的二阶多项式+指数尾拟合结果。其中圆圈代表前半段事件,星号代表后半段事件,实线为拟合结果(Hu and Sonnerup, 2001)。数据点经过抗混叠(anti-aliasing)低通滤波降低采样频率。图 3.3.8 为 GS 重构得到的磁通量绳横截面(Hu and Sonnerup, 2001)。黑色实线为磁矢势,颜色代表磁场强度。闭合场线沿 y 方向延展,在白色点处,磁场强度达到最大值为约 20nT。磁通量绳的平均径向距离为 0.12 AU。

3.3.3　磁云边界层

Wei 等(2003)统计研究了 80 个磁云边界层的物理性质,结合数值模拟提出了磁云边界层的定义:①磁云边界为一个边界层而非一个简单边界,边界层由磁云与背景介质相互作用形成;②边界层的外边界大多是由磁云与介质的磁重联过程形成,磁场强度突然

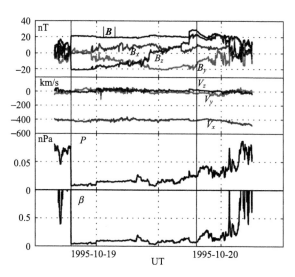

图 3.3.6　1995 年 10 月 Wind 卫星观测到的磁云结构(Hu and Sonnerup, 2001)
其中两条竖线中间的时间段为用 GS 方程重构的时间段

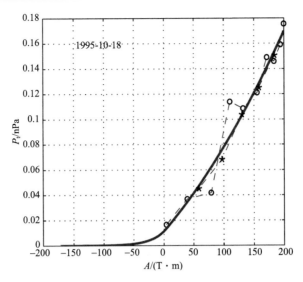

图 3.3.7　$P_t(A)$ 曲线

其中圆圈代表前半段事件，星号代表后半段事件，实线为拟合结果(Hu and Sonnerup, 2001)

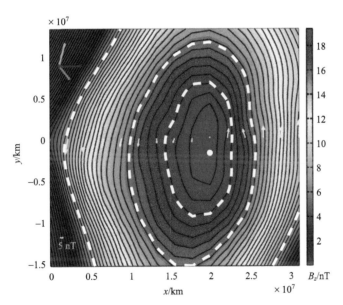

图 3.3.8　GS 重构得到的磁通量绳横截面(Hu and Sonnerup, 2001)

黑色实线为 xy 平面磁标量势等值线，颜色代表磁场 B_z 强度

下降，方位角和纬向角突然变化 180° 和 90°，太阳风等离子体温度高、密度高、β 值高；③边界层的内边界为未扰动的磁云边界，表现为磁场强度高、温度低、密度低、β 值低。这种状态是磁云膨胀所致。磁云边界层这一概念解释了很多磁云观测，为深入了解磁云奠定了基础。图 3.3.9 为行星际磁云边界层实例及示意图(Wei et al., 2003a)。

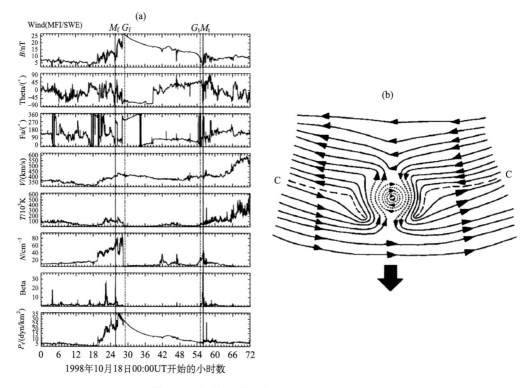

图 3.3.9　行星际磁云边界层(Wei et al., 2003a)

(a)为观测事件,图中 M_f 和 G_f 分别为前端边界层的外边界和内边界(内边界更靠近磁云),图中 M_t 和 G_t 分别为后端边界层的外边界和内边界。(b)为理论模型的磁云及其两个包含磁重联的边界层,图中粗箭头代表磁云运动方向,虚线 C 表示磁中性线。1 dyn=10^{-5} N

　　Wang 等(2010)在磁云边界层中看到与磁重联伴随的高能电子事件(100~500 keV)。图 3.3.10 为磁云边界层里看到的磁重联耗尽区(Wang et al., 2010)。其中,图 3.3.10(a)~(f)分别为密度、磁场、速度、温度的测量结果,时间是 2000 年 10 月 3 日 16:00~18:00,数据点间隔 3s。点线表示磁云边界层,虚线表示磁云边界层内部的重联耗散区的边界。在磁重联耗尽区存在反向电子通量相对于周围通量的增强。图 3.3.11 为磁云边界层的磁重联耗尽区观测到的电子和质子的归一化能谱(Wang et al., 2010),用来做归一化的分母是背景非磁云边界层的能谱。针对这次事件,Wang 等(2010)通过 2.5 维 MHD 的并行自适应网格模拟,在真实的太阳风条件下,研究磁云边界层驱动的磁重联和电子加速过程。图 3.3.12 为 MHD 模拟磁云边界层磁重联过程及单粒子模拟电子在其中的加速过程(Wang et al., 2010)。其中,图 3.3.12(a)左侧为磁云边界层在太阳风中产生磁重联的 MHD 模拟结果;右侧为放大结果。带箭头的实线表示磁场线。在 LN 平面(LMN 坐标系)磁云边界层的半径为 300 R_E,图 3.3.12(b)为利用 MHD 模拟的重联区域作为背景场,进行单粒子(电子)模拟所得到粒子轨迹图。图 3.3.12(c)为单个粒子(电子)运动过程中,其能量随 L 方向位置的变化。图中不同颜色矩形中的轨迹表示不同的运动方式。图 3.3.12(d)显示电子在 M 方向的位置和其能量有很好的相关关系。模拟结果表明：这种高能电子的产生是重联电场加速和费米加速共同作用的结果。关于电子在重联区和磁岛区的加速的模拟研究，也可以参考 Hoshino 等（2001）、Hoshino（2005）、Drake 等（2006）、Guo 等（2016）、Lu 等（2018）的工作。磁云驱动重联的大尺度准稳态特性为电子加速提供了足够的空间和时间，在磁云边界层附近的特定磁场结构的俘获效应维持了加速状态，从而使电子到达很高能量。

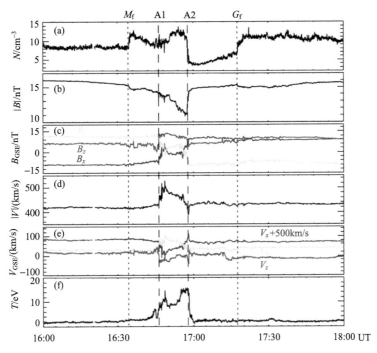

图 3.3.10 磁云边界层里看到的磁重联耗尽区（Wang et al., 2010）

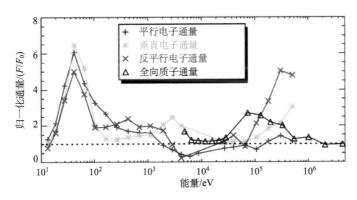

图 3.3.11 在磁云边界层的磁重联耗尽区观测到的电子和质子的归一化能谱（Wang et al., 2010）。用来做归一化的分母是背景非磁云边界层的能谱

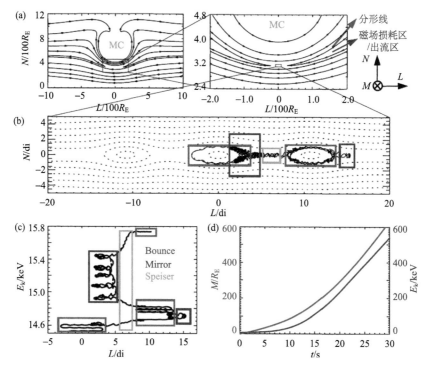

图 3.3.12　MHD 模拟磁云边界层磁重联过程、单粒子模拟电子在
其中的加速过程(Wang et al., 2010)

3.3.4　CME/ICME 的偏转

1. CME/ICME 偏转的特性和原因

CME/ICME 的偏转是指 CME/ICME 运动过程中方向的显著改变，从而导致
CME/ICME 的轨迹偏离径向方向(Gosling et al., 1987; Vandas et al., 1996; Wang et al.,
2004a, 2004b, 2004c; Gui et al., 2011; Lugaz et al., 2011; Shen et al., 2011; Kay et al., 2013,
2016; Rollett et al., 2014; Möstl et al., 2015)。Manchester 等(2017)在综述文章里详细介绍
了关于 CME/ICME 的偏转传播的研究进展。

Cane 等(2000)通过统计 1996~1999 年的日地事件发现：约有一半的 halo CME 可以
产生地磁扰动，有地磁效应 halo CME 的分布具有东西不对称性。Wang 等(2002a, 2002b)
发现：①有地磁效应 halo CME 主要分布范围是(S40°，N40°)和(E40°，W70°)；②在
纬度上，在太阳活动区集中的南北纬 30°附近；③经度上存在东西不对称性，太阳西侧
CME 比东侧 CME 更容易影响地球。Wang 等(2004a，2004b，2004c)统计发现：快速 CME
的源区分布偏向西，慢速 CME 的源区分布偏向东。对于分布的东西不对称性，Wang 等
(2004a, 2004b, 2004c)的理论解释如下：CME 在行星际空间运动过程中受到 Parker 螺旋
磁场的影响，慢于背景太阳风速度的 CME，后面受到太阳风的压缩产生一具有向西分量
的力，导致传播时向西偏；快于背景太阳风速度的 CME，受到一有向东分量的力，在传
播过程中向东偏。图 3.3.13 为 CME 在行星际空间运动过程中受 Parker 螺旋磁场的影响

而导致向西偏转或向东偏转的示意图(Wang et al., 2004a, 2004b, 2004c)。可以产生地磁效应的 CME 的源区具有东西不确定性,这也解释了为什么发生在日面边缘(Zhang et al., 2003)和日面背面(Webb et al., 2000)仍有可能产生地磁效应。

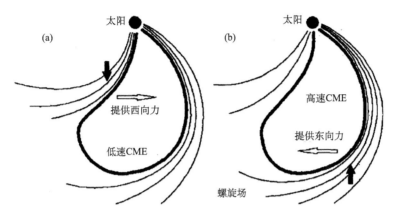

图 3.3.13　CME 在行星际空间运动过程中受 Parker 螺旋磁场的影响而导致向西偏转
或向东偏转的示意图(Wang et al., 2004)

　　图 3.3.14 为 2008 年 11 月 2 日的一次 CME 偏转事件的观测(Kilpua et al., 2009)。其中,图 3.3.14(a)为 2008 年 11 月 2 日,STEREO-B EUVI 在 304 Å 波长观测到的日珥爆发;图 3.3.14(b)和(c)分别为 STEREO-B COR1 和 STEREO-B COR2 观测到的相应的 CME。这个 CME 快速偏转到黄道面,几天后 STEREO-A 观测到其具有很好的磁云特征。对比 STEREO-B COR1 和 COR2 的图像可以发现,CME 在纬度上的改变是明显的。Isavnin 等(2014)的调查发现(从太阳到地球)CME 的总偏转在纬度上可达 49°,在经度上可达 30°。这些偏转可以归结为两个主要的原因:第一,偏转来自背景日冕的磁场力的作用(MacQueen et al., 1986; Kilpua et al., 2009; Shen et al., 2011),以及 CME 所在源区的磁场力的影响(Möstl et al., 2015)。第二,背景太阳风流的模式可以抑制日冕中 CME 纬度方向的膨胀(Cremades et al., 2006),并且太阳风也与日球层中更远的 ICME 存在相互作用(Wang et al., 2004a, 2004b, 2004c)。在日冕中较低的区域,磁场力控制着偏转,但在

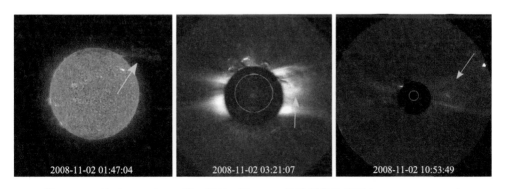

图 3.3.14　针对 2008 年 11 月 2 日的一次 CME 偏转事件的观测(Kilpua et al., 2009)

更大的日心距离上,运动学相互作用的重要性增加了。在运动学相互作用的情形中,ICME和周围太阳风的相互作用,使得周围太阳风等离子体堆积在 CME 喷出物的前方,周围的行星际磁力线披在 CME 喷出物的边缘。

Shen 等(2011)提出在磁压和磁张力的联合效应下,CME 倾向于向低磁能密度的区域偏转,并提供了一个理论方法来解释这种效应。Gui 等(2011)在统计上使用了这种方法来证实偏转朝向磁能最小的区域。Kay 等(2015)使用 CME 偏转轨迹预报模型[forecasting CMEs altered trajectory(ForeCAT)model]证明了这种偏转特性。这一工具使用一个以拖曳为基础的经验模型来推演CME,这个模型考虑了磁场力和 CME 的膨胀。Kay 等(2015)的结果展示了各种各样的偏转,也包括了当磁场力不足以完全使 CME 向能量最小区域偏转时的情形。

日冕/日球层系统在最小能量状态下,冕洞被日球层电流片(HCS)延伸条带分开,开放的通量从冕洞中延伸出来。冕洞磁场一般比周围的闭合通量系统的磁场更强,这产生了一个磁场梯度,有利于 CME 偏离冕洞区。许多研究都强调了冕洞对于偏转的重要性(Cremades et al., 2006)。Gopalswamy 等(2009)和 Mohamed 等(2012)使用了在 CME 爆发期间日面上的所有冕洞来估计产生的磁场力的大小和方向,并将其与 CME 轨迹和实地观测对比。他们发现 CME 往往向远离冕洞的方向运动,并且那些在距日面中心近的位置爆发但偏转明显的 CME 在近地太阳风中产生无驱动激波(非活塞激波)。另外,CME也会被其所在活动区的强磁场偏转(Kay et al., 2015;Möstl et al., 2015;Wang et al., 2015)。图 3.3.15 为两种情形下的偏转示例(Kay et al., 2015)。这一模拟是基于 ForeCAT 模型,针对两个不同起源位置的 CME 事件,假设不同的 CME 的速度和质量进行偏转计算的结果。图 3.3.15(a)为起源于低纬活动区的 CME 事件;图 3.3.15(b)为起源于冕洞边界的CME 事件。图 3.3.15 中的背景色是外推得到的日心距离为 1.05 个太阳半径处的径向磁场分量的分布。等值线是源表面高度(2.5 个太阳半径)的总磁场强度。点代表 CME 的偏转位置,点的大小与质量成比例,质量范围为 $10^{14}\sim10^{15}$ g,颜色代表 CMEs 的速度,速度范围为 $300\sim1500$ km/s。图中显示纬度和经度的偏转可分别达到 $30°\sim40°$,偏转的大小与 CME 的速度和质量反相关。

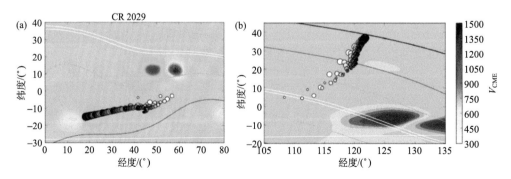

图 3.3.15　针对两个不同起源位置的 CME 事件,利用 ForeCAT 模型进行偏转计算的结果(Kay et al., 2015)

图 3.3.15(a) 和 (b) 分别展示了起源于低纬活动区和冕洞边界的 CME。用 ForeCAT 计算的这些结果表明在纬度和经度上的偏转可能分别达到 30° 到 40°，偏转的大小和 CME 的速度和质量反相关。

CME 在纬度上的偏转也会被冕流带/HCS 的位置限制。冕流带对偏转的限制主要发生在靠近太阳的地方。CME 在经度上的偏转主要被运动相互作用控制(Gosling et al., 1987; Wang et al., 2004a, 2004b, 2004c, 2014)，这种运动相互作用发生在更大日心距离的日冕和日球层中。经度偏转主要的源是 ICME 与 Parker 螺旋结构的太阳风之间的相互作用，当 ICME 和太阳风之间的速度差足够大时，这种相互作用就会发生(Wang et al., 2004a, 2004b, 2004c)。周围的 Parker 螺旋场自身可能只能使 ICME 偏转几度，因为即使慢速 ICME 的动能密度也比 Parker 场的磁能密度高大约两个数量级。多个 CME/ICME 之间的相互作用，尤其是它们之间的碰撞，也可以导致经度方向的偏转(Lugaz et al., 2012; Shen et al., 2012; Liu et al., 2012，2014)。

在靠近太阳的位置，磁场力主导，CME 偏转的速率显然最快。Isvanin 等(2014) 对 14 个 CME 的分析表明从太阳到地球轨道的总演化的 60% 发生在日冕内，即距太阳 20～30$R_\odot$ 之内，特别地，速率在低日冕内最高(<5$R_\odot$)。Kay 等(2015)使用 ForeCAT 模型得出了相似的结论：CME 偏转大部分发生在距太阳 10$R_\odot$ 之内。Kay 等(2015)也指出在更强的背景磁场的情形下，偏转被限制在距太阳更近的距离之内。对于他们论文中研究的强磁场，偏转主要发生在距太阳表面 2$R_\odot$ 以下。这个结果与 Gui 等 (2011) 一致，Gui 等 (2011)发现了偏转速率与磁场能量密度梯度之间的正相关关系。CME 通量绳和背景日冕磁场之间发生磁重联与否，将影响 CME 的偏转方向(Chané et al. 2005; Zuccarello et al., 2012a; Zhou and Feng, 2013)。如果 CME 磁场平行于周围磁场，两者之间没有磁重联，CME 朝向赤道方向偏转。当 CME 磁场与周围的高纬磁场是反平行时，两者之间发生磁重联，CME 很可能朝向极区偏转(Zhou and Feng, 2013)。

2. CME/ICME 偏转的对地效应

CME 的偏转改变了 ICME 对地球的影响及其引起的地磁效应。例如，Zhou 等(2006)证明高纬 CME 可以驱动强磁暴；他们研究了地球遇到的高纬极冠区日珥爆发产生的 ICME，发现其中接近 30% 至少导致了中等程度的空间天气效应。尤其是在太阳极小时，CME 有很强的趋势从高纬向赤道偏转(Plunkett et al., 2001; Cremades et al., 2006; Kilpua et al., 2009; Byrne et al., 2010; Isavnin et al., 2014)。这种现象在意料之中，因为在这时太阳全球磁场相对接近于偶极场，并且两个大的极区冕洞主导了全球磁场的结构。这些冕洞可以高效地引导 CME，使其朝向黄道面，也与 Shen 等(2011) 的提议一致。在太阳活动极大时，太阳全球磁场的结构和磁能密度的分布比太阳活动极小时更加复杂，并且 CME 偏转更少，更加随机。

经度偏转可能导致 CME/ICME 偏离或朝向太阳-地球连线。按照 Gopalswamy 等 (2009)的研究，几乎 10% 的地球空间的大磁暴是由靠近太阳边缘起源的 CME 引发的。在这样的案例中，ICME 的鞘区是磁暴的主要驱动源(Huttunen et al., 2002)。有案例表明地球上有清晰的喷出物信号和地磁活动与日面边缘起源的 CME 相联系(Schwenn et al.,

2005; Cid et al., 2012; Wang et al., 2014; Liu et al., 2016)。例如，Wang 等(2014) 研究的 CME 初始时朝向 STEREO-B 运动，但它在日球层中偏转，到达了地球，地球当时与 STEREO-B 相距大约 35°。Möstl 等(2015)、Wang 等(2015)研究了一个相反的案例：CME 起源于接近日面中心的活动区，预期会有显著的地磁响应；然而，多卫星的观测和模型的结果证明，这个 CME 在经度上几乎偏转了 40°，只引发了很小的空间天气效应。Gopalswamy 等(2009)也证明，由于显著的远离太阳-地球连线的经度方向的偏转，一些在日面中心爆发的 halo CME 似乎与地球轨道附近的无驱动激波相联系(即其后没有可辨别的驱动源)。在这些案例中，在地球附近实地观测到了 ICME 激波和鞘区，但驱动的喷出物却没观测到。

3.3.5　CME/ICME 的演化追踪

在 CME 的形态和定位研究中，人们主要关注 CME 的运动方向、前沿的位置、角宽度等参数。这些参数有助于我们估算 CME 到达地球或者其他行星的时间。人们提出了各种不同的假设、模型来估计 CME 的物理参数，下面介绍常用的几种方法以及相关的应用实例。

1. GCS(渐变圆柱壳)模型

利用日冕仪成像数据，Thernisien 等(2006, 2009)提出了 GCS 模型来拟合在太阳附近 CME 的形态、方位等。在 GCS 模型中，CME 的磁流绳是连接到日心的弯管。这些弯管的两端呈锥形逐渐缩小。图 3.3.16 为 GCS 模型的示意图(Thernisien et al.，2009)。图 3.3.16(a)为正视图，图 3.3.16(b)为侧视图。图中虚线是弯管中心轴线，实线表示截面。图 3.3.16(c)表示各位置参数。图中的实线表示模型结构的外边缘，虚线对应结构的中心。h 为弯管两端缩小锥形的高度，α 为两端弯管轴线在日心处夹角大小的一半。弯管结构的横截面是半径变化的圆形(垂直于轴线)。其半径 a 的表达式如下：

$$a(r) = \kappa r \tag{3.3.4}$$

式中，κ 为 GCS 模型结构的近似宽高比；r 为 GCS 模型结构外边缘某点到日心的距离。h_{front} 是 GCS 模型中的 CME 高度，其表达式为

$$h_{front} = h\frac{1}{1-\kappa}\frac{1+\sin\alpha}{\cos\alpha} \tag{3.3.5}$$

式中，高度 h_{front}，宽高比 κ 和半角宽 α 是 GCS 模型的三个拟合参数。通过这些参数可以拟合 GCS 结构的形态和大小。图 3.3.16(c)为 GCS 的磁流绳在太阳表面的位置。这个位置可以用经度 φ、纬度 θ、倾角 γ 三个参数确定。

在 GCS 模型的假设中，CME 磁通量绳表面的电子密度最高，对应最大的汤姆孙散射强度。因此，日冕仪白光观测到的 CME 可以用 GCS 模型拟合。利用日冕仪的观测结果来计算 GCS 模型中的各个参数，可以构造 CME 在太阳附近的形态和方位。图 3.3.17 为用 GCS 模型拟合 STEREO-B、SOHO、STEREO-A 飞船上日冕仪观测的 CME(Möstl et al.，2015)。白色部分是观测到的 CME，蓝色是 GCS 模型拟合的结果。

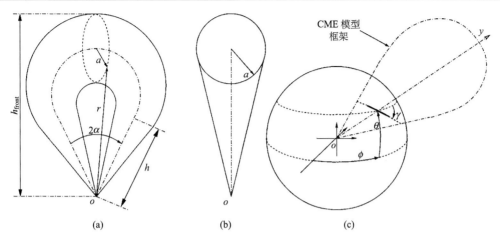

图 3.3.16　GCS 模型的示意图（Thernisien et al., 2009）

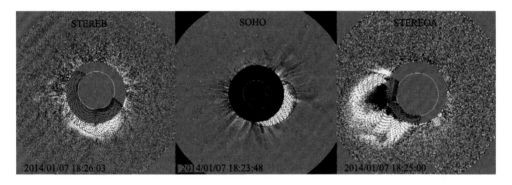

图 3.3.17　用 GCS 模型拟合 STEREO-B、SOHO、STEREO-A 飞船上日冕仪观测的 CME

2. 遮罩拟合重构方法

遮罩拟合重构法是通过多个日冕仪对 CME 的观测数据重构 CME 的三维几何结构的方法（Feng et al.，2012）。该方法通过以下三步找出在每个日冕仪观测的图像中都出现在 CME 内部的点来确定该 CME 三维的空间构型。

第一步在每个日冕仪的图像中识别出 CME 前沿面边缘，并用参数三次样条曲线插值得到一条光滑的 CME 边缘曲线。CME 边缘在日冕仪遮光罩内的部分则外推到太阳表面。对于 STEREO-A、B 和 LASCO 日冕仪的图像可以分别得到一条边缘曲线 $M_i(x_{p,i}, y_{p,i})$，$i=A, B, L$。把这些曲线作为遮罩：曲线外的图像设为 0，曲线内的图像设为 1。有时 LASCO 的图像可能与 STEREO 的图像时间不同，可以用插值的方法把 LASCO 的图像推到与 STEREO 同一时间。

第二步是在太阳附近构建卡林顿直角坐标系的三维网格。网格间距由 CME 的大小确定。对于网格中的每一个点 $r(x,y,z)$ 都可以投影到日冕仪的图像 i 中得到 $r_{p,i}$（Feng et al.，2007）：

$$r_{p,i} = A_i^{\mathrm{T}} r \tag{3.3.6}$$

A_i 是坐标变换矩阵:

$$A_i = \begin{bmatrix} -\sin L_i & -\cos L_i \sin B_i \\ \cos L_i & -\sin L_i \sin B_i \\ 0 & \cos B_i \end{bmatrix}$$

式中,L_i 和 B_i 为飞船在卡林顿坐标系中的经度和纬度。据此我们可以构造三维遮罩 M_{3D}:如果点 r 的投影在三个图中任意一个或多个的遮罩外,则 r 在 M_{3D} 遮罩之外。计算所有的点找出哪些点在三维遮罩之内。这些遮罩内的点的集合即是我们重构出的三维 CME 位型。图 3.3.18 为平行太阳赤道面的三维遮罩截面图(Feng et al., 2012)。加号表示三维遮罩法确定的 CME 中的点。三对平行线分别表示 STEREO-A、B 和 SOHO 的视线方向在面内的投影。投影线的交点是图中的菱形位置。星号是交点的中点。CME 边缘的样条曲线是与视线相交的曲线。加号对应三维遮罩内的各个格点。该方法确定的三维遮罩中可能包括一些不存在于 CME 的点,但是这些点在日冕仪的二维图像中。这些点主要在不同日冕仪二维图像的相交位置。对于三个日冕仪的成像,在二维截面中可能有六个交点,如图中的多边形顶点。

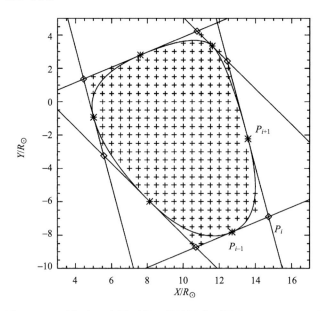

图 3.3.18　平行太阳赤道面的三维遮罩截面图(Feng et al., 2012)

第三步是圆滑三维遮罩的棱角。找到三维遮罩相邻顶点所在面的中心(图 3.3.18 中的星号位置),用三次贝奇尔样条曲线确定每个顶点附近的边缘:

$$B_i(t) = (1-t)^2 P_{i-1} + 2(1-t)t P_i + t^2 P_{i+1}, \quad t \in [0,1] \tag{3.3.7}$$

式中,P_i 为顶点位置,P_{i+1} 为顶点两侧的面中心位置。这些样条曲线组成 CME 的光滑边界。在每个水平面都进行这样的处理,可以得到一个光滑的三维 CME 面。图 3.3.19 为平滑边缘后的三维 CME 重构图像 (Feng et al., 2012)。红色线为每个水平面中平滑后的 CME 边缘。实线为 CME 的三个主轴方向。绿点为 CME 的几何中心,黑点为太阳位置。

如果忽略 CME 的内部结构，可以利用重构出的 CME 位型确定 CME 的几何中心。几何中心虽然不是引力中心，但也可以一定程度上反映 CME 的位置与运动。几何中心的位置 r_{gc} 可以由 CME 每个点位矢的平均值求得

$$r_{gc} = \frac{\sum\limits_r V(r)r}{\sum\limits_r V(r)} \tag{3.3.8}$$

若 r 在 CME 内，$V(r)=1$，否则 $V(r)=0$。CME 的主轴可以通过计算如下矩阵的本征矢量获得

$$\frac{\sum\limits_r V(r)\left(r - r_{gc}\right)\left(r - r_{gc}\right)^{\mathrm{T}}}{\sum\limits_r V(r)} \tag{3.3.9}$$

在图 3.3.19 中的三条实线为 CME 三个本征矢量的方向。按对应本征值的大小顺序可以将它们分为主轴、中间轴、次轴。

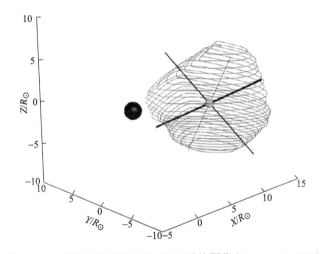

图 3.3.19　平滑边缘后的三维 CME 重构图像(Feng et al., 2012)

3. 三角测量法

三角测量法是利用几何关系估算 CME 日心距和运动方向的方法(Liu et al., 2010a, 2010b)。基于 STEREO 飞船上不同仪器的白光观测图像，我们可以计算 CME 前沿在不同时刻对日心的角距离。通过几何近似，可以把角距离转化为日心距。图 3.3.20 为三种不同的几何关系近似(Liu et al., 2010b)。图中 S/C 表示飞船，d 为飞船和太阳的距离，α 为飞船测得的 CME 前沿的角距离，β 为飞船-太阳连线和 CME 运动方向的夹角。图 3.3.20 (a)～(c) 分别为 PP 近似，Fβ 近似，调和平均近似。

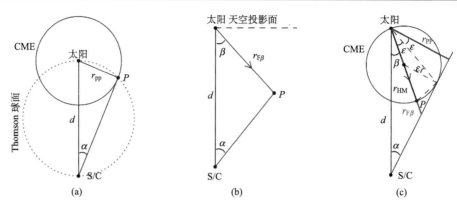

图 3.3.20　三种不同的几何关系近似(Lin et al., 2010b)

1) Point P (PP) 近似

在 PP 近似中，假设 CME 前沿的形状是一个球面，该球面的球心是太阳。白光观测到的 CME 最亮部分是该球面与汤姆孙散射强度最大面(直径为太阳-飞船连线，汤姆孙散射在该面上最大)(Vourlidas and Howard, 2006)相交的位置，该位置称为 P 点，如图 3.3.20(a)所示。日心距 r_{PP} 可以通过探测器日心距 d 和角距离 α 计算：

$$r_{PP} = d\sin\alpha \tag{3.3.10}$$

PP 近似往往会高估 CME 前沿的大小。另外，PP 近似中不涉及 CME 前沿顶点的运动方向。

2) Fβ 近似

Fβ 近似假设 CME 是一个传播方向 β 不变的点状结构(Sheeley et al., 1999)。如图 3.3.20(b)，由正弦定理可得

$$r_{F\beta} = \frac{d\sin\alpha}{\sin(\alpha+\beta)} \tag{3.3.11}$$

该近似可以计算出 CME 的运动方向 β，但是点状 CME 假设可能会低估 CME 的大小。

3) 调和平均(HM)近似

该近似中，CME 的前沿是一个固定运动方向且与太阳相接的圆形。该圆形和飞船视线相切的位置是飞船观测到的部分。日心距通过前两种方法的调和平均值计算得到：

$$r_{HM} = \frac{2}{\dfrac{1}{r_{PP}} + \dfrac{1}{r_{F\beta}}} = \frac{2d\sin\alpha}{1+\sin(\alpha+\beta)} \tag{3.3.12}$$

一个飞船的观测数据无法提供 CME 的运动方向信息，β 只能通过假设得到，而多飞船的立体成像可以同时确定 CME 的日心距和传播方向。图 3.3.21 为基于 Fβ 近似的 STEREO 飞船与 CME 的几何关系(Liu et al., 2010a)。α_A、α_B 分别为 STEREO A、B 飞船对 CME 观测的角距离，d_A、d_B 分别为飞船的日心距。P 为 CME 对应的点位置，r 为 CME 日心距，β_A、β_B 分别为 CME 运动方向与两个飞船-太阳连线方向的夹角。图 3.3.22 显示了基于 HM 近似的 STEREO 飞船与 CME 的几何关系(Liu et al., 2010b)。P 为 CME 前沿

的顶点，实线圆是假设的 CME 前沿，r 为 CME 前沿的日心距。其他符号与图 3.3.21 相同。Fβ 近似中的几何关系为

$$\frac{r\sin(\alpha_A + \beta_A)}{\sin\alpha_A} = d_A \tag{3.3.13}$$

$$\frac{r\sin(\alpha_B + \beta_B)}{\sin\alpha_B} = d_B \tag{3.3.14}$$

$$\alpha_B + \beta_B = \gamma \tag{3.3.15}$$

已知量包括 α_A、α_B 表示 STEREO-A、B 飞船对 CME 观测的角距离，d_A、d_B 表示两个飞船的日心距，γ 为两飞船之间的夹角。综合以上三式可得

$$\tan\beta_A = \frac{\sin\alpha_A\sin(\alpha_B + \gamma) - f\sin\alpha_A\sin\alpha_B}{\sin\alpha_A\cos(\alpha_B + \gamma) + f\cos\alpha_A\sin\alpha_B} \tag{3.3.16}$$

式中，$f=d_B/d_A$。联立方程可以解得 CME 的传播方向 β 和日心距 r。

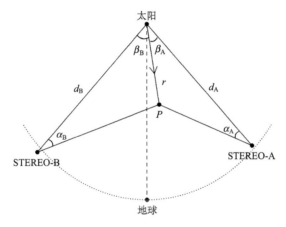

图 3.3.21　基于 Fβ 近似的 STEREO 飞船与 CME 的几何关系(Lin et al., 2010a)

HM 近似如图 3.3.22 所示，基础几何关系为

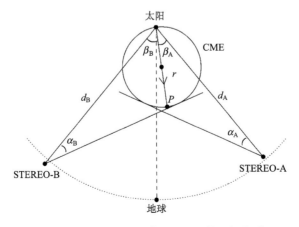

图 3.3.22　基于 HM 近似的 STEREO 飞船与 CME 的几何关系(Liu et al., 2010b)

$$\frac{r\left[1+\sin\left(\alpha_{\mathrm{A}}+\beta_{\mathrm{A}}\right)\right]}{2\sin\alpha_{\mathrm{A}}}=d_{\mathrm{A}} \tag{3.3.17}$$

$$\frac{r\left[1+\sin\left(\alpha_{\mathrm{B}}+\beta_{\mathrm{B}}\right)\right]}{2\sin\alpha_{\mathrm{B}}}=d_{\mathrm{B}} \tag{3.3.18}$$

联立方程也可解出 CME 的运动方向和日心距。

4. 观测实例应用

1) GCS 方法与三角测量法的观测应用

STEREO 飞船的 COR2、HI1、HI2 仪器的成像观测可以提供 CME 前沿的角距离随时间变化的关系(Hu et al., 2017),他们利用 STEREO-A,B 两颗飞船的日球层成像仪观测研究了同一个 CME 的距角随时间的变化(图 3.3.23)。图 3.3.23 的左上子图为 STEREO-A、B 飞船 HI1 仪器白光观测到的行星际空间中的 CME 形态。左下:HI2 仪器的观测。图中标注了水星、金星、地球在视场中的位置。右侧子图为 STEREO-A(上)和 STEREO-B(下)中 COR2、HI1、HI2 仪器分别观测的移动差分图在黄道面附近的狭长部分构成的时间-角距离图。红色虚线代表随时间变化的 CME 前沿在黄道面内的角距离。水平虚线分别表示地球(绿色)和 VEX(金星快车)(黄色)的角距离。这些角距离可以用于前面提到的方法来估算 CME 的日心距和运动方向。

Hu 等(2017)采用由不同近似方法得到的 CME 前沿顶点轨迹(图 3.3.24)。图中画出了 STEREO-A、B 和 VEX 飞船在 2010 年 9 月 8 日相对地球在黄道面中的位置。黑色菱形是基于 Fβ 近似,红色十字是基于 HM 近似估算得到的 CME 前沿顶点轨迹。绿色圆圈代表在 HM 近似中的圆形 CME 前沿与 VEX 飞船相交时的前沿大小,绿色箭头代表前沿顶点的运动方向。蓝色圆圈和箭头对应 Fβ 假设。点虚线是假设在 450 km/s 的太阳风运动速度下的 Parker 磁场。图 3.3.25 显示了两种三角测量近似方法(黑色菱形:Fβ 近似,红色叉号:HM 近似)和 GCS 模型拟合的 CME 前沿顶点的运动学结果(Hu et al., 2017)。

图 3.3.25 (a)～(c)依次表示:(a) CME 在黄道面内的传播方向,其中水平虚线分别代表 STEREO-A,CME 源区和日地连线所在的经度;(b) CME 前沿顶点的日心距,单位为太阳半径;(c) CME 的运动速度,由距离的微分求得。每个点的速度是相邻五个时间点的平均值,其方差是误差。三种方法测得的 CME 运动方向相对于 CME 源区的日心经向方向基础上都向东偏转(在图中表示为低于 CME 源的方位角的指示线)。HM 和 Fβ 近似估算的传播方向都收敛到日地连线以西 20° 方向。对于 CME 传播方向的估算,三种方法仍有较大差别。HM 近似计算的方向角大约是 Fβ 近似得到的方向角的两倍,而且方向角的变化幅度也更大。这可能是因为 HM 的圆形几何假设在太阳附近过高估计了 CME 的大小(Liu et al., 2013, 2016)。对于 CME 的日心距离和传播速度,三种方法在低日心距位置的估算结果基本一致。在 30 个太阳半径以下,CME 不断加速直到 600 km/s。在 60 个太阳半径以外,CME 的速度基本不变。Fβ 近似计算的最终速度约为 620 km/s,HM 近似计算的约为 530 km/s。在 130 个太阳半径外,HM 近似和 Fβ 近似开始偏离,这可能是因为 Fβ 的点状结构假设在远距离不适用。

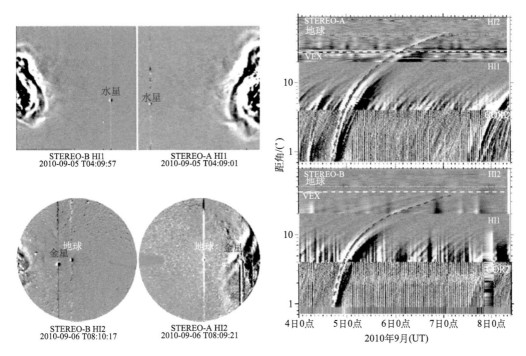

图 3.3.23 利用 STEREO-A、B 两颗飞船的日球层成像仪观测同一个 CME 的距角随时间的
变化(Hu et al., 2017)

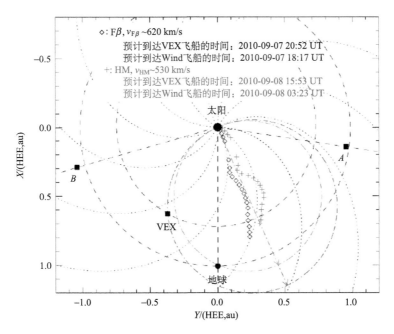

图 3.3.24 不同近似方法得到的 CME 前沿顶点轨迹(Hu et al.,2017)

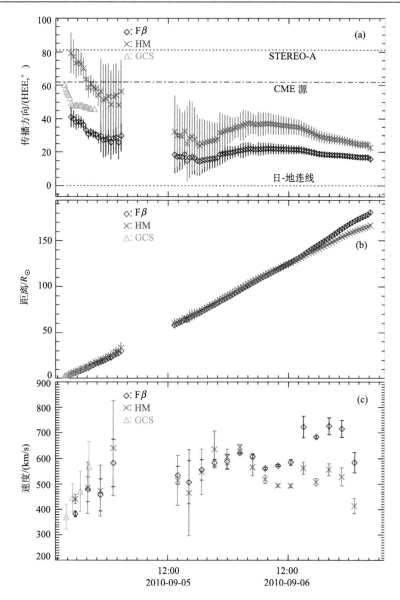

图 3.3.25　两种三角测量近似方法(黑色菱形：Fβ 近似，红色叉号：HM 近似)和 GCS 模型拟合的 CME 前沿顶点的运动学结果(Hu et al., 2017)

2) 遮罩拟合重构方法的观测实例

Feng 等(2012)结合 SOHO 飞船上 LASCO C2、C3 白光日冕仪和 STEREO 飞船 COR 1、COR 2 日冕仪观测了 2010 年 8 月 7 日的一个 CME 事件。图 3.3.26 为三个飞船日冕仪观测图像的时间序列以及甄别插值出来的 CME 边缘(Feng et al., 2012)。从上到下分别为 STEREO-A、STEREO-B 和 LASCO。每个图片中的白色圆形是太阳边缘，黑色圆形区域对应日冕仪的遮光罩。第二列和第六列图像中的红色加号为 CME 边缘。利用遮罩重构方法，可以求得 CME 的空间构型和运动状态。

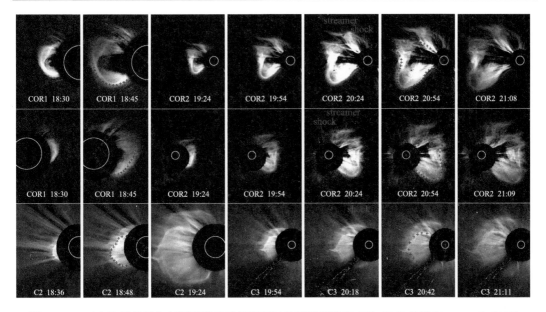

图 3.3.26　三个飞船日冕仪观测图像的时间序列以及甄别插值出来的 CME 边缘 (Feng et al., 2012)

　　图 3.3.27 显示了 CME 与太阳、金星、地球和 STEREO 飞船在 21:24 UT 在黄道面内的投影位置 (Feng et al., 2012)。太阳位于坐标原点。从上到下四个点分别为STEREO-A 飞船、地球、金星、STEREO-B 飞船的位置。图中表明 CME 产生后向金星方向运动。8 月 10 日绕金星运动的 VEX 飞船的观测数据中可以观测到伴随 ICME 的激波、磁云特征。

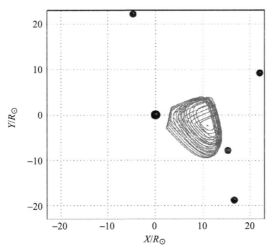

图 3.3.27　从太阳北极方向观测的 CME 与太阳、金星、
地球和 STEREO 飞船在 21:24 UT 的空间位置 (Feng et al., 2012)

　　计算 CME 的本征矢量随时间的变化，可以研究 CME 形态随时间的变化。图 3.3.28为不同时刻的重构 CME 形状及其主轴方向 (18:48 UT, 19:54 UT, 20:39 UT, 21:24 UT) (Feng et al., 2012)。黑色线到红色线表示四个不同时刻的主轴。绿点代表 CME 几何

中心的位置，绿线是拟合的几何中心运动轨迹，橙色线与 CME 运动方向垂直，并位于太阳赤道面内。图 3.3.28(a) 为从 STEREO-A 方向来看的中间轴随时间的变化。红色层叠的闭合圈是 18:48UT 的 CME 构型，蓝色层叠的闭合圈是 21:24 UT 的 CME 构型。红点代表 STEREO-A 的投影位置，黑点代表太阳位置。图 3.3.28(b) 为从太阳北极方向看的 CME 主轴随时间变化图像。图 3.3.28(c) 为从 CME 的传播方向来看的主轴变化。图 3.3.28(d) 为从橙色线来看的主轴变化方向。中间轴的方向随时间变化非常剧烈，主轴位置相对比较稳定。CME 逐渐演化为平躺着的心形，这是因为赤道面的太阳风速度较低，赤道面的 CME 被减速，而高纬度的背景太阳风速度较快。

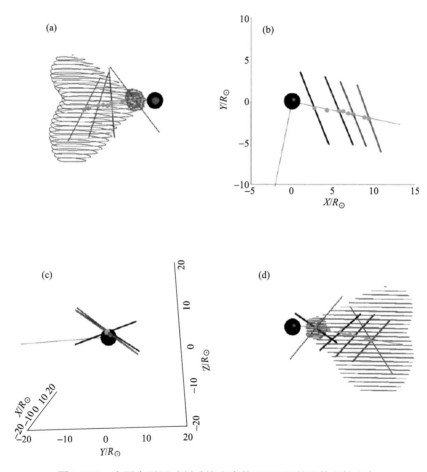

图 3.3.28　在四个不同时刻重构出来的 CME 形状及其主轴方向
(18:48 UT, 19:54 UT, 20:39 UT, 21:24 UT) (Feng et al., 2012)

　　进一步，还可以通过计算 CME 几何中心的日心距、经纬度来表征 CME 的空间位置，如图 3.3.29 所示(Feng et al., 2012)。从日心距变化估算出的 CME 运动速度大约为 512 km/s。CME 大约按太阳径向方向运动，但它的纬度在不断下降。这种偏移可能与背景的低速太阳风相关。通过外推 CME 的运动轨迹还可以找到 CME 对应的源区。这个 CME 可能是来源于 AR 11093。在同一天 AR 11093 有 M 1.0 级耀斑的产生(Reddy et al., 2012)。

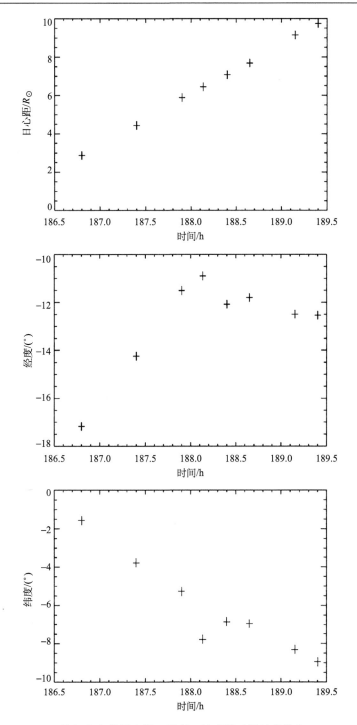

图 3.3.29　CME 几何中心的日心距、经度、纬度随时间的变化 (Feng et al., 2012)

3.4　太阳风中的相互作用区和共转激波

共转相互作用区是由于快速太阳风流的前边缘赶上并压缩其前方的慢速太阳风流，而产生的与太阳共转的等离子体压缩区域。压缩从接近太阳的区域开始，随着太阳风向外传播，并逐渐增强。在压缩区域，磁场强度和等离子体数密度都比没有受到压缩的太阳风中的数值大。随着上游和下游等离子体不断进入压缩区域，共转相互作用区不断扩大。在 3 AU 的日心距离上共转相互作用区的厚度为 0.5～1 AU，其内外边界处经常观测到两个磁流激波(后向激波和前向激波)。

3.4.1　太阳风中流与流的相互作用

在不同日面经度上日冕的膨胀速度不同，以及太阳自转等原因，就产生了从太阳赤道区域不同经度上发出的太阳风流与流之间的相互作用。Hundhausen(1972)、Burlaga(1975)、Smith 和 Wolfe(1977)等都对太阳风流与流的相互作用问题作了详细研究。假设在日心距离为 $2～3R_\odot$ 的球面的赤道上由一个窄的经度范围(相对于延伸到赤道的冕洞)发出的太阳风有较高的速度。而由所有其他经度范围发出的太阳风具有较低而均匀的速度，假定在静止参考系看，在日冕某个高度以上太阳风速度是径向的，但是，高速流的源是随着太阳自转的，这样太阳风高速流将在行星际空间占据一螺旋状的区域。图 3.4.1 为共转高速流与背景太阳风相互作用示意图(Hundhausen, 1972)。由于高速流与低速流的边界并非径向，而流动的速度却是沿着径向的，高速太阳风将赶上它前面的低速太阳风，而把后面低速太阳风更远地落在后面。磁场阻止不同流之间的相互渗透，于是在

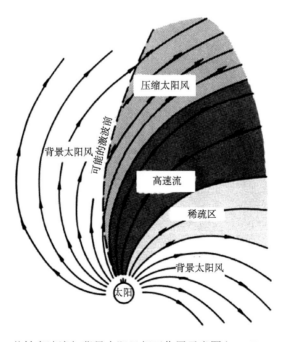

图 3.4.1　共转高速流与背景太阳风相互作用示意图(Hundhausen，1972)

高速流前边形成一个等离子体的压缩区域，而在高速流的后面形成一个等离子体的稀疏区域。当然，与压缩区和稀疏区相联系的非径向压力梯度倾向于驱动非径向流动，但是这个流动一般比径向流动小得多。如果这种压缩很强，在压缩区前面将形成前向激波，在稀疏区的前面将形成后向激波。在相对交界面静止的参考系中来看，前向激波由交界面向前传播，后向激波却与太阳风速度相反而向后传播。因为后向激波的传播速度小于它在其中传播的太阳风速度，所以实际上由惯性参考系来看，后向激波也是被太阳风携带着向外运行的。

　　图 3.4.2 显示了流相互作用区前后的激波对、内部的两个区域特征。(Burlaga, 1975)。高速流是由伸展到赤道的冕洞发出来的(图中记为 M 区)。当高速流的源随着太阳自转时，物质由径向方向向外运动而形成螺旋结构(用虚线表示)。在速度开始上升到速度达到极大值之间，有一个过渡区域，叫作相互作用区。在这个区域中，压力 $[P=n\kappa(T_{\mathrm{p}}+T_{\mathrm{e}})+B^2/8\pi]$、密度、温度和磁场强度都达到相对高的数值，这说明其中的等离子体和磁场都受到强烈的压缩。在相互作用区的前部是原来低速运动的但已经被加速了的等离子体，这里的密度较高。在相互作用区的后部是原来快速运动而后被减速了的等离子体，这里的温度较高。这两个区域被一个薄的边界(即流的交界面)分开。图中虚线示出了速度最大值的空间位置，在这之后的一个区域内，等离子体的密度和温度都比较低，这个区域就是稀疏区。流与流的相互作用产生密度的重新分布，这是我们在 1 AU 处观测到太阳风中大尺度密度变化的主要原因。在 1 AU 以外交界面仍然存在。由于相互作用区的压力的增加，在 1.5 AU 处开始形成激波对——前向激波和后向激波。在 3 AU 以外，多数的激波都是与高速流相联系的，但是在 1 AU 处，多数激波都是与耀斑伴随的物质喷射(日冕物质抛射)相联系的。

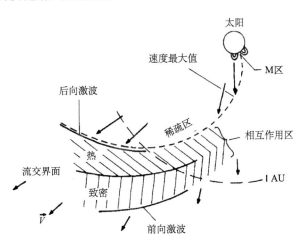

图 3.4.2　高速流与背景太阳风相互作用形成激波对和流相互作用区等结构(Burlaga, 1975)

　　图 3.4.3 为流与流交界面处前向激波和后向激波的示意图(Smith and Wolfe, 1977)。图中画出了在与太阳共转参考系中看到的三条流线，沿着这些流线太阳风等离子体向外流动，流线与磁力线相重合。图中还画出了前向激波面和后向激波面。慢流线(低速流流线)与前向激波面相交，而快流线(高速流流线)穿过后向激波面，中间的一条流线正位于

加速等离子体与减速等离子体的交界面上。虚线为地球附近的空间飞船在共转坐标系中的轨迹。在这一轨迹上飞船与激波相交的先后次序是：首先为前向激波的上游，其次穿越激波面到达前向激波下游、后向激波的下游，最后穿越后向激波到达后向激波的上游。

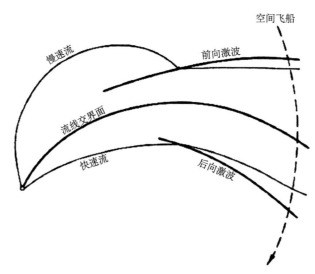

图 3.4.3　流与流交界面处前向激波和后向激波的示意图(Smith and Wolfe, 1977)

前述高速流与低速流相互作用的概念似不能解释 Helios 飞船在 0.3～1 AU 的观测结果。Rosenbauer 等(1977)指出，Helios 的观测表明，高速流的前沿在 0.3 AU 比在 1 AU 还要陡。这与通常的流与流相互作用的理论预计不同。其原因尚不可知。

3.4.2　共转行星际激波

在 1 AU 以外的观测(Pioneer-10 在 1～8.5 AU，Pioneer-11 在 1～5 AU)发现，与高速流伴随的前向激波和后向激波在 1.5 AU 以外形成。当飞船接近 5 AU 时，差不多所有的(可能 95%)流与流的相互作用都形成了激波。后向激波比前向激波较少观测到，有时形成后又消失了，但是至少直到 5 AU，后向激波的数目也是随日心距离连续增加的。

图 3.4.4 为共转行星际相互作用区示意图(Smith and Wolfe, 1977)。前向激波和后向激波分别位于相互作用区的外边缘和内边缘。图中示出了两个相互作用区(阴影区)和一个中间平静区域。"前"和"后"分别表示前向激波和后向激波。在平静区中间的细线为行星际磁力线。相互作用区是与太阳共转的，这可以从它的 27 天重现性看出，在 1973～1974 年间(接近太阳活动的极小年)，一个相互作用区至少持续了 12 个太阳自转周。

图 3.4.5 为 Pioneer-10 观测到的激波对实例(Smith and Wolfe, 1977)。由低速流区域至高速流区域速度的增加是由与激波伴随的两个突然的速度跃变来完成的。由图看到，两激波中间的太阳风速度显然接近于一个常数。激波相对于入射太阳风的速度近似为 150 km/s。阿尔文波和磁声波的相速为 50～60 km/s，激波的马赫数在 2～3 之间。

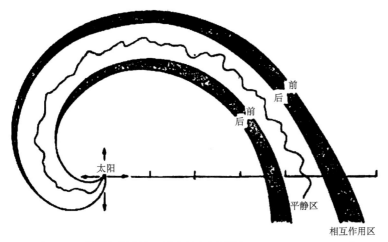

图 3.4.4　共转行星际相互作用区示意图(Smith and Wolfe, 1977)

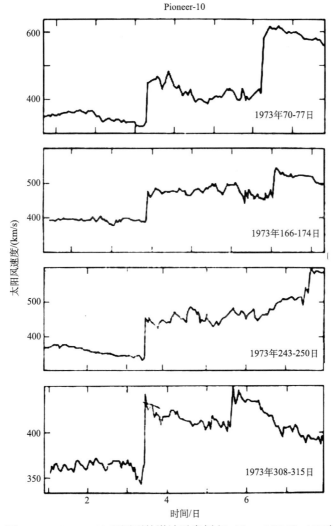

图 3.4.5　Pioneer-10 观测到的激波对实例(Smith and Wolfe, 1977)

每一个激波伴随着大的磁场跃变。在激波下游,有大幅度的准周期扰动。前后两个激波都是准垂直激波,即传播方向接近垂直于磁场的方向。通过激波面磁场值有很大变化,但磁场方向没有明显变化。这是因为在大的日心距离上行星际磁场矢量主要沿着方位方向,而激波的传播是在径向方向。可以利用高时间分辨率的数据来诊断激波厚度。

3.4.3　共转相互作用区

在 1 AU 附近虽然一般观测不到共转激波,但是可以清楚地看到流与流的相互作用的交界面,以及由于流与流相互作用产生的相互作用区。图 3.4.6 为卫星观测的相互作用区的结构(Burlaga, 1975)。

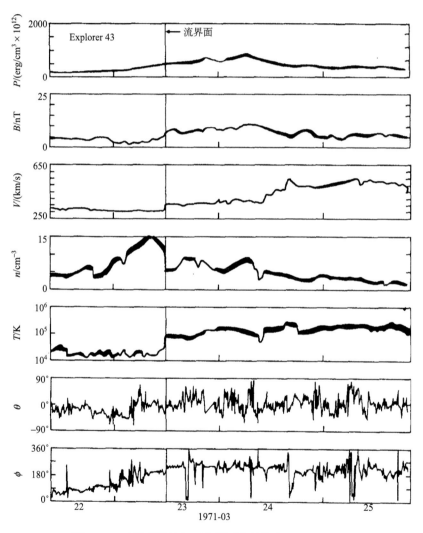

图 3.4.6　卫星观测的相互作用区的结构(Burlaga, 1975)

在图 3.4.6 中我们看到压力 $P=B^2/8\pi+nk_B(T_p+T_e)$ 增加的区域集中在速度 V 增加的区域,高密度区域在高温度区域前面,在它们之间有一个明显的交界面。在相互作用区,磁场强度增高。在密度峰值后几小时内磁场强度达到峰值。磁场方向通常明显地受到扰动。图 3.4.7 为探测器通过一个共转相互作用区测量到的等离子体和磁场参数的小时平均值随时间的变化(Burlaga, 1975)。由图看到相互作用区的两个新特点：①在交界面(图中用垂直线表示)前面的相互作用区内，流速向西偏离径向几度，在交界面后面，流速向东偏离径向几度。②在速度 V 下降的区域，n 下降到非常低的值，相应于稀疏区域。

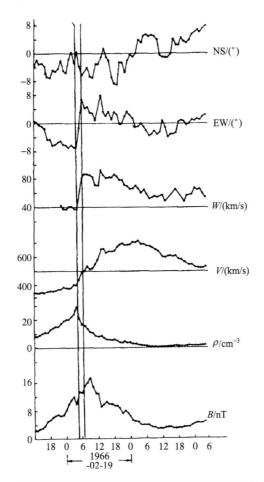

图 3.4.7　探测器通过一个共转相互作用区测量到的等离子体和磁场参数的小时平均值随时间的变化
(Burlaga, 1975)
第一图中上为北下为南，第二图中上为东下为西

在 1 AU 以外，由于太阳风流继续赶上并压缩低速太阳风流，相互作用区迅速发展起来。在相互作用区中磁场 B、数密度 n、温度 T 及其扰动水平都明显地增加。在太阳黑子低年(1973~1979 年)，通常有两个高速流，因而有两个相互作用区(图 3.4.4)。在相互作用区之间是平静区，在平静区中 B，n，T 和它们的扰动水平有比较低的值。

在 3~5 AU，相互作用区通常由一个前向激波开始，以一个后向激波结尾。这一激波对把相互作用区同平静区分开。有时没有激波对形成，根据磁场和等离子体参数在短时间内(1 h)的突然变化，可以辨认出相互作用区的开始和结束。

图 3.4.8 为在 4.3 AU 测量到的相互作用区示意图。图 3.4.8(a) 和(b)是磁场和太阳风速度的实测值，图 3.4.8(c)是模式示意图，虚线为 1 AU 附近速度的变化(Smith and Wolfe, 1977)。图 3.4.9 为在接近 5 AU 观测到的相互作用区，图中 N 为密度，B 为磁场，P 为压强(Smith and Wolfe, 1977)。图 3.4.9 中通过总压力 P 最大值的虚线表示已经被压缩了的等离子体与原来是高速运动但已经被减速了的等离子体的交界面。在这里，数密度 n 的梯度由正变负，温度开始增加。在交界面的前面流体受到的压力是向前的，使前面慢速的太阳风加速。在交界面后面流体受到的压力是向后的，使后面高速太阳风减速。作为许多观测实例的概括，图 3.4.10 为在相互作用区内等离子体参数变化特征示意图(Smith and Wolfe, 1977)。在前向激波过后磁场强度和等离子体密度开始增加，在交界面处达到最大值，而后减小到一个常数。在后向激波过后突然减小，而且减小到比正常值还要小。由图看到密度和磁场的变化类似于压强的变化。温度是多变化的参数。一般的情况下的温度的变化由实线表示出来，温度由前向激波开始增加，在交界面的后面达到最大值，接着便稳定地下降。在一些情况下，出现另一种变化类型，用虚线表示。有时，在相互作用区内温度是常数，偶尔也出现温度在交界面处减小，而后上升的情况。

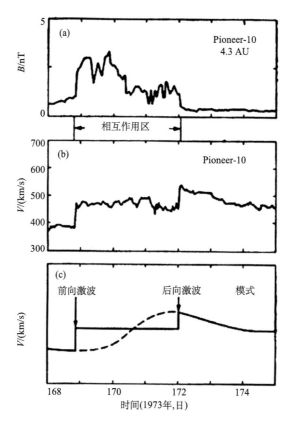

图 3.4.8 Pioneer-10 飞船在 4.3 AU 测量到的相互作用区(Smith and Wolfe, 1977)

(a)和(b)是磁场强度和太阳风速度的实测值。(c)是速度的模式示意图，虚线为 1 AU 附近速度的变化

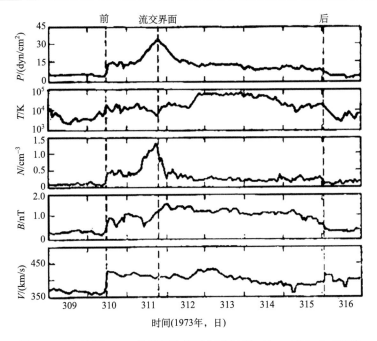

图 3.4.9　在接近 5 AU 观测到的相互作用区（Smith and Wolfe, 1977）

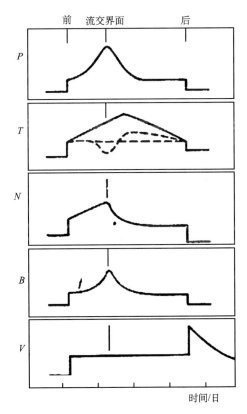

图 3.4.10　基于观测归纳出来的相互作用区内外的等离子体和磁场
参数变化特征的示意图（Smith and Wolfe, 1977）

当激波形成以后，前向激波向前传播，加速前面较慢的太阳风，而后向传播的激波使高速流太阳风减速。当激波向外传播时，相互作用区逐渐加宽，而平静区逐渐减小。在几个天文单位的径向距离上，相互作用区差不多是 1 AU 宽，与平静区的宽度相差不多。实际上，在更大的日心距离上。在 10～20 AU，相互作用区进一步扩展(依赖于高速流的个数和特性)，平静区逐渐被侵蚀掉，于是开始了两个相互作用区之间的相互作用。这时行星际介质可能变化到另外一种状态，由于激波的相互作用形成了大量的间断和不均性。

Burlaga 等(1983)利用飞船 Helios-1 和 Voyager-1 的探测结果，研究了太阳风中大尺度流和磁场结构的径向发展，他们发现，在 1 AU 以内和在 1 AU 附近，太阳风的大尺度结构主要表现为许多小的共转流结构、瞬态流、激波和几个大的共转流。这些结构与日冕底部的状态密切相关，并且携带着可辨认的关于它们在太阳上的源的信息。在大的日心距离上(约 10 AU)，大的共转流把慢的瞬变流或者共转流、压缩波(激波压缩区)和激波都"扫"了起来，形成一些相距几个 AU 的主要由压缩波控制的大尺度结构。在这一过程中，小尺度的特征被"抹"掉了，各种流结构对于它们的源的"记忆"消失了。这一区域称为压缩波区。根据 Burlaga 等(1983)的估计，到 20～25 AU，在两相邻太阳自转周中形成的共转激波将有足够的时间扫过所有的中间结构而相遇。这样，在这个距离上，所有的流体都至少被激波扫过一次。这区域以压缩波之间的相互作用为主要特征，称为波相互作用区。图 3.4.11 为外日球层大尺度结构示意图(Burlaga et al., 1983)。

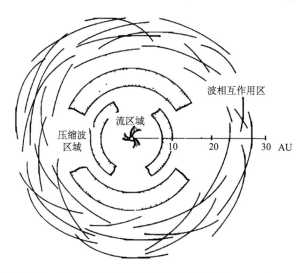

图 3.4.11　外日球层大尺度结构示意图(Burlaga et al., 1983)

3.5　激波传播问题的解析分析

前面已讨论了由日冕物质抛射产生的激波和由太阳风流与流的相互作用产生的激波的物理过程和有关观测结果。在本节及 3.6 节中，我们将讨论有关激波传播问题的理论工作。从理论的观点来看，这两种激波都是由太阳局部区域发出来的等离子体流产生的，只是高速流持续时间通常比耀斑喷射等离子体流持续的时间要长得多。这两种激波的传播都由相同的非定常的质量、动量和能量守恒方程控制。在这一组方程中，除了三个空间变量外，又增加了第四个时间变量，使得问题变得非常复杂。本节我们主要介绍在一些简化假设下的激波传播问题的相似解。3.6节将介绍一些数值结果。

略去热传导、波能耗散、压力各向异性、磁场力和黏性效应，假设流体只受到压强梯度力和重力的作用，一元各向同性非定常流体力学方程组可写为如下形式：

$$\frac{\partial \rho}{\partial t} + \nabla \cdot (\rho \boldsymbol{V}) = 0 \tag{3.5.1}$$

$$\rho \frac{\partial \boldsymbol{V}}{\partial t} + \rho \boldsymbol{V} \cdot \nabla \boldsymbol{V} = -\nabla P + \rho \boldsymbol{g} \tag{3.5.2}$$

$$\frac{\partial \varepsilon}{\partial t} + \nabla \cdot (\varepsilon \boldsymbol{V} + P\boldsymbol{V}) = \rho \boldsymbol{g} \cdot \boldsymbol{V} \tag{3.5.3}$$

式中，ε 为单位体积流体总能量密度：

$$\varepsilon = \frac{P}{\gamma - 1} + \frac{1}{2} \rho V^2 \tag{3.5.4}$$

这组方程也可以写成另一种形式：

$$\frac{\mathrm{D}\rho}{\mathrm{D}t} + \rho \nabla \cdot \boldsymbol{V} = 0 \tag{3.5.5}$$

$$\rho \frac{\mathrm{D}\boldsymbol{V}}{\mathrm{D}t} = -\nabla P + \rho \boldsymbol{g} \tag{3.5.6}$$

$$\frac{\mathrm{D}}{\mathrm{D}t}(P/\rho^\gamma) = 0 \tag{3.5.7}$$

式中，$\dfrac{\mathrm{D}}{\mathrm{D}t} = \dfrac{\partial}{\partial t} + \boldsymbol{V} \cdot \nabla$。式 (3.5.7) 又可以写为

$$\frac{\mathrm{D}I}{\mathrm{D}t} + \frac{P}{\rho} \nabla \cdot \boldsymbol{V} = 0 \tag{3.5.8}$$

式中，I 为单位质量的内能：

$$I = \frac{P}{(\gamma - 1)\rho} \tag{3.5.9}$$

一般情况下，这些方程需要数值求解。但在某些简化条件下，用相似法可以求得解析解。这些解析解可以描述激波传播的主要特性，给出较为明确的物理概念。

3.5.1 爆炸激波和"活塞"激波

Parker (1961, 1963) 讨论了太阳风中耀斑产生的激波(现在认识到实际上是伴随太阳耀斑的日冕物质抛射所驱动产生的激波)传播的一维问题的相似解。假定日冕物质抛射(以前称为耀斑爆发喷射)的等离子体是沿着径向运动的。因为日冕物质抛射驱动的激波的速度非常大(约 10^3 km/s)，气体动能大大超过了由日冕逃逸时所消耗的能量，所以可以略去太阳的重力效应。与这样高的激波速度比较，也可以略去激波前面较低的背景太

阳风的整体速度和热速度以及行星际磁场的作用。这样，问题就简化为求解一个由源点发出的,球对称的径向向外以非常高的马赫数通过静止的行星际介质的激波的传播问题。描述这一问题的流体力学方程可以写为

$$\frac{\partial V}{\partial t} + V\frac{\partial V}{\partial r} = -\frac{1}{\rho}\frac{\partial P}{\partial r} \tag{3.5.10}$$

$$\frac{\partial \rho}{\partial t} + \frac{1}{r^2}\frac{\partial}{\partial r}\left(r^2\rho V\right) = 0 \tag{3.5.11}$$

$$\frac{\partial P}{\partial t} + V\frac{\partial \rho}{\partial r} = \gamma\frac{P}{\rho}\frac{\mathrm{d}\rho}{\mathrm{d}t} \tag{3.5.12}$$

式中，V，ρ，P 分别为流体径向速度、密度和压力。式(3.5.12)为能量方程，令 $\gamma=5/3$，即流动是绝热的，也就是略去了热传导等热源。能量方程也可以写为

$$\frac{\partial \varepsilon}{\partial t} + \frac{1}{r^2}\frac{\partial}{\partial r}\left(r^2\varepsilon V\right) = -\frac{1}{r^2}\frac{\mathrm{d}}{\mathrm{d}r}\left(r^2 PV\right) \tag{3.5.13}$$

激波前的边界条件通常由激波的跃变关系决定。在高马赫数条件下，激波面后的速度 V_2、压力 P_2 和密度 ρ_2 与激波面的速度 V、压力 P_1 和密度 ρ_1 的关系如下（Rankine-Hugoniot 关系）：

$$V_2 = \frac{2V}{\gamma+1} \qquad P_2 = \frac{2\rho_1 V^2}{\gamma+1} \qquad \rho_2 = \frac{\rho_1(\gamma+1)}{(\gamma-1)} \tag{3.5.14}$$

假设激波前未扰动的静止太阳风的密度 ρ_0 随 r 变化有如下的形式：

$$\rho_0(r) = \rho_c r^{-2} \tag{3.5.15}$$

式中，ρ_c 为常数。计算中取 $\rho_1=\rho_0$。下面寻找这一激波问题的相似解，令

$$V = \frac{r}{t}U(\eta) \tag{3.5.16}$$

$$\rho = \Omega(\eta)r^{-2} \tag{3.5.17}$$

$$P = t^{-2}P(\eta) \tag{3.5.18}$$

即流体特性是相似参数 η 的函数，

$$\eta = tr^{-\lambda} \tag{3.5.19}$$

λ 为一个常数，不同的 λ 值相应的激波特性不同。式中 $U(\eta)$，$\Omega(\eta)$ 和 $P(\eta)$ 为待定函数。

令 $V^*=r/t$，利用式(3.5.15)可以把式(3.5.16)～式(3.5.18)写为

$$U(\eta) = \frac{V}{V^*} \tag{3.5.20}$$

$$\frac{\Omega(\eta)}{\rho_c} = \frac{\rho}{\rho_1} \tag{3.5.21}$$

$$\frac{P(\eta)}{\rho_c} = \frac{P}{\rho_1 V_2^*} \tag{3.5.22}$$

这个解在不同的时间 t 保持同样的随 η 变化的剖面。

令激波面的位置在 $\eta=\eta_1$，或者写为 $r=R_1(t)$，代入式 (3.5.19) 得到

$$R_1(t) = t^{\frac{1}{2}} \eta_1^{-\frac{1}{\lambda}} \tag{3.5.23}$$

由此可以求得激波面的速度

$$V = \frac{\mathrm{d}R_1}{\mathrm{d}t} = \frac{t^{\frac{1-\lambda}{\lambda}}}{\lambda \eta_1^{1/\lambda}} = \frac{R_1(t)}{\lambda t} \tag{3.5.24}$$

令

$$C^z(\eta) \equiv \gamma \frac{P(\eta)}{\Omega(\eta)}$$

将上述变换代入式 (3.5.9)～式 (3.5.11)，偏微分方程化为普通的联立一阶微分方程：

$$\left[(1-\lambda U)^2 - \lambda^2 C^2\right] \eta \frac{\mathrm{d}U}{\mathrm{d}\eta} = U(1-U)(1-\lambda U) + \frac{C^2}{\gamma}(2\lambda - 3\gamma\lambda U) \tag{3.5.25}$$

$$2\left[(1-\lambda U)^2 - \lambda^2 C^2\right] \frac{\eta}{C} \frac{\mathrm{d}C}{\mathrm{d}\eta} = 2 + U(1-3\lambda-3\gamma+\lambda\gamma) + 2\gamma\lambda U^2 - \frac{C^2}{1-\lambda U}\left(\frac{2\lambda^2}{\gamma} - \lambda^2 U\right) \tag{3.5.26}$$

$$\left[(1-\lambda U)^2 - \lambda^2 C^2\right] \frac{\eta}{P} \frac{\mathrm{d}P}{\mathrm{d}\eta} = 2 + U(-2\lambda + \lambda\gamma - 3\gamma) + \lambda U^2 (2\gamma) \tag{3.5.27}$$

将式 (3.5.16)～式 (3.5.18) 以及式 (3.5.24) 代入流体在激波面的跃变关系式 [式 (3.5.14)] 得到

$$\Omega(\eta_1) = \rho_c \frac{\gamma+1}{\gamma-1} \tag{3.5.28}$$

$$P(\eta_1) = 2\rho_c \frac{1}{\lambda^2 (\gamma+1)} \tag{3.5.29}$$

$$U(\eta_1) = \frac{2}{\lambda(\gamma+1)} \tag{3.5.30}$$

下面求激波的总能量：

$$W = 4\pi \int_0^{R_1(t)} \left(\frac{1}{2}\rho V^2 + \frac{P}{\gamma-1}\right) r^2 \mathrm{d}r \tag{3.5.31}$$

式中，4π 为立体角数值，表示激波能量分布在所有的方位。这是与实际情况不相符合的，我们可能得到过大的能量。对于给定的 t 值，有

$$\mathrm{d}r = -\left[\left(t^{\frac{1}{\lambda}}/\lambda\right) \eta^{1+\frac{1}{\lambda}}\right] \mathrm{d}\eta \tag{3.5.32}$$

代入式 (3.5.31) 得到

$$W = \frac{4\pi t^{\lambda} - 2}{\lambda} \int_{\eta_1}^{\infty} \frac{\mathrm{d}\eta}{\eta^{\frac{3}{\lambda}+1}} \left(\frac{1}{2} \Omega U^2 + \frac{P}{\gamma - 1} \right) \tag{3.5.33}$$

对于 $\lambda = \dfrac{3}{2}$，计算得到的 W 为常数。这说明激波在 $t=0$ 时刻产生后，再没有能量注入激波中，这种类型的激波叫作爆炸波。

对于爆炸波（$\lambda = 3/2$），满足式（3.5.25）～式（3.5.27）和跃变条件的解给出相应的密度、速度和压力为

$$\rho(r) = 4\rho_0(R_1) \frac{r}{R_1} \tag{3.5.34}$$

$$V(r) = \frac{3V}{4} \frac{r}{R_1} \tag{3.5.35}$$

$$P(r) = \frac{3V^2}{4} \rho_0(R_1) \left(\frac{r}{R_1} \right)^3 \tag{3.5.36}$$

图 3.5.1 为爆炸波（$\lambda = 3/2$）的密度随 r 变化曲线（Parker，1963）。$\rho_0(r) = \rho_0 r^{-2}$ 为激波发生前太阳风密度的变化。$\lambda = 3/2$ 的曲线描述爆炸波密度剖面，$\lambda = 1$ 的曲线描述驱动波密度剖面。

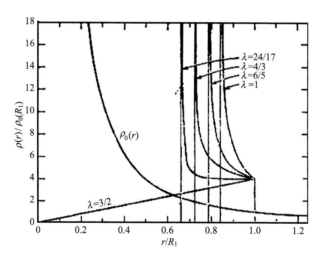

图 3.5.1　行星际激波相似解的密度剖面（Parker, 1963）

由式（3.5.31）得到波的能量：

$$W = \frac{3\pi}{2} \rho_0(R_1) V^2 R_1^3 = \frac{2}{3} \pi \rho_c \eta_1^{-2} \tag{3.5.37}$$

由式（3.5.37）可以求出在 r 处的激波速度：

$$V^2 = \frac{2W}{3\pi \rho_0(r) r^3} \tag{3.5.38}$$

随着 r 的增加爆炸波的速度越来越小。激波由源点到 r 处的传播时间为

$$T = \int_0^r \frac{\mathrm{d}r}{V(r)} \tag{3.5.39}$$

将式(3.5.38)代入式(3.5.39)得

$$T^2 = \frac{2\pi\rho_0(r)r^5}{3W} \tag{3.5.40}$$

式(3.5.38)和式(3.5.40)是由相似理论给出的爆炸波传播速度与能量的关系以及传播时间与能量的关系。如果激波的平均速度为 500 km/s，或者至 1 AU 的平均传播时间为 55 h，相应行星际激波的能量为 3×10^{32} erg，比"F 型"激波观测到的能量平均值大了一个数量级。这可能是模式的简化假设引起的。下面我们会看到模拟计算的结果与观测值更为接近。

若 $\lambda<3/2$，则由式(3.5.32)可得到下述推论：激波的能量随着时间增加。在 $\lambda=1$ 的极限情况下，相应激波能量随着时间线性增长。图 3.5.1 给出了 $\lambda=1$ 情况下的相似解。在激波面后面密度单调增长，当 r 接近 $0.84R_1$ 时密度趋于无穷。由式(3.5.23)看到激波面和奇异点(密度趋于无穷的点)以常速度向外运动。这个激波可以看作是在静止的气体中一个半径随时间增长的膨胀球面活塞前面形成的激波。活塞位于奇异点，向前推进被压缩了的太阳风和激波，以常功率对激波做功。

魏奉思(1982，1984b)讨论了太阳风的流速给耀斑激波(即日冕物质抛射所驱动的激波)带来的影响。在 2～3 AU 以外的空间范围，介质的流动速度，将是影响激波传播的决定性背景因素。该理论预计在 2～3 AU 以外，激波减速十分缓慢，可以传播到 10～20 AU 以远而衰减不大，这解释了观测到的现象。该理论中，没有做"相似"变化的假设。图 3.5.2 为激波的平均速度的观测值和理论结果的比较(魏奉思，1984b)。

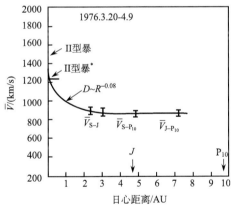

图 3.5.2　激波的平均速度的观测值(图中用三个竖线段表示，
标记为 $\bar{V}_{S-J}$，$\bar{V}_{S-P_{10}}$ 和 $\bar{V}_{J-P_{10}}$)和理论结果(图中用圆点表示)的比较(魏奉思，1984b)
细实线表示数据点拟合的曲线

3.5.2　激波对和相互作用区

Parker 没有讨论奇异点后面流体的运动情况。实际上正是奇异点后面流体产生了这种假想的"活塞"作用。Simon 和 Axford(1966)用相似理论讨论了这个问题。图 3.5.3～图 3.5.5 分别为无量纲密度剖面、速度剖面和压力剖面。图中 F 表示前向激波，I 表示被

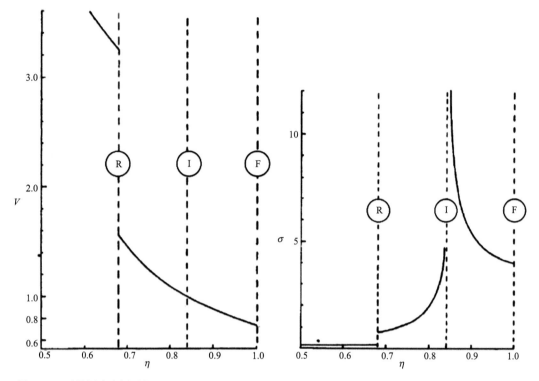

图 3.5.3　无量纲速度剖面(Simon and Axford, 1966)

图 3.5.4　无量纲密度剖面(Simon and Axford, 1966)

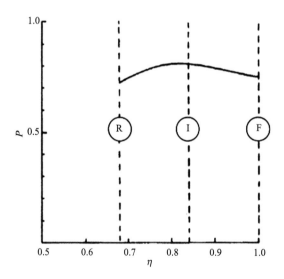

图 3.5.5　无量纲压力剖面(Simon and Axford, 1966)

压缩的外层太阳风等离子体和由 $t=0$ 开始从太阳喷出的高速等离子体之间的交界面, R 表示后向激波。$\eta = r/\alpha t$ 为相似参数(相当于 Parker 模式中 $\lambda=1$), α 为由初始条件决定的有速度量纲的常数。$V(\eta)$ 为无量纲速度, $V(\eta) = V\dfrac{t}{r}$, V 为太阳风速度。$\sigma(\eta)$ 为无量纲密度, $\sigma(\eta) = \dfrac{\rho}{\rho_1} r^2$。由图看到在交界面 I 前面的解同 Parker 解完全一样, 但是在交界面后面, 在较小的日心距离上流体的速度高于交界面附近流体的速度, 两者之间有一个向着太阳传播的后向激波。后向激波的密度剖面正好与 Parker 得到的前向激波的密度剖面相反。在前向激波和后向激波之间是相互作用区, 其中密度和压力都增高。在交界面 I 处密度达到极大值(由状态方程可知温度为极小)。这也可以看作是由于高速的驱动等离子体和静止的背景太阳风等离子体在"活塞"两侧受到压缩的结果。下面我们将看到, 如果初始外层太阳风在 1 AU 附近有大约 400 km/s 的速度, 非定常方程[式(3.5.1)～

式(3.5.3)]的数值解有类似的特征，但是在交界面 I 处密度值是连续的。一般高速流产生的激波大都是驱动波。

由上述分析我们看到，爆炸波的能量是瞬时注入的，在激波传播过程中能量为常数，激波后密度单调递减。驱动波的能量则是连续不断注入的，激波后密度有一极大值，相应于"活塞"的位置。在"活塞"后面有后向激波形成。在实际情况中能量总是在一段时间内注入的。从下面数值计算可以看到，如果能量注入时间比激波传播时间足够小，就得到爆炸波解，如果能量注入时间足够长，就得到驱动波解。

3.6　激波传播问题的数值模拟

激波传播问题的相似解只能描述扰动的大致图像，而数值模拟可描述比较真实的细节。

3.6.1　耀斑激波(即日冕物质抛射驱动的激波)传播的一维问题

Wu 等(1976)模拟计算了 1972 年 6 月 15 日太阳爆发产生的激波。考虑等离子体非定常一元流体绝热膨胀模式，略去磁场、热导、太阳自转、压力各向异性和黏性效应，对于绝热流动，p 正比于 ρ^{γ}，但由于熵的变化，比例系数在流体越过间断面时有跃变。选取质量密度 ρ、流体速度 V 和单位体积的总能量 ε 为状态的基本变量，假设流动是球对称的，速度只有径向分量，这时，式(3.6.1)～式(3.6.3)可以写为

$$\frac{\partial \rho}{\partial t} = -\frac{\partial(\rho V)}{\partial r} - \frac{2\rho V}{r} \tag{3.6.1}$$

$$\frac{\partial(\rho V)}{\partial t} = -\frac{\partial}{\partial r}\left[(\gamma-1)\varepsilon - \frac{\gamma-3}{2}\rho V^2\right] - \frac{\rho G M_\odot}{r^2} - \frac{2\rho V^2}{r} \tag{3.6.2}$$

$$\frac{\partial \varepsilon}{\partial t} = -\frac{\partial}{\partial r}\left[V\left(\gamma\varepsilon - \frac{\gamma-1}{2}\rho V^2\right)\right] - \frac{2V}{r}\left[\gamma\varepsilon - (\gamma-1)\frac{\rho V^2}{2}\right] - \frac{G\rho M_\odot}{r^2}V \tag{3.6.3}$$

其中

$$\varepsilon = \frac{1}{2}\rho V^2 + \frac{P}{\gamma-1} \tag{3.6.4}$$

$$P = n\kappa T \tag{3.6.5}$$

方程组中的独立变量为日心距离 r 和时间 t。激波面两侧的流体参数由激波跃变条件连接起来，计算中取比热 $\gamma=7/5$。

首先计算方程的定常解，即求未受激波扰动的稳定太阳风的流动。选取半径为 $18R_\odot$ 的球面为内边界，等离子体参量为 $n=2.2\times10^3\mathrm{cm}^{-3}$，$V=200\mathrm{km/s}$，$T=1.06\times10^6\mathrm{K}$。这样选择边界条件是为了使计算的绝热膨胀太阳风的结果在 1 AU 与背景太阳风的观测相符较好。

在 1972 年 6 月 15 日 09∶25 UT，在日面南纬 10°东经 10°发生 2B 级耀斑，接着有 Ⅱ 型射电爆发，同时观测到白光日冕物质发射事件。假设在 1972 年 6 月 15 日 12∶00 UT，

扰动到达 $18R_\odot$，形成持续 20 min 的速度脉冲，幅度为 1000 km/s，其他等离子体参数与定常解边界条件相同，显然这初始的超声速流动必然产生激波。图 3.6.1 为 1.6 AU 处数值计算结果与实测结果的比较，虚线是计算值，实线是 Pioneer-10 卫星观测的 6 h 的平均值(Wu et al., 1976)。由图看到速度剖面相符较好，质子数密度和温度剖面符合差一些，但是基本特性还是一致的。激波后面有一个密度减小的区域，相应于稀疏区，这是由于耀斑伴随 CME 喷射的高速等离子体突然终止时，后面慢速太阳风一时跟不上来而产生的。

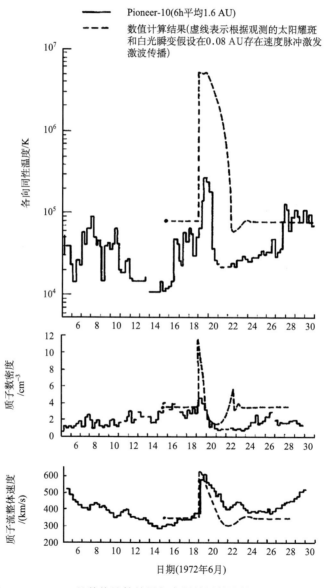

图 3.6.1　1.6 AU 处数值计算结果与实测结果的比较(Wu et al., 1976)

　　如果在内边界激波的作用时间很长，就会出现后向激波。Hundhausen 和 Gentry (1969a，1969b)模拟计算了出现后向激波的情况。对模式的简化假设与上述相同，只是取 $\gamma=5/3$。数值计算在 r_1 和 r_2 的球壳内进行，取 $r_1=0.1$ AU，$r_2=1.5$ AU。首先确定激波到达前稳定太阳风的参数，使得在 1 AU 的计算值与宁静太阳风的观测值($n_p=7.5$ cm^{-3}，$V=270$ km/s，$T=2.3\times10^4$ K)相同。假设当 $t=0$ 时在 r_1 有一激波通过，太阳风速度突然增加到 1000km/s，持续时间 τ 比激波传播到 1 AU 所需时间还长。计算要保证在任何时候激波两侧的流体参数满足激波的跃变条件。图 3.6.2 为 $t=39.5$ h 以后激波传到 1 AU 附近时，计算的密度、流速和压力随日心距离的变化(Hundhausen et al., 1969b)。后向激波(R)要比前向激波(F)弱得多，在 I 处温度和密度有很陡的变化，流速和压力变化不大，显然这是高速流和低速流的交界面。这一结果与相似解中驱动波类似，只是这一模式中在交界面处密度是有限的。

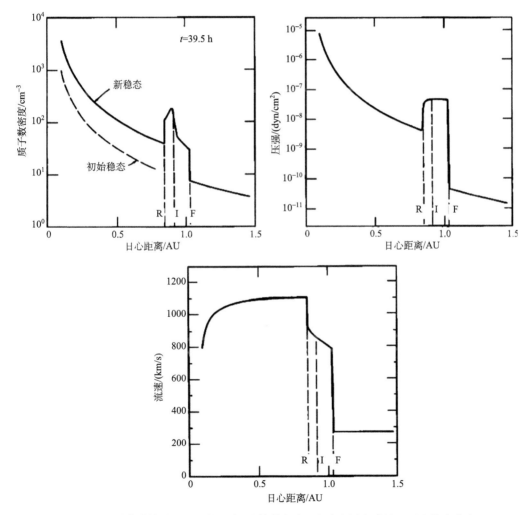

图 3.6.2　$t=39.5$ h 以后激波传到 1 AU 附近时，计算的密度、流速和压力随日心距离的变化(Hundhausen et al., 1969b)

　　计算表明，假定激波传播到 1 AU 处的时间为 T，当 $\tau < 0.45T$ 时，在后向激波后面有一个稀疏波。当 $\tau < 0.1T$ 时，稀疏波完全破坏了后向激波，只有前向激波存在。由于几乎没有持续时间比 5 h 还要长的耀斑，所以在 1 AU 很少观测到后向激波。我们不能把这些数值看作精确的判据，它们只是一些定性的说明。改变内边界条件的设置，就会有不同的结果。例如 Dryer 和 Steinolfson (1976) 模拟计算了 1972 年 8 月几个大耀斑 (伴随日冕物质抛射) 产生的激波。取内边界 $r_1 = 1.01 R_\odot$，它是在临界点以内。计算表明两个小时的强扰动 (速度峰值接近 900 km/s) 就导致在 1 AU 以内形成后向激波。

3.6.2　耀斑激波传播的二维问题

　　De Young 和 Hundhausen (1971) 计算了耀斑激波的二维问题，得到了激波面的形状。选用球坐标，假设所有的应变量都与极轴对称。自变量为日心距离 r、极角 θ 和时间 t。选取极轴为由耀斑位置径向向外的方向，耀斑在一个以极轴为中心、半锥角为 Θ 的锥体内向外喷射高速等离子体云。在方程中只包含太阳重力和压力梯度，略去磁场和热导效应，在激波外面流动是绝热无黏性的。用球坐标系，令 $\dfrac{\partial}{\partial \phi} V_\phi = 0$，式 (3.6.1) ~ 式 (3.6.3) 可以写成下面的形式：

$$\frac{\mathrm{D}\rho}{\mathrm{D}t} + \frac{V_e}{r}\frac{\partial \rho}{\partial \theta} + \frac{\rho}{r^2}\frac{\partial}{\partial r}\left(r^2 V_r\right) + \frac{\rho}{r\sin\theta}\frac{\partial}{\partial \theta}\left(V_e \sin\theta\right) = 0 \tag{3.6.6}$$

$$\rho\frac{\mathrm{D}V_r}{\mathrm{D}t} + \rho\frac{V_e}{r}\left(\frac{\partial V_r}{\partial \theta} - V_e\right) = -\frac{\partial P}{\partial r} - \frac{\rho G M_\odot}{r^2} \tag{3.6.7}$$

$$\rho\frac{\mathrm{D}V_e}{\mathrm{D}t} + \rho\frac{V_\theta}{r}\left(\frac{\partial V_\theta}{\partial \theta} + V_r\right) = -\frac{1}{r}\frac{\partial P}{\partial \theta} \tag{3.6.8}$$

$$\rho\frac{\mathrm{D}\varepsilon^*}{\mathrm{D}t} + \rho\frac{V_\theta}{r}\frac{\partial \varepsilon^*}{\partial \theta} + \frac{1}{r\sin\theta}\frac{\partial}{\partial \theta}\left(P V_\theta \sin\theta\right) = -\frac{1}{r^2}\frac{\partial}{\partial r}\left(r^2 P V_r\right) - \frac{\rho V_r G M_\odot}{r^2} \tag{3.6.9}$$

式中，V_θ 为切向速度；V_r 为径向速度；ε^* 为单位质量的总能量：

$$\varepsilon^* = \frac{\varepsilon}{\rho} = \frac{3\kappa T}{m_p + m_e} + \frac{1}{2}\left(V_r^2 + V_\theta^2\right) \tag{3.6.10}$$

状态方程式可以写为

$$P = \frac{2\rho\kappa T}{m_p + m_e} \tag{3.6.11}$$

　　取内边界为 $r_1 = 0.1$ AU，在临界点外面，就是在太阳风的超声速区域，取 $V_{r_1} = 203$ km/s，$T_1 = 5.99 \times 10^5$ K，$n_1 = 9.98 \times 10^2$ cm^{-3}。假设背景太阳风是定常和沿着径向方向流动的一元流体，得到在 1 AU 背景太阳风的参数为 $V_r = 270$ km/s，$T = 2.27 \times 10^4$ K，$n = 7.25$ cm^{-3}。在 $t=0$ 时刻，在以 $r_1 = 0.1$ AU 为半径的内边界球面上，以极轴交点为中心、半径为 0.0117 AU 的面积内 (相应于半锥角 $\Theta = 15°$) 耀斑伴随 CME 喷射出高速高温高密度的等离子体云。假设该等离子体云的径向速度为 1000 km/s (无切向速度)。在 $t=0$ 时等离子体与背景太阳风的交界面为一激波面，耀斑伴随 CME 喷射等离子体云的温度和密度由激波的跃变条件确定。假设等离子体的总动能为 $2.8\times10^{30}\,\mathrm{erg}$。这一假设决定了喷射时间。

耀斑伴随 CME 喷射出的高温高压等离子体，在径向方向上向外运动的同时，还将在垂直于径向方向上膨胀。图 3.6.3 为计算得到的不同时刻的激波位置和形状（De Young and Hundhausen, 1971）。由图清楚地看到耀斑伴随 CME 喷射出等离子体云横向膨胀的情况。横向膨胀使激波沿轴向传播到 1 AU 所需的时间加长了。在 1 AU 处激波面近似为一个半径为 0.5 AU 的球面，计算出的形状与统计得到的形状大体相符。图 3.6.4 为激波至

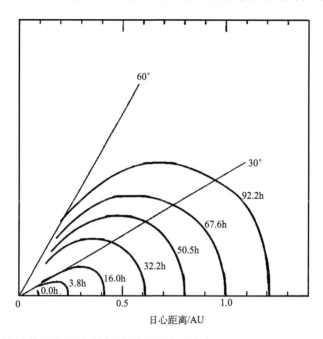

图 3.6.3　计算得到的不同时刻的激波位置和形状（De Young and Hundhausen, 1971）

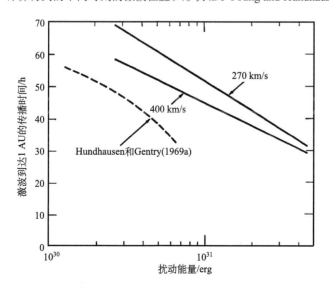

图 3.6.4　激波至 1 AU 传播时间随在 0.1 AU 扰动能量的变化（De Young and Hundhausen, 1971）

1 AU 传播时间随在 0.1 AU 扰动能量的变化(De Young and Hundhausen, 1971)。虚线给出了假设激波的传播是一维球面膨胀时计算的结果。上面一条实线相应于激波面前边的背景定常太阳风在 1 AU 处速度为 270 km/s,下面一条相应于背景太阳风速度为 400 km/s,T=3.37×10^4 K,n=12 cm^{-3}。由图看到横向膨胀使得激波传播时间增加了。激波面前边太阳风速度越大,传播时间越小。典型传播时间(50 h)决定激波能量为 10^{31} erg。

3.6.3　太阳风中流与流相互作用的模拟计算

下面讨论有关太阳风高速流和低速流相互作用的理论计算。Hundhausen(1973a,1973b)及 Gosling 等(1976)用一维非定常一元流体力学方程组讨论了共转太阳风流与流的相互作用问题。这里只限于讨论在太阳赤道面内的运动,略去所有垂直于赤道面运动的效应(V_θ=0)。假定在球坐标系中,在赤道面附近,各参量对余纬 θ 角的微分为零,质量守恒、动量守恒和能量守恒方程可以写为

$$\frac{\partial \rho}{\partial t} + \frac{1}{r^2}\frac{\partial}{\partial r}\left(r^2\rho V_r\right) + \frac{1}{r}\frac{\partial}{\partial \varphi}\left(\rho V_\varphi\right) = 0 \tag{3.6.12}$$

$$\rho\frac{\partial V_r}{\partial t} + \rho V_r\frac{\partial V_r}{\partial r} + \rho V_\varphi\frac{1}{r}\frac{\partial V_r}{\partial \varphi} - \rho\frac{V_\varphi^2}{r} = -\frac{\partial P}{\partial r} - \frac{GM_\odot\rho}{r^2} \tag{3.6.13}$$

$$\rho\frac{\partial V_\varphi}{\partial t} + \rho V_r\frac{\partial V_\varphi}{\partial r} + \rho V_\varphi\frac{1}{r}\frac{\partial V_\varphi}{\partial \varphi} + \rho\frac{V_\varphi V_r}{r} = -\frac{1}{r}\frac{\partial P}{\partial \varphi} \tag{3.6.14}$$

$$\frac{\partial}{\partial t}\left(P\rho^{-\gamma}\right) + V_r\frac{\partial}{\partial r}\left(P\rho^{-\gamma}\right) + V_\varphi\frac{1}{r}\frac{\partial}{\partial \varphi}\left(P\rho^{-\gamma}\right) = 0 \tag{3.6.15}$$

方程组中坐标变量 φ 为惯性系中日心坐标的经度。在与太阳共转的结构中,所有参数必定只是 r 和 $\eta=\varphi-\Omega t$ 的函数(η 为在与太阳共转的坐标系中日面经度,Ω 为太阳自转角速度)。

在太阳风中速度梯度主要是由高速流与背景太阳风速度差引起的,速度梯度垂直于流与流之间的相互作用区。由于共转等离子体流的相互作用区是沿着行星际磁力线的,所以速度梯度方向垂直于磁力线。在 1 AU 附近磁力线与径向方向交角接近 45°,所以有

$$\left|\frac{1}{r}\frac{\partial V_r}{\partial \varphi}\right| \simeq \left|\frac{\partial V_r}{\partial r}\right|$$

因而在式(3.6.12)、式(3.6.13)和式(3.6.15)中第三项与第二项之比

$$\frac{1}{r}\frac{\partial}{\partial \varphi}\left(\rho V_\varphi\right) \bigg/ \left[\frac{1}{r^2}\frac{\partial}{\partial r}\left(r^2\rho V_r\right)\right] \tag{3.6.16}$$

$$V_\varphi\frac{1}{r}\frac{\partial V_r}{\partial \varphi} \bigg/ \left(V_r\frac{\partial V_r}{\partial r}\right) \tag{3.6.17}$$

$$V_\varphi\frac{1}{r}\frac{\partial}{\partial \varphi}\left(P\rho^{-\gamma}\right) \bigg/ \left[V_r\frac{\partial}{\partial r}\left(P\rho^{-\gamma}\right)\right] \tag{3.6.18}$$

为 $|V_\varphi/V_r|$ 的量级。这个数值很小,大约为 0.05,在高速流中最大值为 0.1。在 10%的精度内方位速度可以忽略。这样式(3.6.12)~式(3.6.15)可以简化为如下形式:

$$\frac{\partial \rho}{\partial t} + \frac{1}{r^2}\frac{\partial}{\partial r}\left(r^2 \rho V_r\right) = 0 \tag{3.6.19}$$

$$\rho \frac{\partial V_r}{\partial t} + \rho V_r \frac{\partial V_r}{\partial r} = -\frac{\partial P}{\partial r} - \frac{GM_\odot \rho}{r^2} \tag{3.6.20}$$

$$\frac{\partial_r}{\partial t}\left(P\rho^{-\gamma}\right) + V_r \frac{\partial_r}{\partial r}\left(P\rho^{-\gamma}\right) = 0 \tag{3.6.21}$$

在大于 1 AU 的日心距离上，磁力线偏离 r 方向更远，高速流与背景太阳风速度差决定的速度梯度方向更接近于径向方向，方位 φ 方向的梯度会更小。虽然 V_φ 可能随着 r 缓慢地增加，但是式(3.6.16)~式(3.6.18)的比值会随着 r 的增加而减少。在小于 1 AU 的日心距离上，由于 V_φ 减小，这些比值不会增加。在行星际空间方程，即式(3.6.19)、式(3.6.20)和式(3.6.21)的精度估计为 10%。这样，共转的二维问题简化成了球对称的一维问题。描述球对称流与流相互作用结构的自变量只有 r 和 t。在惯性系中来看，具有一定宽度的高速流的源在 2τ 时间转过某一日面经度 φ_0 的实际情况，相应于模式中在 $t=0$ 时在内边界 $r=r_1$ 有一延续时间为 2τ 的扰动的内边界条件。在这边界条件下，再给定一个背景太阳风的初始条件就可以求解式(3.6.19)~式(3.6.21)了。

令 $\varphi=\eta_0+\Omega t$，η_0 为与太阳共转坐标系中的固定位置。当 $t=0$ 时，η_0 与惯性系中的 φ_0 重合。这样，我们就得到了作为 r，t 和 φ 的函数的流与流相互作用的共转结构。计算只在 $r_1=0.133$ AU 和 $r_2=2.67$ AU 的球面内进行。首先要确定初始定常背景太阳风的参数。在式(3.6.19)~式(3.6.21)中令所有对 t 的微分为零，根据在 1 AU 处太阳风的参数(数密度 7.5 cm^{-3}，太阳风的速度 325 km/s，压力 8.3×10^{-11} dyn/cm^2)来确定太阳风在内边界 r_1 的数值，以及在 r_1 和 r_2 空间内的流动。假定在 $t=0$ 时，在内边界 $r=r_1$ 处等离子体压强 $P(r_1, t)$ 开始随时间线性增加，在 $t=\tau$ 时达到最大值 P_{max}，以后又线性减少，在 $t=2\tau$ 恢复到扰动前的值，而等离子体密度 $\rho(r_1, t)$ 和速度 $V(r_1, t)$ 都不变(相应于只有温度变化)。这一压力脉冲相应于在 $r_1=0.133$ AU 有一稳定高压区(高速流区域)，经度范围在 η_0 至 $\eta_0-\Omega t$，最大压力在 $\eta_0-\Omega\tau$。这一压力升高的内边界条件可能反映了在高速流中观测到质子温度随着速度的升高而升高的现象。显然这一边界条件不能在日冕内，因为低温是冕洞的主要特征之一。选择 P_{max} 和 τ 值，使得在 1 AU 的计算结果与 1966 年 3 月 21~27 日由 Vela-3 飞船观测到太阳风高速流相应。

图 3.6.5 为太阳风高速流理论计算值(实线)与 Vela-3 飞船的观测值(散点)的比较(Hundhausen, 1973a)。由图看到观测到高速流中的密度、速度和温度变化与理论计算值相符很好。图 3.6.6~图 3.6.9 分别为速度、压强、质子温度和密度随日心距离和时间的变化(Hundhausen, 1973a)。由速度剖面和压力剖面看到，刚刚在 1 AU 之外，典型的激波对就发展起来了。图 3.6.10 为计算的前向激波和后向激波的位置。在温度剖面中，在前向激波和后向激波之间有一极小值。在密度剖面中，在前向激波和后向激波之间有一极大值，这相应于高速流与低速流的交界面。在后向激波后面，密度小于正常值，相应于稀疏区。这些计算结果给出的特征都被 Pioneer-10 和 Pioneer-11 观测到了。计算还表明，略去耗散时，在向外传播过程中激波越来越强。在 1 AU 还没有发展成激波的理论结论也与通常的观测事实相符合，这是初始高速流的参数随经度的变化不大而引起的。

如果增加 P_{max}，减小 τ 值，就可以在 1 AU 产生激波对。

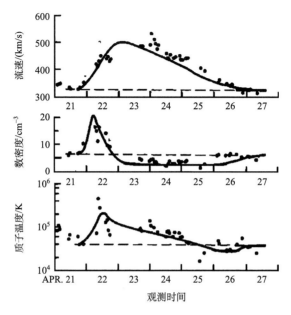

图 3.6.5　太阳风高速流理论计算值(实线)与 Vela-3
飞船的观测值(散点)的比较(Hundhausen, 1973a)

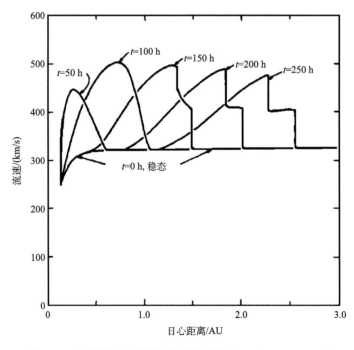

图 3.6.6　速度随日心距离和时间的度化(Hundhausen, 1973a)

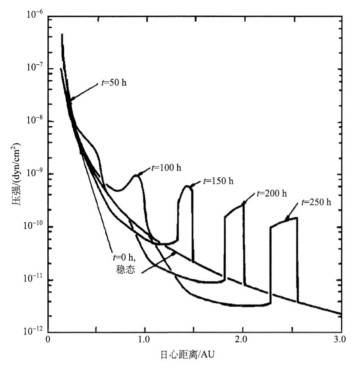

图 3.6.7　压强随日心距离和时间的变化(Hundhausen, 1973a)

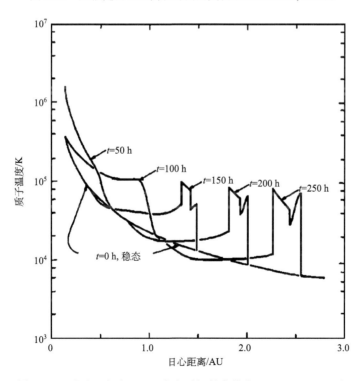

图 3.6.8　质子温度随日心距离和时间的变化(Hundhausen, 1973a)

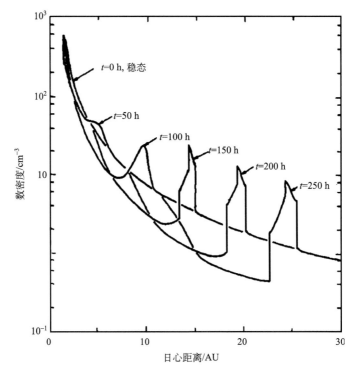

图 3.6.9　密度随日心距离和时间的变化(Hundhausen, 1973a)

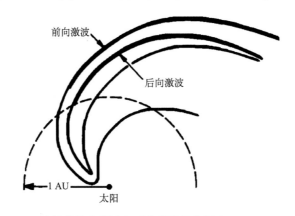

图 3.6.10　计算的前向激波和后向激波的位置(Hundhausen, 1973a)

　　Gosling 等(1976)用 IMP-7 在 1 AU 附近对太阳风的观测数据作为内边界条件(r_1= 1 AU),用上述模式计算在 4.5 AU 的状态,把计算结果与 Pioneer-10 的观测结果作比较。图 3.6.11 为 IMP-7 在 1 AU 处观测到的太阳风速度(实线)和 Pioneer-10 在 4.5 AU 处观测到的太阳风速度(点线)(Gosling et al., 1976)。考虑到等离子体由 1 AU 到 4.5 AU 的传输时间,以及 IMP-7 和 Pioneer-10 的经度差,为了把由 IMP-7 得到的理论结果与 Pioneer-10 的结果比较,Pioneer-10 的数据应错后 17.5 天。由图 3.6.11 看到在一个太阳自转周内只有一个高速流,在 1 AU 持续时间大约为 10 天。高速流前沿呈锯齿形,它将导致最后形成激波。在 4.5 AU 的观测数据中看到,在高速流的前沿显然有一个激波对,前向激波和后向激波之间是相互作用区，这里速度接近于常数。用 IMP-7 数据作为内边界条件，用上述方法可以计算在 4.5 AU 太阳风的特性。图 3.6.12 为由模式计算的在 4.5 AU 附近太阳风速度的变化。A，B 表示用不同方式补充在 1 AU 连续 6 天缺少的数据（Gosling et al., 1976）。模式计算结果与观测值大体相符。由于 IMP-7 的观测数据缺少 5 天资料，必须人为地补上，这样造成虚线部分与观测值相差较大。图 3.6.13 为在静止坐标系由模式计算的稳定共转太阳风流（Gosling et al., 1976）。阴影的深度表示密度的大小，阴影区域越黑表示密度越大，每一级相差 4 倍。同样深的阴影区域表示密度以同一的因子随着 r^{-2} 变化。由图看到压缩区和稀疏区的变化情况。在较大的日心距离上，压缩区实际上垂直于太阳风速度矢量。把图 3.6.13 与图 3.4.4 比较，可以看到计算结果与 Pioneer-10, 11 的观测结果十分相似。

Whang 和 Chien（1981）用特征曲线法讨论了描述共转激波形成的定常二维磁流体力学模式。在该模式中，特征曲线代表磁声波波面，而特征曲线的合并表示磁声波波面的重叠。磁声波波面的重叠就表明形成了激波。该工作模拟了一个在 0.5～1.5 AU 只有后向激波而没有前向激波存在的情况。

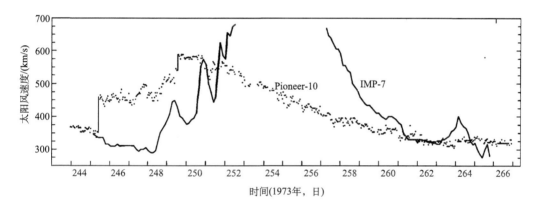

图 3.6.11　IMP-7 在 1 AU 处观测到的太阳风速度（实线）和 Pioneer-10 在 4.5 AU 处
观测到的太阳风速度（Gosling et al., 1976）

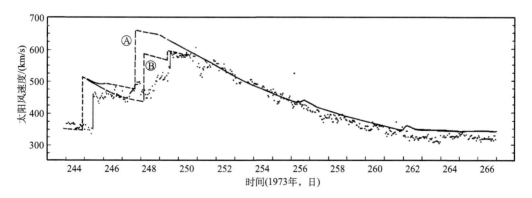

图 3.6.12　由模式计算的在 4.5 AU 附近太阳风速度的变化（Gosling et al., 1976）

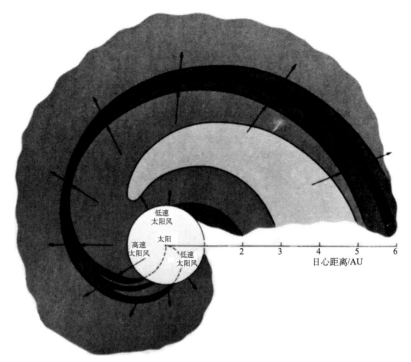

图 3.6.13　在静止坐标系由模式计算的稳定共转太阳风流（Gosling et al., 1976）

Dryer 和 Steinolfson（1976）、Whang（1984）考虑了磁场的效应，计算了前向和后向磁流体力学激波在大日心距离上的发展。下面介绍 Whang 的磁流体力学激波模式。这一模式是一维非定常的。由于在大日心距离上，共转激波面接近垂直径向方向，因而可以假设流和磁场的特性都只随日心距离 r 而变化，不随方位角 φ 变化。令

$$\boldsymbol{V} = V\boldsymbol{e}_r$$

$$\boldsymbol{B} = B\boldsymbol{e}_\varphi$$

式中，$\boldsymbol{e}_r$ 和 $\boldsymbol{e}_\varphi$ 为在日球坐标系赤道面内的径向单位矢量和方位方向单位矢量。流动的控制方程可写为如下的形式：

$$\left(\frac{\partial}{\partial t} + V \frac{\partial}{\partial r} \right) \left[P \middle/ \rho^{5/3} \right] = 0 \tag{3.6.22}$$

$$\frac{\partial \rho}{\partial t} + \rho \frac{\partial V}{\partial r} + V \frac{\partial \rho}{\partial r} + \frac{2\rho V}{r} = 0 \tag{3.6.23}$$

$$\rho \left(\frac{\partial V}{\partial t} + V \frac{\partial V}{\partial r} \right) = -\frac{\partial P}{\partial r} - \frac{\partial}{\partial r} \left(\frac{B^2}{8\pi} \right) - \frac{B^2}{4\pi r} - \frac{\rho G M_\odot}{r^2} \tag{3.6.24}$$

$$\frac{\partial B}{\partial t} + V \frac{\partial B}{\partial r} + B \frac{\partial V}{\partial r} + \frac{VB}{r} = 0 \tag{3.6.25}$$

式（3.6.22）描述绝热过程的多方关系。这一方程之所以适用是由于在大日心距离上，热导率可以忽略。式（3.6.23）是由连续性方程导出的，式（3.6.24）是运动方程，式（3.6.25）是描述磁场变化的法拉第定律。

由式(3.6.23)和式(3.6.25)可以导出

$$\frac{\mathrm{d}}{\mathrm{d}t}\left(\ln\frac{B}{\rho}\right) = \frac{V}{r} \tag{3.6.26}$$

$$\frac{\mathrm{d}P^*}{\mathrm{d}t} + \rho V_{\mathrm{f}}^2 \frac{\partial V}{\partial r} = -\frac{\rho V}{r}\left(V_{\mathrm{s}}^2 + V_{\mathrm{f}}^2\right) \tag{3.6.27}$$

式中，$V_{\mathrm{f}} = (V_{\mathrm{s}}^2 + V_{\mathrm{A}}^2)^{1/2}$ 为快磁声波速；$V_{\mathrm{A}} = B/(4\pi\rho)^{\frac{1}{2}}$，$V_{\mathrm{s}}^2 = 5P/3\rho$ 为声速；$P^* = P + B^2/8\pi$ 为总压力，由式(3.6.26)得到

$$\frac{\mathrm{d}}{\mathrm{d}t}\left(\frac{B}{r\rho}\right) = 0 \tag{3.6.28}$$

由式(3.6.24)和式(3.6.27)可导出

$$\left(\frac{\partial P^*}{\partial t}\right)_{\pm} \pm \rho V_{\mathrm{f}}\left(\frac{\partial V}{\partial t}\right)_{\pm} = h_{\pm} \tag{3.6.29}$$

其中

$$\left(\frac{\partial}{\partial t}\right)_{\pm} = \frac{\partial}{\partial t} + (V \pm V_{\mathrm{f}})\frac{\partial}{\partial r} \tag{3.6.30}$$

$$h_{\pm} = \frac{\rho}{r}\left[V_{\mathrm{A}}^2\left(V \mp V_{\mathrm{f}}\right) \mp V_{\mathrm{f}}\frac{GM}{r} - 2VV_{\mathrm{f}}^2\right] \tag{3.6.31}$$

式(3.6.22)，式(3.6.28)和式(3.6.29)是一组新的控制方程。式(3.6.22)和式(3.6.28)表示参量 $PP^{-5/3}$ 和 $B/(r\rho)$ 沿每一流线保持常数，当然不同流线对应的数值可以是不同的。式(3.6.29)中，只包含 P^* 和 V 沿着特征曲线的微分。特征曲线由下式给出：

$$\left(\frac{\partial r}{\partial t}\right)_{\pm} = V \pm V_{\mathrm{f}} \tag{3.6.32}$$

取"+"时，式(3.6.32)描述一组前向特征曲线；取"−"时，式(3.6.32)描述一组后向特征曲线。

在连续流的区域内，沿流线积分式(3.6.22)和式(3.6.28)，沿前向和后向两组特征线积分式(3.6.29)，可由已知 t 时刻的流动和磁场参量(P, ρ, V, B)的分布求下一时刻$(t+\Delta t)$的流动和磁场参量。但是对于在激波面上的点，问题比较复杂。在 $t+\Delta t$ 时刻，激波面上游侧(等离子体由这一侧进入激波)的流体参量不仅与 t 时刻激波面上游的流体参量有关，还与激波的传播速度有关，因而与激波面下激的流体参量有关。图 3.6.14 由 t 时刻流参数求解 $t+\Delta t$ 时刻激波面上"1"和"2"点所需要的积分路径(Whang，1984)。由图看到，除了沿上游流线(l)和两条特征线(i, j)积分求"1"点的流体参量外，还需要考虑在激波下游沿前向特征线 k[对前向激波面，图 3.6.14 (a)]或者沿后向特征线 k[对后向激波面，图 3.6.14 (b)]。积分式(3.6.29)求"2"点的流体参量。激波面两侧"1"点和"2"点的量由激波跃变条件相连接。

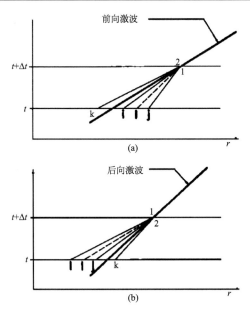

图 3.6.14　由 t 时刻流参数求解 $t+\Delta t$ 时刻激波面上"1"和"2"点所需要的积分路径(Whang, 1984)

　　该模式假定初始背景参量的变化为: $B\propto r^{-1}$, $\rho\propto V^{-1}r^{-2}$ 和 $P\propto\rho^{-5/3}$, 其比例常数由在参考位置 r_0 处选取的数值 $B=2$nT, $n=1$cm^{-3}, $\beta=8\pi P\gamma/B^2=0.2$ 来确定。当初始 $t=0$ 时在 r_0 附近流速的变化剖面给定后, 该模式可以给出速度剖面和其他流体参量在以后的时刻中的发展。图 3.6.15 为 V-r 剖面随时间 t 的变化。由图清楚地看到, 一个前向后向激波对

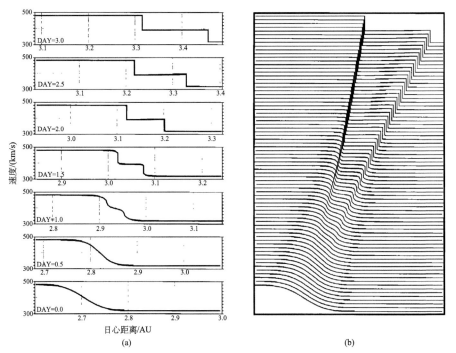

图 3.6.15　V-r 剖面随时间 t 的变化(Whang, 1984)

(a)中两相邻剖面相隔半天, (b)中两相邻剖面相隔 1 h

在逐渐形成。图 3.6.16 为前向及后向特征曲线的合并以及前向及后向激波的形成(Whang, 1984)。式(3.6.29)和式(3.6.32)说明,磁流体扰动在流体中以快磁声波的速度传播。由于在共转相互作用区中磁声波的传播速度大于在周围介质中的速度,于是在共转相互作用区中产生的扰动就堆积起来形成激波间断面,如同图中特征线合并所表示的那样。前向特征线的合并形成前向激波,后向特征线的合并形成后向激波。

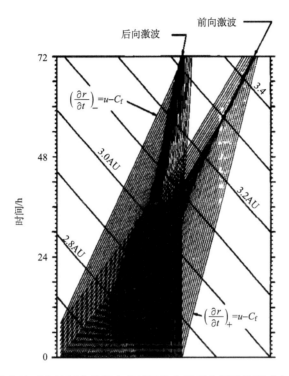

图 3.6.16　前向及后向特征曲线的合并以及前向及后向激波的形成(Whang, 1984)

Whang 用这一模式讨论了相互作用区中等离子体参数的变化(图 3.6.17)。由图看到,模式给出的结果与 Smith 和 Wolfe (1977)由观测结果总结出的在相互作用区内等离子体参数的变化特征(图 3.4.10)是一致的。

3.7　行星际日冕物质抛射复杂传播过程的观测与模拟

3.7.1　ICME 起源与传播的模拟

Manchester 等(2004b) 进行了一个全面的磁流体力学模拟,研究了 CME 的起源、在行星际空间的传播,以及与地球磁层的相互作用。该模拟基于理想气体(γ=5/3)的磁流体力学方程组,假设等离子体电导率无穷大,万有引力只考虑太阳的万有引力。

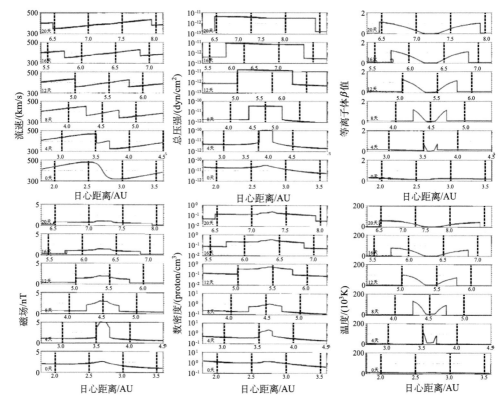

图 3.6.17 相互作用区内等离子体和磁场参数的变化(Whang, 1984)

背景的日冕和太阳风设置成稳态的太阳极小年的条件。太阳磁场条件设置为：高纬的冕洞形成开放磁力线；靠近太阳的低纬度位置是闭合磁力线形成的冕流带。高速太阳风从高纬发出，低速太阳风从低纬度发出。在冕流带尖端有一个薄电流片分开两极相反极性的磁场。

该模拟中使用的日冕和太阳风模型是稳态太阳风模型(Groth et al., 2000)的修改版。该模拟使用的坐标系是惯性坐标系，而非共转坐标系。太阳的磁轴被设定为沿 z 轴方向，并忽略了倾角。其他条件与稳态太阳风模型一致。体积加热率的设置与纬度有关：高纬度位置的加热标高大于低纬度，以此来模仿高低速太阳风的纬度分布。图 3.7.1 为稳态太阳风模型的磁场、太阳风速度和密度分布(Manchester et al., 2004b)。白色箭头线对应磁场方向。可以看到低纬度有闭合磁力线，流速较低，高纬度磁力线开放，流速较高。

在稳态太阳风模型的冕流带中加入一个三维磁通绳可以驱动 CME 的产生。图 3.7.2 为 $t=0$ 时刻的三维日冕磁场示意图(Manchester et al., 2004b)。图 3.7.3 为 $t=0$ 时刻等离子体密度(彩色)与磁场方向(白色流线)(Manchester et al., 2004b)。该磁流绳的模型来源于 Gibson 和 Low (1998)，距太阳表面 0.2 个太阳半径。该磁通量绳引入了 5.0×10^{32} erg 的磁能和 3.1×10^{31} erg 的热能。

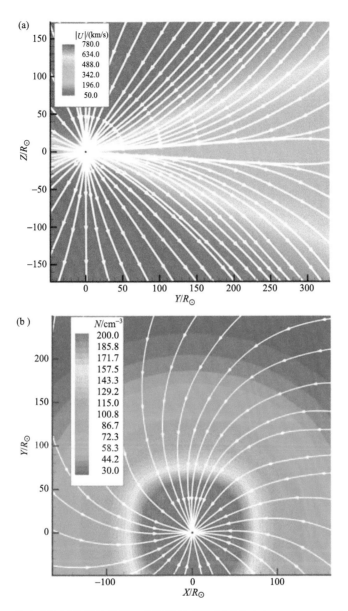

图 3.7.1　稳态太阳风模型的磁场、太阳风速度和密度分布（Manchester et al., 2004b）

(a) 为 Y-Z 平面的太阳风速度分布，(b) 为在 Z=25 太阳半径的 X-Y 平面的密度分布。白色箭头线对应磁场方向

　　模拟开始后，CME 迅速加速到 1000km/s，在磁通量绳的前方形成 MHD 快激波。到 1 AU 时，磁通量绳减速到 458 km/s，并演化为磁云结构，磁场最大值达到 25 nT。图 3.7.4 为 CME 在 Y-Z 平面（x=0）上的时间演化（Manchester et al., 2004b）。

图 3.7.2　*t*=0 时刻的三维日冕磁场示意图(Manchester et al., 2004b)

浅蓝色线和红色线为磁通量绳，橙色和黄色线为赤道冕流的极向场，背景网格为计算网格

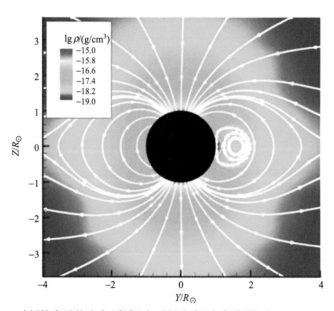

图 3.7.3　*t*=0 时刻等离子体密度(彩色)与磁场方向(白色流线)(Manchester et al., 2004b)

　　磁通量绳迅速膨胀离开日冕，然后开始减速。16 h 之后，CME 的前方开始受到挤压。这是因为径向的稠密等离子体片阻止了 CME 的径向膨胀，但是侧面的 CME 依然继续膨胀，CME 变为薄饼形。高纬度的 CME 甚至会被高纬度的太阳风高速流推动向前运动，最后形成凹面向外的新月形结构。CME 前方的激波也会受到类似的扭曲作用。在磁通量绳和日冕交界的位置还可以观察到重连电流片的产生。随着时间推移，磁 X 点也沿径向

向外移动。

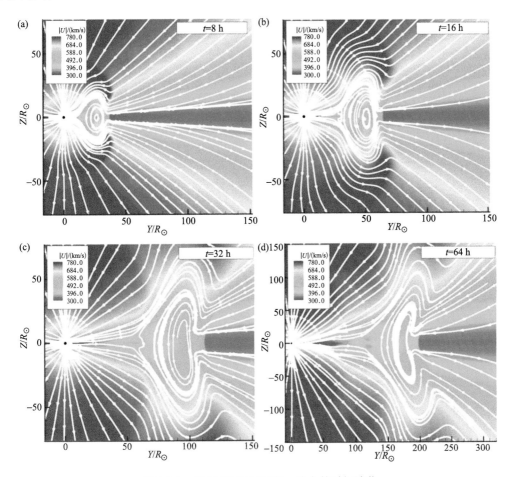

图 3.7.4　CME 在 $Y\text{-}Z$ 平面($x=0$)上的时间演化

　　CME 的能量变化如图 3.7.5 所示。磁通绳的磁能是 CME 爆发能量(动能、引力势能和内能)的主要来源。一开始，大部分磁能通过激波加热迅速转化为等离子体内能。但由于日冕热吸收，内能又逐渐下降至低于初始值。热吸收过程又使得 CME 动能下降。然而，动能又会在爆发 1 h 之后逐渐增加。在 Manchester 等(2004a)的模拟中没有热吸收过程，这时，磁通量绳后面形成的重联出流会使磁通量绳在传播超过 50 个太阳半径之后瓦解。

　　传播到 1 AU 位置的 CME 如图 3.7.6 所示。强激波在磁云 8 h 前到达 1 AU 的位置。从激波的上游到下游，等离子密度、磁场和流速都迅速增加。数密度在激波的后方达到最大值，并缓缓下降直到磁通量绳表面的接触间断面。在这里密度由 75 cm^{-3} 下降到 8 cm^{-3}。温度从 5×10^{4} K，经过激波，增加到 3×10^{5} K。磁绳和背景太阳风磁场之间形成切向间断面，在这里发生的重联加热磁绳表面，达到 5×10^{5} K。激波下游的磁场增加主要是帕克螺旋线被压缩。在 1 AU 的位置，B_z 从北向反转为南向，迅速增加到最大 20 nT。整体磁场方向也向南旋转，这一过程持续超过 10 h。这种南向的行星际磁场会引起强烈的地磁响应。

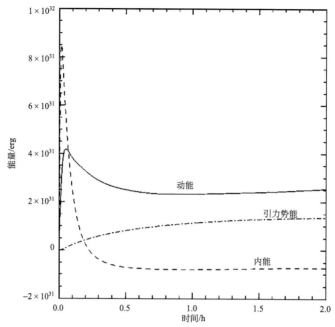

图 3.7.5　CME 的动能(实线),引力势能(带点虚线),内能(虚线)随时间的变化(Manchester et al., 2004b)

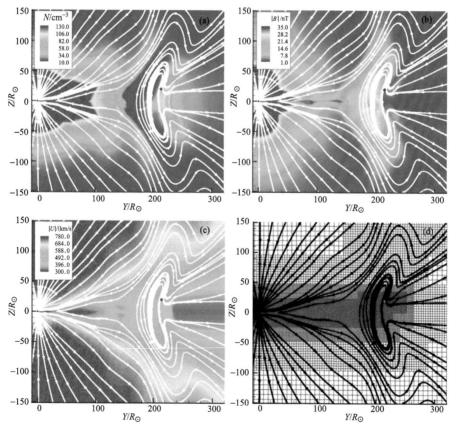

图 3.7.6　$t = 77\,\mathrm{h}$ 时各物理量在 $Y\text{-}Z$ 平面上的分布($X=0$)(Manchester et al., 2004b)

(a)等离子体数密度；(b)磁场强度；(c)流速；(d)计算网格的展示。CME 传播位置的计算网格更加致密

图 3.7.7 展示了该模拟和 ACE 飞船实地观测 CME 事件的比较。该模拟结果与实地观测有很好的一致。实地观测中，激波也领先磁云 8 h 出现，也有相似的物理量跳变。从密度来看，在磁云前方也能看到接触间断面，然后密度迅速下降。模型的磁场也与实地磁场在同一数量级。该模型的多个特征与实际观测基本相符；成为研究 CME 在三维行星际空间中传播的经典模型。

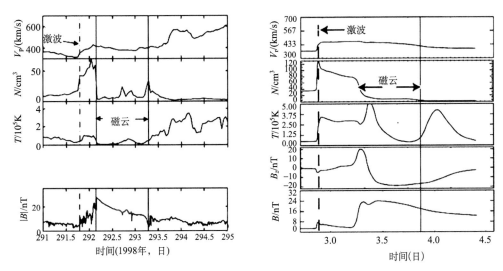

图 3.7.7　数值模拟与 ACE 飞船实地观测的比较图（Manchester et al., 2004b）
左图从上到下：ACE 飞船观测到的质子整体速度，质子数密度，质子温度，磁场强度。右图从上到下：质子整体速度，质子数密度，质子温度，z 方向磁场强度，总磁场强度。激波和磁云的位置在图中标出

3.7.2　激波追赶并穿越磁云的观测与模拟

1. 激波穿越磁云的观测

在一个强激波追赶上并穿越磁云过程中，挤压磁云里面的磁场；如果磁云内部磁场为南向而且冲向地球运动时，则在地球空间可能会引发强的磁暴。这类激波的驱动源可以来自磁云后方的速度足够大的高速流或抛射物。如果抛射物的速度不足以追上磁云，磁云内部一般不会存在激波。由于磁云中等离子体 β 值较低，快磁声波波速（约 200km/s）高于太阳风中快磁声波波速（在 1 AU 处为 50～70 km/s），所以一般的速度跃变不足以达到磁云中的快磁声波波速，即激波进入磁云后可能会退化成普通的非线性波。

Wang 等（2003b）报道了在 2001 年 11 月 5～7 日观测到的一次行星际激波穿越磁云事件（图 3.7.8）。在该事件中，由激波压缩磁云引发的地磁效应与激波强度、磁云内部的磁场强度及方向等因素有关。在比较激波深入磁云的距离与地磁扰动强度的关系后，Wang 等（2003c）认为：激波深入磁云的距离与地磁扰动强度之间不是简单的正比关系。例如，速度为 550 km/s 的激波追赶磁云（中心磁场 20 nT、半径 R_{MC}）时，地磁扰动最强处距磁云中心 0.86 R_{MC}。增加激波速度后，激波深入磁云的距离增加，相应的地磁扰动也在增强。

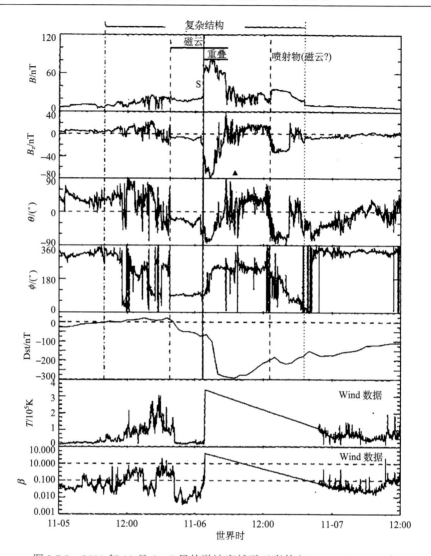

图 3.7.8 2001 年 11 月 5～7 日的激波穿越磁云事件(Wang et al., 2003b)

2. 激波追赶穿越磁云的模拟

为形象化激波追赶磁云的物理过程,Xiong 等(2006a, 2006b)使用 2.5 维理想 MHD 数值模型对这一过程进行了数值模拟。相应的研究成果也总结在熊明(2007)的研究中。 Xiong 等(2006a)在模拟中使用中心位于赤道面的快激波追赶磁云,得出两个结论:①激 波在压缩磁云的过程中,可以对磁场矢量进行压缩和旋转,从而引发地磁暴;②激波面 的形态与激波所处环境的介质有关,激波处在磁云外部(行星际空间)时,激波面是跨过 赤道的凹槽,当激波处在磁云中时,激波面是光滑的弧形。下面讨论 Xiong 等(2006a) 模拟激波和磁云的设置及两种案例下的模拟结果。

1)磁云浮现与激波注入的模拟设置

模拟过程中,磁云的浮现与激波的注入通过计算域内边界的扰动实现。背景太阳风的初态通过在内边界处（25 $R_\odot$）固定一组物理参量来实现。将激波注入方法(Hu et al., 1998, 2001)和磁云注入方法(Vandas et al., 1995)用作背景态扰动源的标定。当磁云或激波完全浮现后，就恢复为初始的内边界条件。对太阳的观测发现激波可以在阿尔文临界点以下形成(Cliver et al., 2004)。激波在内边界注入是合理的，其原因是模拟过程中计算域的内边界在阿尔文临界点之上。

$$\begin{cases} B_r = 0 \\ B_\varphi = B_0 H J_1(\alpha R) \\ B_z = B_0 J_0(\alpha R) \end{cases} \tag{3.7.1}$$

单个磁云可由给定的浮现时间 t_m、质量 M_m、速度 V_m、半径 R_m、等离子体 β、螺度 H，加上磁场位形唯一确定。其中磁场位形在局地柱坐标下可用 Lundquist 解来表示。

由于 2.5 维模拟的局限性，在考虑磁云的一个断面时可以看到一些动力学特征，但无法了解磁云的三维整体结构。

瞬态激波可由以下参数刻画：浮现时间 t_{s0}、中心纬度 θ_{sc}、翼展宽度 $\Delta\theta_s$、阵面处总压(热压＋磁压)比 $R(\theta)$ 的最大值 R^*、持续时间(上升相 t_{s1}、维持相 t_{s2}、恢复相 t_{s3})。

$R(\theta)$ 的纬度分布为

$$R(\theta) = 1 + (R^* - 1) P_\theta(\theta) \tag{3.7.2}$$

其中

$$P_\theta(\theta) = \begin{cases} \cos\left[\dfrac{(\pi\theta - \theta_{sc})}{2\Delta\theta_s}\right], & |\theta - \theta_{sc}| \leqslant \Delta\theta_s \\ 0, & |\theta - \theta_{sc}| \geqslant \Delta\theta_s \end{cases} \tag{3.7.3}$$

用 U 表示原变量的解向量 $(\rho, v_r, v_\theta, v_\varphi, B_r, B_\theta, B_\varphi, p)$ 给定总压比 $R(\theta)$，激波的上游态为内边界的初始值 U_0，激波下游态为 U_1。由此得到激波浮现过程中内边界扰动 $U(t)$：

$$U(t) = U_0 + (U_1 - U_0) P_t(t) \tag{3.7.4}$$

其中

$$P_t(t) = \begin{cases} 0 & t \leqslant t_{s0} \\ \dfrac{t - t_{s0}}{t_{s1}} & t_{s0} \leqslant t \leqslant t_{s0} + t_{s1} \\ 1 & t_{s0} + t_{s1} < t \leqslant t_{s0} + t_{s1} + t_{s2} \\ (t_{s0} + t_{s1} + t_{s2} + t_{s3} - t)/t_{s3} & t_{s0} + t_{s1} + t_{s2} < t \leqslant t_{s0} + t_{s1} + t_{s2} + t_{s3} \\ 0 & t > t_{s0} + t_{s1} + t_{s2} + t_{s3} \end{cases} \tag{3.7.5}$$

2) 快激波与磁云相互作用的模拟分析

a. 模拟案例一

此案例模拟了瞬态激波从内边界注入并追赶前面磁云的过程，设置激波落后磁云 41 h，激波以赤道为中心浮现。激波参数设置为：$\Delta\theta_s = 6°$，$R^* = 24$，$t_{s1} = 0.3\,\text{h}$，$t_{s2} = 1\,\text{h}$，$t_{s3} = 0.3\,\text{h}$。激波阵面最大速度为 1630 km/s，激波扰动的时间分布用梯形描述。

模拟结果显示在图 3.7.9 中。激波面下游：沿纬度 4.5° 流速有最大值 900 km/s，沿赤道速度最大值为 560 km/s。都大于磁云的速度(540 km/s),所以激波会赶上并撞击磁云。在这一过程中,磁场矢量旋转、切向磁场分量增强会导致行星际磁场向极区有偏移,进而导致激波阵面后部赤道附近弱磁场区域(磁真空区)的形成[图 3.7.9(a)~(c)]。在磁云本体内低 β 媒介处,径向快磁声波特征速度非常大[图 3.7.9(h)]。激波与磁云发生碰撞发生在磁云内的流速沿着纬度 0° 从 540 km/s 降到 430 km/s 的时候。碰撞有两个特征:①由于激波面是凹槽形态,激波远日点位于 HPS 的边缘而非 HCS 处;②激波-磁云之间碰撞最剧烈的地方是激波面的远日点,沿着 HCS(纬度 0°)的压缩比沿着纬度 4.5°的压缩要弱得多。

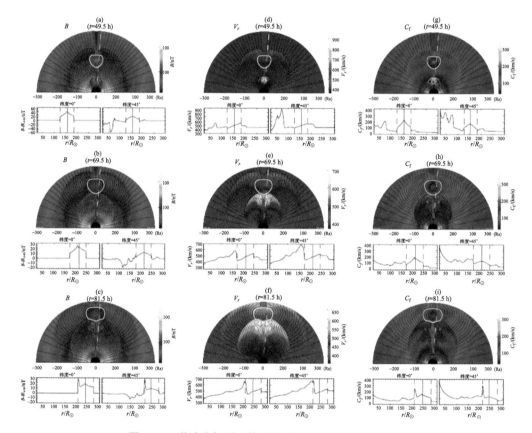

图 3.7.9 激波追赶磁云的详细过程(Xiong et al., 2006a)

(a)~(c)为磁场强度, (d)~(f)为径向流速, (g)~(i)为快磁声波模的径向特征速度。线图表示沿纬度 0°和 4.5°的径向剖面。磁场剖面已减去初始背景值

从图 3.7.9(c)看出压缩区内磁场强度最大值为 30 nT,磁云中心磁场强度为 18 nT,磁力线压缩后变得平坦且几近为南向。所以快激波对磁云的影响表现为两个方面:①磁场强度增强,②磁场方向旋转。而且在磁云中激波的传播会受到磁云的抵抗,但并不会停止或耗散。

上述模拟在 L1 点数据的时间序列显示,激波-磁云复合结构引发的地磁暴 Dst 指数为−56nT,要远强于单独磁云引发磁暴的 Dst=−86nT(图 3.7.10)。

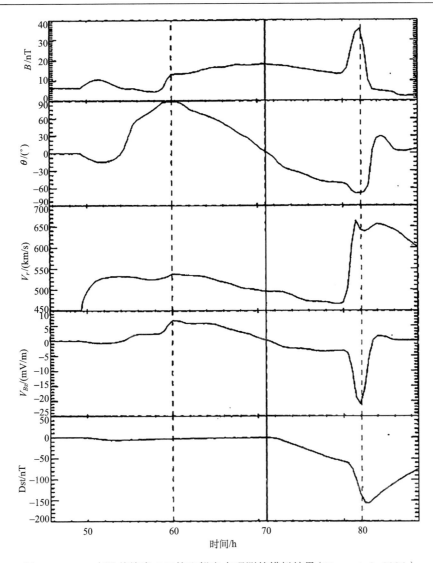

图 3.7.10　L1 点沿着纬度 4.5°的飞船定点观测的模拟结果(Xiong et al., 2006a)

b. 模拟案例二

此案例模拟了激波在 L1 点之前完全穿越磁云的情况。为了实现完全穿越的目标，激波浮现时间由模拟案例一中的 41 h 缩短为 10 h，其余参数与案例一的相同。

模拟结果见图 3.7.11。当激波进入磁云中，由于磁云中不存在 HCS，激波面失去了与 HCS 有关的凹槽形态。在磁云中被压缩的尾部，激波阵面表现为光滑的弧面。当激波穿过磁云后，从磁云中浮现出来时，日球层电流片的激波起主导作用时，激波阵面又变为凹槽形态。刚从磁云穿出的激波与磁云自身驱动的激波存在非线性相互作用，融合成更大的复合快激波。可以总结出激波撞击磁云的两种效果：①磁云被高度压缩，边界从准圆形变为径向压扁的椭圆；②磁云驱动的鞘区显著变窄。

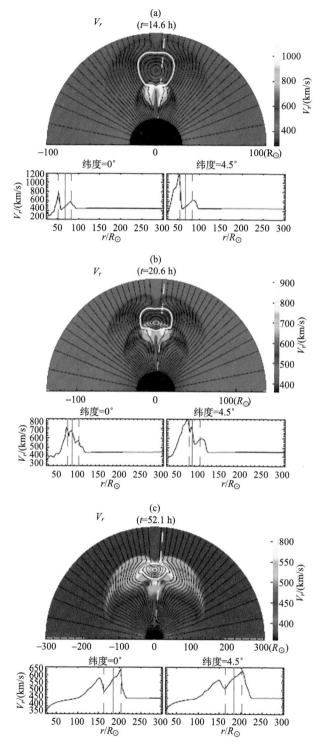

图 3.7.11　在模拟案例二中，激波追赶磁云的径向流场的演化情况(Xiong et al., 2006a)

(a)、(b) 栏只显示了磁云附近的部分模拟

图 3.7.12 是 L1 点沿着纬度 4.5°的定点观测（模拟）。磁云内部没有发现速度剖面的极值点，这次的激波追赶磁云的效果类似于一个速度峰值为 620 km/s 的单独磁云事件。磁云前端压缩最强烈，导致磁场强度最大值为 32 nT，但由于磁力线北向，不会产生地磁暴。从图 3.7.12 中看到 Dst 最小可达到–107 nT。

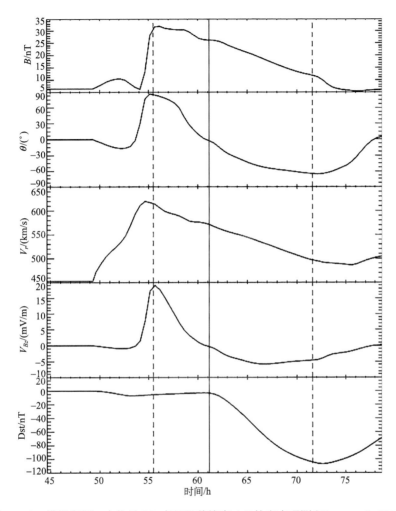

图 3.7.12 模拟案例二中位于 L1 点且沿着纬度 4.5°的定点观测（Xiong et al., 2006a）

3.7.3 多重磁云的观测与模拟

1. 多重磁云的观测

"多重磁云"的概念最早由 Wang 等（2002a）提出。Wang 等（2003a）总结了多重磁云的观测特征：①多重磁云包含磁云及磁云间相互作用区；②每个子磁云满足单个磁云的特征，子磁云间相互压缩后质子温度可能偏高，质子 β 值小于 0.1；③在将被追上的子磁云的尾部，会出现太阳风速度增加的现象；④相互作用区内磁场强度弱，无规则；

⑤在相互作用区内，质子温度和 β 达到较高的值(表 3.7.1)。在尺度上，多重磁云与典型磁云一致。多重磁云中，子磁云间相互压缩明显，前一个子磁云比后面的子磁云压缩强烈，导致磁场中心偏向前方。多重磁云的地磁效应更加强烈。

表 3.7.1　多重磁云与 Burlaga 等(2002)的复杂抛射模型的比较(Wang et al., 2003a)

	多重磁云	复杂抛射
磁场	包含多个子磁云及其相互作用区，子磁云满足单个磁云的磁场变化特征(磁场强度增大，磁场方向平滑旋转)	磁场强度增大，但磁场方向变化无规则
质子密度 N 和温度 T	子磁云中 N 和 β 降低，由于子磁云之间的压缩，T 可能会高于磁云典型值。子磁云间的相互作用区中 T 和 β 升高	N 和 T 变化复杂
太阳风速度	子磁云头部速度较大，随后缓慢下降，尾部有所增加	最大流速>600km/s 的单一快速流，速度剖面不规则
氦丰度	He^{++}/H$^+$的值较大	
持续时间	1 AU 处持续 1 天，空间尺度与单个磁云接近	1 AU 处持续 3 天，尺度为单个磁云空间尺度的 3 倍左右
太阳源	由多个 CME 追赶、挤压和相互作用形成	
地磁效应	大多数伴随强的地磁暴	无地磁效应

多重磁云的磁场位形与内部子磁云的组合方式密切相关。子磁云越多；可能的组合就越多，磁场就越复杂。Wang 等(2002a)给出了双重磁云的理论模型(图 3.7.13)。Wang 等(2004b)对应最大的地磁效应的组合如图 3.7.14 所示。

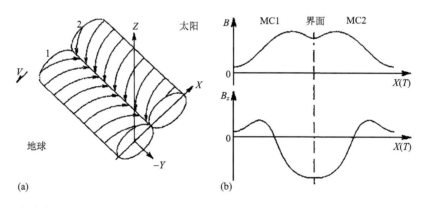

图 3.7.13　地磁效应最大时的双重磁云组合(子磁云之间的相互作用区位于南向磁场的大凹槽)(Wang et al., 2004b)

2. 多重磁云的模拟

由于观测上磁云表现出来复杂的结构，在过去的 20 年里，科学家们发展了许多模型(Dryer, 2007；Feng et al., 2011)来模拟多重磁云间的相互作用及其在行星际空间的演化

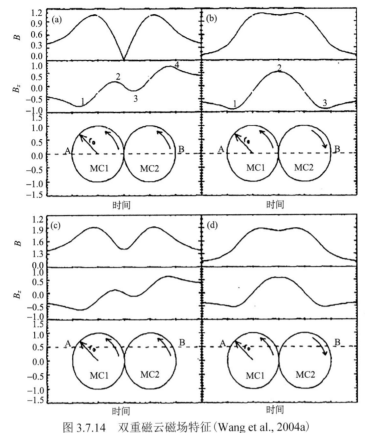

图 3.7.14　双重磁云磁场特征（Wang et al., 2004a）

（a）、（c）子磁云平行；（b）、（d）子磁云反平行。虚线 AB 表示假设的飞船路线

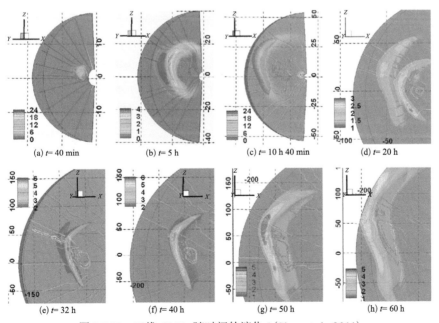

图 3.7.15　三维 CMEs 随时间的演化 1（Shen et al., 2011）

实线代表磁力线，颜色代表相对密度（$\rho - \rho_0$）/ ρ_0

(Wu et al., 2002, 2007; Schmidt and Cargill, 2004; Wang et al., 2005; Lugaz et al., 2005, 2007; Hayashi et al., 2006; Xiong et al., 2006a, 2006b, 2007, 2009; Zhou and Feng, 2008; Odstrcil and Pizzo, 2009)。在 2001 年 3～4 月，ACE 卫星观测到了多个已被确定为"多重磁云"的事件(Wang et al., 2003b)。其中，2001 年 3 月 31 日观测到的多重磁云事件引起了在第 23 个太阳活动极大年(2000～2001 年)最大的地磁暴(Dst=—387nT)(Wang et al., 2003, 2004, 2005; Lugaz et al., 2005; Farrugia et al., 2006)。这一多重磁云由来自太阳表面不同源区(N20E22 和 N18E02)的后续的 CME 追赶上前一个而形成(Wang et al., 2003b)。Xiong 等(2006b)对来自太阳不同/同一源区 CME 的相互作用称为斜/直碰撞。

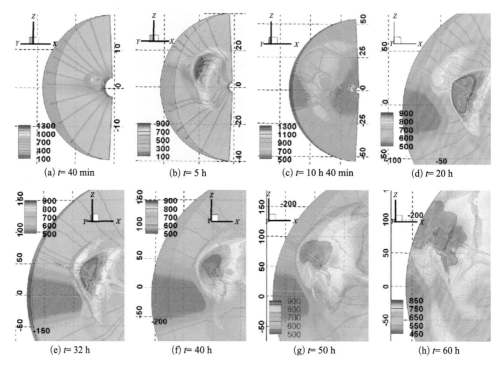

图 3.7.16　三维 CMEs 随时间的演化 2(Shen et al., 2011)

实线代表磁力线，颜色代表局地太阳风径向速度

下面简要介绍一个针对此事件的三维磁流体模拟(Shen et al., 2011)。图 3.7.15 和图 3.7.16 显示的是两个磁云从太阳表面抛射并相互作用称为多重磁云的过程。在 $t=40$ min 时，CME1 接近球形；$t=5$ h 时，CME1 被拉长成饼状；$t=20$ h 时，两个 CME 都为饼状，两个激波前的距离为 25.7 个太阳半径，并且在逐渐靠近；$t=32～40$ h 时，CME2 驱动的激波穿透 CME1；$t=39$ h 时，两个激波的距离只有 2.37 个太阳半径；$t=40$ h 之后，两个激波融合成一个更强的激波。如图 3.7.17 所示，在 $t=32$ h 时，相对低密度和更高速度的 CME2 的磁绳超过了 CME1 的磁绳，发生了斜碰撞，引起了两个磁绳的形变和压缩。

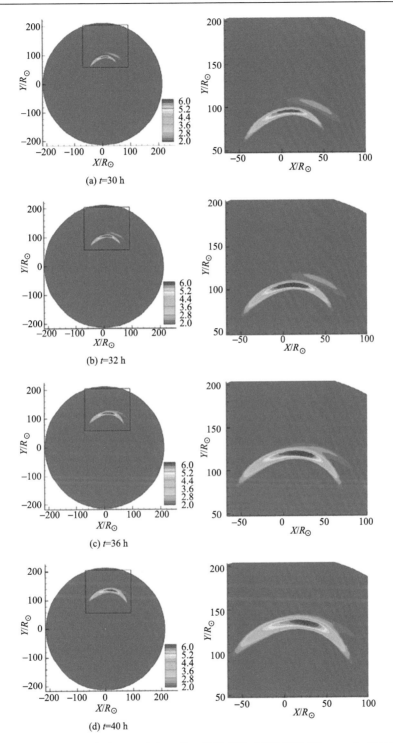

图 3.7.17　相对密度 $(\rho-\rho_0)/\rho_0$ 的二维轮廓随时间的演化(Shen et al., 2011)

参 考 文 献

郝宇飞. 2016. 无碰撞激波中的离子动力学和结构演化. 中国科学技术大学博士学位论文.

汪毓明. 2003. 行星际磁云及其相关事件的综合研究. 中国科学技术大学博士学位论文.

魏奉思. 1982. 冲击波在变密度、运动介质中的传播. 空间科学学报, 2: 64.

魏奉思. 1984a. 磁流体激波跃变条件的无量纲化. 空间科学学报, 4: 22.

魏奉思. 1984b. 耀斑引起的激波在大日心距离处的传播. 科学通报, (9): 548-550.

熊明. 2007. 一些行星际复合结构的动力学和地磁效应的 MHD 数值模拟. 中国科学技术大学博士学位论文.

杨忠炜. 2011. 非稳态垂直无碰撞激波中的粒子加速. 中国科学技术大学博士学位论文.

章公亮. 1981. 磁流体力学激波的特征速度. 空间科学学报, 2: 111.

章公亮, 蒋和荣. 1982. 利用特征速度讨论磁流体力学激波特性. 空间科学学报, 2: 281.

Abraham-Shrauner B. 1972. Determination of magnetohydrodynamic shock normals. Journal of Geophysical Research, 77(4): 736-739.

Anderson R R, Parks G K, Eastman T E, et al. 1981. Plasma waves associated with energetic particles streaming into the solar wind from the Earth's bow shock. Journal of Geophysical Research, 86: 4493-4510.

Bale S D, Mozer F S. 2007. Measurement of large parallel and perpendicular electric fields on electron spatial scales in the terrestrial bow shock. Physical Review Letters, 98: 205001.

Balikhin M A, Krasnosel'skikh V, Gedalin M A. 1995. The scales in quasiperpendicular shocks. Advances in Space Research, 15: 247-260

Balogh A, Treuman R A. 2013. Physics of collisionless shocks: space plasma shock waves. Springer Science & Business Media.

Bame S J, Asbridge J R, Feldman W C, et al. 1979. Solar wind heavy ions from flare-heated coronal plasma. Solar Physics, 62(1): 179-201.

Barnes A. 1970. Theory of generation of bow-shock-associated hydromagnetic waves in the upstream interplanetary medium. Veterinary Research Communications, 32(1): 131-134.

Biskamp D, Welter H. 1972. Structure of the Earth's bow shock. Journal of Geophysical Research, 77: 6052-6059

Borrini G, Gosling J T, Bame S J, et al. 1982. An analysis of shock wave disturbances observed at 1 AU from 1971 through 1978. Journal of Geophysical Research: Space Physics, 87(A6): 4365-4373.

Bothmer V, Schwenn R. 1996. Signatures of fast CMEs in interplanetary space. Advances in Space Research, 17(4-5): 319-322.

Boyd T J M, Sanderson J J. 1969. Plasma dynamics. London: Nelson.

Burgess D. 1997. What do we really know about upstream waves? Advances in Space Research, 20: 673-682.

Burlaga L F. 1971. Hydromagnetic waves and discontinuities in the solar wind. Space Science Reviews, 12: 600.

Burlaga L F. 1975. Interplanetary streams and their interaction with the earth. Space Science Reviews, 17: 327.

Burlaga L F. 1983. Corotating pressure waves without fast streams in the solar wind. Journal of Geophysical Research, 88: 6085.

Burlaga L F. 1988. Magnetic clouds and force-free fields with constant alpha. Journal of Geophysical Research: Space Physics, 93(A7): 7217-7224.

Burlaga L F, Chao J K. 1971. Reverse and forward slow shocks in the solar wind. Journal of Geophysical

Research, 76: 7516.

Burlaga L F, Ness N F. 1998. Magnetic field strength distributions and spectra in the heliosphere and their significance for cosmic ray modulation: Voyager 1, 1980-1994. Journal of Geophysical Research: Space Physics, 103(A12): 29719-29732.

Burlaga L F, Sittler E, Mariani F, et al. 1981. Magnetic loop behind an interplanetary shock: Voyager, Helios, and IMP 8 observations. Journal of Geophysical Research: Space Physics, 86(A8): 6673-6684.

Burlaga L F, Schwenn R, Rosenbauer H. 1983. Dynamical evolution of interplanetary magnetic fields and flows between 0.3 AU and 8.5 AU: entrainment. Geophysical Research Letters, 10(5): 413-416.

Burlaga L F, Behannon K W, Klein L W. 1987. Compound streams, magnetic clouds, and major geomagnetic storms. Journal of Geophysical Research: Space Physics, 92(A6): 5725-5734.

Burlaga L, Fitzenreiter R, Lepping R, et al. 1998. A magnetic cloud containing prominence material: January 1997. Journal of Geophysical Research: Space Physics, 103(A1): 277-285.

Burlaga L F, Plunkett S P, St Cyr O C. 2002. Successive CMEs and complex ejecta. Journal of Geophysical Research: Space Physics, 107(A10).

Burton M E, Smith E J, Balogh A, et al. 1996. ULYSSES out-of- ecliptic observations of interplanetary shocks. Astron Astrophys, 316: 313-322

Byrne J P, Malone S A, McAteer R J, et al. 2010. Propagation of an Earth-directed coronal mass ejection in three dimensions. Nature Communications, 1: 74.

Cane H V, Richardson I G. 2003. Interplanetary coronal mass ejections in the near—Earth solar wind during 1996—2002. Journal of Geophysical Research: Space Physics, 108(A4).

Cane H V, Richardson I G, Wibberenz G. 1997. Helios 1 and 2 observations of particle decreases, ejecta, and magnetic clouds. Journal of Geophysical Research: Space Physics, 102(A4): 7075-7086.

Cane H V, Reames D V, Rosenvinge T T. 1988. The role of interplanetary shocks in the longitude distribution of solar energetic particles. Journal of Geophysical Research: Space Physics, 93(A9): 9555-9567.

Cane H V, Richardson I G, St Cyr O C. 2000. Coronal mass ejections, interplanetary ejecta and geomagnetic storms. Geophysical Research Letters, 27(21): 3591-3594.

Chané E, Jacobs C, Poedts S, et al. 2005. On the effect of the initial magnetic polarity and of the background wind on the evolution of CME shocks. Astronomy & Astrophysics, 432(1): 331-339.

Cid C, Hidalgo M A, Nieves C T, et al. 2002. Plasma and magnetic field inside magnetic clouds: a global study. Solar Physics, 207(1): 187-198.

Cid C, Cremades H, Aran A, et al. 2012. Can a halo CME from the limb be geoeffective? Journal of Geophysical Research: Space Physics, 117(A11).

Cliver E W, Kahler S W, Reames D V. 2004. Coronal shocks and solar energetic proton events. The Astrophysical Journal, 605(2): 902.

Colburn D S, Sonett C P. 1966. Discontinuities in the solar wind. Space Science Reviews, 5: 439.

Cremades H, Bothmer V, Tripathi D. 2006. Properties of structured coronal mass ejections in solar cycle 23. Advances in Space Research, 38(3): 461-465.

Crooker N U, Gosling J T, Smith E J, et al. 1990. A bubblelike coronal mass ejection flux rope in the solar wind. Washington, DC: AGU.

Crooker N U, Burton M E, Siscoe G L, et al. 1996. Solar wind streamer belt structure. Journal of Geophysical Research: Space Physics, 101(A11): 24331-24341.

Crooker N, Joselyn J A, Feynman J. 1997. Coronal mass ejections. Washington DC American Geophysical Union Geophysical Monograph Series, 99.

Czaykowska A, Bauer T M, Treumann R A, et al. 2000. Average observed properties of the Earth's quasi-perpendicular and quasi-parallel bow shock. Ar Xiv: Geo Physics/0009046.

De Young D S, Hundhausen A J. 1971. Two-dimensional simulation of flare-associated disturbances in the solar wind. Journal of Geophysical Research, 76: 2245.

Drake J F, Swisdak M, Che H, et al. 2006. Electron acceleration from contracting magnetic islands during reconnection. Nature, 443(7111): 553.

Dryer M. 2007. Space weather simulation in 3D MHD from the Sun to the Earth and beyond to 100 AU: a modeler's perspective of the present state of the art. Asian J Phys, 16: 97-121.

Dryer M, Steinolfson R S. 1976. MHD solution of interplanetary disturbances generated by simulated velocity perturbations. Journal of Geophysical Research, 81: 5413.

Dubouloz N, Scholer M. 1995. Two-dimensional simulations of magnetic pulsations upstream of the Earth's bow shock. Journal of Geophysical Research, 100: 9461-9474.

Eastwood J P, Balogh A, DunlopM W, et al. 2002. Cluster observations of fast magnetosonic waves in the terrestrial foreshock. Geophysical Research Letters, 29: 2046.

Eastwood J P, Balogh A, Lucek EA, et al. 2003. On the existence of Alfvén waves in the terrestrial foreshock. Ann Geophys, 21: 1457-1465.

Edmiston J P, Kennel C F. 1984. A parametric survey of the first critical Mach number for a fast MHD shock. Journal of Plasma Physics, 32: 429-441.

Fairfield D H. 1974. Whistler waves observed upstream from collisionless shocks. Journal of Geophysical Research, 79: 1368-1378.

Farris M H, Russell C T, Fitzenreiter R J, et al. 1994. The subcritical, quasi-parallel, switch-on shock. Geophysical Research Letters, 21: 837-840.

Farrugia C J, Burlaga L F, Osherovich V A, et al. 1993. A study of an expanding interplanetary magnetic cloud and its interaction with the Earth's magnetosphere: the interplanetary aspect. Journal of Geophysical Research: Space Physics, 98(A5): 7621-7632.

Farrugia C J, Jordanova V K, Thomsen M F, et al. 2006. A two-ejecta event associated with a two-step geomagnetic storm. Journal of Geophysical Research: Space Physics, 111(A11): A11104.

Feng H Q, Wu D J, Chao J K. 2007. Size and energy distributions of interplanetary magnetic flux ropes. Journal of Geophysical Research: Space Physics, 112(A2).

Feng L, Inhester B, Solanki S K, et al. 2007. First stereoscopic coronal loop reconstructions from stereo secchi images. Astrophysical Journal Letters, 671(2): L205-L208.

Feng L, Inhester B, Wei Y, et al. 2012. Morphological evolution of a three-dimensional coronal mass ejection cloud reconstructed from three viewpoints. The Astrophysical Journal, 751(1): 18.

Feng X S, Xiang C Q, Zhong D K. 2011. The state-of-art of three-dimensional numerical study for corona-interplanetary process of solar storms. Sci Sin-Terrae, 41: 1-28.

Fenimore E E. 1980. Solar wind flows associated with hot heavy ions (No. LA-8344-T). Los Alamos Scientific Lab, NM (USA).

Fitzenreiter R J, Klimas A J, Scudder J D. 1984. Detection of bump-on-tail reduced electron velocity distributions at the electron foreshock boundary. Geophysical Research Letters, 11: 496-499.

Galvin A B. 1997. Minor ion composition in CME-related solar wind. Coronal Mass Ejections, 99: 253-260.

Gibson S E, Low B C. 1998. A time-dependent three-dimensional magnetohydrodynamic model of the coronal mass ejection. The Astrophysical Journal, 493(1): 460.

Ginzburg V L, Zheleznyakov V V. 1958. On the possible mechanisms of sporadic solar radio emission (radiation in an isotropic plasma). Quantum Electronics, 2: 653.

Gloeckler G, Fisk L A, Hefti S, et al. 1999. Unusual composition of the solar wind in the 2–3 May 1998 CME observed with SWICS on ACE. Geophysical Research Letters, 26(2): 157-160.

Goldstein H. 1983. On the field configuration in magnetic clouds. JPL Solar Wind Five, 731-733.

Gonzalez W D, Tsurutani B T, De Gonzalez, et al. 1999. Interplanetary origin of geomagnetic storms. Space Science Reviews, 88(3-4): 529-562.

Gopalswamy N, Mäkelä P, Xie H, et al. 2009. CME interactions with coronal holes and their interplanetary consequences. Journal of Geophysical Research: Space Physics, 114(A3).

Gopalswamy N, Yashiro S, Xie H, et al. 2010. Large geomagnetic storms associated with limb halo coronal mass ejections. Advances in Geosciences, 21: 71-82.

Gosling J T, Pizzo V, Bame S J. 1973. Anomalously low proton temperatures in the solar wind following interplanetary shock waves—Evidence for magnetic bottles? Journal of Geophysical Research, 78(13): 2001-2009.

Gosling J T, Hundhausen A J, Bame S J. 1976. Solar wind stream evolution at large heliocentric distance experimental demonstration and the test of a model. Journal of Geophysics Research, 81: 2111.

Gosling J T, Asbridge J R, Bame S J, et al. 1978. Observations of two distinct populations of bow shock ions in the upstream solar wind. Geophysical Research Letters, 5: 957-960.

Gosling J T, Asbridge J R, Bame S J, et al. 1980. Observations of large fluxes of He$^+$ in the solar wind following an interplanetary shock. Journal of Geophysical Research: Space Physics, 85(A7): 3431-3434.

Gosling J T, Bame S J, Feldman W C, et al. 1984. Suprathermal ions upstream from interplanetary shocks. Journal of Geophysical Research: Space Physics, 89(A7): 5409-5418.

Gosling J T, Baker D N, Bame S J, et al. 1987a. Bidirectional solar wind electron heat flux events. Journal of Geophysical Research: Space Physics, 92(A8): 8519-8535.

Gosling J T, Thomsen M F, Bame S J, et al. 1987b. The eastward deflection of fast coronal mass ejecta in interplanetary space. Journal of Geophysical Research: Space Physics, 92(A11): 12399-12406.

Gosling J T, McComas D J, Phillips J L, et al. 1991. Geomagnetic activity associated with Earth passage of interplanetary shock disturbances and coronal mass ejections. Journal of Geophysical Research: Space Physics, 96(A5): 7831-7839.

Gosling J T, Birn J, Hesse M. 1995. Three-dimensional magnetic reconnection and the magnetic topology of coronal mass ejection events. Geophysical Research Letters, 22(8): 869-872.

Groth C, De Zeeuw D L, Gombosi T I, et al. 2000. Global three-dimensional MHD simulation of a space weather event: CME formation, interplanetary propagation, and interaction with the magnetosphere. Journal of Geophysical Research: Space Physics, 105(A11): 25053-25078.

Gui B, Shen C, Wang Y, et al. 2011. Quantitative analysis of CME deflections in the corona. Solar Physics, 271(1-2): 111-139.

Guo F, Li X, Li H, et al. 2016. Efficient production of high-energy nonthermal particles during magnetic reconnection in a magnetically dominated ion–electron plasma. The Astrophysical Journal Letters, 818(1): L9.

Gurnett D A. 1985. Plasma waves and instabilities. In: Tsurutani B T, Stone R G (eds). Collisionless shocks in the heliosphere: Reviews of current research. AGU, Washington: 207-224.

Hada T, Oonishi M, Lembège B, et al. 2003. Shock front nonstationarity of supercritical perpendicular shocks. Journal of Geophysical Research: Space Physics, 108(A6). https://doi.org/10.1029/2002JA009339.

Hayashi K, Zhao X P, Liu Y. 2006. MHD simulation of two successive interplanetary disturbances driven by cone-model parameters in IPS-based solar wind. Geophysical Research Letters, 33(20): L20103.

Hellinger P, Trávnicek P, Matsumoto H. 2002. Reformation of perpendicular shocks: hybrid simulations. Geophysical Research Letters, 29: 2234.

Hellinger P, Trávnicek P, Lembège B, et al. 2007. Emission of nonlinear whistler waves at the front of perpendicular supercritical shocks: hybrid versus full particle simulations. Geophysical Research Letters, 34: L14109.

Henke T, Woch J, Schwenn R, et al. 2001. Ionization state and magnetic topology of coronal mass ejections. Journal of Geophysical Research: Space Physics, 106(A6): 10597-10613.

Hidalgo M A. 2003. A study of the expansion and distortion of the cross section of magnetic clouds in the interplanetary medium. Journal of Geophysical Research: Space Physics, 108(A8): 1320.

Hidalgo M A. 2005. Correction to "A study of the expansion and distortion of the cross section of magnetic clouds in the interplanetary medium". Journal of Geophysical Research: Space Physics, 110(A3).

Hirshberg J, Asbridge J R, Robbins D E. 1971. The helium-enriched interplanetary plasma from the proton flares of August/September, 1966. Solar Physics, 18(2): 313-320.

Ho G C, Hamilton D C, Gloeckler G, et al. 2000. Enhanced solar wind $^3He^{2+}$ associated with coronal mass ejections. Geophysical Research Letters, 27(3): 309-312.

Hoppe M M, Russell C T. 1980. Whistler mode wave packets in the Earth's foreshock region. Nature, 287: 417-420.

Hoppe M M, Russell C T, Eastman T E, et al. 1982. Characteristics of the ULF waves associated with upstream ion beams. Journal of Geophysics Research, 87: 643-650.

Hoshino M. 2005. Electron surfing acceleration in magnetic reconnection. Journal of Geophysical Research: Space Physics, 110(A10).

Hoshino M, Mukai T, Terasawa T, et al. 2001. Suprathermal electron acceleration in magnetic reconnection. Journal of Geophysical Research: Space Physics, 106(A11): 25979-25997.

Hu H, Liu Y D, Wang R, et al. 2017. Multi-spacecraft observations of the coronal and interplanetary evolution of a solar eruption associated with two active regions. Astrophysical Journal, 840(2): 76.

Hu Q, Sonnerup B U. 2001. Reconstruction of magnetic flux ropes in the solar wind. Geophysical Research Letters, 28(3): 467-470.

Hu Y Q. 1998. Asymmetric propagation of flare-generated shocks in the heliospheric equatorial plane. Journal of Geophysical Research: Space Physics, 103(A7): 14631-14641.

Hu Y Q, Jia X Z. 2001. Interplanetary shock interaction with the heliospheric current sheet and its associated structures. Journal of Geophysical Research: Space Physics, 106(A12): 29299-29304.

Hundhausen A J, Gentry R A. 1969a. Numerical simulation of flare-generated disturbances in the solar wind. Journal of Geophysics Research, 74: 2908.

Hundhausen A J, Gentry R A. 1969b. Effect of solar flare duration and double shock pair at 1 AU. Journal of Geophysics Research, 74: 6229.

Hundhausen A J. 1972. Coronal Expansion and Solar Wind. Berlin: Springer-Verlag.

Hundhausen A J. 1973a. Nonlinear model of high speed solar wind streams. Journal of Geophysics Research, 78: 1528.

Hundhausen A J. 1973b. Evolution of large-scale solar wind structures beyond 1 AU. Journal of Geophysics Research, 78: 2035.

Huttunen K E J, Koskinen H E, Pulkkinen T I, et al. 2002. April 2000 magnetic storm: solar wind driver and magnetospheric response. Journal of Geophysical Research: Space Physics, 107(A12): SMP-15.

Isavnin A, Vourlidas A, Kilpua E K. 2014. Three-dimensional evolution of flux-rope CMEs and its relation to the local orientation of the heliospheric current sheet. Solar Physics, 289(6): 2141-2156.

Jeffrey A, Taniuti T. 1964. Non-linear Wave Propagation with Applications to Physics and Magnetohydrodynamics. London: Academic Press.

Kay C, Opher M, Evans R M. 2013. Forecasting a coronal mass ejection's altered trajectory: ForeCAT. The Astrophysical Journal, 775(1): 5.

Kay C, Opher M, Evans R M. 2015. Global trends of CME deflections based on CME and solar parameters. The Astrophysical Journal, 805(2): 168.

Kay C, Opher M, Colaninno R C, et al. 2016. Using ForeCAT deflections and rotations to constrain the early evolution of CMEs. The Astrophysical Journal, 827(1): 70.

Kazantsev A P. 1961. Flow of a conducting gas past a current-carrying plate. Sov Phys Dokl, 5: 771-773.

Kennel C, Edmiston J P, Hada T. 1985. A quarter century of collisionless shock research. In: Stone R G, Tsurutani B T(eds). Collisionless shocks in the heliosphere: a tutorial review. AGU, Washington: 1-36.

Khrabrov A V, Sonnerup B U. 1998. de Hoffmann-Teller analysis. Analysis Methods for Multi-Spacecraft Data: 221-248.

Kilpua E K J, Pomoell J, Vourlidas A, et al. 2009. December. STEREO observations of interplanetary coronal mass ejections and prominence deflection during solar minimum period. Annales Geophysicae, 27(12): 4491-4503.

Kis A, Scholer M, Klecker B, et al. 2004. Multi-spacecraft observations of diffuse ions upstream of Earth's bow shock. Geophysical Research Letters, 31: L20801.

Klein L W, Burlaga L F. 1982. Interplanetary magnetic clouds at 1 AU. Journal of Geophysical Research: Space Physics, 87(A2): 613-624.

Krasnoselskikh V V, Lembege B, Savoini P, et al. 2002. Nonstationarity of strong collisionless quasiperpendicular shocks: theory and full particle numerical simulations. Physics of Plasmas, 9(4): 1192-1209.

Kunow H, Crooker N U, Linker J A, et al. 2007. Coronal mass ejections (Vol. 21). Springer Science & Business Media.

Landau L D, Lifshitz E M. 1960. Electrodynamics of Continuous Media. Oxford: Pergamon Press.

Larson D E, Lin R P, McTiernan J M, et al. 1997. Tracing the topology of the October 18–20, 1995, magnetic cloud with~ 0. 1–10² keV electrons. Geophysical Research Letters, 24(15): 1911-1914.

Le G, Russell C T. 1992. A study of ULF wave foreshock morphology. I – ULF foreshock boundary. II – spatial variation of ULF waves. Planet and Space Science, 40: 1203-1225.

Lembége B, Dawson J M. 1987. Plasma heating through a supercritical oblique collisionless shock. Physics of Fluids, 30: 1110-1114.

Lembége B, Savoini P. 1992. Nonstationarity of a two-dimensional quasiperpendicular supercritical collisionless shock by self-reformation. Physics of Fluids, 4: 3533-3548.

Lembége B, Savoini P. 2002. Formation of reflected electron bursts by the nonstationarity and nonuniformity of a collisionless shock front. Journal of Geophysical Research, 107: 1037.

Lepping R P, Jones J A, Burlaga L F. 1990. Magnetic field structure of interplanetary magnetic clouds at 1 AU. Journal of Geophysical Research: Space Physics, 95(A8): 11957-11965.

Lepri S T, Zurbuchen T H. 2004. Iron charge state distributions as an indicator of hot ICMEs: Possible sources and temporal and spatial variations during solar maximum. Journal of Geophysical Research: Space Physics, 109(A1): A01112.

Lepri S T, Zurbuchen T H, Fisk L A, et al. 2001. Iron charge distribution as an identifier of interplanetary coronal mass ejections. Journal of Geophysical Research: Space Physics, 106(A12): 29231-29238.

Liu Y D, Davies J A, Luhmann J G, et al. 2010a. Geometric triangulation of imaging observations to track coronal mass ejections continuously out to 1 AU. The Astrophysical Journal Letters, 710: L82-L87.

Liu Y D, Thernisien A, Luhmann J G, et al. 2010b. Reconstructing coronal mass ejections with coordinated imaging and in situ observations: global structure, kinematics, and implications for space weather forecasting. The Astrophysical Journal, 722: 1762-1777.

Liu Y D, Luhmann J G, Bale S D, et al. 2011. Solar source and heliospheric consequences of the 2010 April 3 coronal mass ejection: a comprehensive view. The Astrophysical Journal, 734: 84.

Liu Y D, Luhmann J G, Möstl C, et al. 2012. Interactions between coronal mass ejections viewed in coordinated imaging and in situ observations. The Astrophysical Journal Letters, 746 (2): L15.

Liu Y D, Luhmann J G, Lugaz N, et al. 2013. On sun-to-earth propagation of coronal mass ejections. The Astrophysical Journal, 769: 45

Liu Y D, Luhmann J G, Kajdič P, et al. 2014. Observations of an extreme storm in interplanetary space caused by successive coronal mass ejections. Nature Communications, 5: 3481.

Liu Y D, Hu H, Wang C, et al. 2016. On sun-to-earth propagation of coronal mass ejections: ii. slow events and comparison with others. The Astrophysical Journal Supplement Series, 222: 23.

Lopez R E. 1987. Solar cycle invariance in solar wind proton temperature relationships. Journal of Geophysical Research: Space Physics, 92 (A10): 11189-11194.

Lu Q M, Wang S. 2006. Electromagnetic waves downstream of quasi-perpendicular shocks. Journal of Geophysical Research: Space Physics, 111 (A5): A05204.

Lu Q, Wang H, Huang K, et al. 2018. Formation of power law spectra of energetic electrons during multiple X line magnetic reconnection with a guide field.Physics of Plasmas, 25 (7): 072126.

Lugaz N, Manchester IV W B, Gombosi T I. 2005. Numerical simulation of the interaction of two coronal mass ejections from Sun to Earth. The Astrophysical Journal, 634 (1): 651.

Lugaz N, Manchester I V W B, Roussev I I, et al. 2007. Numerical investigation of the homologous coronal mass ejection events from active region 9236. The Astrophysical Journal, 659 (1): 788.

Lugaz N, Downs C, Shibata K, et al. 2011. Numerical investigation of a coronal mass ejection from an anemone active region: reconnection and deflection of the 2005 August 22 eruption. The Astrophysical Journal, 738 (2): 127.

Lugaz N, Farrugia C J, Davies J A, et al. 2012. The deflection of the two interacting coronal mass ejections of 2010 May 23-24 as revealed by combined in situ measurements and heliospheric imaging. The Astrophysical Journal, 759 (1): 68.

Lundquist S. 1950. Magnetohydrostatic fields. Ark Fys, 2: 361-365.

Lynch B J, Zurbuchen T H, Fisk L A, et al. 2003. Internal structure of magnetic clouds: plasma and composition. Journal of Geophysical Research: Space Physics, 108 (A6): 1239.

MacQueen R M, Hundhausen A J, Conover C W. 1986. The propagation of coronal mass ejection transients. Journal of Geophysical Research: Space Physics, 91 (A1): 31-38.

Manchester IV W B, Gombosi T I, Roussev I, et al. 2004a. Modeling a space weather event from the Sun to the Earth: CME generation and interplanetary propagation. Journal of Geophysical Research: Space Physics, 109 (A2): A02107.

Manchester W B, Gombosi T I, Roussev I, et al. 2004b. Three-dimensional MHD simulation of a flux rope driven CME. Journal of Geophysical Research: Space Physics, 109 (A1): A01102.

Manchester W, Kilpua E K, Liu Y D, et al. 2017. The physical processes of CME/ICME evolution. Space Science Reviews, 212 (3-4): 1159-1219.

Marshall W. 1955. The structure of magnetohydrodynamic shock waves. Proc R Soc Lond, 233: 367-376.

Marubashi K. 2000. Physics of interplanetary magnetic flux ropes: toward prediction of geomagnetic storms. Advances in Space Research, 26 (1): 55-66.

Matsukiyo S, Scholer M. 2003. Modified two-stream instability in the foot of high Mach number quasiperpendicular shocks. Journal of Geophysical Research, 108: 1459.

McBride J B, Ott E, Boris J P, et al. 1972. Theory and simulation of turbulent heating by the modified two-stream instability. Physics of Fluids, 15: 2367-2383.

Mohamed A A, Gopalswamy N, Yashiro S, et al. 2012. The relation between coronal holes and coronal mass ejections during the rise, maximum, and declining phases of solar cycle 23. Journal of Geophysical Research: Space Physics, 117: A01103.

Moldwin M B, Phillips J L, Gosling J T, et al. 1995. Ulysses observation of a noncoronal mass ejection flux rope: evidence of interplanetary magnetic reconnection. Journal of Geophysical Research: Space Physics, 100 (A10): 19903-19910.

Moldwin M B, Ford S, Lepping R, et al. 2000. Small-scale magnetic flux ropes in the solar wind. Geophysical Research Letters, 27 (1): 57-60.

Montgomery M D, Asbridge J R, Bame S J, et al. 1974. Solar wind electron temperature depressions following some interplanetary shock waves: evidence for magnetic merging? Journal of Geophysical Research, 79 (22): 3103-3110.

Möstl C, Rollett T, Frahm R A, et al. 2015. Strong coronal channelling and interplanetary evolution of a solar storm up to Earth and Mars. Nature Communications, 6: 7135.

Mulligan T, Russell C T. 2001. Multispacecraft modeling of the flux rope structure of interplanetary coronal mass ejections: cylindrically symmetric versus nonsymmetric topologies. Journal of Geophysical Research: Space Physics, 106 (A6): 10581-10596.

Mulligan T, Russell C T, Gosling J T. 1999. On interplanetary coronal mass ejection identification at 1 AU. In AIP Conference Proceedings, 471 (1): 693-696.

Muschietti L. 1990. Electron beam formation and stability. Solar Physics, 130: 201-228.

Muschietti L, Dum C T. 1991. Nonlinear wave scattering and electron beam relaxation. Physics of Fluids, B3: 1968-1982.

Narita Y, Glassmeier K H. 2005. Dispersion analysis of low-frequency waves through the terrestrial bow shock. Journal of Geophysical Research, 110: A12215.

Narita Y, Glassmeier K H, Fornacon K H, et al. 2006. Low-frequency wave characteristics in the upstream and downstream regime of the terrestrial bow shock. Journal of Geophysical Research, 111: A01203.

Neugebauer M, Goldstein R. 1997. Particle and field signatures of coronal mass ejections in the solar wind. Coronal Mass Ejections, 99: 245-251.

Neugebauer M, Goldstein R, Goldstein B E. 1997. Features observed in the trailing regions of interplanetary clouds from coronal mass ejections. Journal of Geophysical Research: Space Physics, 102 (A9): 19743-19751.

Neukomm R O. 1998. Composition of CMEs. University of Bern.

Odstrcil D, Pizzo V J. 2009. Numerical heliospheric simulations as assisting tool for interpretation of observations by STEREO heliospheric imagers. Solar Physics, 259 (1-2): 297-309.

Odstrcil D, Linker J A, Lionello R, et al. 2002. Merging of coronal and heliospheric numerical two-dimensional MHD models. Journal of Geophysical Research: Space Physics, 107 (A12): SSH-14.

Olson J V, Holzer R E, Smith E J. 1969. High-frequency magnetic fluctuations associated with the Earth's bow shock. Journal of Geophysical Research, 74: 2255-2262.

Osherovich V, Burlaga L F. 1997. Magnetic clouds. Coronal Mass Ejections, 99: 157-168.

Osherovich V A, Farrugia C J, Burlaga L F. 1993a. Dynamics of aging magnetic clouds. Advances in Space Research, 13 (6): 57-62.

Osherovich V A, Farrugia C J, Burlaga L F. 1993b. Nonlinear evolution of magnetic flux ropes: 1. Low-beta limit. Journal of Geophysical Research: Space Physics, 98（A8）: 13225-13231.

Osherovich V A, Farrugia C J, Burlaga L F. 1995. Nonlinear evolution of magnetic flux ropes: 2. Finite beta plasma. Journal of Geophysical Research: Space Physics, 100（A7）: 12307-12318.

Owens M J, Merkin V G, Riley P. 2006. A kinematically distorted flux rope model for magnetic clouds. Journal of Geophysical Research: Space Physics, 111（A3）.

Papadopoulos K. 1985. Microinstabilities and anomalous transport. In: Stone R G, Tsurutani B T（eds）. Collision-less shocks in the heliosphere: a tutorial review. AGU, Washington: 59-90

Papadopoulos K. 1988. Electron heating in superhigh Mach number shocks. Plasma and the Universe: 535-547.

Papadopoulos K, Davidson R C, Dawson J M, et al. 1971. Heating of counterstreaming ion beams in an external magnetic field. Physics of Fluids, 14: 849-857.

Parker E N. 1961. Sudden expansion of the corona following a large solar flare and the attendant magnetic field. Astrophysical Journal, 133: 1014.

Parker E N. 1963. Interplanetary Dynamical Processes. New York: Interscience.

Paschmann G, Schopke N, Papamastorakis I, et al. 1981. Characteristics of reflected and diffuse ions upstream from the earth's bow shock. Journal of Geophysical Research, 86(A6): 4355-4364.

Plunkett S P, Thompson B J, Cyr O S, et al. 2001. Solar source regions of coronal mass ejections and their geomagnetic effects. Journal of Atmospheric and Solar-Terrestrial Physics, 63（5）: 389-402.

Reddy P, Maurya R A, Ambastha A. 2012. Filament eruption in NOAA 11093 leading to a two-ribbon M1. 0 class flare and CME. Solar Physics, 277（2）: 337-354.

Reiner M J, Kaiser M L, Fainberg J, et al. 1996. 2fp radio emission from the vicinity of the Earth's foreshock: WIND observations. Geophysical Research Letters, 23: 1247-1250.

Richardson I G. 1997. Using energetic particles to probe the magnetic topology of ejecta. Geophysical Monograph-American Geophysical Union, 99: 189-196.

Richardson I G, Cane H V. 1993. Signatures of shock drivers in the solar wind and their dependence on the solar source location. Journal of Geophysical Research: Space Physics, 98（A9）: 15295-15304.

Richardson I G, Cane H V. 1995. Regions of abnormally low proton temperature in the solar wind （1965-1991） and their association with ejecta. Journal of Geophysical Research: Space Physics, 100（A12）: 23397-23412.

Richardson I G, Cane H V. 2004. Identification of interplanetary coronal mass ejections at 1 AU using multiple solar wind plasma composition anomalies. Journal of Geophysical Research: Space Physics, 109（A9）: A09104.

Richardson I G, Farrugia C J, Cane H V. 1997. A statistical study of the behavior of the electron temperature in ejecta. Journal of Geophysical Research: Space Physics, 102(A3): 4691-4699.

Richardson I G, Cliver E W, Cane H V. 2001. Sources of geomagnetic storms for solar minimum and maximum conditions during 1972–2000. Geophysical Research Letters, 28（13）: 2569-2572.

Riley P, Crooker N U. 2004. Kinematic treatment of coronal mass ejection evolution in the solar wind. The Astrophysical Journal, 600（2）: 1035.

Rodriguez P. 1985. Long duration lion roars associated with quasi-perpendicular bow shocks. Journal of Geophysical Research, 90: 241-248.

Rodriguez P, Gurnett D A. 1975. Electrostatic and electromagnetic turbulence associated with the Earth's bow shock. Journal of Geophysical Research, 80: 19-31.

Rollett T, Möstl C, Temmer M, et al. 2014. Combined multipoint remote and in situ observations of the asymmetric evolution of a fast solar coronal mass ejection. The Astrophysical Journal Letters, 790（1）:

L6.

Rosenbauer H, Schween R, Marsch E, et al. 1977. A survey on initial results of the Helios plasma experiment. Journal of Geophysical, 42: 561.

Russell C T, Hoppe M M. 1983. Upstream waves and particles - tutorial lecture. Space Science Reviews, 34: 155-172.

Russell C T, Shinde A A. 2003. ICME identification from solar wind ion measurements. Solar Physics, 216(1-2): 285-294.

Russell C T, Childers D D, Coleman P J Jr. 1971. Ogo 5 observations of upstream waves in the interplanetary medium: discrete wave packets. Journal of Geophysical Research, 76: 845-861.

Sagdeev R Z. 1966a. Cooperative phenomena and shock waves in collisionless plasmas. Rev Plasma Phys, 4: 23.

Sagdeev R Z. 1966b. Cooperative phenomena in collisionless plasmas. In: Leontovich M A (ed). Rev Plasma Phys, 4: 32-91

Sagdeev R Z. 1979. The 1976 Oppenheimer lectures: critical problems in plasma astrophysics. I. Turbulence and nonlinear waves. Reviews of Modern Physics, 51(1): 1.

Sagdeev R Z, Kennel C F. 1991. Collisionless shock waves. Scientific American, 264(4): 106-115.

Sanderson T R, Reinhard R, Wenzel K P, et al. 1983. Observations of upstream ions and low-frequency waves on ISEE 3. Journal of Geophysical Research, 88: 85-95.

Scarf F L, Fredricks R W, Frank L A, et al. 1971. Nonthermal electrons and high-frequency waves in the upstream solar wind. 1. Observations. Journal of Geophysical Research, 76: 5162-5171.

Schmidt J M, Cargill P J. 2003. Magnetic reconnection between a magnetic cloud and the solar wind magnetic field. Journal of Geophysical Research: Space Physics, 108(A1): 1023.

Schmidt J M, Cargill P J. 2004. A numerical study of two interacting coronal mass ejections. Annales Geophysicae, 22(6): 2245-2254.

Scholer M, Fujimoto M. 1993. Low-Mach number quasi-parallel shocks-upstream waves. Journal of Geophysical Research, 98: 15275-15283.

Scholer M, Matsukiyo S. 2004. Nonstationarity of quasi-perpendicular shocks: a comparison of full particle simulations with different ion to electron mass ratio. Annales Geophysicae, 22(7): 2345-2353.

Scholer M, Burgess D. 2007. Whistler waves, core ion heating, and nonstationarity in oblique collisionless shocks. Physics of Plasmas, 14: 072103.

Scholer M, Shinohara I, Matsukiyo S. 2003. Quasi-perpendicular shocks: length scale of the cross-shock potential, shock reformation, and implication for shock surfing. Journal of Geophysical Research: Space Physics, 108(A1): SSH-4.

Schwartz S J, Burgess D. 1991. Quasi-parallel shocks—a patchwork of three-dimensional structures. Geophysical Research Letters, 18: 373-376.

Schwartz S J, Thomsen M F, Gosling J T. 1983. Ions upstream of the Earth's bow shock—a theoretical comparison of alternative source populations. Journal of Geophysical Research, 88: 2039-2047.

Schwenn R, Rosenbauer H, Mühlhäuser K H. 1980. Singly-ionized helium in the driver gas of an interplanetary shock wave. Geophysical Research Letters, 7(3): 201-204.

Schwenn R, Dal Lago A, Huttunen E, et al. 2005. The association of coronal mass ejections with their effects near the Earth. Annales Geophysicae, 23(3): 1033-1059.

Sckopke N, Paschmann G, Bame S J, et al. 1983, Evolution of ion distributions across the nearly perpendicular bow shock-specularly and non-specularly reflected-gyrating ions. Journal of Geophysical Research, 88: 6121-6136.

Sheeley N R, Walters J H, Wang Y M, et al. 1999. Continuous tracking of coronal outflows: two kinds of coronal mass ejections. Journal of Geophysical Research, 104: 24739-24768.

Shen C, Wang Y, Gui B, et al. 2011. Kinematic evolution of a slow CME in corona viewed by STEREO-B on 8 October 2007. Solar Physics, 269(2): 389-400.

Shen C, Wang Y, Wang S, et al. 2012. Super-elastic collision of large-scale magnetized plasmoids in the heliosphere. Nature Physics, 8(12): 923.

Shen F, Feng X S, Wang Y, et al. 2011. Three-dimensional MHD simulation of two coronal mass ejections' propagation and interaction using a successive magnetized plasma blobs model. Journal of Geophysical Research: Space Physics, 116(A9).

Shimada N, Hoshino M. 2000. Strong electron acceleration at high Mach number shock waves: simulation study of electron dynamics. The Astrophysical Journal Letters, 543(1): L67.

Shodhan S, Crooker N U, Kahler S W, et al. 2000. Counterstreaming electrons in magnetic clouds. Journal of Geophysical Research: Space Physics, 105(A12): 27261-27268.

Simon M, Axford W I. 1966. Shock waves in the interplanetary medium. Planet and Space Science, 14: 901.

Siscoe G L. 1974. Discontinuities in the solar wind, Solar Wind Three. Los Angeles: University of California Press.

Skoug R M, Bame S J, Feldman W C, et al. 1999. A prolonged He$^+$ enhancement within a coronal mass ejection in the solar wind. Geophysical research letters, 26(2): 161-164.

Smith E J, Wolfre J H. 1977. Pioneer-10, 11 observations of evolving solar wind streams and shocks beyond 1 AU, Study of Travelling Interplanetary Phenomena. Dordrecht: D. Reidel Publishing Company.

Sonett C P, Colburn D S, Davis L, et al. 1964. Evidence for a collisionfree magneto hydrodynamic shock in interplanetary space. Physical Review Letters, 13: 153.

Sonnerup B Ö. 1969. Acceleration of particles reflected at a shock front. Journal of Geophysical Research, 74(5): 1301-1304.

Sonnerup B Ö, Guo M. 1996. Magnetopause transects. Geophysical Research Letters, 23(25): 3679-3682.

Spreiter J R, Summers A L, Alksne A Y. 1966. Hydromagnetic flow around the magnetosphere. Planet and Space Science, 14: 223.

Thernisien A F R, Howard R A, Vourlidas A. 2006. Modeling of flux rope coronal mass ejections. The Astrophysical Journal, 652: 763-773.

Thernisien A F R, Vourlidas A, Howard R A. 2009. forward modeling of coronal mass ejections using STEREO/SECCHI data. Solar Physics, 256: 111-130.

Tidman D A, Northrop T G. 1968. Emission of plasma waves by the Earth's bow shock. Journal of Geophysical Research, 73: 1543-1553.

Tidman D A, Krall N A. 1971. Shock Waves In Collisionless Plasmas. Wiley-Interscience.

Trattner K J, Mobius E, Scholer M, et al. 1994. Statistical analysis of diffuse ion events upstream of the Earth's bow shock. Journal of Geophysical Research, 99: 13389-13400.

Trotignon J G, Décréau P M E, Rauch J L, et al. 2001. How to determine the thermal electron density and the magnetic field strength from the Cluster/Whisper observations around the Earth. Annales Geophysicae, 19: 1711-1720.

Tsurutani B T, Gonzalez W D. 1997. The interplanetary causes of magnetic storms: a review. Magnetic Storms, 98: 77-89.

Tsurutani B T, Gonzalez W D, Tang F, et al. 1988. Origin of interplanetary southward magnetic fields responsible for major magnetic storms near solar maximum (1978–1979). Journal of Geophysical Research: Space Physics, 93(A8): 8519-8531.

Umeda T, Yamazaki R. 2006. Full particle simulation of a perpendicular collisionless shock: a shock-rest-frame model. Earth Planets Space, 58: e41-e44.

Vandas M. 2003. Interplanetary modeling of ICMEs. Solar Variability as an Input to the Earth's Environment, 535: 527-534.

Vandas M, Odstrčil D. 2000. Magnetic cloud evolution: a comparison of analytical and numerical solutions. Journal of Geophysical Research: Space Physics, 105(A6): 12605-12616.

Vandas M, Fischer S, Dryer M, et al. 1995. Simulation of magnetic cloud propagation in the inner heliosphere in two-dimensions: 1. A loop perpendicular to the ecliptic plane. Journal of Geophysical Research: Space Physics, 100(A7): 12285-12292.

Vandas M, Fischer S, Dryer M, et al. 1996. Parametric study of loop-like magnetic cloud propagation. Journal of Geophysical Research: Space Physics, 101(A7): 15645-15652.

Vandas M, Fischer S, Dryer M, et al. 1996a. Simulation of magnetic cloud propagation in the inner heliosphere in two dimensions: 2. A loop parallel to the ecliptic plane and the role of helicity. Journal of Geophysical Research: Space Physics, 101(A2): 2505-2510.

Vandas M, Fischer S, Pelant P, et al. 1996b. MHD simulation of the propagation of loop-like and bubble-like magnetic clouds. AIP Conference Proceedings, 382(1): 566-569.

Vandas M, Fischer S, Dryer M, et al. 1997a. MHD simulation of an interaction of a shock wave with a magnetic cloud. Journal of Geophysical Research: Space Physics, 102(A10): 22295-22300.

Vandas M, Fischer S, Odstrcil D, et al. 1997b. Flux ropes and spheromaks: a numerical study. Washington DC American Geophysical Union Geophysical Monograph Series, 99: 169-176.

Vandas M, Odstrčil D, Watari S. 2002. Three-dimensional MHD simulation of a loop-like magnetic cloud in the solar wind. Journal of Geophysical Research: Space Physics, 107(A9): SSH-2.

Völk H J. 1975. Microstructure of the solar wind. Space Science Reviews, 17: 255.

Vourlidas A, Howard R A. 2006. The proper treatment of coronal mass ejection brightness: a new methodology and implications for observations. The Astrophysical Journal, 642(2): 1216.

Walker S, Sahraoui F, Balikhin M, et al. 2004. A comparison of wave mode identification techniques. Annales Geophysicae, 22: 3021-3032.

Wang R, Liu Y D, Dai X, et al. 2015. The role of active region coronal magnetic field in determining coronal mass ejection propagation direction. The Astrophysical Journal, 814(1): 80.

Wang Y M, Wang S, Ye P Z. 2002a. Multiple magnetic clouds in interplanetary space. Solar Physics, 211(1-2): 333-344.

Wang Y M, Ye P Z, Wang S, et al. 2002b. A statistical study on the geoeffectiveness of Earth-directed coronal mass ejections from March 1997 to December 2000. Journal of Geophysical Research: Space Physics, 107(A11): SSH-2.

Wang Y M, Ye P Z, Wang S, et al. 2003a. An interplanetary cause of large geomagnetic storms: fast forward shock overtaking preceding magnetic cloud. Geophysical research letters, 30(13): 1700.

Wang Y M, Ye P Z, Wang S. 2003b. Multiple magnetic clouds: Several examples during March–April 2001. Journal of Geophysical Research: Space Physics, 108(A10): 1370.

Wang Y M, Ye P Z, Wang S, et al. 2003c. Theoretical analysis on the geoeffectiveness of a shock overtaking a preceding magnetic cloud. Solar Physics, 216(1-2): 295-310.

Wang Y M, Wang S, Ye P, et al. 2004a. The formation and propagation of multiple magnetic clouds in the heliosphere. 35th COSPAR Scientific Assembly, 35: 432.

Wang Y M, Shen C, Wang S, et al. 2004b. Deflection of coronal mass ejection in the interplanetary medium. Solar Physics, 222(2): 329-343.

Wang Y M, Ye P Z, Wang S. 2004c. An interplanetary origin of great geomagnetic storms: multiple magnetic clouds. Chinese Journal of Geophysics, 47(3): 417-423.

Wang Y M, Zheng H, Wang S, et al. 2005. MHD simulation of the formation and propagation of multiple magnetic clouds in the heliosphere. Astronomy & Astrophysics, 434(1): 309-316.

Wang Y M, Wei F S, Feng X S, et al. 2010. Energetic electrons associated with magnetic reconnection in the magnetic cloud boundary layer. Physical Review Letters, 105(19): 195007.

Wang Y M, Wang B, Shen C, et al. 2014. Deflected propagation of a coronal mass ejection from the corona to interplanetary space. Journal of Geophysical Research: Space Physics, 119(7): 5117-5132.

Webb D F, Cliver E W, Crooker N U, et al. 2000. Relationship of halo coronal mass ejections, magnetic clouds, and magnetic storms. Journal of Geophysical Research: Space Physics, 105(A4): 7491-7508.

Wei F, Liu R, Fan Q, et al. 2003a. Identification of the magnetic cloud boundary layers. Journal of Geophysical Research: Space Physics, 108(A6): 1263.

Wei F, Liu R, Feng X, et al. 2003b. Magnetic structures inside boundary layers of magnetic clouds. Geophysical Research Letters, 30(24): 2283.

Whang Y C. 1984. The forward-reverse shock pair at large heliocentric distances. Journal of Geophysical Research, 89: 7367.

Whang Y C, Chien T H. 1981. Magnetohydrodynamic interaction of high-speed streams. Journal of Geophysical Research, 86: 3263.

Wu C C, Fry C D, Dryer M, et al. 2007. Three-dimensional global simulation of multiple ICMEs' interaction and propagation from the Sun to the heliosphere following the 25–28 October 2003 solar events. Advances in Space Research, 40(12): 1827-1834.

Wu C S, Winske D, Zhou Y M, et al. 1984. Microinstabilities associated with a high Mach number, perpendicular bow shock. Space Science Reviews, 37(1-2): 63-109.

Wu S T, Dryer M, Han S M. 1976. Interplanetary disturbances in the solar Wind produced by density, temperature, or velocity pulses at 0. 08 AU. Solar Physics, 49: 187.

Wu S T, Wang A H, Gopalswamy N. 2002. October. MHD modelling of CME and CME interactions in a bi-modal solar wind: a preliminary analysis of the 20 January 2001 two CMEs interaction event. In SOLMAG 2002. Proceedings of the Magnetic Coupling of the Solar Atmosphere Euroconference, 505: 227-230.

Wurz P, Bochsler P, Lee M A. 2000. Model for the mass fractionation in the January 6, 1997, coronal mass ejection. Journal of Geophysical Research: Space Physics, 105(A12): 27239-27249.

Xiong M, Zheng H, Wang Y, et al. 2006a. Magnetohydrodynamic simulation of the interaction between interplanetary strong shock and magnetic cloud and its consequent geoeffectiveness. Journal of Geophysical Research: Space Physics, 111(A8): A11102.

Xiong M, Zheng H, Wang Y, et al. 2006b. Magnetohydrodynamic simulation of the interaction between interplanetary strong shock and magnetic cloud and its consequent geoeffectiveness: 2. Oblique collision. Journal of Geophysical Research: Space Physics, 111(A11): A11102.

Xiong M, Zheng H, Wu S T, et al. 2007. Magnetohydrodynamic simulation of the interaction between two interplanetary magnetic clouds and its consequent geoeffectiveness. Journal of Geophysical Research: Space Physics, 112(A11).

Xiong M, Zheng H, Wang S. 2009. Magnetohydrodynamic simulation of the interaction between two interplanetary magnetic clouds and its consequent geoeffectiveness: 2. Oblique collision. Journal of Geophysical Research: Space Physics, 114(A11).

Zhang J, Dere K P, Howard R A, et al. 2003. Identification of solar sources of major geomagnetic storms between 1996 and 2000. The Astrophysical Journal, 582(1): 520.

Zhou G, Wang Y, Wang J. 2006. Coronal mass ejections associated with polar crown filaments. Advances in Space Research, 38 (3): 466-469.

Zhou Y F, Feng X. 2008. Numerical study of successive CMEs during November 4-5, 1998. Science in China Series E: Technological Sciences, 51 (10): 1600-1610.

Zhou Y F, Feng X S. 2013. MHD numerical study of the latitudinal deflection of coronal mass ejection. Journal of Geophysical Research: Space Physics, 118 (10): 6007-6018.

Zuccarello F P, Bemporad A, Jacobs C, et al. 2011. The role of streamers in the deflection of coronal mass ejections: comparison between STEREO three-dimensional reconstructions and numerical simulations. The Astrophysical Journal, 744 (1): 66.

Zuccarello F P, Meliani Z, Poedts S. 2012. Numerical modeling of the initiation of coronal mass ejections in active region NOAA 9415. The Astrophysical Journal, 758 (2): 117.

Zurbuchen T H, Fisk L A, Lepri S T, et al. 2003. The composition of interplanetary coronal mass ejections. American Institute of Physics, 619 (1): 604-607.

Zurbuchen T H, Gloeckler G, Ipavich F, et al. 2004. On the fast coronal mass ejections in October/November 2003: ACE-SWICS results. Geophysical Research Letters, 31 (11): L11805.

КуЛцковскцй А Р, Любцмов Г А. 1962. МагнитаЯ Гидродинатика. москва.

第 4 章　太阳和日球层高能带电粒子

行星际空间中不仅存在着磁场和低能等离子体，而且到处弥漫着高能带电粒子。这些高能粒子主要包括来自银河系和河外星系的宇宙线粒子、在日球层边界区域中加速的异常宇宙线粒子、在太阳日冕中加速的太阳高能粒子、在太阳大气或行星际空间中加速的太阳风超热粒子，以及其他高能粒子。本章主要介绍带电粒子的加速机制和输运过程、宇宙线粒子、异常宇宙线粒子、太阳高能粒子、太阳风超热粒子及能量暴粒子。

4.1　带电粒子的加速机制

本节主要介绍四种基本的加速机制：费米加速、激波加速、随机加速和直流电场加速。其他的带电粒子加速机制还包括 Betatron 加速、收缩磁岛加速等。

4.1.1　费米加速（**Fermi Acceleration**）

费米（Fermi，1949）提出了关于宇宙线粒子起源的第一个可行加速理论：在星际空间中，带电粒子与随机运动的磁云发生碰撞，粒子在迎头碰撞中获得动量、动能增加，在追赶碰撞中失去动量、动能减少，由于发生迎头碰撞的概率比发生追赶碰撞的概率高，因此多次碰撞的统计效应会使带电粒子的能量增加。这种加速机制被称为费米加速。

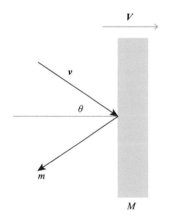

图 4.1.1　费米加速的示意图

这个加速图像（图 4.1.1）通常适用于带电粒子与运动中的具有较强磁场的结构发生碰撞时，粒子由于在绝热运动中磁矩守恒从而被磁镜反射。如图 4.1.1 所示，我们考虑相对论运动公式，假设带电粒子的速度为 v，能量为 ε，磁场结构（如磁云）的运动速度为 V，且 V 与 v 的夹角为 θ，碰撞后带电粒子的能量改变量为 $\Delta\varepsilon = -2\varepsilon\left(\dfrac{Vv}{c^2}\right)\cos\theta$（保留到 $\dfrac{V}{c}$ 的

一阶小量）。对于迎头碰撞，v 与 V 的方向相反（$\cos\theta = -1$），碰撞后带电粒子的能量会增加 $\Delta\varepsilon = 2\varepsilon\left(\dfrac{Vv}{c^2}\right)$；对于追赶碰撞，$v$ 与 V 的方向相同（$\cos\theta = 1$），碰撞后带电粒子的能量会减少 $\Delta\varepsilon = -2\varepsilon\left(\dfrac{Vv}{c^2}\right)$。如果磁场结构做随机运动，即带电粒子的碰撞角度位于 θ 到 $\theta+\mathrm{d}\theta$ 范围的概率正比于 $(v - V\cos\theta)\sin\theta\mathrm{d}\theta$，通过统计计算可获得每次碰撞后粒子获得的平均能量（保留到 $\dfrac{V}{c}$ 的二阶小量）：

$$\langle \Delta\varepsilon \rangle = -\left\langle 2\varepsilon\left(\frac{Vv}{c^2}\right)\cos\theta + 2\left(\frac{V}{c}\right)^2 \right\rangle = \frac{8}{3}\varepsilon\left(\frac{V}{c}\right)^2 \tag{4.1.1}$$

式中，c 为光速。因此，带电粒子虽然在单次碰撞中可能会损失能量，但是多次碰撞的统计效应会使其获得能量。

设碰撞的平均自由程为 L，粒子沿磁力线运动的投掷角 ϕ 随机分布，则通过计算求得碰撞的平均时间：

$$\tau_{\mathrm{coll}} = \left\langle \frac{L}{v|\cos\phi|} \right\rangle \approx \frac{2L}{v} \tag{4.1.2}$$

碰撞造成的粒子的平均能量改变率为

$$\frac{\mathrm{d}\varepsilon}{\mathrm{d}t} = \frac{4v}{3L}\left(\frac{V}{c}\right)^2 \varepsilon = \beta\varepsilon \tag{4.1.3}$$

对于相对论带电粒子，$\beta \cong \frac{4V^2}{3Lc}$。由于能量改变项正比于 V 的二次方，所以费米加速被称为二阶费米加速。

粒子的扩散–损失方程为

$$\frac{\mathrm{d}N(\varepsilon)}{\mathrm{d}t} = D\nabla^2 N + \frac{\partial}{\partial\varepsilon}(bN) - \frac{N}{\tau_{\mathrm{esc}}} + Q(\varepsilon) \tag{4.1.4}$$

式中，$N(\varepsilon)$ 为能量位于 $\varepsilon \sim \varepsilon + \mathrm{d}\varepsilon$ 之间的粒子数，$D\nabla^2 N$ 为扩散项，$Q(\varepsilon)$ 为粒子源项，$b = -\mathrm{d}\varepsilon/\mathrm{d}t$ 为能量损失项，τ_{esc} 为粒子逃逸时间。当我们忽略扩散项和源项，并考虑稳定解（$\mathrm{d}N(\varepsilon)/\mathrm{d}t = 0$），式 (4.1.4) 将简化为

$$\frac{\partial}{\partial\varepsilon}(bN) = \frac{N}{\tau_{\mathrm{esc}}} \tag{4.1.5}$$

从式 (4.1.3) 出发，我们可以得到

$$\frac{\mathrm{d}N(\varepsilon)}{\mathrm{d}\varepsilon} = -(1 + \frac{1}{\beta\tau_{\mathrm{esc}}})\frac{N(\varepsilon)}{\varepsilon} \tag{4.1.6}$$

它的解为一个幂律能谱

$$N(\varepsilon) \propto \varepsilon^{-(1+\frac{1}{\beta\tau_{\mathrm{esc}}})} \tag{4.1.7}$$

这与观测到的宇宙线粒子的能谱形状一致。

虽然费米加速并不直接体现空间中真实发生的带电粒子加速过程，但是它是首个在物理上可行的关于宇宙线粒子起源和加速的尝试图像。

4.1.2 激波加速（Shock Acceleration）

磁流体激波是空间等离子体中常见的物理现象，而激波加速是空间等离子体中最重要的粒子加速机制之一。许多观测都表明，在太阳大气、行星际太阳风、行星系统边界、日球层边界以及超新星爆发中等，激波可以加速带电粒子。本节主要介绍两种激波加速

机制: 激波漂移加速和扩散激波加速。人们通常认为激波漂移加速主要适用于垂直激波和准垂直激波条件下的粒子加速,而扩散激波加速主要适用于平行激波和准平行激波条件下的粒子加速。

在多数空间等离子体中,带电粒子之间的库仑碰撞平均自由程通常要远大于研究对象的宏观尺度,被称为无碰撞等离子体。因此,激波加速一般采用无碰撞激波模型,忽略激波面的内部结构和带电粒子与激波面内的各种波动之间的相互作用,把激波波阵面看作一个无限薄的间断平面,并认为激波面两侧上下游中的密度、流速、电磁场和温度等物理量都是均匀的,可以用 Rankine-Hugoniot 关系(Parks, 2004)来表示。

1. 激波漂移加速(Shock Drift Acceleration)

在磁流体激波中,流体的运动速度 V 通常不平行于激波上下游中的磁场 B 的方向。由于磁冻结效应,在激波面坐标系下,激波的上下游中都会产生感应电场 $E = -V \times B$,E 垂直于上下游磁场的方向。由于激波上下游的磁场大小不同,粒子在穿越激波面的时候会产生磁场梯度漂移,漂移运动的方向垂直于磁场以及(位于激波面法向上的)磁场梯度。当漂移速度有沿着感应电场 E 的分量时,带电粒子就会被电场加速,如图 4.1.2 所示,激波面用垂直虚线表示,横坐标为粒子在激波面法向上的位移,纵坐标为粒子能量和初始能量的比值。从左到右分别为粒子在激波面处被反射,从上游穿过激波面进入下游,从下游穿过激波面进入上游。这三种情况都伴随着粒子能量的增加(Decker, 1983)。激波漂移加速是指在此激波电场下带电粒子的加速过程(Pesses and Decker, 1986; Decker, 1988; Ball and Melrose, 2001)。这种加速过程在垂直激波和准垂直激波条件下比较明显。

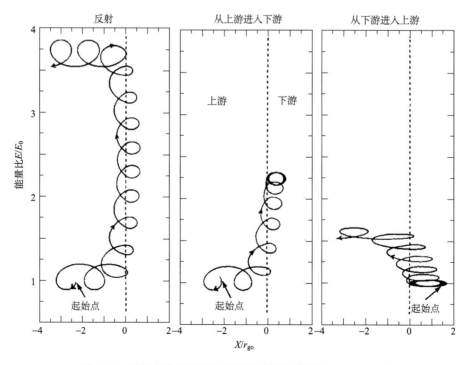

图 4.1.2 粒子在准垂直激波附近的轨迹示意图(Decker, 1988)

我们可以引入 de Hoffmann-Teller 坐标系（简称 HT 坐标系），用于简洁地描述激波漂移加速。 在 HT 坐标系中，激波上下游的流速平行于磁场，即感应电场 $\boldsymbol{E}=0$。 对于亚光速（subluminal）激波，HT 坐标系总是存在的。HT坐标系相对于激波静止坐标系的速度如下。

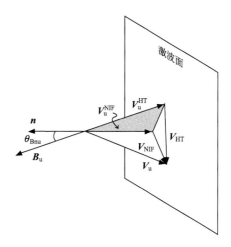

$$V^{\mathrm{HT}} = \frac{\boldsymbol{n} \times (V_{\mathrm{u}} \times \boldsymbol{B}_{\mathrm{u}})}{\boldsymbol{B}_{\mathrm{u}} \cdot \boldsymbol{n}} \tag{4.1.8}$$

式中，$\boldsymbol{n}$ 为激波面法向的单位矢量，指向上游；V_{u} 和 $\boldsymbol{B}_{\mathrm{u}}$ 分别为上游（下标为 u）流速和磁场。变换到 HT 坐标系中，上游流速 $V_{\mathrm{u}}^{\mathrm{HT}}$ 平行于上游磁场 $\boldsymbol{B}_{\mathrm{u}}$，如图 4.1.3 所示。由 Rankine-Hugoniot 关系可知，下游（下标为 d）流速 $V_{\mathrm{d}}^{\mathrm{HT}}$ 也必定平行于下游磁场 $\boldsymbol{B}_{\mathrm{d}}$，因此，在 HT 坐标系中，上游和下游均不存在感应电场，带电粒子不论在激

图 4.1.3　在 de Hoffmann-Teller（HT）坐标系和激波垂直坐标系（NIF）中，激波上游流速 $V_{\mathrm{u}}^{\mathrm{HT}}$、磁场 $\boldsymbol{B}_{\mathrm{u}}$ 和 V^{HT} 等的关系

波面上反射或者穿过激波面，粒子的能量都不会改变。如果带电粒子运动满足绝热运动条件（电子运动可能更容易满足），则粒子的磁矩守恒，即第一绝热不变量不变：

$$\frac{\varepsilon_{\perp}}{B} = \mathrm{const} \tag{4.1.9}$$

式中，$\varepsilon_{\perp}$ 为带电粒子在垂直磁场方向上的动能。对于非相对论性粒子，

$$\varepsilon_{\perp} = \frac{m v_{\perp}^2}{2} = \frac{m v^2 (1 - \cos^2 \alpha)}{2} \tag{4.1.10}$$

式中，α 为粒子的投掷角。所以在绝热运动下，HT 坐标系中的带电粒子在穿越激波面上下游时应该满足

$$\frac{(1 - \cos^2 \alpha_{\mathrm{u}})}{B_{\mathrm{u}}} = \frac{(1 - \cos^2 \alpha_{\mathrm{d}})}{B_{\mathrm{d}}} \tag{4.1.11}$$

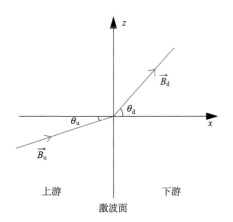

上式显示，对于从激波上游向下游方向运动的带电粒子，只有 $\alpha_{\mathrm{u}} < \alpha_{\mathrm{c}} = \sin^{-1}(\sqrt{B_{\mathrm{u}}/B_{\mathrm{d}}})$ 的粒子才能从上游穿过激波面进入下游，而 $\alpha_{\mathrm{u}} > \alpha_{\mathrm{c}}$ 的粒子则会被激波面反射回上游；从激波下游向上游方向运动的带电粒子均能穿过激波面进入上游（图 4.1.2）。α_{c} 为临界投掷角。

下面定量计算带电粒子在激波面上被电场加速获得的能量，问题的关键在于求解粒子在激波面电场方向上的漂移距离。如图 4.1.4，假设上下游磁场为

图 4.1.4　HT 坐标系中激波上下游的磁场位形

$$\boldsymbol{B}(\boldsymbol{r}) = \begin{cases} (B_{xu}, 0, B_{zu}), x < 0 \\ (B_{xd}, 0, B_{zd}), x > 0 \end{cases} \qquad (4.1.12)$$

式中，$B_{xu} = B_u \cos\theta_u$，$B_{zu} = B_u \sin\theta_u$，$B_{xd} = B_d \cos\theta_d$ 和 $B_{zd} = B_d \sin\theta_d$，$\theta_u$ 和 θ_d 分别为上下游磁场和激波面法向的夹角。由 $\nabla \cdot \boldsymbol{B} = 0$ 我们可以得到

$$B_u \cos\theta_u = B_d \cos\theta_d = b \qquad (4.1.13)$$

在 HT 坐标系中，速度为 v，质量为 m，电荷量为 q 的粒子的拉格朗日量为

$$L = T - U = \frac{mv^2}{2} - q(\boldsymbol{\Phi} - \boldsymbol{v} \cdot \boldsymbol{A}) \qquad (4.1.14)$$

式中，$\boldsymbol{\Phi}$ 为电势。由于在 HT 坐标系中不存在电场，所以 $\boldsymbol{\Phi} = 0$，$\boldsymbol{A}$ 为磁矢势，满足 $\nabla \times \boldsymbol{A} = \boldsymbol{B}$ 和洛伦兹规范 $\nabla \cdot \boldsymbol{A} = 0$，可解得 $\boldsymbol{A}$ 的表达式为

$$\boldsymbol{A}(\boldsymbol{r}) = \begin{cases} (0, B_{zu}x, by), x < 0 \\ (0, B_{zd}x, by), x > 0 \end{cases} \qquad (4.1.15)$$

我们可以发现：

(1)因为 L 不显含时间 t，因此粒子能量守恒，即

$$\frac{\partial L}{\partial \boldsymbol{v}} \cdot \boldsymbol{v} - L = \frac{mv^2}{2} = \text{const} \qquad (4.1.16)$$

(2)因为 L 不显含坐标 z，因此粒子在 z 方向的广义动量守恒，即

$$mv_z + qA_z = mv_z + qby = \text{const} \qquad (4.1.17)$$

再加上磁矩守恒条件[式(4.1.9)]，我们可得到三个守恒量。

假设带电粒子在上游的动量大小为 p_u，投掷角为 α_u，则式(4.1.11)显示：当 $\alpha_u > \alpha_c$，粒子会被反射回上游，反射后投掷角变为 $\pi - \alpha_u$，p_u 不变；当 $\alpha_u < \alpha_c$，粒子会穿越激波面进入下游，投掷角变为 α_d，满足 $\sin^2\alpha_d = (B_d / B_u)\sin^2\alpha_u = \sin^2\alpha_u / \sin^2\alpha_c$，动量大小仍然不变，即 $p_d = p_u$。根据式(4.1.17)，我们可以计算出带电粒子在与激波面作用前后，其引导中心在 y 方向上的漂移距离为

$$\Delta y_{\text{drift}} = -\frac{\Delta p_z}{qb} = \begin{cases} \dfrac{p_u(\sin\theta_u \cos\alpha_u - \sin\theta_d \sqrt{1 - \sin^2\alpha_u / \sin^2\alpha_c})}{qb}, \alpha_u < \alpha_c \\[4mm] \dfrac{2p_u \sin\theta_u \cos\alpha_u}{qb}, \alpha_u > \alpha_c \end{cases} \qquad (4.1.18)$$

上式对于所有满足上述三个守恒量的带电粒子均成立。漂移距离 Δy_{drfit} 只与上下游磁场以及粒子的初始状态有关，而与激波面内磁场如何变化无关。

在 HT 坐标系中，由于不存在电场，所以不存在粒子加速或减速。但是，当我们从 HT 坐标系转换回激波面静止坐标系时，上下游流速不再平行于磁场，于是感应电场 $\boldsymbol{E} = -\boldsymbol{V}^{\text{HT}} \times \boldsymbol{B} \neq 0$，而 Δy_{drfit} 不随坐标系变化。因此，在激波面静止坐标系中，带电粒子在与激波面作用后会发生能量改变：

$$\Delta \varepsilon = q\boldsymbol{E} \cdot \Delta \boldsymbol{y}_{\text{drift}} = q(-\boldsymbol{V}^{\text{HT}} \times \boldsymbol{B}) \cdot \Delta \boldsymbol{y}_{\text{drift}} \qquad (4.1.19)$$

这就是激波漂移加速的基本物理图像。式(4.1.18)表明，反射粒子的漂移距离总是大于透

射粒子，所以激波漂移加速对反射粒子的加速效果更强。

我们还可以从坐标系变换的角度来描述激波漂移加速。假设直角 xyz 坐标似图 4.1.4 中所示，但是 x 坐标轴改为从下游指向上游。在惯性坐标系中，激波速度为 $\boldsymbol{V}_s = (V_s, 0, 0)$，激波面法向单位矢量为 $\boldsymbol{n} = (1, 0, 0)$，磁场为 $\boldsymbol{B} = B_0 \boldsymbol{n}_B$，$\boldsymbol{n}_B = (\cos\theta, 0, \sin\theta)$ 为磁场单位矢量，带电粒子速度为 $\boldsymbol{v} = (v_x, v_y, v_z) = v_{//} \boldsymbol{n}_B + v_\perp \boldsymbol{n}_\perp$。HT 坐标系相对于惯性坐标系的运动速度为 $\boldsymbol{V}^{HT} = (V_s, 0, V_s \tan\theta) = V_s \sec\theta \boldsymbol{n}_B$。

如图 4.1.5，建立速度空间坐标系，零点是基于惯性坐标系。横坐标是平行于磁场的速度分量，纵坐标是垂直于磁场的速度分量。绿实线表示反射条件的临界值。R_i 表示发生反射的入射粒子，R_r 表示反射后的粒子，TD_i 表示会从上游透射到下游的入射粒子，TU_t 表示从下游透射到上游的粒子。在 HT 坐标系中，粒子速度为

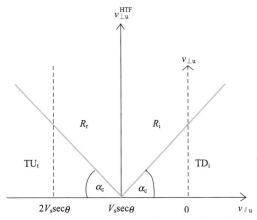

图 4.1.5 惯性坐标系和 HT 坐标系中的上游粒子速度空间

$$\boldsymbol{v}_i^{HT} = (v_{ix} - V_s, v_{iy}, v_{iz} - V_s \tan\theta) = v_{i//}^{HT} \boldsymbol{n}_B + v_{i\perp}^{HT} \boldsymbol{n}_\perp$$
$$v_{i//}^{HT} = \boldsymbol{v}_i^{HT} \cdot \boldsymbol{n}_B = v_{i//} - V_s \sec\theta \tag{4.1.20}$$
$$v_{i\perp}^{HT} = v_{i\perp}$$

投掷角为 $\alpha_i^{HT} = \tan^{-1}(v_{i\perp}^{HT} / v_{i//}^{HT})$，激波速度为

$$V_s^{HT} = V_s \sec\theta \tag{4.1.21}$$

在上游中，当 $\alpha_i^{HT} > \alpha_c$ 时，带电粒子会被反射回上游，反射后的粒子 $\alpha_r^{HT} = \pi - \alpha_i^{HT}$，速度为

$$\begin{aligned}\boldsymbol{v}_r^{HT} &= \boldsymbol{v}_{r//}^{HT} + \boldsymbol{v}_{r\perp}^{HT} \\ &= -\boldsymbol{v}_{i//}^{HT} + \boldsymbol{v}_{i\perp}^{HT} \\ &= (-v_{i//} + V_s \sec\theta)\boldsymbol{n}_B + v_{i\perp}\boldsymbol{n}_\perp\end{aligned} \tag{4.1.22}$$

当 $\alpha_i^{HT} < \alpha_c$ 时，带电粒子会穿过激波到下游，透射后的粒子速度为

$$\begin{aligned}\boldsymbol{v}_{d_t}^{HT} &= \boldsymbol{v}_{d_t //}^{HT} + \boldsymbol{v}_{d_t \perp}^{HT} \\ &= \sqrt{(v_{i//}^{HT})^2 - (v_{i\perp}^{HT})^2 \cot^2\alpha_c}\,\boldsymbol{n}_B + (v_{i\perp}^{HT} / \sin\alpha_c)\boldsymbol{n}_\perp\end{aligned} \tag{4.1.23}$$

投掷角为 $\alpha_{d_t}^{HT} = \tan^{-1}(v_{d_t\perp}^{HT} / v_{d_t\parallel}^{HT})$。

在下游中, 当 $v_{i\parallel} < 0$ 时, 粒子会穿过激波到上游, 透射后的粒子速度为

$$
\begin{aligned}
\boldsymbol{v}_{u_t}^{HT} &= \boldsymbol{v}_{u_t\parallel}^{HT} + \boldsymbol{v}_{u_t\perp}^{HT} \\
&= -\sqrt{(v_{i\parallel}^{HT})^2 + (v_{i\perp}^{HT})^2 \cos^2 \alpha_c}\, \boldsymbol{n}_B + \sin \alpha_c v_{i\perp}^{HT} \boldsymbol{n}_\perp
\end{aligned}
\tag{4.1.24}
$$

投掷角为 $\alpha_{u_t}^{HT} = \tan^{-1}(v_{u_t\perp}^{HT} / v_{u_t\parallel}^{HT})$。

从 HT 坐标系转换到惯性坐标系中, 粒子速度的转化关系为

$$
\boldsymbol{v} = \boldsymbol{v}^{HT} + \boldsymbol{V}^{HT} = \boldsymbol{v}^{HT} + V_s \sec \theta \boldsymbol{n}_B
\tag{4.1.25}
$$

因此, 在惯性坐标系中, 当激波上游中的带电粒子满足 $\tan^{-1}(v_{i\perp} / (v_{i\parallel} - V_s \sec \theta)) > \sin^{-1}(\sqrt{B_u / B_d})$, 这些粒子会反射回上游, 反射粒子的速度为 $\boldsymbol{v}_r = (-v_{i\parallel} + 2V_s \sec \theta)\boldsymbol{n}_B + \boldsymbol{v}_{i\perp}$。粒子的入射能量 $\varepsilon_i \geqslant \frac{1}{2}mV_s^2 \sec^2 \theta \sin^2 \alpha_c$, 粒子反射前后的能量改变为 $\Delta \varepsilon = \frac{1}{2}m(4V_s^2 \sec^2 \theta - 4v_{i\parallel}V_s \sec \theta)$, 反射前后的能量之比为

$$
\frac{\varepsilon_r}{\varepsilon_i} = \frac{(-v_{i\parallel} + 2V_s \sec \theta)^2 + v_{i\perp}^2}{v_{i\parallel}^2 + v_{i\perp}^2}
\tag{4.1.26}
$$

图 4.1.6 显示了 $\varepsilon_r / \varepsilon_i$ 随 $(v_{i\parallel}, v_{i\perp})$ 的变化, $B_u / B_d = 0.25$, 横纵坐标显示了 $v_{i\parallel} / V_s \sec \theta$ 和 $v_{i\perp} / V_s \sec \theta$ 的数值, 上方等值线从外向内分别显示了 $\varepsilon_r / \varepsilon_i = 2, 4, 6, 8, 10, 12$。当 $v_{i\parallel} = V_s \sec \theta (1 - \cos \alpha_c)$ 时, $\varepsilon_r / \varepsilon_i$ 达到最大值为 $\cot^2(\alpha_c / 2)$。如果 $B_u / B_d = 0.25$, $\varepsilon_r / \varepsilon_i$ 的最大值为 13.93。

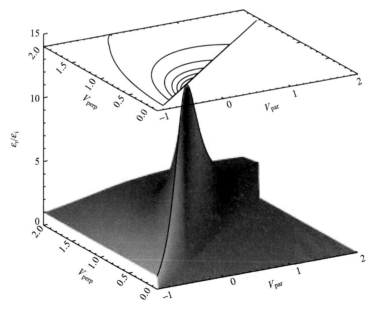

图 4.1.6　激波上游反射前后的粒子能量之比 $\varepsilon_r / \varepsilon_i$ 随 $(v_{i\parallel}, v_{i\perp})$ 的变化 (Ball and Melrose, 2001)

当 $\tan^{-1}(v_{i\perp}/(v_{i\parallel}-V_s\sec\theta)) < \sin^{-1}(\sqrt{B_u/B_d})$，粒子会从上游透射到下游，在下游中的速度为 $\boldsymbol{v}_{d_t} = (\sqrt{(v_{i\parallel}-V_s\sec\theta)^2-(v_{i\perp})^2\cos^2\alpha_c}+V_s\sec\theta)\boldsymbol{n_B}+(v_{i\perp}/\sin\alpha_c)\boldsymbol{n_\perp}$。粒子透射前后的能量改变为 $\Delta\varepsilon = -2V_s\sec\theta(v_{i\parallel}-V_s\sec\theta-\sqrt{(v_{i\parallel}-V_s\sec\theta)^2-v_{i\perp}^2\cot^2\alpha_c})$，透射前后的能量之比为

$$\frac{\varepsilon_{d_t}}{\varepsilon_i} = \frac{(V_s\sec\theta+\sqrt{(v_{i\parallel}-V_s\sec\theta)^2-v_{i\perp}^2\cot^2\alpha_c})^2+(v_{i\perp}/\sin\alpha_c)^2}{v_{i\parallel}^2+v_{i\perp}^2} \tag{4.1.27}$$

图 4.1.7 显示了 $\varepsilon_{d_t}/\varepsilon_i$ 随 $(v_{i\parallel}, v_{i\perp})$ 的变化，$B_u/B_d = 0.25$，横纵坐标分别显示相比于 $V_s\sec\theta$ 的平行速度和垂直速度。图 4.1.7(a) 中，上方等值线从外向内为 $\varepsilon_{d_t}/\varepsilon_i = 1$，2，3，4，5，6；图 4.1.7(b) 中，上方等值线从外向内为 2，4，6。当 $v_{i\parallel}=V_s\sec\theta(1-\cos\alpha_c)$ 时，$\varepsilon_{d_t}/\varepsilon_i$ 达到最大值为 $(1+\cos\alpha_c)/\sin^2\alpha_c$。如果 $B_u/B_d = 0.25$，$\varepsilon_{d_t}/\varepsilon_i$ 的最大值为 7.46。

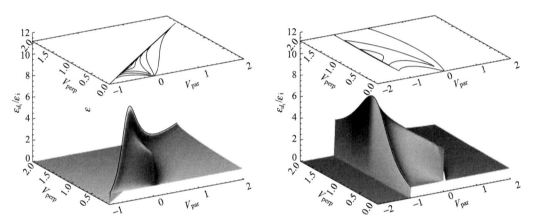

图 4.1.7　从激波上游到下游透射前后的粒子能量之比 $\varepsilon_{d_t}/\varepsilon_i$ 随 $(v_{i\parallel}, v_{i\perp})$ (a) 和 $(v_{d_t\parallel}, v_{d_t\perp})$ (b) 的变化

（Ball and Melrose, 2001）

在下游中，当 $v_{i\parallel}<V_s\sec\theta$，粒子会穿过激波面到达上游，透射粒子的速度为 $\boldsymbol{v}_{u_t} = (-\sqrt{(v_{i\parallel}-V_s\sec\theta)^2+(v_{i\perp})^2\cos^2\alpha_c}+V_s\sec\theta)\boldsymbol{n_B}+(v_{i\perp}\sin\alpha_c)\boldsymbol{n_\perp}$。粒子透射前后的能量改变为 $\Delta\varepsilon = -2V_s\sec\theta(v_{i\parallel}-V_s\sec\theta+\sqrt{(v_{i\parallel}-V_s\sec\theta)^2+v_{i\perp}^2\cos^2\alpha_c})$，透射前后的能量之比为

$$\frac{\varepsilon_{u_t}}{\varepsilon_i} = \frac{(V_s\sec\theta-\sqrt{(v_{i\parallel}-V_s\sec\theta)^2+v_{i\perp}^2\cos^2\alpha_c})^2+(v_{i\perp}\sin\alpha_c)^2}{v_{i\parallel}^2+v_{i\perp}^2} \tag{4.1.28}$$

图 4.1.8 显示了 $\varepsilon_{u_t}/\varepsilon_i$ 随 $(v_{i\parallel}, v_{i\perp})$ 的变化，$B_u/B_d = 0.25$，横纵坐标显示的相比于 $V_s\sec\theta$ 的平行速度和垂直速度，上方等值线数值为 1.2 和 1.4。当 $v_{i\parallel}=V_s\sec\theta$，$\varepsilon_{u_t}/\varepsilon_i$ 达到最大值为 $1+\cos\alpha_c$。如果 $B_u/B_d = 0.25$，$\varepsilon_{u_t}/\varepsilon_i$ 的最大值为 1.87。

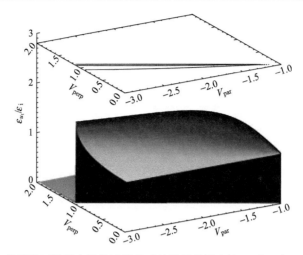

图 4.1.8　从激波下游到上游的透射前后的粒子能量之比 $\varepsilon_{u_t} / \varepsilon_i$ 随 $(v_{u_t //}, v_{u_t \perp})$ 的
变化(Ball and Melrose, 2001)

2. 扩散激波加速 （Diffusive Shock Acceleration）

在扩散激波加速过程中，带电粒子在上下游来回散射，多次来回穿越激波面，如
图 4.1.9 所示，垂直线为激波面，空心点为散射中心，箭头表示带电粒子的引导中心的运
动路径，上下游速度 V_u 和 V_d 均平行于激波法线。散射可以是由粒子与其自身所激发的
磁流体波之间发生相互作用引起，也可以是由粒子与上下游磁流体中的不均匀磁场或不
均匀密度等发生相互作用引起。在这些散射作用下，被加速的粒子的分布函数在相对于
散射中心静止的坐标系中接近各向同性，所以可以对粒子的分布函数采用扩散近似。因
为在每次来回穿越时，粒子分别与激波上下游发生迎头相互作用，因此带电粒子动量和
能量增加，而多次来回穿越则使带电粒子可以加速到很高的能量，这种加速机制称为扩
散激波加速。此外，每次来回穿越激波面后，粒子的平均动量改变 $\langle \Delta p / p \rangle \propto (V_u - V_d) / v$ ，
因此扩散激波加速为一阶费米加速。这种加速过程通常被认为在平行激波和准平行激波
条件下比较明显。

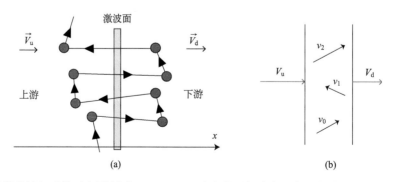

图 4.1.9　扩散激波加速的示意图(a)（Melrose，1996)和粒子每次来回穿越激波面时与上下游发生相互
作用的等效示意图(b)

在粒子分布函数为各向同性的近似下，扩散激波加速过程可以用简化的粒子输运方程来定量描述（Parker, 1965）：

$$\frac{\partial f}{\partial t} = -\mathbf{V} \cdot \nabla f + \nabla \cdot (\kappa \cdot \nabla f) + \frac{1}{3}(\nabla \cdot \mathbf{V}) p \frac{\partial f}{\partial p} + Q - L \tag{4.1.29}$$

式（4.1.29）等号的右侧分别为对流项、空间扩散项、绝热膨胀或压缩项、源项、损失项。假设激波是一个沿 x 方向的平行激波（图 4.1.9），忽略源项和损失项，式（4.1.29）变为一维方程：

$$\frac{\partial f}{\partial t} = -V \frac{\partial f}{\partial x} + \frac{\partial}{\partial x}\left(\kappa \frac{\partial f}{\partial x}\right) + \frac{1}{3}\frac{\mathrm{d}V}{\mathrm{d}x} p \frac{\partial f}{\partial p} \tag{4.1.30}$$

考虑稳定解，则上游（$x<0$）和下游（$x>0$）中的粒子运动方程均满足 $\partial f / \partial t = 0$，再结合无穷远处边界条件 [$f(x=-\infty)=0$ ，　$f(x=+\infty)=\mathrm{finite}$] 和激波面处的连接条件 [$f(0^-)=f(0^+)$]，我们得到

$$f(x,p)=\begin{cases} F(p)\exp\left(\dfrac{V_u}{\kappa}x\right), & x<0 \\[2mm] F(p), & x>0 \end{cases} \tag{4.1.31}$$

粒子输运方程 [式（4.1.29）] 可以改写为如下的连续性方程（Gleeson and Axford, 1968）：

$$\frac{\partial f}{\partial t} + \nabla \cdot \mathbf{S} + \frac{1}{p^2}\frac{\partial}{\partial p}(p^2 J) = Q - L \tag{4.1.32}$$

式中，$\mathbf{S}=-\dfrac{p}{3}\mathbf{V}\dfrac{\partial f}{\partial p}-\kappa\nabla f$，$J=-\dfrac{p}{3}\mathbf{V}\cdot\nabla f$。在一维情况下，结合 $S(0^-)=S(0^+)$，我们可以得到 $F(p)=f_0 p^{\frac{3V_u}{V_d-V_u}}$。此外，质量守恒表明 $\rho_u V_u = \rho_d V_d$。因此，式（4.1.30）的解为

$$f(x,p)=\begin{cases} f_0 p^{-\frac{3r}{r-1}}\exp\left(\dfrac{V_u}{\kappa}x\right), & x<0 \\[2mm] f_0 p^{-\frac{3r}{r-1}}, & x>0 \end{cases} \tag{4.1.33}$$

在上述定性描述中，我们采用了平行激波，对于斜激波也可以采用类似求解过程（Drury, 1983）。

式（4.1.33）显示扩散激波加速可以产生高能粒子的幂律能谱，且谱指数与压缩比有关。此外，空间等离子体中的激波面并不是一个无限薄的物理面，而是具有一定厚度的结构。一般而言，无碰撞激波面的厚度可为数个热离子回旋半径，所以只有回旋半径远大于激波面厚度的带电粒子才可多次来回穿越激波面。因此，扩散激波加速要求初始注入粒子的能量大于某一个阈值，使得粒子能自由穿过激波面，从而被有效加速。

4.1.3　随机加速（Stochastic Acceleration）

在空间等离子体中普遍存在着各种类型的波动、扰动和不稳定性，覆盖很宽的频谱

范围。与费米加速类似，粒子可以通过波粒相互作用从波动(或扰动)中获得能量或损失能量，这是一种随机过程，被称为随机加速或随机减速。

我们可以用相互耦合的磁流体波动方程和粒子输运方程来定量描述随机加速过程中的波粒相互作用(Benz, 1993; Aschwanden, 2005)：

$$
\begin{aligned}
\frac{\partial N(\boldsymbol{k})}{\partial t} &= -\boldsymbol{v}_{\mathrm{g}}(\boldsymbol{k}) \cdot \nabla_r N(\boldsymbol{k}) + (\Gamma(\boldsymbol{k}, f(\boldsymbol{p})) - \Gamma_{\mathrm{coll}}(\boldsymbol{k})) N(\boldsymbol{k}) \\
\frac{\partial f(\boldsymbol{p})}{\partial t} &= -\boldsymbol{v}(\boldsymbol{p}) \cdot \nabla_r f(\boldsymbol{p}) - \nabla_p \cdot [D(N(\boldsymbol{k})) \cdot \nabla_p f(\boldsymbol{p})] + Q - L
\end{aligned}
\tag{4.1.34}
$$

式中，$N(\boldsymbol{k}) = W(\boldsymbol{k}) / \hbar\omega$ 为波数空间中的光子数，$\boldsymbol{v}_{\mathrm{g}} = \partial\omega / \partial\boldsymbol{k}$ 为波的群速度，$\Gamma(\boldsymbol{k}, f(\boldsymbol{p}))$ 为波的增长率，$\Gamma_{\mathrm{coll}}(\boldsymbol{k})$ 为波的衰减率；$f(\boldsymbol{p})$ 为粒子在动量空间的相空间密度，$\boldsymbol{v} = \boldsymbol{p} / m$ 为粒子的速度，$D(N(\boldsymbol{k}))$ 为动量空间中的扩散系数张量，Q 和 L 分别为粒子的源和损失项。这两个方程通过 $\Gamma(\boldsymbol{k}, f(\boldsymbol{p}))$ 和 $D(N(\boldsymbol{k}))$ 产生耦合。

原则上这两个方程应该联立求解，同时得到波的能谱和粒子相空间密度随时间的变化，但是在讨论随机加速时，为了简化，我们通常先不考虑波的能谱的变化，并忽略粒子的源和损失，即粒子的相空间密度由如下公式控制：

$$
\frac{\partial f(\boldsymbol{p})}{\partial t} = -\boldsymbol{v}(\boldsymbol{p}) \cdot \nabla_r f(\boldsymbol{p}) - \nabla_p \cdot [D(N(\boldsymbol{k})) \cdot \nabla_p f(\boldsymbol{p})]
\tag{4.1.35}
$$

扩散系数张量表述光子分布 $N(\boldsymbol{k})$ 从动量 $\hbar\boldsymbol{k}_i$ 到 $\hbar\boldsymbol{k}_j$ 的跃迁：

$$
D_{ij}(\boldsymbol{p}) = \int \frac{\mathrm{d}^3 \boldsymbol{k}}{(2\pi)^3} \varsigma^\sigma(\boldsymbol{p}, \boldsymbol{k}) N^\sigma(\boldsymbol{k}) (\hbar\boldsymbol{k}_i)(\hbar\boldsymbol{k}_j)
\tag{4.1.36}
$$

其中 $\varsigma^\sigma(\boldsymbol{p}, \boldsymbol{k})$ 给出了磁性模式 σ 的跃迁的概率：

$$
\varsigma^\sigma(\boldsymbol{p}, \boldsymbol{k}, s) = \frac{1}{\hbar} \left[A_s^\sigma(\boldsymbol{p}, \boldsymbol{k}) \delta \left(\omega - \frac{s\Omega}{\gamma} - k_{//} v_{//} \right) \right]
\tag{4.1.37}
$$

它包含了一个各向异性因子 A_s^σ 和波粒多普勒共振条件：

$$
\omega - \frac{s\Omega}{\gamma} - k_{//} v_{//} = 0
\tag{4.1.38}
$$

式中，s 为谐波级数，$s=0$ 对应的是朗道共振或切伦科夫共振，$s \neq 0$ 则是回旋共振，$s>0 (s<0)$ 为正常(异常)多普勒共振。在共振条件满足时，有些波会给粒子能量，有些粒子会给波能量，因此波粒相互作用是一个随机过程，粒子是否能被加速取决于初始的粒子分布和波的能谱。

为了求得式(4.1.34)的自洽解，我们需要同时考虑波和粒子的演化方程。图 4.1.10 显示了对电子的随机加速过程的数值模拟结果(Miller et al.，1996)。

4..1.4 直流电场加速 (DC Electric Field Acceleration)

直流电场加速是最为直接的带电粒子的加速机制。虽然直流电场在空间等离子体中并不普遍存在着，但是磁重联等过程中可能会产生准直流电场。本小节主要介绍 Sub-Drecier 和 Super-Drecier 电场对电子的加速过程(Dreicer, 1959; Aschwanden, 2005)。

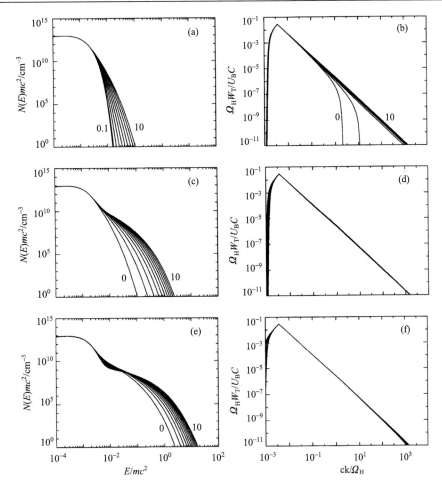

图 4.1.10　电子与低频快磁声波相互作用中电子的能谱(左)和波的能谱(右)随时间的
演化(Miller et al., 1996)

从上到下对应的时间越来越长。在(a)，(c)和(e)中，从 0 到 10 对应的时间越来越长。$N(E)$ 为粒子数；m 为质量；
c 为光速；Ω_{H} 为氢的回旋频率；W_{T} 为波数空间的一维谱密度；U_{B} 为背景磁场能量密度

在电场 $\boldsymbol{E}$ 作用下，电子的运动方程为

$$m_{\mathrm{e}} \frac{\mathrm{d}\boldsymbol{v}}{\mathrm{d}t} = -e\boldsymbol{E} - \upsilon_{\mathrm{e}} m_{\mathrm{e}} \boldsymbol{v} \tag{4.1.39}$$

式中，$\upsilon_{\mathrm{e}} = \dfrac{n_{\mathrm{e}} e^4 \ln \Lambda}{4\pi \varepsilon_0^2 m_{\mathrm{e}}^2 v^3}$ 为电子-电子库仑碰撞频率，$\ln \Lambda$ 为库仑对数，n_{e} 为电子数密度。

式(4.1.39)右侧的第二项是由库仑碰撞引起的摩擦力，它反比于电子速度的平方。当电子
速度到达一个临界速度 v_{R} 时：

$$v_{\mathrm{R}} = \left(\frac{n_{\mathrm{e}} e^3 \ln \Lambda}{4\pi \varepsilon_0^2 m_{\mathrm{e}} E} \right)^{\frac{1}{2}} \tag{4.1.40}$$

电子受到的电场力等于摩擦力，即 $eE = \upsilon_{\mathrm{e}}(v_{\mathrm{R}}) m_{\mathrm{e}} v_{\mathrm{R}}$。当 $v < v_{\mathrm{R}}$，电子主要受摩擦力控制，

不能被电场加速。当 $v > v_R$，电子可以被电场有效加速，这类电子被称为逃逸电子（runaway electrons）。

通过求解 $v_R = v_{th} = \sqrt{k_B T / m_e}$，我们可以定义一个临界电场：

$$E_D = \frac{n_e e^3 \ln \Lambda}{4\pi \varepsilon_0^2 k_B T_e} = \frac{e \ln \Lambda}{4\pi \varepsilon_0 \lambda_D^2}$$

(4.1.41)

式中，λ_D 为德拜长度。E_D 被称为 Drecier 电场（Dreicer, 1959）。当 $E = E_D$ 时，等离子中的热电子受到的电场力等于摩擦力。

按照电场的强度，直流电场加速可以分为两类：当 $E < E_D$，称为 Sub-Drecier 电场加速；当 $E > E_D$，称为 Super-Drecier 电场加速。结合式（4.1.41），临界速度公式[式（4.1.40）]可以改写为 $v_R = v_{th}\sqrt{E_D / E}$。如果电子的初始分布为热分布，在 Sub-Drecier 电场加速中，只有位于热分布尾端的少数电子的速度大于 v_R，可以被电场有效加速；在 Super-Drecier 电场加速中，由于绝大多数电子的速度大于 v_R，所以等离子体可以获得整体加速，并可以忽略摩擦力。对于空间等离子体中的更普遍情况，我们在电子的运动方程[式（4.1.39）]中还需考虑磁场力。

4.2　带电粒子的输运

在日球层中，带电粒子的运动主要由行星际磁场约束。为了简化，行星际磁场可以用平滑的平均场叠加上不规则扰动来描述。由于观测手段的限制，没有办法跟踪单个高能带电粒子从其源头运动到卫星位置的完整轨迹。可实地测量的物理量为在卫星位置处的带电粒子的速度、能量和通量。只有在很好理解行星际粒子输运过程时，我们才有可能从粒子的实地观测出发分析得到粒子源区的物理过程和机制。本节主要介绍高能带电粒子在磁场中的运动和沿行星际磁场的运动、扩散和输运方程（Parker, 1965；Qin, 2002；Agueda, 2008）。

4.2.1　随机游走（Random Walk）

服从高斯分布的随机变量的概率密度函数为

$$P(x) = \frac{1}{\sigma\sqrt{2\pi}} \exp\left(-\frac{(x-x_0)^2}{2\sigma^2}\right), \quad -\infty < x < \infty$$

(4.2.1)

式中，x_0 为平均值，σ 为标准差。

在一维随机游走中，如果粒子有相同概率（$P=1/2$）向左或者向右走，那么当粒子走了很大的步数 N 之后（$N = N_1 + N_r$，N_1 和 N_r 分别为粒子向左和向右走的步数），粒子的净位移步数 $m = N_r - N_1$ 会满足高斯位移（Reichl and Prigogine, 1980）：

$$P_N(m) = \sqrt{\frac{2}{\pi N}} \exp\left(-\frac{m^2}{2N}\right)$$

(4.2.2)

假设粒子单位时间内走 n 步且每一步的步长为 l_0，则粒子的净位移为 $x = ml_0$，粒子的速度为 $v = nl_0$，每两步之间的时间间隔为 $\tau = 1/n$。式 (4.2.2) 表明 x 的概率密度函数为高斯分布：

$$P(x,t) = \frac{1}{2(\pi\kappa t)^{1/2}} \exp\left(-\frac{x^2}{4\kappa t}\right)$$
(4.2.3)

式中，扩散系数 $\kappa = l_0^2 / (2\tau)$ (Reichl and Prigogine, 1980)。

在一维随机游走中，如果粒子的步长为 l_0 和每步时间间隔为 τ，粒子运动的扩散系数为 $\kappa = l_0^2 / (2\tau) = vl_0 / 2$。在更普遍的随机游走中，$l_0$ 和 τ 可随时间变化，扩散系数的计算公式为

$$\kappa = \frac{\left\langle (\Delta x)^2 \right\rangle}{2\Delta t}$$
(4.2.4)

式中，<···>表示系综平均，$\Delta t \gg \tau$，Δx 为粒子在 Δt 内的位移。

4.2.2　高能带电粒子的扩散与散射

在日球层中，由于高能带电粒子的数密度很小，我们通常可以忽略其对等离子体的整体特性的影响，即把高能带电粒子近似为测试粒子。

粒子在运动距离 r 时，发生无碰撞运动的概率为 (Reichl and Prigogine, 1980)：

$$P_0(r) = \frac{1}{\lambda} \mathrm{e}^{-r/\lambda}$$
(4.2.5)

式中，平均自由程 λ 定义为粒子在每两次碰撞之间的平均运动距离

$$\langle r \rangle = \int_0^\infty rP_0(r)\mathrm{d}r = \lambda$$
(4.2.6)

假设在 $z=0$ 处存在一面虚拟的墙，那么单位时间内从墙上方 $(z>0)$ 轰击到墙面单位面积内的粒子数为

$$\frac{N(z=0^+)}{\Delta t} = \frac{\langle v \rangle}{4\pi\lambda} \int_0^\infty r^2 \mathrm{d}r \int_0^{\pi/2} \sin\theta\mathrm{d}\theta \int_0^{2\pi} \mathrm{d}\varphi n(z)\cos\theta \frac{\mathrm{e}^{-r/\lambda}}{r^2}$$
(4.2.7)

同样单位时间内从墙下方 $(z<0)$ 轰击到墙面单位面积内的粒子数为

$$\frac{N(z=0^-)}{\Delta t} = -\frac{\langle v \rangle}{4\pi\lambda} \int_0^\infty r^2 \mathrm{d}r \int_0^{\pi/2} \sin\theta\mathrm{d}\theta \int_0^{2\pi} \mathrm{d}\varphi n(z)\cos\theta \frac{\mathrm{e}^{-r/\lambda}}{r^2}$$
(4.2.8)

式中，$z = r\cos\theta$。如果 $n(z)$ 随 z 缓慢变化，可以将 $n(z)$ 进行泰勒展开到一阶小量并忽略 $n(0)$ 项，那么单位时间内穿过墙面的净粒子数为

$$\frac{N(z=0^+) - N(z=0^-)}{\Delta t} = \frac{\langle v \rangle \lambda}{3} \left(\frac{\partial n}{\partial z}\right)\bigg|_{z=0}$$
(4.2.9)

因此，粒子通量 $J_\mathrm{D}(z) = -\kappa\partial n/\partial z$，在三维情况下可写为

$$J_D = -\kappa \nabla n \tag{4.2.10}$$

式中，$\kappa = \langle v \rangle \lambda / 3$ 为各向同性扩散系数。

结合粒子守恒方程：$\partial n / \partial t = -\nabla \cdot \boldsymbol{J} + Q$，我们可以得到

$$\frac{\partial n}{\partial t} = -\nabla \cdot (\kappa \nabla n) + Q \tag{4.2.11}$$

式中，Q 为粒子源。如果扩散是由随机游走引起的，那么在一维情况下的扩散系数为 $\kappa = \langle (\Delta x)^2 \rangle / (2\Delta t)$ [式(4.2.4)]。在三维的情况下，扩散系数 κ 为一个张量。

如果等离子体中存在磁场，我们可以定义大尺度平均磁场的方向为平行方向(z 方向)，与平行方向垂直的方向称为垂直方向，并假设平行磁场方向与垂直磁场方向的扩散系数不同，即 $\kappa_{//} = \kappa_{zz}$ 和 $\kappa_{\perp} = \kappa_{xx} = \kappa_{yy}$，而且 $\kappa_{//}$ 和 $\kappa_{\perp}$ 与位置无关。因此，式(4.2.11)简化为

$$\frac{\partial n}{\partial t} = \kappa_{//} \frac{\partial^2 n}{\partial z^2} + \kappa_{\perp} \left(\frac{\partial^2 n}{\partial x^2} + \frac{\partial^2 n}{\partial y^2} \right) \tag{4.2.12}$$

在行星际空间中，磁场冻结在太阳风中并随着太阳风运动，太阳风速度为 $\boldsymbol{V}_{sw}$。当引入一个经典的硬球面散射模型后(Gleesson and Axford, 1967, 1968; Gleesson, 1969; Forman and Gleesson, 1975)，在太阳风坐标系中的高能带电粒子的输运过程可以用一个连续性方程来描述

$$\frac{\mathrm{d}F}{\mathrm{d}t} = \frac{\partial F}{\partial t} + \nabla \cdot \boldsymbol{S} + \frac{\partial}{\partial p}(\langle \dot{p} \rangle F) = Q \tag{4.2.13}$$

式中，$F = p^2 \int f(\boldsymbol{r}, \boldsymbol{p}, t) \mathrm{d}\Omega_p$ 为相对于动量的微分数密度(Ω_p 为速度空间中的立体角)，$\boldsymbol{S}$ 为速度空间中的微分电流密度：

$$\begin{aligned} \boldsymbol{S} &= p^2 \int v f(\boldsymbol{r}, \boldsymbol{p}, t) \mathrm{d}\Omega_p \\ &= CF\boldsymbol{V}_{sw} - \kappa \cdot \nabla F \end{aligned} \tag{4.2.14}$$

$\langle \dot{p} \rangle$ 为粒子平均动量改变率：

$$\langle \dot{p} \rangle = \left\langle \frac{\mathrm{d}p}{\mathrm{d}t} \right\rangle = -\frac{p}{3} \nabla \cdot \boldsymbol{V}_{sw} \tag{4.2.15}$$

C 为康普顿增益系数 (Compton-Getting Factor)：

$$C = 1 - \frac{1}{3F} \frac{\partial}{\partial \varepsilon} \left(\frac{(\varepsilon + 2m_0 c^2)}{(\varepsilon + m_0 c^2)} \varepsilon F \right) \tag{4.2.16}$$

式中，ε 为粒子动能，$m_0 c^2$ 为粒子的静止能量。扩散张量 $\boldsymbol{\kappa}$ 为

$$\boldsymbol{\kappa} = \begin{pmatrix} \kappa_{\perp} & \kappa_A & 0 \\ -\kappa_A & \kappa_{\perp} & 0 \\ 0 & 0 & \kappa_{//} \end{pmatrix} \tag{4.2.17}$$

式中，$\kappa_{//} = v^2 \tau / 3$，$\kappa_{\perp} = \kappa_{//} / [1 + (\omega\tau)^2]$，$\kappa_A = \omega\tau\kappa_{\perp}$，$\tau$ 为平均碰撞时间，$\omega = eB / (\gamma m_0 c)$。

如果忽略非对称扩散系数、大尺度流动和非均匀性，式(4.2.13)可以简化为

$$\frac{\partial F}{\partial t} = \kappa_{/\!/} \frac{\partial^2 F}{\partial z^2} + \kappa_\perp \left(\frac{\partial^2 F}{\partial x^2} + \frac{\partial^2 F}{\partial y^2} \right) + Q \tag{4.2.18}$$

Jokipii(1966, 1967)、Jokipii 和 Parker(1968)提出磁场的不规则扰动是由磁力线的随机游走引起的。在准线性理论中，假设粒子回旋中心沿着磁力线运动，粒子回旋中心在平行于平均磁场的方向上的扩散可以由湍流功率谱决定(Jokipii，1971)，而粒子回旋中心在垂直方向上的扩散则由磁力线的随机游走所引起的磁力线扩散决定：

$$\kappa_\perp = \frac{\left\langle (\Delta x)^2 \right\rangle}{2\Delta t} = \frac{\Delta z}{\Delta t} \times \frac{\left\langle (\Delta x)^2 \right\rangle}{2\Delta z} \sim v \times D_\perp \tag{4.2.19}$$

式中，v 为粒子的速率，$D_\perp = \left\langle (\Delta x)^2 \right\rangle / (2\Delta z)$ 为磁力线扩散运动的福克-普朗克(Fokker-Planck)系数。

4.2.3 Parker 输运方程

基于描述粒子随机游走的福克-普朗克(Fokker-Planck)方程，Parker(1965)首次引入了一个粒子输运方程，用于定量地描述高能带电子在日球层行星际空间中的输运。结合式(4.2.13)～式(4.2.16)，我们可以得到

$$\frac{\partial F}{\partial t} + \nabla \cdot \left(\boldsymbol{V}_{\mathrm{sw}} F - \boldsymbol{\kappa} \cdot \nabla F \right) - \frac{1}{3} \left(\nabla \cdot \boldsymbol{V}_{\mathrm{sw}} \right) \frac{\partial}{\partial p} (pF) = Q \tag{4.2.20}$$

再引入粒子的全向相空间密度 $f = F / (4\pi p^2)$ 和 $\kappa = \kappa^{(\mathrm{s})} + \kappa^{(\mathrm{A})}$，式(4.2.20)变为

$$
\begin{aligned}
\frac{\partial f}{\partial t} = \ & -\boldsymbol{V}_{\mathrm{sw}} \cdot \nabla f && \text{(对流)} \\
& + \nabla \cdot \left(\kappa^{(\mathrm{s})} \cdot \nabla f \right) && \text{(扩散)} \\
& + \nabla \cdot \left(\kappa^{(\mathrm{A})} \cdot \nabla f \right) && \text{(引导中心漂移)} \\
& + \frac{1}{3} \left(\nabla \cdot \boldsymbol{V}_{\mathrm{sw}} \right) \frac{\partial f}{\partial \ln p} && \text{(能量改变)} \\
& + Q && \text{(源/损失)}
\end{aligned}
\tag{4.2.21}
$$

式中，$\kappa^{(\mathrm{s})}$ 为扩散张量 $\boldsymbol{\kappa}$ 的对称分量，描述粒子在平行和垂直磁场方向上的扩散，而 $\kappa^{(\mathrm{A})}$ 为扩散张量 $\boldsymbol{\kappa}$ 的非对称分量，描述粒子的漂移运动。式(4.2.21)的右侧各项分别描述粒子的对流运动、扩散、漂移运动、能量改变和源或损失。它可以改写为

$$\frac{\partial f}{\partial t} = -V_{\mathrm{sw},i} \frac{\partial f}{\partial x_i} + \frac{\partial}{\partial x_i} \left(\kappa_{ij}^{(\mathrm{s})} \frac{\partial f}{\partial x_j} \right) - V_{\mathrm{D},i} \frac{\partial f}{\partial x_i} + \frac{1}{3} \frac{\partial V_{\mathrm{sw},i}}{\partial x_i} \frac{\partial f}{\partial \ln p} + Q \tag{4.2.22}$$

式中，$\kappa_{ij}^{(\mathrm{s})} = \kappa_\perp \delta_{ij} - (\kappa_\perp - \kappa_{/\!/}) B_i B_j / B^2$ (Jokipii, 1971; Giacalone, 1998)。式(4.2.22)被称为 Parker 输运方程。

4.2.4 行星际粒子输运模型

因为在单位时间内，带电粒子在垂直于平均磁场方向上移动的距离通常远小于其在

平行方向上移动的距离，所以在多数情况下我们可以忽略粒子在垂直于平均磁场方向上的输运(Bieber et al.，1995；Zank et al.，1998)。按照合理的假设，高能带电粒子沿着行星际磁力线的运动由两个部分组成：沿着平滑场的绝热运动和由叠加在平滑场上的不规则扰动所引起的投掷角散射(Roelof, 1969)。

投掷角散射的强度会随行星际磁场的不规则扰动的强度变化(图 4.2.1)。按照粒子的绝热运动和投掷角散射之间的相对强度，行星际粒子输运可分为三种模型描述(图 4.2.1)：无散射输运(带边界)、扩散输运、聚焦输运。带电粒子沿磁场运动的平均自由程 $\lambda_{//}$ 与行星际磁场中的湍流强弱有关。当行星际磁场足够平滑，可以忽略由不规则扰动引起的粒子投掷角散射，带电粒子沿磁场运动的平均自由程 $\lambda_{//} \cong \infty$，这种情形被称为无散射输运；当行星际磁场较平滑，粒子投掷角散射虽不可忽略但是其作用较弱，粒子的平均自由程 $\lambda_{//}$ 为较大的有限值，这种情形被称为聚焦输运；当行星际磁场具有很明显的不规则扰动，粒子投掷角散射很强，粒子的平均自由程 $\lambda_{//}$ 小，这种情形被称为扩散输运。在无散射输运和聚焦输运过程中，带电粒子的投掷角分布通常呈现各向异性，而在扩散输运过程中，粒子的投掷角分布会近似各向同性。

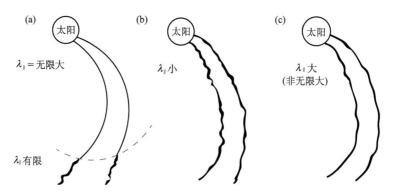

图 4.2.1　不同强弱程度的湍流叠加在 Parker 螺旋线平均磁场上的粒子传播情形(Kunow et al.，1991)
(a)无散射输运(带边界)；(b)扩散输运；(c)聚焦输运

1. 无散射输运

无散射输运模型完全忽略由磁场扰动所引起的粒子投掷角散射，即带电粒子的运动完全由行星际平均磁场约束。它可能适用于描述在距太阳一定距离内的粒子输运过程，而在超过该距离时需考虑散射过程[图 4.2.1 (a)]。Nolte 和 Roelof(1975)提出了数学公式来描述这种特殊情况下高能粒子的无散射传播。

在无散射输运中，粒子运动通常分为两部分：粒子的引导中心沿磁场的运动和粒子围绕磁场的回旋运动(Nolte and Roelof, 1975)。粒子在速度空间中的运动可以用速度 v 和投掷角 α 的余弦 $\mu = \cos\alpha = v_{//} / v$ 来表征，其中 $v_{//}$ 为粒子速度平行于磁场的分量。

在无碰撞等离子体中，如果带电粒子的运动满足绝热运动条件，则粒子的磁矩(又被称为第一绝热不变量)守恒[见式(4.1.9)和式(4.1.10)]。如果粒子的能量也守恒，即 v 不变，那么 μ（或 α）将描述粒子在平行和垂直磁场方向之间的动能转换。当粒子朝向磁场强度减弱的区域运动时，粒子的垂直动能减小，平行动能增加，α 减小（即 μ 增加），这被称为磁聚焦效应。反之，粒子的垂直动能增加，平行动能减小，α 增加（即 μ 减小），这被称为磁散焦效应。

如果行星际磁场为 Parker 螺旋线磁场（Parker，1958），那么在黄道面内其磁场强度的变化为

$$B(r) = B_0 \left(\frac{r_0}{r}\right)^2 \sec\psi(r) \tag{4.2.23}$$

式中，r_0 为太阳风中冻结效应开始的位置距离太阳中心的径向距离，$\psi(r)$ 为磁场方向和径向距离之间的夹角。$\sec\psi(r) = \sqrt{1 + (\Omega/V_{sw})^2 r^2}$，其中 Ω 为太阳自转角速度，V_{sw} 为太阳风速度。当带电粒子沿磁场从太阳向外在行星际空间中运动时，磁场强度 B 会随径向距离减小，导致 α 减小。当 $V_{sw} = 400$ km/s，如果粒子的投掷角分布在两个太阳半径处为各向同性，那么在 1 AU 处粒子的角分布将被聚焦到一个沿磁场方向的宽度约 1°的窄锥体内[式（4.1.10）和式（4.2.1）]。当带电粒子沿磁场向着太阳方向运动时，磁场强度 B 会随径向距离增大，导致 α 增大，如果 α 增加到 90°（即 $\mu = 0$）时，这些粒子将被磁镜反射到向外运动的方向上。

2. 聚焦输运

在聚焦输运中，带电粒子的速度分布函数（又被称为相空间密度）f 的演化主要由三个因素决定：粒子沿磁力线的运动，由磁场扰动产生的散射，以及磁聚焦效应。

我们定义平均磁场的方向为 z 方向，对动量空间采用球坐标 (p, θ, ϕ)，并把 Boltzman 方程在粒子的回旋运动方向上进行平均后，可以得到聚焦输运方程（Roelof，1969）：

$$\frac{\partial f}{\partial t} + v\mu\frac{\partial f}{\partial z} + \frac{1-\mu^2}{2L}v\frac{\partial f}{\partial \mu} = \frac{\partial}{\partial \mu}D_{\mu\mu}\frac{\partial f}{\partial \mu} \tag{4.2.24}$$

式中，$f = f(z, p, \mu, t)$，$\mu = \cos\theta$，$L(z) = -B(z)/(\partial B/\partial z)$ 为磁场的聚焦特征长度。在公式左侧，第二项描述了粒子沿着磁力线的运动，第三项描述了磁聚焦作用；右边项描述了由磁场扰动引起的投掷角散射。在这个模型中，由于磁场是静态的，所以粒子的速率 v 和能量守恒，投掷角发生改变。

式（4.2.24）中忽略了绝热减速和太阳风对流效应。Ruffolo（1995）推导了更普遍的聚焦输运方程：

$$\frac{\partial f}{\partial t} = -\frac{\partial}{\partial z} v\mu f \qquad\qquad\qquad\text{(流动)}$$

$$-\frac{\partial}{\partial z}\left(1 - \frac{\mu^2 v^2}{c^2}\right) V_{\text{sw}} \sec\psi\, f \qquad\qquad\text{(对流)}$$

$$-\frac{\partial}{\partial \mu}\frac{v}{2L}\left(1 + \mu\frac{V_{\text{sw}}}{c}\sec\psi - \mu\frac{V_{\text{sw}}v}{c^2}\sec\psi\right)(1-\mu^2)f \quad\text{(聚焦)}$$

$$+\frac{\partial}{\partial \mu}V_{\text{sw}}\left(\cos\psi\frac{\mathrm{d}}{\mathrm{d}r}\sec\psi\right)\mu(1-\mu^2)f \qquad\text{(微分对流)} \tag{4.2.25}$$

$$+\frac{\partial}{\partial \mu}D_{\mu\mu}\frac{\partial f}{\partial \mu}\left(1 - \mu\frac{V_{\text{sw}}v}{c^2}\sec\psi\right)f \qquad\text{(投掷角散射)}$$

$$+\frac{\partial}{\partial p}pV_{\text{sw}}\left[\frac{\sec\psi}{2L}(1-\mu^2) + \cos\psi\frac{\mathrm{d}}{\mathrm{d}r}\sec\psi\mu^2\right]f \qquad\text{(减速)}$$

准线性理论(QLT)假设叠加在平均磁场上的不规则扰动足够小，因此波与粒子之间的相互作用仅需考虑一阶项而忽略高阶项。基于这个假设，我们可以推导出投掷角扩散系数 $D_{\mu\mu}$ (Jokipii, 1966)。如果扰动场的功率谱为一个幂律谱，$P(k) \propto k^{-q}$，其中 k 为平行于磁场的波数，q 为磁场功率谱的谱指数，那么准线性理论给出的投掷角扩散系数为

$$D_{\mu\mu} = A\,|\mu|^{q-1}(1-\mu^2) \tag{4.2.26}$$

式中，$A = 3v/\left[2\lambda_{/\!/}(4-q)(2-q)\right]$。

$D_{\mu\mu}$ 与平均自由程 $\lambda_{/\!/}$ 的关系如下 (Hasselmann and Wibberenz, 1968, 1970)：

$$\lambda_{/\!/} = \frac{3V}{8}\int_{-1}^{1}\frac{(1-\mu^2)^2}{D_{\mu\mu}}\mathrm{d}\mu \tag{4.2.27}$$

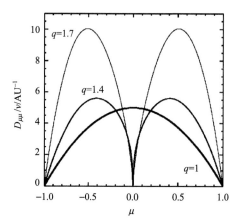

图 4.2.2　不同磁场功率谱谱指数 q 对应的投掷角扩散系数 $D_{\mu\mu}$ 随 μ 的变化 (Agueda, 2008)

该定义在时间缓慢变化(准静态)和强散射时有效。弱散射情况并不满足平均自由程 $\lambda_{/\!/}$ 的物理定义 (Qin et al., 2005)。

图 4.2.2 显示了当 $\lambda_{/\!/} = 0.5\,\text{AU}$ 时，不同磁场功率谱谱指数 q 对应的投掷角扩散系数 $D_{\mu\mu}$。当 $q = 1$ 时，散射是各向同性的，即散射强度与粒子的投掷角无关。随着磁场功率谱变陡峭，90°投掷角附近的粒子受到的散射减弱。因此，随着 q 增加，在 $\mu = 0$ 附近会产生一个明显的间隙。当 $q \geqslant 2$，$\mu = 0$ 附近的间隙会变得太宽以至于无法将粒子散射过90°投掷角，即平行和反平行于磁场运动的粒子之间无法耦合。

3. 扩散输运

在高度湍动的介质中，磁场扰动引起的投掷角散射可以将粒子的投掷角改变超过 90°，导致粒子沿平均磁场的随机游走。在扩散输运模型中，太阳风的向外膨胀效应被忽略，粒子做简单扩散运动。如果定义行星际平均磁场的方向为 z 方向，则可把式(4.2.21)精简为

$$\frac{\partial n}{\partial t} = \frac{\partial}{\partial z}(\kappa_{\parallel} \frac{\partial n}{\partial z}) \tag{4.2.28}$$

式中，$n = \mathrm{d}N / (\mathrm{d}r\mathrm{d}p)$ 为单位动量中的粒子数密度，$\kappa_{\parallel} = v\lambda_{\parallel} / 3$。如果定义行星际平均磁场的方向为球坐标系中的 r 方向，上述公式则可写为

$$\frac{\partial n}{\partial t} = \frac{1}{r^2}\frac{\partial}{\partial r}(r^2 \kappa_{rr} \frac{\partial n}{\partial r}) \tag{4.2.29}$$

式中，$\kappa_{rr} = \kappa_{\parallel} \cos 2\psi$。式(4.2.28)和式(4.2.29)类似于式(4.2.11)的一维形式。

考虑太阳粒子脉冲式地注入行星际空间，并假设 $\kappa_{rr} \propto r^b$（$b<2$），我们可以推出式(4.2.29)的一个解析解

$$n(r,t) = \frac{\mathrm{d}N}{\mathrm{d}p}\frac{1}{r^3}\frac{2-b}{\Gamma(3/(2-b))}\left(\frac{r^2}{(2-b)^2\kappa_{rr}t}\right)^{3/(2-b)}\exp\left(-\frac{r^2}{(2-b)^2\kappa_{rr}t}\right) \tag{4.2.30}$$

式中，$\mathrm{d}N/\mathrm{d}p$ 为在太阳表面处注入行星际空间中的单位立体角内的粒子动量谱。如果粒子注入函数 Q 在时间上有延展，那么我们可以把式(4.2.30)作为格林函数与 Q 卷积得到的输运方程的解。

4.3　银河宇宙线(Galactic Cosmic Rays)

银河宇宙线主要是源自于太阳系之外整个银河系的高能带电粒子，主要由原子核组成，包括从氢到铀几乎整个元素周期表内的元素。除此之外，银河宇宙线还包括电子、正电子和其他亚原子粒子。本章主要介绍银河宇宙线的观测历史和研究成果。

虽然"宇宙线"一词可以泛指地球外太空中的高能带电粒子，包括太阳高能粒子事件、在行星际空间加速的粒子、来自太阳系之外的高能带电粒子等，但是现在这个术语通常被用来专指银河宇宙线。在本章中，银河宇宙线也简称为宇宙线。

4.3.1　发现与早期研究

奥地利物理学家 Victor Hess 在 1912 年通过气球上升实验发现了宇宙线的存在(Hess, 1912; Swann, 1944)，并因此获得 1936 年诺贝尔物理学奖（图 4.3.1）。Victor Hess 发现随着气球上升，验电器的放电速度加快，并与太阳辐射无关。他将此归因于来自地球外太空中的、非太阳的辐射。在 1925 年，Robert Millikan 证实了 Victor Hess 的发现，并把这种神秘的辐射称为"宇宙线"(cosmic rays)。在当时一段时期内，宇宙线被认为是电磁辐射。直到 20 世纪 30 年代，科学家们发现宇宙线受到地球磁场的影响(Compton,

1932; Clay and Berlage, 1932），因此宇宙线不是光子，而是带电粒子。

(a)　　　　　　　　　　　　　　　(b)

图 4.3.1　Victor Hess（1983～1964）(a)。Victor Hess（中间）
完成 1912 年 8 月的气球飞行(b)

在 20 世纪 30～50 年代，人造粒子加速器还不能够加速粒子到非常高的能量，当时宇宙线一直作为高能物理研究的主要粒子来源，并导致了包括正电子和 μ 子在内的亚原子粒子的发现(Anderson, 1933; Street and Stevenson, 1937)。自从人造卫星上天标志着太空时代开始以来，宇宙线主要被天体物理学和日球层高能粒子物理学研究所关注。

4.3.2　能谱与加速机制

宇宙线组成粒子中，约 98%为原子核，约 2%为电子和正电子(Simpson, 1983)。其原子核组成几乎包括了周期表中的所有元素：约 87%为质子，约 12%为α粒子，还有约 1%是其他重离子。与太阳系中的元素组成相比，宇宙线中有些元素(如常见的碳、氧、镁、硅和铁)的相对丰度与其大致相同，但有些元素和同位素(如锂、铍、硼、氖-22 等)的丰度则存在着明显差异。这些元素组成为理解宇宙线的起源和输运提供了重要信息。

宇宙线能谱(图 4.3.2)通常呈现为一个具有膝区(the knee)和踝区(the ankle)的双幂律谱：$dN/d\varepsilon \propto \varepsilon^{-\beta}$，膝区位于 $\varepsilon_k \sim 5 \times 10^{15}$ eV，踝区位于 $\varepsilon_k \sim 10^{18}$ eV。其幂律谱指数 β 在低于膝区的能量范围内为～2.7，在高于膝区的能量范围内为 3.1～3.2(Blasi, 2013; Fisk and Gloeckler, 2012)。当能量低于 30 GeV 时，在地球附近观测到宇宙线能谱的形状向下弯曲，这是因为太阳风及其携带的磁场会明显地调制低能宇宙线的输运，所以这些低能宇宙线粒子很难抵达内日球层。观测表明宇宙线的化学成分在越过膝区发生变化；随着粒子能量的增加，重核成分的丰度增大(Hoorandel, 2006)，这至少到 10^{17} eV 依然成立。在更高的能量上，宇宙线的化学成分仍然存在争议(Apel et al., 2013; Sokolsky, 2013)。能谱膝区的存在及其附近宇宙线化学成分的变化表明绝大多数的宇宙线粒子很可能是起源于银河系内。这个能谱膝区可能源自(Hörandel, 2004)：①粒子加速过程(可能在超新星遗迹中)的最高截止能量，或②宇宙线扩散输运过程。

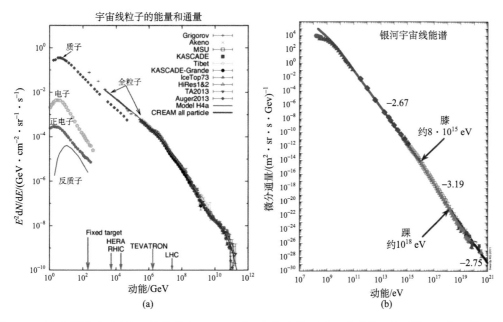

图 4.3.2　地球附近观测到宇宙线能谱(Blasi, 2013)，包括全粒子谱、质子谱、电子谱、正电子谱和反质子谱(a)。宇宙线质子能谱 (Fisk and Gloeckler, 2012)(b)

　　我们对宇宙线的起源和加速过程仍然不完全理解。按照粒子能量划分，宇宙射线的起源可能分为两类：能量高达数个 10^{17} eV 的原子核通常被认为起源于银河系内，很可能是在超新星遗迹中被加速的；能量高于 10^{18} eV 的原子核可能起源于银河系外。很多研究提出通过扩散激波加速机制，宇宙线可以被超新星爆发所驱动的激波加速(Axford et al., 1977; Krymskii, 1977; Bell, 1978; Blandford and Ostriker, 1978)。目前尚不清楚为什么宇宙线电子加速不如原子核加速有效。

4.3.3　在银河系中的输运

　　由于宇宙线是带电粒子，被磁场偏转后，它们的运动方向会变得随机，这使得从实地粒子观测出发无法分辨宇宙线的起源。但是，宇宙线可以通过其产生的电磁辐射来追踪。例如，高能电子在沿磁力线回旋运动时会产生回旋辐射。对蟹状星云等的超新星遗迹的遥测表明宇宙线很可能起源于这些超新星遗迹。此外，对宇宙射线与星际气体碰撞产生的高能(10～1000 MeV)伽马射线的观测表明，大多数宇宙射线被磁场约束在银盘中。

　　在宇宙线输运过程中，较重的原子核与星际气体碰撞，会碎裂成较轻的原子核，这些次级原子核与其母原子核的通量比可以用来估计银河系内的输运效应。例如，碳、氮和氧通过碎裂过程会产生稀有元素锂、铍、硼，从而使这些元素的丰度显著增加。研究显示在逃离银河系之前，宇宙线在银河系内的实际输运时间须超过弹道输运时间几个数量级，才可能解释观测到的硼与碳的通量比例(B/C)和一些不稳定同位素(如 ^{10}Be)的通量值(Simpson and Garcia-Munoz, 1988)。这些结果表明宇宙线在银河系中的输运过程为扩散输运。

4.3.4 在日球层内的输运

在日球层内,宇宙线的输运过程可以用 Parker 输运方程来定量描述[见 4.2 节和式 (4.2.22)]。人们基于 Parker 输运方程构建了多个数值模型(Fisk, 1971; Hattingh and Burger, 1995; LeRoux and Potgieter, 1995; Kissmann et al., 2003)。此外,先驱者号(Pioneer-10,11) 和旅行者号(Voyager-1,2)在外日球层和日球层边界中的观测极大地扩展了我们对宇宙 线调制以及日球层大小和结构的理解。尽管有这些观测与模型,宇宙线输运过程(尤其是 在外日球层中的输运过程)依然有许多未解决的难题。

当宇宙线进入日球层后,其强度、方向、能谱和成分会受到太阳风和其所携带的磁 场的作用而发生变化。以往人们通常认为在 Parker 太阳风螺旋线磁场位型下,宇宙线更 容易通过极区进入日球层(图 4.3.3),因此预期在极区方向上能够观测几乎未被调制的银 河宇宙线的强度。但是 Ulysses 的观测显示宇宙线在极区方向上的强度相对于黄道面方 向上最大只增加 60%左右,而不是预期的 100 倍(图 4.3.4)。这可能是因为在极区方向上 的磁场与湍流环境错综复杂而引起的(McKibben, 1998)。

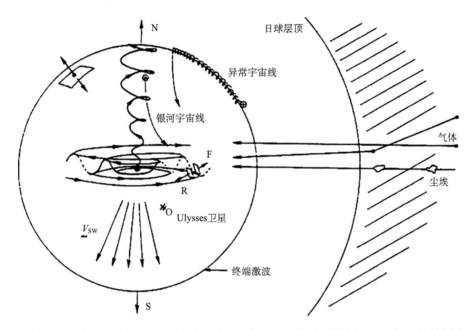

图 4.3.3 粒子从日球层顶到内日球层的传播路径,其中位于赤道平面的路径要比穿越极区的路径要长, 因此银河宇宙线在日球层高纬度更容易进入(Lee, 1997)

图 4.3.5 为带正电的粒子在 $qA>0$ 时的漂移循环。此时太阳磁矩轴与旋转轴准平行(实 线直箭头),并且行星际磁场在北半球指向远离太阳方向,在南半球指向太阳(虚线箭头)。 粗实线显示了在曲率/梯度漂移、中性片漂移(灰波状线显示中性片)、极区中的中性线漂移、 终端激波处的激波漂移的共同作用下的总漂移效应(这些回线不显示漂移方向的准确细节)。 在终端激波以外的日球层鞘中也有类似的但是较弱的漂移循环(图 4.3.5 中没有展示)。对于 电子,这些漂移循环的方向反转。行星际磁场的极性通过 Parker 输运方程[式(4.2.22)]中的

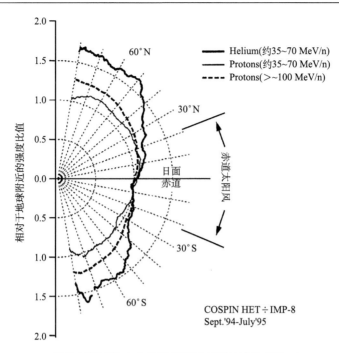

图 4.3.4　Ulysses 卫星观测到的宇宙线强度随日球层纬度的变化（McKibben, 1998）

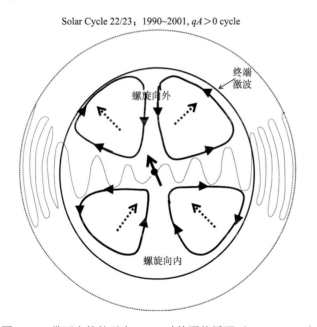

图 4.3.5　带正电的粒子在 $qA>0$ 时的漂移循环（Moraal, 2014）

漂移运动项会对宇宙线起到调制作用。带电粒子在行星际磁场（即日球层磁场）中做梯度和曲率漂移运动，运动方向随电荷的正负 q 和太阳磁场的极性 A 而改变。例如，在从 1989年/1990 年到 2000 年/2001 年这 11 年周期中（图 4.3.5），太阳磁偶极矩方向与太阳自旋方向一致，即太阳磁场的极性为正（$A>0$）。在南北半球中，磁场梯度和曲率漂移运动会使带正电的粒子($q>0$)从高纬向低纬中性电流片运动，然后沿着中性电流片向外漂移，在终端激波处会向高纬极区方向漂移。这被称为 $qA>0$ 漂移循环，即此时太阳磁偶极矩与自旋轴方向一致。在下一个太阳极性周期中，太阳磁偶极矩方向反转，磁场极性变为负（$A>0$），带正电的粒子的漂移循环方向发生转向，被称为 $qA<0$ 漂移循环。对于带负电的电子($q<0$)，其漂移循环的方向与带正电的粒子相反。因此，当 Ulysses 卫星于 1994 年/1995 年第一次穿越日球层极区时，$A>0$，质子容易从极区进入日球层，再从极区向黄道面缓慢漂移，而电子会从黄道面向极区缓慢漂移。这导致了观测到的质子与电子的通量比随纬度增高而增大[图 4.3.6(a)]。与之相仿，当 Ulysses 卫星于 2006 年/2007 年第三次穿越日球层极区时，由于 $A>0$，粒子的漂移循环的方向转向，所以观测到的电子与质子的通量比随纬度增高而增大[图 4.3.6(b)]。

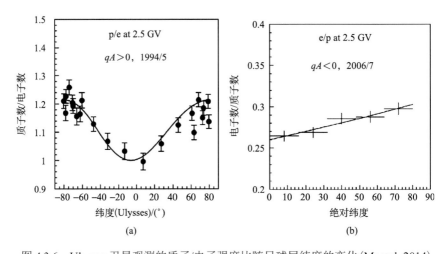

图 4.3.6　Ulysses 卫星观测的质子/电子强度比随日球层纬度的变化(Moraal, 2014)

4.3.5　调制周期

　　因为太阳活动会影响宇宙线的输运，所以宇宙线观测中的最主要时间周期为 11 年周期。自 20 世纪 50 年代以来，中子监测仪作为地面宇宙线探测器被广泛地部署在地球上。中子监测仪的长期宇宙线观测呈现出了明显的准 11 年周期性(图 4.3.7)：宇宙线强度的极大值对应着太阳活动的极小年，而宇宙线强度的极小值对应着太阳活动的极大年。此宇宙线观测的截止刚度为 4.6 GV，平均响应能量为约 18 GeV。图中百分比是以 1987 年 3 月的观测值为参考点(100%)。宇宙线观测中的另一个重要周期为 22 年周期(图 4.3.7)，这是由太阳磁场反转导致行星际磁场反向引起的。

　　中子监测仪观测和其他宇宙线观测还呈现出一些明显的短周期性，例如，由太阳自转引起的 25～27 天变化、由地球自转引起的日变化(Alania et al., 2011)。这些短周期变化引起的宇宙线强度的改变通常小于 1%。共转相互作用区在向外传播过程中会合并而生成多类型的更大的相互作用区域，其中最大的区域被称作全球合并相互作用区(GMIR)，它与日冕物质抛射有关。一个孤立的全球合并相互作用区可能会使宇宙线强度减弱(其量级与 11 年周期中的强度变化量级相似)，通常仅持续数月。而一系列的全球合并相互作用区可以通过间歇性的叠加改变来影响宇宙线的长周期调制，增大 11 年周期中的强度变化幅度(Le Roux and Potgieter, 1995)。

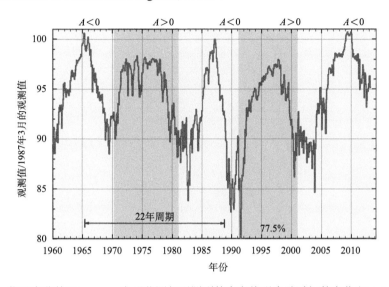

图 4.3.7　位于南非的 Hermanus 中子监测仪观测到的宇宙线强度随时间的变化(Potgieter, 2013)

观测显示宇宙线可能具有 50～65 年、90～130 年、220 年和 600 年的长周期变化。宇宙线数据的扰动还呈现出周期为准两年的振荡。但是，我们还不清楚这些变化本质上是随机的扰动，还是由几个周期性过程叠加后引起的时间周期结构。"超级太阳活动极小期"(grand minimum)，以太阳黑子几乎消失的蒙德极小期(1640～1710 年)为代表，是连串的 11 年周期之间的一种强扰动现象。在蒙德极小期期间，宇宙线应该仍然被行星际磁场调制但是调制幅度减小，因此预期在当时到达地球的宇宙线总通量会增大(McCracken et al., 2013)。

在所有日地参数中(包括宇宙线)观测到的另一个有趣的重现性现象为 Gnevyshev Gap(Storini et al., 2003)。以太阳黑子为例，在每个太阳活动周的极大值期间会出现一个双峰结构，第一个峰位于太阳活动上升期的结束，第二个峰位于下降期的开始，这两个峰之间的间隔被称为 Gnevyshev Gap。

4.3.6　宇宙线电子

宇宙线电子的测量开始于 20 世纪 60 年代初(Earl, 1961; Meyer and Vogt, 1961)。图 4.3.8 显示了能量为 1.2 GeV 的宇宙线电子的通量随时间的演化(Clem et al., 1996)，呈现出了明显的 11 年和 22 年周期性。

低能宇宙线电子(50～200 MeV)受到的调制作用较明显。在这段能量范围内，低能宇宙线电子能谱明显地具有持续的负斜率(图 4.3.9)。以往对这个负斜率的解释是假设在这段能量范围内，电子的扩散平均自由程不随能量增加而减小。但是，这与准线性理论的预期不符合(Fulks, 1975; Rockstroh, 1977; Rastoin et al., 1996)。在 20 世纪末发展的输运模型中采用了更合理或自洽的扩散系数假设（Bieber et al., 1994; Potgieter, 1996）。

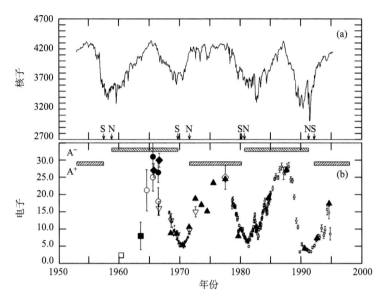

图 4.3.8　宇宙线质子和电子强度随时间的变化（Evenson, 1998）

（a）Climax 中子监测仪按照 Carrington 周期平均的计数率（对应的质子刚度为 10.7 GV）。（b）能量约为 1.2 GeV 的电子通量（单位为 m^{-2}·sr^{-1}·s^{-1}·GeV^{-1}）

对低能宇宙线电子能谱的负斜率的其他解释是来自木星磁层的高能电子导致了观测到的电子通量在这个能量范围上迅速上升。但是，如图 4.3.9 所示的宇宙线电子谱，正方形显示的是 1977 年的观测数据，虚线是对这些数据的拟合，实线是估计出的本星际空间

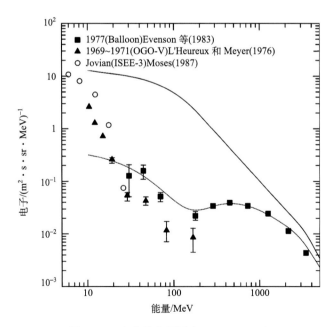

图 4.3.9　宇宙线电子谱（Evenson, 1998）

中的电子能谱(Evenson et al., 1983)。三角形显示的是 1969~1971 年观测到的电子能谱(L'Heureux and Meyer，1976)。圆圈显示的是 1 AU 附近观测到的木星电子能谱(Moses，1987)。到达 1 AU 处的木星电子能谱比低能宇宙线电子能谱更陡。虽然在小于 30 MeV 的能量范围上，木星电子通量占主导地位，但是在高于 30 MeV 的能量范围上，通过简单外推得到的木星电子通量将远小于宇宙线电子的通量。这些木星电子可能为一些日球层加速机制提供源电子，从而产生更高能量的电子。

4.4　异常宇宙线(Anomalous Cosmic Rays)

异常宇宙线是在 20 世纪 70 年代早期发现的(Hovestadt et al., 1973; Garcia-Munoz et al., 1973)，粒子的动能主要在几 MeV/nuc 到 100 MeV/nuc 的能量范围上，其粒子特性与银河宇宙线有明显差异，所以被称为异常宇宙线。异常宇宙线的能谱与银河宇宙线的能谱形状不同(图 4.4.1)，银河宇宙线的能谱形状更硬。异常宇宙线主要由氢、氦、氮、氧、氖和氩组成，离子主要是单电离态(Cummings and Stone，2007)。异常宇宙线与银河宇宙线的峰值强度的比值会随着粒子成分而改变： O 比值为 330，N 为 250，Ne 为 150，He 为 25，H 为 7(Moraal, 2014)。

图 4.4.2 显示了异常宇宙线和银河宇宙线的氦的强度随径向距离的演化。灰线显示的是能量为 265 MeV/nuc 的银河宇宙线的计数，粗黑线显示的是能量为 27~56 MeV/nuc 的异常宇宙线的计数乘上 0.31，细黑线显示的是能量为 10~21 MeV/nuc 的

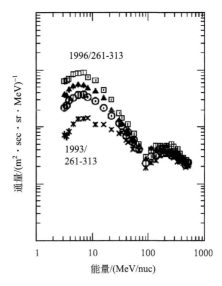

图 4.4.1　旅行者 1 号在从 1993 年(最低)到 1996 年(最高)期间观测的异常宇宙线和银河宇宙线的氦的能谱(Cummings and Stone, 1998)

异常宇宙线的计数乘上 0.17。穿越终端激波处被标注为 TSX。在 110 AU 以内，能量为 10~21 MeV/nuc 和 7~56 MeV/nuc 的异常宇宙线随距离的变化与银河宇宙线基本一致，但是在 110 AU 以外，这些异常宇宙线的变化明显偏离于银河宇宙线的变化。此外，异常宇宙线的强度在越过日球层顶后急剧下降(Stone et al., 2013)。这些观测表明异常宇宙线是来自日球层的加速过程，而不是来自银河系的加速过程。人们通常认为，当星际中性物质在朝向太阳或内日球层运动的过程中会被电离，从而被太阳风所携带的磁场捕获，变成所谓的拾取离子(pickup ions)，这些拾取离子被太阳风携带着向外运动，在日球层边界区域中被加速到高能，形成异常宇宙线(Fisk et al., 1974; Fisk, 1999)。一部分异常宇宙线可以沿行星际磁力线运动到日球层内。它们在日球层中的输运过程会受到太阳和太阳风的调制作用，其中绝大多数会恢复成中性粒子从而脱离行星际磁场的控制，只有具有最高磁刚度的异常宇宙线粒子(如氧)才可能到达地球轨道附近(Leske, 2011; Strauss and Potgieter，2010)。

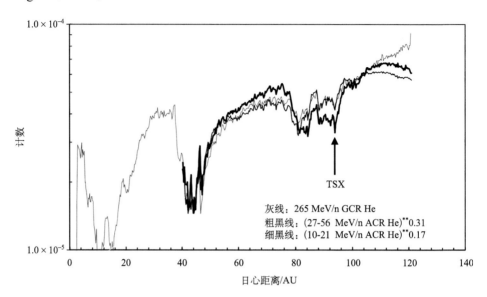

图 4.4.2　旅行者 1 号测量到的氦粒子的计数随径向距离的变化(Moraal, 2014)

异常宇宙线的加速和输运过程还存在着争议。异常宇宙线主要的加速机制被认为是扩散激波加速。例如，Pesses(1981)提出异常宇宙线是在终端激波(TS)处被加速的。但是，旅行者 1 号和 2 号的实地观测显示在终端激波处，虽然低能的终端激波粒子的通量明显增加，但是异常宇宙线质子的通量并没有显著增加(Stone et al., 2005, 2008; Decker et al., 2005)，这与理论预期不符。图 4.4.3 显示旅行者 1 号在 2005 年初观测到的终端激波粒子(TSP)、异常宇宙线(ACR)和银河宇宙线(GCR)的质子、氦和氧的能谱。旅行者 1 号在 2004 年 12 月 16 日穿过终端激波进入日球鞘内。点线和虚线显示了根据两个不同的激波压缩比计算得到的在终端激波处的理论预期值。终端激波粒子在低能上占主导，异常宇宙线的能量通常为 10～100 MeV/nuc，银河宇宙线的能量通常高于 100 MeV/nuc。异常宇宙线似乎未受到终端激波的影响，但是其强度在日球鞘内先随着远离激波而逐渐增强(图 4.4.3 和图 4.4.4)，然后随着距离的增加而下降(图 4.4.2)。对此观测，有几种可能的解释。例如，侧翼(flanks)理论(McComas and Schwadron, 2006; Kota and Jokipii, 2008)认为日球层是非球形和不对称的，终端激波的位置发生偏移，而且行星际磁力线是圆形并相对于太阳对称。随着这些磁力线向外传播，它们在侧翼处与激波会有更长时间的连接，从而在侧翼处会产生更有效的粒子加速(图 4.4.5)。因此，异常宇宙线应该优先在激波的侧翼处被加速，然后沿着磁力线传播到日球鞘的鼻区被旅行者 1 号观测到。还有解释认为异常宇宙线在日球鞘内中获得了明显的加速，并被有效地束缚在这一区域中。科学家们已经提出了几种非常复杂的机制，用以解释这些粒子如何在终端激波之外获得能量(Gloeckler et al., 2009; Zhang and Lee, 2013; Zhang and Schlickeiser, 2012)。

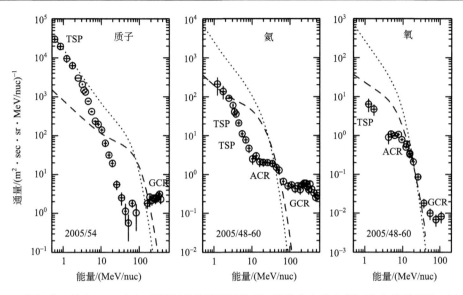

图 4.4.3　旅行者 1 号在 2005 年初观测到的终端激波粒子、异常宇宙线和银河宇宙线的质子、氦和氧的
能谱（Stone et al., 2005）

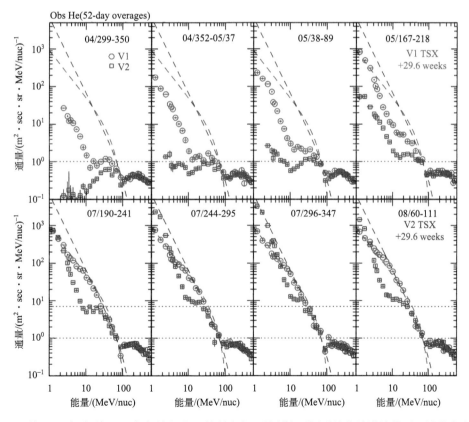

图 4.4.4　从 2004 年末到 2008 年初旅行者 1 号（红）和 2 号（蓝）观测到的终端激波粒子、异常宇宙线和
银河宇宙线的氦的能谱（Cummings et al., 2008）

旅行者 1 号和 2 号分别在 2004 年 12 月 16 日和 2007 年 8 月 30 日穿过终端激波

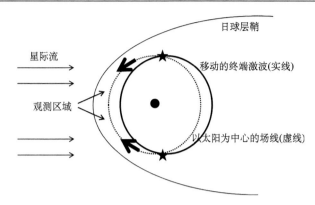

图 4.4.5　侧翼理论加速异常宇宙线的示意图(Moraal, 2014)

星号代表加速区域，粗箭头表示粒子沿场线朝向日球鞘内运动

4.5　太阳高能粒子(Solar Energetic Particles)

太阳是太阳系中最活跃和最有效的粒子加速器，能够将离子加速到数十 GeV，将电子加速到数百 MeV 能量(Lin，2005)。当粒子加速区与开放磁力线相连时，被加速的带电粒子能够沿磁力线逃逸到行星际空间中，从而被卫星实地观测到。在实地观测中，太阳高能粒子通常在高于等离子体能量的范围上呈现出具有明显速度色散的通量增强(图4.5.1)：高速粒子比低速粒子先到达飞船(Wang，2009)。这种现象被称为太阳高能粒子(solar energetic particle，SEP)事件。

Forbush (1946)于 1942 年 2 月 28 日和 3 月 7 日在地面离子腔中观测到粒子强度陡增，此强度陡增是由能量为约 1 GeV 的 SEP 质子穿透地球中性大气层造成的。这是 SEP事件的最早观测，这两个事件均伴随着极大的太阳耀斑。依据与 SEP 事件相关的软 X 射线暴(如果存在的话)是"渐变型"(持续时间 > 1 h)还是"脉冲型" (持续时间<1 h)，SEP 事件通常可以分成两类："渐变型" SEP 事件 (gradual SEPs)和"脉冲型" SEP 事件(impulsive SEPs)(Cane et al., 1986; Reames, 1999)。然而，术语"渐变型"与"脉冲型"并不直观体现 SEP 的观测特征和加速机制(图 4.5.2)。

渐变型 SEP 事件(Cliver, 2009)主要由通量大的高能(能量可到 GeV)质子组成(电子和质子的通量比小)，也被称为大 SEP 事件(large SEPs)。这些事件的元素丰度和离子电离态与日冕中的典型数值类似(表 4.5.1)，例如，$^3\mathrm{He}/^4\mathrm{He}$ 约 5×10^{-4}，铁的电离态 Q_{Fe}约 14。渐变型 SEP 事件的发生频率在太阳活动高年月为约 10 次/年。它们通常持续数天，在空间上可跨 100°～180°太阳经度，并且与太阳耀斑、快日冕物质抛射以及 II 型射电暴有很强的关联。但是有些事件并不伴随着太阳耀斑。人们通常认为渐变型 SEP 事件是被由日冕物质抛射所驱动的激波加速的。如图 4.5.3(a)所示，与在地球附近观测到的渐变型 SEP 事件相关的耀斑近乎均匀地分布在日面上(在经度上)，这与渐变型 SEP 事件的经度展宽大这一特征一致。

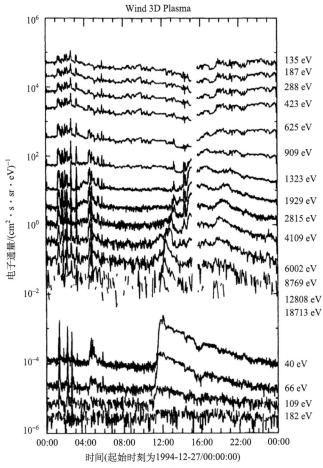

图 4.5.1　1994 年 12 月 27 日观测到的太阳电子事件(Lin et al., 1996)

电子通量的增强在 0.6～100 keV 的能量范围上呈现出明显的速度色散

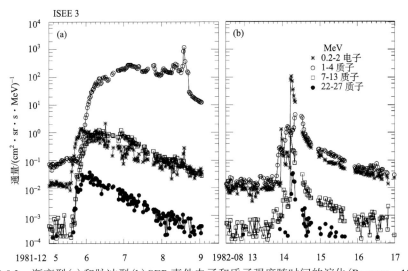

图 4.5.2　渐变型(a)和脉冲型(b)SEP 事件电子和质子强度随时间的演化(Reames，1999)

在渐变型 SEP 事件中，能量为约 1MeV 的质子通量在由日冕物质抛射所驱动的激波实地到达飞船时出现一个小峰

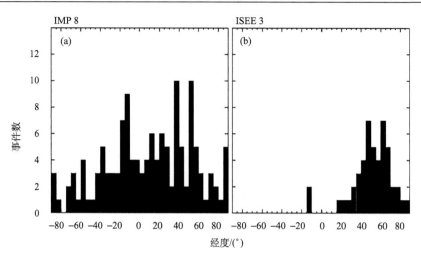

图 4.5.3　观测到的渐变型(a)和脉冲型(b)SEP 事件的太阳源区经度分布柱状图(Reames, 1999)

其中正(负)经度值表示西经(东经)

表 4.5.1　SEP 事件的旧两分类特征(Wang, 2009)

特征	大 SEP 事件 (渐变型 SEP 事件)	富含电子/^{3}He SEP 事件 (脉冲型 SEP 事件)
主导粒子种类	>约 10 MeV 质子	约 1~100 keV 电子
电子/质子	小	大
^{3}He/^{4}He	日冕值：约 5×10^{-4}	约 1
重原子核	日冕值	Fe，Mg，Si，S 丰度增强
Fe/O	约 0.1	约 1
Q_{Fe}	约 14	约 20
持续时间	数天	数小时
经度展宽	>约 100°	<约 30°
事件发生率（太阳活动峰年）	约 10 年$^{-1}$	约 10^3 年$^{-1}$
相关现象		
耀斑	大耀斑（但是有时没有耀斑）	绝大多数为小耀斑（但是经常没有耀斑）
软 X 射线暴	渐变型（数小时）	脉冲型（＜数十分钟 ）
日冕物质抛射	速度快	—
射电暴	II 型	III 型

　　脉冲型 SEP 事件主要由能量为 1～100 keV 的电子(电子和质子的通量比高)和低强度、低能(～MeV/nuc)的离子组成。这些事件的元素丰度和离子电离态通常大于日冕中的典型数值(表 4.5.1)，例如，^{3}He/^{4}He～1(Hsieh and Simpson, 1970)，重原子核(如 Fe)丰度增强约 10 倍，超重原子核(>200 amu)丰度增强 >200 倍，Q_{Fe} ～20。因此脉冲型事件也被称为"富含电子/^{3}He SEP 事件"（"Electron/^{3}He-rich SEP events"）。以往的观测显示这类事件通常持续时间短(几个小时以内)，在空间经度上的展宽<30°，并且伴随着 III 型射电暴和小耀斑(但经常没有观测到耀斑)。图 4.5.2(b)显示了一个典型的脉冲型 SEP 事件

的粒子通量随时间的演变，这个事件持续事件短，其电子和质子的通量比大。图 4.5.3(b) 显示了与在地球附近观测到的脉冲型 SEP 事件相关的耀斑的日面经度位置。这些耀斑主要分布在西经 60° 附近，这和与地球相连的 Parker 螺旋磁力线的日冕源位置一致。

4.5.1　渐变型 SEP

渐变型 SEP 事件主要由高能质子组成，通常认为是被由日冕物质抛射所驱动的激波所加速的。多飞船的 SEP 观测支持粒子加速在激波的鼻区附近最强这个假设（Cane et al., 1988; Reames et al., 1997）。如图 4.5.4 所示，当日冕物质抛射沿着中央子午线方向向外传播时，位于东侧的飞船因为可以通过磁力线连接到位于太阳附近的激波鼻区，所以它观测到粒子通量呈现出强度陡增，并最先到达峰值。位于中央子午线方向的飞船，只有当激波传播到飞船附近时才能连接到其鼻区，所以观测到的粒子强度在激波抵达飞船时到达峰值。而位于西侧的飞船观测到的粒子强度呈现出了缓慢增加，并且在激波经过之后的较长时间内才到峰值。

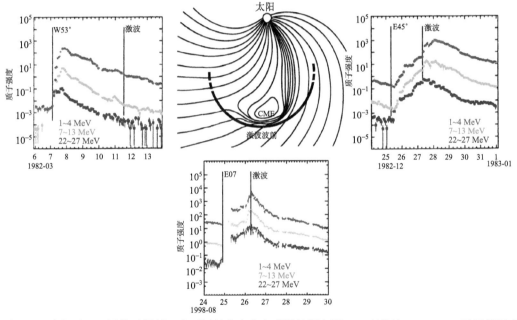

图 4.5.4　在相对于日冕物质抛射三个不同经度方向上观测的渐变型 SEP 事件的 1~27 MeV 质子的强度随时间变化（Desai and Giacalone, 2016）

图 4.5.5 显示了在 1979 年 3 月，位于不同位置的 Helios-1、Helios-2 和 IMP-8 飞船对同一个渐变型 SEP 事件的观测。当时，Helios-1 位于接近日冕物质抛射的中央子午线方向上，它观测到的 3~6 MeV 质子微分通量在激波通过飞船时达到峰值；Helios-2 和 IMP-8 位于中央子午线的西侧，观测到的质子通量在激波通过后达到峰值。虽然三个飞船位于不同的位置，但是它们在峰值之后观测到的质子通量随时间和能量的变化基本一致。这段观测一致的时间被称为粒子存储区（particle reservoir）（McKibben, 1972; Roelof et al., 1992; Reames, 2010; Reolof, 2012a, 2012b），它表明在内日球层中存在一个粒子强度和能

谱几乎不随经度、纬度和径向距离改变的区域，并且可能只有很小部分的粒子能够从该粒子存储区逃逸。人们认为在渐变型 SEP 事件衰减期的粒子存储区效应可能是由几种关键物理过程引起的：①开放和闭合磁力线的小尺度混合(Reames, 2010)；②输运过程依赖于粒子能量，以及前期存在的磁扰动(如磁云和 ICME)会抑制粒子逃逸(Roelof et al., 1992; Roelof, 2012a, 2012b; Reames, 2013)；③非扩散输运过程，如对流和绝热减速(Lario, 2010)。

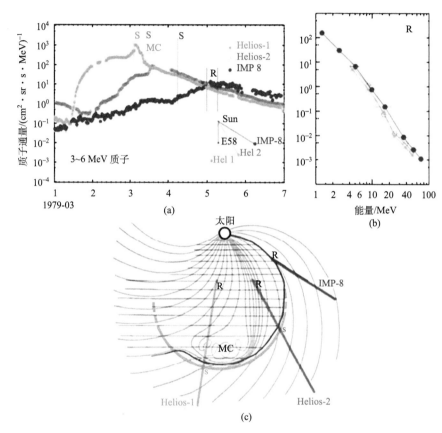

图 4.5.5　位于不同位置的三个飞船在 1979 年 3 月初观测到的质子微分通量随时间的变化

其中 "S" 标志着由日冕物质抛射所驱动的激波通过每一个飞船的时刻(a)。飞船越过激波后在储存区(或称谱不变区)观测到的质子能谱，观测时间间隔在图中由 "R" 标示(b)。三个飞船相对于日冕物质抛射的轨迹示意图(Reames, 2013)(c)

最近很多研究表明缓变型太阳高能粒子事件与日冕物质抛射的关联比早期认为的要复杂很多。Kahler(2001)发现，与相近的日冕物质抛射速度所对应的质子峰值通量覆盖了 3~4 个数量级(图 4.5.6)，这对缓变型太阳高能粒子事件的激波加速模型和预测提出了很大的挑战。Emslie 等(2012)发现在 38 个最大的太阳爆发性事件中，16 个没有产生缓变型太阳高能粒子事件，而 Gopalswamy 等(2008)也发现最强的一部分日冕物质抛射并没有产生 II 型射电暴或者太阳高能粒子。Mewaldt 等(2008)和 Emslie 等(2012)比较了日冕物质抛射和 SEP(主要为太阳高能质子)在太阳风静止参考系的动能(图 4.5.7)，发现平均而言，约 10%的日冕物质抛射的动能被用于加速 SEP。渐变型 SEP 事件的粒子流量能谱经常呈现为一个双幂律谱(Mewaldt et al., 2005a, 2012)，在约 2 MeV 和 50 MeV 之间向下弯折(图 4.5.8)，而且不同离子的能谱弯折能量可能取决于离子的荷质比。研究显示激波位型可能会导致能谱弯折能量与离子荷质比相关(Li et al., 2009)。

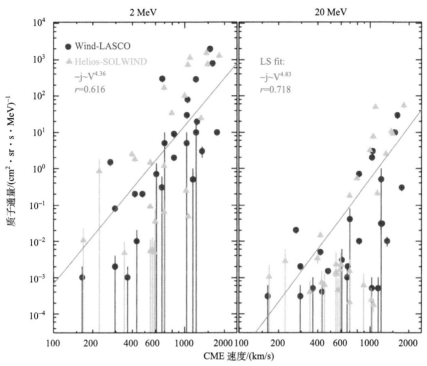

图 4.5.6　SEP 事件中两个能档的质子峰值强度与日冕物质抛射速度的关系(Kahler, 2001)

粉色圆点表示 WIND/EPACT/LEMT 和 SOHO/LASCO 的数据，绿色三角表示 Helio 与 Solwind，P78-1 的数据。蓝线表示最小二乘拟合，r 表示相关系数

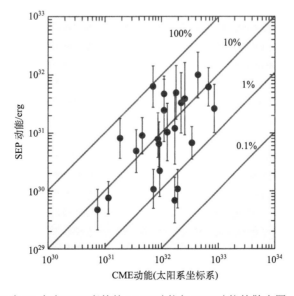

图 4.5.7　太阳周期 23 中 23 个大 SEP 事件的 CME 动能与 SEP 动能的散点图 (Mewaldt et al. , 2008)

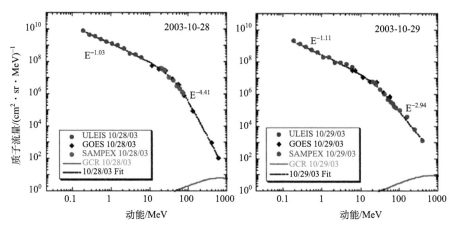

图 4.5.8 在 2003 年 10～11 月 SEP 事件期间观测的两个 GLE 事件的质子流量能谱

两个谱都用双幂律谱(Band et al., 1993)拟合，其谱指数和弯折能量有所不同。绿色线表示银河宇宙线的流量(Mewaldt et al., 2012)

4.5.2 太阳高能电子

太阳高能电子事件是在行星际空间中观测到的最为常见的太阳粒子加速现象。在 20 世纪 60 年代，太阳高能电子首次被卫星观测到(van Allen and Krimings, 1965; Anderson and Lin, 1966)：在高于 40 keV 的能量范围上的电子通量随时间快速上升到峰值再缓慢下降(图 4.5.9)，这表明这些电子在行星际空间中被显著地散射。之后的观测(Lin, 1974)把太阳高能电子的能量范围扩展到了 keV[有些事件的能量甚至能低至 0.1 keV(Gosling et al., 2003)]。太阳高能电子事件经常呈现出电子通量随时间快速上升后又快速下降(图 4.5.9)，这表明这些电子在行星际空间中仅受到了很微弱的散射(Lin, 1974)。在地球附近的卫星观测显示太阳高能电子事件在太阳活动高年附近的发生率超过 10^2 /年。

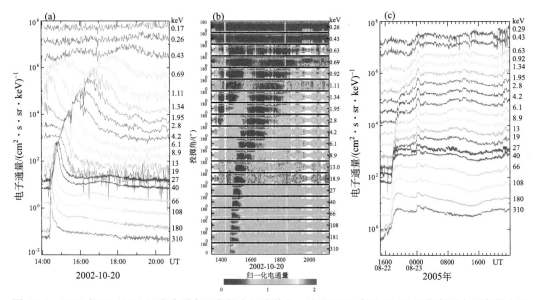

图 4.5.9 2002 年 10 月 20 日脉冲型太阳高能电子事件(a, b)和 2005 年 8 月 22 日渐变型太阳高能电子事件(c)(Wang et al., 2011, 2012a)

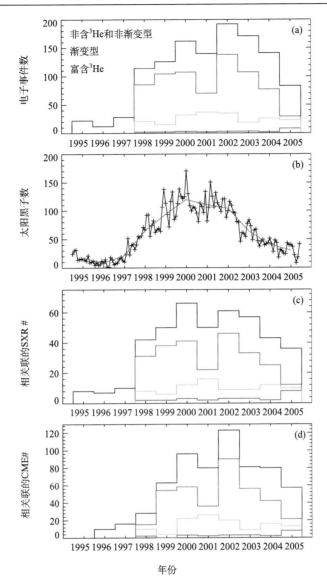

图 4.5.10　1995～2005 年太阳高能电子事件的年数目柱状图(a)。红色显示富含 ^{3}He 电子事件，蓝色显示渐变型电子事件，绿色显示非富含 ^{3}He 和非渐变型电子事件，黑色显示所有电子事件类型的总和。太阳黑子月平均(黑色)和年平均(粉色)数目(b)。与太阳高能电子事件相关的 GOES 软 X 射线耀斑数目(c)。与太阳高能电子事件相关的(SOHO/LASCO 观测到的)西侧日冕物质抛射的数目(Wang et al., 2012a)(d)

　　在地球附近行星际空间中的 Wind/3DP 仪器从 1995 年到 2005 年的观测(Wang et al., 2012a)显示太阳高能电子事件的发生率随太阳活动周期(如太阳黑子数)变化：其发生率在 1996 年达到极小值(约 12/年)；在太阳活动高年为一个双峰分布，主峰值(192/年)出现在 2002 年，次峰值(162/年)出现 2000 年(图 4.5.10)。如图 4.5.11 所示，当我们修正了高背景电子通量时期对电子事件探测效率的影响后，预期到达地球附近的太阳高能电子事件的年发生率在给定电子能量上的频率谱呈现为一个幂律分布[图 4.5.11(c)和(d)]：$dN/dJ \propto J^{-\gamma}$，其中 N 为太阳高能电子事件的年发生率，J 为电子峰值通量。对于 40 keV (2.8 keV)，幂律谱指数 γ 随年份不同，其变化范围为 1.08～1.63(1.02～1.38)，与太阳质子事件[γ 为 1.1～1.5(Cliver et al., 1991)]，微耀斑[γ 为 1.4～1.6(Christe et al., 2008)]和日冕物质抛射的动能[γ 为 1(Vourlidas et al., 2002)；γ 为 1.7(Yashiro et al. 2008)]的发生率的频率分布类似，但是小于软 X 射线耀斑[γ 为 2.2(Hudson, 2007; Belov et al., 2007)]的频率分布谱指数。

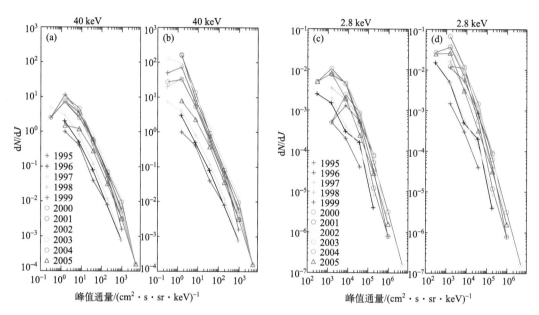

图 4.5.11　从 1995 年到 2005 年太阳高能电子事件在 40 keV 和 2.8 keV 上的发生率的频率分布(Wang et al., 2012a)

(a)和(c)显示卫星实地观测，(b)和(d)显示修正了高背景电子通量时期对电子事件探测效率的影响后的结果

修正后的到达地球附近的太阳高能电子事件的年发生率在太阳活动高年为约 1000/年，在太阳活动低年为约 30/年，比 Wind/3DP 观测到的年发生率大约高一个数量级。这表明由于行星际空间中的背景电子通量或仪器灵敏度的影响，绝大多数的小电子事件无法在 1 AU 处被实地探测到。因为太阳高能电子事件在空间经度上的展宽为 45°(Wang et al., 2012a)，所以太阳高能电子事件在全日面上的发生率应该为>10^4/年。因此，太阳高能电子事件是在太阳上发生的最普遍的粒子加速现象之一。

基于高精度的 Wind/3DP 的电子观测和 ACE/ULEIS 的离子观测，统计研究(Wang et al., 2012a)显示约 76%的太阳高能电子事件伴随着 $^3He/^4He$ 丰度 $\geqslant 0.01$，相比于日冕和太阳风的丰度($^3He/^4He$ 约 5×10^{-4})显著增强。这些电子和富含 ^3He 的低能(约 MeV/nuc)离子组成了脉冲型 SEP 事件，又被称为"富含电子和 ^3He" SEP 事件。这种紧密关联表明富含 ^3He 的离子可能被由高能电子束流所激发的波动通过波粒相互作用优先加速(Temerin and Roth, 1992)，或者是源自与电子相同的加速过程。

在 20 世纪，人们通常认为脉冲型 SEP 事件与脉冲型软 X 射线耀斑相关性好。但是，Wang 等(2012a)发现在富含 ^{3}He 太阳高能电子事件中，仅约 35%伴随有 GOES 软 X 射线耀斑，而约 60%伴随着源自日面西侧的日冕物质抛射(简称西侧日冕物质抛射)。在与富含 ^{3}He 太阳高能电子事件相关的软 X 射线耀斑中，约 90%为脉冲型耀斑，约 65%为 C 级耀斑，大多数位于与地球相连的行星际磁力线的预期日冕源区附近(经度 30°～75°W)。少数软 X 射线耀斑位于日面中央或东侧，这表明有些电子事件在空间经度上会跨很大的范围[如约 100°（Wiedenbeck et al., 2013)]。一些未伴随 GOES 软 X 射线耀斑的富含 ^{3}He 太阳高能电子事件可能伴随着与 III 型射电暴紧密关联的微耀斑(Christe et al., 2008)，或被日面部分遮挡的耀斑(Krucker and Lin, 2008)。表 4.5.2 给出新的 SEP 事件的分类特征。

表 4.5.2　SEP 事件新两分类特征

特征	大 SEP 事件 （渐变型 SEP 事件）	富含电子/^{3}He SEP 事件 （脉冲型 SEP 事件）
主导粒子种类	>约 10 MeV 质子	约 1～100 keV 电子
电子/质子	小	大
^{3}He/^{4}He	日冕值：约 5×10^{-4}	约 1
重原子核	日冕值	Fe，Mg，Si，S 丰度增强
Fe/O	约 0.1	约 1
Q_{Fe}	约 14	约 20
持续时间	数天	数小时
经度展宽	>约 100°	<约 45°
事件发生率（太阳活动峰年）	约 10 年$^{-1}$	约 10^4 年$^{-1}$
相关现象		
耀斑	大耀斑（但是有时没有耀斑）	1/3 有耀斑（绝大多数为小耀斑）
软 X 射线暴	渐变型（数小时）	脉冲型（<数十分钟　）
日冕物质抛射	速度快	通常源自日面西侧，很多是喷流
射电暴	II 型	III 型

与富含 ^{3}He 太阳高能电子事件相关的西侧日冕物质抛射的平均角宽度为 47°±36°（1σ 不确定度）、平均速度为 496±258 km/s。许多个例研究也显示"富含电子和 ^{3}He" SEP 事件伴随着源自正发生耀斑、位于日面西半球的活动区的窄日冕物质抛射/喷流，与这些活动区相邻的冕洞中的开放磁力线可连接到地球(Kahler et al., 2001; Wang Y M et al., 2006; Pick et al., 2006; Nitta et al., 2008)。这些结果显示"富含电子和 ^{3}He" SEP 子事件的产生过程可能会涉及闭合与开放磁力线之间的磁重联。

约 22%的太阳高能电子事件伴随着 ^{3}He/^{4}He 丰度<0.01，并且没有渐变型 X 射线耀斑(Wang et al., 2012a)。这类事件与软 X 射线耀斑和日冕物质抛射等现象的关联类似于富含 ^{3}He 太阳高能电子事件。仅有约 2%的太阳高能电子事件伴随着渐变型 X 射线耀斑且 ^{3}He/^{4}He 丰度<0.01。这类事件被称为渐变型太阳高能电子事件。这类事件全部伴随着西侧日冕物质抛射或 halo 日冕物质抛射，这些西侧日冕物质抛射的平均角宽度为 111°±

55°、平均速度为 1484±894 km/s。因此,渐变型太阳高能电子事件的加速过程很可能与速度快的宽日冕物质抛射相关。

太阳高能电子事件几乎均伴随着 III 型射电暴,但仅有约 8%伴随着 II 型射电暴(包括约 2%的富含 ^{3}He 太阳高能电子事件和约 50%的渐变型太阳高能电子事件)。仅有约 9%的太阳高能电子事件伴随着 GOES 高能(>10 MeV)强质子事件(质子峰值通量>1 cm^{-2}·s^{-1}·sr^{-1}),其中包括约 2%的富含 ^{3}He 太阳电子事件和约 52%的渐变型太阳高能电子事件。这些结果表明,太阳高能电子(和富含 ^{3}He 的离子)的起源很可能区别于太阳高能质子的加速机制或过程。

1. 能谱

在地球附近,太阳高能电子事件的电子峰值微分通量 J 随能量 E 的变化通常呈现为一个双幂律谱函数(Lin, 1985; Wang L et al., 2006; Krucker et al., 2009):

$$J \propto \begin{cases} E^{-\delta_{\text{low}}}, E < E_0 \\ E^{-\delta_{\text{high}}}, E > E_0 \end{cases} \tag{4.5.1}$$

其中能谱弯折能量 $E_0 \sim 60$ keV(图 4.5.12)。谱指数 δ_{low} 与 δ_{high} 呈现出线性正相关(相关系数为 0.61)。平均谱指数为 $\delta_{\text{low}} = 1.9 \pm 0.3$ 和 $\delta_{\text{high}} = 3.6 \pm 0.7$。一些伴随有大耀斑的太阳高能电子事件的能谱在超过 3 MeV 能量上会变陡(Lin, 1985)。

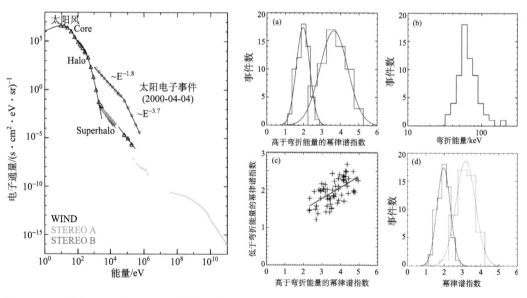

图 4.5.12　左图:2002 年 4 月 4 日的太阳高能电子事件的峰值通量能谱(圆圈)。黑色三角形和绿色/红色符号显示平静时期太阳风电子能谱 (Wang et al., 2012a)。蓝色的菱形/曲线分别表示 0.2~2 MeV 行星际电子(Hurford et al., 1974)和 30 MeV~1 TeV 银河宇宙线电子(Lin, 1974)。右图:太阳高能电子事件拟合谱参数的统计结果(Krucker et al., 2009)。(a)低能谱指数 δ_{low}(蓝色)和高能谱指数 δ_{high}(红色)。实线显示高斯拟合的结果。(b)弯折能量 E_0 的直方图。(c)δ_{low} 与 δ_{high} 的散点图。(d)仅有<20 keV 电子的太阳电子事件的谱指数 δ_{low}(绿色)以及同时有>25 keV 电子的太阳电子事件的谱指数 δ_{low}(蓝色)(Krucker et al., 2009; Wang et al., 2012a)

在行星际空间中实地观测到的太阳高能电子事件能谱很可能反映出在太阳上发生的电子加速和逃逸过程的物理本质。太阳硬 X 射线耀斑(由非热电子通过韧致辐射机制产生)的峰值通量能谱也通常显示出一个双幂律谱,其弯折能量与太阳高能电子事件的 E_0 相似(Lin and Schwartz, 1987; Dulk et al., 1992; Krucker and Lin, 2002)。然而,在高于弯折能量的能量范围上,通过韧致辐射理论从硬 X 射线观测推出的电子能谱要比行星际空间中观测到太阳高能电子事件的能谱更陡(即更"软")(Krucker et al., 2007, 2009)。这表明产生硬 X 射线的电子和逃逸到行星际中的电子可能源自不同的加速机制或过程。其他解释是电子的逃逸过程或在行星际空间中传播效应(如波粒相互作用)可能依赖于电子能量,这会改变太阳高能电子事件的能谱(Kontar and Reid, 2009)。

此外,很多太阳高能电子事件的低能幂律能谱能一直延伸到 <1 keV(Lin et al., 1996; Wang L et al., 2006; Krucker et al., 2009; Wang et al., 2012a)。如果这些低能电子是在低日冕中被加速成幂律能谱的,它们在从低日冕向外逃逸的过程中通过库仑碰撞将会损失全部或绝大部分能量,所以在行星际空间中的太阳电子能谱应该会在低能处弯折,从而无法维持幂律谱的形状。因此,观测到的低能幂律能谱表明这些电子应该是源自高日冕中($>0.1\ R_\odot$)的加速过程。

2. 太阳电子释放

在富含 ^{3}He 太阳高能电子事件中(图 4.5.9),电子通量随时间变化经常呈现出一个近乎对称的快速升起又快速下降的峰,而且电子投掷角分布在上升和峰值期间是沿着行星际磁力线方向。这些观测表明在富含 ^{3}He 太阳高能电子事件中,在太阳上释放的电子通量随时间的变化相对于峰值应当是近乎对称的(Wang L et al., 2006),而且绝大多数电子在从太阳到地球附近的输运过程中很可能仅受到了可忽略的微弱散射效应(Lin, 1974)。

假设在太阳上释放的电子强度随时间的变化是一个等腰三角形分布(即上升时间与下降时间相同),并且电子从太阳到 1 AU 处的路径长度为 1.2 AU,Wang L 等(2006)利用正演拟合模型从 Wind/3DP 在 1 AU 处的实地观测出发反推出太阳高能电子事件在太阳上的释放函数。最佳拟合结果表明太阳高能电子在太阳上的释放过程可能由两部分组成(图 4.5.13):低能(0.4~10 keV)电子的释放开始于 III 型射电暴发生前约 9 分钟,并且持续数百分钟,而高能(15~300 keV)电子的释放开始于 III 射电暴发生后约 8 分钟,并且持续时间短(为低能电子释放时间的 1/10~1/5)。这些低能电子会产生 III 型射电暴,并可能为高能电子的加速提供种子粒子。以往的研究认为高能电子的延迟释放可能与大尺度日冕 EIT 波的传播(Krucker et al., 1999)、由日冕物质抛射所驱动的激波粒子加速(Haggerty and Roelof, 2002)或由日冕物质抛射传播所引起的日冕磁重构(Maia and Pick, 2004)有关。

最近,Wang 等(2016)分析了 10 个"富含电子和 ^{3}He" SEP 事件,发现在这些事件中,富含 ^{3}He 的离子的释放开始时间要比低能电子和高能电子的释放晚约 1 h(图 4.5.13)。这 10 个事件与 GOES 软 X 射线耀斑和 Hα 耀斑的相关性差,但是都伴随着西侧日冕物质抛射。平均而言,这些日冕物质抛射在低能电子释放开始时从日面出发,在高能电子的释放开始时达到日面以上约 1.0 $R_\odot$,在离子的释放开始时达到 4.7 $R_\odot$

［图 4.5.13（c）］。

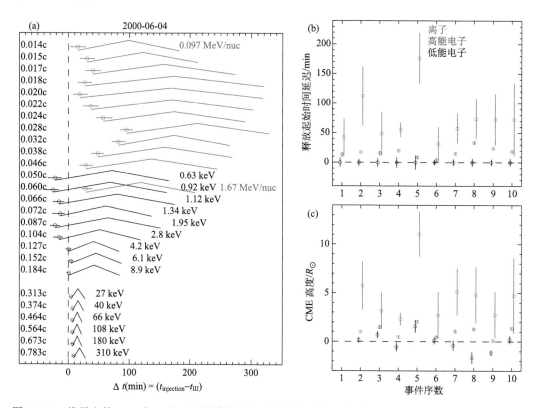

图 4.5.13　推导出的 2000 年 6 月 4 日事件中的电子(黑色)和离子(红色)的释放强度随时间的变化(a)。图中标明的粒子速度是以光速 c 为单位。X 轴为相对于 III 型射电暴的释放时间所延迟的时间，虚线显示 III 型射电暴的释放时间。圆圈表示粒子释放的起始时间。在 10 个事件中粒子释放的起始时间相对于低能电子释放的延迟(b)。线性推出的日冕物质抛射在粒子释放起始时到达的高度(c)。在(b)和(c)中，带有误差棒的圆圈显示低能电子(黑色)、高能电子(蓝色)和离子(红色)释放的起始时间 (Wang et al., 2016)

3. 电子投掷角分布

对于太阳高能电子事件，实地观测到的电子投掷角分布主要取决于卫星附近的电子-波动相互作用，而实地观测的电子通量随时间变化的形状取决于电子在太阳上的释放和其在行星际空间中的输运效应的总和。以往的研究显示在太阳高能电子事件中，电子的投掷角半峰宽(pitch-angle width at half-maximum)经常在低于 10 keV 的能量上小于 13°，而在高于 15 keV 的能量上大于 30°～40°(Potter et al., 1980; Lin et al., 1981)。然而，有些事件中的电子束流角宽度在低于 1.4 keV 的能量上随能量而变化，变化范围从约 15° 到>75°（Gosling et al., 2003; de Koning et al., 2007)。

Wang 等(2011)进一步发现在富含 ^{3}He 太阳高能电子事件中，电子的投掷角分布的特性以能量 E_{tr} 为界可分为两类(图 4.5.14)：当能量低于 E_{tr} 时，电子的投掷角半峰宽从事件起始到峰值期间均为 25°～30°；当能量高于 E_{tr} 时，电子的投掷角半峰宽随着能量增加和时间增长而变大，从约 30° 到 60°～100°。因此，低能电子在从太阳到 1 AU 处的输运过程中仅受到了可忽略的微弱投掷角散射，而高能电子则受到了更多的散射，且散射强度随能量增加而增强。然而，实地观测到的电子通量[图 4.5.9(a)]通常呈现出一个快速上升又快速下降的峰，而且从速度色散分析中得到的电子路径长度仅比 Parker 螺旋磁力线长度长 4%～18%。这些表明高能电子受到的散射很可能仅发生在 1 AU 附近。与 Cane 和 Erickson(2003)的观点相反，这些散射效应并不足以解释观测到的高能电子释放起始时间的延迟。

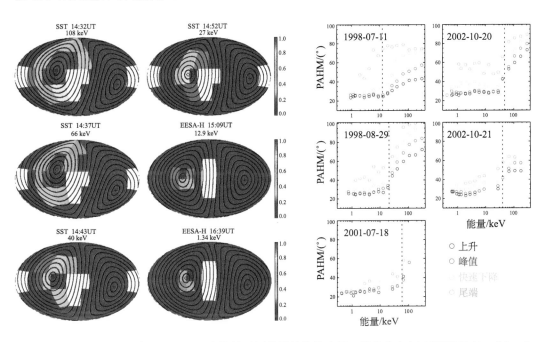

图 4.5.14　左图：　2002 年 10 月 20 日事件的不同能量的峰值电子二维角分布(电子强度已归一化)。十字(菱形)显示平行(反平行)于行星际磁力线的方向。黑色曲线代表间隔为 10° 的投掷角等值线。右图：五个富含 ^{3}He 太阳高能电子事件中的电子投掷角半峰宽随能量和时间的变化。黑色、红色、蓝色和绿色分别显示在事件上升期、峰值、快速下降期和缓慢下降尾部的观测。虚线标示 $\rho_e = \rho_{Tp}$ 的电子能量

(Wang et al., 2011)

虽然分界能量 E_{tr} 随事件不同而在约 10 keV 到 40 keV 之间变化，但是能量为 E_{tr} 的电子的回旋半径均近似于太阳风热质子的回旋半径，即 $\rho_e(E_{tr}) = \rho_{Tp}$。因为太阳风湍流功率谱密度($P \propto \lambda^\beta$)通常在空间尺度 $\lambda \sim \rho_{Tp}$ 处从惯性区($\beta = 5/3$)转变到耗散区($\beta \sim$ 3)(Leamon et al., 1999)，所以我们可以用电子在 $\lambda \sim \rho_e$ 处与太阳风湍流的共振作用来解释上述太阳高能电子的投掷角特性。当 $\rho_e < \rho_{Tp}$，电子与 $\lambda < \rho_{Tp}$ 的耗散区中的湍流共振，由于耗散区中的湍流功率谱密度小，所以这些低能电子仅受到微弱散射。当 $\rho_e > \rho_{Tp}$，电子与 $\lambda > \rho_{Tp}$ 的惯性区中的湍流共振，由于惯性区中的湍流功率谱密度大，所以这些高能电子会受到更强的散射。

4.5.3 富含 ^{3}He SEP

强度小的 SEP 事件,通常伴随着 ^{3}He/^{4}He 丰度的显著增高(相比于日冕和太阳风中的丰度),被称为富含 ^{3}He SEP 事件(Mason, 2007)。这类事件在 20 世纪 70 年代首次被发现(Hsieh and Simpson, 1970)。 到 20 世纪 80 年代中期,研究显示富含 ^{3}He SEP 事件通常伴随着 keV 电子和 III 型射电暴,有时也与小 X 射线耀斑相关。相比于日冕大气和渐变型 SEP 事件,这类事件还伴随着重元素和超重元素(Fe 以上的质量范围)的丰度显著增强(如铁的丰度增强约 10 倍)。图 4.5.15 显示了富含 ^{3}He SEP 事件的同位素丰度相比于渐变型 SEP 事件(或太阳系中的经典值)会增强(表 4.5.3)。

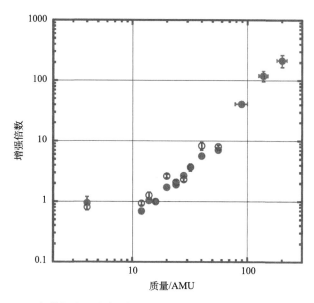

图 4.5.15 富含 ^{3}He SEP 事件相比于渐变型 SEP 事件或太阳风的离子丰度增强(Mason et al., 2004)

蓝色圆圈显示的数据来自 Reames(1995)

实地观测显示富含 ^{3}He SEP 事件的离子微分流量能谱按照形状和离子成分可分为两组(Mason et al., 2002)。在组#1 中,所有的离子成分的能谱通常为单幂律谱或在 MeV/nuc 的能量附近向下弯折的双幂律谱[图 4.5.16(a)];^{3}He/^{4}He 丰度比的经典数值为 0.2,Fe/O 的经典数值为 1.8。在组#2 中,^{4}He 的能谱也为幂律谱,但是 ^{3}He 和 Fe 的能谱是弯曲的[图 4.5.16(b)];^{3}He/^{4}He 丰度比高,并随能量改变,通常在 MeV/nuc 的能量上到达峰值(图 4.5.17)。

相比于日冕大气或渐变型 SEP 事件,富含 ^{3}He SEP 事件中重离子的电离态显著增大(Klecker et al., 1984),这些电离态为理解富含 ^{3}He SEP 事件的起源提供了重要的线索。如图 4.5.18 所示,4 个富含 ^{3}He SEP 事件中的铁的平均电离态随能量增加而增大:从在 250 keV/nuc 能量上的 14~16 增大到在 500 keV/nuc 能量上的 16~19。在更低的能量上,铁的平均电离态约为 12。Kocharov 等(2000)考虑了辐射效应和由质子碰撞和电子碰撞导致的电离,建立模型计算出离子的电离态随能量的变化(虚线):离子电离态在低能时主要源自周

表 4.5.3　富含 ³He SEP 事件的元素丰度（Mason, 2007）

种类	原子质量数	富含 ³He SEP 元素丰度 [a]	渐变型 SEP 的元素丰度 [b]	太阳系元素丰度 [c]	富含 ³He SEP 与参考值之比
⁴He	4	54±14	57±3[d]		0.95±0.24[d]
C	12	0.322±0.003	0.465±0.009		0.69±0.01
N	14	0.129±0.002	0.124±0.003		1.04±0.03
O	16	1.000±0.006	=1±0.01		1.00±0.01
Ne	20	0.261±0.003	0.152±0.004		1.72±0.05
Mg	24	0.370±0.003	0.196±0.004		1.89±0.04
Si	28	0.409±0.004	0.152±0.004		2.69±0.07
S	32	0.118±0.015	0.0318±0.0007		3.70±0.47
Ca	40	0.060±0.003	0.0106±0.0004		5.66±0.38
Fe	56	0.95±0.005[e]	0.134±0.004	=1	7.09±0.21
	78~100	$(9.6±1.1)×10^{-4}$		$1.7×10^{-4}$	40.7±4.5
	125~150	$(3.1±0.6)×10^{-4}$		$1.95×10^{-5}$	119.6±23.0
	180~220	$(2.2±0.5)×10^{-4}$		$7.63×10^{-6}$	215.4±49.5

注：a. 385 keV/nuc，Mason（2007）；

b. 5~12 MeV/nuc，Reames（1995）；

c. 流星，Anders 和 Grevesse（1989）；

d. 不确定度主要源自仪器效应（参见 Desai 等 2003）；

e. 乘上 0.92，用以修正 Fe 组的峰值是在更大质量范围内的计数。

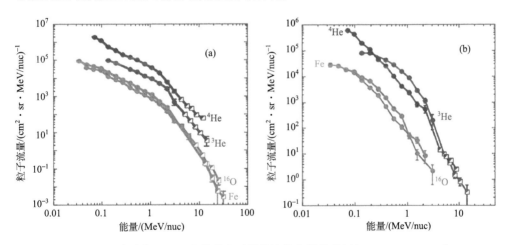

图 4.5.16　富含 ³He SEP 事件的离子微分流量能谱的事例（Mason et al., 2002）
(a) 1998 年 9 月 9 日事件（组#1）；(b) 1999 年 3 月 21 日事件（组#2）

边等离子体的热电离，在高能时则主要源自周边等离子体中的剥离作用。模型预期值与观测值在高能时的不一致可能是由离子在输运过程中受到了绝热减速而引起的（Kartavykh et al., 2005）。

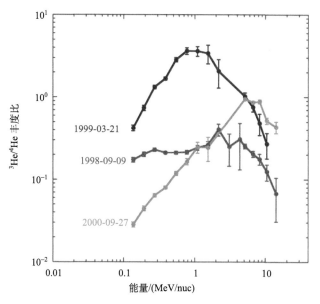

图 4.5.17　3 个富含 ^{3}He SEP 事件中的 ^{3}He/^{4}He 丰度比随能量的变化(Mason et al., 2002)

红色、蓝色和绿色分别显示 1998 年 9 月 9 日(组#1)、1999 年 3 月 21 日(组#2)和 2000 年 9 月 27 日(组#1)事件

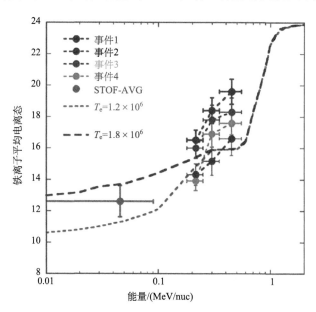

图 4.5.18　ACE/SEPICA 仪器观测到的 4 个富 ^{3}He SEP 事件的铁电离态(180~500 keV/nuc)(Klecker et al., 2006)

事件(1)1998 年 9 月 9 日。事件(2)1999 年 7 月 3 日。事件(3)1999 年 7 月 20 日。事件(4)2000 年 5 月 1 日。红色点显示的是 SOHO/STOF 仪器对事件(2)~(4)的平均测量值(10~100 keV/nuc)

　　Wang Y M 等(2006)研究了富含 ^{3}He SEP 事件在日面上的源区。如图 4.5.19 所示,在 1 AU 处实地观测到的多次 ^{3}He 增强对应着从位于日面西半球的一个正发生耀斑的活动区向外的喷流。PFSS(Potential Field Source Surface)模型的计算结果表明此活动区通过

开放磁力线连接到了黄道面。Wang Y M 等(2006)发现富含 ^{3}He SEP 事件的源区通常都是靠近冕洞的活动区。他们预测只要与地球连接的开放磁力线与日面源区发生交换磁重联，在 1 AU 处就会观测到 ^{3}He 的增强。最近的研究显示一些富含 ^{3}He SEP 事件的源区位置明显偏离于 PFSS 模型和 Parker 螺旋磁力线模型的预期位置(Nitta et al., 2015)，这可能与实地观测到的一些富含 ^{3}He SEP 事件在空间经度的展宽>100°有关(Wiedenbeck et al., 2013)。

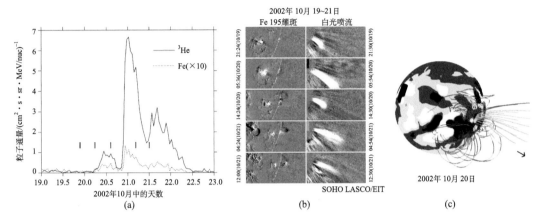

图 4.5.19　(a) 2002 年 10 月 19～22 日中富含 ^{3}He 的时间段。(b) 来自相关的耀斑发生活动区的连续喷流。左侧显示耀斑，右侧显示白光喷流。(c) PFSS 模型的计算结果。红色和绿色分别显示闭合和开发磁力线，蓝色显示与黄道面相连的开放磁力线。黄点显示源位置(Wang Y M et al., 2006)

理论研究提出波粒相互作用能够优先加速具有特殊荷质比的同位素，这是最有可能解释 ^{3}He 增强的加速机制(Kocharov and Kocharov, 1984; Reames, 1999)。Fisk(1978)首先提出 ^{3}He 由于具有独特的荷质比从而可被静电离子回旋波优先加热。随后，很多理论研究采用静电离子回旋波或其他等离子体波来优先加热或加速 ^{3}He 和重离子。例如，Temerin 和 Roth(1992)、Roth 和 Temerin(1997)注意到在地球极区中沿磁力线沉降的电子束流可以通过激发 EMIC 波来加速离子，从而提出在太阳耀斑中可能会发生类似的过程：向下运动的电子束流产生 EMIC 波通过回旋共振加速 ^{3}He 和重离子。其他的理论提出通过剪切阿尔文波(Miller and Viñas, 1993)、串级等离子体波(Miller，1998)、平行于磁场传播的等离子体波 (Liu et al., 2006)、由电子温度各向异性引起的 firehose 不稳定性(Paesold et al., 2003)等优先加速 ^{3}He 或重离子。但是，挑战仍然存在：如现有的理论还不能解释超重元素丰度的增强。

4.6　太阳风超热粒子(Solar Wind Suprathermal Particles)

4.6.1　太阳风超热离子

实地观测显示在行星际太阳风中，质子和重离子在超过热能的能量范围上的通量远大于符合麦克斯韦分布的热成分，这部分离子被称为太阳风超热离子。太阳风超热离子的源可能包括渐变型 SEP 事件、脉冲型 SEP 事件、共转相互作用区(CIR)高能粒子、异常宇宙线（ACRs）、银河宇宙线（GCRs）、被加热的太阳风、拾取离子(pick-up ions)和星际粒子(Mason et al, 2005)。超热离子成分位于能谱的尾部，一直持续到>100 MeV/nuc，经常被形象地称为"tail"。图 4.6.1 显示了 ACE 飞船从 1997 年 10 月至 2000 年 6 月观测到的氧离子的从太阳风等离子体能量到宇宙线能量的流量能谱(Mewaldt et al.，2001)。

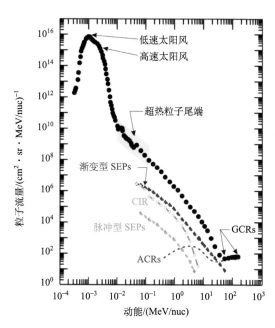

图 4.6.1　ACE 飞船从 1997 年 10 月至 2000 年 6 月观测到的氧离子的流量随能量的变化(黑色点)。图中还显示了经典的渐变型 SEP 事件(紫色)、脉冲型 SEP 事件(绿色)、共转相互作用区(褐色)、异常宇宙线和银河宇宙线的氧离子能谱。图中将超热能区定义为从约为 2/nuc 和 100 keV /nuc 的能量范围(Mewaldt et al., 2001)

　　太阳风超热离子的观测呈现出很大的多样性和差异性。Ulysses 和 ACE 飞船的观测(图 4.6.2)显示在各种太阳风条件下，超热质子 tail 在速度上通常延伸至太阳风速 V_{sw} 的约为 20 倍(对应的能量约为 200～700 keV/nuc)。在平静太阳风中，这些 tail 通常呈现为一个谱指数不变的幂律分布(Gloeckler et al.，2008)：$f \propto v^{-5}$（速度分布函数）或 $J \propto E^{-1.5}$（微分通量能谱）。Fisk 和 Gloeckler(2012)分析了 2001 年的 61 个行星际激波附近的超热质子的 1 小时平均观测，发现超热质子的显著增强部分具有一个共同的 v^{-5} 谱斜率，它们总是伴随着一个扩展的压缩区而不是行星际激波。此外，在可能由扩散激波加速引起的四个超热质子的显著增强事件中，离子能谱谱指数与稳态扩散激波加速的理论预测不符合。

　　但是，很多观测研究给出了不同的结果(Mason and Gloeckler, 2012)。例如，Giacalone(2012)利用 5 分钟平均的观测数据研究了在 1998～2003 年期间的 18 个强行星际激波，发现能量为约 47 keV 的超热质子的最大通量几乎总是发生在这些激波经过飞船

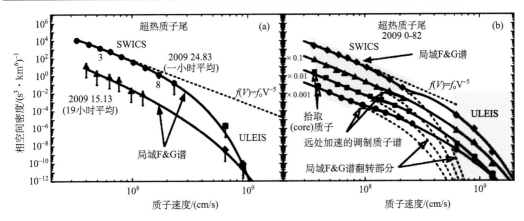

图 4.6.2　在 2009 年太阳风极端平静时期的超热质子的速度分布函数(Fisk and Gloeckler, 2012)

(a) 在 2009 年开始的 82 天内观测到的超热质子相空间密度的最大值和最小值。(b)四个超热质子能谱

的五分钟内，而且在一些激波的下游中并没有发生超热质子的通量增强。与 Fisk 和 Gloeckler (2012) 的结论相反，Giacalone (2012) 认为粒子的加速是直接在激波处(即等离子体最大压缩时)发生，而不是在激波的下游等离子体中发生。此外，对速度在 $6V_{sw}$ 到 $20V_{sw}$ 范围内和能量大于几 MeV /nuc 的超热离子的观测研究(Dayeh et al., 2009; Mewaldt et al., 2007)显示超热离子 tail 的速度分布函数(或能谱)并不总是符合一个单幂律分布，而且速度谱的谱指数会在 4.5~6.5 之间变化[图 4.6.3 (a)]。如图 4.6.3 所示，在行星际 1 AU 处的超热重离子丰度比会随太阳活动而变化(Desai et al., 2006b; Dayeh et al., 2009)，在太阳活动低年主要类似于太阳风或共转相互作用区中的离子组成，在太阳活动增强期间则主要类似于脉冲型 SEP 事件中的离子组成。Wiedenbeck 和 Mason (2013)也发现在行星际 1 AU 处出现超热 ^{3}He 离子(被认为主要源自脉冲型耀斑)的时间比例随太阳旋转周期变化，并随着太阳活动的减弱而显著减小，在 2008~2010 年的长时间的太阳活动极小时期基本上减小到零(图 4.6.4)。

目前解释超热离子的起源和加速的理论模型主要分为相互冲突的两类：①超热离子 tail 源自在行星际空间中的持续加速(Fisk and Gloeckler, 2008, 2012, 2014; Zhang, 2010; Fahr et al., 2012; Drake et al., 2012; Zank et al., 2014)；②超热离子 tail 是由被共转相互作用区、日冕物质抛射激波、耀斑等加速的各类高能粒子事件中的低能离子混合组成(Livadiotis and McComas, 2009; Jokipii and Lee, 2010; Schwadron et al., 2010)。表 4.6.1 总结了现有的超热离子的源和加速机制。超热离子的观测对这两类理论模型都提出了不同的挑战。例如，观测显示当速度小于约 5 V_{sw} 时，超热离子的能谱形状几乎恒定不变，支持理论模型#1。但是当速度大于约 6 V_{sw} 时，超热离子的能谱形状有显著的变化，而且重离子的丰度比会随太阳活动而变化，这些观测则支持理论模型#2。此外，很多观测研究采用了长期平均后的观测值(Gloeckler et al, 2008; Dayeh et al., 2009)，因此会难以区分局地(local)加速或非局地(remote)加速的贡献。

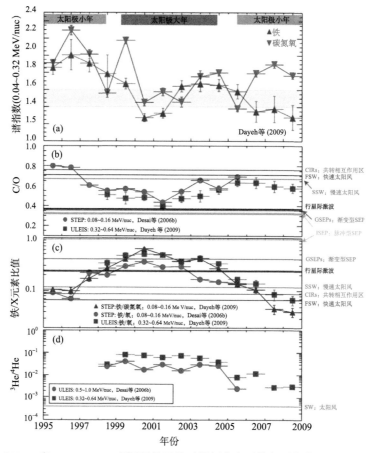

图 4.6.3　Wind/STEP 和 ACE/ULEIS 观测到的平静时期超热离子的年平均值(Desai et al., 2006b; Dayeh et al., 2009)

(a) Fe 和 CNO 离子的能谱($J \propto E^{-\gamma}$)的谱指数 γ。(b) C/O 丰度比。(c) Fe/CNO 丰度比。(d) ^{3}He/^{4}He 丰度比 (Desai and Giacalone, 2016)

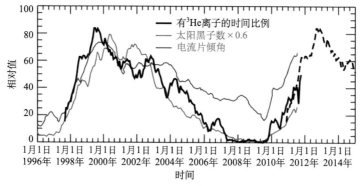

图 4.6.4　在行星际 1 AU 处出现能量大于 MeV/nuc 的 ^{3}He 离子的时间比例(黑色)(Desai and Giacalone, 2016)

红色显示太阳黑子数，蓝色显示日球层电流片的倾角

表 4.6.1　在 1 AU 附近的能量为 2～100 keV/nuc 的超热离子的源和加速机制(Desai and Giacalone, 2016)

加速位置	行星际空间中持续加速		独立高能粒子事件	
	机制/源	文献	机制/源	文献
局地	总体速度扰动	Fahr 和 Siewert(2012)；Fahr 等(2012)	CIR 激波与压缩	Fisk 和 Lee (1980)；Giacalone 等(2002)；Richardson (2004)
	压缩湍流	Fisk 和 Gloeckler(2006,2008,2012,2014)	CME 激波(ESP 事件)	Jones 和 Ellison (1991)；Lee (2005)；Zank 等(2006)；Li 等(2009)
	行星际磁场中的波动与湍流	Schwadron 等(1996)，Zhang (2010)；Zhang 和 Lee (2013)		
	磁岛间重联	Drake 等(2012)；Zank 等(2014)		
非局地	N/A		源自耀斑的 SEP 事件	Mason 等(2002)
			源自太阳附近的 CME 激波的 SEP 事件	Reames(1999)
			>2 AU 处的 CIR 激波	Fisk 和 Lee (1980)
			上游离子事件	Lee(1982)；Desai 等(2008)

4.6.2　太阳风超热电子

在行星际 1 AU 处观测到的太阳风电子由三部分组成 (Wang et al., 2012b)：① 一个热麦克斯韦(T 约为 10 eV)core 成分，占据等离子体密度的 90%～95%，②一个等效温度更高(T 约为 50～80 eV)的 halo 和 strahl 成分，占等离子体密度的 5%～10%，③一个能量高于约为 2 keV 的 superhalo 成分。如图 4.6.5 和图 4.6.6 所示，在 2007 年 12 月 6 日平静时期，太阳风电子在 9～80 eV 的能量上主要为符合麦克斯韦分布(温度为 10.1 eV、密度为 6.8 cm^{-3})的 core 成分，在约 100 eV 到约 1.5 keV 的能量上主要为符合 Kappa 分布(密度为 0.43 cm^{-3}，等效温度为 49.2 eV，κ 为 11.0)的 halo 和 strahl 成分，在高于约 2 keV 的能量上主要为符合幂律分布的 superhalo 电子。太阳风超热电子包括 halo、strahl 和 superhalo 成分，其能谱形状显著不同于太阳高能电子事件。这些电子为研究发生在太阳上和行星际空间中的普遍粒子加速和输运过程提供了重要的信息。

1. strahl/halo 成分

观测显示能量为约 100 eV 到 1～2 keV 的太阳风电子通常为沿行星际磁力线向外运动的 strahl 束流成分和近似各向同性的 halo 成分(Montgomery et al., 1968; Rosenbauer et al., 1977; Pilipp et al., 1987; Pierrard et al., 2001)。如图 4.6.7 所示，strahl 和 halo 成分的能谱通常均呈现为一个 Kappa 分布函数(Maksimovic et al., 2005; Tao et al., 2016)：

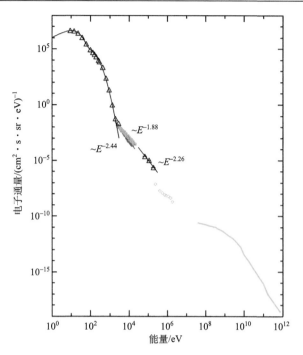

图 4.6.5　在行星际 1 AU 处全能量范围的经典电子微分通量能谱(Wang et al., 2012b)

从约 9 eV 到 200 keV 的太阳风电子能谱来自 WIND/3DP(黑色)和 STEREO/STE(红色和绿色)在 2007 年 12 月 6 日平静时期的观测。蓝色的菱形/曲线分别表示 0.2~2 MeV 行星际电子(Hurford et al., 1974)和约 30MeV 至 1 TeV 银河宇宙线电子(Lin, 1974)

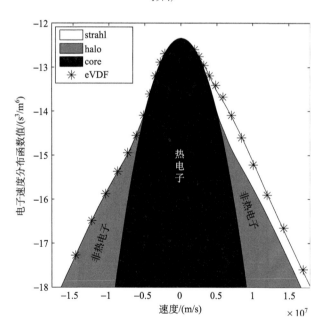

图 4.6.6　超热电子 halo 和 strahl 成分叠加上热电子 core 成分 (Stverak et al., 2009)

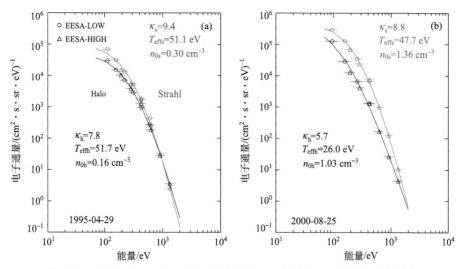

图 4.6.7　1995 年 4 月 28 日 (a) 和 2000 年 8 月 25 日 (b) 的 strahl (红) 和 halo (黑) 电子能谱 (Tao et al., 2016)

实线显示 Kappa 分布拟合

$$J(E) = \frac{E n_0}{\pi m_{\mathrm{e}}^{1/2} \left[(2\kappa - 3) k_{\mathrm{B}} T_{\mathrm{eff}} \right]^{3/2}} \frac{\Gamma(\kappa + 1)}{\Gamma(\kappa - 1/2) \Gamma(3/2)} \left[1 + \frac{2E}{(2\kappa - 3) k_{\mathrm{B}} T_{\mathrm{eff}}} \right]^{-(\kappa + 1)} \quad (4.6.1)$$

式中，m_{e} 为电子质量，κ (>3/2) 为 Kappa 指数，n_0 为总数密度，T_{eff} 为 Tsallis 统计力学 (Livadiotis and McComas, 2010) 中定义的稳态动力学温度。当 κ 为无穷大时，Kappa 分布会变为麦克斯韦分布，当 κ 趋近 3/2 时，Kappa 分布的高能尾部 (tail) 会变为幂律谱。Tao 等 (2016) 拟合了在 1 AU 处平静时期观测到能量为约 0.1 keV 到 1.5 keV 的太阳风 strahl 和 halo 电子的能谱，发现这两种成分的 κ 均正比于 T_{eff} (图 4.6.8)。他们认为这些 κ 和 T_{eff} 之间的强正相关源自 strahl 电子的形成过程。

Maksimovic 等 (2005) 和 Stverak 等 (2009) 分析了 Helios、Wind 和 Ulysses 飞船在不同位置上的观测，发现 strahl 成分的数密度和太阳风电子总数密度之比会随径向距离的增加而减小，而 halo 成分的相对数密度则随径向距离的增加而增大，并且 strahl 和 halo 之和的相对数密度几乎不随径向距离而改变 (图 4.6.9)。此外，高速太阳风中的 strahl 束流的角宽度会随着径向距离的增加而变大 (Hammond et al.，1996)。

基于这些观测结果，人们通常认为沿磁力线向外运动的高度各向异性的 strahl 束流成分源自从日冕逃逸的热电子 (Feldman et al.，1975；Salem et al.，2007)，而近似各向同性的 halo 成分可能是由于 strahl 电子在行星际空间中受到散射而形成。很多研究发展建立了理论模型用于解释 strahl 和 halo 电子的形成 (Scudder and Olbert, 1979; Scudder, 1992; Maksimovic et al., 1997; Pierrard et al., 1999; Zouganelis et al., 2004; Vocks et al., 2005；Yoon et al., 2006; Che and Goldstein, 2014)。Scudder 和 Olbert (1979) 首先提出太阳风膨胀结合库仑碰撞可以产生超热电子。在 Scudder 和 Olbert 的工作之上，Maksimovic 等 (1997) 开发了一个基于日冕 Kappa 分布电子和质子逃逸的太阳风动力学模型。Vocks 等 (2005) 认为在行星际空间中，在远离太阳方向传播的超热电子与向太阳方向传播的哨声波之间

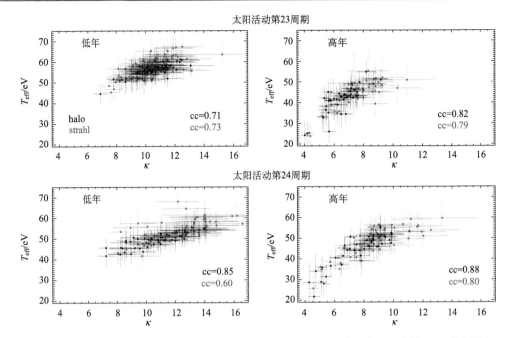

图 4.6.8　太阳活动第 23 和 24 周期中平静时期 strahl(红色) 和 halo(黑色) 电子成分的 κ-T_{eff} 散点图(Tao et al., 2016)

左侧(右侧)为在太阳活动低年(高年)附近的结果

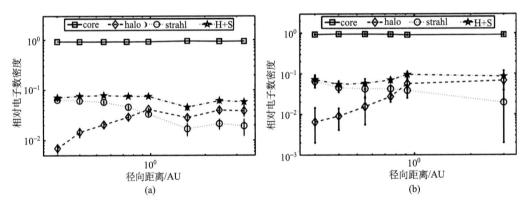

图 4.6.9　低速(a) 和高速(b) 太阳风中的 core(方形)、strahl(圆圈) 和 halo(菱形) 电子成分的数密度和总数密度之比随径向距离的变化(Stverak et al., 2009)

星号显示 strahl 和 halo 成分之和

的共振相互作用能够显著地散射超热电子,从而形成了 halo 和 strahl 成分。Yoon 等(2006) 和 Kim 等(2015) 提出超热电子与 Langmuir 波/哨声波之间的动态平衡可以产生 halo 成分的 Kappa 分布。

2. superhalo 成分

Wind/3DP 在 1 AU 处的高精度观测发现在太阳风中存在着一个能量高于 2 keV 的

superhalo 电子成分(Lin, 1998)。观测研究显示 superhalo 电子的速度分布函数(或能谱)通常呈现为一个幂律谱(图 4.6.10),其谱指数随空间和时间变化。Wang 等(2015)分析了 Wind/3DP 在从 1995 年到 2013 年的平静时期观测的 20～200 keV superhalo 电子的微分通量能谱(图 4.6.11):$J \propto E^{-\beta}$,发现幂律谱指数β在 1.6～3.7 之间变化,其平均值约为 2.4(能谱 $E^{-2.4}$ 对应着速度分布函数 $v^{-6.7}$)。他们还发现 superhalo 电子似乎不随太阳活动和太阳风参数变化。这些结果与 STEREO 卫星观测的平静时期 2～20 keV superhalo 电子的特征一致。此外,Yang 等(2015a)发现平静时期 superhalo 电子的投掷角分布近似各向同性。

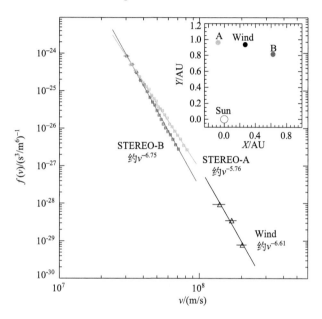

图 4.6.10　由 STEREO-A(绿色),B(红色)卫星上的 STE 仪器和 Wind 卫星上的 3DP 仪器(黑色)在 2007
年 12 月 6 日观测到的 superhalo 电子全方向平均速度分布函数(Wang et al., 2012b)
插图显示这三颗卫星在 2007 年 12 月 6 日在黄道面上的位置:Wind 位于拉格朗日 1 点附近,STEREO-A,B 在经度上分别
距离地球 20.8° 和 21.6°

研究发现 superhalo 电子似乎始终存在于太阳风中,它们与太阳黑子数、耀斑、太阳活动区、太阳风参数、日冕物质抛射、流相互作用区等不相关(Wang et al., 2012b, 2015)。Wang 等(2015)提出 superhalo 电子可能源自与太阳风源相关的加速过程,如纳耀斑(Parker, 1988),或者源自行星际空间中的粒子加速和输运过程(如波粒相互作用)。基于磁流体和测试粒子数值模拟,Yang 等(2015b)提出在太阳风源区中,电子可以被磁重联产生的电场加速,形成一个谱指数为 1.5～2.4 的幂律能谱。Yoon 等(2012)和 Kim 等(2015)发现在行星际空间中超热电子和 Langmuir 波之间的动态平衡可以产生一个谱指数为约 2.3 的幂律能谱。Zank 等(2014,2015)也提出在日球层电流片的磁岛可以通过随机过程加速电子,产生一个谱指数为 2～2.5 的幂律能谱。另外,Schwadron 等(2010) 发现具有相同数密度的所有高斯分布叠加之后也可以产生一个谱指数为 2.5 的幂律能谱。

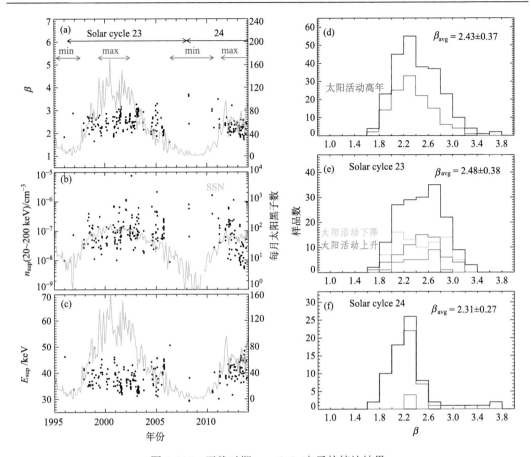

图 4.6.11　平静时期 superhalo 电子的统计结果

平静时期 20～200 keV superhalo 电子的幂律谱指数 β 随时间的变化(a)。绿色曲线显示月平均太阳黑子数。黑色的水平箭头表示第 23 和 24 太阳活动周期。蓝色(红色)水平箭头表示太阳活动低年(高年)。(b) 和 (c) 显示 20～200 keV superhalo 电子的积分数密度 n_{sup} 和平均能量 E_{sup}。(d) 幂律谱指数 β 的直方图。黑色显示从 1995 年到 2013 年的观测。红色显示在太阳活动高年的观测。(e) 第 23 太阳活动周期中观测的 β 的直方图。(d) 第 24 太阳活动周期中观测的 β 的直方图(Wang et al., 2015)

4.7　能量暴粒子(Energetic Storm Particles)

观测显示在约 1 AU 处观测到的行星际激波有时候会伴随着高能(>0.05 MeV/nuc)离子的通量增强 (Scholer et al., 1983; Armstrong et al., 1985; Kennel et al., 1986; Reames, 1999)。通常这些行星际激波是由快日冕物质抛射所驱动的激波(Gosling, 1993),由于它们通过时所伴随的高能粒子的通量增强与磁暴急始相关联,所以被称为能量暴粒子事件(简称为 ESP)。能量暴粒子事件的特性主要体现了局地加速过程,如扩散激波加速(Lee, 1983; Reames, 1999),而非行星际输运过程。实地观测为研究能量暴粒子事件的起源和加速机制提供了关键信息(Desai and Giacalone, 2016)。

图 4.7.1 显示了 ACE/EPAM 在拉格朗日点 L1 附近观测到的离子和电子通量在行星

际激波通过时随时间演化的 6 种不同类型(Lario et al., 2003)：①粒子通量强度没有明显改变，被定义为"0 型"；②粒子通量在激波到来前的几小时内缓慢上升，被定义为"classic ESP 型"；③在激波处或附近出现一个几分钟(约 10 分钟)的通量尖峰，被定义为"spike型"；④在 classic ESP 型上叠加上一个在激波处或激波附近的通量尖峰，被定义为"ESP + spike 型"；⑤粒子通量在激波后呈现阶梯状的抬升，被定义为"step-like 型"；⑥粒子通量随时间不规则地改变，与激波到达的时间不同步而且不能归类到上述的 5 种类型中，被定义为"irregular 型"。其中，classic ESP 型比较符合扩散激波加速理论的预期，即粒子通量在激波到来前通量呈指数增长且在下游中近乎不变。

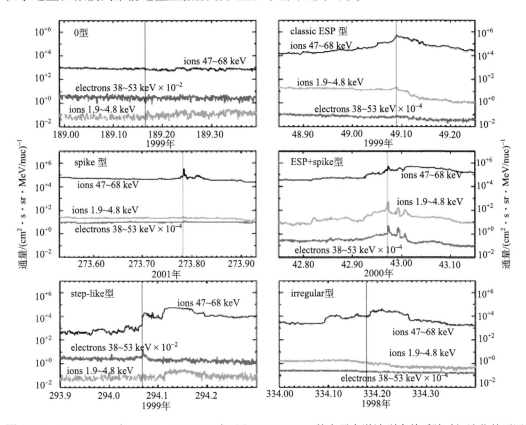

图 4.7.1　47～68 keV 离子、1.9～4.8 MeV 离子和 38～53 keV 的电子在激波到来前后随时间演化的不同类型 (Lario et al., 2003)

　　图 4.7.2 列举了 168 个行星际激波附近的粒子通量随时间演化的分类结果(Lario et al., 2003)。最常见的类型为高能粒子通量没有明显改变的 0 型。Lario 等(2003) 发现在地球轨道附近观测到的行星际激波中，约 40%没有>50 keV 离子的通量增强。Wind(ACE)卫星的观测显示在 1 AU 处，仅约 15%的行星际激波伴随着约 10 MeV/nuc 氦离子(质子)的通量增强(Reames, 2012; Cohen et al., 2005a)。这表明能量暴粒子事件与行星际激波的关联性会随着粒子能量增加而显著变小。此外，Giacalone (2012)分析了 19 个强行星际激波(阿尔文马赫数大于 3、等离子体密度压缩比大于 2.5)，发现 18 个激波伴随着 50～

300 keV 离子的通量增强,并且离子的通量随时间演化比较符合扩散激波加速的理论预测,即 classic ESP 型。这些结果表明行星际激波伴随有高能粒子的通量增强的概率可能与激波的强度、种子粒子的特性和湍流的影响有关系(Desai et al., 2006a; Neugebauer et al., 2006; Giacalone and Neugebauer, 2008)。

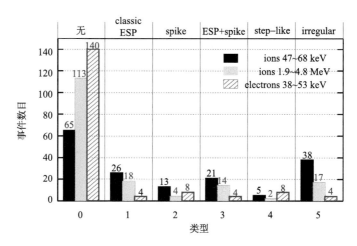

图 4.7.2　ACE 卫星在 1997 年到 2001 年观测到的 168 个行星际激波附近的高能粒子(电子和离子)-时间曲线的分类柱状图(Lario et al., 2003)

Reames(2012)研究了不同的激波参数对于被加速的粒子的特性的影响,发现最强的行星际激波粒子加速对应着快激波速度、高压缩比和高度倾斜的 θ_{Bn}(θ_{Bn} 为激波法向和磁场的夹角),并且这三个条件的重要程度依次降低。如图 4.7.3 所示,绿色(黄色)区域显示(没有)伴随着>1 MeV/nuc ^{4}He 的通量显著增强的激波。其中,1.6~2.0 MeV/nuc ^{4}He 的峰值通量与激波速度有明显的正相关(相关系数约为 0.8)。但是,^{4}He 的峰值通量在一

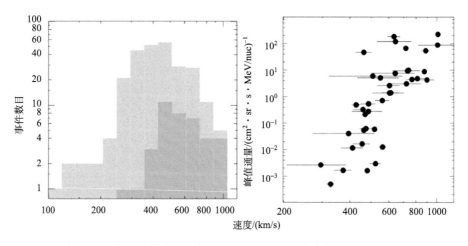

图 4.7.3　Wind 卫星观测到的 258 激波的速度分布直方图,以及减除背景通量之后的 1.6~2.0 MeV/nuc ^{4}He 的峰值通量和激波速度的散点图(Reames, 2012; Desai and Giacalone, 2016)

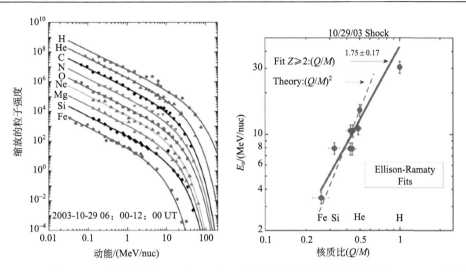

图 4.7.4　ACE 和 GOES 卫星观测的 2003 年 10 月 29 日行星际激波的重离子能谱和 e-folding 能量 E_0 和荷质比 Q/M 的散点图（Desai and Giacalone, 2016）

个很小的激波速度范围内（500～1000 km/s）可变化近两个数量级，因此，目前我们的理论模型还不能准确地预测能量暴粒子的特性。此外，Reames（2012）还发现相比于 $\theta_{Bn} < 30°$ 的准平行激波，$\theta_{Bn} > 60°$ 的准垂直激波很可能可以更有效地加速粒子。这符合扩散激波加速理论的预期（Jokipii, 1987; Giacalone, 2005）。但是，一些理论模型和数值模拟（Lee, 2005; Zank et al., 2006）则显示在准平行激波中，由于被加速的质子会自激发产生阿尔文波，因此粒子的捕获和加速效率会更高。

　　能量暴粒子事件的粒子通量能谱通常可以用 Ellison-Ramaty 函数拟合（Ellison and Ramaty, 1985）：

$$J \propto E^{-\beta} \exp(-E / E_0) \tag{4.7.1}$$

式中，E_0 为 e-folding 能量或 roll-over 能量。Mewaldt 等（2005a，2005b）发现 2003 年 10 月 29 日的能量暴粒子事件中的各种重离子的能谱指数均接近 1.3，而且不同离子的 E_0 与离子的荷质比 Q/M 有明显的正相关（图 4.7.4）。这些结果可能表明重离子能谱的向下弯折均发生在当扩散系数具有一个相同数值时（Mewaldt et al., 2005b; Tylka et al., 2000; Cohen et al., 2005b）。E_0 随 Q/M 变化的关系可拟合为：$E_0 \propto (Q / M)^s$。如图 4.7.4 所示，观测得到的 $s \approx 1.75$，与 Li 和 Zank（2005）预测的准平行激波的 $s \approx 2$ 接近。随后，Li 等（2009）建立了适用于不同 θ_{Bn} 的普遍模型，发现 s 可以从准垂直激波的约 0.2 变化到准平行激波的约 2。

　　如图 4.7.5 所示，很多研究显示能量暴粒子事件的离子能谱的幂律谱指数 β 通常与稳态扩散激波加速理论预期的谱指数不符合（van Nes et al., 1984; Desai et al., 2004; Ho et al., 2009）。Desai 等（2004）还发现 O 离子能谱的 E_0 与激波参数（如 θ_{Bn} 和激波速度）无关。此外，能量暴粒子事件的离子能谱的谱指数与周围太阳风中的离子谱指数有明显的正相关（Desai et al., 2004; Reames, 2012），这也与扩散激波加速理论的预期不符合。因此，我们还不清楚能量暴粒子事件的起源和加速过程。

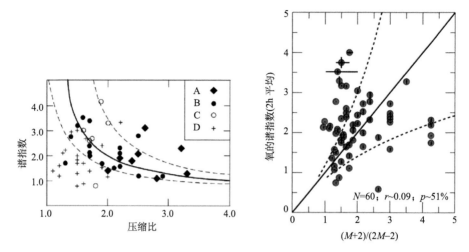

图 4.7.5 50 个能量暴粒子事件中激波压缩比和 30～50 keV 离子的能谱指数 β 的散点图 (van Nes et al. 1984) 以及 60 个能量暴粒子事件中 0.1～0.5 MeV/nuc 的 O 离子的能谱指数 β 与 (M+2)/(2M−2) 的散点图,其中 M 为激波的磁压比 (Desai et al., 2004; Desai and Giacalone, 2016)

参 考 文 献

Anders E, Grevesse N. 1989. Abundances of the elements: Meteoritic and solar. Geochim Cosmochim Acta, 53:197.

Anderson K A, Lin R P. 1966. Observations on the propagation of solar-flare electrons in interplanetary space. Physical Review Letters, 16: 1121.

Ball L, Melrose D B. 2001. Shock Drift Acceleration of Electrons. Publ Astron Soc Austr, 18: 361.

Band D, Matteson J, Ford L, et al. 1993. BATSE observations of Gamma-Ray Burst Spectra. I. Spectral diversity. Astrophysical Journal, 413: 281.

Belov A, Kurt V, Mavromichalaki H, et al. 2007. Peak-size distributions of proton fluxes and associated soft X-ray flares. Solar Physics, 246: 457.

Che H, Goldstein M L. 2014. The origin of non-Maxwellian solar wind electron velocity distribution function: connection to nanoflares in the solar corona. Astrophysical Journal Letters, 795: L38.

Clay J, Berlage H P. 1932. Variation der Ultrastrahlung mit der geographischen Breite und dem Erdmagnetismus. Naturwissenschaften, 20: 687.

Cliver E W, Reames D V, Kahler S W, et al. 1991. Size distributions of solar energetic particle events. Proceedings of the 22nd International cosmic ray conference, Contrib. A92-3680615-93 (Greenbelt, MD: NASA), 25-28.

Compton A H. 1932. Variation of the cosmic rays with latitude. Physical Review, 41: 111.

Cummings A C, Stone E C. 1998. Anomalous Cosmic Rays and Solar Modulation. Space Science Reviews, 83: 51.

De Koning C A, Gosling J T, Skoug R M, et al. 2007. Energy dependence of electron pitch angle distribution widths in solar bursts. Journal of Geophysical Research Space Physics, 112: A04101.

Decker R B. 1988. Computer modeling of test particle acceleration at oblique shocks. Space Science Reviews, 48: 195.

Desai M I, Mason G M, Dwyer J R, et al. 2003. Evidence for a Suprathermal Seed Population of Heavy Ions

Accelerated by Interplanetary Shocks near 1 AU. Astrophysical Journal, 588: 1149.

Desai M I, Mason G M, Gold R E, et al. 2006. Heavy-ion elemental abundances in large solar energetic particle events and their implications for the seed population. Astrophysical Journal, 649: 470.

Dreicer H. 1959. Electron and ion runaway in a fully ionized gas. I. Physical Review, 115: 238.

Dulk G A, Kiplinger A L, Winglee R M. 1992. Characteristics of hard X-ray spectra of impulsive solar flares. Astrophysical Journal, 389: 756.

Evenson P A. 1998. Cosmic ray electrons. Space Science Reviews, 83: 63-73.

Feldman W C, Asbridge J R, Bame S J, et al. 1975. Solar wind electrons. Journal of Geophysical Research Space Physics, 80: 4181.

Forman M A, Gleeson L J. 1975. Cosmic-ray streaming and anisotropies. Astrophysics and Space Science, 32: 77.

Garcia-Munoz M, Mason G M, Simpson J A. 1973. A new test for solar modulation theory: the 1972 May-July low-energy galactic cosmic-ray proton and helium spectra. Astrophysical Journal, 182: L81.

Gleeson L J. 1969. The equations describing the cosmic-ray gas in the interplanetary region. Planetary Space Science, 17: 31.

Gosling J T, Skoug R M, McComas D J. 2003. Solar electron bursts at very low energies: evidence for acceleration in the high corona? Geophysics Research Letters, 30: 1697.

Haggerty D K, Roelof E C. 2002. Impulsive near-relativistic solar electron events: delayed injection with respect to solar electromagnetic emission. Astrophysical Journal, 579: 841.

Hammond C M, Feldman W C, McComas D J, et al. 1996. Variation of electron-strahl width in the high-speed solar wind: ULYSSES observations. Astronomy and Astrophysics, 316: 350.

Hasselmann K, Wibberenz G. 1968. Scattering of charged particles by random electromagnetic field. Z Geophys, 34: 353.

Hasselmann K, Wibberenz G. 1970. A note on the parallel diffusion coefficient. Astrophysical Journal, 162: 1049.

Hess V F. 1912. Observation of Penetrating Radiation in Seven Balloon Flights. Phys Zeitschr, 13:1084.

Hörandel J. 2004. Models of the knee in the energy spectrum of cosmic rays. Astropart Phys, 21: 241.

Hovestadt D O, Vollmer O, Gloeckler G, et al. 1973. Differential energy spectra of low energy（less than 8.5 MeV per nucleon）heavy cosmic rays during solar quiet times. Physical Review Letters, 31: 650.

Hsieh K C, Simpson J A. 1970. The relative abundances and energy spectra of ^{3}He and ^{4}He from solar flares. Astrophysical Journal, 162: L191.

Hudson H S. 2007. The unpredictability of the most energetic solar events. Astrophysical Journal, 663: 45.

Hurford G J, Mewaldt R A, Stone E C, et al. 1974. The energy spectrum of 0.16 to 2 MeV electrons during solar quiet times. Astrophysical Journal, 192: 541.

Jokipii J R. 1967. Cosmic-ray propagation. Ii. Diffusion in the interplanetary magnetic field. Astrophysical Journal, 149: 405.

Kahler S W, Reames D V, Sheeley N R. 2001. Coronal mass ejections associated with impulsive solar energetic particle events. Astrophysical Journal, 562: 558.

Kartavykh J J, Dröge W, Ostryakov V M, et al. 2005. Adiabatic deceleration effects on the formation of heavy ion charge spectra in interplanetary space. Solar Physics, 227: 123.

Kim S, Yoon P H, Choe G S, et al. 2015. Asymptotic theory of solar wind electrons. Astrophysical Journal, 806: 32.

Klecker B, Hovestadt D, Scholer M, et al. 1984. Direct determination of the ionic charge distribution of helium and iron in He-3-rich solar energetic particle events. Astrophysical Journal, 281: 458.

Klecker B, Möbius E, Popecki M, et al. 2006. Observation of energy-dependent ionic charge states in impulsive solar energetic particle events. Advances in Space Research, 38: 493.

Kocharov L G, Kovaltsov G A. 1984. He-3-rich solar flares. Space Science Reviews, 38: 89.

Kocharov L G, Kovaltsov G A, Torsti J, et al. 2000. Evaluation of solar energetic Fe charge states: effect of proton-impact ionization. Astronomy and Astrophysics, 357: 716.

Kontar E P, Reid H A S. 2009. Onsets and spectra of impulsive solar energetic electron events observed near the earth. Astrophysical Journal, 695: L140.

Krucker S, Lin R P. 2002. Relative timing and spectra of solar flare hard X-ray sources. Solar Physics, 210: 229.

Krucker S, Lin R P. 2008. Hard X-ray emissions from partially occulted solar flares. Astrophysical Journal, 673: 1181.

Krucker S, Larson D E, Lin R P, et al. 1999. On the origin of impulsive electron events observed at 1 AU. Astrophysical Journal, 519: 864.

Krucker S, Kontar E P, Christe S, et al. 2007. Solar flare electron spectra at the sun and near the earth. Astrophysical Journal, 663: L109.

Krucker S, Oakley P H, Lin R P. 2009. Spectra of solar impulsive electron events observed near earth. Astrophysical Journal, 691: 806.

Leamon R J, Smith C W, Ness N F, et al. 1999. Dissipation range dynamics: Kinetic Alfven waves and the importance of βe. Journal of Geophysical Research Space Physics, 104: 22331.

Leske R A, Cummings A C, Mewaldt R A, et al. 2013. Anomalous and galactic cosmic rays at 1 AU during the cycle 23/24 solar minimum. Space Science Reviews, 176: 253.

Lin R P, Schwartz R A. 1987. High spectral resolution measurements of a solar flare hard X-ray burst. Astrophysical Journal, 312: 462.

Lin R P, Potter D W, Gurnett D A, et al. 1981. Energetic electrons and plasma waves associated with a solar type III radio burst. Astrophysical Journal, 251: 364.

Livadiotis G, McComas D J. 2010. Exploring transitions of space plasmas out of equilibrium. Astrophysical Journal, 714: 791.

Maia D, Pick M. 2004. Revisiting the origin of impulsive electron events: coronal magnetic restructuring. Astrophysical Journal, 609: 1082.

Maksimovic M, Pierrard V, Lemaire J F. 1997. A kinetic model of the solar wind with Kappa distribution functions in the corona. Astronomy and Astrophysics, 324: 725.

Maksimovic M, Zouganelis I, Chaufray J Y, et al. 2005. Radial evolution of the electron distribution functions in the fast solar wind between 0.3 and 1.5 AU. Journal of Geophysics Research, 110: A09104.

Mason G M. 2007. ^{3}He-rich solar energetic particle events. Space Science Reviews, 130: 231.

Mason G M, Gold R E, Krimigis S M, et al. 1998. The ultra-low-energy isotope spectrometer (ULEIS) for the ACE spacecraft. Space Science Reviews, 86: 409.

Mason G M, Mazur J E, Dwyer J R. 1999. ^{3}He enhancements in large solar energetic particle events. Astrophysical Journal, 525: L133.

Mason G M, Wiedenbeck M E, Miller J A. 2002. Spectral properties of He and heavy ions in ^{3}He-rich solar flares. Astrophysical Journal, 574: 1039.

Mason G M, Mazur J E, Dwyer J R, et al. 2004. Abundances of heavy and ultraheavy ions in ^{3}He-rich solar flares. Astrophysical Journal, 606: 555.

McCracken K, Beer J, Steinhilber F, et al. 2013. The heliosphere in time. Space Science Reviews, 176: 59.

McKibben R B. 1998. Three-dimensional solar modulation of cosmic ray and anomalous components in the inner heliosphere. Space Science Reviews, 83: 21.

Miller J A, Vinas A F. 1993. Ion acceleration and abundance enhancements by electron beam instabilities in impulsive solar flares. Astrophysical Journal, 412: 386.

Montgomery M D, Bame S J, Hundhausen A J. 1968. Solar wind electrons: Vela 4 measurements. Journal of Geophysical Research Space Physics, 73: 4999.

Moraal H. 2014. Cosmic rays in the heliosphere: observations. Astroparticle Physics, 53: 175-185.

Nitta N V, Mason G M, Wiedenbeck M E, et al. 2008. Coronal jet observed by Hinode as the source of a ^{3}He-rich solar energetic particle event. Astrophysical Journal, 675: L125.

Nitta N V, Mason G M, Wang L, et al. 2015. Solar sources of ^{3}He-rich solar energetic particle events in solar cycle 24. Astrophysical Journal, 806: 235.

Parker E N. 1958. Dynamics of the interplanetary gas and magnetic fields. Astrophysical Journal, 128: 664.

Parker E N. 1988. Nanoflares and the solar X-ray corona. Astrophysical Journal, 330: 474.

Pesses M E. 1981. On the conservation of the first adiabatic invariant in perpendicular shocks. Journal of Geophysical Research Space Physics, 86: 150.

Pick M, Mason G M, Wang Y M, et al. 2006. Solar source regions for ^{3}He-rich solar energetic particle events identified using imaging radio, optical, and energetic particle observations. Astrophysical Journal, 648: 1247.

Pierrard V, Maksimovic M, Lemaire J. 1999. Electron velocity distribution functions from the solar wind to the corona. Journal of Geophysics Research, 104: 17021.

Pierrard V, Maksimovic M, Lemaire J. 2001. Core, Halo and Strahl electrons in the solar wind. Astrophysics and Space Science, 277: 195.

Pilipp W G, Muehlhaeuser K H, Miggenrieder H, et al. 1987. Characteristics of electron velocity distribution functions in the solar wind derived from the Helios Plasma Experiment. Journal of Geophysical Research Space Physics, 92: 1075.

Potgieter M S. 2013. Solar modulation of cosmic rays. Living Reviews in Solar Physics, 10: 3.

Potter D W, Lin R P, Anderson K A. 1980. Impulsive 2-10 keV solar electron events not associated with flares. Astrophysical Journal, 236: L97.

Qin G, Zhang M, Dwyer J R, et al. 2005. The model dependence of solar energetic particle mean free paths under weak scattering. Astrophysical Journal, 627: 562.

Reames D V. 1995. Coronal abundances determined from energetic particles. Advances in Space Research, 15: 41.

Rosenbauer H, Schwenn R, Marsch E, et al. 1977. A survey of initial results of the Helios plasma experiment, Journal of Geophysics Research, 42: 561.

Scudder J D. 1992. On the causes of temperature change in inhomogeneous low-density astrophysical plasmas. Astrophysical Journal, 398: 299.

Scudder J D, Olbert S. 1979. A theory of local and global processes which affect solar wind electrons 2. Experimental support. Journal of Geophysics Research, 84: 6603.

Stone E C, Cummings A C, McDonald F B, et al. 2013. Voyager 1 observes low-energy galactic cosmic rays in a region depleted of heliospheric ions. Science, 341: 150.

Street J C, Stevenson E C. 1937. New evidence for the existence of a particle of mass intermediate between the proton and electron. Physical Review, 52: 1003.

Stverak S, Maksimovic M, Travnicek P M, et al. 2009. Radial evolution of nonthermal electron populations in the low-latitude solar wind: Helios, Cluster, and Ulysses observations. Journal of Geophysics Research, 114: A05104.

Swann W F G. 1944. Cosmic rays. Reports on Progress in Physics, 10: 1.

Tao J, Wang L, Zong Q, et al. 2016. Quiet-time suprathermal（~0.1–1.5 keV）electrons in the solar wind. Astrophysical Journal, 820: 22.

Temerin M, Roth I. 1992. The production of ^{3}He and heavy ion enrichments in ^{3}He-rich flares by electromagnetic hydrogen cyclotron waves. Astrophysical Journal, 391: L105.

Van Allen J A, Krimings S M. 1965. Impulsive emission of ~40 kev electrons from the Sun. Journal of Geophysical Research Space Physics, 70: 5737.

Vocks C, Salem C, Lin R P, et al. 2005. Electron Halo and Strahl formation in the solar wind by resonant interaction with whistler waves. Astrophysical Journal, 627: 540.

Wang L. 2009. Solar impulsive energetic electron events. Univeristy of California.

Wang L, Lin R P, Krucker S, et al. 2006. Evidence for double injections in scatter-free solar impulsive electron events. Geophysics Research Letters, 33: L03106.

Wang L, Lin R P, Krucker S. 2011. Pitch-angle distributions and temporal variations of 0.3-300 keV solar impulsive electron events. Astrophysical Journal, 727: 121.

Wang L, Lin R P, Krucker S, et al. 2012a. A statistical study of solar electron events over one solar cycle. Astrophysical Journal, 759: 69.

Wang L, Lin R P, Salem C, et al. 2012b. Quiet-time interplanetary ~2-20 keV superhalo electrons at solar minimum. Astrophysical Journal, 753: L23.

Wang L, Yang L, He J, et al. 2015. Solar wind ~20–200 keV superhalo electrons at quiet times. Astrophysical Journal, 803: L2.

Wang Y M, Pick M, Mason G M. 2006. Coronal holes, jets, and the origin of ^{3}He-rich particle events. Astrophysical Journal, 639: 495.

Yang L, Wang L, Li G, et al. 2015a. The angular distribution of solar wind superhalo electrons at quiet times. Astrophysical Journal, 811: L8.

Yang L, Wang L, He J, et al. 2015b. Numerical simulation of superhalo electrons generated by magnetic reconnection in the solar wind source region. Research in Astronomy and Astrophysics, 15: 348.

Yashiro S, Michalek G, Gopalswamy N. 2008. A comparison of coronal mass ejections identified by manual and automatic methods. Annals of Geophysics, 26: 3103.

Yoon P H, Rhee T, Ryu C M. 2006. Self-consistent formation of electron κ distribution: 1. Theory. Journal of Geophysics Research, 111: A09106.

Yoon P H, Ziebell L F, Gaelzer R, et al. 2012. Langmuir turbulence and suprathermal electrons. Space Science Reviews, 173: 459.

Zank G P, et al. 2015. Diffusive shock acceleration and reconnection acceleration processes. Astrophysical Journal, 814: 137.

Zhang M, Lee M A. 2013. Stochastic acceleration of energetic particles in the Heliosphere. Space Science Reviews, 176: 133.

Zouganelis I, Maksimovic M, Meyer-Vernet N, et al. 2004. A transonic collisionless model of the solar wind. Astrophysical Journal, 606: 542.

第5章　太阳风与地球的相互作用

太阳风可以看作是导电率无穷大的流体，它把行星固有磁场包围在一个有限的区域内形成磁层。超声速的太阳风对磁层绕流，在磁层上游形成了激波——弓形激波。观测发现，水星、地球、木星和土星都有磁层和弓形激波。弓形激波过渡区的厚度远远小于质子和电子的碰撞自由程，因此称作无碰撞激波。

什么机制使得太阳风动能在激波过渡区转化为电子和质子的热能是无碰撞激波结构的基本问题。也许等离子体的集体相互作用在这一问题中起主要作用，无碰撞激波结构还没有完全研究清楚。

5.1　太阳风与地球磁层相互作用的观测

大约 200 年前，高斯和他的同事韦伯建立了遍布全球的磁场观测网。高斯提出，地球磁场可以表示为一个标势 Φ 的梯度，即

$$\boldsymbol{B} = -\nabla \Phi = -\nabla \left(\Phi^{\mathrm{i}} + \Phi^{\mathrm{e}} \right) \tag{5.1.1}$$

式中，Φ^{i} 和 Φ^{e} 分别为内源场和外源场。

通过测得的数据，他们发现，在地球表面的磁场主要是由地球内源产生的，而且十分接近偶极场。这一结论对研究地球磁层十分重要，它是很多复杂问题化简的关键。

我们现在的地球的偶极矩大约为 $7.8 \times 10^{15}\,\mathrm{T \cdot m}$ 或者 $30.2\,\mu\mathrm{T \cdot R}$，与自转轴夹角（磁偏角）为 $10.2°$。地球的偶极矩及其方向并非定值，而且从我们熟知的地磁反转的观点来看（几百年至几千年发生一次），偶极矩及磁偏角的变化是非常大的。其他行星的磁偏角也是变化的，范围为 $1° \sim 50°$，而它们的磁矩也有很大的变化范围。这样一个倾斜的偶极子，随着行星一起自旋，在绝大多数情况下会导致在一天中的不同时刻，行星磁场的方向对太阳风的指向不同。在靠近太阳风与行星磁场压力平衡点的区域，磁场往往会偏离偶极场。而在靠近行星表面的区域，如果行星有较强的磁场，带电粒子的运动将主要受内源磁场的影响，而不是与太阳风相互作用。因此，磁场的偶极近似通常十分有用。

5.1.1　磁层顶的观测

以偶极子中心为原点，以偶极子的南极方向为极轴的球坐标称为地磁坐标。地磁场在这个坐标系中的三个分量可以分别写为

$$B_r = -\frac{2M}{r^3} \cos\theta$$

$$B_\varphi = 0 \tag{5.1.2}$$

$$B_\theta = -\frac{M}{r^3}\sin\theta$$

式中，r 为地心距离；θ 为地磁余纬；M 为地球偶极子磁矩。

从前，人们认为地磁场可以一直伸展到行星际空间中去，越远磁场越弱，最后消失在真空中。人造卫星对空间进行直接探测后，人们发现这样的概念是错误的。地磁场不是伸展到无穷远，而是被太阳风压缩在一个有限的区域里，这个区域叫作磁层，地磁场与太阳风的交界面叫作磁层顶。太阳风可以看作是导电率无穷大的等离子体，因此不能横越地磁场直接进入磁层。

图 5.1.1 示出了一次卫星对空间磁场的测量结果。图中 B 是平均磁场强度(在 30 s 内大约 20 次测量数据的平均值)，我们看到在 $12.8R_E$ 的距离上磁场强度突然下降，这说明飞船越过了磁层顶。在磁层内，实测磁场高于偶极子磁场的理论值(虚线)，这是太阳风压缩了地磁场的缘故。在磁层顶外，实测磁场值约 10 nT，这是行星际磁场在 1 AU 的数值。图中 δD_1 是磁场分量在 30 s 时间间隔内的均方根偏差 $\left[\delta D_1 = \sqrt{\frac{1}{N}\sum_n\left(B_1 - \langle B_1\rangle\right)^2}\right]$，可用来表示磁场起伏的大小。在磁层顶以外，磁场分量的均方根偏差明显地比磁层内的数值大。

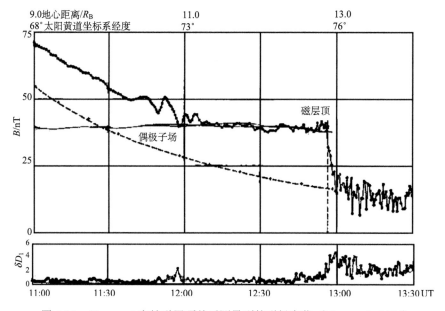

图 5.1.1　Pioneer-6 穿越磁层顶前后测量到的磁场变化 (Ness et al., 1966)

如上所述，每一次飞船穿越磁层顶时对磁场的测量都给出磁层顶上一个点的空间位置。飞船多次在不同位置穿越磁层顶的测量，可以给出整个磁层顶的平均位形。如图 5.1.2 所示为卫星穿过激波面和磁层顶的平均位形，主要有卫星多次测量得到的磁层顶和弓激波的平均位形。实心点表示实际穿越点通过以日地连线为轴的旋转在黄道面上的投影。

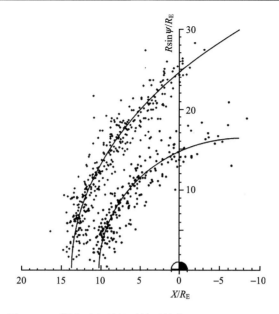

图 5.1.2　激波面和磁层顶的平均位形(ulcar. uml. edu)

卫星观测发现，磁层顶的地心距离是随着太阳风等离子体的动压力和行星际磁场强度的大小而变化的。磁层顶对日点的平均地心距离为 $10\sim12R_E$，有时会减小为 $6\sim8R_E$。在夜间一侧，磁层顶大致成为圆柱形，圆柱半径大约为 $22R_E$，如同彗星的彗尾一样向着太阳风的下游方向向外伸展，可能会一直伸展到 $1000R_E$ 之外。

磁层顶的结构是十分复杂的。观测表明，有时磁层顶呈切向间断面，有时呈旋转间断面。在多数情况下，磁层顶既不是旋转间断面，也不是切向间断面，磁场矢量的矢端曲线极其混杂，可能是某种等离子体湍动起控制作用的结构。在讨论磁层顶位置和形状时，通常假定太阳风中磁场为零，太阳风等离子体不能直接进入磁层，磁层顶是切向间断面。但是在讨论磁层亚暴时，又常常要假设行星际磁场磁力线与磁层磁场磁力线重联，从而使一小部分太阳风等离子体沿着重联磁力线进入磁层，这就要求磁层顶是旋转间断面。

5.1.2　弓形激波的观测

在第 2 章，我们已经看到，太阳风是超声速的等离子体流，地球磁层就在这超声速等离子体流中"航行"。由于太阳风不能直接穿越磁层顶，因此在磁层顶太阳风的法向分量必定为零。为了使太阳风的速度由超声速变为零，在磁层顶的向日面外产生一磁流体激波。在子午面内激波的形状像一个弓形，叫作弓形激波。在弓形激波的上游是未扰动的超声速太阳风，在弓形激波的下游，太阳风流变为亚声速的，绕过磁层顶流向下游。为了便于理解，我们可以想象磁层以超声速在静止的等离子体中运动。就像在空气中以超声速飞行的飞机产生的激波一样，磁层顶前面也产生一个激波。在磁层顶和弓形激波之间的区域叫作磁鞘。

由 Vela-3 13 次越过激波面得到的等离子体数据得到激波两侧速度、质子温度、密度比值的平均值分别为 $V/V_\infty=0.70$，$T/T_\infty=24$，$\rho/\rho_\infty=3.4$。下标"∞"表示入射太阳风的参数值，无下标的量表示激波下游的数值(Spreiter et al.,1968)。

如图 5.1.3 所示为 2005 年 1 月 5 日 Cluster 卫星在通过弓形激波前后测量到的磁场和等离子体温度值的变化。这次观测是在地心距离为 $19.3R_E$ 处进行的。

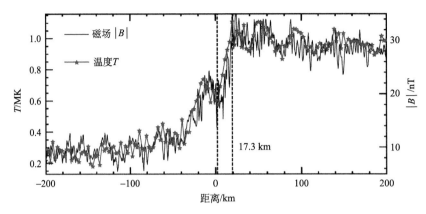

图 5.1.3　Cluster 卫星在通过弓形激波前后测量到的磁场和等离子体温度值的变化磁场和等离子体温度值的变化(Schwartz et al.,2011)

弓形激波是快激波。弓形激波是无碰撞激波，它的结构比较复杂，由图 5.1.3 看到，从行星际空间越过激波面到磁鞘，磁场强度是增加的。Cluster 卫星观测到地球弓激波的厚度非常薄，只有 17.3 km，远小于粒子的平均自由程(为 10^8 km 左右)，显示出无碰撞激波是高度复杂的结构，在 5.4 节中将专门讨论。这一部分主要讨论磁层顶和弓形激波的位置和形状，以及等离子体参量的跃变。

5.2　磁层顶的形成理论

地球的磁场不能伸展到导电率无穷大的太阳风中,因而被限制在一个磁腔(磁层)内。同时，绝大多数太阳风粒子不能直接进入磁层内，因而形成太阳风对磁层的绕流。极少量太阳风粒子可以以某种方式进入磁层，这对磁层动力学有极重要的作用，但对磁层顶和弓形激波的形状及磁鞘中的流动影响很小，在本章的讨论中将略去这些影响。这样，磁层顶可以看作是理想的切向间断面，磁层顶的形状应可由太阳风的动压力和地磁场的磁压力的平衡条件决定，即

$$\left[P+\frac{B^2}{8\pi}\right]=0 \tag{5.2.1}$$

上式可以写为

$$P_s+\frac{B_s^2}{8\pi}=P_M+\frac{B_M}{8\pi}$$

式中，下标 s 表示磁鞘中的参量；下标 M 表示磁层中的参量。

因为太阳风粒子的动能密度比太阳风中的磁能密度大得多，在求解磁层顶形状时可以略去太阳风中的磁场。另外，磁层中等离子体是很稀薄的，磁场起主要控制作用。因此假设太阳风中磁场 $B_s=0$，磁层中等离子体压力 $P_M=0$，上式简化为

$$P_s = \frac{B_M}{8\pi}$$

这表明被压缩了的地磁场压力与磁鞘中太阳风粒子的动压力相平衡，这一方程决定了磁层顶表面的位形。磁层顶外侧的太阳风热压力 P_s 应由入射太阳风参数及控制磁鞘太阳风流动的磁流体力学方程来决定。但是，不知道磁层顶位形，就无法确定磁鞘流动的内边界条件，因而无法求解 P_s。本节假定 P_s 为太阳风质子直接入射到磁层顶产生的动压力，下一节将进一步讨论如何选取 P_s 使弓形激波位形、磁鞘流动和磁层顶位形整个问题得到自洽解。下面首先讨论一个简化的情况，然后给出该方程的一级近似解析解和高阶近似数值解。

5.2.1　镜像磁偶极子

作为一个近似，可以把太阳风看作是一个导电率无穷大的平面(Chapman and Ferraro，1931)。当导电平面移近地球磁偶极子时，导电平面上就产生诱导电流，诱导电流产生的磁场在远离地球一侧完全抵消原来的地磁场，在靠近地球一侧使原来地磁场增强，好像在导电平面后有一镜像磁偶极子一样(图 5.2.1)，这一近似可适用于磁层顶对日点附近。

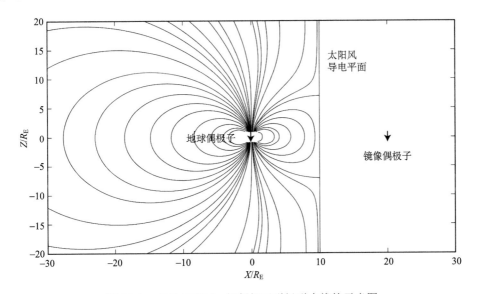

图 5.2.1　在导电平面一侧偶极子磁场磁力线的示意图

下面求这一导电平面的地心距离。在导电平面附近地球一侧的磁场强度是原来偶极子磁场的 2 倍，即

$$B_{\mathrm{M}} = 2B_0 \left(\frac{R_{\mathrm{E}}}{r} \right)^3 \tag{5.2.2}$$

式中，B_0=0.312 G，为地球赤道面的磁场值。太阳风压力主要由质子产生，这是因为质子和电子有相同的速度，但质子的质量比电子质量大 1800 多倍。假定太阳风质子不受扰动地入射到磁层顶后被地磁场镜反射，每一个反射粒子给磁层顶的动量为 mV，单位时间入射的粒子数为 nV，于是太阳风在正入射时对磁层顶单位面积上的压力为

$$P_{\mathrm{s}} = mnV^2 \tag{5.2.3}$$

当太阳风压力与磁层磁场压力平衡时，导电平面就达到一个平衡位置，这个平衡位置就是磁层顶对日点的位置。将式(5.2.2)和式(5.2.3)代入式(5.2.1)可以求出在地球赤道面内磁层顶对日点的地心距离 r_0，即

$$r_0 = \left(\frac{B_0^2}{4\pi mnV^2} \right)^{1/6} R_{\mathrm{E}} \tag{5.2.4}$$

若太阳风质子数密度 n=2～10cm^{-3}，太阳风速度 V=300～700 km/s，可以估计出磁层顶对日点的地心距离约为 10R_{E}。这一结果与观测值是一致的。

在假设的导电平面上，由对日点向外磁场压力逐渐减小，而太阳风动压力不变，压力平衡条件[式(5.2.1)]不能得到满足。显然整个磁层顶不会是一个平面。实际上，在对日点两侧，太阳风把磁层顶压到下游去，形成一个流线型的形状。

5.2.2　三维磁层顶位形的计算

下面讨论如何求磁层顶表面，使得在表面上处处满足压力平衡条件[式(5.2.1)]，也就是求解三维磁层顶的位形(Mead and Beard, 1964; Spreiter et al.,1967)。在这个计算中不考虑弓形激波的作用，假设太阳风直接入射到磁层顶。

1. 磁层顶位形的控制方程

当太阳风粒子斜入射磁层顶时，太阳风质子将在磁层顶被反射。反射后质子动量的变化为

$$mV\cos\psi - (-mV\cos\psi) = 2mV\cos\psi \tag{5.2.5}$$

式中，m 为质子的质量；V 为速度；ψ 为入射太阳风质子速度方向与磁层顶法线方向的夹角。单位时间入射到磁层顶单位面积的粒子数为 $nV\cos\psi$，太阳风对磁层顶的压力为

$$P_{\mathrm{s}} = (2mV\cos\psi)(nV\cos\psi) = 2mnV^2\cos\psi \tag{5.2.6}$$

在磁层内的磁压力为

$$P_{\mathrm{M}} = \frac{B_{\mathrm{M}}^2}{8_{\mathrm{M}}} \tag{5.2.7}$$

于是平衡条件[式(5.2.1)]可以写为

$$\frac{B_{\mathrm{M}}^2}{8\pi} = 2mnV^2\cos^2\psi \tag{5.2.8}$$

由式 (5.2.8) 求得

$$B_{\mathrm{M}} = (8\pi P_0)^{1/2} \cos\psi \tag{5.2.9}$$

其中

$$P_0 = 2\mathrm{mn}V^2 \tag{5.2.10}$$

令 n_{s} 为磁层顶界面向外的法线方向的单位矢量, 因为磁层顶被假设为切向间断面, 磁场 $\boldsymbol{B}$ 在界面必须平行于边界面, 式 (5.2.9) 可以用向量式形式写为

$$|\boldsymbol{n}_{\mathrm{s}} \times \boldsymbol{B}| = -(8\pi P_0)^{1/2} \, \boldsymbol{n}_{\mathrm{s}} \cdot \boldsymbol{V}' \tag{5.2.11}$$

式中, $\boldsymbol{n}_{\mathrm{s}}$ 由磁层顶表面形状决定; $\boldsymbol{V}'$ 为太阳风速度的单位矢量; 负号是由于 $\boldsymbol{n}_{\mathrm{s}} \cdot \boldsymbol{V}'$ 为负值, 而又假定 $\cos\psi > 0$。边界面处的磁场可以写为

$$\boldsymbol{B} = \boldsymbol{B}_{\mathrm{g}} + \boldsymbol{B}_{\mathrm{p}} + \boldsymbol{B}_{\mathrm{c}} \tag{5.2.12}$$

式中, $\boldsymbol{B}_{\mathrm{g}}$ 为地磁场; $\boldsymbol{B}_{\mathrm{p}}$ 为近处的边界面上的小面积元中局部电流产生的磁场; $\boldsymbol{B}_{\mathrm{c}}$ 为近处的边界面小面积元以外的面电流产生的磁场。如果边界面是平面, 则 $\boldsymbol{B}_{\mathrm{c}} = 0$, 所以 $\boldsymbol{B}_{\mathrm{c}}$ 是由于边界面弯曲产生的修正。由于 $\boldsymbol{B}_{\mathrm{p}}$ 在边界面内外改变方向, 有

$$\boldsymbol{B}_{\mathrm{po}} = -\boldsymbol{B}_{\mathrm{pi}} \tag{5.2.13}$$

$\boldsymbol{B}_{\mathrm{pi}}$ 和 $\boldsymbol{B}_{\mathrm{po}}$ 分别为在边界面内外的磁场。假设在边界面外磁场被屏蔽, 总磁场为零, 即

$$\boldsymbol{B} = \boldsymbol{B}_{\mathrm{g}} + \boldsymbol{B}_{\mathrm{po}} + \boldsymbol{B}_{\mathrm{c}} = 0 \tag{5.2.14}$$

由式 (5.2.13) 可得下式, 即

$$\boldsymbol{B}_{\mathrm{po}} = -(\boldsymbol{B}_{\mathrm{g}} + \boldsymbol{B}_{\mathrm{c}}) \tag{5.2.15}$$

由此可得下式, 即

$$\boldsymbol{B}_{\mathrm{pi}} = -\boldsymbol{B}_{\mathrm{po}} = (\boldsymbol{B}_{\mathrm{g}} + \boldsymbol{B}_{\mathrm{c}}) \tag{5.2.16}$$

磁层内的磁场也可以写为

$$\boldsymbol{B}_{\mathrm{i}} = \boldsymbol{B}_{\mathrm{g}} + \boldsymbol{B}_{\mathrm{c}} + \boldsymbol{B}_{\mathrm{pi}} \tag{5.2.17}$$

将式 (5.2.16) 代入式 (5.2.17), 可得下式, 即

$$\boldsymbol{B}_{\mathrm{i}} = \boldsymbol{B}_{\mathrm{g}} + \boldsymbol{B}_{\mathrm{c}} + \boldsymbol{B}_{\mathrm{pi}} \tag{5.2.18}$$

将式 (5.2.18) 代入式 (5.2.11), 可得下式, 即

$$|\boldsymbol{n}_{\mathrm{s}} \times (\boldsymbol{B}_{\mathrm{g}} + \boldsymbol{B}_{\mathrm{c}})| = -(2\pi P_0)^{1/2} \, \boldsymbol{n}_{\mathrm{s}} \cdot \boldsymbol{V}' \tag{5.2.19}$$

在式 (5.2.19) 中, $\boldsymbol{n}_{\mathrm{s}}$ 是由边界面形状决定的。如果其他量都已知, 就可以求边界面的形状。但是 $\boldsymbol{B}_{\mathrm{c}}$ 是由边界面电流决定的, 若不知道边界面, 则 $\boldsymbol{B}_{\mathrm{c}}$ 也无法确定。因为 $\boldsymbol{B}_{\mathrm{c}}$ 很小, 可以先假定 $\boldsymbol{B}_{\mathrm{c}} = 0$, 由式 (5.2.11) 求得一级近似的边界面形状, 再由一级近似的边界面求解, 即

$$\boldsymbol{B}_{\mathrm{c}} = \frac{1}{c} \int \frac{\boldsymbol{j} \times \boldsymbol{r}'}{r'^3} \mathrm{d}s \tag{5.2.20}$$

积分沿整个磁层顶进行。式中 $\boldsymbol{r}'$ 为由微分小面积元 $\mathrm{d}s$ 到场点 $\boldsymbol{r}$ 的矢量, $\boldsymbol{j}$ 为微分面

积元中的面电流密度，即

$$j = \frac{c}{4\pi} n_s \times B = \frac{c}{2\pi} n_s \times B_g \qquad (5.2.21)$$

求得 B_c 以后代入式(5.2.19)，求二级近似的边界面，这样重复下去，可得到满意的自洽解。

上面推导中假设太阳风质子不受扰动地直接入射到磁层顶。实际上太阳风参数在弓形激波和磁鞘中有明显变化，为了适应太阳风在磁鞘中的变化，式(5.2.6)应该写为

$$P_s = KP_\infty V_\infty^2 \cos^2 \psi \qquad (5.2.22)$$

式中，K 值由磁鞘中的流动决定。

但是，一方面弓形激波位形和磁鞘中的流动受磁层顶位形制约，另一方面磁层顶位形又受到 K 的影响。因而不能任意给定 K 值来确定磁层顶的位置。下一节将证明，取 $K=0.904$(对于 $\gamma=3/2$)或者 $K=0.84$(对于 $\gamma=2$)，整个问题可以得到自洽解。本节讨论中假设粒子不受激波的影响，粒子直接入射到磁层顶表面发生弹性碰撞，相当于假设 $K=2$。下面先求一级近似解，假定 $B_c=0$，式(5.2.19)写为

$$\left| n_s \times B_g \right| = -\left(2\pi P_0\right)^{1/2} n_s \times V' \qquad (5.2.23)$$

或者写为

$$B_{gs} = (2\pi P_0)^{1/2} \cos\phi \qquad (5.2.24)$$

式中，B_{gs} 为磁场 B_g 在边界面上的投影。

选取地磁坐标系，磁层顶表面方程可写成如下的形式：

$$f(r,\theta,\phi) = r - F(\theta,\phi) = 0 \qquad (5.2.25)$$

式中，r，θ，ϕ 为球坐标的变量(图 5.2.2)。

令 r，θ，ϕ 表示在 P 点分别指向 r，θ，ϕ 增加方向的单位矢量。曲面法向单位矢量可以写为

$$n_s = a\left[r - \frac{1}{r}\left(\frac{\partial r}{\partial \theta}\right)\theta - \frac{1}{r\sin\theta}\left(\frac{\partial r}{\partial \phi}\right)\phi \right] \qquad (5.2.26)$$

式中

$$a = \left[1 + \frac{1}{r^2}\left(\frac{\partial r}{\partial \theta}\right)^2 + \frac{1}{r^2\sin^2\theta}\left(\frac{\partial r}{\partial \phi}\right)^2\right]^{-1/2} \qquad (5.2.27)$$

为方便起见，在下面推导中令

$$r_\theta = \frac{\partial F(\theta,\phi)}{\partial \theta} \qquad (5.2.28)$$

$$r_\phi = \frac{\partial F(\theta,\phi)}{\partial \phi} \qquad (5.2.29)$$

假设太阳风以速度 V 在 yz 平面内入射，入射角为 λ，见图 5.2.2。令 e_x，e_y，e_z 为直角坐标系的单位矢量，太阳风速度 V 可以写为

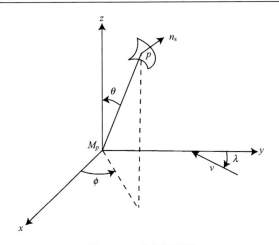

图 5.2.2　球坐标正斜

$$V = -e_y \cos\lambda + e_x \sin\lambda \tag{5.2.30}$$

其中

$$e_y = r\sin\theta\sin\phi + \theta\cos\theta\cos\phi + \phi\cos\phi \tag{5.2.31}$$

$$e_z = r\cos\theta - \theta\sin\theta \tag{5.2.32}$$

沿着速度 V 的单位矢量为

$$V' = \frac{V}{V} = r(\cos\theta\sin\lambda - \sin\theta\sin\phi\cos\lambda) - \theta(\cos\theta\sin\phi\cos\lambda + \sin\theta\sin\lambda) - \phi\cos\phi\cos\chi \tag{5.2.33}$$

这样可以求出 $-V$ 方向和曲面外法线方向的夹角：

$$\cos\psi = -V' \cdot n_s = \alpha(\sin\theta\sin\phi\cos\lambda - \cos\theta\sin\lambda)$$
$$- (r_\theta/r)(\cos\theta\sin\phi\cos\lambda + \sin\theta\sin\lambda) - (r_\phi/r\sin\theta)\cos\phi\cos\lambda \tag{5.2.34}$$

在曲面上一点 P，地球偶极子磁场为

$$B_g = -\frac{M}{r^3}(2r\cos\theta + \theta\sin\theta) \tag{5.2.35}$$

所以

$$n_s \times B_g = -\alpha\frac{M}{r^3}\left[\frac{r_\theta}{r}r - 2\frac{r_\phi\cos\theta}{r\sin\theta}\theta + \left(\sin\theta + \frac{2\cos\theta}{r}\right)\phi\right] \tag{5.2.36}$$

由 $B_{gs} = |n_s \times B_g|$ 得到

$$B_{gs} = a\frac{M}{r^3}\left[\frac{1+3\cos^2\theta}{(r\sin\theta)^2}r^2\phi + \left(\sin\theta + \frac{2\cos\theta r_\theta}{r}\right)^2\right]^{1/2} \tag{5.2.37}$$

由式 (5.2.24) 可以得到在太阳风正入射时 ($\lambda=0$) 在午夜子午面的磁层顶一级位形的控制方程：

$$\left[\frac{1+3\cos^2\theta}{(R\sin\theta)^2}R^2\phi+\left(\sin\theta+2(R_\theta/R)\cos\theta\right)^2\right]^{1/2}=R\cos\psi/a \tag{5.2.38}$$

式中，$\cos\psi$ 由式(5.2.34)给出，$R=r/r_0$ 为无量纲量。$r_0{}^3=M/(2\pi P_0)^{1/2}$，即

$$r_0=\left(\frac{B_0^2}{4\pi mnV^2}\right)^{1/6}R_E \tag{5.2.39}$$

式中，r_0 为长度单位，它的物理意义可以由下述分析看出。假设太阳风在主子午面($\phi=\pm90°$)内垂直偶极子轴正入射($\lambda=0$)，这时赤道面($\theta=90°$)和主子午面($\phi=\pm90°$)都是磁层顶表面的对称面。日地连线上有 $\theta=90°$，$\phi=90°$，因而有 $r_\theta=0$，$r_\phi=0$ 及 $\psi=0$。由式(5.2.38)得到 $R=1$，即 $r=r_0$。所以，r_0 为在日地连线上由地心至磁层顶的距离，它与式(5.2.4)相同。

2. 太阳风正入射时磁层顶位形的一级近似解

下面求在正午和午夜子午面内磁层顶位形的一级近似解。将式(5.2.34)代入式(5.2.38)，得到

$$\left[\frac{1+3\cos^2\theta}{(R\sin\theta)^2}R_\phi^2+\left(\sin\theta+2\frac{R_\theta}{R}\cos\theta\right)^2\right]^{1/2}$$
$$=R^3\left(\sin\theta\sin\phi-\frac{R_\theta}{R}\cos\theta\sin\phi-\frac{R_\phi}{R\sin\theta}\cos\phi\right) \tag{5.2.40}$$

上式可以写为

$$\frac{1+3\cos^2\theta}{R^6}\left(\frac{1}{R\sin\theta}\frac{\partial R}{\partial\phi}\right)^2+\frac{1}{R^6}\left(\sin\theta+\frac{2\cos\theta}{R}\frac{\partial R}{\partial\theta}\right)^2$$
$$=\left(\sin\theta\sin\phi-\frac{\cos\theta\sin\phi}{R}\frac{\partial R}{\partial\theta}-\frac{\cos\phi}{R\sin\theta}\frac{\partial R}{\partial\phi}\right)^2 \tag{5.2.41}$$

当 $\phi=90°$，$\dfrac{\partial R}{\partial\phi}=0$，由式(5.2.41)得到

$$\sin\theta+2\left(\frac{R_\theta}{R}\right)\cos\theta=R^3[\sin\theta-\left(\frac{R_\theta}{R}\right)\cos\theta] \tag{5.2.42}$$

式(5.2.42)为主子午面内(包括日地连线和偶极轴的平面)白天一侧磁层顶的一级位形控制方程。式(5.2.42)也可以写成如下的形式：

$$\tan\theta=\frac{2+R^3}{R^3-1}\frac{\mathrm{d}R}{R\mathrm{d}\theta} \tag{5.2.43}$$

同样，可以得到在正入射时主子午面内夜间一侧($\lambda=0$，$\phi=-90°$，$\partial R/\partial\phi=0$)磁层顶位形的控制方程：

$$\sin\theta+2\left(\frac{R_\theta}{R}\right)\cos\theta=R^3[-\sin\theta+\left(\frac{R_\theta}{R}\right)\cos\theta] \tag{5.2.44}$$

上式可以写为

$$\tan\theta = \frac{R^3 - 2}{R^3 + 1}\frac{\mathrm{d}R}{R\mathrm{d}\theta} \tag{5.2.45}$$

式(5.2.43)和式(5.2.45)的解分别为

$$\cos\theta = \frac{KR^2}{R^3 - 1} \tag{5.2.46}$$

$$\cos\theta = \frac{KR^2}{R^3 + 1} \tag{5.2.47}$$

式(5.2.46)相应于中午子午面内的解，式(5.2.47)相应于午夜子午面内的解。K 为任意常数，由下述条件确定：在对日方向磁层顶的日心距离应是有限的，并且不为零，在整个磁层顶表面应保持有 $\cos\psi \geqslant 0$（即假设入射太阳风方向与磁层顶法向方向 $\boldsymbol{n}_\mathrm{s}$ 的夹角 $\psi \leqslant 90°$）。

为定出 K 值，将式(5.2.46)与式(5.2.47)写成下面的形式：

$$Z = R\cos\theta = \frac{K}{1 - R^{-3}} \tag{5.2.48}$$

$$Z = R\cos\theta = \frac{K}{1 + R^{-3}} \tag{5.2.49}$$

相应于不同 K 值的解见图 5.2.3。由图 5.2.3(a)看到，只有相应于 $K=0$ 的解的圆弧是有物理意义的，即

$$R = 1 \tag{5.2.50}$$

对于相应其他 K 值的曲线，在日地连线上或是趋于无穷远，或是趋于原点。所以只有相应 $K=0$ 的一条曲线是在中午子午面内唯一可以接受的解。在午夜子午面($\phi=-90°$)内磁层顶应相应于图 5.2.3(b)中的某一条曲线。初看起来，可以选择一曲线，使它与曲线[式(5.2.50)]在偶极子轴($\theta=0$)上 $R=1$ 点相交，这条曲线相应于 $K=2$。由图看到，这条曲线对应 $\psi>90°$，不适合我们的要求。由图看到，只有一条曲线在背向太阳的方向伸展到无穷远，保持 $\cos\psi \geqslant 0$，并且伸展到中午子午面内与式(5.2.50)的曲线相交。由图看到，这条曲线的特征是在 $\theta=0$，有 $\mathrm{d}R/\mathrm{d}\theta \neq 0$。由式(5.2.45)可以求得曲线交极轴于 $R=2^{1/3}$。于是得到曲线方程：$R\cos\theta = \left(3/2^{2/3}\right)/\left(1 + R^{-3}\right)$，又由式(5.2.49)求得 $K=3/2^{2/3} \approx 1.890$。

图中标出了这一条曲线。这条曲线与式(5.2.50)决定的曲线相交于 $\cos\theta = \frac{1}{2}K = 3/2^{5/3}$。由式(5.2.49)求得 $\theta \approx 19.1°$。图 5.2.4 给出了这样求得的一级近似的磁层顶的形状。两条曲线的交点叫作中性点。

在赤道平面内，$\theta=90°$，$\partial R/\partial\theta = 0$，由式(5.2.40)得到

$$\left[\left(\frac{R_\phi}{R}\right)^2 + 1\right] = R\left[\sin\phi - \left(\frac{R_\phi}{R}\right)^2\cos\phi\right]^2 \tag{5.2.51}$$

对于 $90° \leqslant \phi \leqslant 270°$ 得到

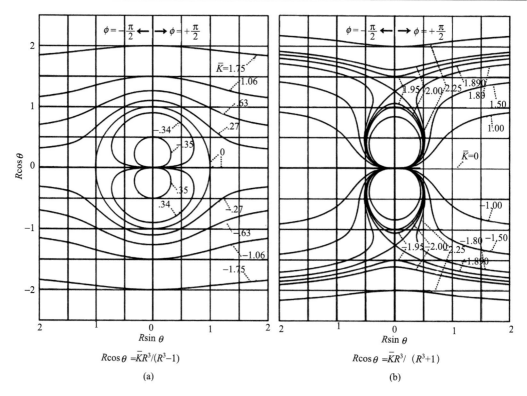

$$Rcos\theta = \bar{K}R^3/(R^3-1)$$

(a)

$$Rcos\theta = \bar{K}R^3/(R^3+1)$$

(b)

图 5.2.3　式(5.2.48)和式(5.2.49)的解(Spreiter et al.,1968)

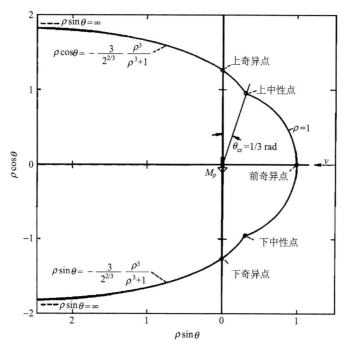

图 5.2.4　在中午和午夜子午面内的磁层顶的位形(Spreiter and Briggs，1962)

$$\frac{\mathrm{d}R}{\mathrm{d}\phi} = R\left(\frac{R^6 \sin\phi\cos\phi + \sqrt{R^6-1}}{R^6\cos^2\phi - 1} \right) \quad (5.2.52)$$

对上式数值积分，得到 $R(\phi)$，如表 5.2.1 所示。

表 5.2.1　赤道面内磁层顶位置

$\varphi/(°)$	90	105	120	135	150	180	210	240	270
R	1	1.009	1.031	1.068	1.126	1.342	1.842	3.472	∞

在赤道面，磁层顶位于 $R=1$ 圆的外边。在晨昏方向上，$R=1.34$。图 5.2.5 示出了磁层顶在包括日地连线和磁偶极子轴的子午面以及在磁赤道面内的一级近似的磁层边界。相应的太阳风参数为 $V=500$ km/s，$n=10$ protons/cm³。

在具有任意经度 ϕ 的子午面内的磁层顶位形可由数值积分偏微分方程[式(5.2.41)]得到，图 5.2.6 给出了太阳风正入射时一级近似磁层顶曲面的立体图形。

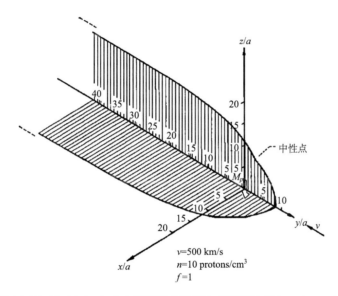

图 5.2.5　太阳风正入射时中午-午夜字母面及赤道面内的磁层边界(Spreiter and Briggs, 1962)

3. 太阳风入射方向对磁层顶形状的影响

上面讨论了太阳风与地磁赤道面的交角 λ 为零度时的情况。地球自转轴与赤道面垂直线方向的夹角为 23.5°，与偶极子轴交角为 11.6°。因此，一般由黄道面方向入射来的太阳风与磁赤道面的夹角不会很小，需要讨论 λ 角对磁层顶形状的影响。下面主要讨论在主子午面内磁层顶的形状。这时有 $\phi=\pm90°$，$\partial R/\partial\phi = 0$，在这个平面内的控制方程为

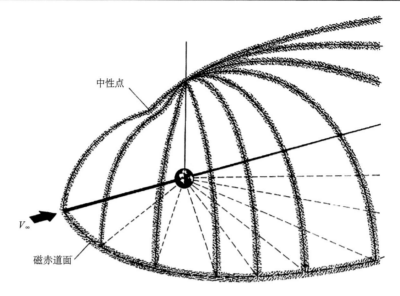

图 5.2.6　在太阳风正入射时三维磁层顶位形的立体图(Spreiter et al.,1968)

$$\sin\phi + 2(\frac{R_\theta}{R})\cos\theta = R^3[\sin(\theta-\lambda) - (\frac{R_\theta}{R})\cos(\theta-\lambda)] \qquad (5.2.53)$$

$$\sin\phi + 2(\frac{R_\theta}{R})\cos\theta = -R^3[\sin(\theta+\lambda) + (\frac{R_\theta}{R})\cos(\theta+\lambda)] \qquad (5.2.54)$$

式(5.2.53)和式(5.2.54)的解为

$$R^3\cos(\theta-\lambda) - \cos\theta = KR^2 \quad (\phi = 90°) \qquad (5.2.55)$$

$$R^3\cos(\theta+\lambda) + \cos\theta = KR^2 \quad (\phi = -90°) \qquad (5.2.56)$$

与 $\lambda=0$ 时的方法相同, 选择满足边界条件的曲线连接起来就得到在主子午面内磁层顶的位形, 见图 5.2.7。由图看到, 磁层顶的位形随着太阳风的入射方向旋转。如果从太阳风的入射方向看, 磁层顶的形状没有多大的变化, 只是中性点位置有些变化。图 5.2.8 示出了由计算得到的磁层顶的周期为一日的变化(虚线与实线比较)和季节变化(右图与左图比较), 此图坐标相对太阳固定不动。

5.2.3　计算结果与实测比较

图 5.2.9 给出了卫星 IMP-1 1964 年在磁层顶和磁鞘之间的部分轨道(Spreiter et al., 1968), 图中细实线为理论计算的磁层顶和弓形激波的位置。卫星通过磁层顶和弓形激波的位置是由等离子体探测数据确定的。当边界位置不是很明确时, 图中用虚线表示可能的边界位置。图中的细实线表示理论计算出的磁层顶和弓形激波的位形, 计算中所用的参数为 n_∞=10 protons /cm^3, V_∞=300 km/s, M=8, γ=5/3。磁层顶的位形是由式(5.2.52)计算得到的。由图看到, 理论计算与观测结果大致相符合。

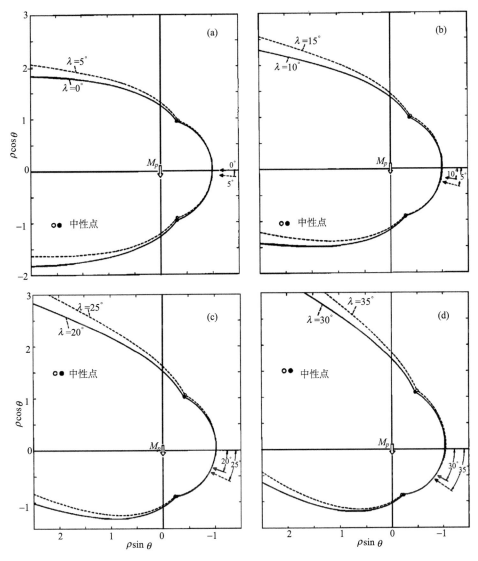

图 5.2.7　在包括磁偶极子轴和日地连线的子午面内，当 $0 \leqslant \lambda \leqslant 35°$ 时磁层顶的
形状（Spreiter and Brigges，1962）

　　Fairfield（1971）综合分析了 IMP-1 至 IMP-4，以及 Explorer-33、35 在 1963～1968 年 255 次穿越磁层顶的数据，求出了磁层顶的平均位置，并与理论推算的位置进行了比较，其结果示于图 5.2.10 中["+" 示出了 1963～1968 年六个卫星在近赤道穿越磁层顶的位置在赤道面上的投影。内实线是这些数据点的最佳拟合曲线，虚线为 Olson（1969）得到的理论计算的磁层顶的位置]。由于实测穿越点是在三维空间中分布的，为了在平面图中表示出来，把穿越点作如下的变换：若卫星对磁层顶的穿越点接近黄道面（$|Z_{SE}| < 7R_E$），就将这些点旋转到黄道面上去，对于 $X_{SE} < 0$ 的穿越点，以 X_{SE} 为轴旋转；对于 $X_{SE} > 0$ 的穿越点，在子午面内相对于地心旋转。这种方法相当于假设磁层顶对日半球是球对称的，背日半球是柱对称的。这样，就把在三维空间中穿越点的分布转换成二维分布。假定太

阳风的平均速度为 400km/s，地球绕日公转运动将产生 4°的光行差。为了消除这一影响，再将由上述方法得到的黄道面中的点旋转 4°就得到图 5.2.10 中的点。

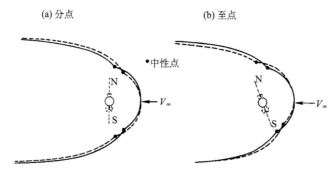

图 5.2.8　磁层顶形状周期为一日的变化和季节变化（Spreiter et al., 1968）

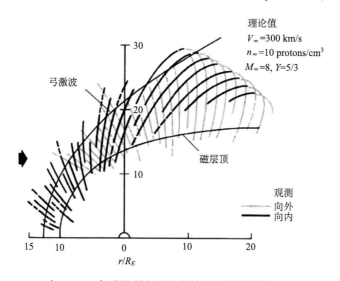

图 5.2.9　1964 年 IMP-1 在磁层顶和弓形激波之间的轨道（Spreiter et al., 1968）

图 5.2.10 中实线为最佳的拟合曲线。对日点的地心距离为 $10.9R_E$，在晨、昏方位拟合曲线的地心距离分别为 $-15.7R_E$ 和 $15.3R_E$。虚线为 Olson（1969）计算的理论曲线。由图看到，实测和理论计算相符合很好。实际测量到的磁尾磁层顶的半径更大一些，这是由于计算中没有考虑磁层内的等离子体和电流体系。如果在理论计算中考虑磁尾中性片电流，就会使磁尾磁层顶的半径更大一些。由最佳拟合曲线看到，即使经过 4°光行差的修正，磁层顶还是东西不对称的。

图 5.2.11 示出了卫星在子午面经度偏离 15°范围内对磁层顶的穿越点，以"+"表示。图中曲线为 Olson（1969）理论计算结果。计算中假设磁层顶对日点的地心距离为 $10.7R_E$，接近实测值，μ 为磁层顶对日点的地磁纬度。如果我们考虑到在观测期间太阳风在较大范围的变化，以及磁层顶对日点地磁纬度的变化，在午夜子午面内的理论和实测大致是相符的。在晨昏子午面内大部分实测点都在理论边界的外边，这是由于理论计

算中忽略了磁尾中性片电流和其他一些因素。

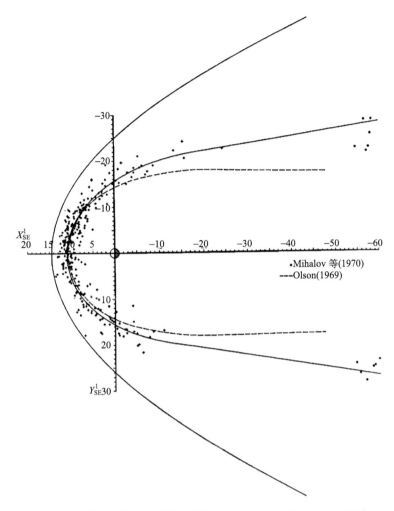

图 5.2.10　磁层顶和弓形激波在黄道面上的位形（Fairfield，1971）

　　前述模式预计太阳风等离子体将由极尖区磁力线进入磁层内（并沉降在上层大气中），这已被空间探测所证实。在极尖区确实存在着一个等离子体区域，相应沉降区域的地磁纬度为 78°，纬度宽 2°～5°，经度宽为 8 h。

　　在上述理论计算中把太阳风与磁层的交界面看作切向间断面，这叫作闭磁层模式。利用闭磁层模式计算的磁层顶位形与观测大体相符。但是由于忽略了行星际磁场，上述理论不能用来解释行星际磁场方向对磁层顶位形的影响。例如，已经观测到在太阳风压力没有变化的情况下，行星际磁场变为南向后，磁层顶向内收缩 $2R_E$，这是闭磁层理论不能解释的。闭磁层理论还难以解释太阳风向磁层内的能量输运、粒子向磁层内的穿入等问题。

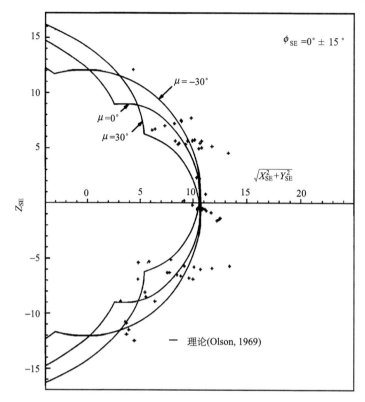

图 5.2.11　磁层顶在午夜子午面内的位置的理论值与观测值的比较(Fairfield，1971)

5.3　太阳风在磁鞘中的绕流

　　地球磁层顶像是一个障碍物，太阳风必须绕过它。如果超声速流的太阳风直接入射到磁层顶，那么，太阳风在磁层顶引起的扰动虽以声速向上游方向传播，但实际上却被太阳风携带对流传送到下游，不会影响上游的太阳风。这样，迎面来的均匀超声速太阳风直到磁层顶表面都将是未受到扰动的。但是，在磁层顶太阳风速度的法向分量必须为零。这就出现一个矛盾。在磁层顶前面出现的激波使这一矛盾得到解决。从日地连线上看，激波下游的流体速度成为亚声速的，离磁层顶越近流体速度越小，在磁层顶表面流体速度为零。

5.3.1　大马赫数条件下气体动力学模式

　　在激波面两侧太阳风流体满足下述磁流体力学方程组：

$$\nabla \cdot \rho \boldsymbol{V} = 0 \tag{5.3.1}$$

$$\rho(\boldsymbol{V} \cdot \nabla)\boldsymbol{V} + \nabla P = -\frac{1}{4\pi}\boldsymbol{B} \times (\nabla \times \boldsymbol{B}) \tag{5.3.2}$$

$$(\boldsymbol{V} \cdot \nabla)S = 0 \tag{5.3.3}$$

$$S - S_0 = c_{\mathrm{v}} \ln \frac{P/P_0}{\left(\rho/\rho_0\right)^{\gamma}} \tag{5.3.4}$$

$$\nabla \times (\boldsymbol{B} \times \boldsymbol{V}) = 0 \tag{5.3.5}$$

$$\nabla \cdot \boldsymbol{B} = 0 \tag{5.3.6}$$

式中，c_{v} 为定容比热，S 为熵。在激波面上跃变条件为

$$[\rho V_n] = 0 \tag{5.3.7}$$

$$\left[\rho V_n \boldsymbol{V} + \left(P + B^2 / 8\pi \right) \boldsymbol{n} - B_n \boldsymbol{B_t} / 4\pi \right] = 0 \tag{5.3.8}$$

$$\left[\rho V_n \left(h + \frac{V^2}{2} \right) + V_n B^2 / 4\pi - \left(B_n / 4\pi \right) \boldsymbol{V} \cdot \boldsymbol{B} \right] = 0 \tag{5.3.9}$$

$$[B_n \boldsymbol{V_t} - V_n \boldsymbol{B_t}] = 0 \quad [B_n] = 0 \tag{5.3.10}$$

式中，h 表示焓。在磁层顶边界面(切向间断面)的边界条件为

$$V_n = 0 \tag{5.3.11}$$

$$B_n = 0 \tag{5.3.12}$$

$$\left(P + \frac{B^2}{8\pi}\right)_{\text{磁鞘}} = \left(P + \frac{B^2}{8\pi}\right)_{\text{磁层}} = K \rho_{\infty} V_{\infty}{}^2 \cos^2 \psi \tag{5.3.13}$$

我们先来讨论两个描述流动特性的重要参数：马赫数 $M = V/a$ 和阿尔文马赫数 $M_{\mathrm{A}} = V/V_{\mathrm{A}}$。前者是流体速度与声速之比，声速 $a = (\partial P/\partial \rho)^{1/2} = (\gamma P/\rho)^{1/2} = (\gamma RT/m)^{1/2}$，$R = 8.315 \ \mathrm{J/(g \cdot m \cdot K)}$。后者为流体速度与阿尔文波速的比值。

图 5.3.1 给出了在地球轨道附近太阳风中声速 a 与阿尔文波速 V_{A} 的典型值。太阳风相对地球的速度为 $250 \sim 800 \ \mathrm{km/s}$，显然太阳风阿尔文马赫数很大。

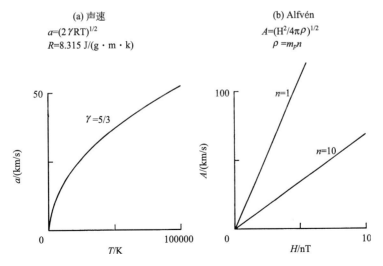

图 5.3.1　完全离化氢气的声速和 Alfvén 波速 (Spreiter et al., 1968)

图 5.3.2 是由 IMP-4 得到的数据计算出的太阳风阿尔文马赫数和马赫数的频次分布。在太阳风中，平均马赫数大于 6。在磁鞘中除了对日点附近的区域外，阿尔文马赫数也是很大的。

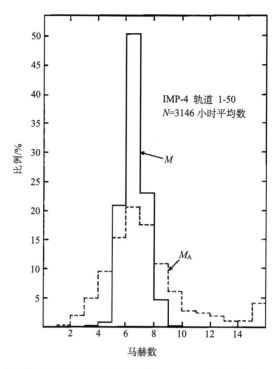

图 5.3.2 由 IMP-4 测量到的数据计算出的马赫数与 Alfvén 马赫数的频次分布(Fairfield, 1971)

在阿尔文马赫数很大的条件下，前述磁流体力学方程组可以大大简化。在运动方程[式(5.3.2)和式(5.3.8)]中，惯性项与磁场力之比的量级为阿尔文马赫数的平方，即

$$\left| \frac{\rho(\boldsymbol{V} \cdot \nabla)\boldsymbol{V}}{1/4\pi \boldsymbol{B} \times \nabla \times \boldsymbol{B}} \right| \approx \hat{M}_{A}^{2} \tag{5.3.14}$$

由于 M_A 很大，可以略去磁场的影响，用气体动力学模式来计算太阳风在磁鞘中的绕流。于是问题变成了普通的超声速气体对障碍物的绕流了。可以先解这组气体运动方程，求出流速 $\boldsymbol{V}$，然后再用已求得的流速 $\boldsymbol{V}$ 与式(5.3.5)及式(5.3.6)决定磁场。

边界条件[式(5.3.13)]是用来确定磁层顶位形的。在 5.2 节中已经对 $K=2$ 求出了磁层顶的位形(那里没有考虑太阳风对磁层顶的绕流)。在求解太阳风对磁层顶绕流的问题时，首先假定磁层顶的位形就是前述计算的结果，然后由求得的磁鞘中的流动来修正 K 值，进而修正磁层顶的形状。通过逐步迭代，式(5.3.13)将得到满足。对适当的 K 值，整个问题可以得到自洽解。

5.3.2　激波位置和磁鞘中的流动

如果在式(5.3.1)～式(5.3.13)中略去磁场 $\boldsymbol{B}$ 的作用，于是描述太阳风对已知磁层顶

绕流的气体动力学方式可以写为

$$\nabla \cdot \rho \boldsymbol{V} = 0 \tag{5.3.15}$$

$$\rho(\boldsymbol{V} \cdot \nabla)\boldsymbol{V} + \nabla P = 0 \tag{5.3.16}$$

$$(\boldsymbol{V} \cdot \nabla)S = 0 \tag{5.3.17}$$

$$S - S_0 = c_v \ln \frac{P/P_0}{(\rho/\rho_0)^{\gamma}} \tag{5.3.18}$$

激波面两侧流体参数应满足跃变条件

$$[\rho V_n] = 0 \tag{5.3.19}$$

$$[\rho V_n \boldsymbol{V} + P\hat{\boldsymbol{n}}] = 0 \tag{5.3.20}$$

$$\left[\rho V_n \left(h + \frac{V^2}{2} \right) \right] = 0 \tag{5.3.21}$$

在磁层顶有

$$V_n = 0 \tag{5.3.22}$$

理想气体(比热及其比值 $\gamma = c_p/c_r$ 为常数)的状态方程为

$$P = \rho RT \tag{5.3.23}$$

式中，$R = c_p - c_v$ 为气体常数；c_p 为定压比热；c_v 为定容比热。

对理想气体，由跃变条件求得，即

$$\frac{\rho_2}{\rho_1} = \frac{(\gamma+1)M_1^2}{(\gamma-1)M_1^2 + 2} \tag{5.3.24}$$

$$\frac{P_2}{P_1} = \frac{2\gamma}{\gamma+1}M_1^2 - \frac{\gamma-1}{\gamma+1} \tag{5.3.25}$$

$$M_2^2 = \frac{2 + (\gamma-1)M_1^2}{2\gamma M_1^2 - (\gamma-1)} \tag{5.3.26}$$

为了简化，假设磁层边界形状是旋转对称的，由 Spreiter 和 Briggs（1962）给出的磁层顶在赤道面内的边界线[式(5.2.52)]的解旋转而成。由图 5.2.5 看到这是一个很好的近似。

Spreiter 等(1966)给出了关于激波位置和磁鞘流动详细的数值计算结果。图 5.3.3 给出了计算出来的激波面、流线和特征线，以及预先选定的磁层边界的形状。特征线与流线的交角为马赫角 α，$\sin\alpha = a/V$。由某点发出的扰动只能影响到下游两根特征线以内的区域。

对于不同的 M_∞ 和 γ 值的计算表明，激波脱离开磁层顶鼻端的距离 Δ 与该点的地心距离 D 的比值非常接近于越过激波面的密度比 ρ_∞/ρ_b，经验公式为

$$\frac{\Delta}{D} = 1.1 \frac{\rho_\infty}{\rho_b} = 1.1 \times \frac{(\gamma-1)M_\infty^2 + 2}{(\gamma+1)M_\infty^2} \tag{5.3.27}$$

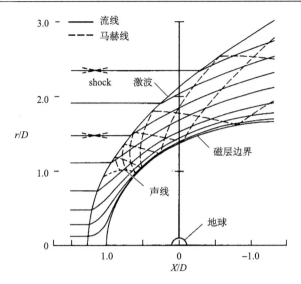

图 5.3.3 在磁鞘中绕流的流线和特征线(Spreiter et al., 1966)

$M_\infty=8$,$\gamma=5/3$

当 $M_\infty \gg 1$ 及 $\gamma=5/3$ 时,有 $\Delta/D \approx 1/4$。

图 5.3.4 给出了计算得到的磁鞘中密度、速度和温度等值线。当等离子体向磁层两侧流去时,膨胀使得密度减小。磁鞘中的等离子体流速小于激波外太阳风速度,在驻点流速为零。离驻点越远流速越大。由能量跃变关系式得到

$$2c_{\mathrm{p}}(T-T_\infty)=V_\infty^2-V^2 \tag{5.3.28}$$

考虑

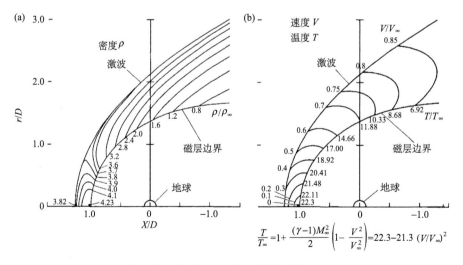

图 5.3.4 在磁鞘中绕流的密度、速度和温度等值线(Spreiter et al., 1966)

$M_\infty=8$,$\gamma=5/3$

$$M_\infty^2 = \frac{V_\infty^2}{2\gamma R T_\infty} = \frac{V_\infty^2}{c_{\mathrm p}(\gamma-1)T_\infty} \tag{5.3.29}$$

得到

$$\frac{T}{T_\infty} = 1 + \frac{\gamma-1}{2}M_\infty^2\left(1-\frac{V^2}{V_\infty^2}\right) \tag{5.3.30}$$

如果将 $\gamma=5/3$，$M_\infty=8$ 代入上式，则温度比 T/T_∞ 近似由速度比 (V/V_∞) 决定。在图 5.3.4(b) 中两者共用同一等值线。磁鞘中温度上升很快，若太阳风的温度为 $10^5\,\mathrm{K}$，在磁鞘驻点温度为 $2.23\times10^6\,\mathrm{K}$。

5.3.3　磁鞘磁场

利用已求出的磁鞘中的流速 V，磁鞘中的磁场可由下述方程组来确定：

$$\nabla\times(\boldsymbol{B}\times\boldsymbol{V}) = 0 \tag{5.3.31}$$

$$\nabla\cdot\boldsymbol{B} = 0 \tag{5.3.32}$$

在激波面的跃变条件为

$$[B_n] = 0 \tag{5.3.33}$$

为了简化，假设入射流的速度矢量和磁场矢量都在同一平面内。根据跃变条件，激波后面的磁场矢量也在这个平面内。

图 5.3.5 示出了计算得到的磁鞘磁力线，分别是太阳风磁力线与流线垂直和磁力线对流线倾斜 $45°$ 角的情况。由图看到，在接近磁层顶鼻部，磁鞘磁场强度要比行星际磁场强度大数倍。但在磁层顶侧面，磁场或者大于或者小于行星际磁场。

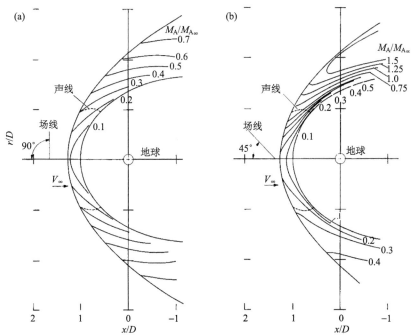

图 5.3.5　在太阳风磁力线与流线垂直时和在太阳风磁力线与流线成 $45°$ 角时，在流速和磁场矢量决定的平面内磁鞘磁力线(Spreiter et al., 1966)

Spreiter 等(1968)还讨论了不同 M_∞ 值对计算结果的影响。发现当 M_∞ 大于 5 时磁层边界和弓形激波的位置，以及 ρ/ρ_∞、V/V_∞、$|B|/|B_\infty|$ 和 $(T-T_\infty)/V_\infty^2$ 实际上都近似，且与 M_∞ 的具体值无关。所以上述对 $M_\infty=8$ 的计算结果近似地适用于 $M_\infty>5$ 的任何值(T/T_∞ 除外)。

5.3.4　解的自洽问题

在上述计算中，先对预先求出的磁层顶形状用气体动力学方程求出了激波的位置和磁鞘中的流动，然后假定磁场冻结在流体中，求出磁鞘磁场。这样求出的解必须满足事先假定的条件，即在磁层顶满足压力平衡条件[式(5.3.13)]，在磁鞘中马赫数要足够大，这样解才能够自洽。

在求解磁层顶形状时，假定了在磁层顶边界压力变化为简单的牛顿压力公式 $P=P_{st}\cos^2\psi$，P_{st} 为驻点压力，$P_{st}=K\rho_\infty V_\infty^2$。在前述镜反射情况下，$K=2$。这样求出的磁层顶的位置被选为太阳风对磁层绕流问题的内边界。为了使得整个问题自洽，需要使计算出的磁鞘内的流动在磁层边界给出与牛顿压力公式相同的压力变化。

图 5.3.6 给出了由太阳风绕流问题的解计算出的沿磁层边界压力分布与简单牛顿公式得到的压力的比较。由图看到，对不同的 M_∞ 和 γ 值，计算出的压力随 ψ 的变化与 $\cos^2\psi$ 大致相同。如果驻点压力与计算结果一样，那么简单牛顿公式确实给出了一个较好的近似，在磁层顶的鼻部符合得最好，在磁层顶的侧面，牛顿压力公式给出的值稍小一些。如果用计算出的气体动力学压力分布来修正磁层顶形状的计算，只要驻点压力相同，磁层顶鼻部的形状就不会有明显变化，在磁层顶的两侧只会有些小的变化。

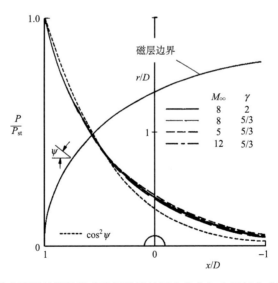

图 5.3.6　由气体动力学方程组计算的沿着磁层边界的压力分布与由近似公式得到的压力分布的比较
(Spreiter et al., 1966)

在磁层顶鼻部流动是亚声速的。对可压缩气体绝热定常运动，有

$$\frac{P_{\text{st}}}{P} = \left(1 + \frac{\gamma-1}{2}M^2\right)^{\frac{\gamma}{\gamma-1}} \tag{5.3.34}$$

式中，P_{st} 为驻点(流速为零)压力，P 为流场中通过驻点流线上某一点的压力。令该点位于弓形激波下游接近激波跃变面，有 $P=P_2$，$M=M_2$，利用激波跃变公式得到

$$\frac{P_{\text{st}}}{P_1} = \left[(\gamma+1)/2\right]^{(\gamma+1)/(\gamma-1)}\left[\gamma-(\gamma-1)/2M_\infty\right]^{-1/(\gamma-1)/\gamma} \tag{5.3.35}$$

取 $\gamma=5/3$，$P_1=\rho_\infty V_\infty$，我们有

$$\frac{P_{\text{st}}}{\rho_\infty V_\infty^2} = 0.881\left[5M_\infty^2\big/\left(5M_\infty^2-1\right)\right]^{3/2} \tag{5.3.36}$$

因为 $M_\infty \gg 1$，驻点压力 P_{st} 可以写为

$$P_{\text{st}} = K\rho_\infty V_\infty^2 \tag{5.3.37}$$

$K=0.881$，对这一 K 值，整个问题将得到自洽解。若 $\gamma=2$，$K=0.844$；若 $\gamma=3/2$，$K=0.904$。因为磁层顶鼻部的地心距离 D 正比于 K 的六次方，所以磁层顶的形状和大小受到比热值变化的影响很小。

计算中另一个基本假设是阿尔文马赫数比 1 大得多，即要求动能比磁能大得多，从而使得磁流体力学方程组可以简化为一气体动力学方程组。由这组方程求出流场以后再求磁场。显然在太阳风中这个条件是满足的。在磁鞘中，当流体速度、密度和磁场强度计算出来以后，可以估计阿尔文马赫数。

图 5.3.7 是计算得到的阿尔文马赫数(当 $M_\infty=8$，$\gamma=5/3$)，图 5.3.7(a) 为在激波上游磁场矢量垂直流速的情况，图 5.3.7(b) 为在激波上游磁场矢量与流速成 45°角的情况。

图中给出了磁鞘中局域阿尔文马赫数(M_A)与激波上游太阳风中的阿尔文马赫数($M_{A\infty}$)的比值，在任何一点，这两个量是成正比的。由图看到，如果 $M_{A\infty} \geq 0$，在磁鞘中绝大部分区域都有 $M_A > 1$。只有在磁层顶鼻部附近的一个小区域 $M_A < 1$，不满足前述基本假设，因而计算结果在这一区域可能有某些误差。

对于磁鞘中的绝大部分区域，上述计算是自洽的。当 $M_{A\infty}$ 由 10 减小时，M_A 小于 1 的临界区域增大了，近似计算引起的偏差也就增大了。如果 $M_{A\infty}$ 减小到 2 或 3，近似计算引起的偏差就是不可忽略的。在这种情况下，通常需要考虑磁场对流动的影响。

当磁场矢量与流速平行时，即使对于小 $M_{A\infty}$ 的情况，太阳风在磁鞘中流动的磁流体力学问题也仍然可以用气体动力学的方法来解(Spreiter and Rizzi, 1974)。

下面讨论为什么连续流体力学方程能适用于描述无碰撞太阳风与地磁场的相互作用问题。在通常的超声速流体中，流体粒子的碰撞自由程 λ 与障碍物的限度 L 的比决定了流体对障碍物相互作用的特性。

如果 $\lambda \ll L$，流动是高度集合性的，障碍物前面将产生激波，可以应用连续流体力学方程组来描述。

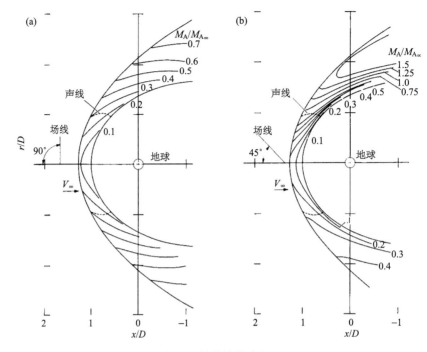

图 5.3.7　阿尔文马赫数等值线($M_\infty=8$，$\gamma=5/3$)

　　如果 $\lambda \gg L$，粒子和障碍物表面相互作用是主要的，而粒子与粒子之间很少碰撞，在障碍物前面没有激波发生，这时不能应用连续流体力学方程组来描述。通常的方法是先假设粒子在表面反射，然后由玻耳兹曼方程决定受到障碍物扰动的粒子分布函数。

　　在地球轨道附近，太阳风等离子体的平均自由程为 1 AU 量级，比磁层限度大得多，这似乎不能应用连续流体力学方程来处理。但是由于行星际磁场把太阳风等离子体连接成一个整体，太阳风与地球磁层相互作用时呈现连续流体的性质。通常认为，如果流体质子回旋半径比障碍物限度小得多，可以用连续流体力学理论，但是当回旋半径大于障碍物限度时，连续流体力学理论就不适用了。

5.3.5　理论计算与实测比较

　　图 5.3.8 中的点是由在黄道面附近($|Z_{SE}|<7R_E$)卫星 188 次穿越弓形激波的位置得到的。当 $X_{SE}<0$ 时，这些穿越点位置通过对 X_{SE} 轴旋转被投影到黄道面上，当 $X_{SE}>0$ 时，将这些穿越点位置通过在子午面内对地心旋转投影到黄道面上，再旋转 4° 消除太阳风的光行差效应，就得到图中示出的各观测点。实线是这些数据点的拟合曲线。弓形激波对日点的平均地心距离为 14.5R_E，在晨、昏方位，弓形激波平均地心距离分别为 −24.9R_E 和 26.2R_E。接近激波面的虚线是 Spreiter 和 Jones (1963)计算得到的激波面。靠近地球的虚线表示计算激波面时所用的磁层顶位形。由图看到，理论计算的激波面同实测点的拟合曲线相符很好。

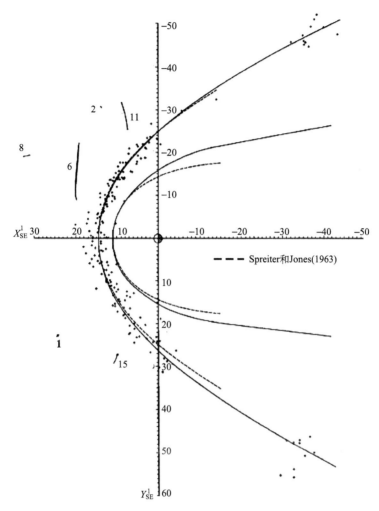

图 5.3.8 弓形激波位形的理论计算结果与实测位形的比较(Fairfield et al., 1971)

平均激波位置外的线段代表异常位置

图 5.3.9 是由卫星观测得到的磁鞘中行星际磁力线的示意图,与图 5.3.4 比较可以看到,两图是相符的。

本节用流体力学方程和冻结磁场的概念讨论了弓形激波和磁鞘中流动的问题。计算结果与实测值的比较说明理论结果能够描述这些现象的大体特征。但是,在磁层顶、弓形激波和磁鞘中经常出现不规则的扰动,为了进一步描述这些扰动需要考虑其中的不稳定性,以及等离子体的微观状态,我们在下节讨论这一问题。

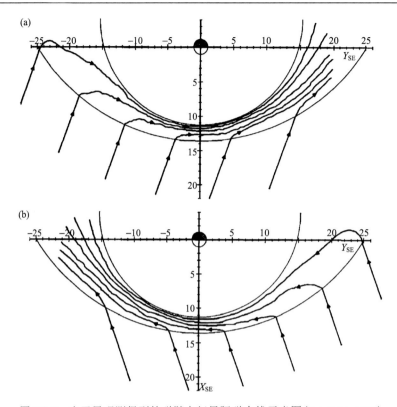

图 5.3.9　由卫星观测得到的磁鞘中行星际磁力线示意图(Fairfield, 1967)

5.4　弓形激波结构

Axford（1962）和 Kellogg（1962）首先提出所有具有磁层或高电导率电离层的行星都具有能偏转太阳风的弓形激波。这种弓形激波的产生是因为障碍物使得周围的太阳风等离子体偏转并以小于原始的太阳风流速的速度行进。三种类型的波——慢磁声波、中间波和快速磁声波可以导致激波的产生。慢磁声波、中间波这两种波可以存在于磁鞘中，而快速磁声波在地球磁层前产生弓形激波。

5.4.1　无碰撞弓形激波

在前面关于激波位形的计算中，激波被看作是无限薄的界面，激波面两侧的流体是无耗散的理想气体，但是假设流体越过激波面时熵增加。

下面我们将看到，在讨论激波结构时这一概念是不适用的。实际上，激波面是有一定厚度的过渡区，在过渡区中耗散效应是不能忽略的。激波通常是由压缩波的非线性增长形成的。因为非线性效应使得压缩波的速度随压力增大而增大。随着波动的传播，温度梯度、速度梯度和磁场梯度都越来越大，最后，耗散效应成为不能忽略的了。

耗散效应使流体的动能变为流体的热能，使流体通过激波后熵增加。与梯度相联系的耗散效应阻止了激波过渡区进一步变陡。非线性效应和耗散效应的平衡决定了激波过渡区的厚度，不同的耗散效应决定的激波厚度稍有不同。在通常气体激波中，主要的耗散效应为热传导、黏滞性和磁场的扩散等，这些耗散效应都是由分子碰撞产生的，所以由经典理论决定的激波厚度具有平均自由程的量级。

弓形激波与上述普通气体激波不同，它的耗散效应不是由粒子的碰撞产生的，它的厚度不是粒子平均自由程的量级。本节我们将讨论弓形激波过渡区结构的特点及其形成机制。

下面首先讨论弓形激波的厚度。弓形激波的厚度由飞行器穿越激波过渡层所需要的时间以及弓形激波相对飞行器的速度 V_s 来决定。人造飞行器的渡越时间可由磁场的测量得到，通常为几秒钟至几十秒钟。相对速度 V_s 可由激波面两侧的质量通量相等的条件求出：

$$V_s = \frac{(\mathbf{V}_1 \cdot \hat{\mathbf{n}})n_1 - (\mathbf{V}_2 \cdot \hat{\mathbf{n}})n_2}{n_1 - n_2} \tag{5.4.1}$$

式中，n_1，n_2 为激波两侧等离子体密度；$\mathbf{V}_1$，$\mathbf{V}_2$ 为激波两侧等离子体相对卫星的速度；$\hat{\mathbf{n}}$ 为激波面的法向方向。由于磁场在法向方向上的分量 B_n 在激波过渡区的不同观测点应是相同的，因而可以通过最佳适合技术利用磁场数据求得 $\hat{\mathbf{n}}$ 的方向。当磁能比动能小得多时，有一更简单的方法求 $\hat{\mathbf{n}}$。式 (3.1.7) 的切向分量为

$$\left[\rho V_n \mathbf{V}_t - \frac{B_n}{4\pi} \mathbf{B}_t \right] = 0 \tag{5.4.2}$$

式中，下标 t 表示与间断面相切的分量。若磁场很小时，得到

$$[\rho V_n \mathbf{V}_t] \approx 0 \tag{5.4.3}$$

由于质量通量连续，$[\rho V_n] = 0$，得到速度的切向分量是连续的，速度只在法向方向上有变化，因此可以求得

$$\hat{\mathbf{n}} \approx \frac{\mathbf{V}_2 - \mathbf{V}_1}{|\mathbf{V}_2 - \mathbf{V}_1|} \tag{5.4.4}$$

这一方法十分简便，但是其不足之处是需测量 $\mathbf{V}_2$，当激波下游的湍动很大时，$\mathbf{V}_2$ 实际很难精确测定，这时可以用 3.1 节中给出的更精确的公式。

图 5.4.1 示出了测量到的激波速度的出现频次直方图。速度的平均值为 70～80 km/s，相应的激波厚度为几百千米量级。在 1 AU 附近粒子的平均自由程为 10^8 km 左右，激波厚度远小于粒子的平均自由程。在激波厚度范围内没有粒子的经典库仑碰撞，这种激波叫作无碰撞激波。在通常的气体中，阻止波振面无限变陡的经典耗散机制在无碰撞激波中都不起作用。无碰撞激波理论需要提出限制激波面无限变陡的机制，还需要解释太阳风的动能是怎样在这样小的空间范围内转化成下游流体的热能。

观测表明，弓形激波结构还同磁场与激波法向的夹角有关，见图 5.4.2。图中 θ_{Bn} 为行星际磁场矢量与激波法向夹角。由图看到，大于或小于 45° 的 θ_{Bn} 对应着完全不同的激波结构。当 $\theta_{Bn} > 45°$ 时，磁场和等离子体参数作有规律的变化，激波过渡区显示出层状结构；对于 $\theta_{Bn} < 45°$ 时，磁场和等离子体参数变化显得没有规律性，大幅度湍动控制了激波过渡区。在这种情况下，在激波上游很大的区域内（由激波伸展到几个地球半径之

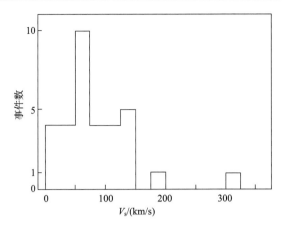

图 5.4.1　弓形激波速度频次分布直方图(Dobrowolny and Formisano, 1973)

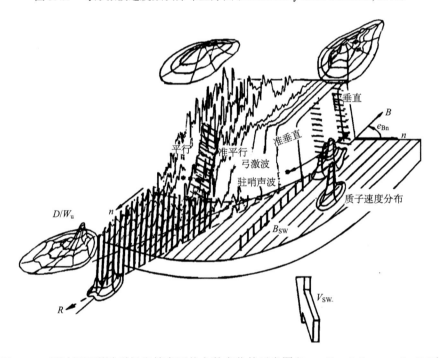

图 5.4.2　通过弓形激波磁场和等离子体参数变化的示意图(Russell and Greenstadt, 1983)

外)有很多波动现象,这叫作上游波动(或称激波前兆波动)。这些波动直接同激波相联系,并且影响激波结构。图 5.4.2 示出了这些上游波动在赤道面内的分布。图中给出了 12 条磁场变化曲线, 参数中下标 SW 表示该变量为太阳风中的数值。最右边曲线相应于 $\theta_{Bn}=90°$, 最左边一条曲线相应于 $\theta_{Bn}=0°$, 右边四条曲线相应于准垂直情况($\theta_{Bn}=50°\sim 80°$), 其余左边的曲线相应于准平行情况($\theta_{Bn}=0°\sim 50°$)。图中还给出了激波前后的质子分布函数, 图中, R 表示由激波反射的离子束, D/W_u 表示扩散离子和甚低频波, 阴影区表示在激波理论中已经研究过的部分(Russell and Greenstadt, 1983)。上游波动区域叫作先知区域(或称激波前兆区域), 好像这里的超声速的太阳风已经先知道了下游存在着障碍物。在激波前兆区域还发现有由激波返回的能量较高的粒子，称作激波前兆粒子，其能量范围从 1 keV 至 1 MeV。这些都不是通常的流体图像所能解释的。

5.4.2　弓形激波结构

通常无碰撞激波的理论需要考虑在等离子体中波与粒子的集体相互作用。在等离子体的经典理论中，带电粒子通过长距离库仑力相互作用，碰撞过程是一系列的小角度偏移。这种带电粒子的经典相互作用决定的自由程比弓形激波的厚度大得多，因而经典相互作用不能用来解释无碰撞激波结构。实际上在弓形激波的过渡区中，等离子体远不是热平衡态，因而它们的集体相互作用更为重要。集体相互作用激发 $\lambda \geqslant l_D$(德拜长度)的等离子体湍动，集体相互作用决定的湍动场最后被非线性效应限制，其饱和湍动场水平大于非相干热湍动的水平。通过集体相互作用，粒子把能量传给波动，波动再把能量传给另外的粒子。通常集体相互作用决定的"碰撞"时间比经典碰撞时间短得多，这样等离子体中粒子同粒子的经典相互作用就被波粒子相互作用所取代。

在无碰撞等离子体中，等离子体波动的非线性增长使得激波逐渐变陡，而波动的色散效应又使波包变宽。当非线性效应与色散效应平衡时，就会形成稳定的波包——孤立波。由于磁场梯度增加，电流驱动的等离子体波动得到发展，粒子之间通过波动交换动量和能量，于是提供了一个反常碰撞机制。反常碰撞引起了能量的耗散，耗散效应使得色散决定的孤立波转化为激波。如果集体相互作用的平均自由程小于激波厚度，它就提供了一种机制，使得粒子不能无阻碍地穿过激波过渡区。

如果磁场方向与激波法向垂直，并且磁场值足够大，使得粒子的回旋半径小于激波厚度，则垂直磁场也可以阻止粒子穿过激波过渡区。当过渡区内湍动波长比激波厚度小得多时，激波显示层状结构；当过渡区内湍动波长与激波厚度同量级时，激波呈现湍动结构。激波上游的前兆波动可能是在激波面产生的向上游传播的波动，或者是由激波反射的粒子(称作激波前兆粒子)在上游流中激发的波动。

激波在近地空间等离子体中很容易观测到。但是，在大多数情况下，它们的马赫数都稍大于 1。然而，伴随着极为剧烈的效应的超临界(super-critical)激波相对少见，地球弓激波是超临界激波，它永久地存在于近地空间中，给我们探测和研究超临界激波的性质提供了非常好的机会，如图 5.4.3 所示，在地球轨道附近行星际磁场(IMF)通常处于 Parker 螺旋形状，意味着它与太阳-地球连线的平均角度为 45° 左右。地球弓激波在背阳侧接近一条双曲线。行星际磁场与激波面相切，一直到鼻区磁场与激波法线夹角(θ_{Bn})才开始超过 45°，在这一区域激波为准垂直激波，之前，$\theta_{Bn}<45°$ 的区域为准平行激波。准平行激波附近的粒子活跃，因为粒子可以从上游逃逸。充满逃逸电子的上游区域称为电子激波前兆区域，离子激波前兆区域是电子前兆区域的下游。

超临界激波的第一条性质是可以根据激波法向角(shock normal angle)θ_{Bn}——激波法向和上游磁场间的夹角——将其分为两类。根据惯例，我们分别将对应于 $\theta_{Bn}>45°$ 和 $\theta_{Bn}<45°$ 的激波称为准垂直激波和准平行激波。这种分类方法看起来很随意且没有道理。但事实证明这种分类方法是有意义的，因为在处理和超临界激波有关的粒子动力学问题时，这两种类型的激波会表现出完全不同的性质。

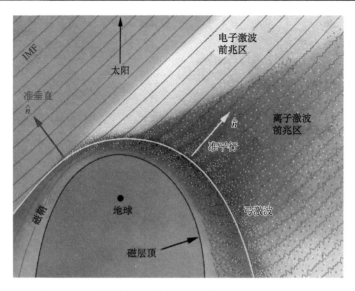

图 5.4.3　地球轨道附近的行星际磁场(IMF)(Board, 2004)

下面首先简要地讨论无碰撞等离子体弓形激波结构。

图 5.4.4 示意了在分析平面超临界激波时所采用的坐标系，n 为激波的法向矢量，$\hat{b}$ 和 $\hat{v}$ 则分别是磁场和速度方向的单位矢量。角度 θ_{Bn}，θ_{Vn} 和 θ_{BV} 分别为 $\hat{b}$ 和 n，$\hat{v}$ 和 n，以及 $\hat{v}$ 和 $\hat{b}$ 的夹角。在激波面内的速度 V_{HT} 是 de Hoffmann-Teller 速度(Schwartz et al., 1983)，其位于激波面内，并被定义为在以这个速度沿着激波面运动的坐标系中，冷等离子体流沿着磁场并且速度为 $V - V_{HT} = -v_{\parallel}\hat{b}$。在这个坐标系中，粒子的引导中心均沿着磁场运动。

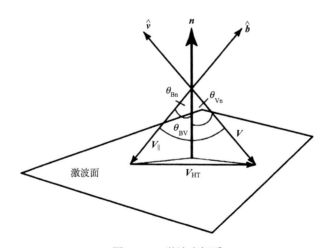

图 5.4.4　激波坐标系

激波法向为 n，速度和磁场方向为 $\hat{v}$ 和 $\hat{b}$

根据上一段的讨论，在 de Hoffmann-Teller 参考系中来考虑粒子运动更方便。因此，速度矢量具有两个分量：

$$v_{/\!/} = V\left(\frac{\cos\theta_{\mathrm{Vn}}}{\cos\theta_{\mathrm{Bn}}}\right) \tag{5.4.5}$$

$$V_{\mathrm{HT}} = V\left(-\hat{\boldsymbol{v}} + \hat{\boldsymbol{b}}\frac{\cos\theta_{\mathrm{Vn}}}{\cos\theta_{\mathrm{Bn}}}\right) = \frac{\boldsymbol{n}\times\boldsymbol{V}\times\boldsymbol{B}}{\boldsymbol{n}\cdot\boldsymbol{B}} \tag{5.4.6}$$

因为 B_{n} 和切向电场都是连续的，de Hoffmann-Teller 速度在激波面两边是相同的。这里没有感应电场，$\boldsymbol{E} = -\boldsymbol{V}\times\boldsymbol{B}$。剩下的问题是两维的(参照共面理论)。在镜面反射中，平行于 $\boldsymbol{n}$ 的速度分量将反向，反射后的速度变成 $\boldsymbol{v}' = -v_{/\!/}\hat{\boldsymbol{b}} + 2v_{/\!/}\cos\theta_{\mathrm{Bn}}\hat{\boldsymbol{v}}$，其平行分量 $v_{/\!/}'$ (引导中心速度大小)和垂直分量 $v_\perp$ (回旋运动速度大小)是

$$v_{/\!/}' = \boldsymbol{v}'\cdot\hat{\boldsymbol{b}} = V\left(\frac{\cos\theta_{\mathrm{Vn}}}{\cos\theta_{\mathrm{Bn}}}\right)(2\cos^2\theta_{\mathrm{Bn}} - 1) = 2\cos 2\theta_{\mathrm{Bn}}V\left(\frac{\cos\theta_{\mathrm{Vn}}}{\cos\theta_{\mathrm{Bn}}}\right) \tag{5.4.7}$$

$$v_\perp = |\boldsymbol{v}'\times\hat{\boldsymbol{b}}| = 2V\sin\theta_{\mathrm{Bn}}\cos\theta_{\mathrm{Vn}} \tag{5.4.8}$$

即粒子的速度可以表述为沿着 $\hat{\boldsymbol{b}}$ 的运动加上垂直于 $\hat{\boldsymbol{b}}$ 的回旋运动：

$$\boldsymbol{v}'(t) = v_{/\!/}'\hat{\boldsymbol{b}} + v_\perp[\hat{\boldsymbol{x}}\cos(\omega_{\mathrm{ci}}t + \phi_0) \mp \boldsymbol{y}\sin(\omega_{\mathrm{ci}}t + \phi_0)] \tag{5.4.9}$$

式中，单位矢量 $\hat{\boldsymbol{x}}$ 和 $\hat{\boldsymbol{y}}$ 为离子回旋平面内的正交坐标系，$\hat{\boldsymbol{x}}$ 位于 $\hat{\boldsymbol{n}}$ 和 $\hat{\boldsymbol{b}}$ 平面内，$\hat{\boldsymbol{y}}$ 垂直于这个平面；相位 ϕ_0 为离子初始的回旋相位，从正 x 轴向正 y 轴衡量；"±"反映粒子回旋方向。

粒子的位移为速度对时间的积分(对于 $\phi_0 = 0$ 得到)：

$$\boldsymbol{x}_{\mathrm{n}}'(t) = v_{/\!/}'t\hat{\boldsymbol{b}} + \left(\frac{v_\perp}{\omega_{\mathrm{ci}}}\right)\{(\sin\omega_{\mathrm{ci}}t)\hat{\boldsymbol{x}} \pm (\cos\omega_{\mathrm{ci}}t - 1)\hat{\boldsymbol{y}}\} \tag{5.4.10}$$

将上式和 $\boldsymbol{n}$ 进行标量乘积，则粒子在激波上游垂直于激波的位移为

$$x_{\mathrm{n}}'(t) = v_{/\!/}'t\cos\theta_{\mathrm{Vn}} + \left(\frac{v_\perp}{\omega_{\mathrm{ci}}}\right)\sin\theta_{\mathrm{Bn}}\sin\omega_{\mathrm{ci}}t \tag{5.4.11}$$

法向速度为 $v_{\mathrm{n}}(t) = v_{/\!/}'\cos\Theta_{\mathrm{Bn}} + v_\perp\sin\Theta_{\mathrm{Bn}}\cos\omega_{\mathrm{ci}}t$，将其设为零可以得到位移最大的时间 t_{m} 满足

$$\omega_{\mathrm{ci}}t_{\mathrm{m}} = \cos^{-1}[(1 - 2\cos^2\theta_{\mathrm{Bn}})2\sin^2\theta_{\mathrm{Bn}}] \tag{5.4.12}$$

将其代入 x_{n}，得到一个回旋半径为 $r_{\mathrm{ci}} = \dfrac{V}{\omega_{\mathrm{ci}}}$ 的反射粒子能在激波上游达到的距离

$$\Delta x_{\mathrm{n}} = r_{\mathrm{ci}}\cos\theta_{\mathrm{Vn}}[\omega_{\mathrm{ci}}t_{\mathrm{m}}(2\cos^2\theta_{\mathrm{Bn}} - 1) + 2\sin^2\theta_{\mathrm{Bn}}\sin\omega_{\mathrm{ci}}t_{\mathrm{m}}] \tag{5.4.13}$$

这个距离，对于垂直激波 $\theta_{\mathrm{Bn}} = 90°$ 为

$$\Delta x_{\mathrm{n}} \approx 0.7 r_{\mathrm{ci}}\cos\theta_{\mathrm{Vn}} \tag{5.4.14}$$

其小于离子的回旋半径。注意这个距离强依赖于速度和激波法向的夹角 θ_{Vn}，以及激波法向角 θ_{Bn}。

另外，由式(5.4.10)可以看出，平行磁场速度分量(引导中心速度) $v_{/\!/}'$ 在 $\theta_{\mathrm{Bn}} = 45°$ 为 0，而只有当磁场和激波的夹角 $\theta_{\mathrm{Bn}} > 45°$ 时才有 $v_{/\!/}' < 0$，反射粒子才能回到激波。对于更小的 θ_{Bn}，有 $v_{/\!/}' > 0$，反射粒子将沿着上游磁场逃逸掉而不会返回。因此，激波法向

角之间的这种分别，即 $\theta_{\mathrm{Bn}} < 45°$ 和 $\theta_{\mathrm{Bn}} > 45°$，提供了我们一直在寻找的准垂直和准平行激波间的具有物理意义的区别。当然，只有在理想镜像反射的假设成立时，以上的这种清晰分析才严格地成立。

由于质量通量连续，$[\rho V_{\mathrm{n}}]=0$，成功被反射的粒子还有可能获得加速。如图 5.4.5 所示，在激波面静止的参考系中，在 IMF 与激波法向确定的平面上考虑粒子的反射加速，并将该平面称为纸面。设入射粒子平行纸面的速度为 $\boldsymbol{v}_{\mathrm{i}}$，垂直纸面的速度为 $\boldsymbol{v}_{\mathrm{i\perp}}$，反射粒子平行纸面的速度为 $\boldsymbol{v}_{\mathrm{r}}$，垂直纸面的速度为 $\boldsymbol{v}_{\mathrm{r\perp}}$。将 $\boldsymbol{v}_{\mathrm{i}}$ 分解为平行 IMF 的方向与平行激波面的分量：$\boldsymbol{v}_{\mathrm{i}} = \boldsymbol{v}_{\mathrm{i\parallel}} + \boldsymbol{v}_{\mathrm{t}}$。在速度为 $\boldsymbol{v}_{\mathrm{t}}$ 的参考系中考虑问题，激波面依旧静止，但入射粒子在平行纸面方向的速度与 IMF 平行，根据 $\boldsymbol{E} = -\boldsymbol{V} \times \boldsymbol{B}$ 可知该坐标系中平行粒子速度方向的电场消失，粒子在反射前与反射后的能量将守恒。设在速度为 $\boldsymbol{v}_{\mathrm{t}}$ 的参考系中反射粒子平行 IMF 方向的速度为 $\boldsymbol{v}_{\mathrm{r\parallel}}$，则有

$$v_{\mathrm{i\parallel}}^2 + v_{\mathrm{i\perp}}^2 = v_{\mathrm{r\parallel}}^2 + v_{\mathrm{r\perp}}^2 \text{ 和 } \boldsymbol{v}_{\mathrm{r}} = \boldsymbol{v}_{\mathrm{r\parallel}} + \boldsymbol{v}_{\mathrm{t}}$$

若不考虑粒子的热运动，则粒子的入射速度等于太阳风的速度，$\boldsymbol{v}_{\mathrm{i}} = \boldsymbol{v}_{\mathrm{sw}}$。若考虑粒子的热运动，则入射速度与太阳风速度之间将差一个平行磁场方向的热运动速度，即 $\boldsymbol{v}_{\mathrm{i}} = \boldsymbol{v}_{\mathrm{sw}} + (\boldsymbol{v}_{\mathrm{i\parallel}})_{\mathrm{thermal}}$。

把上述各矢量之间的夹角如图 5.4.5 所示定义，并在速度为 $\boldsymbol{v}_{\mathrm{t}}$ 的参考系设入射粒子垂直纸面与平行纸面间速度平方之比为 $\mu = \dfrac{v_{\mathrm{i\perp}}^2}{v_{\mathrm{i}}^2}$，平行纸面的反射速度与入射速度之比为 $\delta = \dfrac{v_{\mathrm{r\parallel}}}{v_{\mathrm{i\parallel}}}$，根据上面所确定的矢量间关系，可计算反射粒子能量 $\varepsilon_{\mathrm{r}} = \dfrac{m}{2}(v_{\mathrm{r}}^2 + v_{\mathrm{r\perp}}^2)$，与入射粒子能量 $\varepsilon_{\mathrm{i}} = \dfrac{m}{2}(v_{\mathrm{i}}^2 + v_{\mathrm{i\perp}}^2)$ 之比。

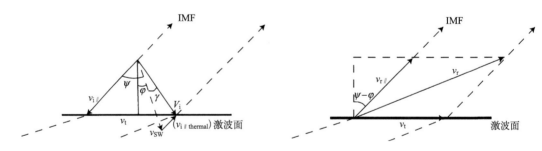

图 5.4.5　激波反射加速示意图

由几何关系：$v_{\mathrm{i\parallel}} \cos(\psi - \varphi) = v_{\mathrm{i}} \cos(\varphi + \gamma)$

$$v_{\mathrm{t}} = v_{\mathrm{i}} \sin(\varphi + \gamma) + v_{\mathrm{i\parallel}} \sin(\psi - \varphi)$$
$$= v_{\mathrm{i}} \sin(\varphi + \gamma) + v_{\mathrm{i}} \cos(\varphi + \gamma) \tan(\psi - \varphi)$$
$$v_{\mathrm{r}}^2 = v_{\mathrm{r\parallel}}^2 \cos^2(\psi - \varphi) + (v_{\mathrm{r\parallel}} \sin(\psi - \varphi) + v_{\mathrm{t}})^2$$

则　　　　　　　　　　　　　$$v_{\mathrm{i\perp}}^2 = \mu v_{\mathrm{i}}^2$$

$$v_{i/\!/} = v_i \frac{\cos(\varphi + \gamma)}{\cos(\psi - \varphi)}$$

$$v_{r/\!/} = \delta v_{i/\!/} = \delta v_i \frac{\cos(\varphi + \gamma)}{\cos(\psi - \varphi)}$$

$$v_{r\perp}^2 = v_{i/\!/}^2 + v_{i\perp}^2 - v_{r/\!/}^2 = \mu v_i^2 + (1 - \delta^2) v_i^2 \frac{\cos^2(\varphi + \gamma)}{\cos^2(\psi - \varphi)}$$

$$v_r^2 = v_{r/\!/}^2 \cos^2(\psi - \varphi) + (v_{r/\!/} \sin(\psi - \varphi) + v_t)^2$$

$$= \delta^2 v_i^2 \cos^2(\varphi + \gamma) + [(1 + \delta) v_i \cos(\varphi + \gamma) \tan(\psi - \gamma) + v_i \sin(\varphi + \gamma)]^2$$

将上面所得到的式子代入 $\varepsilon_r \big/ \varepsilon_i = \dfrac{v_r^2 + v_{r\perp}^2}{v_i^2 + v_{i\perp}^2}$，并上下除以 v_i^2，可以得到

$$\frac{\varepsilon_r}{\varepsilon_i} = \frac{\delta^2 \cos^2(\varphi + \gamma) + [(1 + \delta) \cos(\varphi + \gamma) \tan(\psi - \varphi) + \sin(\varphi + \gamma)]^2 + \mu + (1 - \delta^2) \dfrac{\cos^2(\varphi + \gamma)}{\cos^2(\psi - \varphi)}}{1 + \mu}$$

$$= [\delta^2 \cos^2(\varphi + \gamma) + (1 + \delta)^2 \cos^2(\varphi + \gamma) \tan^2(\psi - \varphi) + \sin^2(\varphi + \gamma) + \mu + (1 - \delta^2) \frac{\cos^2(\varphi + \gamma)}{\cos^2(\psi - \varphi)}$$

$$+ 2(1 + \delta) \cos(\varphi + \gamma) \tan(\psi - \varphi) \sin(\varphi + \gamma)] / (1 + \mu)$$

$$= \{\cos^2(\varphi + \gamma)[\delta^2 + (1 + \delta)^2 \tan^2(\psi - \varphi) + (1 - \delta^2) \frac{1}{\cos^2(\psi - \varphi)}] + \sin^2(\varphi + \gamma) + \mu$$

$$+ 2(1 + \delta) \cos(\varphi + \gamma) \tan(\psi - \varphi) \sin(\varphi + \gamma)\} / (1 + \mu)$$

其中

$$\delta^2 + (1 + \delta)^2 \tan^2(\psi - \varphi) + (1 - \delta^2) \frac{1}{\cos^2(\psi - \varphi)}$$

$$= \delta^2 + (1 + 2\delta + \delta^2) \frac{\sin^2(\psi - \varphi)}{\cos^2(\psi - \varphi)} + (1 - \delta^2) \frac{1}{\cos^2(\psi - \varphi)}$$

$$= \delta^2 \frac{\cos^2(\psi - \varphi)}{\cos^2(\psi - \varphi)} + (1 + 2\delta + \delta^2) \frac{\sin^2(\psi - \varphi)}{\cos^2(\psi - \varphi)} + (1 - \delta^2) \frac{1}{\cos^2(\psi - \varphi)}$$

$$= \frac{(1 + 2\delta) \sin^2(\psi - \varphi) + 1}{\cos^2(\psi - \varphi)}$$

$$= \frac{(1 + 2\delta) \sin^2(\psi - \varphi) + 1 - \cos^2(\psi - \varphi)}{\cos^2(\psi - \varphi)} + 1$$

$$= \frac{2(1 + \delta) \sin^2(\psi - \varphi)}{\cos^2(\psi - \varphi)} + 1$$

则

$$\frac{\varepsilon_r}{\varepsilon_i} = \{\cos^2(\varphi + \gamma)[\frac{2(1 + \delta) \sin^2(\psi - \varphi)}{\cos^2(\psi - \varphi)} + 1] + \sin^2(\varphi + \gamma) + \mu +$$

$$2(1 + \delta) \cos(\varphi + \gamma) \tan(\psi - \varphi) \sin(\varphi + \gamma)\} / (1 + \mu)$$

$$= 1 + \frac{\cos^2(\varphi+\gamma)\dfrac{2(1+\delta)\sin^2(\psi-\varphi)}{\cos^2(\psi-\varphi)} + 2(1+\delta)\cos(\varphi+\gamma)\tan(\psi-\varphi)\sin(\varphi+\gamma)}{1+\mu}$$

$$= 1 + 2(1+\delta)\frac{\cos^2(\varphi+\gamma)\sin^2(\psi-\varphi) + \cos(\varphi+\gamma)\sin(\psi-\varphi)\sin(\varphi+\gamma)\cos(\psi-\varphi)}{(1+\mu)\cos^2(\psi-\varphi)}$$

$$= 1 + 2(1+\delta)\frac{\cos(\varphi+\gamma)\sin(\psi-\varphi)[\cos(\varphi+\gamma)\sin(\psi-\varphi) + \sin(\varphi+\gamma)\cos(\psi-\varphi)]}{(1+\mu)\cos^2(\psi-\varphi)}$$

$$= 1 + 2(1+\delta)\frac{\cos(\varphi+\gamma)\sin(\psi-\varphi)\sin(\psi+\gamma)}{(1+\mu)\cos^2(\psi-\varphi)}$$

一般情况下 γ 与 μ 均很小, 令两者为 0, 则上式简化为

$$\frac{\varepsilon_r}{\varepsilon_i} = 1 + 2(1+\delta)\frac{\cos\varphi\sin(\psi-\varphi)\sin\psi}{\cos^2(\psi-\varphi)}$$

考虑多数情况下, 太阳风速度与激波法向接近平行, 则上式可进一步简化为

$$\frac{\varepsilon_r}{\varepsilon_i} = 1 + 2(1+\delta)\tan^2\psi \tag{5.4.15}$$

粒子反射前后的能量之比 $\dfrac{\varepsilon_r}{\varepsilon_i}$, 与反射前后平行 IMF 方向的速度比 δ 以及 IMF 与粒子入射速度间的夹角 ψ 有关。反射后平行 IMF 方向的速度与反射前平行 IMF 方向的速度 δ 之比越大, ψ 越接近 $\dfrac{\pi}{2}$, 反射后的能量与反射前的能量之比越大。当 IMF 方向与入射速度方向垂直时, 依照上式反射后速度将趋于无穷。上述计算只是理想化的情形, 但其揭示了垂直激波加速粒子的基本机制。

1. 准垂直激波 ($\theta_{\mathrm{Bn}} > 45°$)

对于严格的垂直激波处, 太阳风入射粒子与激波的相互作用过程会怎么样呢? 对于严格的垂直激波, 由于磁场的束缚, 这些入射粒子并不能反射到离激波太远的地方, 见图 5.4.6。由于入射粒子的平行速度, 它们可以沿着磁场在激波表面做切向运动。一个具有一定初速度的离子被具有较强磁场的激波反射并进入磁场较弱的太阳风区域。由于它的垂直速度, 在太阳风中它只能穿透一个离子回旋半径的距离。如果太阳风没有速度, 这个离子将在太阳风磁场中回旋一周后返回激波, 然后再次被激波反射。

然而, 太阳风速度的存在将改变上述情况。在激波坐标系中, 太阳风将流向激波并具有一定的速度。在垂直激波的情况下, 这个速度将垂直于磁场 $\boldsymbol{B}$, 并产生太阳风电场 $\boldsymbol{E} = -\boldsymbol{V} \times \boldsymbol{B}$, 这个电场将平行于激波面但垂直于磁场的方向。当反射离子在太阳风中运动时将受到这个电场的作用。因此, 沿着这个电场的反射离子将被加速, 也就是说, 反射粒子在平行于激波面但垂直于磁场的方向被加速。从而这个离子将从太阳风中获得能量并增大它沿着激波的回旋路径的长度。这时, 反射离子可能得到足够的能量以至于能克服激波的反射而穿越激波。

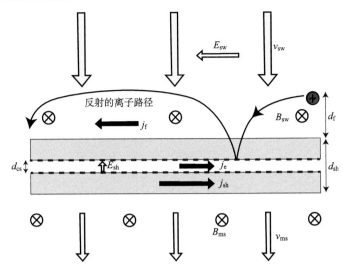

图 5.4.6　太阳风粒子在垂直激波的反射与加速

太阳风入射离子在激波结构中改变它们的速度方向并返回到太阳风中，并在激波附近形成宽度为 df 的激波足（foot），见图 5.4.6。沿着激波表面形成激波平行电流 j_f，这个电流产生的磁场形成准垂直激波的足部磁场。在激波斜坡（magnetic ramp）内，离子和电子之间的电荷分离形成激波电场 E_{sh}，这个电场使得太阳风入射离子被反射。该电场与激波后磁场一起产生与激波相切的激波电子的 $E \times B$ 漂移，沿着激波斜坡产生纯电子携带电流 j_e。这一电流产生的磁场有助于形成激波的磁过冲（overshoot）。

对于一个准垂直激波这个电场并非严格与激波面相切。但是这个离子仍然会经历一个切向电场分量并被加速。由于所有的反射离子都会经历这个过程，因此准垂直激波将在其上游附近的太阳风中产生一个热的离子反射和加速层。这一层中的离子会沿着激波面运动，从而产生一个垂直于磁层的离子电流。这个电流产生的磁场将导致准垂直激波足结构。

另外的问题，在激波足形成后超临界激波是否还能保持定常态？

想象离子将被激波反射，进入太阳风，回旋，被加速，增加它的沿着激波坡（shock ramp）的速度，并导致沿着激波坡流动的强电流。如果在激波的上游并没有电场，那么离子仅会回旋然后回到激波，形成一个离子层和微弱的电流。

但是如果在激波的上游存在电场，并且粒子被电场加速时，这些离子首先要从被激波阻挡的太阳风中获取能量，其次它们还会放大激波足的电流。激波足电流也将产生磁场。这个磁场将在激波足的外边界处达到最大，在这里由于离子的放大作用它将增长。这意味着流向激波的太阳风在遇到激波之前就将在激波足的上游边界处遇到一个磁坡（magnetic ramp）并开始压缩它。这将进一步导致它的增长并开始在此处反射离子，从而在现有的激波足的外边界处将形成一个新的激波足。与此同时，已经被阻挡的太阳风将无法到达原来的激波，导致其弱化，失去形状并消散。而一个新的激波将在旧激波足的外边界处形成。

这一过程将周期性地重复。因此由于包含了反射离子的激波足的存在，一个超临界准垂直激波将不能稳定。由于激波足它将不断地重新形成，每发生一次重形成它将向前跳一个反射离子回旋半径的距离。因此在太阳风坐标系中，激波将逆着太阳风运动。这种运动是不连续的，其包含着一系列的周期性的跳跃。在相对地球静止的坐标系中，我们将会观测到激波不断地向前和向后运动，以重形成发生的时间为周期，距离为反射离子的回旋半径。更进一步，由于这一过程局地地发生，激波面将呈现一种波纹结构，见图 5.4.7。准平行激波在震动前长距离内存在高度振荡，允许更有效地逃离粒子。上游磁场取向的微小变化被冲击放大并产生相当大的湍流。准垂直和准平行激波结构是不同的。

因为激波坐标系中的太阳风携带对流电场，所以反射的离子被加速到太阳风风速的约两倍。这些反射离子携带在足部区域观察到的电流 j_f。该电流过度补偿由冲击电流引起的磁场的减小。电场层使电子漂移，而离子的大回旋半径排除了这种漂移。这种漂移产生一个电子电流 j_e，在与激波电流(j_{sh})相同的方向上流动，并局部放大，从而引起磁过冲(图 5.4.7)。

激波电流(j_{sh})可写为

$$j_{sh} = \frac{[\boldsymbol{B}_t]}{\mu_0 d_{sh}} \tag{5.4.16}$$

式中，$[\boldsymbol{B}_t]$ 为激波的切向磁场改变量，d_{sh} 为激波的厚度。

通常垂直激波可以观测到其激波足，其中磁场的强度在激波前逐渐增加。在激波主斜坡后面，显示激波磁过冲，其磁场值略大于并渐近激波下游值。磁过冲使得粒子不会回到激波上游区域，因为粒子的回旋运动把这些粒子带回到激波中。较大的回旋半径的离子可以比电子更深入到压缩中，从而产生具有指向太阳的电场的薄层($\boldsymbol{E}_{sh}$)。电子通过该电场加速进入激波，而一些离子可被该电场反射。

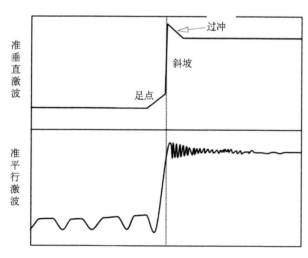

图 5.4.7　典型激波磁场变化示意图

2. 准平行激波($\theta_{Bn} < 45°$)

准平行激波与准垂直激波最明显的分界线在于能否完整地反射粒子。实际上，这一分界线在地球弓激波的观测中一直是存在的，这也是一个弯曲激波所固有的几何特性。图 5.4.8 显示了弓形激波磁场、反射的粒子与入射等离子体相互作用产生的波动的空间分布。插入图显示为 Cluster 卫星磁强计的典型准垂直和准平行激波磁场变化曲线(磁场的每个刻度标记的刻度为 10 nT)及 ISEE 卫星等离子体仪在准垂直和准平行激波上游观测到的离子分布。

图 5.4.8 中，左图鼻区右侧(偏晨侧)的区域，$\theta_{\mathrm{Bn}} < 45°$。在这一区域被反射的粒子可以沿着磁力线逃逸，进而填充弓激波的前方，这一区域被称为激波前兆区域。

前兆区域的边界是一条很窄的线，倾斜于太阳风磁场的方向，这是因为上游粒子在激波反射逃逸过程中会受到太阳风垂直磁力线方向速度的偏置。由于电子速度更快，它们可以以更高的速度逃逸，所以电子前向激波区的倾角比离子前向激波的要小，其占据的空间也要比离子前向激波更大。激波前兆区域的这两种结构是准平行超临界激波的典型特征，经常在弓激波处观测到。

超临界激波的前兆区域是准平行激波最重要的结构。它可以在准平行激波前方形成一个扇形，这个扇形的边界由最快的激波反射逃逸粒子在太阳风对流的作用下沿 IMF 磁力线运动的轨迹决定。

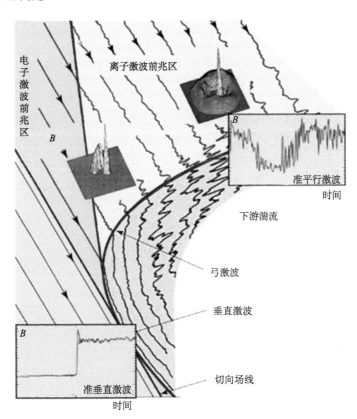

图 5.4.8　总结了在地球参考系下，弓激波前可能观测到的粒子和磁场现象(Burgess et al., 2012)

运动最快的粒子占据了沿着激波前兆区域边界。由于速度更快，向上游传播的电子/离子最先到达的区域也正是激波前兆区域的边界。在这个边界处，激波反射逃逸的粒子流形成了一束粒子射线(beam)，在太阳风参考系下，它们比背景的粒子速度更快。

激波反射逃逸的粒子与背景太阳风共同形成了一个双流等离子体系统，太阳风的粒子更热而激波反射逃逸粒子更冷。激波反射逃逸粒子更冷的原因是在边界处只有速度很快的反射逃逸粒子，它们在速度空间的分布更窄。如此一来，对于电子来说，高速低温的逃逸电子与低速高温的背景太阳风组成的双流等离子体系统可能会激发很强的Langmuir波。同样的，激波反射的离子在激波前兆区域边界处也会形成一个高速的离子束，与激波前兆区域的背景太阳风离子流发生相互作用。

而速度更慢的逃逸离子/电子，则会相对受到更多的太阳风对流的影响。这样太阳风对流会将轻松地把它们从激波前兆区域的边界扫向激波前兆区域的中心。因此，前兆激波中心的粒子速度要比边界处粒子束流的速度更低。此外，这些低能的粒子还会和前兆激波中的波发生更强的相互作用，并发生投掷角散射。因此，它们的分布函数比背景太阳风以及反射的粒子束都要更广。这一特征显示在图5.4.3和图5.4.8中，图中有两个插图描述了激波前兆不同区域的离子速度分布函数。

第一个粒子分布插图对应离子激波前兆内部的离子。底部平面的两轴分别是 V_x 和 V_y，图中分布对应着粒子的数量。中心尖锐的峰值对应着太阳风参考系下背景离子的分布，由于太阳风离子本身的温度并不高，所以展宽并不大。除了这一部分，还存在一个速度展宽较大的小的峰值，其实它才是真正的反射粒子，它温度比太阳风还要高的原因是：真实的前向激波边界并不像示意图中那么尖锐，而是随空间扰动的。所以要得到可靠的激波前兆物理特性，需要对观测数据做平均处理。另外，由于种种低频等离子体波的作用，离子束是不稳定的，它会被波散射并获得速度空间更大的展宽。

第二个粒子分布插图是离子激波前兆更深部的离子速度分布。太阳风离子的速度分布和上一张图一致，而被太阳风扫入激波前兆区的反射离子则会形成一个环绕太阳风离子分布峰值的均匀的环状的速度分布，此时的离子分布还未完全与背景太阳风完全融合。其实不如说，反射离子分布能保持与背景离子分布的分离正说明了这种散射的作用在速度空间是均一、无特殊取向的。

反射离子的散射主要来源于两个过程：被太阳风所给予的速度偏置，以及波粒相互作用。激波前兆区包含两种离子，一种是从激波前兆边界处被太阳风对流下来的离子，另一种是激波处直接反射、试图进入太阳风中的离子。然而，由于激波前兆区的磁场非常湍动，这种传播很难实现。想要进入上游的激波前兆，离子必须通过扩散波动的形式穿透进去，此时则需要考虑激波前兆区内的波动。在激波上游波粒相互作用对散射、加速过程起到非常关键的作用。

准平行激波的上游与激波本身并不像准垂直激波那样有明显的分界。准平行激波的激波前兆和激波自身本来很难区分。这种不可分割是由激波前兆区内的反射、扩散粒子造成的。由于它们和背景太阳风的速度分布相差较大，激波前兆区中存在着离子-离子不稳定性，最终激发出各种各样的波。这些激发出来的波与超阿尔文速的太阳风相比都是比较慢的，所以它们无法从激发处向上游传播。相反，向上游传播的波会被太阳风"扫"

到激波下游并增长。这些大幅值的电磁离子波被称为"激波前兆电磁脉动",是准平行激波前兆区域的重要研究课题之一。

　　为什么前兆区域是高度湍流的?进入太阳风的高能粒子流可以引起双流不稳定性。因此,前兆区域富含许多不同的等离子体波和结构(如热流异常、前兆腔、ULF 波等)。准平行激波上游区域,是所谓的前哨激波(foreshock)区域,对于地球磁层非常重要,因为它内部可以产生大量的波动现象,而这些波动被认为是磁层内部波动的一个主要来源。并且在磁层顶周围形成强烈的晨-昏不对称性(黎明侧的激波前兆区域远大于黄昏侧的激波前兆区域)。

　　激波通过被反射的、有明显密度梯度的扩散离子将能量辐射给激波上游区域。在靠近激波时,激波前兆区中离子-离子不稳定性所激发的低频的电磁离子等离子体波会使得离子扩散增加,从而使得离子分布具有显著的密度梯度。通过与这些更稠密的离子相互作用,这些电磁波的幅度大幅增加,直到它们达到与太阳风的背景磁场相同的量级。

　　在这一阶段,这些波会被非线性过程所变形和倾斜,最终导致这些脉冲在切向上的波长更长。并且在非线性过程的作用下,它们的波矢会偏离原来的太阳风磁场方向,大体上与磁场 $\boldsymbol{B}$ 方向和激波法向 $\boldsymbol{n}$ 方向平行。在临近激波的区域,离子的密度最大,波长比较短,而且波矢几乎与激波法向平行,这说明这些波动的磁场扰动可以局地将准平行激波变为准垂直激波。

　　激波前兆的波动来自几个来源:

　　(1)在弓激波产生的波并向上游传播。

　　(2)弓激波电子和离子加速时产生的波,并反射回或泄漏回太阳风。激波反射粒子通过各种不稳定性产生波。例如,在几个不同的行星激波前兆区域中观察到的压缩 ULF 波是离子回旋波。这些波的频率由 IMF 的强度控制,在地球激波前兆区域,它们为 Pc3 脉动,周期为 30~40 s。

　　(3)起源于彗星周围延伸冠状物的新产生的离子,以及未磁化行星的外层散射和热化造成等离子体分布不稳定而产生的波。

参 考 文 献

Abraham-Shrauner B.1972. Determination of magnetohydrodynamic shock normals. Journal of Geophysical Research,77(4):736-739.

Axford W I. 1962. The interaction between the solar wind and the earth's magnetosphere. Journal of Geophysical Research, 67(10):3791-3796.

Balsiger H, Altwegg K, Bühler F, et al. 1986. Ion composition and dynamics at comet Halley. Nature, 321(6067s):330.

Barnes A. 1970. Theory of generation of bow-shock-associated hydromagnetic waves in the upstream interplanetary medium. Cosmic Electrodynamics, 1:90.

Beard D B. 1960. The interaction of the terrestrial magnetic field with the solar corpuscular radiation. Journal of Geophysical Research, 65(11):3559-3568.

Behannon K W, Ness N F. 1968. Satellite studies of the Earth's magnetic tail. Physics of the Magnetosphere. Dordrecht: Springer.

Birmingham T J. 1983. The jovian magnetosphere. Reviews of Geophysics, 21(2):75-389.

Board S S. 2004. National Research Council. Plasma physics of the local cosmos. Washington, DC:National Academies Press.

Boyd T J M. 1969. Plasm Dynamics. London: Nelson.

Bridge H S, Lazarus A J, Snyder C W, et al. 1967. Mariner V: plasma and magnetic fields observed near Venus. Science, 158(3809): 1669-1673.

Burgess D, Möbius E, Scholer M. 2012. Ion acceleration at the Earth's bow shock. Space Science Reviews, 173(1-4): 5-47.

Caudal G. 1986. A self-consistent model of Jupiter's magnetodisc including the effects of centrifugal force and pressure. Journal of Geophysical Research: Space Physics, 91(A4): 4201-4221.

Chapman S, Ferraro V C. 1931. A new theory of magnetic storms. Terrestrial Magnetism and Atmospheric Electricity, 36(2): 77-97.

Choe J Y, Beard D B. 1974. The compressed geomagnetic field as a function of dipole tilt. Planetary and Space Science, 22(4): 595-608.

Choe J Y, Beard D B, Sullivan E C. 1973. Precise calculation of the magnetosphere surface for a tilted dipole. Planetary and Space Science, 21(3): 485-498.

Colburn D S, Sonett C P. 1966. Discontinuities in the solar wind. Space Science Reviews, 5(4): 439-506.

Dobrowolny M, Formisano V. 1973. The structure of the Earth's bow shock. La Rivista del Nuovo Cimento (1971-1977), 3(4): 419-489.

Dolginov S S. 1976. The magnetosphere of Mars. Physics of Solar Planetary Environments, 8: 872-888.

Ellison D C. 1981. Monte Carlo simulation of charged particles upstream of the Earth's bow shock. Geophysical Research Letters, 8(9): 991-994.

Elügge S. 1972. Handbuch der Physic. New York: Springer.

Fairfield D H. 1967.The ordered magnetic field of the magnetosheath. Journal of Geophysical Research, 72(23): 5865-5877.

Fairfield D H. 1971. Average and unusual locations of the Earth's magnetopause and bow shock. Journal of Geophysical Research, 76(28): 6700-6716.

Fairfield D H. 1976a. A summary of observations of the earth's bow shock. Physics of Solar Planetary Environments:511.

Fairfield D H. 1976b. Waves in the vicinity of the magnetopause. Magnetospheric Particles and Fields. Netherlands: Springer.

Fairfield D H, Feldman W C. 1975. Standing waves at low Mach number laminar bow shocks. Journal of Geophysical Research, 80(4): 515-522.

Formisano V, Hedgecock P C, Moreno G, et al. 1973. Solar wind interaction with the Earth's magnetic field: 2. Magnetohydrodynamic bow shock. Journal of Geophysical Research, 78(19): 3731-3744.

Galeev A A. 1976. Collisionless shocks. Physics of Solar Planetary Environments: 464-490. Colorado: American Geophysical Union.

Greenstadt E W. 1974. Structure of the terrestral bow shock. Solar Wind Three: 441. Los Angeles: University of California Press.

Greenstadt E W. 1976. Phenomenology of the earth's bow shock system: a summary description of experimental results. Magnetospheric Particles and Fields: 13. D.Reidel Pub.Co. Holland.

Gurnett D A, Kurth W S, Burlaga L F, et al. 2013. In situ observations of interstellar plasma with Voyager 1. Science, 341(6153):1489-1492.

Harris E G. 1970. Plasma instabilities, Physics of Hot Plasma. Oliver & Boyd. United Kingdom.

Hartle R E. 1976. Interaction of the solar wind with Venus. Physics of Solar Planetary Environments: 889.

Colorado: American Geophysical Union.

Johnstone A, Coates A, Kellock S, et al. 1986. Ion flow at comet Halley. Nature, 321(6067s): 344.

Kellogg P J. 1962. Flow of plasma around the earth. Journal of Geophysical Research, 67(10): 3805-3811.

Kivelson M G, Russell C T. 1983. The interaction of flowing plasmas with planetary ionospheres: aTitan-Venus comparison. Journal of Geophysical Research: Space Physics, 88(A1): 49-57.

Krall N A. 1973. AW trivelpiece principles of plasma physics. New York: McGraw-Hill.

Lee M A. 1982. Coupled hydromagnetic wave excitation and ion acceleration upstream of the Earth's bow shock. Journal of Geophysical Research: Space Physics, 87(A7): 5063-5080.

Lee M A, Skadron G, Fisk L A. 1981. Acceleration of energetic ions at the earth's bow shock. Geophysical Research Letters, 8(4): 401-404.

Lemaire J, Rycroft M J. 1982. Solar system plasmas and fields. Advances in Space Research, 2:1-88.

Liu Z X. 1982. Modified disc model of Jupiter's magnetosphere. Journal of Geophysical Research: Space Physics, 87(A3): 1691-1695.

Mead G D, Beard D B. 1964. Shape of the geomagnetic field solar wind boundary. Journal of Geophysical Research, 69(7): 1169-1179.

Mendis D A. 1977. The comet-solar wind interaction. Study of Travelling Interplanetary Phenomena, 71: 291-303.

Mendis D A, Tsurutani B T.1986. The spacecraft encounters of comet Halley. Eos, Transactions American Geophysical Union, 67(20): 478-481.

Mendis D A, Smith E J, Tsurutani B T, et al. 1986. Comet-solar wind interaction: Dynamical length scales and models. Geophysical Research Letters,13(3): 239-242.

Mihalov J D, Colburn D S, Sonett C P. 1970. Observations of magnetopause geometry and waves at the lunar distance. Planetary and Space Science, 18(2): 239-258.

Mihaloy J D, Collard H R, McKibbin D D, et al. 1975. Pioneer 11 encounter: Preliminary results from the Ames Research Center plasma analyzer experiment. Science, 188(4187): 448-451.

Morrison D, Samz J. 1980. Voyage to Jupiter: Washington, DC. NASA Scientific and Technical Information Branch, NASA SP-439, chaps, 6.

Morse D L, Greenstadt E W. 1976. Thickness of magnetic structures associated with the earth's bow shock. Journal of Geophysical Research, 81(10): 1791-1793.

Mukai T, Miyake W, Terasawa T, et al. 1986. Plasma observation by Suisei of solar-wind interaction with comet Halley. Nature, 321(6067s): 299.

Ness N F. 1976. The magnetosphere of Mercury. Physics of Solar Planetary Environments: 933. Colorado: American Geophysical Union.

Ness N F, Scearce C S, Cantarano S. 1966. Preliminary results from the Pioneer 6 magnetic field experiment. Journal of Geophysical Research, 71(13): 3305-3313.

Neugebauer M, Russell C T, Smith E J. 1974. Observations of the internal structure of the magnetopause. Journal of Geophysical Research, 79(4): 499-510.

Olbert S. 1969. Summary of experimental results from MIT detector on IMP-1. Physics of the Magnetosphere. Dordrecht: Springer.

Olson W P. 1969. The shape of the tilted magnetopause. Journal of Geophysical Research, 74(24): 5642-5651.

Paul J W M. 1970. Collisionless shock waves. Physics of Hot Plasmas: 302.

Perez J K, Northrop T G. 1970. Stationary waves produced by the earth's bow shock. Journal of Geophysical Research, 75(31): 6011-6023.

Reidler W, Schwingenschuh K, Yeroshenko Y G, et al. 1986. Magnetic field observations in comet Halley's coma. Nature, 321(6067s): 288.

Reme H, Sauvaud J A, d'Uston C, et al. 1986. Comet Halley–solar wind interaction from electron measurements aboard Giotto. Nature, 321(6067s): 349.

Richardson J D, Kasper J C, Wang C, et al. 2008. Cool heliosheath plasma and deceleration of the upstream solar wind at the termination shock. Nature, 454(7200): 63.

Roederer J G. 1976. Planetary plasmas and fields. Eos, Transactions American Geophysical Union, 57(2): 53-62.

Russell C T. 1976. The magnetic moment of Venus: Venera-4 measurements reinterpreted. Geophysical Research Letters, 3(3): 125-128.

Russell C T, Greenstadt E W. 1983. Plasma boundaries and shocks. Reviews of Geophysics, 21(2): 449-462.

Sagdeev R Z, Shapiro V D, Shevchenko V I, et al. 1986. MHD turbulence in the solar wind-comet interaction region. Geophysical Research Letters, 13(2): 85-88.

Scarf F L. 1975. Characteristics of instabilities in the magnetosphere deduced from wave observations. Physics of the Hot Plasma in the Magnetosphere. Boston, MA: Springer.

Schardt A W. 1983. The magnetosphere of Saturn. Reviews of Geophysics, 21(2): 390-402.

Schwartz S J, Thomsen M F, Gosling J T. 1983. Ions upstream of the Earth's bow shock: a theoretical comparison of alternative source populations. Journal of Geophysical Research: Space Physics, 88(A3): 2039-2047.

Schwartz S J, Henley E, Mitchell J, et al. 2011. Electron temperature gradient scale at collisionless shocks. Physical Review Letters, 107(21): 215002.

Slavin J A, Smith E J, Spreiter J R, et al. 1985. Solar wind flow about the outer planets: gas dynamic modeling of the Jupiter and Saturn bow shocks. Journal of Geophysical Research: Space Physics, 90(A7): 6275-6286.

Smith E J, Davis L, Jones D E, et al. 1975. Jupiter's magnetic field. magnetosphere, and interaction with the solar wind: Pioneer 11. Science, 188(4187): 451-455.

Sonnerup B U O. 1971. Magnetopause structure during the magnetic storm of September 24, 1961. Journal of Geophysical Research, 76(28): 6717-6735.

Sonnerup B U O. 1976. Magnetopause and boundary layer. Physics of Solar Planetary Environments: 541.

Sonnerup B U O, Cahill Jr L J. 1967. Magnetopause structure and attitude from Explorer 12 observations. Journal of Geophysical Research, 72(1): 171-183.

Sonnerup B U O, Ledley B G. 1979. Electromagnetic structure of the magnetopause and boundary layer. In Magnetospheric Boundary Layers: 148.

Spreiter J R, Briggs B R. 1962. Theoretical determination of the form of the boundary of the solar corpuscular stream produced by interaction with the magnetic dipole field of the Earth. Journal of Geophysical Research, 67(1): 37-51.

Spreiter J R, Jones W. 1963. On the effect of a weak interplanetary magnetic field on the interaction between the solar wind and the geomagnetic field. Journal of Geophysical Research, 68(12): 3555-3564.

Spreiter J R, Rizzi A W. 1974. Aligned magnetohydrodynamic solution for solar wind flow past the earth's magnetosphere. Impact of Aerospace Technology on Studies of the Earth's Atmosphere: 15-35.

Spreiter J R, Stahara S S. 1980. A new predictive model for determining solar wind‐terrestrial planet interactions. Journal of Geophysical Research: Space Physics, 85(A12): 6769-6777.

Spreiter J R, Summers A L, Alksne A Y. 1966. Hydromagnetic flow around the magnetosphere. Planetary and Space Science, 14(3): 223-253.

Spreiter J R, Alksne A Y, Summers A L. 1968.External aerodynamics of the magnetosphere. Physics of the Magnetosphere: 301.

Spreiter J R, Summers A L, Rizzi A W. 1970. Solar wind flow past nonmagnetic planets—Venus and Mars. Planetary and Space Science, 18(9): 1281-1299.

Taylor H E, Hones E W. 1965. Adiabatic motion of auroral particles in a model of the electric and magnetic fields surrounding the earth. Journal of Geophysical Research, 70(15): 3605-3628.

Tidman D A. 1967. The earth's bow shock wave. Journal of Geophysical Research, 72(7): 1799-1808.

Tidman D A, Krall N A. 1972. Shock waves in collisionless plasmas. American Journal of Physics, 40(7): 1055-1055.

Vaisberg O L. 1976. Mars-plasma environment. Physics of Solar Planetary Environments: 854-871. Colorado: American Geophysical Union.

Vasyliunas V M. 1976. Magnetospheric particles and fields 1975: summary in magnetospheric particles and fields. Dordrecht: Springer.

Völk H. 1970. Collisionless shock In: Rye B J, Taylor J C(eds). Physics of Hot Plasmas. Boston, MA: Springer: 276-301.

Wallis M K. 1974. Solar wind interaction with Venus: review. Solar Wind Three: 421-427.

Whang Y C. 1968. Interaction of the magnetized solar wind with the Moon. The Physics of Fluids, 11(5): 969-975.

Whang Y C. 1969. Field and plasma in the lunar wake. Physical Review, 186(1): 143.

Whang Y C. 1970. Two-dimensional guiding-center model of the solar wind-moon interaction. Solar Physics, 14(2): 489-502.

Whang Y C. 1977. Magnetospheric magnetic field of Mercury. Journal of Geophysical Research, 82(7): 1024-1030.

Whang Y C, Gringauz K I. 1982. The magnetospheres of Saturn, Mercury, Venus and Mars. Advances in Space Research, 2: 61-69.

第6章　太阳风与其他行星、彗星和月球的相互作用

由太阳风和行星磁场相互作用产生的磁层不是行星地球所独有的现象。空间飞船的直接探测发现水星、木星、土星、天王星和海王星都有很强的内部磁场，如图 6.0.1 所示，并且有与地球类似的磁层结构。进而，天文学家发现围绕着脉冲星、某些恒星和某些星系都有类似的磁层结构，这就说明上述的等离子体的相互作用过程是宇宙中的基本物理过程。

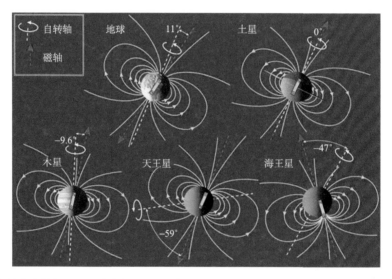

图 6.0.1　行星自旋轴的方向和它们的磁场（黄色磁场线）相对于黄道面（水平面）的方向（Fran Bagenal and Steve Bartlett, http://lasp.colorado.edu/home/mop/resources/graphics/）

本章前面描述的基本太阳风-地球磁层相互作用过程可以发生在每个有固有磁场的行星上。因此，水星、木星、土星、天王星和海王星都有弓形激波和磁层结构。这些磁层结构的主要区别在于每个磁层的大小不同（图 6.0.2 和图 6.0.3），行星磁层的大小是其偶极矩的强度和行星轨道上的太阳风参数的函数。

然而，每个行星都有一个或多个独特而重要的特征，这使每个行星磁层物理本身具有重要的研究价值。例如，水星没有电离层和绝缘的风化层，即使只有有限大小场向电流，水星磁层仍然显示出亚暴类型活动的证据。正如我们将看到的（下册第 11 章），场向电流在地球的亚暴动力学中起着关键作用。木星的磁层是太阳系中最大的磁层，与木星快速旋转相关的强大离心力会导致木星内部磁层发生明显的扭曲。此外，木星卫星 Io 是木星磁层等离子体的重要内部源，它形成了围绕木星的等离子环，为木星磁层动力学增加了额外的特征。而海王星和天王星的偶极轴具有远离旋转轴的显著倾斜，并且在天王星，旋转轴靠近黄道面。因此，这两个气体行星有时候偶极轴直接指向太阳风，这使太阳风可能直接通过极尖区进入海王星和天王星。

相比较于地球磁层，水星磁层具有很大的不同，如图 6.0.2 所示。它的尺度更小，并且没有明显的电离层或大气层。太阳风对水星磁层具有强大的控制作用，并且可以通过极尖区直接到达水星表面。这些到达表面的太阳风粒子可以通过离子溅射过程对水星的逃逸层造成影响。

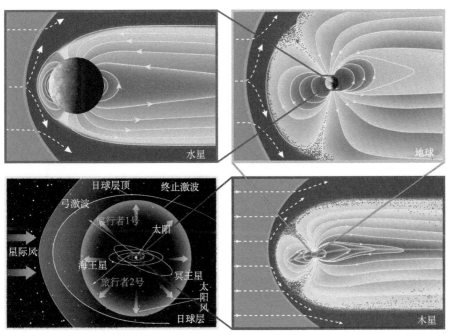

图 6.0.2　比较水星、地球、木星的磁层和日球层大小（Fran Bagenal and Steve Bartlett, http://lasp.colorado.edu/home/mop/resources/graphics/）

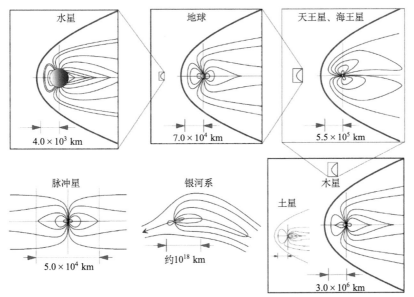

图 6.0.3　比较磁化行星-水星、地球、天王星、海王星、木星和土星以及脉冲星和银河系的磁层大小（Lanzerotti and Krimigis, 1986）

外太阳系行星为我们提供了其他方面的比较。首先，当我们在太阳风中向外移动时，太阳风的特性会发生变化。这可能会影响太阳风和这些外太阳系行星磁层的能量耦合。这些 "气体巨行星"的磁层的大小远大于地球和水星磁层的大小，如图 6.0.3 所示。由于这些气体巨行星的大的自转速度和体积，其离心力将远远超过地球磁层中的离心力。在木星和土星的磁层中，卫星[如木卫一(Io)和土卫二(Enceladus)]可以作为重要的等离子体源和尘埃源。因此，一些在地球磁层中较为次要的过程，如质量加载(mass loading)、电荷交换(charge exchange)、离子回旋波增长(ion cyclotron wave growth)和交换不稳定性(interchange instability)，在这些外太阳系行星磁层中将变得十分重要。

除了太阳风之外，行星大气粒子的逃逸是行星磁层等离子体的重要来源。然而行星和卫星是如何保存大气的？大气粒子究竟是如何逃逸的？首先需要考虑行星的引力和大气的逃逸速度。行星大气密度随高度升高降低，对于地球大气，高度每升高 5 km，大气的密度和压力下降到 50%。上升到 10 km，只有 25%，依此类推。在 100 km 高度，大气密度下降到原来的百万分之一，大气分子之间的碰撞变得更加罕见。随着高度的升高，较轻的(如氢)大气原子比较重的原子(如氧)比例升高，因为在相同的温度下较轻原子的速度更大。虽然粒子的速度仍远低于逃逸速度， 但是热气体分布中，存在速度扩散("麦克斯韦"扩散)，一些原子或分子的速度足够快(甚至大于逃逸速度)。在地球上，在地质时间跨度上，所有氢和氦都逃逸了。图 6.0.4 中显示哪些元素气体可能被行星及卫星保留。图中的行星和卫星按比例绘制，其数据点位于中间的黑点。在月球上预计所有常见气体都会消失。

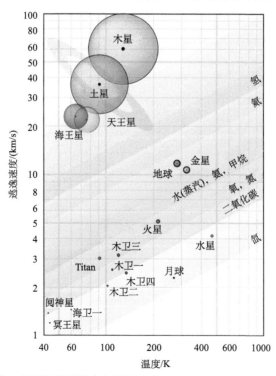

图 6.0.4　太阳系行星和一些卫星表面温度与逃逸速度(Cmglee, http://ircamera.as.arizona.edu/astr_250/ Lectures/Lec_05sml.html)

6.1　太阳风与具有内禀磁场行星相互作用(水星、木星、土星、天王星和海王星)

根据压力平衡，预期地球磁层的大小将正比于磁矩的平方除以太阳风动压再开六次方[式(5.2.4)]。由于太阳风动压与日心距离的平方成反比，外太阳系行星的磁层应大于地磁层。并且，外太阳系行星的磁矩显著大于地球磁矩，因此，相应行星磁层将显著地增大。表 6.1.1 列出了这 4 个行星的相关的磁层顶位置和等离子体源、成分等参数。

在表 6.1.1 中，以行星半径为单位显示了通过简单的压强平衡得到的磁层顶日下点的预期距离。预期的日下点距离都远大于地球日下点的距离，如果以行星半径为单位则日下点距离：地球为 11，木星为 45，三个外面的行星大约为 20，图 6.0.2、图 6.0.3 和图 6.1.1 展示了这些磁层的相对大小和弓激波的位置。图 6.1.1 中的尺度已经归一化到相应的行星到其弓激波鼻尖的距离(R_{BS})，图中的行星大小是倒置的(Slavin et al., 1985)。水星磁层无论在绝对尺度还是在相对尺度上都很小。水星的内禀磁偶极子也沿着自转轴显著地向北偏离固体行星的中心，约 $0.2R_{M}$。土星的磁场也是如此，但相对而言程度较轻。

表 6.1.1　巨行星磁层顶位置和等离子体源、成分等参数

参数	木星	土星	天王星	海王星 [a]
磁层顶	$50\sim100R_{J}$ [b]	$20R_{S}$ [b]	$18R_{U}$ [b]	$10\sim50R_{N}$ [b,c]
源	Io	Enceladus	HI Cloud, 电离层	Triton, 电离层
成分	H, O, S, Na, K	H, O, H_2O, N, OH, H_2	H	H, N, N_2, CH_n
源强度	$>10^{28}$ Ions/s	10^{26} Ions/s	10^{25} Ions/s	10^{25} Ions/s
寿命	月–年	月	天	月
含量	10^{34} Ions	10^{32} Ions	10^{30} Ions	10^{31} Ions
马赫数 [d]	$1\sim20$	$1\sim5$	0.2	1

注：a. 预测值；b. R_J=70 398 km, R_S=60 268 km, R_U=25 400 km, R_N=24 300 km；c. 假设表面场强 0.01～1 G；d. 相对于共转速度

对于木星和土星，我们通过入射太阳风和真空磁层之间进行压力平衡而得到的理论预期没有得到证实。人们发现木星磁层顶日下点的范围可以从预计的 $43R_J$(木星半径)一直到 $110R_J$，而对于土星则从 $15R_S$ 到 $30R_S$。除了太阳风动压的变化以外，这些差异的原因是木卫一和土卫二以中性粒子的形式为它们的磁层提供了巨大的质量。一旦这些中性物质被太阳 EUV 电离或通过与附近带电粒子撞击而电离，快速旋转的磁层将"俘获"这些离子而将它们变为磁层的一部分，并主要聚集在赤道附近。由此产生的等离子体离心力将向外抵抗太阳风，从而相较于仅考虑磁压的情况，磁层顶将位于更靠外的位置。图 6.0.2 展示了在考虑了这种"磁盘"后，木星午夜子午面内磁力线的形状。虽然离心力的影响很大，但这种木星磁盘依然保留了相似于地球磁层的构型。

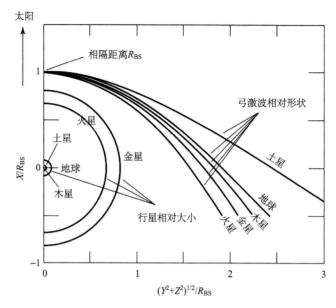

图 6.1.1　一些行星弓激波位置与尺度的半经验和理论模型(Slavin et al., 1985)

下面我们简要介绍在太阳系中发现的地球以外的主要磁层、准磁层和月球的等离子体空腔，而把地球磁层动力学留到本书下册详细讨论。

6.1.1　水星磁层

水星至太阳的平均距离是 0.39 AU，它是太阳系中最小的一颗行星，其半径为 2439 km。目前我们对水星磁层的了解来自飞船 Mariner-10、"信使"号对水星的观测。相比于地球磁层，水星磁层具有很大的不同。它的尺度更小，并且没有明显的电离层或大气层。太阳风对水星磁层具有强大的控制作用，并且可以通过极尖区直接到达水星表面。这些到达表面的太阳风粒子可以通过离子溅射过程对水星的逃逸层造成影响。

水星的磁场近似是一个磁偶极子，Mariner-10 于 1974 年发现水星的磁场强度为地球磁场的 1.1%。磁场的起源可以用发电机理论来解释，偶极子轴与水星轨道平面法线方向倾斜 2.3°。偶极子极化方向与地球的相同。但水星的基本磁场(磁场的源在星体内部)偏离水星中心偶极子场畸变很大，偶极矩、四极矩、八极矩的比大约为 1∶0.4∶0.3。相对大的四极子场的存在使水星的磁偶极中心向北偏离水星的重心约为 $0.2R_M$。这一偏离使得水星的基本磁场和磁层磁场对水星轨道面都是不对称的。相对大的八极子场的存在说明星体内部产生磁场的源电流系的平均半径与行星半径的比并不小。

Mariner-10 于 1974 年 3 月 29 日、9 月 21 日和 1975 年 3 月 16 日与水星相遇。在第一次和第三次相遇中 Mariner-10 距水星表面最近的距离分别为 703 km 和 327 km。观测表明水星有一个与地球磁层相类似的磁层，有分离的弓激波、磁层顶和磁尾电流片。太阳风停驻点(日下点)的磁场强度为 160 nT，停驻点到水星中心的距离为 $1.32R_M$ (R_M 为水星半径)。由于太阳风动压力的变化，驻点距离可能变化±10%。飞船穿越磁尾电流片时，磁场强度经历了很大的变化，平行于水星与太阳连线方向的磁场分量 B_x 变化约为 80 nT。

信使号（MErcury Surface, Space ENvironment, GEochemistry and Ranging, MESSENGER）是美国国家航空航天局在 2004 年 8 月 3 日发射的探测卫星,目的是研究水星表面的化学成分、地理环境、磁场、地质年代、核心的状态及大小、自转轴的运动情况、散逸层及磁场的分布等。信使号在 2011 年 3 月 18 日进入环水星轨道,图 6.1.2 是信使号在水星附近测量到的磁场数据。图 6.1.2(a)为信使号第一次(蓝色)及第二次(橙色)飞越水星向外穿越磁层顶和弓激波时观测到的磁场方向(<90°为北)。由图可以清楚地看到磁层顶和弓激波的位置。尽管磁场强度可比,磁层外太阳风施加的磁场方向相反:第一次飞越观测到北向磁场,第二次飞越观测到南向磁场。这两次观测给出了一组理想的控制实验,使我们得以研究水星磁层与太阳风的相互作用。图 6.1.2(b)和(c)示意了太阳风磁场分别

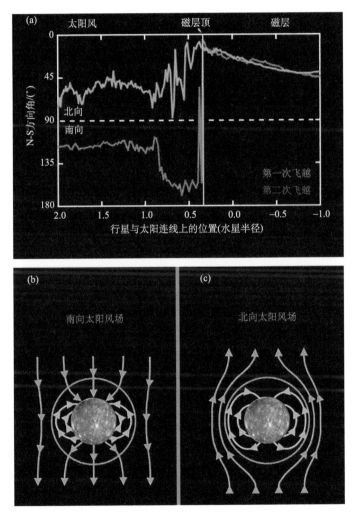

图 6.1.2　信使号第一次(蓝色)及第二次(橙色)飞越水星向外穿越磁层顶和弓激波时观测到的磁场方向(<90°为北)(a);太阳风磁场分别为南向(第二次飞越)(b)和北向(第一次飞越)(c)时,晨昏子午面上水星与太阳风之间的磁场连接(图片来源于 NASA/JHU/APL)

为南向(第二次飞越)和北向(第一次飞越)时，晨昏子午面上水星与太阳风之间的磁场连接。太阳风磁场南向时，太阳风与行星磁场在极区连接，水星磁层与太阳风强耦合，并受其驱动。与之相反，当太阳风磁场北向时，水星磁层闭合，太阳风与行星磁场互相连接极弱。

信使号卫星观测表明，水星的磁层沉浸在类似彗星的行星离子体中(图 6.1.3)。最丰富的 Na^+ 分布广泛，但在磁鞘中表现出最大通量，其中局部等离子体流速很高。常常观察到的磁通量传输事件(FTE)显示水星磁层顶磁场重联的特征，而磁层顶的磁场沿 Kelvin-Helmholtz 波一致的方位角旋转，以及可以观测到广泛分布的超低频波活动。

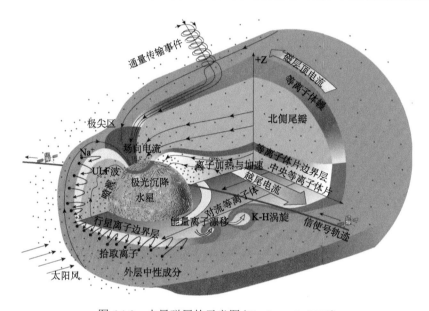

图 6.1.3　水星磁层的示意图(Slavin et al., 2008)

Mariner-10 和信使号卫星的观测都没有发现水星有长期稳定的辐射带存在。水星磁层内等离子体的特征与地球磁层的十分相似。沿着与水星极盖区相连接的磁力线观测到十分低的低能电子通量。沿着与尾电流片内边界相连接的磁力线观测到 keV 量级的热电子。在其余的开磁力线区域观测到能量为 $100 \sim 200 \text{ eV}$ 的电子。沿着与尾电流片边界相连接的磁力线还观测到高能电子通量的瞬时突增，这说明在磁尾内部局域加速过程是很活跃的(Whang, 1981)。

磁层亚暴是空间天气扰动，由存储在行星磁尾的瓣区中的磁能的快速释放提供动力。通过水星局地观测发现，研究人员发现在水星磁层中具有与地球磁层中相类似的亚暴活动(图 6.1.4)；但由于水星磁层与太阳风之间的强耦合以及水星缺乏显著的电离层，水星亚暴与地球亚暴存在显著的区别。

通过磁场和等离子体测量，信使号卫星从 2011 年至 2014 年共发现 26 个水星亚暴事件的证据。在此期间，类似地球亚暴过程，亚暴增长相之后是明显的近尾膨胀相特征。在亚暴增长相期间，磁尾的瓣区积累磁通量，而磁尾等离子体片由于增加的磁尾瓣区磁压而变薄。磁尾瓣区磁通量装载(loading)的平均时间尺度约为 1 分钟。由于磁尾等离子体片膨胀，来自近水星中性线的重联驱动的等离子体流遇到近水星的更强磁场。标志着亚暴膨胀相开始的偶极化持续时间仅为几秒。水星亚暴期间耗散磁能(约 10^{12} J)估计是地球(约 10^{15} J)的千分之一，并且其场向电流(约 100 kA)比地球(约 1 MA)小两个数量级。

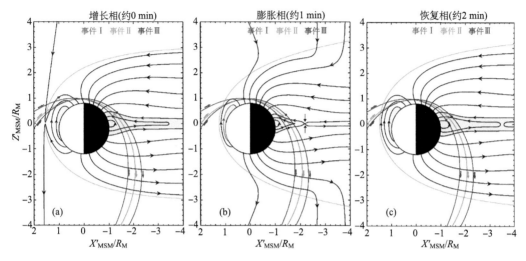

图 6.1.4　水星磁层亚暴——增长相、膨胀相和恢复相(Sun et al., 2015)

水星大尺度 ULF 波动被认为是由太阳风流过时磁层侧面的 K-H 不稳定性产生快磁声波，引起的场线共振而产生的。Russell(1989)报道了水星磁层中存在大尺度的阿尔文波，如图 6.1.5 所示。图中背景平均场已被移除，坐标系向水星方向，东向和北向，y 轴上的单位为 nT。这些波具有约 2 s 的周期，磁力线的本征估计周期约为 8 s，因此观测到的波可能为 4 次谐波并且这些波的极化基本上在磁子午线方向上。

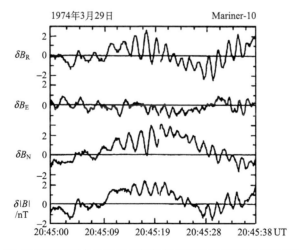

图 6.1.5　Mariner-10 卫星观测到水星磁层中超低频(ULF)波(可能为四次谐波，Russell, 1989)

Southwood(1997)指出，在水星上发现 ULF 波信号可以深入了解水星表面附近的磁层电流，水星的场向电流可以在水星的地幔中闭合。根据水星的传导特性及环境，ULF

波将在地表上方，中间或下方反射。而且，根据反射边界处的电导是否大于或小于波导的电导，波的磁场或电场在被反射时将改变它的相位。由于 Mariner-10 没有电场测量，目前无法得出关于观察到的 ULF 波具体性质的确切结论。

6.1.2　木星磁层

　　木星至太阳的平均距离是 5.2 AU，它是太阳系中最大的行星，其半径 R_J= 71372 km，它的质量比所有其他行星质量总和的 2 倍还多。1950 年就发现木星是很强的射电辐射体，是天空中最亮的射电源。木星射电辐射有一个显著的 10 小时周期，这一数值与木星自转的周期相同。人们推测射电源在木星磁层内部。木星有很强大的磁场，磁场捕获高能粒子形成辐射带，观测到的射电噪声是相对论电子在磁场中的回旋加速辐射产生的，木星磁场的非轴对称分布将使射电辐射有与木星自转相同的周期。这一推测被空间飞船的直接测量所证实。空间飞船 Pioneer-10、11 分别于 1973 年、1974 年飞过木星磁层，而空间飞船 Voyager-1、2 分别于 1979 年 3 月和 7 月穿过木星磁层内部，进一步测量了木星等离子体的分布(Morrison and Samz, 1981)。

　　直接测量表明，木星磁场的偶极矩 M=4.19 Gs·R_J^3(1 Gs=10^{-4}T)，为地球磁偶极矩的 5×10^4 倍。方向与地球磁偶子的方向相反，与自转轴交角为 10.8°。四极子为偶极子的 20%，八极子为偶极子的 15%(Smith et al., 1975)。木星表面赤道附近磁场强度为 3 Gs，在北极区域磁场为 9～11 Gs。Pioneer-10、11 观测到了木星的弓形激波和磁层顶。木星的磁层十分庞大，向日面磁层的边界在距木星 50～100R_J 范围内变化，在背日面磁尾可能一直延伸到土星的轨道，如图 6.1.6 所示。如果在地球上能看到木星的磁层，它将要比太阳或月球的目视直径大 2～4 倍。

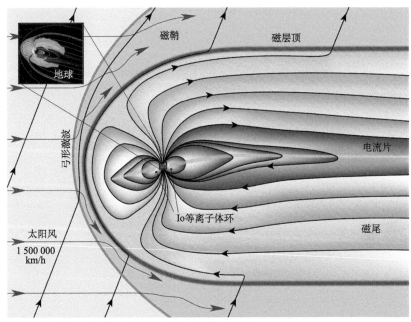

图 6.1.6　木星磁层的几个等离子体区域的示意图(Fran Bagenal and Steve Bartlett,
http://lasp.colorado.edu/home/mop/resources/graphics/)

Voyager 发现在木星外磁层内等离子体的温度非常高，为 300～400 MK。这是至今在太阳系所探测到的最高温度(据估计在太阳内部也没有这样高的温度)。由于磁层顶阻止了太阳风等离子体的进入，主要磁层等离子体又分布在靠近星体的区域，因而外磁层等离子体的密度极低，大约每 100 cm^3 才有一个带电粒子。木星外磁层这样稀薄高温的等离子体在木星磁层形成的过程中起着重要的作用。磁层顶的位置可能是由这些等离子体的热压力与太阳风的动压力相平衡决定的，而不是如同地球磁层一样，由磁层磁场压力与太阳风动压力平衡来决定的。但是木星磁层内等离子体的热压力与磁层外太阳风动压力的平衡不是十分稳定。

Voyager 探测表明，太阳风压力很小的变化可以使木星磁层边界突然成为不稳定的。大量热等离子体由于不稳定而损失，使得外磁层瓦解，磁层顶运动到更接近木星的位置。由内磁层不断地向外磁层注入的热等离子体又使得磁层像一个气球一样又膨胀起来。外磁层热等离子体的主要成分是氢、氧和硫离子。热等离子体通常沿着共转方向流向磁层边界。距离木星越近，在高能范围内氢和硫相对氦的丰度越高。在 $6R_J$ 以内，捕获粒子氧、钠、硫和二氧化硫的丰度显著地增加，但是其温度低，属于冷等离子体。

木星磁层中低温的等离子体在磁场的作用下，在 $20R_J$ 以 10 h 的周期随木星共转，在 $20R_J$ 以外旋转速度随距离 r 的增加很快减小。共转等离子体集中分布在赤道面的两侧，形成一个宽度为 $20R_J$ 至 $100R_J$ 的等离子体片(通常称为木星磁盘，Jupiter's magnetodisc)，如图 6.1.7 所示。离心力和磁场力使得等离子体向赤道面集中，而等离子体的热压力又使其保持一定的厚度，约为木星半径的量级。

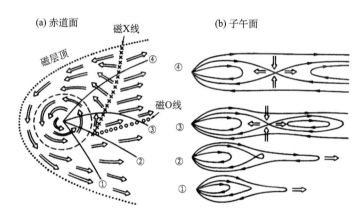

图 6.1.7　木星磁尾中等离子体通过磁重联而逃逸(Vasyliunas 循环)的示意图(Vasyliunas, 1983)

图中序号代表不同位置

在向日面，共转等离子体区域十分接近磁层顶，如图 6.1.7 所示。图 6.1.7 (a) 对应于赤道面，展示了这 4 个子午面的位置以及 X 型和 O 型中性线的位置；图 6.1.7 (b) 对应于磁子午面，其显示的是中性点和等离子体团(plasmoid)的形成。在这里所展示过程可以在稳定状态下进行。由图看到，在十分接近木星表面的区域，磁场十分复杂。在 $20R_J$ 以内，木星磁场大致接近偶极子场。在 $20R_J$ 以外，磁力线逐渐地被拉向外，形成片状结构。由于木星磁轴与自转轴不平行，木星自转使其磁赤道上下摆动。这个摆动以阿尔文波速向外传播，使等离子体片成为波浪形。Vasyliunas(1983)提出了这种情景，用于木星外磁层在尾部区域的运输过程中的演化。一个充满等离子体的磁通管伸入尾部，其质量含量具有惯性。将磁力线拉伸并最终导致重联。重联产生的封闭的等离子体团或磁岛可以朝向行星对流回白天的黎明附近，并降低木星磁尾等离子体密度。这个"Vasyliunas循环"的作用很可能等同于地球磁层中的 Dungey 循环。

木星薄电流片中的应力平衡首先被 Vasyliunas(1983)运用于木星磁层中。在一个旋转坐标系中，定常的动量方程可以被写为

$$\rho\boldsymbol{\Omega}\times(\boldsymbol{\Omega}\times\boldsymbol{r}) - \boldsymbol{j}\times\boldsymbol{B} + \nabla\boldsymbol{P} = 0$$

式中，ρ 为质量密度；$\boldsymbol{\Omega}$ 为共转等离子体的角速度；$\boldsymbol{B}$ 为磁场；$\boldsymbol{j}$ 为电流密度；$\boldsymbol{P}$ 为压强张量。在这里，我们假设离心力和等离子体力(plasma forces)远远超过引力。从而径向上的应力平衡方程变为

$$\rho\Omega^2 r = -\frac{B_z}{\mu_0}\frac{\partial B_r^{\mathrm{cs}}}{\partial z} + \frac{\partial P}{\partial r}$$

其中离心力、电流片电流与垂直于电流片的磁场的矢量积，以及等离子体压强的径向梯度所平衡。据此可以得到质量密度，并通过积分得到整个电流片的质量。在 $20R_{\mathrm{J}}$ 处，木星电流片的等离子体质量密度大约为每木星半径 20 000 t。

木星和土星都有类似地球亚暴的磁尾动态活动。由于磁层等离子体具有接近于行星自转的旋转速度并且这些速度很大，因此角动量守恒的要求将影响被亚暴加速的等离子体的快速向内和向外运动。与地球亚暴相比，这些亚暴也表现出了更高的重联率，这导致比地球上更加引人注目的观测信号。

带电粒子在木星磁层内可以被加速到很高的能量，其中一部分高能带电粒子形成木星辐射带，如图 6.1.8 所示，图中叠加的木星图片显示了木星辐射带的相对大小，三个视图显示了木星辐射带每 10 h 周期变化。卡西尼号的雷达仪器以接收模式运行，图中显示的是木星辐射带以无线电微波 13.8 GHz(波长 2.2 μm)频率发射的微波强度。结果表明，木星附近的区域是太阳系中最恶劣的辐射环境之一。总体来说木星辐射带与地球辐射带看起来类似，但木星上的辐射带质子通量要比地球的高 3 个量级。木星辐射带是太阳系中范围最大和能量最高的辐射带。辐射带中电子的同步回旋加速辐射使木星成为很强的(主要是分米波)射电辐射源。一部分高能粒子由磁尾内部穿过磁层顶逃逸出木星系统。Voyager-1 在距离木星 $600R_{\mathrm{J}}$ 处和 Voyager-2 在距离木星 $800R_{\mathrm{J}}$ 处就能测量到由木星逃逸出来的高能粒子。

显然，木星磁层的动力过程与地球磁层有显著的区别。对地球磁层来说，太阳风供给了大部分磁层的等离子体和全部的能量。而木星磁层等离子体和能量都来自木星系统本身。本质上说，木星磁层活动的能量是从木星自转能中吸取的。由于与磁层的相互作用，木星的自转正以难以察觉的速度逐渐变慢。这一点与太阳有些类似，目前太阳物理学认为，黑子、耀斑活动的能源是与太阳自转的能量相联系的。木星不是一颗普通的行星，实际上它辐射出的能量比它从太阳接收到的能量还多。除了向外辐射能量，木星还向外发射高能粒子。它似乎更像一颗弱恒星而不是行星。由木星发出的射电辐射有一个

固有周期，用地球磁层的类型（其中辐射带不旋转）不能解释这 10 h 的周期。可能木星磁层更类似于脉冲星的磁层。但是木星磁层又与脉冲星的磁层有两点显著的不同。一是木星表面的磁场显著地比假设的脉冲星表面的磁场要弱，二是木星射电辐射的脉冲周期要显著地比观测到的脉冲星周期要长。

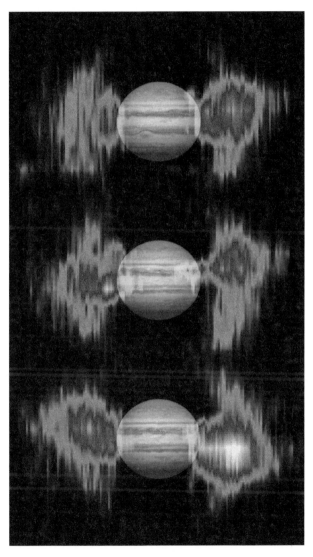

图 6.1.8　卡西尼号太空船在 2000 年飞越木星时利用射电波测量所获得的木星的辐射带图像(NASA/JPL, https://www.jpl.nasa.gov/spaceimages/details.php?id=PIA03478)

1. 木星卫星

木星有 15 个卫星，其中最大的 4 个卫星统称作伽利略（Galileans）卫星，由外向内分别为：Callisto（木卫四）、Ganymede（木卫三）、Europa（木卫二）和 Io（木卫一）。这 4 个卫星的轨道都在木星磁层内(这与地球磁层不同,月球是在地球磁层外面)。木卫一 Io 是最靠近木星的一颗卫星,轨道半径为 $6.0R_J$,其大小与月球差不多,围绕木星旋转的周期为 42 h。很可能 Io 有它自己的磁层(Kivelson et al.,1983)。这些卫星,特别是木卫一 Io 对木星磁层动力过程有着重要的甚至是决定性的影响。

Voyager 发现在木卫一 Io 轨道附近有一个等离子体环,称为 Io 等离子体环(Io plasma torus)。木卫一 Io 环的中心距木星为 $5.9R_J$,厚度约为 $1.0R_J$。环的中心位于磁赤道面上。等离子体环的主要成分是硫和氧,也观测到离化的钠,电子数密度超过 4500 cm^{-3}。等离子体环同木星一起共转。Io 等离子体环中的离化的硫和氧辐射出很强的紫外辐射,其总功率大于 10^{12} W。如果电子数密度为 1000 cm^{-3},可以推测其电子温度约为 10^5 K。另一个与 Io 相关的现象是观测到有大于 10^6 A 的电流流过连接木星电离层和 Io 的磁通管,木星的十米波射电辐射的频次还同木卫一 Io 的位置相关。射电源可能位于通过 Io 的磁通管中。刘振兴(1983)提出了 Io 通量管中等离子体湍流激发十米波射电辐射的可能性。

Galileans 卫星对于高能粒子的分布也有很大影响。Voyager 观测到在 Io 和 Ganymede 卫星轨道附近高能粒子的密度很低,而在 Io 和 Ganymede 卫星轨道之内和之外观测到两个高能粒子峰值,这说明木星的卫星明显地吸收高能粒子。

2. 木星磁层与卫星相互作用

木卫一 Io 环中硫的丰度很高,而太阳粒子中硫的含量很小。这说明 Io 环中的硫不是来自太阳。Voyager 的探测表明 Io 环中的硫和大部分氧来自木卫一 Io。木卫一 Io 上经常有许多火山爆发。Voyager 观测到 Io 有 8 个火山爆发, 图 6.1.9 给出了 Io 卫星上火山爆发的照片。火山爆发直接向外喷射出 SO_2。另外, 由于高能粒子的轰击, 一部分覆盖在 Io 卫星表面的物质以足够高的速度逃逸出去。这些火山喷射的以及逃逸出的物质又被

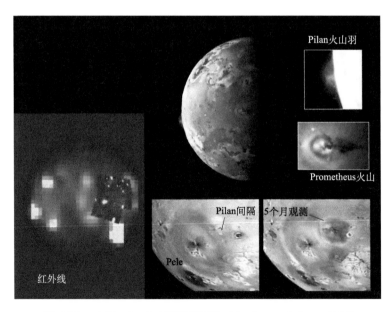

图 6.1.9　木卫一 Io 火山喷发的照片(Morrison and Samz, 1981)

高能粒子轰击而离化。当这些粒子被电离后，就被木星的旋转磁场捕获，成为共转等离子体的一部分，以 74 km/s 的速度与木星同样的自转周期自转。木卫一 Io 环的质量很大，粗略地说，每秒有 1 t 的物质（主要为 SO_2）逃逸出 Io 注入等离子体环中去。Io 环大致包含 10^6 t 的 SO_2 及其他物质（如钠和锂）。在电离层以上地球磁层等离子体的总量只有 10 t，即 Io 环的十万分之一的质量。环中的等离子体被输运到整个磁层，其中一小部分等离子体被加速形成了木星的辐射带，一部分逃逸出木星。某些 Io 环中的带电粒子沉降到木星极区而产生木星极光。随着等离子体的输运，Io 环释放了接近 10^{14} W 的能量到磁层中去。这些能量驱动着木星磁层大范围的活动。如上所述，Io 在木星磁层动力学中占有十分重要的位置，Io 是内外磁层等离子体的重要的初始源，Io 是木星巨大的辐射带的重要的初始源，Io 也是木星巨大磁层活动能量重要的初始源。

　　木卫一 Io 是最大的质量源，它的微弱的大气层由其上的连续的火山喷发来维持。辐射带中的粒子会与木卫一大气层中的原子和分子碰撞。辐射带粒子也可能撞击到木卫一的表面上，溅射出表面的原子，然后这些原子逃离木卫一并形成逃逸层。大气层中的中性原子在被电离之后，将被磁层共转电场加速并进入环绕行星的环面（Io 环）中。Io 环中的共转离子会和中性原子发生电荷交换。所有通过电荷交换而变回中性的离子将飞离 Io 环（沿着与其原来的圆轨道相切的直线）并散布在整个木星赤道面上。当这些物质再次被电离后，它们将被加速至局地的流速从而获得显著的热能。通过这种方式，木卫一起源的离子将向内和向外散布在整个 Io 环中，形成一个冷的内环和一个温暖的外环（图 6.1.10）。

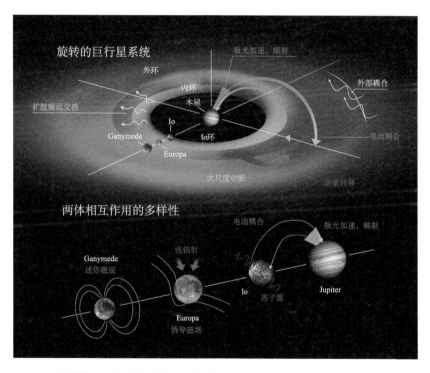

图 6.1.10　木星系统中电磁相互作用的各种作用(MPS/ESA/NASA,https://www.thunderbolts.
info/wp/2019/02/01/the-io-plasma-torus/)

如前所述，这些物质受到的离心力会把磁场拉伸成盘状。这种离心力还会导致等离子体环中的重的磁通量管和等离子体环之外的轻的磁通量管相交换，这一过程称作交换不稳定性。土星磁层的最大的质量源是土卫二，土卫二会通过其南极的羽状结构将尘埃和气体加载到土星磁层中。虽然相比于木星的木卫一，土卫二添加到土星磁层中的离子的数量要少得多，但较弱的土星磁场也会以类似于木星磁场的方式被显著地拉伸。

木卫三(Ganymede)是目前已知的唯一一个具有全球性内禀磁场的卫星。图 6.1.11 展示了该磁场的一个模型。图 6.1.11(a)～(c)分别为木卫三的感应场、内部产生的磁场，以及由此产生的微型磁层。感应场最可能是由冰冷的地壳和高压冰层之间的液态海洋中的电流产生的。这个磁层中的磁层大到具有磁尾和辐射带。也许当月球还具有靠自身维持的发电机时，其磁场状态就类似于木卫三。木星在木卫三上施加了一个恒定的外磁场，即使其发电机并不能自我维持，这个磁场也可能被木卫三内部流体的运动放大。

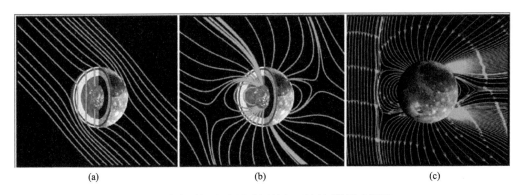

(a)　　　　　　　　(b)　　　　　　　　(c)

图 6.1.11　木卫三(Ganymede)内禀磁场和木星磁场的相互连接(数据来源于 Jia and Kivelson, https://clasp-research.engin.umich.edu/faculty/xzjia/research.php)

在木卫二(Europa)，木卫四(Callisto)和木卫八(Iapetus)这些更大的冰卫星附近，磁场发生显著改变，表明这些卫星的内部是导电的。尽管这三个天体似乎都没有内禀磁场，它们依然会反射经过它们的等离子体流。这种反射是因为卫星内部的导电区域足够大并且导电性足够好，以及磁场变化引起的扰动足够强。在木卫二，这种变化的磁场主要来自偶极子轴的倾斜，在木卫四则是由于外磁层的变化，在木卫八则来自行星际磁场。

6.1.3　土星磁层

土星到太阳的平均距离是 9.5 AU，它是太阳系中第二大行星，其半径 R_S=60000±500 km，密度约为 0.7 g/cm^3，土星的自转周期为 10 h 40 min，围绕太阳的公转周期是 29.46 年。1979 年 9 月 1 日飞船 Pioneer-11 发现并穿过土星磁层(Whang,1981)。土星磁矩为 4.3×10^{28} G·cm^3，比地球的磁矩大 530 倍。场的极化方向与地球的相反。主要是偶极场，有非常高的轴对称性。磁偶极子轴与土星自转轴偏离小于 1°，磁心与土星中心的偏离不会大于 $0.04R_S$，而且主要在极化方向。土星有分离的弓形激波和磁层顶，磁层顶在 $20R_S$ 左右，随太阳风动压力的变化而变化。图 6.1.12 给出了土星磁层及与其他磁层的比较，由图看到土星的磁层比地球大，比木星的小。

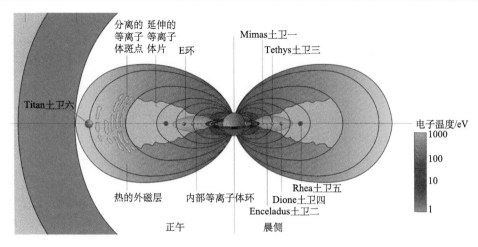

图 6.1.12　土星磁层及卫星(NASA/JPL-Caltech,http://saturn.jpl.nasa.gov/photos/imagedetails/index.cfm?imageId=2177)

土星的卫星和环对土星磁层等离子体有重要作用，这一点与地球磁层不同，如图 6.1.12 所示。地球的卫星(月球)在地球磁层之外，只穿越磁尾，月球对磁层的形态没有重要影响，然而许多土星卫星和环在土星的磁层之内，它们与土星磁层带电粒子有很强的相互作用。在土星磁层内的卫星和环有：

土卫六(Titan，至土星中心距离 $20R_S$，直径 1120 km)；

土卫五(Rhea，至土星中心距离 $8.8R_S$，直径 1530 km)；

土卫四(Dione，至土星中心距离 $6.3R_S$，直径 1120 km)；

土卫三(Tethys，至土星中心距离 $4.9R_S$，直径 1060 km)；

土卫二(Enceladus，至土星中心距离 $3.9R_S$，直径 500 km)；

土卫一(Mimas，至土星中心距离 $3.0R_S$，直径 392 km)；

E 环($3\sim8R_S$)，G 环($2.8R_S$)，F 环($2.3R_S$)，A 环($2.0\sim2.3R_S$)，B 环($1.5\sim1.9R_S$)。

下面简要介绍关于土星磁层的观测结果。土星的磁层通常分为四个区域。

(1)土星环区域：在 $2.3R_S$(A 环的外边界)以内，称为环区域，具有严格的偶极磁场。在这区域内，没有稳定的捕获粒子，这是由于土星环吸收了辐射带高能粒子。只在与 A、B、C 环相交的磁力线上观测到高能粒子。这些粒子是由于宇宙线和其次级粒子与环物质相互作用产生的。由于这些粒子穿过环物质时能量损失很大，这些粒子的寿命只有 1/2 弹跳周期，如图 6.1.13 所示。在土星环与土星之间还发现了 14.5～200 MeV 的高能质子，也发现了能量大于 1.5 MeV 的电子，如图 6.1.13 放大的插图，这是卡西尼号在最后任务阶段首次观测到的。

(2)土星内磁层：A 环外边界至 $4R_S$ 之间的区域包含冷等离子体环，称为内磁层(图 6.1.14)。它包含土星系统中最密集的等离子体。圆环中的等离子体来自内部冰冷的卫星，特别是来自土卫二(Enceladus)，该地区的磁场也主要是偶极磁场。这些来自土卫二的物质受到的离心力会把磁场拉伸成盘状。这种离心力还会导致等离子体环中的重的磁通量管和等离子体环之外的轻的磁通量管相交换，这一过程称作交换不稳定性。土星磁层的最大的质量源是土卫二，如图 6.1.15 所示。土卫二会通过其南极的羽状结构将尘

图 6.1.13 土星磁层辐射带(Roussos et al., 2018)

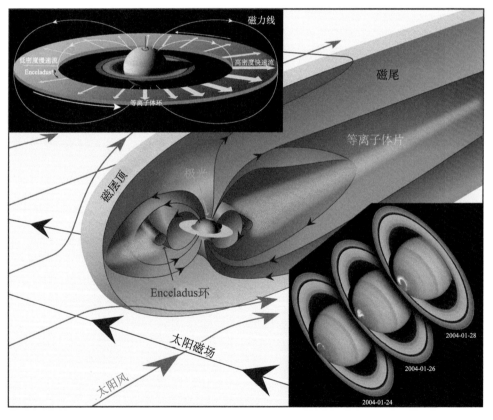

图 6.1.14 土星磁层的结构与土星极光(Bagenal, 2005)

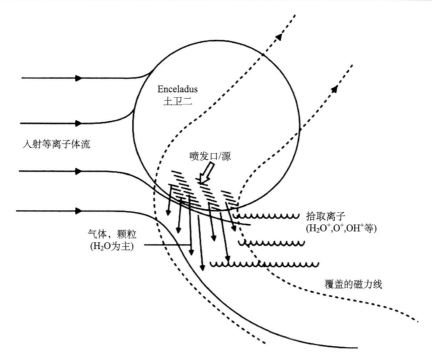

图 6.1.15　土星磁层等离子体和磁场与土卫二(Enceladus)的相互作用(Saur et al., 2007)

埃和气体加载到土星磁层中。虽然相比于木星的木卫一，土卫二添加到土星磁层中的离子的数量要少得多，但较弱的土星磁场也会以类似于木星磁场的方式被显著地拉伸。高能粒子通量向内减小并在土卫二 Enceladus 的轨道终止。在这以内，辐射带粒子通量向内迅速增加。

　　土卫二是一个冰质的小型天体，已在许多航天器近距离飞越中被粒子和磁场仪器实地探测，并有清晰的成像。从对主行星磁层的影响来看，土卫二之于土星就像木卫一之于木星。就像磁层内的彗星一样，土卫二在其轨道上产生了一个明显的环，成分为水冰衍生的中性物质和离子。这些物质广泛分布在土星的磁层中，影响土星磁层的各个方面。与木卫一一样，它改变了其磁层环境的成分和其他特性。虽然土卫二的冰面被阳光升华并被附近的磁层高能粒子溅射，但土卫二南极地区的几个裂缝产生了密集的间歇泉状的水汽和冰晶。这些裂缝被认为是土卫二在约 4 个土星半径的轨道上受到土星潮汐作用而弯曲形成的(这种机制可能也是离木星很近的木卫一火山活动的原因)。

　　土卫二南部这个更强大的"大气"源的偏心几何形状使得土卫二与等离子体的相互作用非常不对称，羽流在相互作用的南侧提供主要物质来源，冰质的星体及其较薄的溅射或升华大气在北侧提供主要物质来源。像土卫六一样，星体被土星的偶极磁场穿过，产生一些与其导电性有关的磁场变形，而羽状物则类似于彗星产生的气体、离子和尘埃。事实上，这里需要额外关注的因素是羽流的物质中存在大量尘埃。尘埃与等离子体相互作用的物理过程，包括产生一系列质量加载和电荷交换等，有待于进一步的研究(如与行星环、大气中的尘埃和原始行星盘相关)。

　　(3)土星辐射带槽区域(slot region)：在 $4R_S$ 至 $9R_S$ 之间的区域称为槽区域，高能电子和质子通量在这区域内减小，其原因是由外磁层向内扩散的高能粒子在这一区域被土卫 Rhea，Dione，Tethys，Enceladus 和 E 环吸收了。辐射带槽区域的等离子体密度比较低，为 $0.5\sim3$ cm^{-3}，等离子体的主要成分是 H$^+$和 O$^+$。

(4)土星外磁层：由土星磁层顶至 $9R_S$(Rhea 的轨道)的空间范围称为土星的外磁层。它的特点是低等离子体密度和受太阳风强烈影响的可变非偶极磁场。土星外磁层中充满了密度为 $1\times10^{-2}\sim50\times10^{-2}$ cm^{-3} 的热等离子体。Titan 被认为是主要的外磁层等离子体的源，根据保守的估计，它以 2×10^{24}/s 的速率向其尾迹释放离子，主要的成分是 H$^+$和 N$^+$。外磁层中还存在着小于 1 MeV 的电子和质子通量，距土星越近，通量越强，谱越硬。

在土星磁层的外部超过大约 $20R_S$，赤道平面附近的磁场高度伸展，形成一个称为磁盘的盘状结构。磁盘在日侧向磁层顶延伸，并在夜侧进入磁尾。当磁层受到太阳风的压缩时，日侧磁盘可能不存在，这通常发生在磁层顶距离小于 $23R_S$ 时。在磁层的夜侧和侧面，磁盘始终存在。土星的磁盘比木星磁盘小得多。土卫六(Titan)也是土星磁层的一个重要质量来源，但是起源于土卫六的物质都在靠近磁层顶的外磁层处。土卫六损失的大部分物质接着又损失到了太阳风中。太阳风和土卫六起源的磁层物质之间的相互作用在某些方面类似于太阳风和金星的相互作用。

此外，土星磁层中的等离子体片具有碗状形状，在任何其他已知的磁层中都找不到。当卡西尼号于 2004 年抵达时，北半球处于冬天。磁场和等离子体密度的测量显示，等离子体片翘曲并且位于赤道平面的北部，看起来像一个巨大的碗。对通过土星低层大气的射电信号的观测表明，土星有电离层，由质子组成，顶部温度约为 1250 K。电离层有两个电子密度峰值，最高的峰值是 9.4×10^3 cm^{-3}，出现在 2800 km 高度，第二个峰值是 7×10^3 cm^{-3}，出现在 2200 km(Whang, 1981)。

6.1.4　天王星和海王星磁层

天王星和海王星是太阳系中最后没有探测过的行星，目前我们对这两个冰巨星的认识来自旅行者号太空飞船在冰巨星附近的穿越飞行(flyby)。

图 6.1.16 给出了木星、土星与天王星和海王星的磁场强度与方向和磁轴偏移的比较。天王星与海王星磁场非常独特，它们的磁极偏离天王星或海王星的地理极点很远。天王星(北极标记为"N")的磁场与行星的旋转轴倾斜 59°。天王星磁场的偶极子组件(如条形磁铁)也偏离行星中心约天王星半径的 1/3。

当旅行者 2 号到达天王星附近时发现天王星的磁场在旋转轴上倾斜约 60°，而地球的磁场倾斜只有 11°。此外，磁场线不以天王星为中心。就好像天王星的场是由于磁棒相对于行星的旋转轴倾斜并且从中心偏移了行星半径的 1/3 左右。图 6.1.16 比较了地球的磁场结构和四个巨行星的磁场结构。条形磁铁的位置和方向代表观察到的行星场，条形的尺寸表示磁场强度。

与地球磁场非常接近偶极子磁场不同，天王星的磁场非常复杂，它有一个偶极子，然而也有个很强的四极子的部分。由于所有这些极点和磁轴大倾角倾斜，天王星上的磁场在不同地方变化很大。在天王星南半球的一些地方，磁场强度只有地球场的 1/3。然而，在北半球的某些地方，天王星上的磁场几乎是地球的四倍。

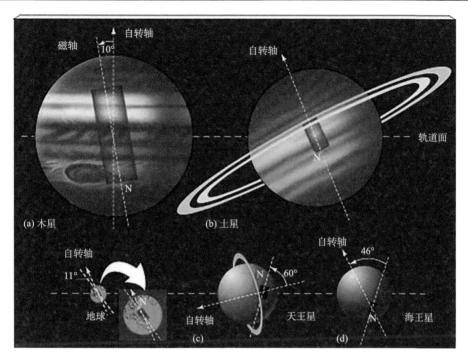

图 6.1.16　木星、土星与天王星和海王星的磁场的比较(http://ircamera.as.arizona. edu/astr_250/Lectures/Lecture_07.htm)

天王星的旋转轴倾斜 98°，磁场倾斜 59°。也许天王星会有一个非常奇怪的磁层。然而，与其他行星一样，天王星的磁层非常正常，所不同的是在天王星的旋转周期内（17 h 14 min），天王星尾部的磁层等离子体片会从大致平面位型变为圆柱形位型，如图 6.1.17 所示。就像地球上的南极光和北极光，天王星也会发生极光现象。

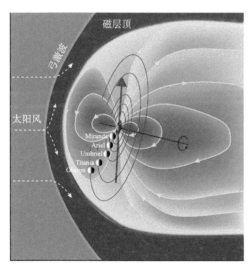
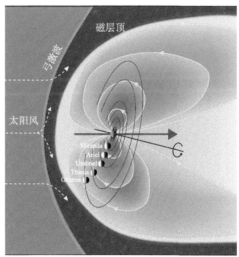

图 6.1.17　天王星磁层位型(数据来源于 Arridge 等)

海王星是最像天王星的星球。海王星也有一个奇怪的磁场。海王星的磁层也是由旅行者 2 号航天器获得的数据推导出来的。如图 6.1.18 所示,海王星在 19 h 的旋转周期内,尾部的磁层等离子体片从大致平面位型变为圆柱形位型。海王星外部边界的形状是由远离太阳的超声速等离子太阳风建立的。海王星磁层外部有弓激波和磁层顶边界,并且在磁层内部可能存在高能带电粒子的辐射带,海王星卫星(Triton)对海王星磁层的作用也许类似于土星土卫六对土星磁层的作用。海王星磁尾从图中向右延伸至少 100 个海王星半径。

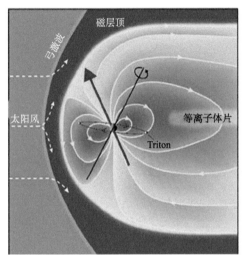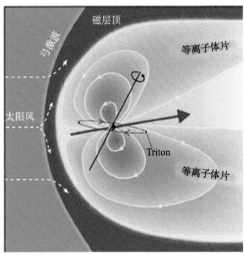

图 6.1.18　2018 年左右预计的海王星磁层位型(Bagenal, 1992)

由于产生磁场的发电机理论通常预测磁轴应该与旋转轴大致对齐,比如地球,木星,土星和太阳。天王星和海王星的错位也许表明天王星和海王星的磁场正在发生倒转。当然,还有可能性是,这种奇怪的倾斜也许是一次灾难性的碰撞同时使两个轴倾斜。现在的认识是天王星和海王星的内部结构与木星和土星的内部结构不同,这种差异导致了天王星和海王星的磁场不同。理论模型表明,天王星和海王星的岩石核心类似于木星和土星中的岩石,大约相当于地球的大小,可能是地球质量的 10 倍。然而,天王星和海王星核心之外的压力(与木星和土星内的压力不同)太低而不能迫使氢进入金属状态,因此氢一直保持其分子形式进入行星的核心。在云层深处,天王星和海王星可能有高密度,"泥泞"的内部包含很厚的水云层。大部分行星的氨也可能溶解在水中,这是因为在较高的云水平下没有氨。这种氨溶液将提供厚的导电离子层,可以为行星磁场的大尺度倾斜提供一种解释。

6.2　太阳风与非磁化行星相互作用(金星和火星)

对于一个内部磁场很弱,或完全没有内部磁场的行星或卫星,其与流动的磁化等离子体的相互作用和类地球磁层有很大区别。此类相互作用的形式有很大的差异性,与星体大小、是否有显著大气层都有关系。此外，星体可能是岩石质或冰质的，或者由组分不同因而电导率不同的几层构成。如果存在大气，星体的性质由大气的性质决定。其实，太阳系中有许多这样的星体，包括金星、火星、彗星、小行星、冥王星和许多卫星。其中有些卫星不是与太阳风，而是与主行星磁层的等离子体和场相互作用，或者同时与两者相互作用。

磁化行星（如地球）的大气层不受太阳风的直接相互作用。对于非磁化的行星，如金星和火星，由于缺乏显著的内部磁场，没有磁场的屏蔽，太阳风可以直接接触行星大气的上部。由此高速太阳风粒子与行星大气相互作用产生中性粒子 ENA 和软 X 射线。

金星或者火星没有明显的磁场，但大气非常浓厚。金星或者火星轨道上的太阳光强度导致高水平的光电离，从而产生致密的电离层等离子体。该等离子体构成了对太阳风流动的障碍空腔，太阳风和行星际磁场被阻挡在电离层之外。因此，在金星或者火星上游存在弓激波，用于减缓和偏转太阳风。在弓激波和电离层顶部之间存在磁鞘，其中流动是亚声速的。金星或者火星电离层所呈现的障碍空腔当然远小于地球磁层所呈现的空腔（即使这两个行星是相似大小的物体），如图 6.2.1 所示。太阳风和电离层等离子体之间的边界，即电离层顶（ionopause），位于太阳风动态压强由行星电离层等离子体的热压平衡的点：$P_{\text{pa}} = P_{\text{sw}}$。

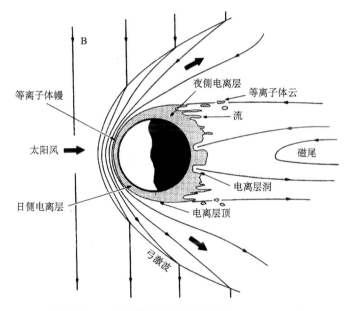

图 6.2.1　金星等离子体环境示意图(Cravens, 1997)

假设行星电离层中的流体静力学平衡：

$$\frac{\mathrm{d}P}{\mathrm{d}r} = -\rho g \tag{6.2.1}$$

行星等离子体密度 $\rho = nm_i$ 和热压 $P = nk(T_i + T_e)$，我们可以得到

$$\frac{\mathrm{d}P}{\mathrm{d}r} = -\frac{Pm_i g}{k(T_i + T_e)} \tag{6.2.2}$$

因此

$$\int_{P_0}^{P} \frac{\mathrm{d}P}{P} = -\frac{m_i g}{k(T_i + T_e)} \int_{r_0}^{r} \mathrm{d}r \Rightarrow \ln(\frac{P}{P_0}) = -\frac{m_i g}{k(T_i + T_e)}(r - r_0) \Rightarrow P = P_0 e^{-\frac{m_i g}{k(T_i + T_e)}(r - r_0)} \tag{6.2.3}$$

令等离子体标高 $H = kT / m_i g$ 和 $P = P_{pa}$

$$P_{pa} = P_0 e^{-(r - r_0)/H} \tag{6.2.4}$$

这是以等离子体标高作为函数的行星等离子体热压表达式。电离层顶为太阳风动压等于行星等离子体热压的高度,即

$$P_{sw} = P_{pa} \tag{6.2.5}$$

太阳风动压为 $P_{sw} = \rho_{sw} v_{sw}^2 = n_{nm} m_{sw} v_{sw}^2$。因此

$$n_{sw} m_{sw} v_{sw}^2 = P_0 e^{-(r - r_0)/H} \tag{6.2.6}$$

可得

$$r - r_0 = H \ln\left(\frac{P_0}{n_{sw} m_{sw} v_{sw}^2}\right) \tag{6.2.7}$$

由于火星电离层热压太弱,通常无法阻挡太阳风动压,电离层中会产生诱导磁场(磁化),电离层顶的位置由太阳风动压与电离层热压和磁压平衡决定。

需要注意的是,大气中的一小部分中性粒子可能会达到离子顶层以上的高度。这些中性粒子,进一步可能会被太阳光电离,而这些新产生的离子在流动的磁鞘等离子体中会被"拾取",并迅速向下游传播。因此,这个过程从电离层顶上方"拾取"行星起源的离子。"拾取"过程导致行星附近的行星际磁力线通量管的质量加载,太阳风的动量必须与新"拾取"离子共享,这样,太阳风会进一步减速。由于磁力线的较远部分不受"拾取"过程的影响,因此,未受干扰的太阳风速保持不变。这一过程也导致在行星下游的区域中产生诱导的类似地球磁层磁尾结构,如图 6.2.1 所示。

6.2.1 太阳风与金星的相互作用

金星至太阳的平均距离是 0.72 AU,半径为 2440 km。宇宙飞船的直接探测提供了一直到 200 km 高的金星磁场数据。根据 Russell (1976) 的研究,金星磁偶极矩的上限是 6.5×10^{22} G·cm^3,相应于表面磁场为 30 nT,金星磁场不足以在远处阻止太阳风,太阳风将一直入射到金星大气层。

虽然金星的固有磁场很小,但是金星存在着一个导电层——电离层,太阳风与金星电离层相互作用将产生准磁层。此外,木星的卫星 Ganymede、土星的卫星 Titan 和彗星都有准磁层。与电离层等离子体不同,金星中性大气不受电离层顶的限制,延伸到太阳风主导区域之外。在这里,一些中性原子或分子通过光电离,碰撞电离和电荷交换转换成离子,然后被太阳风的运动电场"拾起",被太阳风质量加载(mass loading)并减缓其流动。

由于太阳风等离子体与金星电离层的相遇而减速和压缩，在电离层顶处堆积了行星际/太阳风磁力线。电离层顶的物理特性是什么？事实证明它基本上与磁层顶及其电流结构相同，太阳风等离子体与行星或彗星等离子体并不完全隔离，在太阳风动压高的时候，太阳风磁场可能穿透电离层顶，如图 6.2.1 所示。

金星弓形激波是由于金星电离层阻止太阳风而产生的。Mariner-5 在 1967 年 10 月发现金星有弓形激波。下面我们先讨论金星电离层。图 6.2.2 给出了飞船 Mariner-5 测量得到的金星电离层向日面的剖面图。在高度 142 km 电子数密度达到极大值 $5.6 \times 10^5 \, \text{cm}^{-3}$。在极大值以上电离区域突然在 500 km 高度终止，此处即为电离层顶。电离层顶在太阳活动高年通常是一个薄的间断面，而在太阳活动低年是一个厚的过渡区。

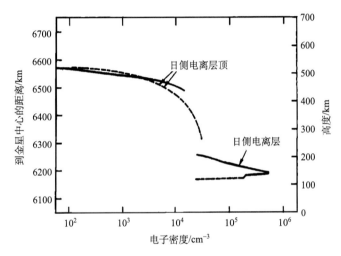

图 6.2.2　Mariner-5 测量到的金星向日面电子数密度剖面
（纬度 32.5°S，太阳天顶角 χ 33°）(Hartle, 1976)

为了解释电离层顶和弓形激波，Spreiter 等(1970)提出了切向间断面模式，认为由于电离层的导电率很大，太阳风的冻结磁场不能在有限时间内(太阳风掠过金星的时间)扩散进入电离层，因而太阳风被电离层偏斜绕过金星。假设太阳风的动压力主要被电离层的热压力平衡，可计算磁层顶的形状。虽然计算结果能够大致说明观测事实，但两者在量值和位置上的相符都不是很理想的。这一模式最主要的问题在于电离层顶不是切向间断面，而是一个厚的过渡区。在过渡区中，太阳风质子与金星大气交换电荷、动量和能量。由于密度梯度，在这过渡区中还应有等离子体漂移不稳定性。行星际磁场对电离层的侵入将在这过渡区诱导一个电流系，诱导电流产生的磁场阻止太阳风粒子的入侵。

如图 6.2.3 所示的是欧洲航天局金星快车粒子探测器(ASPERA)和磁力计(MAG)的数据，其中图 6.2.3(a)～(d)分别为电子能谱、质子能谱、重离子(氧离子)能谱和磁力计数据。垂直线标记的是弓激波(BS)和诱导磁层边界(induced magnetosphere boundary, IMB)。粒子探测器和磁力计数据可以将未受干扰的太阳风与受金星影响的太阳风分开的区域分开，可以明确确定金星弓激波、诱导磁层边界和离子成分边界的位置。在弓激波下游,高能电子的密度(>50 eV)增加,如图 6.2.3(a)所示。在图 6.2.3(b)中可以看到质子温度的同时增加。在图 6.2.3(c)中,可以看到诱导磁层内金星起源的氧离子大幅增加,同时诱导磁层内的热电子大幅减少而磁场强度增加。

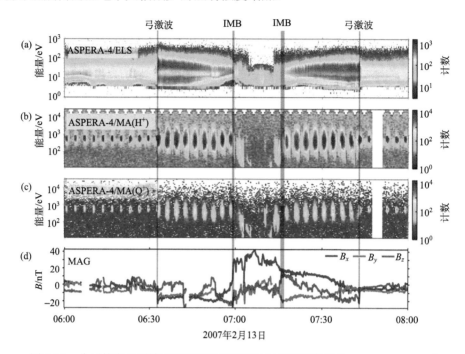

图 6.2.3　金星快车典型粒子和磁场数据测量的时间序列数据(Futaana et al., 2017)

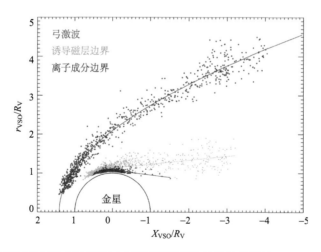

图 6.2.4　在圆柱坐标系中示出的三个不同等离子体边界的位置的 Venus Express(VEX)
测量(Martinecz et al., 2009)

　　图 6.2.4 给出金星快车 Venus Express(VEX)测量的三个不同等离子体边界的位置,即弓激波(红色),诱导磁层边界(IMB,绿色;相当于等离子体幔上边界)和离子组成边界(蓝色;相当于等离子体幔下边界)。包括金星快车在内的多个飞船的观察结果表明,

太阳风热流异常也可以发生在太阳风与金星激波相互作用中,如图 6.2.5 所示。热流异常通常由太阳风切向间断与激波的相互作用产生(Zhang et al., 2010)。观察表明太阳风等离子体流会被金星激波偏转,在太阳风热流异常区域中心区域磁场降低,电子密度增加,核心区域温度升高,而热流异常区域外磁场强度增强。对流电场指向太阳风热流异常区域(Schwartz et al., 2000)。在金星前兆激波中观察到的 HFA 的估计发生率是每天 3.5 次,与地球前兆激波中类似(Zhang et al., 2010)。

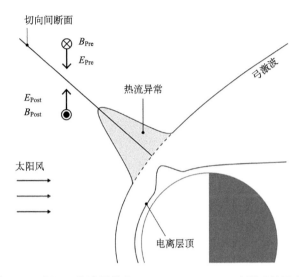

图 6.2.5　太阳风热流异常(hot flow anomaly, HFA)形成的示意图

HFA 是一种动态现象,其特征在于磁场腔被增强的磁场和热偏转等离子体包围。对流电场指向
低场区域,至少在 HFA 的一侧。本图是根据 Collinson 等(2012a)重新绘制的

在金星观测到的太阳风热流异常区比相应的地球上的要小,这可能与行星磁层的大小有关,也就是说,较大的弓激波导致较大的太阳风热流异常区域。局部离子回旋半径很可能也是决定尺寸的因素(Collinson et al., 2014a)。不仅在地球上观测到太阳风热流异常,而且在金星、火星和水星前兆激波中,土星和木星激波区域中也有观测。

图 6.2.6 给出了金星快车对金星空间环境的研究结果的总结。金星快车发现了可能与闪电有关的等离子体波,和太阳风与弓激波相互作用形成的热流异常以及诱导磁层边界相关现象,金星快车离子光谱仪发现金星 H^+ 与 O^+ 逃逸的比率与水分子相关,这也许表明目前金星大气中的水分还在流失。对于吸收的逆向过程,金星快车还检测金星高层大气中的太阳风氢和氦沉积。同时,也发现了金星磁尾中的磁重联现象,这一过程也可能影响金星离子的逃逸过程。

金星快车也测量了第 23 太阳活动周期内金星电离层磁化状态,金星快车的测量主要是围绕金星北纬的高纬度地区。磁力计测量表明即使在太阳活动高年,很少甚至没有太阳风进入金星的大气层。因此,太阳风被电离的大气本身引起的磁场屏蔽。然而即使在低太阳活动条件下,北极高纬度电离层经常被大规模场磁化。

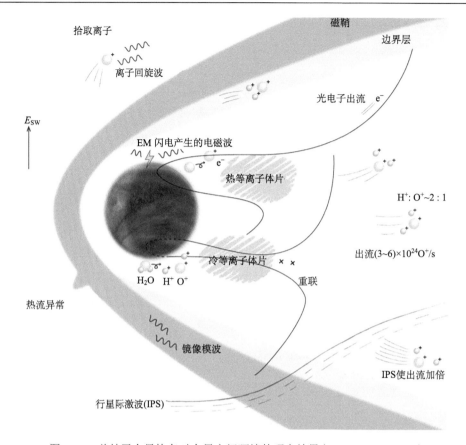

图 6.2.6　总结了金星快车对金星空间环境的研究结果(Futaana et al., 2017)

6.2.2　太阳风与火星的相互作用

尽管火星与金星的太阳风相互作用相似,但它们还是存在显著的差异。由于火星有显著的地壳剩磁,而且是不对称分布的,它们会使得行星剩磁周围太阳风流动具有不对称性,并引起这附近的 ENA 和软 X 射线的产生。此外,火星上的离子回旋半径比金星约大 8 倍,使火星附近的离子动力学效应更加明显,从而影响局部大气的拾取离子(pickup ion)的高度与密度。

火星至太阳的平均距离为 1.5 AU,火星半径 R_{MA}=3400 km。由飞船 Mars-3,5 对火星磁场的测量,确定火星有内禀磁场。磁矩为$(2.55 \pm 0.36) \times 10^{22}$ G·cm³,大约是地球磁偶极矩的 3×10^{-4} 倍,磁北极指向北半球,对自转轴倾斜(Dolginov et al., 1976)。在火星轨道附近,太阳风速度还是大约为 400 km/s, 然而它的密度下降到大约 3 cm⁻³,太阳风高流速导致粒子的通量为 10^8 cm⁻²·s⁻¹。

不断膨胀的太阳风携带行星际磁场(IMF)与扩展的火星大气和火星电离层相互作用,如图 6.2.7 所示。太阳风流(虚线)携带行星际磁场(黄色)与火星相互作用形成弓激波(绿色)。火星有显著的而且分布不均匀的地壳剩磁(橙色),它们会使得火星剩磁周围太阳风流动变形,从而影响剩磁附近高层大气和电离层。太阳风与火星相互作用在某些方面类似于磁化行星的流动，但由于缺乏一个全球尺度的磁层，太阳风与火星相互作用可能是太阳风与火星大气作用以及太阳风与火星磁场(内部的或诱导的)作用两者的结合。火星快车(Mars Express)和 MAVEN 飞船为研究太阳风与火星等离子体相互作用提供了主要的观测资源。

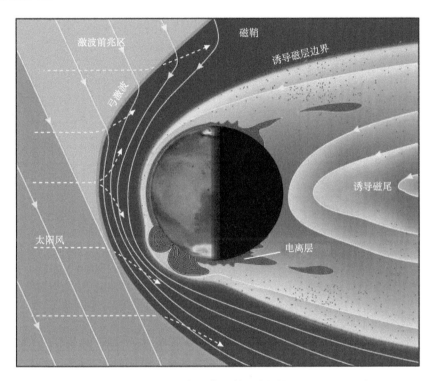

图 6.2.7　太阳风与火星相互作用的示意图(Brain et al., 2015)

太阳风等离子体与火星相互作用具有与金星相互作用的类似的感应特征，但也存在一些"微小磁层"的结构。太阳风等离子体与火星电离层和火星壳层剩磁磁场(图 6.2.8 和图 6.2.9)共同决定了"微小磁层"(障碍物)的形状。火星壳层磁场可以与反平行的行星际磁场发生合并或重联，就像地球磁层一样。这一过程在"微小磁层"边界和诱导磁尾的尾流中产生"开放"和"闭合"磁场区。

火星全球探测器(MGS)任务的一个重要新成果是明确证实火星附近存在磁场，得到了火星地壳剩磁磁场分布，如图 6.2.8 和图 6.2.9 所示。由图可以看出火星磁场分布非常复杂，其南部高地的磁场可以延伸到整个火星上部大气层和电离层。太阳风与火星地壳剩磁磁场相互作用会导致微型磁层的形成。

如图 6.2.10 所示，图中各栏分别表示：(a)火星快车电子能量时间的谱图(轨道♯14352)，颜色代表所有电子的平均微分通量(DNF)。(b)能量为 20~200 eV 的电子积分通量。(c)火星快车距火星表面高度和火星快车速度。(d)2004 年 1 月至 2015 年 5 月期间所有观测到弓激波位置点(灰点)的散点图。绿色曲线表示火星快车轨道♯14352。实心蓝色曲线表示所有点的最佳拟合曲线(Hall et al., 2016)。(e)与(d)相同，但弓激波

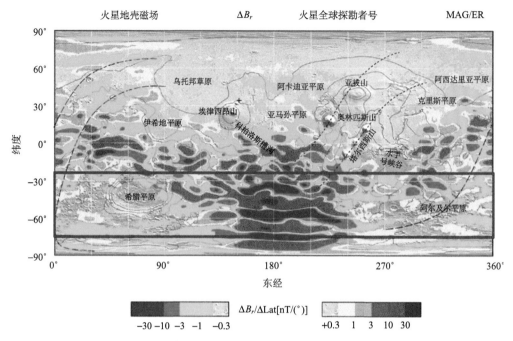

图 6.2.8　火星的地壳剩磁分布(Connerney et al., 2015)

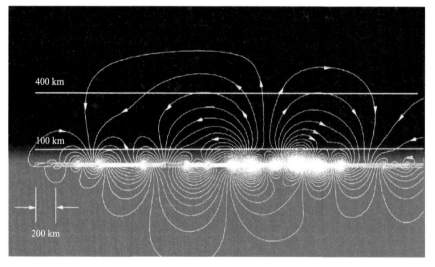

图 6.2.9　基于 Connerney 等(1999)的地壳磁场模型得到的火星南部高地上方的磁场几何平面投影
(Connerney et al., 2015)

位置点分组并计入 $0.1R_M \times 0.1R_M$ 空间网格。可以看到, 太阳风与火星相互作用形成弓激波在对日下点高出火星表面大约 $0.65R_M$(2210 km), 激波后面是湍动区域。接近火星表面的区域是规则磁场区域。在火星表面约 1100 km 以上湍动场和规则场区域被准磁层边界分开, 在这个区域中等离子体温度和速度减小, 而磁场强度增加。

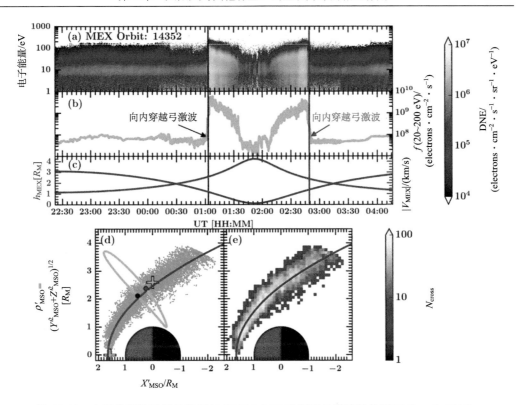

图 6.2.10　火星快车粒子测量数据(ASPERA-3 ELS)判别弓激波的位置(Hall et al., 2016)

火星既不像金星是非磁化体，也不像地球是磁化体。在火星有剩磁的地方可以建立超过数百千米的规模长度的"微小磁层"的结构。这时，太阳风与火星大气的相互作用就像地球的高层大气和电离层响应太阳风。火星作为一个复杂的系统对太阳风能量注入与加热发生响应，特别是在剩磁磁场赤道附近(赤道喷泉效应，电喷射流和感生电势)。

太阳风与火星的相互作用也可以导致极光的产生，特别是在太阳风暴期间。在火星上观测到的极光辐射(Brain and Halekas, 2012)与南部高地最强烈的磁化区域相关联。地球和其他有(偶极)磁场的行星，最常见的是极光发生在极区。相比之下，在火星上，观测到了极光辐射与强的火星地壳剩磁磁场相关，火星地壳剩磁磁场强到足以把磁场维持到了很高的高度(超过 400 km)(图 6.2.8 和图 6.2.9)，甚至远远高于火星电离层。

图 6.2.11 可以看出，火星极光发射强度的增加与太阳风入射能量电子通量密切相关。图中得到的火星极光辐射的亮度是五次横跨整个火星近地点扫描的平均值，扫描的高度范围为 60~100 km，纬度为南纬 35°。

通过与磁化行星-地球类比分析，可以解释火星极光的形成原因。极光场向电流或者称为 Birkeland 电流，沿着磁力线流动并将能量沉积到火星大气/电离层中，大气的原子或者分子受到激发，从而产生了火星极光，如图 6.2.12 所示。太阳风与火星剩磁相互作用可以建立超过数百千米长度的"微小磁层"的结构，火星这种"微小磁层"结构可以导致火星极光的产生。

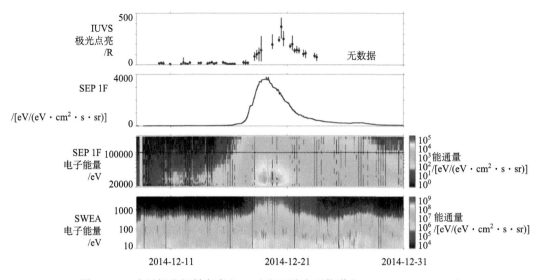

图 6.2.11　火星极光辐射亮度(IUVS)和沉淀电子能谱(Schneider et al., 2015)

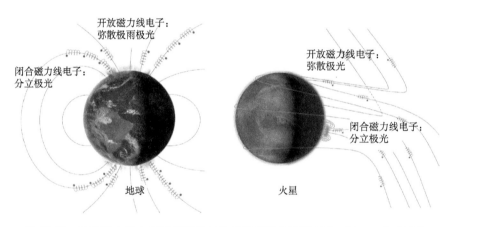

图 6.2.12　地球和火星上观测的弥散与分立极光现象比较(Schneider et al., 2015)

　　火星的"微小磁层"在某种程度上与火星大气层重叠。大气粒子会进入火星的"微小磁层","微小磁层"的粒子也会进入火星大气层。火星的高层大气不断对太阳的能量输入做出反应,并导致火星大气逃逸过程,从而影响火星演化史。在火星上,特别是南半球狭窄经度内磁场最强区域位于日侧时,火星壳层磁场对太阳风压力平衡起了很大的作用。这时,太阳风与火星相互作用的边界更像地球的磁层顶。火星壳层磁场分布的不均匀性使得火星表面附近的磁场产生一系列凸起,凸起一直延伸到火星电离层压力平衡边界以上的磁鞘(图 6.2.8 和图 6.2.13)。火星大气逃逸的机制和影响火星大气逃逸过程包括火星大气原子或者分子热逃逸过程(jeans escape),光化学逃逸过程,拾起粒子效应,离子出流和溅射逃逸的中性成分。影响因素包括进入火星大气的太阳高能粒子(SEPs),太阳日冕物质抛射(CME)和极端太阳紫外线辐射(EUVs)的影响。观测表明随着火星壳层磁场与火星一起旋转,太阳风与火星等离子体的相互作用方式也会发生变化。

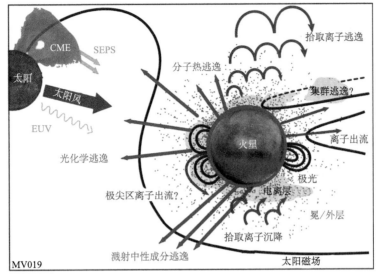

图 6.2.13　火星大气逃逸的机制和影响火星大气逃逸过程(https://phys.
org/news/2014-02-maven-satellite-mars-atmosphere.html)

在日侧，最强的火星壳层磁场似乎可以保护它们所覆盖的电离层免受太阳风清除过程的影响。而在其他未受屏蔽的地方，可以看到太阳风/行星际磁场向下穿透，类似于金星电离层的情况。火星与太阳之间的距离比金星大，大气层也更薄，导致电离层热压太弱而通常无法阻挡太阳风压力。

火星壳层磁场与上覆的行星际磁场的部分磁重联，意味着连接到壳层磁场对内磁鞘和火星磁尾都有贡献。至于火星磁尾在多大程度上与火星壳层磁场相关取决于许多因素，包括太阳风压力、电离层压力、行星际磁场方向以及壳层磁场相对于太阳的位置。与金星相比，这使得火星的情况相当复杂。例如，火星在紫外波段上看到了极光的产生，火星上的极光受到最强壳层磁场以及行星际磁场条件控制。火星这种弱磁化行星的极光现象及其起源和效应仍有待进一步研究。

6.2.3　太阳风与泰坦的(Titan，土卫六)相互作用

土星的卫星土卫六是磁化等离子体流与大气层和电离层相互作用的另一个特例。土卫六的半径约 2575 km，其大小介于月球和火星之间，表现出弱磁化行星-等离子体相互作用的一些特征，但土卫六具有其自身的独特元素。像金星一样，土卫六拥有稠密的大气，尽管成分主要是氮气和甲烷而不是二氧化碳。土卫六距离土星大约 20 个土星半径(R_S)，这意味着它通常在土星的磁层内运行。因此土卫六轨道上存在外部磁场，迎面而来的等离子体流主要是近似与土星共转的土星磁层等离子体，并且土卫六和太阳的连线与等离子体流动方向通常不重合，如图 6.2.14 所示，轨道上的不同地方时处，太阳尾迹和共转尾迹的相对方向不同。

与其他的行星相比，土卫六的等离子体环境非常独特。首先，土星具有固有偶极磁场，土星磁场持续穿透土卫六本身。土星的磁层磁场被土星冰质的卫星和与土星环相关的含水等离子体片扭曲成磁盘。土卫六在土星等离子体片上下方随季节振荡，但土星磁

场通常保持不变，在土卫六处方向向北，强度约为 5nT。

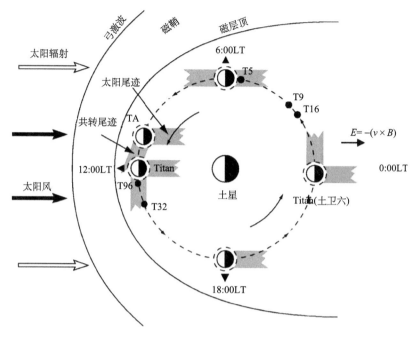

图 6.2.14　位于土星磁层内 20 个土星半径处的土卫六的等离子体相互作用环境(未按比例) (Brain et al., 2016)

　　虽然土星距离太阳约 10 AU，但是土卫六具有主要是太阳光电离产生的电离层，并且还有土星磁层的等离子体。由于土星磁层共转等离子体速度(约 120 km/s)大大超过了土卫六绕土星公转的开普勒轨道速度，土星等离子体会进入土卫六的尾部半球(图 6.2.15)。但是，磁层等离子体的这一相对速度还不足以产生弓激波。

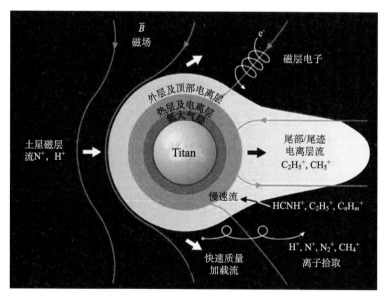

图 6.2.15　土卫六与土星亚声速共转磁层等离子体相互作用示意图(Waite et al., 2004)

如上所述，由于阳光照射的土卫六半球通常与迎面而来的等离子体的半球不一致，因此等离子体与土卫六的相互作用变得非常复杂。土卫六的日间电离层甚至可以位于等离子体尾流的半球。观察结果表明，土星的帘状磁场可能导致土卫六等离子尾流中的感应磁层，并且土卫六的感应磁层由其电离层和大气的拾取离子维持。

除此之外，还存在其他因素使得土星磁层等离子体与土卫六相互作用和其他弱磁化行星不同。

第一，由于土星磁场的存在，土卫六电离层具有显著的拉长特征。预期的特征是"阿尔文翼"，由穿过土卫六的土星磁层磁通管组成，如图 6.2.15 所示，这些磁通管使得土卫六的电离层形状更接近圆柱形，并且土星磁层磁通管还将部分等离子体粒子从土星电离层传递到土卫六或者从土卫六的电离层传递到土星磁层。

第二，水族离子(water-group ions)为主的外部拾取重等离子体离子对土星磁层等离子体与土卫六相互作用可能带来影响。入射流中的等离子体重离子从自身拾取源获得了显著的能量，使得它们的回旋半径在入射流相互作用中具有可观的尺度。由于土卫六轨道上的磁场仅约 5 nT，所以质量为 16～17 amu(O^+, OH^+)的入射等离子体离子、14～17 原子质量单位(N^+, CH_4^+)和 28 原子质量单位(N_2^+)的大气拾取离子，都需要考虑它们的回旋半径带来的影响。

第三，当太阳风动压高到足以将土星磁层的日下点的磁层顶推动到土卫六的轨道内（并且土卫六恰好在那里）时，土卫六将暴露于上游的太阳风等离子体内。尽管这种情况相对罕见，然而这是一个相当有研究意义的行星空间天气问题。

第四，土卫六大气层中的氮气和甲烷大气也延伸得特别远，土卫六大气逃逸层底高度大约为 1200 km，几乎是土卫六半径的一半。同时土卫六的电离层也特别高，电离层顶高度大约 1500 km。因此，与金星和火星的情况相比，土卫六大气层/电离层显著不同，大气层/电离层占据土卫六其障碍物体积的很大一部分，所有这些差异造成等离子体与土卫六的影响仍有待研究。

6.3　太阳风与彗星以及其他喷气小天体的相互作用

彗星一般由三部分组成：彗核、彗发和一个或两个彗尾。彗核是由冻结的水、氨、甲烷、二氧化碳等物质组成。如图 6.3.1 所示，彗发是包围彗核的大气，由中性分子、原子和小的固体粒子组成，它是太阳紫外辐射使彗核物质蒸发或者向外喷射形成的。在彗发外层(约 10 km)形成彗星电离层，或者叫作彗星等离子体，可能是由于光致电离以及与行星际空间中高能粒子的直接电荷交换形成的。彗星等离子体受太阳风作用形成长而直的彗尾，称为 I 型彗尾(或等离子体彗尾)。等离子体彗尾宽数千千米，长可达 10^7～10^8 km，呈射线结构，沿着远离太阳的方向延伸，并呈现出一些不均匀结构向着远离太阳的方向运动。观测到的不均匀结构的加速度在宁静太阳风条件下为 10～100 cm/s²，在扰动太阳风条件下偶然可以达到 10^4 cm/s²。这远远超过了太阳光压所能提供的加速，因而只能是由太阳风加速产生。太阳风的动量怎样传输给彗尾，这是需要研究的课题。可能同边界上的某些不稳定性有关。彗星尘埃颗粒形成短而弯曲的彗尾，称为 II 型彗尾。

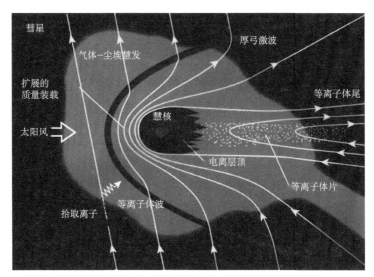

图 6.3.1　太阳风与彗星巨大的气体云和太阳风相互作用形成的结构(http://lasp.colorado.
edu/~bagenal/DS1/Class9.html)

彗星核是一个相对较小的体(约 10 km 的大小), 主要由可挥发物质组成, 如水冰。由于彗星大部分时间都远离太阳, 这些彗星核大部分都是不会逃逸的非活性物质。当彗星迅速靠近太阳时, 一些挥发物被充分加热到以中性原子释放, 在核周围形成一个巨大的(约 10^6 km)气体云或彗发。太阳风与中性原子或与原子核没有明显的相互作用。然而, 气体云中的原子被光电离以形成彗星(水族)离子。这些重离子在太阳风中被吸收。在气体云密度更大(即靠近彗星核)的地方拾取更多的离子, 太阳风的动量必须与额外的拾取离子(彗星等离子体)共享。因此, 通过质量加载过程, 穿过彗星等离子体的太阳风通量管将在彗星附近被减速。IMF 场线围绕彗星核缠绕, 从而在彗星下游产生感应磁尾。

通常根据太阳风与彗星相互作用定义两个等离子体边界。

(1)太阳风与彗星接触面: 通过太阳风动压与流出的彗星等离子体热压的平衡, 有效地阻挡太阳风的区域。接触表面以内的区域等离子体主要来自彗星。

(2)彗星核边界: 周围的等离子体性质强烈取决于彗星的日心距离和所得的核的气体产生速率。

在空间飞船对彗星直接观测之前, 人们对彗星的了解来大多来自光学观测。我们对彗星和太阳风与彗星的相互作用的大部分理解来自 20 世纪 80 年代中期以来人类通过航天器对太空彗星的不断探测。彗星是探测太阳风的天然"探针", 也推动了太阳风的发现。下面对太阳风与彗星的相互作用进行简要概述。

太阳风与彗星的相互作用是一个十分复杂的过程, 图 6.3.2 给出了太阳风与彗星相互作用的示意图。图 6.3.2 说明了太阳风与彗星相互作用的两种极端情况:

(1)在远距离(日球层距离> 3 AU), 彗星裸核完全暴露于太阳风和太阳紫外线辐射[图 6.3.2(a)];

(2)近日点附近的活动彗星(~1 AU), 完全发展的彗星与太阳风相互作用, 其中彗星核与内彗星被彗星自身的大气环境和太阳风包围, 仅有一小部分彗核的表面产生气体和尘埃(Halley 约 10%)[图 6.3.2(b)]。

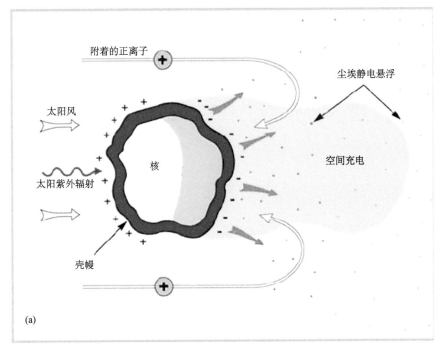

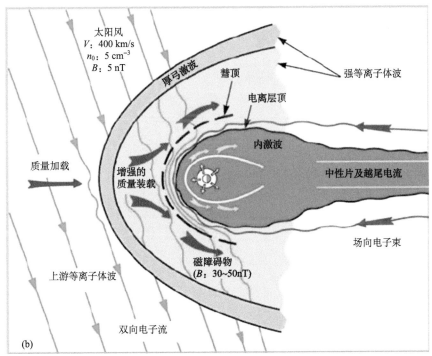

图 6.3.2　太阳风与彗星相互作用示意图（Flammer, 1991）

远离太阳时(日球层距离> 3 AU),彗星表面很冷,活动性很低。随着彗星核逐渐接近太阳并且其表面温度升高,挥发物(主要是水,但也有二氧化碳等)升华到表面的一部分并扩展到太空,形成彗发,尘埃带有气流(Gombosi et al., 1986),因此尘埃会发生变形。当辐射压力加速尘埃粒子时,也形成尘埃尾背向太阳。

在远彗发区产生的彗星离子,由于库仑散射、波-粒子相互作用以及电场引起的漂移,最终被太阳风拾起,并随太阳风一起运动。这一过程使太阳风速度减小,由超声速变成亚声速。在超声速太阳风和亚声速太阳风之间必然形成激波。另外,由彗核蒸发或者向外喷出的物质向外流动的速度也是超声速的(那里的声速很低)。为使其速度降低,在内彗发区也应形成一个内激波。内外激波形成了一个激波对,在它们之间应存在一个间断面(接触间断面或者切向间断面,也称为电离层顶)。在间断面外侧是携带着在远彗发区产生的离子的太阳风流和行星际磁场,因此,太阳风被减速并偏转流向磁尾,磁力线被堆积起来并被太阳风拉向彗尾。在间断面内侧磁场为零,越过内激波向外流动的彗星离子在这里受到减速和偏转,流向尾部。

在距太阳 2~3 AU 之间,彗星活动是适度的,但是在近日点附近(d<2 AU)活动已经相当高了。除了活跃彗星的内部彗发外,太阳风粒子和彗星中性气体之间的碰撞还很少见。但彗星中性成分(例如,H_2O,CO_2 或光解离产物,如 O 等)可以通过太阳紫外线(EUV)辐射光致电离或太阳风离子与彗星中性成分电荷交换产生彗星离子。最初,这种相对大质量的新生离子几乎是静止的(大约 1 km/s 的中性流出速度)(Krankowsky et al., 1986)。当新生离子被太阳风的电场加速时,加速的速度可达 2 倍太阳风速度——也就是"拾取离子"(具有 1~2 keV/amu 的能量)。太阳风和产生的离子分布函数称为环形束分布。而这种环形束分布会进一步激发等离子体波,并且等离子体波会散射彗星离子,使得它们的分布函数变得更加各向同性,并且它们完全地"同化"到太阳风流中。重的彗星离子质量加载和减速太阳风也许会最终导致弓激波、磁屏障和磁尾的形成(Flammer, 1991)。

对于足够活跃的彗星并具有密集中性成分的彗发,碰撞在内部彗发中变得重要;并且电荷交换碰撞可以从等离子体流中移除快速太阳风质子(比原始太阳风速慢得多)。这种转变发生在"彗星顶"的边界附近(Cravens, 1991)。在过渡中,等离子体主要来源于太阳风,并且彗星中等离子体比太阳风中的等离子体更冷,更慢,更密集。

6.3.1　彗星电离层

太阳风等离子体与大气层相互作用的最极端的例子也许是与彗星的相互作用。靠近太阳的彗星具有巨大的大气层,这些大气是由冰态的彗核接近太阳时逐渐蒸发而产生的,随着彗星到日心距离的改变而经历复杂的演化。

对于彗星而言,质量加载(mass loading)过程非常重要。对于金星或火星,因为重力的限制,太阳风质量加载的区域局限于低高度磁鞘和磁尾。相比之下,彗星的不受重力束缚、蒸发的中性大气从非常小的(直径几千米)冰核向外流动,速度约为 1 km/s。在彗核附近,太阳风质量加载的等离子体充满了来源于大气的重离子(主要成分是水)。这时,太阳风质量加载的区域减速到几乎相对于彗核静止(由于动量守恒)。等离子体相互作用的流体力学处理中，质量加载过程通常作为连续性方程中的源项加入。彗星的产生率函数是流出气体对应的球形膨胀平方反比项和电离过程对应的气体损失指数衰减项两项之积。于是源项可以写成

$$Q = \frac{Q_0}{r^2}\exp\left(-\frac{r}{u\tau}\right) \tag{6.3.1}$$

式中，Q_0 为气体产生率；u 为中性气体出流速度；r 为到彗核的距离；τ 为电离时间。

　　由彗星气体电离产生的电离层，图 6.3.3(a) 显示了彗星的大气层和电离层随高度变化。图 6.3.3(b) 显示了彗星的大气层向外扩张，彗星的大气层与太阳风等离子体流相互作用，并在彗核周围形成一个大尺度空腔-诱导磁层。诱导磁层的边界主要是由流出彗星的等离子体的动压决定的，彗星电离层产生的热压只起辅助作用。引导磁层的边界通常是切向间断面，也被称为接触面。在接触面以外，太阳风成分被偏转的边界被称为"彗顶"(cometopause)，它在哈雷彗星的飞越探测中被首次观察到，并被命名。

　　当太阳风与无磁化行星相互作用时，太阳风等离子体在非常靠近行星表面的位置才被减速和偏转，但在太阳风与彗星相互作用的情况下，由于质量加载过程，彗星扩张大气使得太阳风等离子体流远远地还没有遇到接触面的时候就已经大大减速了。实际上，由于沿途的拾取离子效应和电荷交换过程，在太阳风入射流到达接触面时，等离子体流的主要成分已经从太阳风来源变成彗星来源的了。

　　对于垂直于太阳风流的行星际磁场(帘状的行星际磁场)，较少的太阳风等离子体渗透到质量加载区域里，这时，等离子体流速已经减小，尽管太阳风流偏转的角度比较小。图 6.3.3(b) 补充说明了太阳风与彗星的相互作用过程。作为比较，图中展示了 Lyman-α 晕的近似视见边界，它表示彗星中性大气的氢元素含量的丰度。

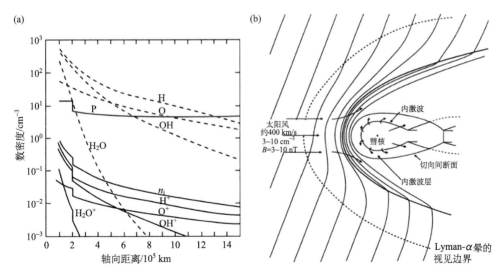

图 6.3.3　彗星的大气层和电离层随高度变化(Ip and Axford, 1982)(a)和太阳风-彗星相互作用的内部区域(b)

由于质量加载的过程，太阳风流速减慢，虽然太阳风与彗星的相互作用也可能形成弓激波，但是它通常比太阳风与行星相互作用形成的弓激波要弱很多。

6.3.2 太阳风与哈雷彗星相互作用

1985～1986 年人们有机会利用空间飞船对彗星及其彗星与太阳风的相互作用进行实地观测。Mendis 和 Tsurutani(1986)综合评述了对哈雷彗星的观测。这些对彗星的实地观测结果对于研究彗星，彗星与太阳风的相互作用及空间等离子体物理都有着极其重要的意义。下面，我们对哈雷彗星的观测结果作简要介绍。

如图 6.3.4 所示，哈雷彗星的彗核呈不规则椭圆状，短轴为 7～10 km，长轴约为 15 km。根据空间飞船 Vega-1 观测，彗核表面温度为 330±30 K。据推测，彗核主要由含有其他成分的冰块组成。彗核表面的活动性是不均匀的。在 3 月 14 日前后发现两个主要的活动区，均位于向阳面对日点。从活动区向外喷出尘埃喷流。根据 Vega-1 观测，总的彗星气体产生率初步估计为 $1.3×10^{30}$ s^{-1}，而根据 Vega-2 和 Giotto 的观测估计出的总气体产生率要小一些。中性气体的主要成分是 H_2O，在距彗核 1000 km 的内彗发处，H_2O 的数密度为 $4.7×10^7$ cm^{-3}。CO_2 是仅次于 H_2O 的原始分子成分。在小于 10^4 km 范围内，中性气体以 0.9 km/s 的速度向外膨胀。中性气体由光致电离和其他电离效应而电离生成离子。在内彗发区(小于 $2×10^4$ km)，主要离子成分是 H_3O^+。随着彗心距离的增大，H_2O^+ 和 O^+ 相继成为主要的离子成分，此外还有 C^+，CO^+ 和 S^+ 等离子成分。

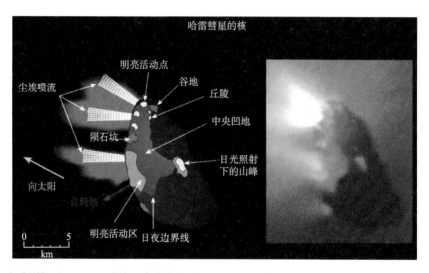

图 6.3.4　由欧洲航天局 Giotto 宇宙飞船拍摄的人类首次近距离对彗星核心(哈雷彗星)拍摄的图像(Bob Singer, https://www.quora.com/Why-was-Halleys-comet-so-disappointingly-dim-at-its-last-approach-to-us)

观测表明，关于太阳风与彗星相互作用的理论预计基本上是正确的，但是其中有一些问题仍需进一步讨论。当飞船器接近(或远离)彗星时，观测到太阳风速度逐渐减小(或增大)，温度逐渐增高(或降低)，没有发现有很强的间断面，但在预计弓形激波存在的区域发现有若干物理量发生跃变。对于这跃变区的厚度和本质没有一致的看法。Mendis 和

Tsurutani(1986)认为 Vega，Giotto 和 Suisei 在距彗核 10^6 km 处观测到了弓形激波。激波对日点的彗心距离为 $4×10^5$ km。在小于 10^4 km(与该处 OH$^+$离子的回旋半径 4400 km 同量级)的范围内，电子密度和磁场增加了两倍。在激波过渡区内观测到明显离子减速和加热。Mukai 等(1986)报道 Suisei 向外穿过弓形激波的观测表明，在弓形激波处，速度由 240 km/s 跃变至 440 km/s，跃变区厚度的上限为 $2.6×10^4$ km。然而，Johnstone 等(1986)和 Reidler 等(1986)报道他们观测到的跃变区的厚度为 $1.2×10^5$ km，是 OH$^+$回旋半径的 28 倍。他们认为这一跃变区太宽，因而称作"弓形波"(bow wave)更为合适。

Rème(1986)指出，在弓形波以内是过渡区(transition region)，其特征是随着彗心距离减小，平均电子密度升高而平均温度几乎不变，太阳风整体速度逐渐减小。在过渡区以内被称作彗鞘区，其特征是随着彗心距离减小，平均电子密度和温度逐渐减小，太阳风整体速度仍然逐渐降低。在这两个区域内，电子密度和温度都有很大起伏，相比之下过渡区内起伏大。

根据 Mendis 和 Tsurutani(1986)报道，在弓形激波以内，磁场缓慢增加。Vega-1 和 Giotto 分别在 $9×10^4$ km 和 $5×10^4$ km 观测到第二次磁场陡增。在这之后，飞船越过碰撞层顶(collisionopause)，相应对日点的彗心距离对于这两个飞船分别为 $9×10^4$ km(Vega-1)和 $5×10^4$ km(Giotto)。根据 Réme(1986)报道 Giotto 越过碰撞层顶时，电子密度突然减小。在碰撞层顶，太阳风与向外流出的中性成分碰撞而急骤减速。碰撞层顶位于彗鞘区的内边界。

在碰撞层顶内，根据 Mendis 和 Tsurutani(1986)，Vega-1 在距彗核 $1.8×10^4$ km 处观测到磁场最大值为 75 nT，而 Giotto 在距彗核 $1.5×10^4$ km 处观测到磁场最大值为 60 nT。再向内，Giotto 在距彗核 5000 km 处观测到磁场在数百千米的范围内由 60 nT 突然减小到 2~3 nT，小于飞船仪器电流所产生的背景磁场值，Mendis 和 Tsurutani(1986)认为这是理论预计的位于电离层顶的切向间断面。这一间断面又被称作"接触面"(contact surface)。观测还表明，越过这一间断面，离子温度陡然降低而离子速度增大。

如前所述，观测到的弓形激波(或弓形波)和接触面的位形与理论计算(Mendis et al., 1986)是一致的，但是，理论预计在接触面内距彗核约为 1000 km 处应存在着一个内激波，这一理论预计没有得到明显的观测证据支持。

6.3.3 太阳风与活跃的彗星相互作用：软 X-RAY 发射

太阳风与活跃的彗星相互作用，质量加载控制彗星与太阳风的相互作用。其相互作用区域即彗星核距离弓激波的距离，与任何等离子体尺度(回旋半径)相比都大。电离和随后的质量加载是产生太阳风和彗星相互作用的主要过程，这一过程可以导致软 X-RAY 发射。

1996 年 ROSAT 首次发现彗星发射的 X 射线，并观察到 Hyakutake 彗星软 X 射线的功率大约为 1 GW(Lisse et al., 1996)。这种 X 射线发射有好几种可能的机制，但大多数证据都支持 X 射线发射是太阳风–彗星中性成分电荷交换产生的(或 SWCX)(Craven, 2002)。这种机制存在于高电荷状态的太阳风重离子成分($Z > 2$)，经历与彗星中性成分电荷交换碰撞后，新产生的离子处于高激发态，如图 6.3.5 所示(Cravens, 1997)。

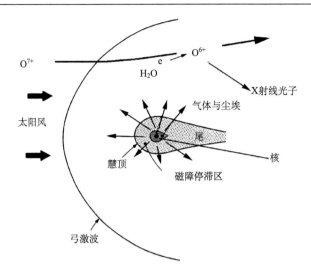

图 6.3.5　活跃彗星的等离子体环境中重太阳风离子与彗星中性成分的电荷交换碰撞并导致 X 射线光子
的发射示意图(Cravens, 1997)

这种电荷转移反应的例子如下：

$$O^{7+} + H^2O \longrightarrow O^{6+*} + H^2O^+$$

产物 O^{6+*} 处于激发态并且处于激发态去激发过程发射出 X 射线光子：

$$O^{6+*} \longrightarrow O^{6+} + h\nu$$

对于这一步反应，其中重要的一种过渡是 $1s2p \rightarrow 1s^2$ 能量为 568.4 eV(Kharchenko and Dalgarno, 2001)。最近，钱德拉 X 射线空间天文台已经获得了彗星 LINEAR 和 McNaught-Hartley 的高分辨率光谱，证实了这种退激过程确实包含多种谱线，其中包括一个接近 560 eV 的谱线(Lisse et al., 2001)。这些光谱包含彗星与太阳风相互作用的多种信息。

图 6.3.6(a)～(d)显示彗星 LINEAR 的软 X 射线、EUV、光学部分中的图像光谱，以及模拟的彗星 Hyakutake 的 MHD 计算图像。还显示了用 MHD 模型计算的 X 射线发射。彗星 EUV 和 X 射线结合建模的观测也许可以进一步告诉我们关于彗星与太阳风相互作用的信息。X 射线和 EUV 图像与光学图像发射区域非常不同，X 射线发射峰值的位置应该在很大程度上取决于彗星中性气体的生产率，彗星 X 射线观测也许能够检测彗发中不对称分布的中性气体的分布特征，然而，这些都有待于进一步研究。

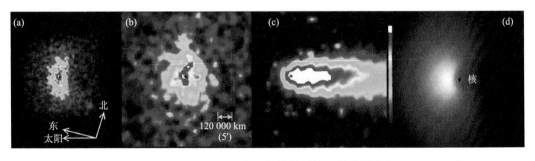

图 6.3.6　钱德拉 X 射线空间天文台获得的彗星软 X 射线图像(Cravens, 2002)

6.3.4　太阳风与不活跃的彗星相互作用：低频波发射

最近欧洲航天局的罗塞塔卫星计划提供了太阳风与低级和中级活跃阶段彗星相互作用的观测证据。太阳风与不活跃阶段彗星相互作用形成不对称偏转流向(甚至反平行于太阳风方向)和大幅度对流电场(已经在 AMPTE 钡云主动实验释放期间观察到)。在太阳风的相互作用区域与中、低活跃期彗星 67P / Churyumov-Gerasimenko 相互作用期间，观察到的最引人注目的特征是低频波振荡。

如图 6.3.7 所示，太阳风偏转流是太阳风与彗星相互作用的动量平衡造成的，新生的彗星离子会被太阳风对流电场加速。因此，新生彗星离子会对已减慢的太阳风造成扰动，而电离过程和质量装载是产生太阳风扰动的主要过程。与强烈活跃的彗星相比，不活跃彗星产生的等离子体还比较少，植入相互作用区的彗星离子体基本上是非磁化的，并且不会引起任何经典的离子体非旋转或环向速度空间分布，但它们产生电流垂直于太阳风流动和磁场方向。这种离子电流会干扰已减慢的太阳风。

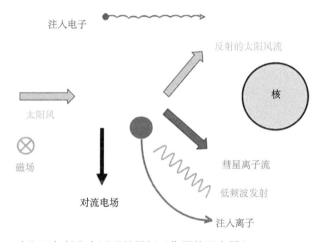

图 6.3.7　太阳风与低和中活跃彗星相互作用的示意图(Glassmeier et al., 2017)

图 6.3.8 显示了罗塞塔卫星在近地点附近观测到彗星磁场振荡谱。波频率最大约为 20 mHz，当地的羟基离子回旋频率为 2 mHz。磁场的频率振荡与局部彗星离子回旋频率明显不同。这些新的低频波观测表明了太阳风与低和中活跃彗星的不同寻常的相互作用过程。

罗塞塔任务提供了前所未有的研究彗星和太阳风与彗星相互作用的可能性。随着罗塞塔飞船伴随着彗星 67P / Churyumov-Gerasimenko 来到的近日点阶段，质量加载过程是各种物理活动的核心。与其他彗星的探测计划提供的相互作用区域图像和各种等离子体边界不同，罗塞塔卫星探测允许详细研究太阳风与低和中活跃彗星相互作用时期，彗星最内层磁层的时间演变规律。

彗星发出振鸣(singing)的大幅度超低频(ULF)波，可能是由变形的离子尾部不稳定性产生。然而具体的相互作用物理图像还有待进一步研究。

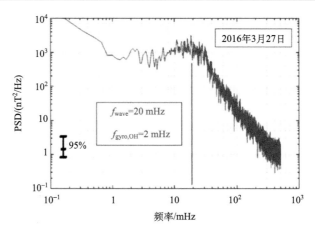

图 6.3.8　罗塞塔飞船伴随着 67P / Churyumov-Gerasimenko 通过近日点
观测到彗星磁场振荡的样本频谱(Glassmeier et al., 2017)

6.4　太阳风与月球相互作用

太阳风与地球卫星月球的相互作用是另外的类型，月球既没有内部磁场又不是良导体(绝缘体)，因而不能产生磁层和准磁层，而是在月球的下游产生等离子体空腔，太阳风磁场几乎不受影响地渗透过月球。月球微小剩磁磁场以类似火星的方式与太阳风相互作用，但是不受电离层中感应场的额外影响。

如图 6.4.1 所示，月球是一个不导电的球体，除了一些残余磁性弱的孤立区域外，它没有明显的磁场。太阳风直接照射在太阳光表面，而 IMF 几乎不受影响地穿过月球。月球下游的尾流区域的范围取决于 IMF 对太阳风的相对取向：对于平行于太阳风流动的行星际磁场，太阳风等离子体不能容易地垂直于场地对流，因此尾迹延长[图 6.4.1(a)]；对于垂直于太阳风流动的行星际磁场，太阳风等离子体快速填充尾迹，因为它沿着场方向容易移动[图 6.4.1(b)]。因此，没有任何过程可以使太阳风等离子体偏离月球。太阳风粒子以超声速直接冲击月球表面，没有形成弓激波也没有磁层或电离层腔。太阳风粒子被月球表面吸收，使得月球土壤包含月球形成以来太阳风的记录。

月球表面和内部电导率被认为非常小，因此通过月球的磁场的磁扩散时间非常小，行星际磁场几乎不受影响地通过月球。靠近月球，这个尾迹具有与月球相同的横截面，但是当太阳风等离子体沿着场线流入空隙时，它会充满。月球尾迹的长度因而取决于太阳风流速与热速度之比，因为较热的等离子体将沿着磁场方向迁移更快地填满(特征填充速度)无等离子月球尾迹。除此之外，月球尾迹的长度还强烈依赖于行星际磁场的方向。对于平行于太阳风流动的行星际磁场，太阳风等离子体不能容易地垂直于场地对流，因此尾流延长[图 6.4.1(a)]。对于垂直于太阳风流动的行星际磁场，等离子体可以沿着场方向快速运动，因此，尾迹将相对较快地被填充[图 6.4.1(b)]。

(a) 流向磁场

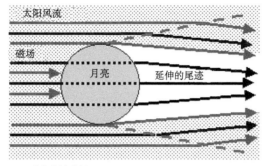

(b) 垂直流的磁场

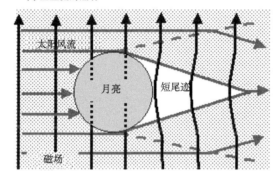

图 6.4.1　太阳风与月球没有固有磁场且没有电离层的绝缘体的相互作用

　　月球部分轨道位于地球磁层内部，在这期间，它的相互作用就是与地球磁层场和等离子体的相互作用，而不是太阳风。此外，月球确实具有残余表面磁化的小区域，可能在过去的流星撞击期间形成。最近观测已经证明这些形成微型磁层，其在月球表面附近造成太阳风微小的偏转。

　　Explorer-35 于 1967 年 8 月 5 日对月球附近的行星际磁场和等离子体进行了测量，发现太阳风与月球的相互作用完全不同于太阳风与地球的相互作用 (Whang, 1969)。月球附近没有激波产生，图 6.4.2 示出了 Explorer-35 对月球磁场和等离子体的测量结果，上图表示投影在黄道面内的飞船轨道，X 轴平行于太阳月球连线。月球对太阳风等离子体的主要效应是在月球的阴影区域产生等离子体空腔。在空腔中等离子体密度减少至零，而磁场强度比未扰动的行星际磁场强一些。在本影增强区域的两边磁场减弱，并比未扰动磁场要弱一些，这个区域叫作磁场的半影减少区域。在这个半影区域中等离子体密度是未扰动时等离子体密度的一半。再向外边磁场又有一点微小的增加。

　　为了解释在月球尾迹中磁场和等离子体的特性，Whang (1968, 1969, 1970) 提出了二维引导中心方法。为了处理吸收边界条件，需要采用等离子体动力论的方法。由于质子回旋半径约为 80 km，比月球半径 (1738 km) 小得多，可以只考虑粒子引导中心的行为。首先根据无碰撞等离子体动力论方程和在月球表面的吸收边界条件 (即月球吸收了打在它表面上的全部粒子)，假设上游未扰动等离子体是麦克斯韦分布，求出尾迹中等离子体的分布函数。由等离子体分布函数可以计算月球尾迹中的总电流，再由麦克斯韦方程求磁场。计算结果与观测值相符很好。

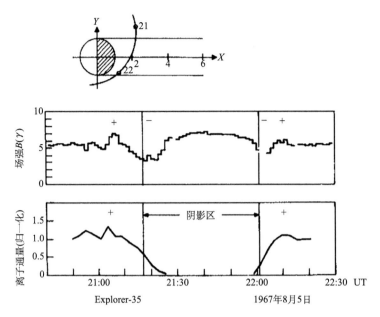

图 6.4.2 月球轨道飞船 Explorer-35 对月球磁场和等离子体的同时测量结果(Whang, 1969)

上述测量说明月球没有固有磁场,而且月球本身的平均导电率也很低,行星际磁力线可以很容易地从月球内部通过,因而月球背面没有磁层产生。上述测量还说明,所有打到月球表面的带电粒子都被月球表面捕获,因而在月球阴影区内形成等离子体空腔,等离子体空腔边缘上的磁化电流将使空腔内的磁场增加。在太阳风与地球相互作用时,由于要求太阳风在磁层顶的法向速度为零,在超声速太阳风中必然出现激波。在月球情况下,太阳风可以一直不受任何扰动地打到月球表面上,并被月球吸收,因此月球前面没有激波产生。

月球剩磁场可能是在过去的流星撞击期间形成或者月球发电机的遗迹。月球剩磁在早期的低轨航天器上就被探测到,并且已经被非常详细地绘制出来。在月球大部分区域,剩磁场太弱,不足以对太阳风产生太大影响。但是当一个磁化较强的区域靠近月球临边(这里定义为由太阳风引起的尾迹边缘)的时候,它会引起流动的微小偏转并对局部磁场和等离子体密度产生一个弱的压缩作用。这称为临边压缩或临边激波,其在月球表面附近造成太阳风微小的偏转。

最近观测显示,近月表等离子体分布的变化与月壳磁场磁镜的损失锥相一致。也有证据表明,行星际磁场和月壳磁场接触时可能发生磁重联,以及月壳磁场可能在局部月表附近对太阳风入射粒子反射,形成等离子体小涡流结构,如图 6.4.3 所示。

对太阳风与月球相互作用过程的最新理解的总结在图 6.4.4 中给出。这些过程包括但不限于太阳风入射离子被月球表面反射形成能量中性原子(氢 ENAs),月球表面粒子被溅射,散射太阳风质子与月球表面剩磁相互作用形成微型磁层,夜间月球尾迹离子,以及月球尾迹等离子体动力学等。能量中性粒子反向散射和太阳风入射粒子通量之间的线性正比关系(图 6.4.5)以及太阳风质子从月球表面散射表明月表存在与太阳风等离子体相互作用形成微风化层。

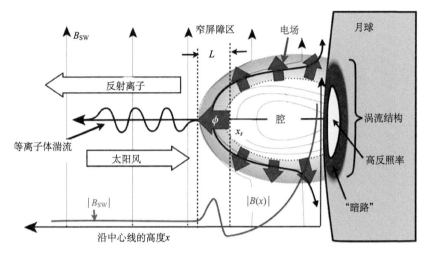

图 6.4.3　太阳风与月球表面剩磁相互作用形成微型磁层示意图(Bamford et al., 2012)

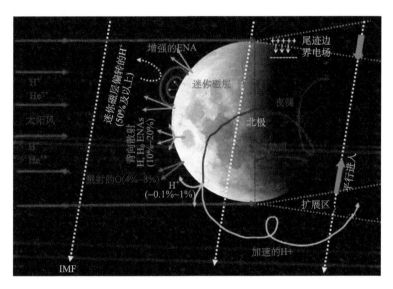

图 6.4.4　目前对太阳风与月球相互作用引发过程的理解的总结（Bhardwaj et al., 2015）

由于这些现象仅仅对前面描述的太阳风等离子体与月球相互作用做出了微小的修改，我们将详细过程留给感兴趣的读者，大家可以在文献中寻求这些太阳风与月球相互作用特征的进一步讨论。

前面对等离子体流与各种类型的弱磁化或非磁化星体的相互作用进行了大量定性描述，其中最基本的障碍和外部环境属性总结在表 6.4.1 中。我们已经考虑过：没有大气的类月星体；具有足以对等离子体相互作用产生很大影响的大气的金星、火星和土卫六；各具特色的小天体冥王星、土卫二和木卫一；大气不受引力限制的彗星；行星际磁场增强区、与太阳风一同运动的等离子体尘埃云。

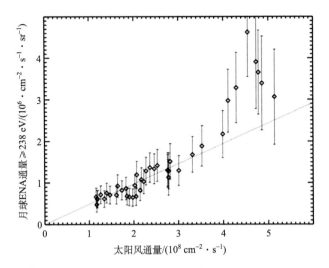

图 6.4.5　在月球通过 IBEX 卫星视野期间 IBEX 卫星观测到月球的能量中性粒子和太阳风粒子通量之间的线性正比关系(McComas et al., 2009)

表 6.4.1　太阳风或等离子体流与非磁化星球相互作用的尺度与参数(Ip and Axford, 1982)

星体	典型外磁场/nT	等离子体速度/(km/s)	星体半径/km	主要拾取离子种类	环境
月球	7(太阳风)	$300\sim600^*$	1738	He^+，N^+，O^+，Ar^+，K^+，H^+，Na^+	太阳风，地球磁尾
	15(磁尾)				
金星	13	$300\sim600^*$	约6050	O^+，O_2^+，CO^+，CO_2^+	太阳风
火星	3	$200\sim600^*$	约3390	O^+，O_2^+，CO^+，CO_2^+	太阳风
土卫六	约5	$80\sim120$	约2575	CH_4^+，N_2^+，N^+	土星磁层
		$200\sim400$(磁鞘，太阳风)			磁鞘，太阳风
木卫一	1500	57	约1830	SO_2^+，SO^+	木星磁层
土卫二	约330	约20	约250	H_2O^+，O^+，OH^+	土星磁层

　　*如果太阳风受到了如快速 ICME 的扰动，等离子体速度可能达到约 2000 km/s，密度和磁场可达到通常数值的 10 倍左右。

　　各种等离子体与弱磁化或非磁化星体相互作用都有独有的特征。月球吸收入射的等离子体并留下空的尾流，但对磁场产生的扰动较小。具有稠密电离层的弱磁化行星使入射等离子体偏转，形成弓激波和磁鞘，同时在表面附近发生质量加载，其有助于在尾流中形成感应磁尾。火星和月球具有小尺度壳层磁场，强度足以影响它们的等离子体相互作用，这为本章中描述的基本图像带来额外的复杂性。具有大气的行星卫星，如土卫六和木卫一，代表了这两种相互作用的独特组合，它们通常浸没在主行星的磁场中，对通过的磁层等离子体产生质量加载。彗星显示了障碍物由外流大气决定的情况下磁化等离子体与逃逸层的作用过程。土星的卫星土卫二具有高度不对称的"大气层"，也类似于彗星。冥王星的寒冷大气与一种非常不同的太阳风相互作用，这需要新的方法来理解。最后，行星际磁场增强发生在固体和等离子体之间的边界处，在等离子体的作用下，纳米级尘埃粒子大大加速，沿径向远离太阳，进入太阳系空间。

图 6.4.6 基于文献中的一些数据显示了这种比较，这里产生率应当理解为各种机制——包括热、光化学、机械（如溅射）和等离子体物理（如拾取粒子的情况）所联合造成的气体或离子向外界等离子体的逃逸速率。如上所述，这些物体产生的粒子种类由它们自身的组分决定，且对于每个物体而言，产生率都有可能发生几个数量级的变化。如果对产生率做时间平均，结果通常（至少对于行星）对大气或表面造成不了太大影响，而彗星由于其轨道和内部凝聚力不同，随时都有可能被蒸发。

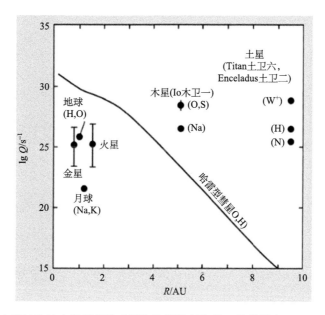

图 6.4.6　本章讨论的太阳系各种"源"估算的产生率 Q 的比较（Ip and Axford, 1982）

然而在不同情况下这些损失率可能并不相同，并且在早期太阳系中可能又不一样。行星研究的一个目标是了解这些大气逃逸过程在 45 亿年的太阳系历史中如何变化。行星不断地将物质丢失到太空，它们长时间累计的效果是什么？人们也可能会对地球和其他具有磁层的行星问同样的问题。它们与太阳风等离子体相互作用而导致的相关的大气损失过程是不同的，但是有多大不同？对于没有磁场的行星，这种逃逸效应是更强还是更弱？目前地球上的离子逃逸速率与金星和火星的相似，如图 6.4.6 所示。作为比较，地球也放在了其中，地球的"源"是极盖电离层出流。木星和土星的产生率本质上分别是木卫一和土卫二的。实线显示了哈雷彗星在靠近太阳的过程中变化的产生率。这些产生率反映了日球层中行星离子源的强度。磁层是否真的起到了"屏蔽"作用？这些问题都有待于进一步的研究。

参 考 文 献

刘振兴. 1983. 木星 Io 通量管中等离子体湍流及低频无线电波的激发和功率. 地球物理学报, 26(3):

214-223.

Bagenal F. 1992. Giant planet magnetospheres. Annual Review of Earth and Planetary Sciences, 20(1): 289-328.

Bagenal F. 2005. Saturn's mixed magnetosphere. Nature, 433(7027): 695-696.

Bamford R A, Kellett B, Bradford W J, et al. 2012. Minimagnetospheres above the lunar surface and the formation of lunar swirls. Physical Review Letters, 109(8): 081101.

Bertucci C, Duru F, Edberg N, et al. 2011. The induced magnetospheres of Mars, Venus, and Titan. Space Science Reviews, 162: 113-171.

Bhardwaj A, Dhanya M B, Alok A, et al. 2015. A new view on the solar wind interaction with the Moon. Geoscience Letters, 2(1): 10.

Brain D A, Halekas J S. 2012. Aurora in Martian Mini Magnetospheres. In: Keiling A, Donovan E, Bagenal F, et al(eds). Auroral Phenomenology and Magnetospheric Processes: Earth and Other Planets, 197.

Brain D A, McFadden J P, Halekas J S, et al. 2015 The spatial distribution of planetary ion fluxes near Mars observed by MAVEN. Geophysical Research Letters, 42(21): 9142-9148.

Brain D A, Bagenal F, Ma Y J, et al. 2016. Atmospheric escape from unmagnetized bodies. Journal of Geophysical Research: Planets, 121: 2364-2385.

Collinson G A, Sibeck D G, Masters A, et al. 2012. Hot flow anomalies at Venus. Journal of Geophysical Research: Space Physics, 117(A4): 1995.

Collinson G A, Sibeck D G, Masters A, et al. 2014. A survey of hot flow anomalies at venus. Journal of Geophysical Research: Space Physics, 119(2): 978-991.

Connerney J E P, Acuna M H, Wasilewski, et al. 1999. Magnetic lineations in the ancient crust of Mars. Science, 284(5415): 794-798.

Connerney J E P, Espley J, Lawton P, et al. 2015. The MAVEN magnetic field investigation. Space Science Reviews, 195(1-4): 257-291.

Cravens T E. 1991. Plasma processes in the inner coma. In International Astronomical Union Colloquium, 116(2): 1211-1255.

Cravens T E. 1997. Comet Hyakutake X-ray source: charge transfer and solar wind heavy ions. Geophysical Research Letters, 24: 105-108.

Cravens T E. 2002. X-ray emission from comets. Science, 296(5570): 1042-1045.

Dolginov S S, Yeroshenko Y G, Zhuzgov L N. 1976. The magnetic field of Mars according to the data from the Mars 3 and Mars 5. Journal of Geophysical Research, 81(19): 3353-3362.

Flammer K R. 1991. The global interaction of comets with the solar wind. International Astronomical Union Colloquium, 116(2): 1125-1144.

Futaana Y, Wieser G S, Barabash S, et al. 2017. Solar wind interaction and impact on the Venus atmosphere. Space Science Reviews, 212(3-4): 1453-1509.

Glassmeier K H. 2017. Interaction of the solar wind with comets: a Rosetta perspective. Philosophical Transactions of the Royal Society A: Mathematical, Physical and Engineering Sciences, 375(2097): 20160256.

Gombosi T I, Nagy A F, Cravens T E. 1986. Dust and neutral gas modeling of the inner atmospheres of comets. Reviews of Geophysics, 24(3): 667-700.

Hall B E S, Lester M, Sánchez-Cano B, et al. 2016. Annual variations in the Martian bow shock location as observed by the Mars Express mission. Journal of Geophysical Research: Space Physics, 121(11): 11474-11494.

Hartle R E. 1976. Interaction of the solar wind with Venus. Physics of Solar Planetary Environments:

889-903.

Ip W H, Axford W I. 1982. Theories of physical processes in the cometary comae and ion tails. Comets Tucson.

Johnstone A, Coates A, Kellock S, et al. 1986 . Ion flow at comet Halley. Nature, 321(6067s): 344.

Kharchenko V, Dalgarno A. 2001. Refractive index for matter waves in ultracold gases. Physical Review A, 63 (2) : 023615.

Kivelson M G, Slavin J A, Southwood D J. 1979. Magnetospheres of the Galilean satellites. Science, 205(4405): 491-493.

Krankowsky D, Lammerzahl I, Herrwerth P, et al. 1986. In situ gas and ion measurements at comet Halley. Nature, 321: 326-329.

Lanzerotti L J, Krimigis S M. 1986. Comparative magnetospheres. JHATD, 7(4): 335-347.

Lisse C M , Dennerl K , Englhauser J , et al. 1996. Discovery of X-ray and extreme ultraviolet emission from Comet C/Hyakutake 1996 B2. Science, 274 (5285) : 205-209.

Martinecz C, Boesswetter A, Fränz M, et al. 2009. Plasma environment of Venus: comparison of Venus Express ASPERA-4 measurements with 3-D hybrid simulations. Journal of Geophysical Research Planets, 114 (E9) : 438-457.

McComas D J, Allegrini F, Bochsler P, et al. 2009. Lunar backscatter and neutralization of the solar wind: first observations of neutral atoms from the Moon. Geophysical Research Letters, 36(12). https://doi.org/10. 1029/2009GL038794.

Mendis D A, Tsurutani B T. 1986. The spacecraft encounters of comet Halley. Eos Trans AGU, 67 (20) : 478- 481.

Mendis D A, Smith E J, Tsurutani B T, et al. 1986. Comet-solar wind interaction: dynamical length scales and models. Geophysical Research Letters, 13 (3) : 239-242.

Morrison D, Samz J. 1981. Voyage to Jupiter. NASA SP-439.

Reidler W, Schwingenschuh K , Yeroshenko, et al. 1986. Magnetic field observations in comet halley'scoma. Nature, 321 (6067) : 288-289.

Rème H, Sauvaud J A, d'Uston C, et al. 1986. Comet Halley-solar wind interaction from electron measurements aboard Giotto. Nature, 321 (6067s) : 349.

Roussos E, Kollmann P, Krupp N, et al. 2018. A radiation belt of energetic protons located between Saturn and its rings. Science, 362(6410): eaat1962.

Russell C T. 1976. Venera-9 magnetic field measurements in the Venus wake: Evidence for an Earth-like interaction. Geophysical Research Letters, 3: 413-416.

Russell C T. 1989. Ulf waves in the mercury magnetosphere. Geophysical Research Letters, 16.

Sanchez-Cano B, Narvaez C, Lester M, et al. 2020. Mars'ionopause: a matter of pressures. Journal of Geophysical Research: Space Physics. DOI: 10.1029/2020JA028145.

Saur J, Neubauer F M, Schilling N. 2007. Hemisphere coupling in enceladus' asymmetric plasma interaction. Journal of Geophysical Research Space Physics, 112 (A11) .

Schneider N M, Deighan J I, Jain S K, et al. 2015. Discovery of diffuse aurora on Mars. Science, 350(6261): aad0313.

Schwartz S J, Paschmann G, Sckopke N, et al. 2000. Conditions for the forma- tion of hot flow anomalies at the Earth's bow shock. Journal of Geophysical Research, 105: 12639-12650.

Slavin J A, Smith E J, Spreiter J R, et al. 1985. Solar wind flow about the outer planets: Gas dynamic modeling of Jupiter and Saturn bow shocks. Journal of Geophysical Research, 90: 6275.

Slavin J A, Acuña M H, Anderson B J, et al. 2008. Mercury's magnetosphere after MESSENGER's first flyby. Science, 321(5885): 85-89.

Smith E J, Davis L, Jones D E, et al. 1975. Jupiter's magnetic field. Magnetosphere, and interaction with the solar wind: Pioneer 11. Science, 188(4187): 451-455.

Southwood D J. 1997. The magnetic field of mercury. Planetary and Space Science, 45(1): 113-117.

Spreiter J R, Summers A L, Rizzi A W. 1970. Solar wind flow past nonmagnetic planets-Venus and Mars. Planet Space Science, 18: 1281.

Sun W J, Slavin J A, Fu S, et al. 2015. MESSENGER observations of magnetospheric substorm activity in Mercury's near magnetotail. Geophysical Research Letters, 42(10): 3692-3699.

Vasyliunas V M . 1983. Comparative magnetospheres. Dordrecht: Springer.

Waite J H, Lewis W S, Kasprzak, et al. 2004. The cassini ion and neutral mass spectrometer (inms) investigation. Space Science Reviews, 114(1-4): 113-231.

Waite J H , et al. 2005. Ion Neutral Mass Spectrometer (INMS) results from the first flyby of Titan. Science, 308: 982.

Whang Y C. 1968. Interaction of the magnetized solar wind with the moon. Physical Fluids, 11: 969.

Whang Y C. 1969. Field and plasma in the lunar wake. Physical Research, 186: 143.

Whang Y C. 1970. Two-dimensional guiding-center model of the solar wind-moon interaction. Solar Physical, 14(2): 489-502.

Whang Y C, Chien T H. 1981. Magnetohydrodynamic interaction of high-speed streams. Journal of Geophysical Research, 86(A5): 3263- 3272.

Zhang H, Kivelson M G, Khurana K K, et al. 2010. Evidence that crater flux transfer events are initial stages of typical flux transfer events. Journal of Geophysical Research, 115: A08229.

第7章 太阳风与银河星际风的相互作用

太阳系以太阳为主，形成了自己的磁层，称为日球层。日球层也可看作一个准磁层，它是由星际(银河)风与太阳风相互作用形成的。日球层的大小和结构取决于太阳相对于星际介质的运动、星际介质的密度，以及从日冕大气流出的太阳风对周围环境施加的压力。

日冕是一种高度电离的高温气体，可以以超声速向外流动以逃离太阳巨大的引力场。在日球层大部分的空间内，太阳风速度不仅超声速，而且远大于阿尔文速度($V_A = B/(\mu_0\rho)^{\frac{1}{2}}$，这里 B 为磁场强度，μ_0 为真空的磁导率，ρ 为等离子体的质量密度)。如图 7.0.1 所示(图片来源：Fisk, 2005 年)，出流的太阳风会被星际介质施加的力终止，太阳风只存在于日球层的边界内。因此，太阳风被星际介质限制在日球层腔内，日球层是太阳系磁层中最大的一个。

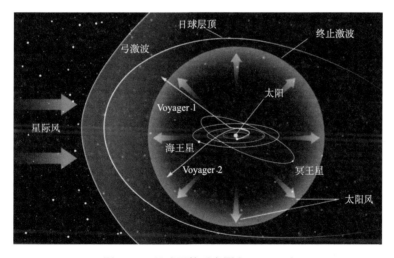

图 7.0.1　日球层的示意图(Fisk, 2005)

日球层(heliosphere)是星球层(astrosphere)的一个特例，是作为恒星风的太阳风在银河系的星际介质中吹出的一个"气泡"，充满了太阳风等离子体。"气泡"的边界称为日球层顶(heliopause)，大概是太阳风和局地星际介质压力平衡的地方(约 100 AU 处)。太阳风大体上是太阳高温高压的日冕向外膨胀所形成的，其在日球层中多以几百千米每秒的超声速运动，即使这样太阳风也大约需要一年才能完成从太阳到日球层顶的全球旅行，并且所到之处皆受其影响。太阳风使行星形成了"蜘蛛状"的行星磁层，并且不断剥离行星大气、梳出彗星的等离子体长慧尾、电离并捕获原中性粒子形成拾起离子(pickup ions)。超声速的太阳风在抵近日球层顶之前，会自洽形成一道激波面(称为终止激波, termination shock)并减速加热, 从终止激波到日球层顶的区域称为内日球层鞘区 (inner heliosheath)。日球层顶之外也可能存在另一个鞘区(outer heliosheath)和另一个弓 形激波, 是由星际介质流的减速产生。但是外面的激波是否存在, 目前还没有定论。特 别是 IBEX 卫星在日球层顶附近观测到能量中性原子带之后, 推测银河系或者星际介质 的磁场比原来预期的要强很多, 因此快磁声马赫数就会升高。这样, 日球层顶外星际介 质超声速流动并形成激波的可能性就会降低。

7.1　日球层动态扰动及其外边界的影响

日球层是一个复杂的系统。从内边界往外边界经历从碰撞且半电离的等离子体状态 向近似无碰撞且电离的等离子体状态过渡。各种粒子成分之间通过碰撞交换电荷、动量 和能量以及电磁场之间相互耦合从而改变系统的状态。内边界太阳活动本身是一个复杂 的过程。太阳磁化电离大气本身是不均匀的, 有活动区、宁静区和冕洞区三类不同的区 域, 从这些区域起源的太阳风有慢速流和高速流的区别。

太阳的 27 天自转, 使得行星际空间中的高速太阳风流追赶前面的低速流, 从而形成 共转相互作用区(corrotating interaction region, CIR)。这会在相互作用区前后形成一对前 向和后向激波。这一相互作用过程传输到外日球层, 后一对的前向激波可能追上前一对 的后向激波, 从而发生两个共转相互作用区的融合, 改变外日球层太阳风以及能量粒子 的状态。

源自太阳的多极磁场延伸到行星际空间, 被超阿尔文速度的太阳风拖曳, 从而在日 球层形成全球尺度的电流片(heliosphere current sheet, HCS)(嵌在等离子体片中)。电流片 里的磁场比较弱, 平展的电流片对于侵入内日球层的高能宇宙线而言是一个比较便利的 通道。

太阳活动有大概 11 年的周期, 如图 7.1.1 所示。

在太阳活动低年, 受太阳磁场和太阳风的控制, 日球层电流片呈现出“芭蕾舞裙状” 的比较平展的准二维结构。

在太阳活动高年, 日球层电流片则改变成“海螺状”的复杂三维结构。太阳活动高 年也经常发生太阳耀斑和日冕物质抛射等剧烈活动的空间天气事件。

大尺度的日冕物质抛射事件, 经常扫过日球层系统的大范围区域, 驱动大尺度的激 波加速产生能量粒子, 并带来强的磁场结构导致行星发生强磁暴并加快行星电离大气的 剥离逃逸。日冕物质抛射所驱动的激波甚至能穿透日球层顶进入星际介质, 引起星际介 质的等离子体电子 Langmuir 振荡。受太阳风 11 年的周期性变化的影响, 日球层系统的 外边界可能也存在类似“呼吸”(膨胀-缩小)的周期性现象。在太阳活动高年时, 光球开 放场面积最小、太阳风动压最小, 人们推测日球层外边界在一年后(太阳风吹到日球层顶) 可能变得最小。而在太阳活动从高年转低年时, 光球开放场面积最大, 太阳风动压最大, 一年后日球层外边界可能变得最大(图 7.1.1)。

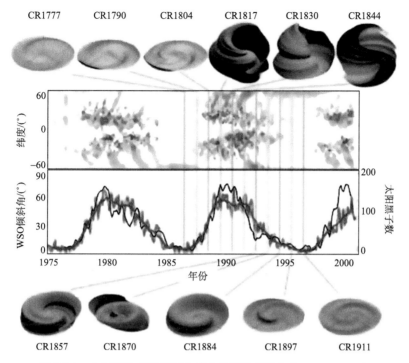

图 7.1.1 太阳活动对日球层电流片位形的调控(Riley et al., 2002)

在活动高年呈海螺状结构，在活动低年呈芭蕾舞裙状结构。红色(蓝色)代表磁场极性为正(负)

7.2 日球层中的拾起离子

日球层内的中性粒子被太阳紫外线辐射电离、与太阳风离子电荷交换或与电子碰撞电离时，这些新产生的离子会被太阳风电场加速并随后与太阳风一起运动。这一过程被称为拾取离子。拾取离子通常以其单电荷状态为特征，典型的速度范围为 0～2 倍的太阳风速(约 800km/s)。日球层内的拾取离子的组成取决于中性种子粒子的数量及其在日球层中的空间分布。这些中性种子粒子群可以是星际(银河风)起源的，也可以是月球、彗星、行星起源的，或者是星际尘埃或颗粒。这些中性成分刚刚电离后，会被太阳风等离子体流"拾取"，并随着太阳风沿太阳径向向外运动。拾取离子可以形成强烈的各向异性或环形速度分布，随后逐渐转变为各向同性的状态。

下面给出新生的拾取离子被太阳风电场加速的简单推导过程。假设太阳风速度 V 只有径向方向的速度分量 V_x，行星际磁场只有 B_z 分量，新生的拾取离子最初处于静止状态。在直角坐标系下：

$$\boldsymbol{B} = (0, 0, B_z)$$

$$\boldsymbol{E} = (0, E_y, 0)$$

式中，$E_y = V_x B_z$ 粒子的回旋频率为 $\omega = \dfrac{eB_z}{m}$。新生的拾取离子的运动方程为

$$m\frac{\mathrm{d}\boldsymbol{V}}{\mathrm{d}t} = q(\boldsymbol{E} + \boldsymbol{V} \times \boldsymbol{B}) \tag{7.2.1}$$

这可以分解成两个方向上的运动:

$$\frac{\mathrm{d}V_y}{\mathrm{d}t} = \frac{q}{m}E_y - \omega V_x \tag{7.2.2}$$

$$\frac{\mathrm{d}V_x}{\mathrm{d}t} = \omega V_y \tag{7.2.3}$$

$$V_x = V_{\mathrm{sw}}\sin\omega t + \phi + \frac{E_y}{B_z} \tag{7.2.4}$$

$$V_y = V_{\mathrm{sw}}\cos(\omega t + \phi) \tag{7.2.5}$$

因此可得,新生的拾取离子的运动速率为

$$V = V_{\mathrm{sw}}\left[2 - 2\cos(\omega t + \phi)\right] \tag{7.2.6}$$

而拾取离子运动轨迹则为轮摆线

$$X = \frac{E}{\omega B}(\omega \mathrm{t} - \sin(\omega t + \phi)) \tag{7.2.7}$$

$$Y = \frac{E}{\omega B}(1 - \cos(\omega t + \phi)) \tag{7.2.8}$$

如图 7.2.1 所示,拾取离子轨迹为轮摆线,其离子移动的速度在 $0 \sim 2V_{\mathrm{sw}}$ 速度之间振荡,引导中心移动方向为径向,其运动速率为 V_{sw} 。

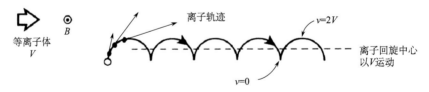

图 7.2.1　新产生的拾取离子在太阳风垂直电场($\boldsymbol{E} = -\boldsymbol{V} \times \boldsymbol{B}$)和行星际磁场中运动的图像

需要指出的是图 7.2.1 这种新产生的拾取离子运动方式:方向为径向、最大速度为两倍的太阳风速度($2V_{\mathrm{sw}}$),仅在外太阳系中时才严格适用,这时太阳风的帕克螺旋角接近90°。因此,如果新产生的拾取离子从静止开始,它会被加速并径向地进入日球层。

而在内日球层中,太阳风速度(V_{sw})与行星际磁场并不一定是垂直的,因此上面这个简单的图像就需要修改。如果新产生的拾取离子从静止开始,它被太阳风电场加速的最大速度由太阳风的垂直速度分量决定。当行星际磁场镜像力和行星际电场向外推动粒子时，拾取离子会经历空间变化并随后改变其初始运动。

　　与传统的通过光学观测星际介质中性气体的手段不同，对星际拾取离子的就地探测可以帮助研究进入太阳系的星际介质的组成与演化，并研究星际介质动力学。从观测拾取离子通量与能谱可以反演或推断出星际介质的温度、密度和相对于太阳风的速度。

　　行星际磁场不能偏转银河系星际介质中性粒子的运动轨迹。当这些银河系星际介质粒子进入太阳系行星际空间时，太阳辐射会使它们电离。当这些粒子被电离时，它们会被太阳风拾起，会与太阳风和行星际磁场作用，并冻结在太阳风中。

　　日球层存在银河系星际介质这一概念，早在 20 世纪 70 年代就已经提出，但直到尤利西斯卫星进入高纬度太阳风区域才被发现(Gloeckler and Geiss, 1998)。尤利西斯卫星的 SWICS 仪器(太阳风离子成分谱仪)发现了太阳风分布函数存在异常分量，这是一个非常关键的发现。

　　图7.2.2 显示了尤利西斯卫星的SWICS 仪器获得的太阳风氢离子(H^+)的相空间密度与 W(卫星参考系中的离子速度除以太阳风速度)的关系。这是尤利西斯卫星在 1994 年第 100 天到第 200 天期间获得的拾取离子时间平均谱。当时，尤利西斯卫星处于太阳南半球高纬地区(–66°)稳定的太阳风高速流(约 785 km/s)中，平均日心距为 3.0 AU，而行星际磁场的平均方向几乎是径向的(165°)。从图中可以清楚地看出星际拾取离子与太阳风的速度的分布规律。

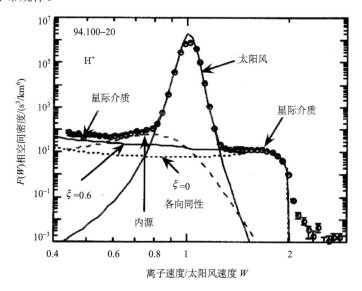

图 7.2.2　氢离子(H^+)的相空间密度与 W(卫星参考系中的离子速度除以太阳风速度)的关系(Gloeckler and Geiss, 1998)

　　SWICS 仪器观测到了与预期不同的相空间密度分布，虽然太阳风的相空间密度(W=1)具有最大空间密度峰值，但是星际拾取离子分布广泛，这些粒子在速度空间中形成缓慢下降的平台，如图 7.2.2 所示。这一平台分布表明存在电离的银河系星际介质氢。由于拾取离子的特质，观测到的速度空间中的速度大于两倍太阳风速度($2V_{sw}$)的粒子快速衰减是理论预期的结果。在太阳风坐标系中，拾取离子分布为各向同性球壳，其半径为 1 倍的太阳风速度($1V_{sw}$)。当转换到卫星观测坐标系时，这一各向同性球壳变成了速度在 $0\sim2V_{sw}$ 之间的粒子分布。

由于太阳的引力聚焦效应(图 7.2.3)，星际介质流量最大值位置会形成拾取离子聚焦锥。这些星际拾取离子(He^+ 和 Ne^+)与星际中性原子的速度方向一致。这一特性可用来判断当地星际介质的流入方向。而在与聚焦锥相反的方向，则是所谓的太阳逆风侧，对于具有较低第一电离势(H^+, O^+, N^+)的原子，会产生新月形分布的拾取离子通量增强。

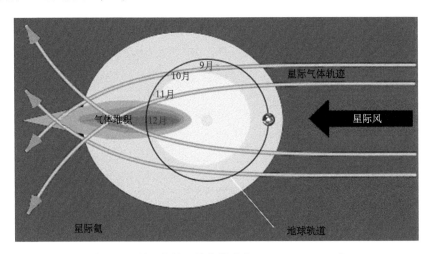

图 7.2.3 星际中性风聚焦效应(Fuselier et al., 2009)

星际拾取离子起源于局地银河系星际介质(local interstellar medium, LISM)，它们与太阳风相对运动，以 25 km/s 的速度进入日球层。星际介质原子可以进入日球层而不会被行星际磁场偏转。星际介质从日球层的外边缘(日球层顶)传输到地球的轨道需要大约 30 年。在此期间，星际介质原子在电离过程中逐渐耗尽，并且与日球层外星际介质相比，它们在 1 AU 时的密度显著降低。由于不同原子对各种电离过程具有不同的灵敏度，1 AU 处的星际原子组成与日球层边缘或银河系星际介质的组成非常不同。

银河系星际中性物质穿透到太阳的 6 AU 以内时，大多数中性成分都已经被太阳光辐射电离了。然而，与其他星际物质相比，氦原子具有非常高的第一电离势，因此对太阳紫外电离的电离损失不太敏感。氦比所有其他星际物质更难以电离，因此氦可以传输到距太阳更近的地方。这也是为什么 He^+ 是 1 AU 附近最丰富的星际拾取离子(其次是 H^+, O^+, Ne^+ 和 N^+)，也是 1984 年 AMPTE 卫星的 SULEICA 仪器检测到的第一种拾取离子。几年之后，在 Ulysses 卫星上的 SWICS 仪器陆续观测到了 H^+，O^+，Ne^+ 和 N^+ 等星际拾取离子成分。

银河系星际中性物质在穿透到日球层以内过程中，中性风逐渐被电离，并成为星际拾取离子的种子物质。在小于 0.5 AU 时被太阳风拾取的离子，被称为"内源拾取离子"，这些拾起离子种类有 C^+, O^+ 和 N^+，见图 7.2.4(Gloeckler and Geiss, 1998)，其中参数 W 表示离子速度与太阳风速度之比。然而这些离子的详细产生机制目前还在争论中。

在外日球层中，膨胀的太阳风在通量密度上逐渐减小，虽然其速度不减当时，但数密度在 10 AU 处相比于 1 AU 处已经骤降了两个数量级。而相比之下，从外面进来的星际介质中性粒子流开始显得愈发重要，中性粒子流与太阳风碰撞后带电并被太阳风的电磁场拾起，变成拾起离子与太阳风一起向边际运动。新生的拾起离子是非热平衡分布的，能激发高低频的等离子体波动，并且在自身激发的波动反作用下趋向热平衡分布。所以中性粒子带电产生的拾起离子及其激发的波动和后续的湍动，对外日球层太阳风的持续加热至关重要。

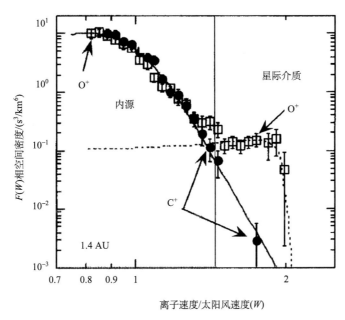

图 7.2.4　尤利西斯卫星观测揭示的星际拾起离子的速度分布的特征及其与太阳风离子(图 7.2.2)和内源拾起离子的区别(Gloeckler and Geiss, 1998)

7.3　异常宇宙线加速

旅行者 1 号在 2004 年 12 月 16 日遇到了终止激波，距离太阳的距离为 94 AU(约 1.5×10^8 km)并进入日球层鞘，日球层鞘是终止激波和日球层顶之间的边界层。

长期以来科学家们一直认为，终止激波可以加速一类不同的宇宙射线，称为异常宇宙射线(anomalous cosmic ray, ACR)，见图 7.3.1 和图 7.3.2。图 7.3.1 中，蓝色为碳元素，红色为氧元素，其中氧元素在 1～30 MeV/nuc 有异常宇宙射线成分，数据来源为 Hovestadt 等(1973)(实心圆)和 McDonald 等(1974)(实心三角形)。图 7.3.2 则给出了一种异常宇宙线加速机制：星际中性成分被太阳光电离进而被太阳风拾起，然后在终止激波附近加速成为异常宇宙线。

ACR 是极其高能的，单电荷离子能量约为 10 MeV/nuc，由星际中性成分被太阳光电离进而被加速产生，其形成、加速与传输过程，详见图 7.3.3。日球层中产生拾取离子及其随后的传输和加速被认为是形成异常宇宙射线的原因。除了银河系星际中性物质外源拾起粒子，还包括了日球层内新的内源(彗星、星际和行星际尘埃)拾起粒子。

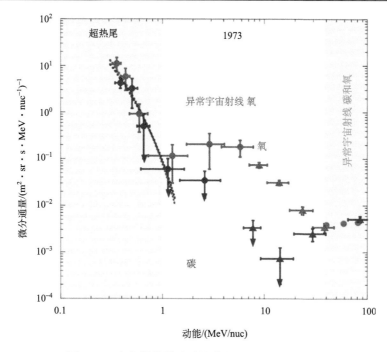

图 7.3.1　宇宙射线微分通量谱(Gladilin et al., 2015)

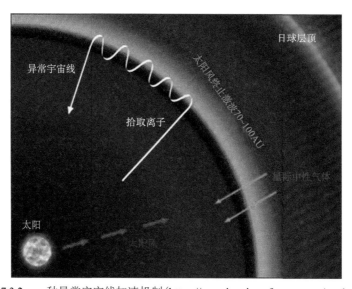

图 7.3.2　一种异常宇宙线加速机制(https://cosmicopia.gsfc.nasa.gov/acr.html)

　　终止激波在过去几十年内都被普遍认为是异常宇宙线获得加速的源区。然而，旅行者 1 号和 2 号的观测并没有找到类似的证据，异常宇宙线的强度在经过终止激波后反而在日球层磁鞘区中不断增加，如图 7.3.4 所示。旅行者 1 号和 2 号的观测数据显示经过终止激波后，异常宇宙线没有能谱变化的迹象或者通量强度变弱的信号。反而异常宇宙线通量持续增加，并且其通量峰值不在终止激波处，这说明异常宇宙线的起源并不在终止激波区域。异常宇宙线加速机制仍然是个谜。

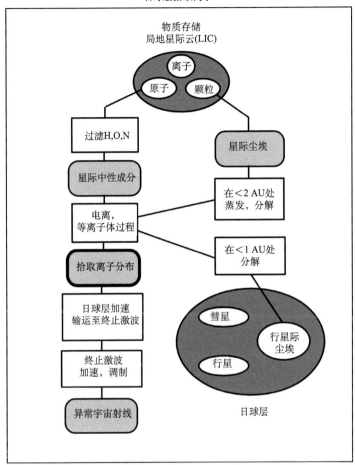

图 7.3.3   传统异常宇宙射线的源和异常宇宙线的形成过程的示意图(Balogh et al., 2001)

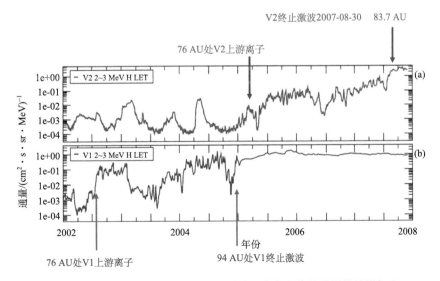

图 7.3.4   旅行者 1 号和 2 号都在终止激波后观测到异常宇宙线的通量持续增加(Stone, 2013)

当旅行者 1 号穿越日球层顶以后，异常宇宙线则突然消失，这表明日球层磁鞘区应该是异常宇宙线的源区。而且在鞘区里有通量的进一步抬升，这个现象与在日球层里的其他激波处(行星弓激波、共转相互作用区激波)所看到的通量峰值有明显的不同。

新的观测现象对经典的异常宇宙线加速理论形成了新的挑战，异常宇宙线也许是由拾起离子作为种子粒子在终止激波加速，随后在日球层鞘区里进一步持续加速产生的。

7.4 日球层边界与能量中性原子

几十年来我们对巨行星轨道以外的日球层边界的了解主要是理论上的,图 7.4.1 给出包括外太阳系天体、柯伊伯带、终止激波、日球层顶(太阳风和星际风之间处于平衡状态的边界)、日球层鞘(日球层的外围压缩和湍流区域)、氢墙，以及旅行者 1 号和 2 号的位置。距离为太阳系的对数刻度。1977 年发射的旅行者 1 号和 2 号正在飞离太阳向外旅行，以达到太阳风等离子体与局地银河系星际介质之间的边界。自 2004 年旅行者 1 号和 2 号相继穿过终止激波以来获得的数据为外日球层的结构提供了重要证据(图 7.4.2，Richardson et al., 2008)。太阳风密度继续减小，与太阳的距离成反比；当等离子体变得足够稀薄时，星际等离子体的压力阻碍了日球层的进一步膨胀。在太阳风到达日球层边界之前，太阳风在遇到终止激波后突然减速，这是将太阳风与星际等离子体分开的边界。

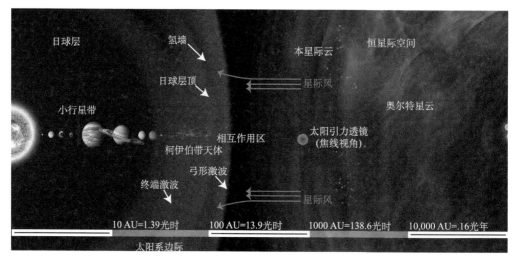

图 7.4.1 从日球层到局地银河星际介质的太阳系边际示意图(NASA/ESA/Z, Levy (STScI))

而日球层顶预计将以等离子体密度和原始银河宇宙线强度的大幅增加为标志，从外日球层的约 $0.002\,\mathrm{cm}^{-3}$ 增加到星际介质中的约 $0.1\,\mathrm{cm}^{-3}$。

从 2013 年 4 月 9 日开始，旅行者 1 号等离子体波仪以约 2.6 kHz 的频率检测局地产生的电子等离子体振荡。该振荡频率对应的电子密度约 $0.08\,\mathrm{cm}^{-3}$，非常接近预期的局地银河系星际介质值。这与其他观察结果一起提供了强有力的证据，证明旅行者 1 号已经进入局地银河系星际介质等离子体空间 (图 7.4.3，Gurnett et al., 2013)。

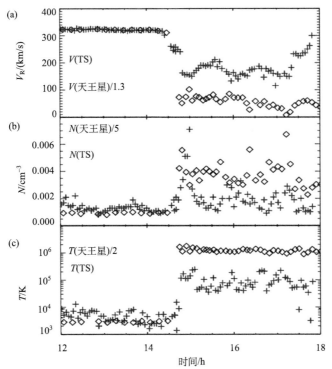

图 7.4.2　旅行者宇宙飞船获得的日球层终止激波的等离子体参数
（黑点为太阳风在海王星附近的参数）（Richardson et al., 2008）

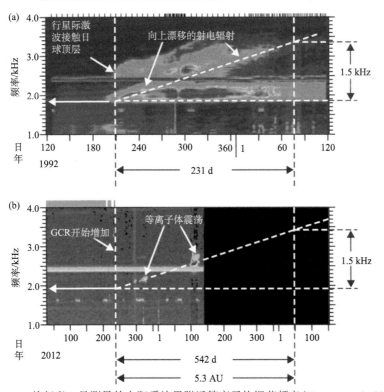

图 7.4.3　旅行者 1 号测量的太阳系边界附近等离子体振荡频率（Gurnett et al., 2013）

如图 7.4.4 所示,2018 年的旅行者 2 号数据以蓝色显示。正如所看到的,自 2018 年 10 月以来,旅行者 2 号 CRS 的高能望远镜的计数率一直在稳步增长,并且过去几个数据点的增长速度超过了预期。当离开日球层时,预计起源于日球层的异常宇宙线粒子 (0.5 MeV/nuc)的突然损失和原始的银河宇宙线粒子(70 MeV/nuc)大幅增加,意味着旅行者 2 号即将穿越日球层。

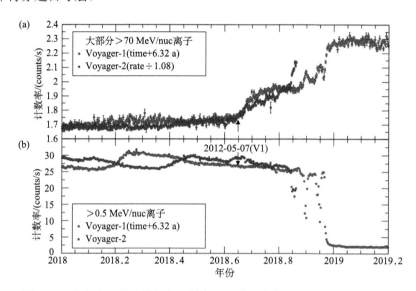

图 7.4.4　旅行者 1 号及旅行者 2 号离开日球层时的观测(Stone et al., 2019)

电荷交换是在太阳系边缘(日球层顶边界区)发生的重要物理过程。参与电荷交换的粒子来源非常复杂:可以是初级电荷交换过程,比如原始的星际介质中性粒子与日球层内鞘区的太阳风离子(包括产生于上游和下游的拾起离子)之间的电荷交换、原始的星际介质中性粒子与日球层外鞘区堆积的星际介质离子之间的电荷交换;也可以是次级电荷交换过程,比如内鞘区的太阳风离子经电中性化之后变成能量中性原子穿过日球层顶与外鞘区堆积的星际介质离子之间的电荷交换、外鞘区离子经电中性化之后穿进日球层顶与内鞘区的太阳风离子之间的电荷交换。

无论是第一次还是第二次甚至更多次的电荷交换过程,都可能产生能量中性原子 (energetic neutral atom, ENA)。所以对日球层边界区的能量中性原子成像,能够获取关于边界区动力学过程的丰富信息。但同时也带来很大的挑战,因为产生能量中性原子的源是多样的。

2008 年 10 月 19 日,NASA 发射了名为星际边界探测器(Interstellar Boundary Explorer,IBEX)的卫星,进入约 7000 km×320000 km 的高偏心率地球椭圆轨道,利用搭载的两台高性能中性原子成像仪 IBEX-Hi 和 IBEX-Lo 探测了来自日球层边缘的高能中性原子以及星际中性原子。日鞘内 0.2～6 keV 氢原子的全景成像发现了一个近圆形的能量氢原子窄带(约 20° 的半峰宽度),并绘出日球层边界的完整影像——中性原子的"丝带"结构(图 7.4.5)。

图 7.4.5　日球层边界能量中性原子"丝带"结构的成因及恒星际磁场(Potgieter, 2013)

图 7.4.5 给出了日球层边界能量中性原子"丝带"结构的成因可能性之一。银河系磁场覆盖在日球层上，从而塑造了日球层边界。而"丝带"结构可以解释为银河系磁场最接近日球层表面的区域(日球层顶的位置)。这些观测显示了日鞘能量氢原子在黄道面内的各向异性分布：能量氢原子的通量在靠近星际介质流的方向上更大。

Cassini 飞船的 INCAR 仪器在土星附近对日鞘内 5~55 keV 氢原子的遥测也发现了一个能量氢原子带(约 100° 半峰宽度)，但不是窄带结构。Cassini 观测到的高能氢原子带相对于 IBEX 观测到的低能氢原子带的倾斜夹角是约 25° 纬度和约 30° 的经度。导致这些不同观测的原因还是未知的，这可能是与不同的能量范围有关，或是与不同的观测时间有关。

IBEX 飞船和 Cassini 飞船观测到的能量氢原子带都是相对于黄道面倾斜的。初步分析认为这些条带近似垂直于星际介质磁场的方向，所以星际介质磁场，相对于星际介质风的动压，在日球层边界区的形成中起到了更重要的作用。这个初步推测与以往的理论预期是不同的，现在也没有获得普遍的认同。

再者，理论与观测的对比研究表明，IBEX, SOHO 和 Voyager 观测到的日鞘内不同能量的粒子通量是相互自洽的，然而 Cassini 观测到的粒子通量远大于与其他观测自洽的预期值。导致这不自洽的成因也还是未知的，可能与日鞘内能量氢原子随时间变化的特征有关。而且值得指出的是：IBEX 飞船要每 6 个月才扫描出一个完整的日鞘内 0.2~6 keV 氢原子的全天空图，而 Cassini 飞船需要几年的累积观测才会获得一个日鞘内 5~55 keV 氢原子的全天空图，见图 7.4.6(Gloeckler and Fisk, 2010)。

图 7.4.7 为 IBEX 获得的中性原子的谱图。利用 IBEX 的中性原子成像数据，发现 H、He 和 O 的丰度分布并不重合，其中 H 原子的丰度在 Nose 附近达到最大，而 He 原子的分布则偏离了 20°~30°，与 O 原子的分布大致相同(Mobius et al., 2009)。

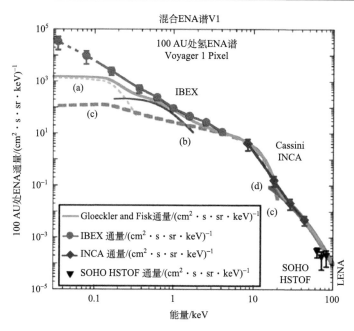

图 7.4.6　基于三颗航天器观测的宽能段能量中性原子的四成分拟合模型(Gloeckler and Fisk, 2010)

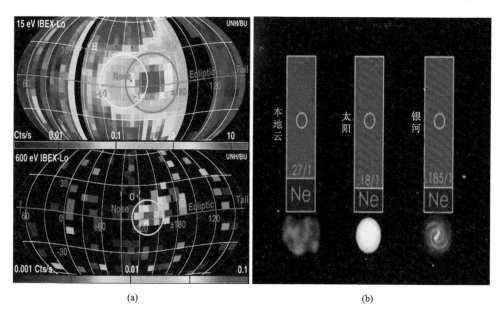

图 7.4.7　星际中性不同成分的中性原子的分布与星际中性气体云的中性氖与氧的比率(Mobius et al., 2009)

与此同时，用 IBEX 卫星获得的星际中性气体云的中性氖与氧的比率与太阳和银河系的比率比较见图 7.4.7(b)。IBEX 卫星发现不同环境下的中性氖与氧(Ne/O)比也不相同，日球层内的值与银河系的大致相同，均为 0.18 左右，而临近星云的值要高一些，大约为 0.27。临近星云的气体中的氧气少得多，这给科学家带来了一个有趣的难题。生命中必不可少的成分(氧气)是否被锁定在星际尘埃中，或者这是否表明我们的邻近地区的条件与太阳的有多么不同？

近年来，太阳系边际探测活动又掀起了新一轮的热潮，对太阳系边际乃至恒星际空间的探索研究正逐渐成为国际空间物理研究的前沿热点，中国国家航天局、NASA 和 ESA 等航天机构都开展了相关概念研究。

7.5　太阳系内银河系星际介质的成分

局地银河系星际介质(interstellar medium, ISM)是存在于银河系恒星系统之间的物质和辐射。这包括离子、原子和分子形式的气体，以及宇宙尘埃和宇宙射线等(表 7.5.1，Ferriere，2001)。它们充满星际空间，并融入临近的恒星际空间。星际介质主要成分为氢，接着是氦，并含有微量的碳、氧和氮。这些成分的热压彼此处于粗略平衡状态。星际空间的磁场与湍流也在局地银河系星际介质压力平衡中作用，但通常比热压更为动态。

与地球相比，星际介质非常稀薄。在局地银河系星际介质的冷却密集区域，这些物质主要是以分子形式存在，并且数密度达到$10^6\,cm^{-3}$。

在局地银河系星际介质的热漫射区域中，这些物质被电离，并且它们的数密度可以低至$10^{-4}\,cm^{-3}$。

相比之下，实验室高真空室的分子数密度为$10^{10}\,cm^{-3}$，对于地球海平面，分子数密度约为$10^{19}\,cm^{-3}$。按质量计算，99%的局地银河系星际介质是气体，1%是灰尘。在局地银河系星际介质的气体中，91%的原子是氢，8.9%是氦，0.1%是比氢或氦重的元素原子。而按质量计算，这相当于 70%氢、28%氦和 1.5%重元素。氢和氦主要是原始宇宙形成的结果，而局地银河系星际介质中较重的元素主要是恒星演化过程中富集的结果。

表 7.5.1　星际介质成分

成分	体积分数	标高/pc	温度/K	密度/cm^{-3}	氢的状态	主要观测手段
分子云	<1%	80	10~20	10^2~10^6	分子	射电及红外分子辐射和吸收线
冷中性介质(CNM)	1%~5%	100~300	50~100	20~50	中性原子	HI 21 cm 线吸收
暖中性介质(WNM)	10%~20%	300~400	6000~10000	0.2~0.5	中性原子	HI 21 cm 线辐射
暖电离介质(WIM)	20%~50%	1000	8000	0.2~0.5	电离	Hα 辐射和脉冲星色散
H II 区	<1%	70	8000	10^2~10^4	电离	Hα 辐射和脉冲星色散
星冕气体热电离介质(HIM)	30%~70%	1000~3000	10^6~10^7	10^{-4}~10^{-2}	电离(金属也高度电离)	X 射线辐射；高度电离金属的吸收线，主要位于紫外波段

局地星际介质在天体物理学中起着至关重要的作用，因为它在恒星和星系尺度之间起着中间桥梁作用。恒星形成于局地星际介质最密集的区域内，恒星风和超新星为局地

星际介质补充物质和能量补充 ISM。恒星与局地星际介质之间的这种相互作用有助于确定星系消耗其气态含量的速率，从而确定恒星形成的寿命。

旅行者 1 号于 2012 年 8 月 25 日到达局地星际介质空间，成为人类历史上第一个进入局地星际空间的人造卫星。这有助于研究局地星际介质的星际等离子体和尘埃，旅行者 2 号也于 2018 年 11 月进入局地星际介质空间，整个计划预计将于 2025 年结束。

流过日球层的局地星际介质气体中原子 H, He, N, O 和 Ne 的绝对数密度可以通过测量相应拾取离子的相空间密度相当准确地获得。对于 H 和 He 来说，这些原子的内源可能没有显著的贡献。而对于 N 和 O，拾取离子的测量也可以很好地把星际气体离子与内源离子分离。在大于 5 AU 的距离处，只有小于百分之几的 O^+ 来自内源。

星际介质在日球层终止激波处的 ^1H，^4He，^3He，^{14}N，^{16}O 和 ^{20}Ne 的原子序数密度可以通过对拾取离子的速度分布的测量来得出。这些成分相对于 ^4He 的比例和数密度分别列在表 7.5.2 (Gloeckler and Geiss，1998) 的第 2 列和第 3 列。值旁边给出的误差包括对各物种的电离率的系统误差的估计，这些系统误差通常是不确定性的最大来源。

表 7.5.2　日球层终止激波处的原子密度以及 Ulysses 上的 SWICS 探测到的局地行星际云中的原子和离子密度

同位素	终端激波		局地星际云 (local interstellar cloud, LIC)				太阳系丰度比例
			数密度/cm^{-3}			比例	
	比例	数密度/cm^{-3}	原子	离子	合计		
^1H	7.5	0.115±0.025	0.20	0.043	0.243	10	10
^4He	1.000	0.0153±0.0018	0.0153	0.0090	0.0243	1	1
^3He	$2.48×10^{-4}$	$(3.8±1.0)×10^{-6}$	$3.8×10^{-6}$	$2.2×10^{-6}$	$6.0×10^{-6}$	$2.5×10^{-4}$	—
^{14}N	$0.6×10^{-3}$	$(0.92±0.28)×10^{-5}$	$1.0×10^{-5}$	$2.2×10^{-6}$	$1.2×10^{-5}$	$5.1×10^{-4}$	$1.12×10^{-3}$
^{16}O	$5.1×10^{-3}$	$(7.8±1.4)×10^{-5}$	$9.5×10^{-5}$	$2.1×10^{-5}$	$1.2×10^{-4}$	$4.8×10^{-3}$	$8.51×10^{-3}$
^{20}Ne	$0.75×10^{-3}$	$(1.15±0.25)×10^{-5}$	$1.15×10^{-5}$	$6.7×10^{-6}$	$1.8×10^{-5}$	$7.5×10^{-4}$	$1.23×10^{-3}$

由于电荷交换，与原始局地星际介质的丰度相比，H，O 和 N 在终端激波处的密度有所降低。然而惰性气体的电荷交换截面很小，因此，惰性气体 He 和 Ne 的含量几乎不会减少。原子和离子的局地星际介质中的估算密度给出在表 7.5.2 的第 4 列和第 5 列中。

然而，星际介质中高第一电离能 (FIP) 的 N，O 和 Ne 成分电离部分的含量目前还不是很清楚，但也许远少于低 FIP 的元素 (如 C, Mg, Fe)。如果假设 N 和 O 的电离部分的比例与 H(0.18) 相同，并且 Ne 和 He(0.37) 具有相同电离比例，这样就可以估算局地星际云中 N，O 和 Ne 的离子密度和总密度。这些结果给出在表 7.5.2 的第 7 列和第 8 列中。

比较局地星际云 (表 7.5.2 第 7 列) 中测量的元素的丰度比 (相对于 ^4He) 与第 8 列中给出的局地星际云中的元素的丰度比 (相对于 ^4He)，可以发现局地星际云中氮和氧元素比太阳系低很多。太阳系氮和氧元素比局地星际云约高 2 倍，Ne 约高 1.6 倍。这一结果表明，太阳系的形成并不一定由局地星际云的元素组成。

而主系列 B 型恒星中 N，O 和其他元素的丰度比太阳低约 50%。因此，局地星际云中的成分可能与主系列 B 型恒星接近，而不是太阳元素丰度。如果以主系列 B 型恒星作为参考，进一步估算表明局地星际云中总氧含量的约 15% 可能是尘埃颗粒。

参 考 文 献

Balogh A, Marsden R G, Smith E J. 2001. The heliosphere near solar minimum: the Ulysses perspective. Springer Science & Business Media.

Ferriere K. 2001. The interstellar environment of our galaxy. Reviews of Modern Physics, 73(4): 1031-1066.

Fisk L A. 2005. Journey into the unknown beyond. Science, 309(5743): 2016-2017.

Fuselier S A, Bochsler P, Chornay D, et al. 2009. The IBEX-Lo sensor. Space science reviews. 146(1-4): 117-147.

Gladilin P E, Bykov A M, Osipov S M. 2015. 50 years of research on particle acceleration in the heliosphere. Journal of Physics: Conference Series, 642: 012009.

Gloeckler G, Geiss J. 1998. Interstellar and inner source pickup ions observed with SWICS on Ulysses. Space Science Reviews, 86(1-4): 127-159.

Gloeckler G, Fisk L A. 2010. Proton velocity distributions in the inner heliosheath derived from energetic hydrogen atoms measured with Cassini and IBEX. Pickup Ions Throughout the Heliosphere and Beyond. AIP Conf. Proc.

Gurnett D A, Kurth W S, Burlaga L F, et al. 2013. In situ observations of interstellar plasma with voyager 1. Science, 341(6153): 1489-1492.

Hovestadt D, Volme O, Gloeckler R, et al. 1973. Differential energy spectra of low-energy (< 8.5 MeV per nucleon) heavy cosmic rays during solar quiet times. Physical Review Lettters, 31: 650.

Hovestadt D, Volme O, Gloeckler R, et al. 1973. Physical Review Lettters, 31:650.

McDonald F B, Teegarden B J, Trainor J H, et al. 1974. The anomalous abundance of cosmic-ray nitrogen and oxygen nuclei at low energies. Astrophysical Journal, 187: L105-L108.

Möbius E, et al. 2009. Direct observations of interstellar H, He, and O by the Interstellar Boundary Explorer. Science, 326: 969.

Potgieter M S. 2013. Solar modulation of cosmic rays. Living Reviews in Solar Physics, 10(1): 3.

Richardson J D, Kasper J C, Wang C, et al. 2008. Cool heliosheath plasma and deceleration of the upstream solar wind at the termination shock. Nature, 464: 63-66.

Riley P, Linker J A, Mikić Z. 2002. Modeling the heliospheric current sheet: Solar cycle variations. Journal of Geophysical Research: Space Physics, 107(A7): SSH-1-SSH 8-6.

Stone E C. 2013. Our heliosphere: the new view from Voyager. AIP Conference Proceedings. American Institute of Physics, 1516(1): 79-84.

Stone E C, Cummings A C, Heikkila B C, et al. 2019. Cosmic ray measurements from Voyager 2 as it crossed into interstellar space. Nat Astron, 3: 1013-1018.

索　引